COUPON
비상교재
구매자 혜택

비상교재 인강이 듣고 싶다면?

온리원중등 바로 수강

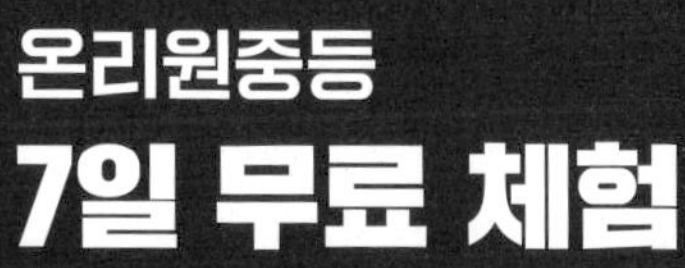

온리원중등
7일 무료 체험

전 강좌 수강 가능

QR코드 찍고 비상교재 전용 강의가 있는
온리원중등 체험 신청하기

체험 신청하고
무제한 듣기

콕 강의
30회 무료 수강권

개념&문제별 수강 가능

※ 박스 안을 연필 또는 샤프 펜슬로
칠하면 번호가 보입니다.

쿠폰 등록하고
바로 수강하기

Bonus!

무료 체험 100% 당첨 이벤트

무료 체험시 상품권, 간식 등 100% 선물 받는다!
지금 바로 '온리원중등' 체험하고 혜택 받자!

7일 무료체험 및 수강권 이용 방법

1. 무료체험은 QR 코드를 통해 바로 신청 가능하며 체험 신청 후 체험 안내 해피콜이 진행됩니다.(배송비&반납비 무료)
2. 콕강의 수강권은 QR코드를 통해 등록 가능합니다.
3. 체험 신청 및 수강권 등록은 ID당 1회만 가능합니다.

경품 이벤트 참여 방법

1. 무료체험 신청 후 인증시(기기에서 로그인) 전원 혜택이 제공되며 경품은 매월 변경됩니다.
2. 콕강의 수강권 등록한 전원에게 혜택 제공되며 경품은 두 달마다 변경됩니다.
3. 이벤트 경품은 소진 시 조기 종료될 수 있습니다.

문의 1588-6563 www.only1.co.kr

□ 안을 **연필**로 칠하거나 **동전**으로 긁으면 답이 나옵니다.

V 생식과 유전

화보 5.1 체세포 분열 과정

진도 교재 12쪽

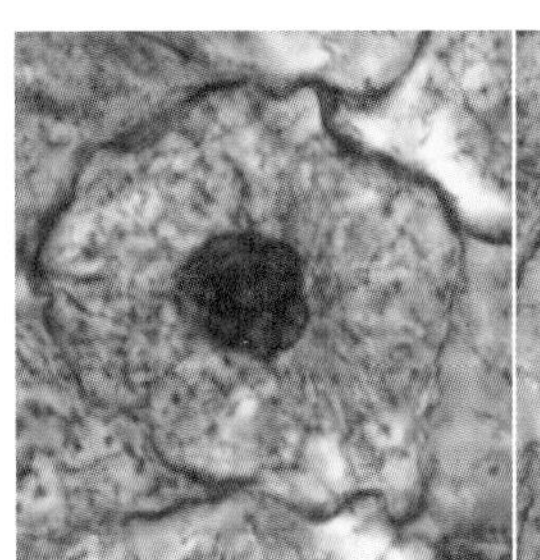

▲ □

- 염색체가 핵 속에 실처럼 풀어져 있음
- 유전 물질 복제

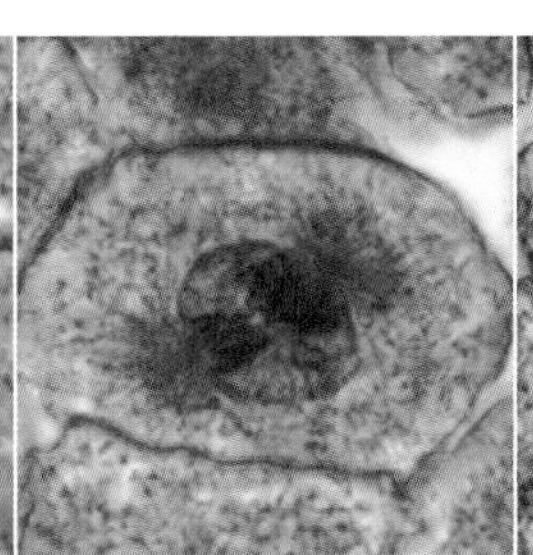

▲ 전기

- 핵막이 사라짐
- 막대 모양의 염색체가 나타남

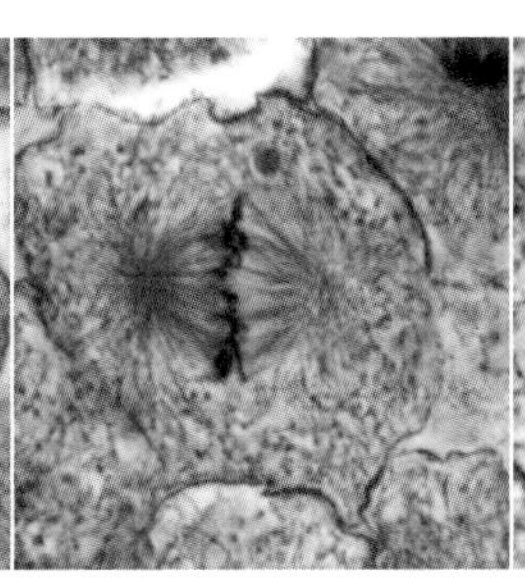

▲ □

- 염색체가 세포 중앙에 배열
- 염색체의 수와 모양을 관찰하기 가장 좋은 시기

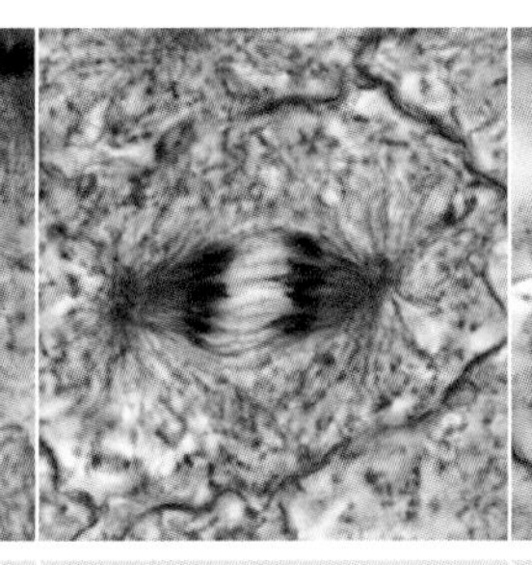

▲ 후기

- □가 분리되어 세포 양쪽 끝으로 이동

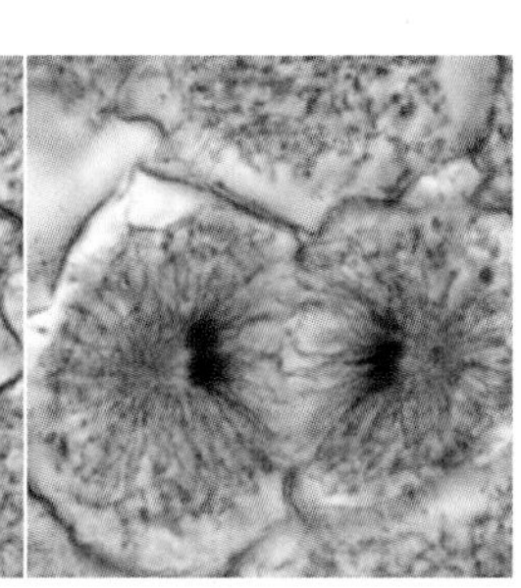

▲ 말기

- 핵막이 나타나고 염색체가 풀어짐
- 세포질 분열 시작

화보 5.2 감수 분열 과정

진도 교재 14쪽

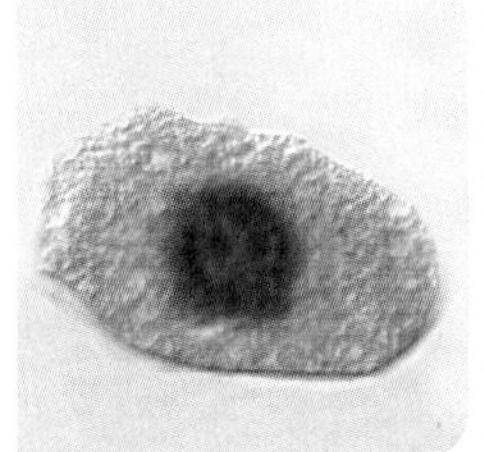

▲ □

감수 1분열

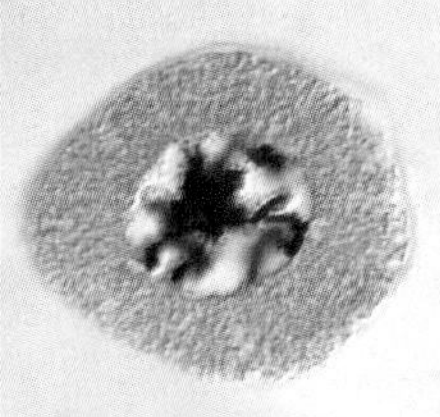

▲ 감수 1분열 전기

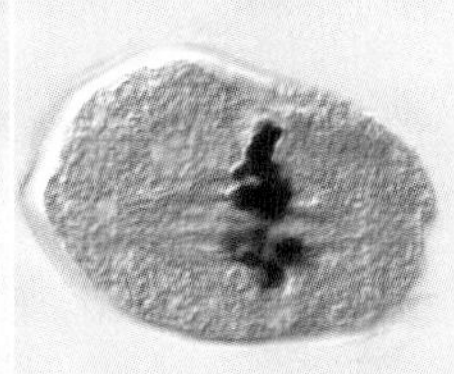

▲ 감수 1분열 중기

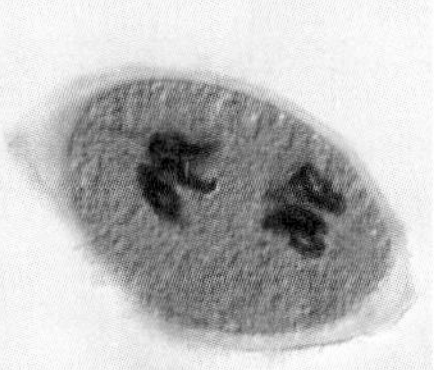

▲ 감수 1분열 후기

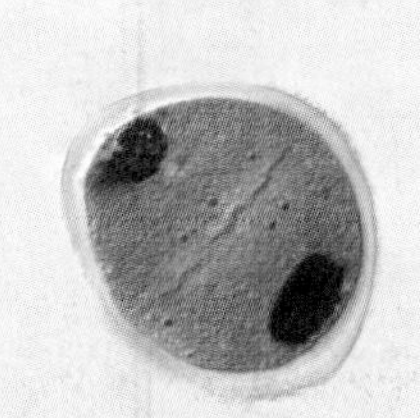

▲ 감수 1분열 말기

감수 2분열

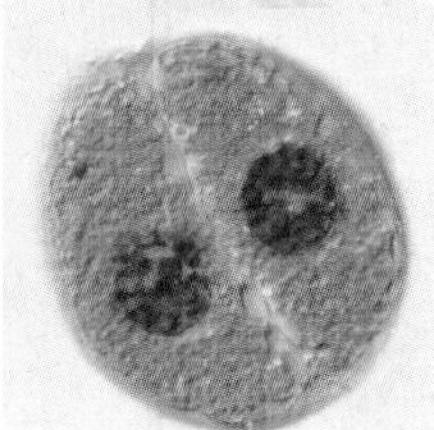

▲ 감수 2분열 전기

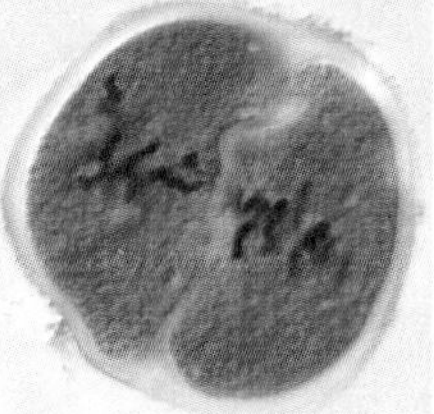

▲ 감수 2분열 중기

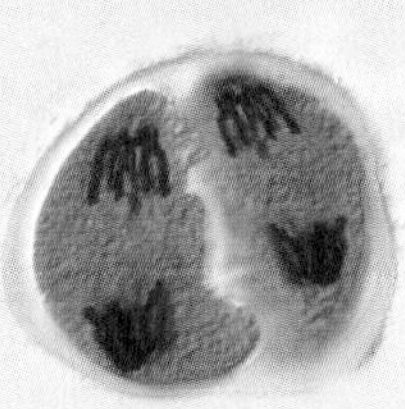

▲ 감수 2분열 후기

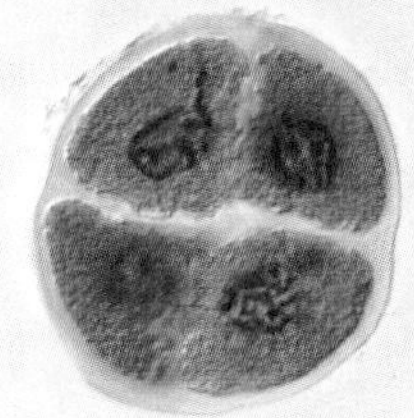

▲ 감수 2분열 말기

화보 5.3 정자와 난자

진도 교재 24쪽

정자
꼬리를 이용해 난자 쪽으로 접근할 수 있다.

난자
세포질에 수정 후 발생에 필요한 양분을 많이 포함하고 있어 정자에 비해 크기가 훨씬 크다.

화보 5.4 멘델이 실험한 완두의 7가지 대립 형질

진도 교재 30쪽

꽃잎 색깔

씨 모양

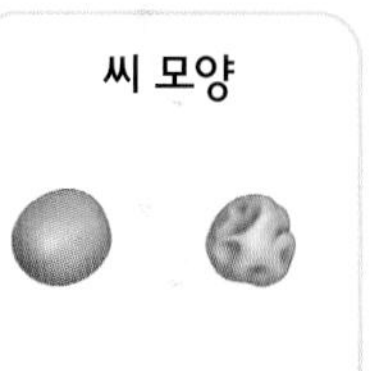

씨 색깔

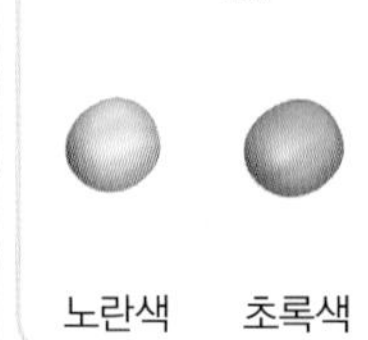

꽃이 피는 위치

줄기의 키

꼬투리 모양

매끈하다. 잘록하다.

꼬투리 색깔

초록색 노란색

화보 5.5 염색체와 DNA 분석

진도 교재 40쪽

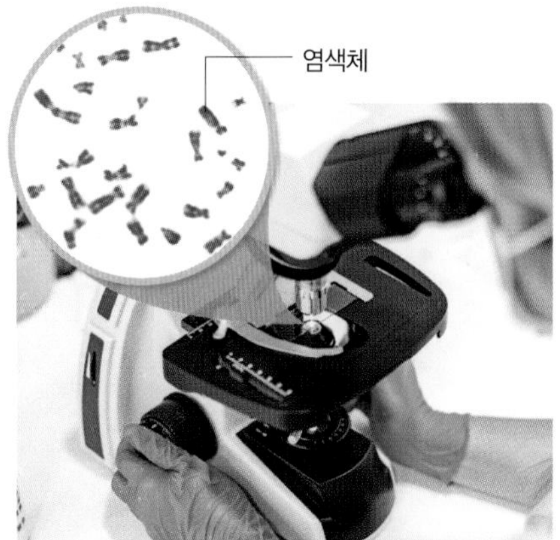

▲ 염색체를 관찰하여 염색체의 수와 모양을 분석한다.

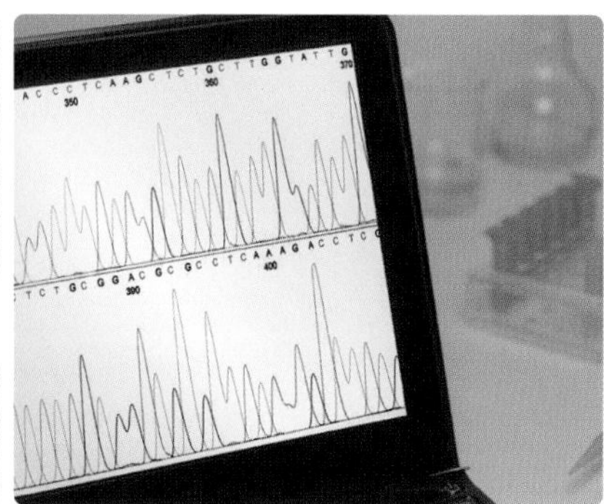

▲ DNA를 구성하는 성분을 분석한다.

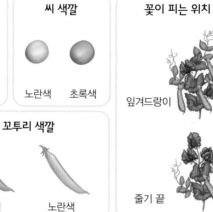

▲ 서로 다른 사람의 DNA를 분리하여 공통점과 차이점을 비교한다.

화보 5.6 사람의 여러 가지 형질

진도 교재 40쪽

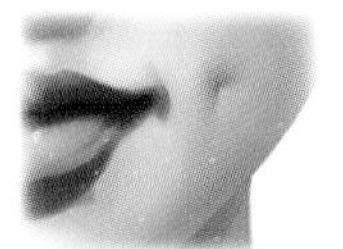

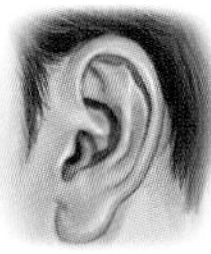

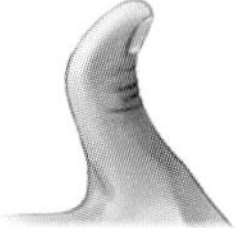
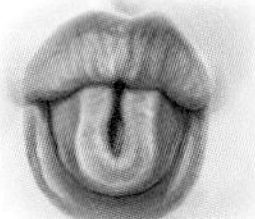
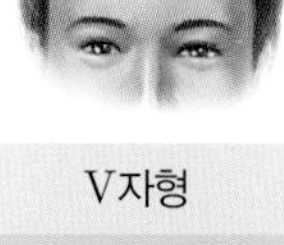
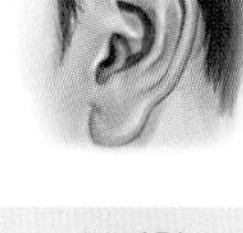

있음	V자형	분리형	쌍꺼풀	굽는 엄지	가능
보조개	**이마 선 모양**	**귓불 모양**	**눈꺼풀**	**엄지 모양**	**혀 말기**
없음	일자형	부착형	외까풀	굽지 않는 엄지	불가능

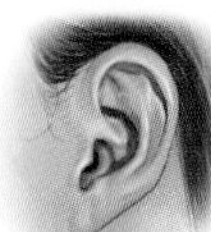

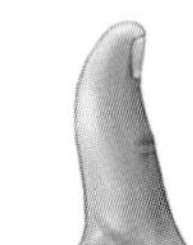

Ⅵ 에너지 전환과 보존

화보 6.1 역학적 에너지 전환

진도 교재 58쪽

◀ 롤러코스터가 내려올 때 [ ] 에너지가 [ ] 에너지로 전환된다.

▲ 바이킹이 최고점으로 올라가는 동안 [ ] 에너지가 [ ] 에너지로 전환된다.

화보 6.2 전자기 유도

진도 교재 66쪽

▲ 간이 발전기를 흔들면 자석이 코일 주위에서 움직이면서 역학적 에너지가 [ ] 에너지로 전환되어 발광 다이오드에 불이 켜진다.

화보 6.3 발전소

진도 교재 66쪽

▲ 수력 발전소

▲ 풍력 발전소

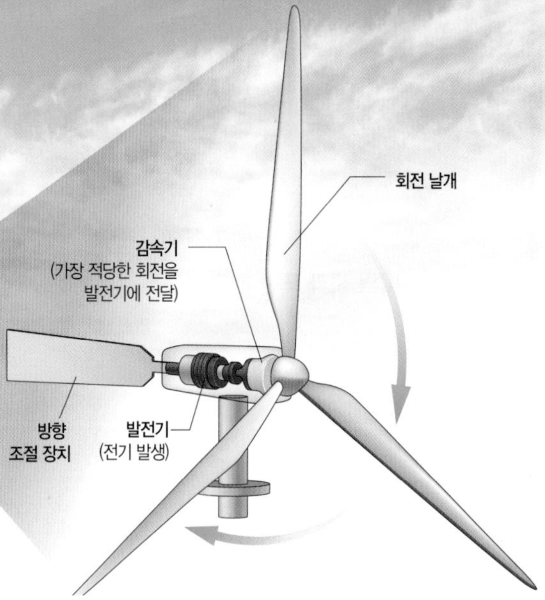

회전 날개

감속기
(가장 적당한 회전을 발전기에 전달)

방향 조절 장치

발전기
(전기 발생)

화보 6.4 전기 에너지의 전환

진도 교재 68쪽

전기 에너지

☐ 에너지로 전환

선풍기

빛에너지로 전환

휴대 전화

☐ 에너지로 전환

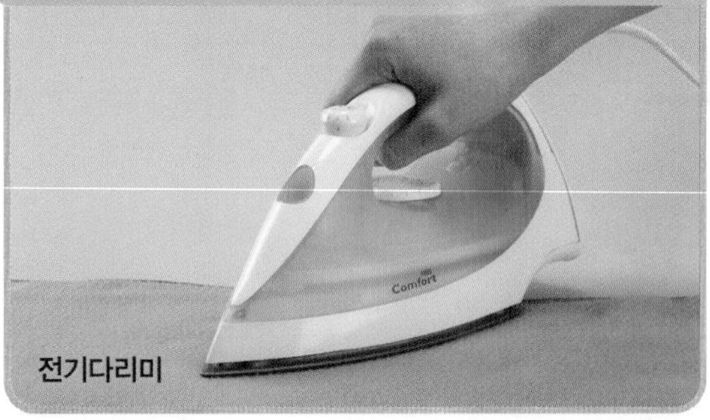

전기다리미

☐ 에너지로 전환

전기 자동차 충전

☐ 에너지로 전환

휴대 전화 충전

VII 별과 우주

화보 7.1 별의 색과 표면 온도

진도 교재 92쪽

별은 ______에 따라 색이 다르게 보인다. 적색을 띠는 베텔게우스는 청백색을 띠는 리겔보다 표면 온도가 ______다.

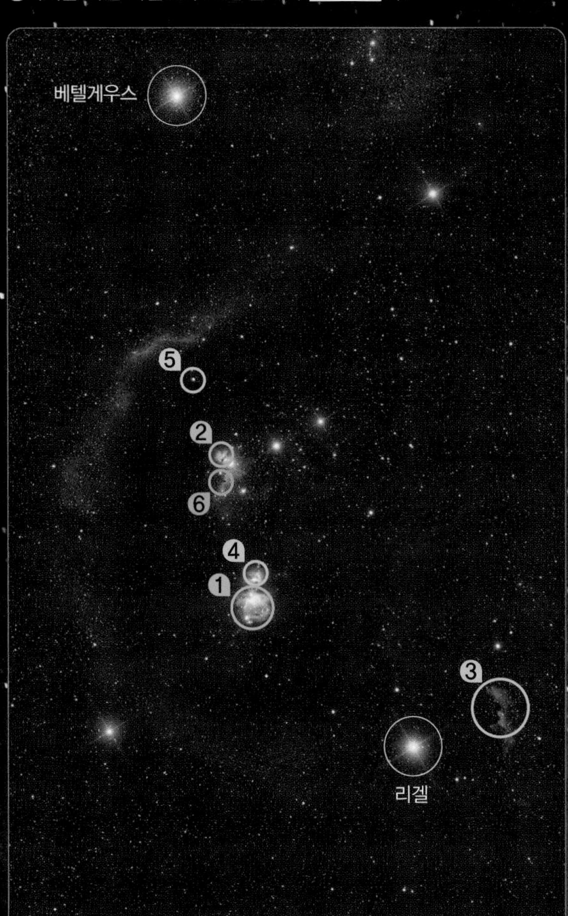

▲ 오리온자리

화보 7.2 성운

진도 교재 100쪽

______ 성운 성간 물질이 주변의 별빛을 흡수하여 스스로 빛을 낸다.

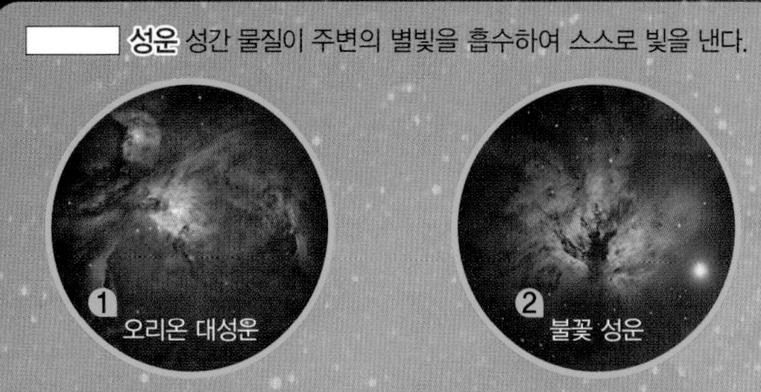

______ 성운 성간 물질이 주변의 별빛을 반사하여 밝게 보인다.

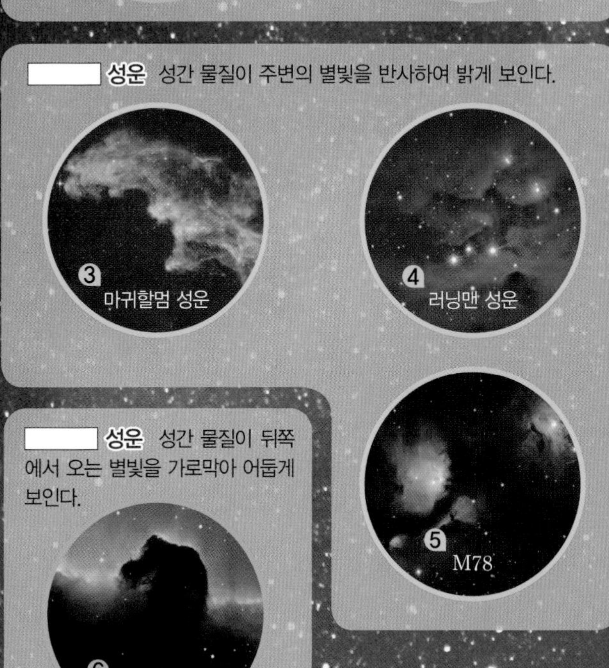

______ 성운 성간 물질이 뒤쪽에서 오는 별빛을 가로막아 어둡게 보인다.

6 말머리성운

화보 7.3 우주 탐사 방법

진도 교재 104쪽

▲ ______ 천체 주위를 일정한 궤도를 따라 공전하도록 만든 장치

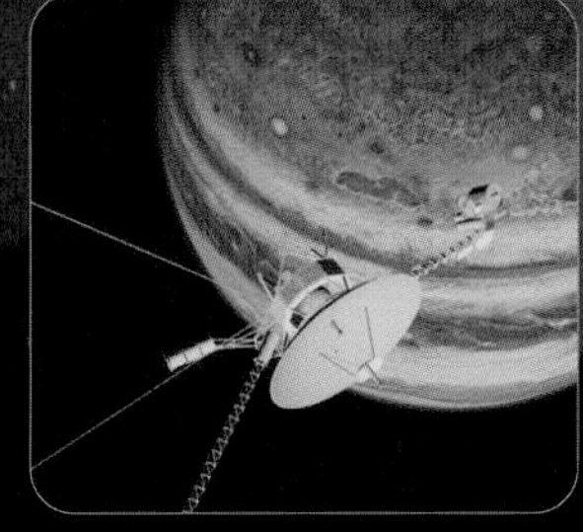

▲ ______ 지구 이외의 다른 천체를 탐사하기 위해 쏘아 올리는 물체

▲ 우주 정거장 사람들이 우주에 머물면서 임무를 수행하도록 만든 인공 구조물

▲ 전파 망원경 지상에 설치하여 천체가 방출하는 전파를 관측하기 위한 장치

과학기술과 인류 문명

화보 8.1 인류의 사고방식에 영향을 준 과학기술의 원리

진도 교재 118쪽

▲ ______ 중심설

인류는 지구와 다른 행성들이 태양 주위를 돌고 있음을 발견하면서 경험 중심의 과학적 사고를 중요시하게 되었다.

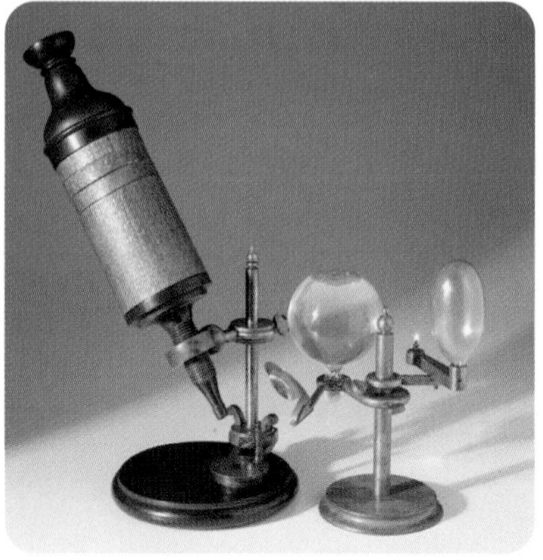

▲ 초기의 현미경

인류는 현미경으로 ______를 발견하여 생물체를 작은 세포들이 모여서 이루어진 존재로 인식하게 되었다.

▲ 만유인력 법칙

만유인력 법칙의 발견은 자연 현상을 이해하고 그 변화를 예측할 수 있게 하였다.

화보 8.2 생활을 편리하게 하는 과학기술

진도 교재 120쪽

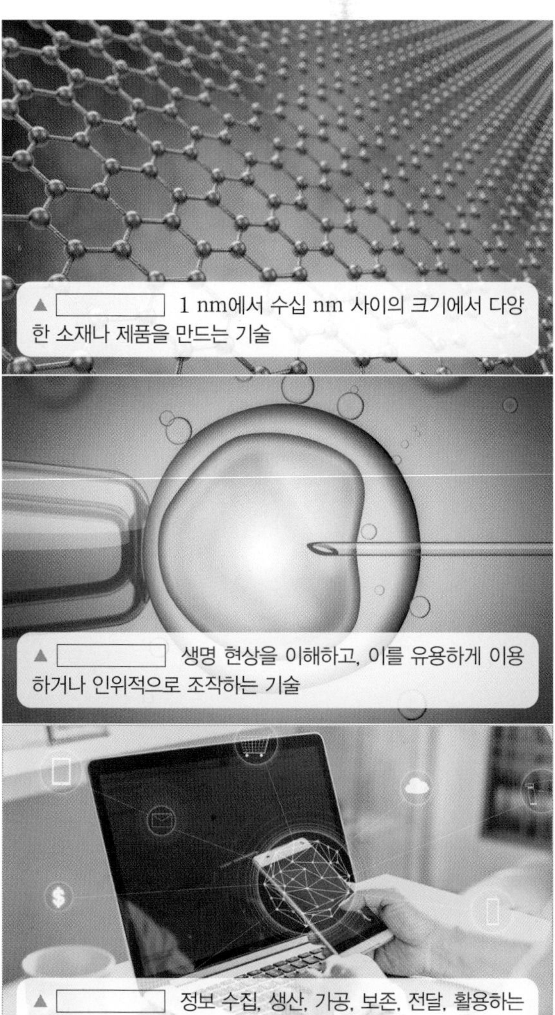

▲ ______ 1 nm에서 수십 nm 사이의 크기에서 다양한 소재나 제품을 만드는 기술

▲ ______ 생명 현상을 이해하고, 이를 유용하게 이용하거나 인위적으로 조작하는 기술

▲ ______ 정보 수집, 생산, 가공, 보존, 전달, 활용하는 모든 기술

화보 8.3 전기 자동차를 개발할 때 고려해야 하는 점

진도 교재 120쪽

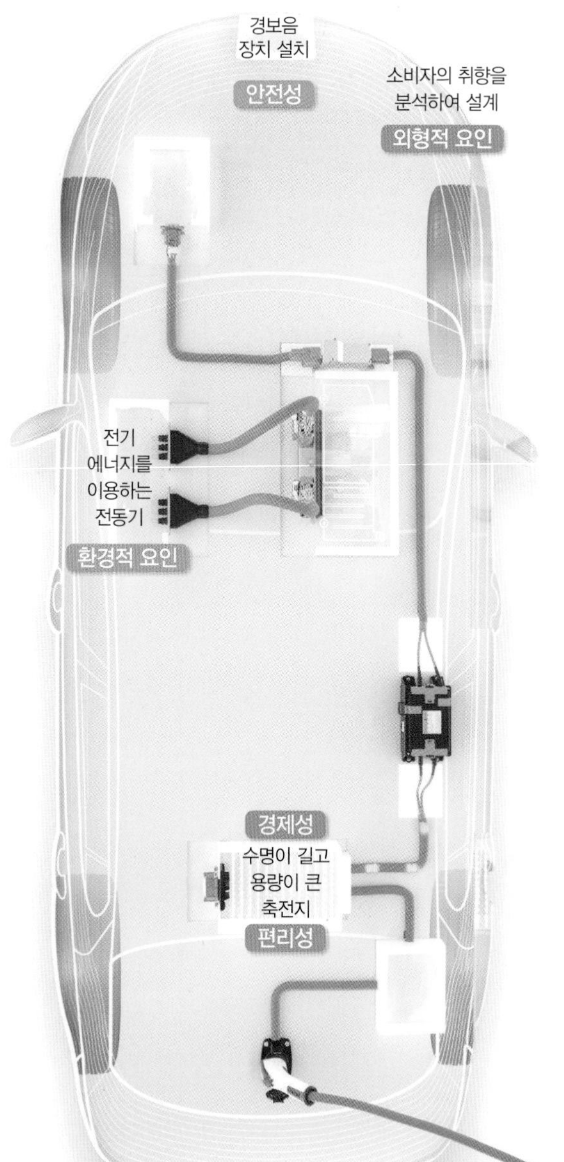

오투

3-2

제대로 된 과학 공부를 원한다면, 오투 ~ !

오투의 '탁월함'은 어떻게 만들어진 것일까?

매해 전국의 기출 문제를 모아 영역별 → 단원별 → 개념별로 세분화하여 오투에 완벽하게 적용한다.

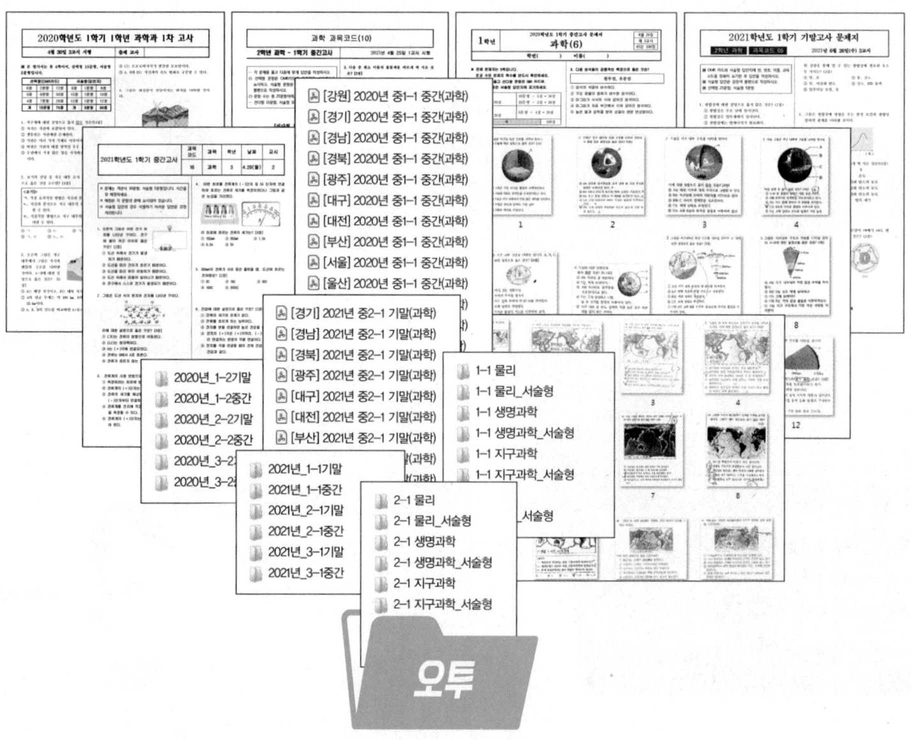

- 기출 문제 분석을 통한 핵심 개념 정리
- 중요하면서 까다로운 주제 도출 및 공략 여기서 잠깐
- 시험에 꼭 나오는 탐구와 탐구 문제 오투실험실
- 자주 나오는 기출 문제 구조화 개념 쏙쏙, 내신 쑥쑥, 실력 탄탄

오투의 완벽한 학습 시스템

1 체계적인 오투 학습을 통해 과학 공부의 즐거움을 경험할 수 있다.

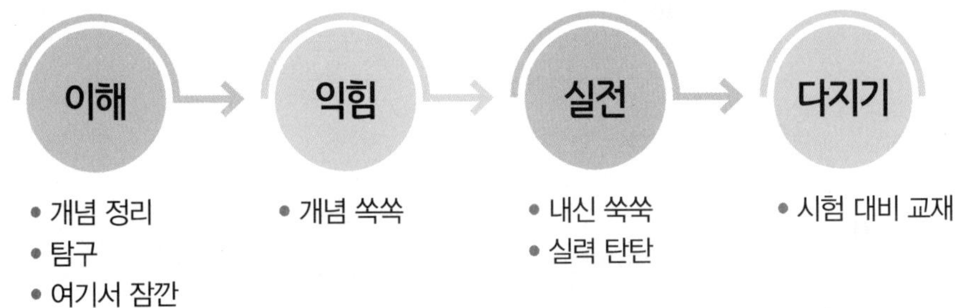

2 오투의 탁월함에 생생함을 더했다. 실험 과정부터 원리 설명까지 실험 속 생생함을 오투실험실에서 경험할 수 있다.

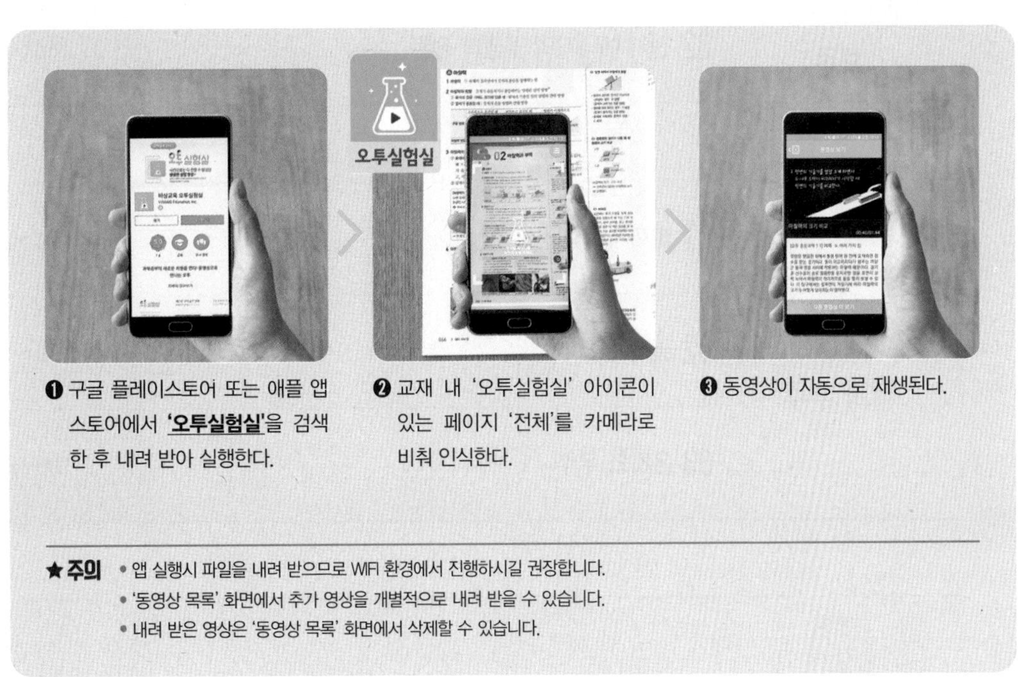

❶ 구글 플레이스토어 또는 애플 앱스토어에서 **'오투실험실'**을 검색한 후 내려 받아 실행한다.

❷ 교재 내 '오투실험실' 아이콘이 있는 페이지 '전체'를 카메라로 비춰 인식한다.

❸ 동영상이 자동으로 재생된다.

★주의
- 앱 실행시 파일을 내려 받으므로 WIFI 환경에서 진행하시길 권장합니다.
- '동영상 목록' 화면에서 추가 영상을 개별적으로 내려 받을 수 있습니다.
- 내려 받은 영상은 '동영상 목록' 화면에서 삭제할 수 있습니다.

오투와 내 교과서 비교하기

아래 표를 어떻게 봐야 할지 모르겠다구?
먼저 내 교과서 출판사명과 시험 범위를 확인하는 거야!
음... 비상교육 교과서 162~169쪽이면 오투 10~23쪽까지를 공부하면 돼.

비상교육	미래엔	천재교과서	동아
162 ~ 169	174 ~ 187	180 ~ 195	168 ~ 181
170 ~ 171	188 ~ 189	196 ~ 201	182 ~ 187
176 ~ 181	190 ~ 197	202 ~ 212	188 ~ 195
182 ~ 189	198 ~ 205	213 ~ 223	196 ~ 205
198 ~ 203	212 ~ 219	230 ~ 233	214 ~ 223
208 ~ 217	220 ~ 235	234 ~ 247	224 ~ 239
226 ~ 229	246 ~ 249	255 ~ 258	249 ~ 251
230 ~ 233	250 ~ 255	259 ~ 263	252 ~ 257
238 ~ 247 252 ~ 257	256 ~ 264 266 ~ 271	264 ~ 267 271 ~ 278	261 ~ 264 266 ~ 272
266 ~ 275	282 ~ 295	286 ~ 295	282 ~ 295

오투의 단원 구성

V 생식과 유전

VI 에너지 전환과 보존

별과 우주

과학기술과 인류 문명

3-1에서 배운 내용

Ⅰ. 화학 반응의 규칙과 에너지 변화	Ⅱ. 기권과 날씨	Ⅲ. 운동과 에너지	Ⅳ. 자극과 반응
01 물질 변화와 화학 반응식	01 기권과 지구 기온	01 운동	01 감각 기관
02 화학 반응의 규칙	02 구름과 강수	02 일과 에너지	02 신경계와 호르몬
03 화학 반응에서의 에너지 출입	03 기압과 바람		
	04 날씨의 변화		

생식과 유전

|다른 학년과의 연계는?|

초등학교 3학년

- 동물의 한살이 : 동물은 태어나서 어린 시절을 거치며 성장하여 자손을 남긴다.

초등학교 4학년

- 식물의 한살이 : 식물은 씨가 싹 트고 자라서 꽃이 피고 열매를 맺어 다시 씨를 만든다.

중학교 3학년

- 생식 : 생물은 체세포 분열을 통해 생장하며, 감수 분열을 통해 생식세포를 만든다. 암수 생식세포가 수정하여 만들어진 수정란이 발생 과정을 거쳐 하나의 개체가 된다.
- 유전 : 혀 말기나 귓불 모양과 같은 형질은 멘델의 유전 원리에 따라 유전된다.

생명과학 Ⅰ

- 생식세포 형성과 유전적 다양성 : 감수 분열 과정과 생식세포의 무작위 수정으로 유전적 다양성이 높아진다.
- 사람의 유전 : 단일 인자 유전과 다인자 유전이 있으며, 염색체나 유전자 이상에 의해 유전병이 나타난다.

이 단원에서는 세포 분열과 사람의 발생, 그리고 유전에 대해 알아본다.
이 단원을 들어가기 전에 이전 학년에서 배운 개념을 확인해 보자.

알고 있나요?

다음 내용에서 필요한 단어를 골라 빈칸을 완성해 보자.

알, 새끼, 한살이, 꼬투리, 열매, 번데기, 꽃

초3

1. 동물의 한살이

① 동물의 ❶□□□ : 동물이 태어나서 성장하여 자손을 남기는 과정

② 배추흰나비의 한살이 : 알, 애벌레, ❷□□□, 어른벌레의 단계를 거치며 자라고, 어른벌레가 된 배추흰나비는 짝짓기를 한 뒤에 ❸□을 낳는다.

③ ❹□을 낳는 동물의 한살이 : 닭, 개구리, 거북, 뱀 등은 ❺□에서 새끼가 나와 자라고, 다 자란 동물은 암수가 짝짓기를 하여 암컷이 알을 낳는다.

④ ❻□□를 낳는 동물의 한살이 : 개, 고양이, 소, 말 등은 ❼□□로 태어나 자라며, 다 자란 동물은 암수가 짝짓기를 하여 암컷이 새끼를 낳는다.

▲ 배추흰나비가 애벌레에서 어른벌레로 변하는 과정

초4

2. 식물의 한살이

① 식물의 ❽□□□ : 씨가 싹 트고 자라서 꽃이 피고 열매를 맺어 다시 씨를 만드는 과정

② 강낭콩의 꽃과 열매 : ❾□이 진 자리에 강낭콩 씨가 여러 개 들어 있는 ❿□□□가 생기고, 시간이 지나면서 ⓫□□□와 함께 씨가 자란다.

③ 한해살이 식물 : 강낭콩, 벼, 옥수수 등은 한 해 동안 살면서 ⓬□□를 맺고 죽는다.

④ 여러해살이 식물 : 감나무, 사과나무, 무궁화 등은 여러 해 동안 죽지 않고 ⓭□□를 맺는 것을 반복하며 살아간다.

▲ 강낭콩의 꽃이 진 자리에 꼬투리가 생겨 자라는 모습

정답 | ❶ 한살이 ❷ 번데기 ❸ 알 ❹ 알 ❺ 알 ❻ 새끼 ❼ 새끼 ❽ 한살이 ❾ 꽃 ❿ 꼬투리 ⓫ 꼬투리 ⓬ 열매 ⓭ 열매

01 세포 분열

A 세포 분열이 필요한 까닭 탐구 a 16쪽

1 세포 분열 세포 한 개가 두 개로 나누어지는 것 ➡ 생물의 몸을 이루는 체세포가 분열하면 세포의 수가 늘어나 생물의 몸집이 커지는 생장이 일어난다.❶

2 세포 분열이 필요한 까닭 세포가 클수록 세포의 부피에 대한 표면적의 비가 작아져 물질 교환에 불리하므로, 세포는 어느 정도 커지면 분열하여 그 수를 늘린다.❷

[세포의 크기가 커질 때 표면적과 부피의 변화 비교]

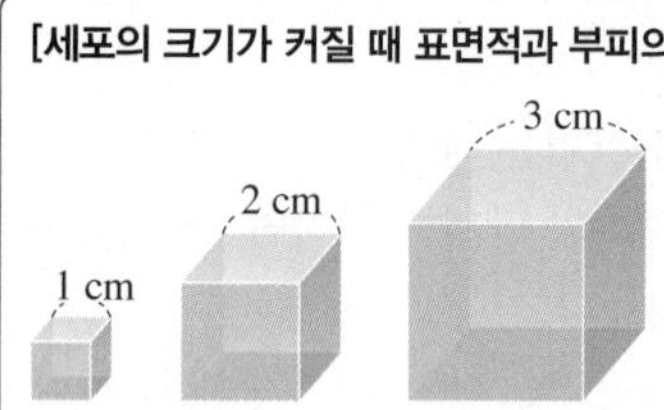

한 변의 길이(cm)	1	2	3
표면적(cm^2)	6	24	54
부피(cm^3)	1	8	27
$\frac{표면적}{부피}$	6	3	2

➡ 세포가 커지면 표면적이 커지는 비율이 부피가 커지는 비율보다 작아 부피에 대한 표면적의 비가 작아진다. ➡ 세포가 클수록 세포 표면을 통한 물질 교환이 불리해진다.

B 염색체

1 염색체 유전 정보를 담아 전달하는 역할을 하는 것으로, DNA와 단백질로 구성된다.❸

① DNA : 유전 물질 ➡ 생물의 특징을 결정하는 여러 유전 정보를 저장하고 있다.

② 유전자 : DNA에서 유전 정보를 저장하고 있는 특정 부위 ➡ 하나의 DNA에는 많은 수의 유전자가 있다.

③ 염색 분체 : 하나의 염색체를 이루는 각각의 가닥 ➡ 유전 정보가 서로 같다.❹

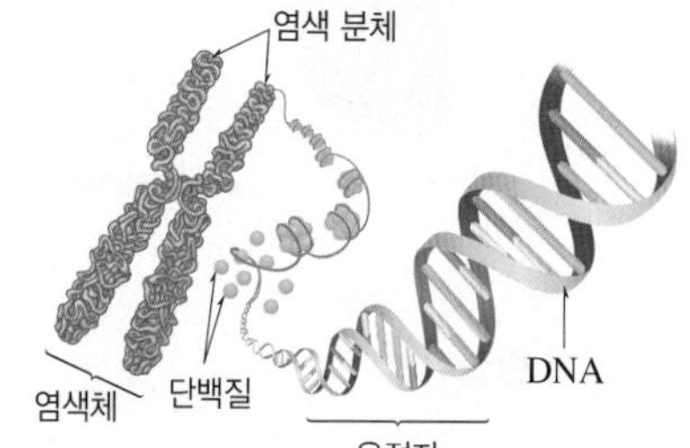

2 사람의 염색체 사람의 체세포에는 46개(상동 염색체 23쌍)의 염색체가 있다.❺

① 상동 염색체 : 체세포에서 쌍을 이루고 있는 크기와 모양이 같은 2개의 염색체 ➡ 하나는 어머니에게서, 다른 하나는 아버지에게서 물려받은 것이다. ➡ 유전 정보가 서로 다르다.

② 상염색체 : 남녀 공통으로 가지는 염색체 ➡ 1~22번 염색체 22쌍

③ 성염색체 : 성을 결정하는 염색체 ➡ X 염색체, Y 염색체

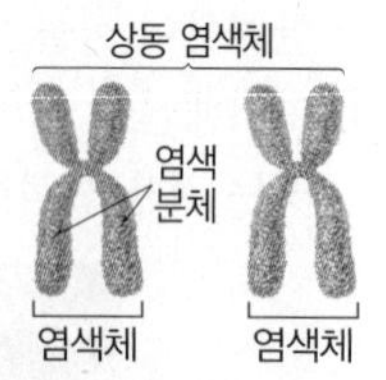

여자의 염색체 구성	남자의 염색체 구성
상동 염색체 / 1 2 3 4 5 / 6 7 8 9 10 11 12 / 13 14 15 16 17 18 / 19 20 21 22 X X / 성염색체 X X	상동 염색체 / 1 2 3 4 5 / 6 7 8 9 10 11 12 / 13 14 15 16 17 18 / 19 20 21 22 X Y / 성염색체 X Y
44(상염색체)+XX(성염색체) ➡ 어머니에게서 22+X, 아버지에게서 22+X를 물려받았다.	44(상염색체)+XY(성염색체) ➡ 어머니에게서 22+X, 아버지에게서 22+Y를 물려받았다.

플러스 강의

❶ 세포 분열과 생장(성장)
생장은 세포의 크기가 커져서가 아니라 세포의 수가 늘어나서 일어난다. ➡ 몸집이 큰 생물은 작은 생물보다 세포의 수가 많으며, 세포의 크기는 거의 비슷하다.

❷ 세포의 물질 교환
세포는 세포 표면을 통해 외부로부터 생명 활동에 필요한 산소와 영양소를 흡수하고, 생명 활동 결과 생긴 노폐물을 내보내는 물질 교환을 한다.

❸ 염색체의 형태
세포가 분열하지 않을 때는 핵 속에 가는 실처럼 풀어져 있다가 세포가 분열하기 시작하면 굵고 짧게 뭉쳐져 막대 모양으로 나타난다.

❹ 세포 분열과 염색체, 염색 분체

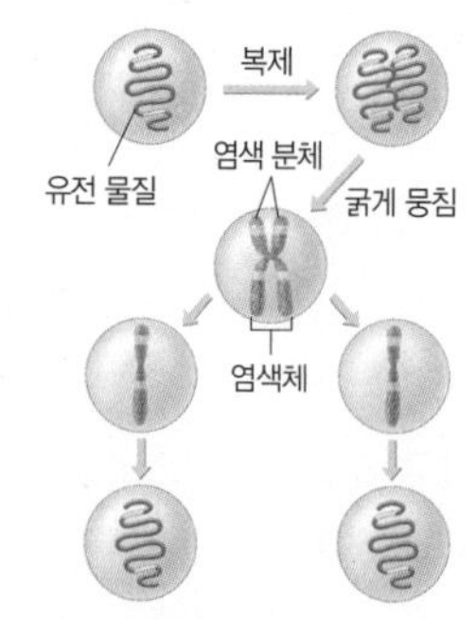

세포가 분열하기 전 DNA가 복제되므로 세포 분열이 시작될 때 염색체는 두 가닥의 염색 분체로 되어 있고, 염색 분체는 유전 정보가 서로 같다. 세포가 분열하면서 두 가닥의 염색 분체는 2개의 세포로 나뉘어 들어간다.

❺ 생물의 염색체 수

완두	14개	소나무	24개
사람	46개	초파리	8개
개	78개	침팬지	48개

- 체세포에 들어 있는 염색체 수와 모양은 생물의 종에 따라 다르고, 같은 종의 생물에서는 모두 같다. ➡ 생물 종을 판단할 수 있는 고유한 특징
- 고등한 생물일수록 염색체 수가 많은 것은 아니다.

A 세포 분열이 필요한 까닭

- □□ □□ : 세포 한 개가 두 개로 나누어지는 것
- 세포 분열이 필요한 까닭 : 세포의 크기가 클수록 세포의 부피에 대한 표면적의 비가 작아져 □□ □□에 불리하기 때문

B 염색체

- 염색체 : 유전 물질인 □□□와 단백질로 구성된다.
- □□ 염색체 : 체세포에서 쌍을 이루고 있는 크기와 모양이 같은 2개의 염색체
- □염색체 : 남녀 공통으로 가지는 염색체
- □염색체 : 성을 결정하는 염색체

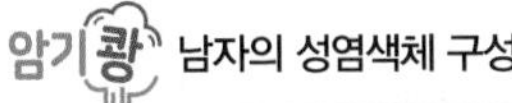

Y 염색체는 남자에게만 있다.
남자는 Y셔츠!
염색체
훗

1 다음은 세포 분열이 필요한 까닭을 설명한 것이다. ( ) 안에 알맞은 말을 고르시오.

> 세포가 클수록 세포의 부피에 대한 표면적의 비가 ㉠(작아, 커)져 물질 교환에 불리하므로, 세포는 어느 정도 커지면 분열하여 그 ㉡(수, 크기)를 늘린다.

2 오른쪽 그림은 염색체의 구조를 나타낸 것이다. 각 설명에 해당하는 부분의 기호와 이름을 쓰시오.

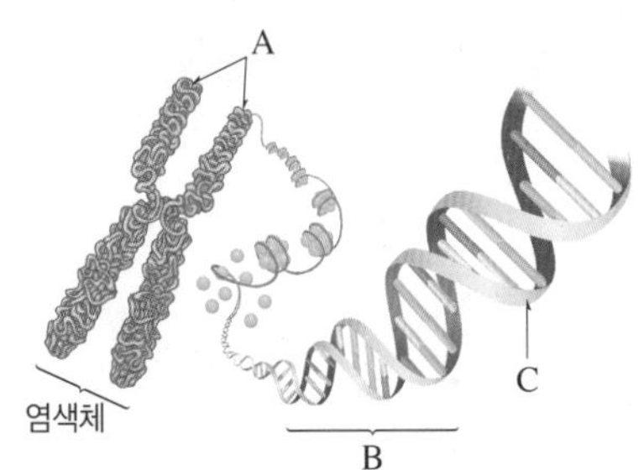

(1) 염색체를 구성하는 유전 물질

(2) 하나의 염색체를 이루는 각각의 가닥

(3) 유전 물질에서 유전 정보를 저장하고 있는 특정 부위

3 염색체에 대한 설명으로 옳은 것은 ○, 옳지 않은 것은 ×로 표시하시오.

(1) 염색체 수와 모양은 생물의 종에 따라 다르다. ( )

(2) 하나의 염색체를 이루는 두 염색 분체는 유전 정보가 서로 다르다. ( )

(3) 상동 염색체는 어머니와 아버지에게서 각각 하나씩 물려받은 것이다. ( )

(4) 한 생물의 체세포에 들어 있는 염색체 수와 모양은 몸의 부위에 따라 다르다. ( )

4 그림은 남자와 여자의 염색체 구성을 순서 없이 나타낸 것이다. ( ) 안에 알맞은 말을 쓰거나 고르시오.

(가)

(나)

(1) 사람의 체세포에 들어 있는 총 염색체 수는 ( )개이다.

(2) 상염색체는 ㉠( )쌍이고, 성염색체는 ㉡( )쌍이다.

(3) 남자의 성염색체 구성은 ㉠(XX, XY)이고, 여자의 성염색체 구성은 ㉡(XX, XY)이다.

(4) (가)는 (남자, 여자)의 염색체 구성을 나타낸 것이다.

(5) 남자는 (아버지, 어머니)에게서 Y 염색체를 물려받았다.

C 체세포 분열 탐구 b 17쪽

1 체세포 분열 체세포 한 개가 두 개로 나누어지는 것[1]

화보 5.1

2 체세포 분열 과정 세포는 분열 전 간기에 유전 물질을 복제하고, 분열이 시작되면 핵분열과 세포질 분열을 한다.[2]

① 핵분열 : 염색체의 모양과 행동에 따라 전기, 중기, 후기, 말기로 구분한다.

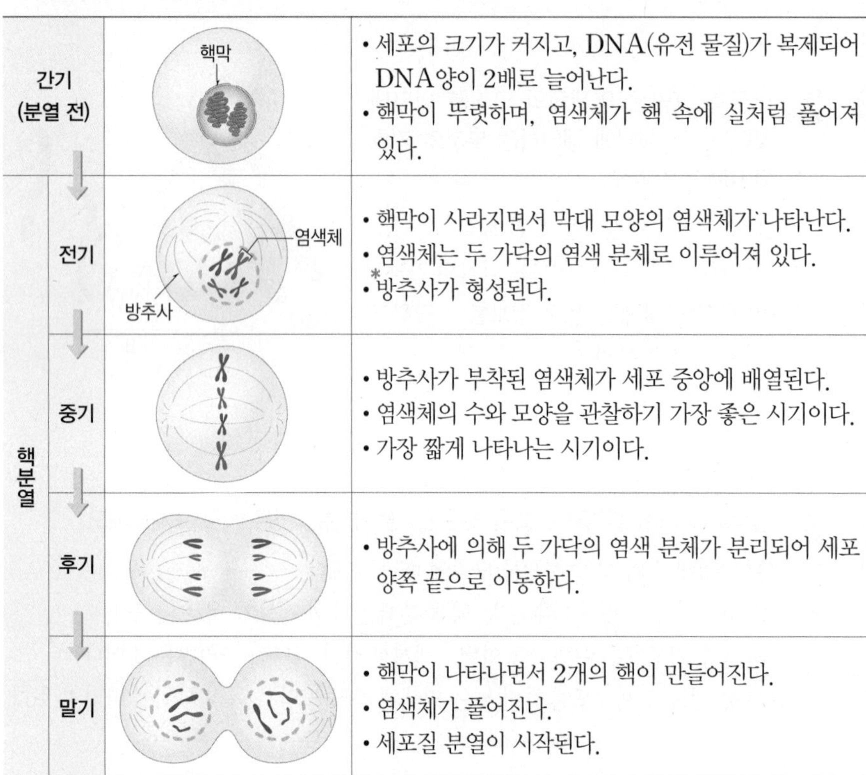

구분		특징
간기 (분열 전)		• 세포의 크기가 커지고, DNA(유전 물질)가 복제되어 DNA양이 2배로 늘어난다. • 핵막이 뚜렷하며, 염색체가 핵 속에 실처럼 풀어져 있다.
핵분열	전기	• 핵막이 사라지면서 막대 모양의 염색체가 나타난다. • 염색체는 두 가닥의 염색 분체로 이루어져 있다. • 방추사*가 형성된다.
	중기	• 방추사가 부착된 염색체가 세포 중앙에 배열된다. • 염색체의 수와 모양을 관찰하기 가장 좋은 시기이다. • 가장 짧게 나타나는 시기이다.
	후기	• 방추사에 의해 두 가닥의 염색 분체가 분리되어 세포 양쪽 끝으로 이동한다.
	말기	• 핵막이 나타나면서 2개의 핵이 만들어진다. • 염색체가 풀어진다. • 세포질 분열이 시작된다.

② 세포질 분열 : 동물 세포와 식물 세포에서 다르게 나타난다.

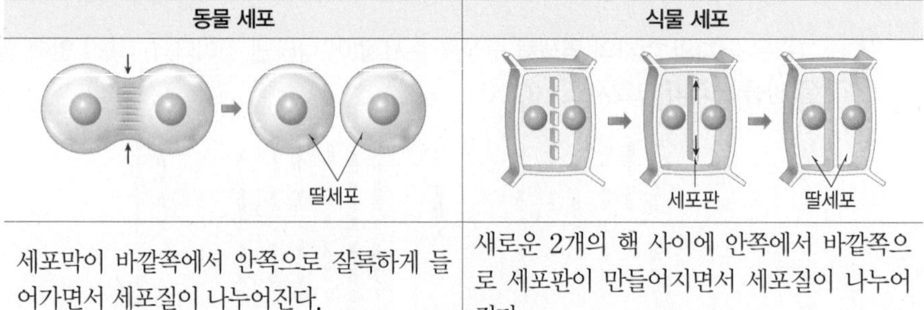

동물 세포	식물 세포
세포막이 바깥쪽에서 안쪽으로 잘록하게 들어가면서 세포질이 나누어진다.	새로운 2개의 핵 사이에 안쪽에서 바깥쪽으로 세포판이 만들어지면서 세포질이 나누어진다.

③ 딸세포 형성 : 모세포와 유전 정보, 염색체의 수와 모양이 같은 2개의 딸세포가 만들어진다. ➡ 딸세포는 어느 정도 커지면 체세포 분열을 반복한다.[3]

3 체세포 분열 결과[4]

① 생장 : 세포 수가 늘어나 몸집이 커진다. 예 성장기에 키가 자란다.

② 재생 : 새로운 세포를 만들어 상처를 아물게 한다. 예 꼬리가 잘린 도마뱀에서 꼬리가 새로 자란다.

플러스 강의

❶ 체세포 분열 장소
- 동물 : 몸 전체에서 체세포 분열이 일어나 생장한다.
- 식물 : 생장점, 형성층과 같은 특정 부위에서 체세포 분열이 활발하게 일어나 생장한다.

❷ 세포 주기 내 교과서 확인 | 동아

세포 분열을 마친 세포가 자라서 다시 세포 분열을 마치기까지의 과정으로, 간기와 분열기로 구분된다.
- 간기 : 세포가 생장하고 다음 세포 분열을 준비하는 시기 ➡ 세포 주기의 대부분을 차지한다.
- 분열기 : 세포가 분열하여 딸세포가 형성되는 시기

❸ 모세포와 딸세포
- 모세포 : 세포 분열이 일어나기 전의 세포
- 딸세포 : 세포 분열 결과 새로 만들어진 세포

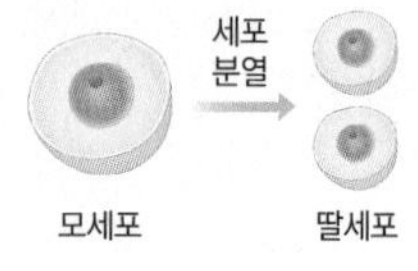

내 교과서 확인 | 천재

❹ 체세포 분열과 번식

하나의 세포로 구성된 단세포 생물의 경우에는 체세포 분열로 생긴 딸세포가 새로운 개체가 된다.
예 아메바, 짚신벌레

용어 돋보기

* **방추사(紡 길쌈, 錘 저울, 絲 실)**_염색체를 세포의 양쪽 끝으로 끌고 가는 얇은 실 모양의 구조물

C 체세포 분열

- □□ : 세포의 크기가 커지고, 유전 물질이 복제되는 시기
- 핵분열
  - □□ : 핵막이 사라지고, 막대 모양의 염색체가 나타나는 시기
  - □□ : 염색체가 세포 중앙에 배열되는 시기
  - □□ : 염색 분체가 분리되어 세포 양쪽 끝으로 이동하는 시기
  - □□ : 핵막이 나타나고, 염색체가 풀어지는 시기
- 세포질 분열 : □□ 세포는 안쪽에서 바깥쪽으로 세포판이 만들어지고, □□ 세포는 세포막이 바깥쪽에서 안쪽으로 들어간다.

암기 쾅
체세포 분열

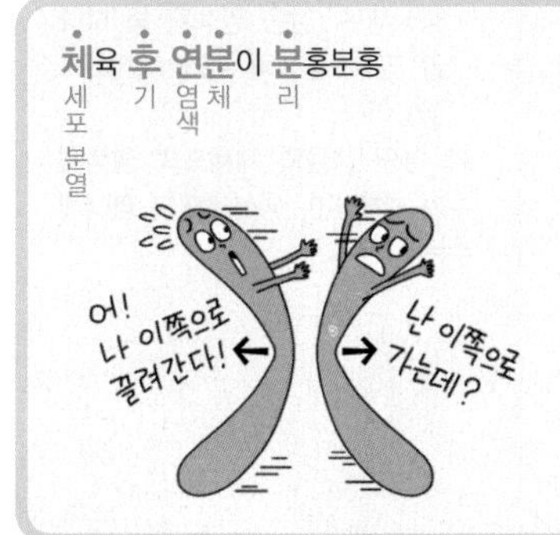
체육 후 연분이 분홍분홍
세포분열 기 염색체 리
어! 나 이쪽으로 끌려간다!
난 이쪽으로 가는데?

C

[5~8] 그림은 체세포 분열이 일어나는 과정을 순서 없이 나타낸 것이다.

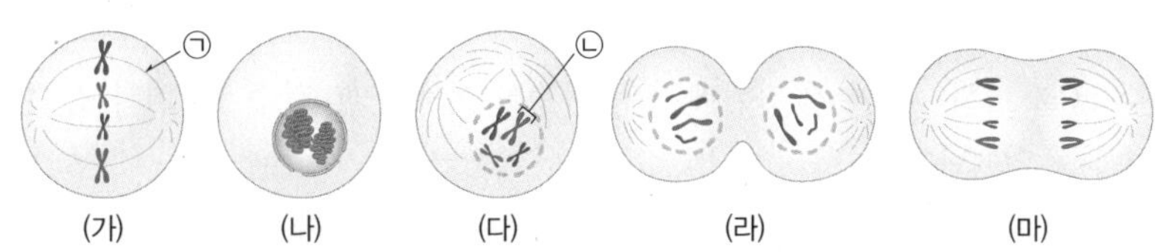
㉠
㉡
(가)
(나)
(다)
(라)
(마)

5 ㉠과 ㉡의 이름을 쓰시오.

6 (가)~(마)에 해당하는 시기의 이름을 쓰시오.

7 분열 과정을 간기부터 순서대로 나열하시오.

8 각 설명에 해당하는 시기의 기호를 쓰시오.

(1) 유전 물질이 복제되는 시기 : ____________

(2) 막대 모양의 염색체가 처음 나타나는 시기 : ____________

(3) 염색체의 수와 모양을 관찰하기 가장 좋은 시기 : ____________

9 오른쪽 그림은 식물 세포와 동물 세포에서 세포질 분열이 일어나는 모습을 순서 없이 나타낸 것이다. (가)와 (나)는 각각 어떤 세포에 해당하는지 쓰시오.

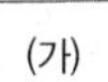
(가)

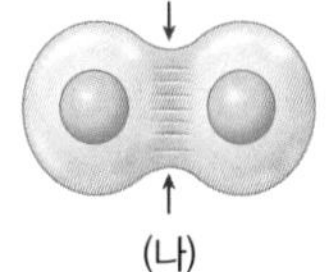
(나)

10 체세포 분열에 대한 설명으로 옳은 것은 ○, 옳지 않은 것은 ×로 표시하시오.

(1) 분열 결과 2개의 딸세포가 만들어진다. ………… (　　)

(2) 상처 부위가 아물 때 체세포 분열이 일어난다. ………… (　　)

(3) 세포의 크기에 따라 전기, 중기, 후기, 말기로 구분한다. ………… (　　)

(4) 상동 염색체가 분리되어 서로 다른 딸세포로 들어간다. ………… (　　)

(5) 분열 결과 만들어진 딸세포는 모세포와 유전 정보, 염색체의 수와 모양이 같다. ………… (　　)

D 감수 분열(생식세포 분열)

1 감수 분열 생식세포가 만들어질 때 일어나는 세포 분열❶❷

2 감수 분열 과정 분열 전 간기에 유전 물질이 복제된 후 감수 1분열과 감수 2분열이 연속해서 일어난다.

① 감수 1분열 : 상동 염색체가 분리된다. ➡ 분열 후 염색체 수가 절반이 된다.

전기	중기	후기	말기 및 세포질 분열
2가 염색체		상동 염색체 분리	
• 핵막이 사라진다. • 상동 염색체가 결합한 2가 염색체가 나타난다.❸	2가 염색체가 세포 중앙에 배열된다.	상동 염색체가 분리되고, 각 염색체가 세포 양쪽 끝으로 이동한다.	• 핵막이 나타난다. • 세포질이 나누어져 2개의 딸세포가 만들어진다.

② 감수 2분열 : 염색 분체가 분리된다. ➡ 분열 후 염색체 수가 변하지 않는다.

전기	중기	후기	말기 및 세포질 분열
		염색 분체 분리	
• 유전 물질의 복제 없이 감수 2분열 전기가 시작된다. • 핵막이 사라진다.	염색체가 세포 중앙에 배열된다.	두 가닥의 염색 분체가 분리되어 세포 양쪽 끝으로 이동한다.	• 핵막이 나타나고, 염색체가 풀어진다. • 세포질이 나누어져 4개의 딸세포가 만들어진다.

③ 딸세포 형성 : 염색체 수가 모세포의 절반인 4개의 딸세포가 만들어진다.

3 감수 분열 결과 염색체 수가 체세포의 절반인 생식세포가 만들어진다.❹

4 체세포 분열과 감수 분열 비교❺ 여기서 잠깐 18쪽

구분	체세포 분열	감수 분열
분열 횟수	1회	연속 2회
딸세포 수	2개	4개
2가 염색체	형성되지 않는다.	형성된다.
염색체 수 변화	변화 없다.	절반으로 줄어든다.
	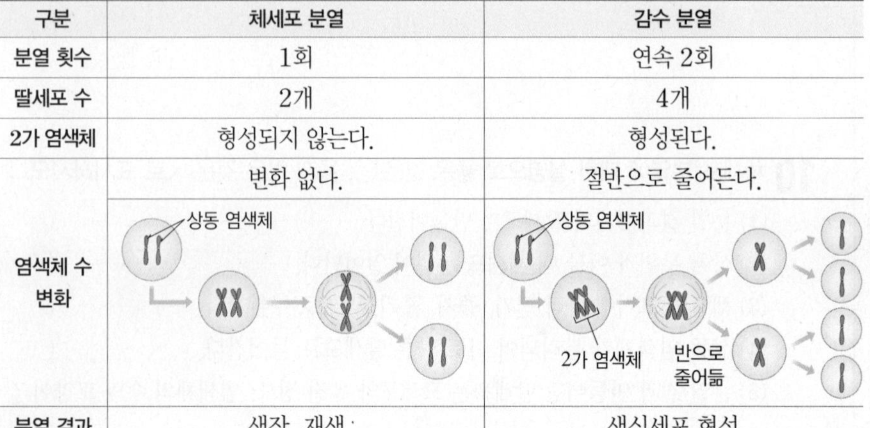	
분열 결과	생장, 재생	생식세포 형성

플러스 강의

❶ 생식과 생식세포
생물이 살아 있는 동안 자신과 닮은 자손을 만드는 것을 생식이라고 하며, 동물은 정자와 난자 같은 생식세포를 만들어 생식을 한다.

❷ 감수 분열 장소

식물	• 밑씨 : 난세포 생성 • 꽃밥 : 꽃가루 생성
동물	• 난소 : 난자 생성 • 정소 : 정자 생성

❸ 2가 염색체
상동 염색체가 결합한 것으로, 체세포 분열에서는 나타나지 않고 감수 분열에서만 나타난다.

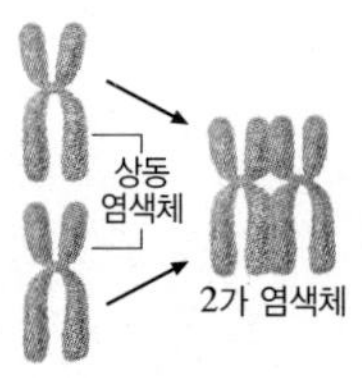

❹ 감수 분열의 의의
감수 분열로 만들어진 생식세포의 염색체 수가 체세포의 절반이기 때문에 부모의 생식세포가 결합하여 생긴 자손의 염색체 수는 부모와 같다. ➡ 세대를 거듭해도 자손의 염색체 수가 항상 일정하게 유지된다.

❺ 체세포와 생식세포의 염색체 구성 비교
• 체세포 : 상동 염색체가 쌍으로 있다.
• 생식세포 : 상동 염색체 중 하나만 있고, 염색체 수가 체세포의 절반이다.

예 어떤 생물의 체세포의 염색체 수가 6개라면, 생식세포의 염색체 수는 3개이다.

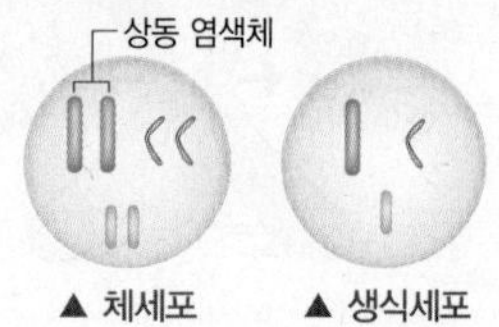

▲ 체세포 ▲ 생식세포

● 정답과 해설 2쪽

더 풀어보고 싶다면? **시험 대비 교재** 4쪽 | 계산력·암기력 강화 문제

D 감수 분열(생식세포 분열)

- □□ □□ : 생식세포가 만들어질 때 일어나는 세포 분열
- □□ □□□ : 상동 염색체가 결합한 것으로, 체세포 분열에서는 나타나지 않고 감수 분열에서만 나타난다.
- 감수 1분열 : □□ □□□가 분리되어 각각의 딸세포로 들어간다.
- 감수 2분열 : □□ □□가 분리되어 각각의 딸세포로 들어간다.
- 염색체 수가 절반으로 줄어드는 시기는 감수 □분열이다.

암기광 전기와 중기 세포에서 세포 분열 구별하기

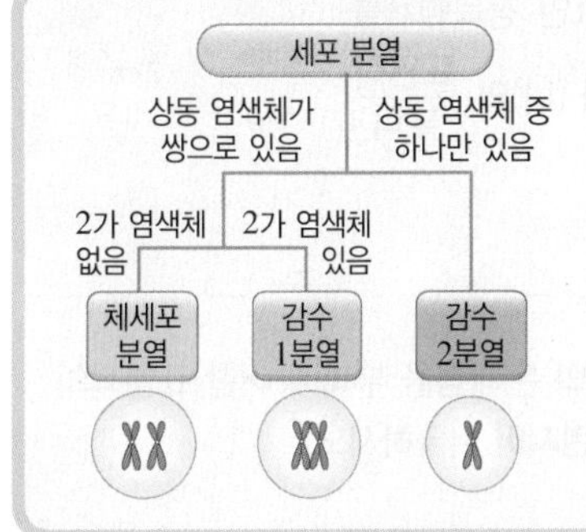

D

[11~12] 그림은 감수 분열 과정 중 일부를 순서 없이 나타낸 것이다.

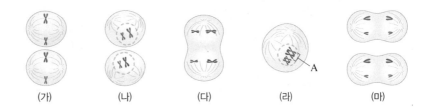

(가)

(나)

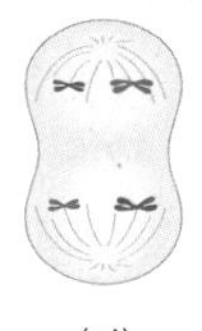

(다)

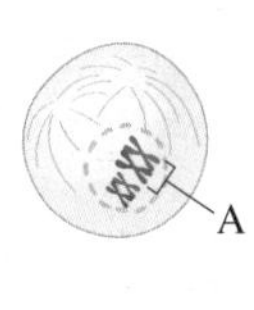

(라)

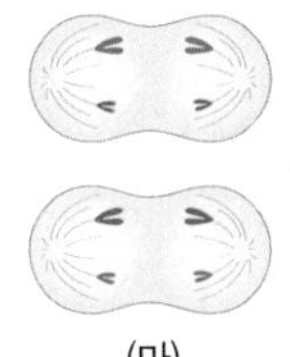

(마)

11 A의 이름을 쓰시오.

12 (가)~(마)를 순서대로 나열하시오.

13 그림은 감수 분열 과정을 나타낸 것이다. 각 설명에 해당하는 시기의 기호를 쓰시오.

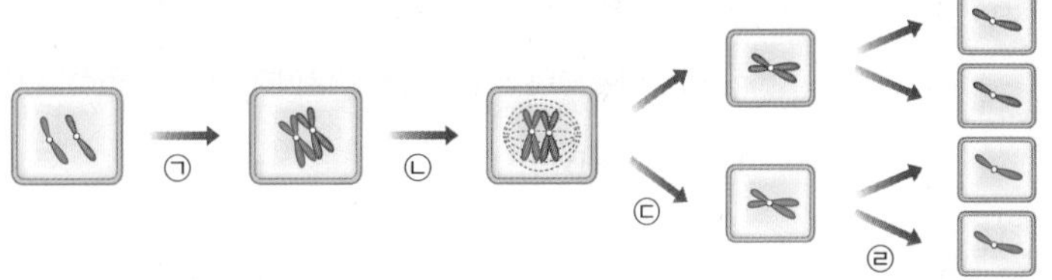

(1) DNA가 복제되는 시기 : ________________

(2) 염색 분체가 분리되는 시기 : ________________

(3) 염색체 수가 절반으로 줄어드는 시기 : ________________

14 감수 분열에 대한 설명으로 옳은 것은 ○, 옳지 않은 것은 ×로 표시하시오.

(1) 2가 염색체는 감수 2분열 전기에 처음 나타난다. ( )

(2) 감수 1분열과 감수 2분열 전에 각각 DNA가 복제된다. ( )

(3) 감수 1분열에서 상동 염색체가 분리되어 각각의 딸세포로 들어간다. ( )

(4) 감수 분열 결과 염색체 수가 체세포의 절반인 생식세포가 만들어진다. ( )

15 표는 체세포 분열과 감수 분열을 비교하여 나타낸 것이다. ( ) 안에 알맞은 말을 고르시오.

구분	체세포 분열	감수 분열
분열 횟수	㉠(1회, 2회)	㉡(1회, 2회)
염색체 수 변화	㉢(절반으로 줄어든다, 변화 없다).	㉣(절반으로 줄어든다, 변화 없다).
딸세포 수	㉤(2개, 4개)	㉥(2개, 4개)

탐구 a 세포의 표면적과 부피 사이의 관계

이 탐구에서는 세포의 표면적과 부피 사이의 관계를 바탕으로 세포 분열이 필요한 까닭을 이해한다.

● 정답과 해설 3쪽

과정 & 결과

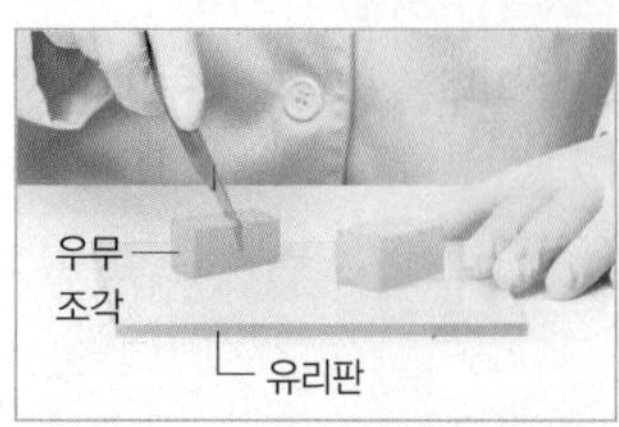

❶ 가로 4 cm, 세로 2 cm, 높이 2 cm인 직육면체 모양의 우무 조각 2개 중 1개만 가운데를 잘라 정육면체 모양의 조각 2개를 만든다.

❷ 식용 색소 용액이 담긴 비커에 과정 ❶의 우무 조각을 모두 넣었다가 잠시 후 꺼내어 증류수로 씻고, 가운데를 잘라 단면을 관찰한다.

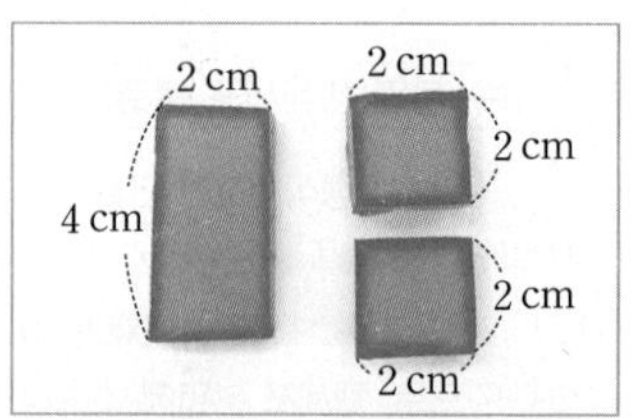

결과 큰 우무 조각보다 작은 우무 조각 2개가 식용 색소에 물든 면적이 더 크다.

해석

• 큰 우무 조각을 작은 우무 조각 2개로 자르면 잘린 면만큼 표면적이 늘어난다.
➡ 큰 우무 조각의 부피는 작은 우무 조각 2개의 전체 부피와 같지만, 큰 우무 조각의 표면적은 작은 우무 조각 2개의 전체 표면적보다 작다.

구분	큰 우무 조각	작은 우무 조각 2개
표면적(cm^2)	$(4\times2\times4)+(2\times2\times2)=40$	$(2\times2\times6)\times2=48$
부피(cm^3)	$4\times2\times2=16$	$(2\times2\times2)\times2=16$
$\frac{표면적}{부피}$	$\frac{40}{16}=\frac{5}{2}$	$\frac{48}{16}=\frac{6}{2}$

• 우무 조각을 세포라고 하고, 식용 색소를 영양소라고 할 때, 세포가 커지면 표면적이 커지는 비율이 부피가 커지는 비율보다 작기 때문에 부피에 대한 표면적의 비$\left(\frac{표면적}{부피}\right)$가 작아져 세포에 필요한 영양소를 흡수하는 데 불리하다.

정리

물질 교환은 세포 표면을 통해 일어나므로 세포의 부피에 대한 표면적의 비가 (커, 작아)야 물질 교환이 효율적으로 일어난다. 따라서 세포는 어느 정도 커지면 분열하여 세포의 수를 늘린다.

이렇게도 실험해요 내 교과서 확인 | 동아

|과정| 페놀프탈레인 용액을 넣어 만든 한 변이 2 cm인 우무 조각 두 개를 준비하여 한 개는 그대로 두고(A), 한 개만 한 변이 1 cm가 되도록 8등분한다(B). A와 B를 4 % 수산화 나트륨 수용액에 넣고 잠시 후 꺼내어 반으로 잘라 단면을 관찰한다.

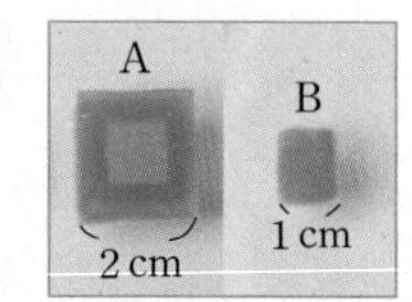

|결과| A와 B에서 붉은색이 퍼지는 속도는 같지만, A는 겉부분만 붉은색으로 변하고 B는 중심까지 붉은색으로 변하였다. ➡ 세포가 클수록 필요한 물질이 세포의 중심까지 이동하기 어렵다.

확인 문제

01 위 실험에 대한 설명으로 옳은 것은 ○, 옳지 않은 것은 ×로 표시하시오.

(1) 작은 우무 조각 2개가 큰 우무 조각보다 식용 색소에 물든 면적이 더 크다. ( )

(2) 작은 우무 조각 2개는 큰 우무 조각보다 부피와 표면적이 모두 크다. ( )

(3) 작은 우무 조각 2개가 큰 우무 조각보다 $\frac{표면적}{부피}$이 크다. ( )

02 오른쪽 그림은 각각 한 변이 1 cm인 정육면체와 2 cm인 정육면체를 나타낸 것이다. (가)와 (나)의 $\frac{표면적}{부피}$ 값을 구하시오.

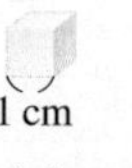
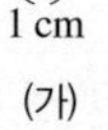

03 세포가 계속 커질 때의 문제점을 부피에 대한 표면적의 비 및 물질 교환과 관련지어 서술하시오.

탐구 b 체세포 분열 관찰

이 탐구에서는 양파 뿌리 끝을 이용하여 체세포 분열이 일어나는 동안 염색체의 모양과 행동을 관찰한다.

● 정답과 해설 3쪽

과정

페이지를 인식하세요!

❶ 물이 담긴 비커에 양파의 아랫부분만 잠기게 하여 뿌리를 기른 후, 뿌리 끝을 1 cm 정도 자른다.

양파의 뿌리 끝을 사용하는 까닭 뿌리 끝에 체세포 분열이 활발하게 일어나는 생장점이 있기 때문

❷ 양파 뿌리 조각을 에탄올과 아세트산을 3 : 1로 섞은 용액에 하루 정도 담가 둔다.

고정 세포가 생명 활동(세포 분열)을 멈추고 살아 있을 때의 모습을 유지하도록 하는 과정

❸ 뿌리 조각을 묽은 염산에 넣어 55 ℃~60 ℃의 온도로 물중탕을 한 다음, 증류수로 씻는다.

해리 세포가 잘 분리되도록 조직을 연하게 하는 과정

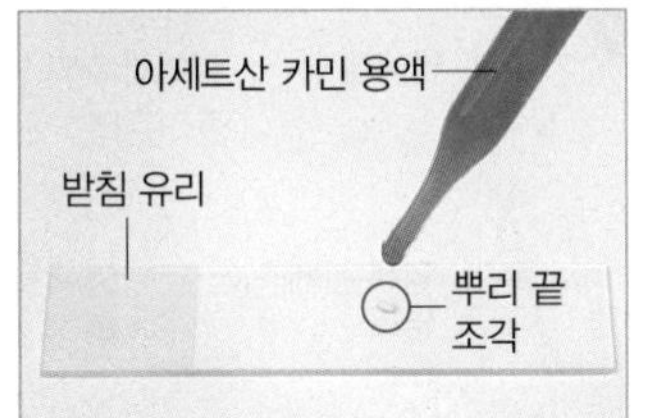

❹ 뿌리 조각의 끝부분을 약 2 mm로 자르고, 아세트산 카민 용액을 떨어뜨린다.

염색 아세트산 카민 용액으로 핵과 염색체를 붉게 염색하는 과정

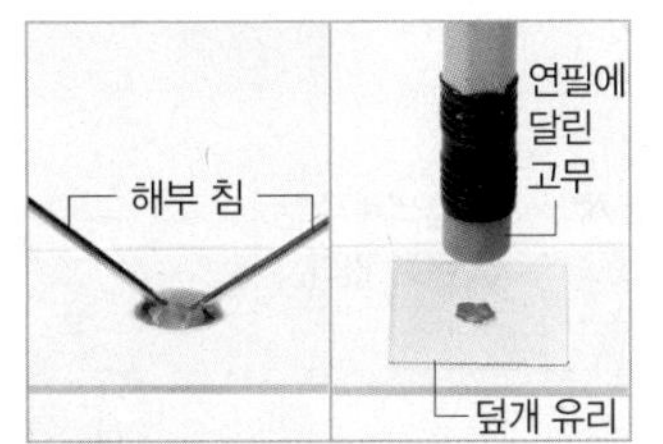

❺ 뿌리 끝 조각을 해부 침으로 잘게 찢은 후, 덮개 유리를 덮고 연필에 달린 고무로 가볍게 두드린다.

분리 세포들이 뭉치지 않게 떼어 내어 한 층으로 얇게 펴는 과정

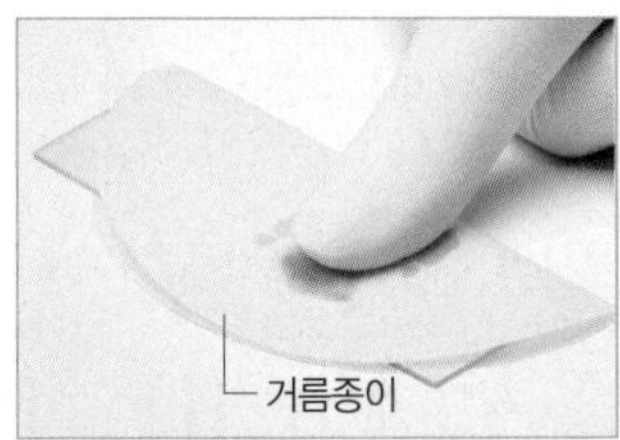

❻ 현미경 표본을 거름종이로 덮고 손가락으로 지그시 눌러 여분의 용액을 제거한 후 현미경으로 관찰한다.

∷ 유의점

아세트산 카민 용액 대신 아세트올세인 용액을 사용하기도 한다.

결과 & 해석

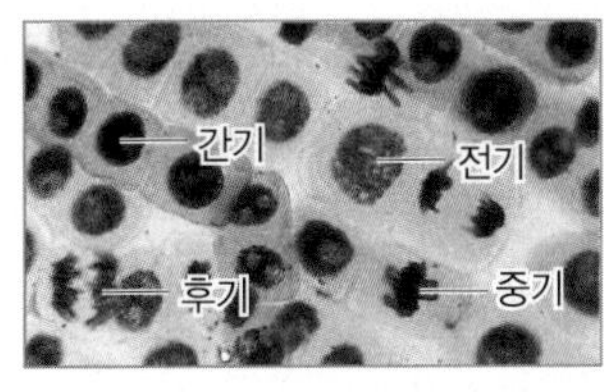

- 염색체의 모양과 행동에 따라 체세포 분열 단계를 구분할 수 있다.
- 간기의 세포가 분열 중인 세포보다 더 많이 관찰된다. ➡ 간기가 세포 주기의 대부분을 차지하기 때문
- 분열을 막 끝낸 세포는 분열 전의 세포에 비해 크기가 작다.

정리

1. 양파의 뿌리 끝 생장점에서는 ㉠(　　　) 분열이 일어난다.
2. 체세포 분열 관찰은 '고정 → ㉡(　　　) → 염색 → 분리' 순서로 진행된다.

확인 문제

01 위 실험에 대한 설명으로 옳은 것은 ○, 옳지 않은 것은 ×로 표시하시오.

(1) 양파의 뿌리 끝에서는 감수 분열이 일어난다. (　　　)

(2) 가장 많이 관찰되는 세포는 중기의 세포이다. (　　　)

(3) 세포가 잘 분리되도록 조직을 연하게 하는 과정을 해리라고 한다. (　　　)

(4) 아세트산 카민 용액을 떨어뜨리는 까닭은 세포질을 붉게 염색하기 위해서이다. (　　　)

02 세포가 생명 활동을 멈추고 살아 있을 때의 모습을 유지하도록 하는 과정을 무엇이라고 하는지 쓰시오.

03 위 실험의 재료로 양파의 뿌리 끝을 사용하는 까닭을 서술하시오.

체세포 분열과 감수 분열은 일어나는 과정이 다르고, 그 결과 만들어지는 딸세포의 염색체 구성도 다릅니다. 체세포 분열과 감수 분열 결과 만들어지는 딸세포를 찾는 문제가 자주 출제되고 있으니 여기서 잠깐에서 연습해 봅시다.

● 정답과 해설 3쪽

체세포 분열과 감수 분열 결과 만들어지는 딸세포

체세포 분열 과정과 감수 분열 과정 비교하기

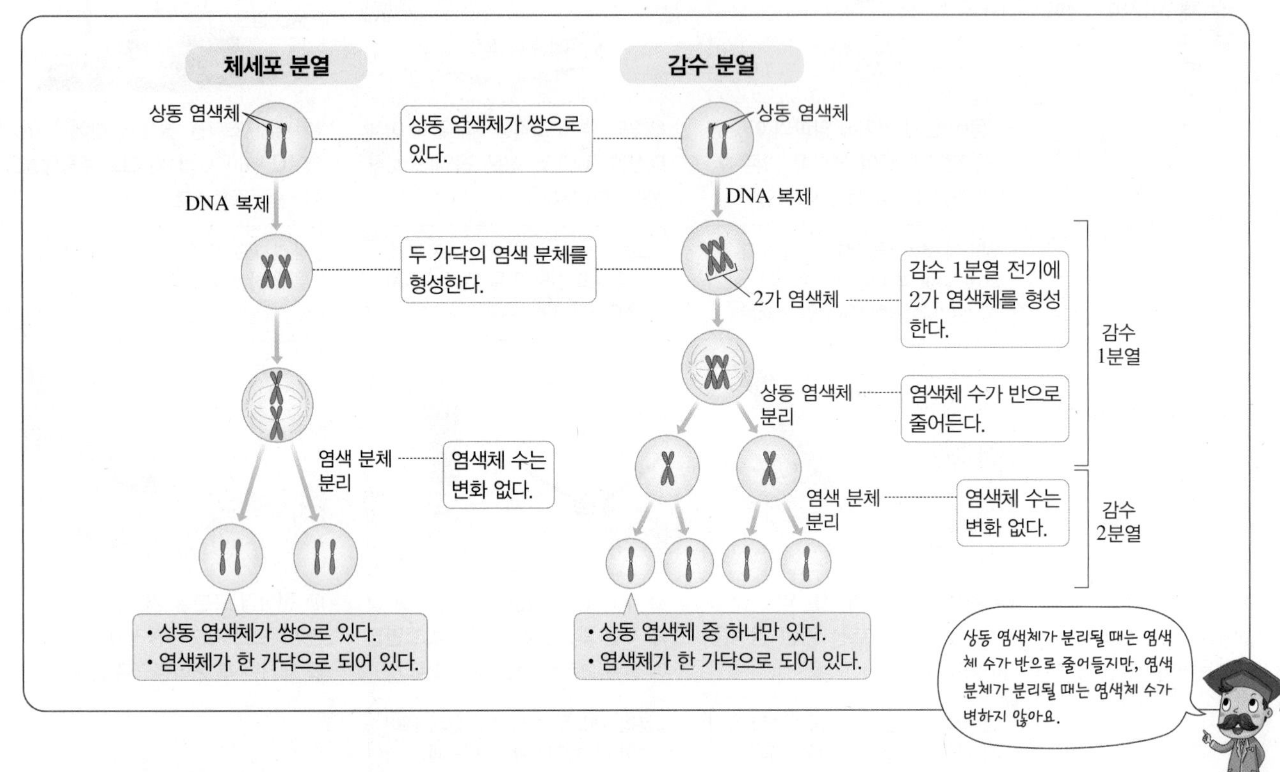

세포 분열 결과 만들어지는 딸세포 찾기

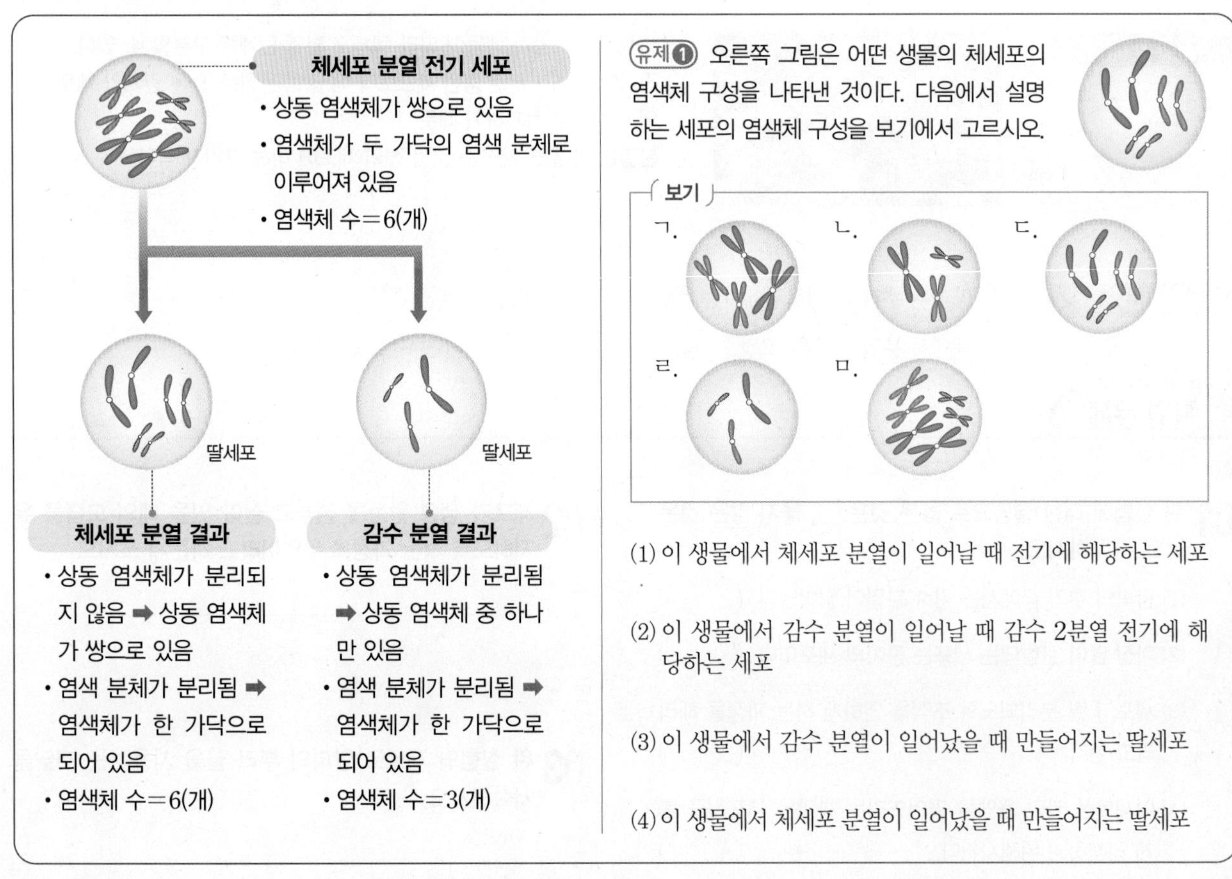

체세포 분열 전기 세포
• 상동 염색체가 쌍으로 있음
• 염색체가 두 가닥의 염색 분체로 이루어져 있음
• 염색체 수=6(개)
딸세포
딸세포
체세포 분열 결과
• 상동 염색체가 분리되지 않음 ➡ 상동 염색체가 쌍으로 있음
• 염색 분체가 분리됨 ➡ 염색체가 한 가닥으로 되어 있음
• 염색체 수=6(개)
감수 분열 결과
• 상동 염색체가 분리됨 ➡ 상동 염색체 중 하나만 있음
• 염색 분체가 분리됨 ➡ 염색체가 한 가닥으로 되어 있음
• 염색체 수=3(개)
보기
ㄱ.
ㄴ.
ㄷ.
ㄹ.
ㅁ.

유제 1 오른쪽 그림은 어떤 생물의 체세포의 염색체 구성을 나타낸 것이다. 다음에서 설명하는 세포의 염색체 구성을 보기에서 고르시오.

(1) 이 생물에서 체세포 분열이 일어날 때 전기에 해당하는 세포

(2) 이 생물에서 감수 분열이 일어날 때 감수 2분열 전기에 해당하는 세포

(3) 이 생물에서 감수 분열이 일어났을 때 만들어지는 딸세포

(4) 이 생물에서 체세포 분열이 일어났을 때 만들어지는 딸세포

전국 주요 학교의 **시험에 가장 많이 나오는 문제**들로만 구성하였습니다.
모든 친구들이 '꼭' 봐야 하는 코너입니다.

● 정답과 해설 3쪽

A 세포 분열이 필요한 까닭

01 세포 분열과 생장에 대한 설명으로 옳은 것은?

① 생물은 체세포 분열을 통해 생장한다.
② 생물이 생장할 때 세포의 수는 줄어든다.
③ 생물이 생장할 때 세포의 크기는 계속 커진다.
④ 생물이 생장할 때 세포 안의 염색체 수는 늘어난다.
⑤ 몸집이 큰 동물은 몸집이 작은 동물보다 세포의 크기가 크다.

02 세포 분열이 필요한 까닭으로 옳은 것은?

① 세포가 커지면 핵의 크기가 커지기 때문에
② 세포가 커지면 염색체 수가 늘어나기 때문에
③ 세포가 커지면 물질 교환에 불리하기 때문에
④ 세포가 커지면 염색체의 크기가 커지기 때문에
⑤ 세포가 커지면 표면적이 커지는 비율이 부피가 커지는 비율보다 크기 때문에

중요 탐구 a 16쪽

03 다음은 한 변이 각각 1 cm, 2 cm, 3 cm인 정육면체의 표면적과 부피를 나타낸 것이다.

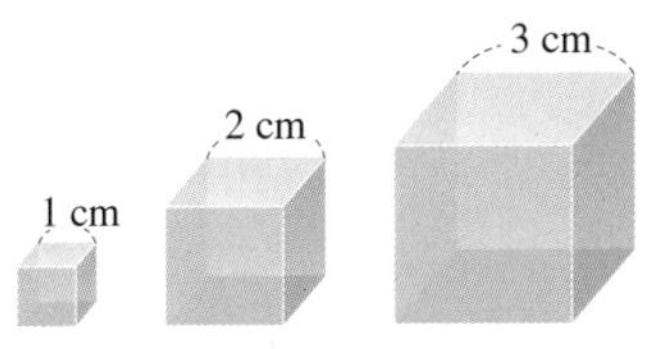

한 변(cm)	1	2	3
표면적(cm^2)	6	24	54
부피(cm^3)	1	8	27

정육면체를 세포라고 가정할 때 이에 대한 설명으로 옳은 것을 보기에서 모두 고른 것은?

보기
ㄱ. 세포가 커질수록 부피는 증가하지만 표면적은 감소한다.
ㄴ. 세포가 커질수록 부피에 대한 표면적의 비가 작아진다.
ㄷ. 세포가 커질수록 물질 교환이 효율적으로 일어난다.

① ㄱ ② ㄴ ③ ㄱ, ㄴ
④ ㄱ, ㄷ ⑤ ㄴ, ㄷ

B 염색체

중요

04 염색체에 대한 설명으로 옳지 않은 것은?

① 유전 정보를 전달한다.
② DNA와 단백질로 구성된다.
③ 세포가 분열하지 않을 때는 핵 속에 가는 실처럼 풀어져 있다.
④ DNA에서 유전 정보를 저장하고 있는 특정 부위를 유전자라고 한다.
⑤ 세포 분열을 시작할 때 염색체는 한 가닥의 염색 분체로 이루어져 있다.

05 그림은 염색체의 구조를 나타낸 것이다.

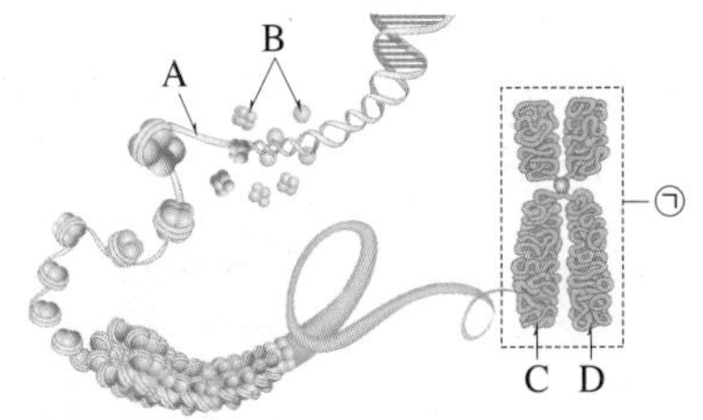

이에 대한 설명으로 옳은 것은?

① A에는 하나의 유전자가 있다.
② A는 단백질, B는 DNA이다.
③ C와 D는 상동 염색체이다.
④ 세포가 분열할 때 C와 D가 분리되어 서로 다른 딸세포로 들어간다.
⑤ 간기에 ㉠ 형태의 염색체를 관찰할 수 있다.

06 표는 여러 생물의 염색체 수를 나타낸 것이다.

생물	침팬지	개	옥수수	완두
염색체 수	48개	78개	24개	14개

이에 대한 설명으로 옳은 것을 보기에서 모두 고른 것은?

보기
ㄱ. 고등한 생물일수록 염색체 수가 많다.
ㄴ. 같은 종의 생물끼리는 염색체 수가 같다.
ㄷ. 염색체 수와 모양은 생물 종을 판단할 수 있는 고유한 특징이다.

① ㄱ ② ㄷ ③ ㄱ, ㄴ
④ ㄱ, ㄷ ⑤ ㄴ, ㄷ

중요

07 오른쪽 그림은 어떤 생물의 체세포에서 쌍을 이루고 있는 크기와 모양이 같은 2개의 염색체를 나타낸 것이다. 이에 대한 설명으로 옳은 것을 보기에서 모두 고른 것은?

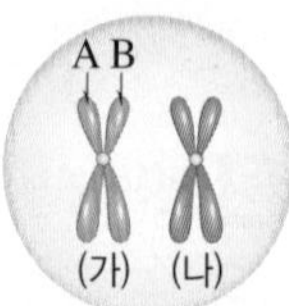

보기
ㄱ. A와 B는 염색 분체로, 유전 정보가 서로 같다.
ㄴ. (가)와 (나)는 상동 염색체로, 유전 정보가 서로 같다.
ㄷ. (가)가 아버지에게서 받은 것이라면, (나)는 어머니에게서 받은 것이다.

① ㄱ ② ㄱ, ㄴ ③ ㄱ, ㄷ
④ ㄴ, ㄷ ⑤ ㄱ, ㄴ, ㄷ

중요

08 그림은 남자와 여자의 체세포의 염색체 구성을 순서 없이 나타낸 것이다.

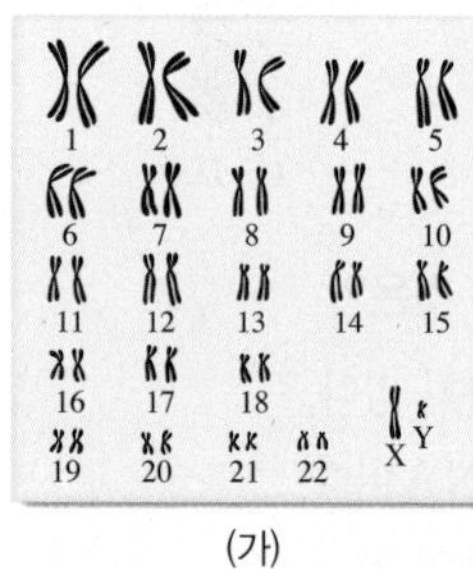

(가)

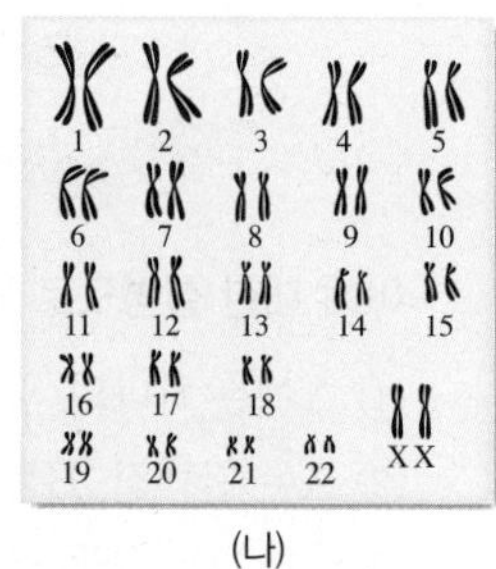

(나)

이에 대한 설명으로 옳지 않은 것은?

① (가)는 남자, (나)는 여자이다.
② (가)의 Y 염색체는 아버지에게서 물려받았다.
③ (가)는 어머니에게서 22개의 염색체를 물려받았다.
④ (나)는 상염색체가 22쌍, 성염색체가 1쌍이 있다.
⑤ 사람의 체세포 한 개에는 46개의 염색체가 있다.

C 체세포 분열

09 핵분열 과정을 전기, 중기, 후기, 말기로 구분하는 가장 중요한 기준은?

① 핵막의 유무 ② 방추사의 유무
③ 핵의 위치 변화 ④ 세포질 분열 방법
⑤ 염색체의 모양과 행동

[10~12] 그림은 체세포 분열 과정을 순서 없이 나타낸 것이다.

(가)

(나)

(다)

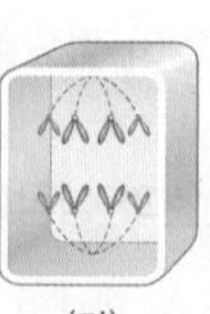
(라)

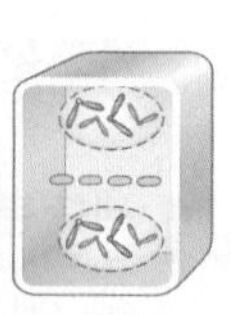
(마)

중요

10 간기부터 순서대로 옳게 나열한 것은?

① (가) → (다) → (라) → (마) → (나)
② (나) → (다) → (가) → (마) → (라)
③ (다) → (나) → (가) → (라) → (마)
④ (다) → (나) → (마) → (가) → (라)
⑤ (라) → (나) → (마) → (가) → (다)

중요

11 이에 대한 설명으로 옳은 것은?

① 양파의 뿌리 끝을 관찰하면 (가) 시기의 세포가 가장 많이 보인다.
② (나) 시기에 DNA가 복제되어 DNA양이 두 배로 늘어난다.
③ (다) 시기에 염색 분체가 분리되어 세포 양쪽 끝으로 이동한다.
④ (라) 시기에 염색체가 세포 중앙에 배열된다.
⑤ (마) 시기에 핵막이 나타나고, 염색체가 풀어진다.

12 염색체의 수와 모양을 관찰하기 가장 좋은 시기는?

① (가) ② (나) ③ (다)
④ (라) ⑤ (마)

13 체세포 분열에 대한 설명으로 옳지 않은 것은?

① 체세포 한 개가 두 개로 나누어지는 것이다.
② 세포 분열 전에 유전 물질이 복제된다.
③ 핵이 먼저 분열하고, 세포질이 분열한다.
④ 분열 결과 모세포와 염색체 수가 같은 4개의 딸세포가 만들어진다.
⑤ 식물은 생장점, 형성층과 같은 특정 부위에서 체세포 분열이 활발하게 일어난다.

14 그림은 동물 세포와 식물 세포에서 세포질 분열이 일어나는 모습을 순서 없이 나타낸 것이다.

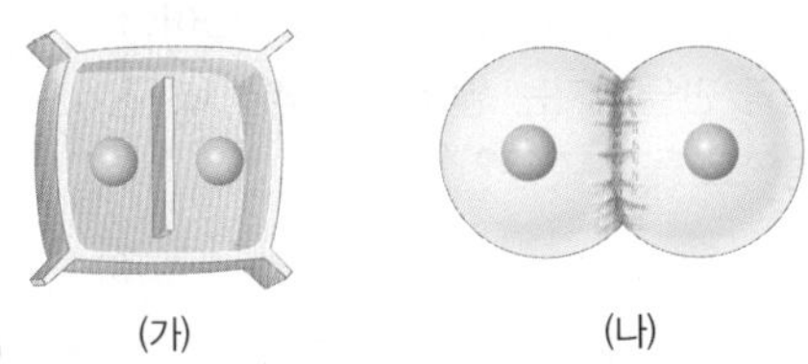

이에 대한 설명으로 옳지 않은 것은?

① (가)는 식물 세포, (나)는 동물 세포이다.
② (가)에서는 2개의 핵 사이에 안쪽에서 바깥쪽으로 세포판이 만들어진다.
③ (나)에서는 세포막이 바깥쪽에서 안쪽으로 잘록하게 들어간다.
④ 양파 뿌리에서는 (가), 도마뱀 꼬리에서는 (나)의 세포질 분열이 일어난다.
⑤ 감수 분열에서는 세포질 분열이 일어나지 않는다.

탐구 b 17쪽

[15~16] 그림은 양파 뿌리에서 체세포 분열을 관찰하기 위한 실험 과정을 순서 없이 나타낸 것이다.

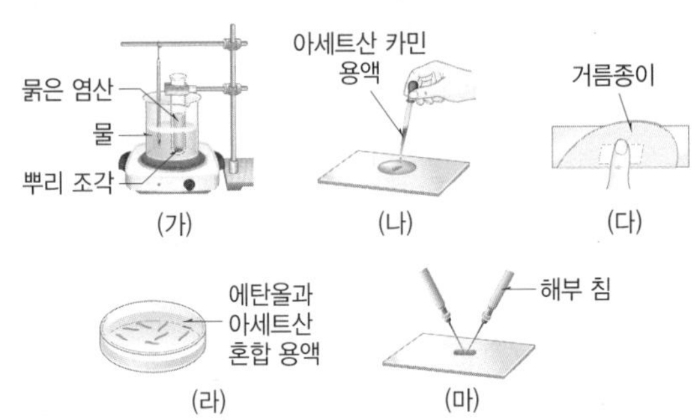

중요
15 실험 과정을 순서대로 나열하시오.

중요
16 이에 대한 설명으로 옳지 않은 것은?

① (가)는 세포가 잘 분리되도록 조직을 연하게 만드는 과정이다.
② (나)는 핵과 염색체를 붉게 염색하는 과정이다.
③ (라)는 세포가 분열을 멈추고 살아 있을 때의 모습을 유지하게 하는 과정이다.
④ (마)는 세포의 핵을 제거하는 과정이다.
⑤ 양파의 뿌리 끝을 사용하는 까닭은 뿌리 끝에 체세포 분열이 일어나는 생장점이 있기 때문이다.

D 감수 분열(생식세포 분열)

17 감수 분열에 대한 설명으로 옳지 않은 것은?

① 유전 물질의 복제가 2회 일어난다.
② 세포 분열이 2회 연속해서 일어난다.
③ 감수 1분열에서 상동 염색체가 분리된다.
④ 감수 분열 결과 4개의 딸세포가 만들어진다.
⑤ 분열 결과 만들어진 생식세포는 염색체 수가 체세포의 절반이다.

[18~19] 그림은 감수 분열 과정 중 일부를 순서 없이 나타낸 것이다.

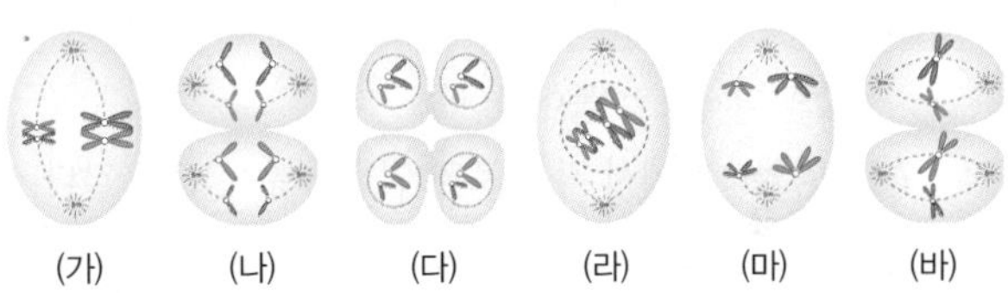

18 순서대로 옳게 나열한 것은?

① (나) → (가) → (다) → (라) → (마) → (바)
② (나) → (마) → (라) → (가) → (바) → (다)
③ (다) → (나) → (가) → (바) → (마) → (라)
④ (라) → (가) → (마) → (바) → (나) → (다)
⑤ (라) → (마) → (나) → (가) → (다) → (바)

19 (A) 상동 염색체와 (B) 염색 분체가 분리되어 세포 양쪽 끝으로 이동하는 시기를 옳게 짝 지은 것은?

	A	B		A	B
①	(가)	(바)	②	(나)	(마)
③	(다)	(라)	④	(마)	(나)
⑤	(바)	(마)			

20 상동 염색체가 결합한 2가 염색체가 처음 나타나는 시기는?

① 감수 1분열 전기
② 감수 1분열 중기
③ 감수 1분열 후기
④ 감수 2분열 전기
⑤ 감수 2분열 중기

[21~22] 그림은 어떤 동물에서 일어나는 세포 분열 과정을 나타낸 것이다.

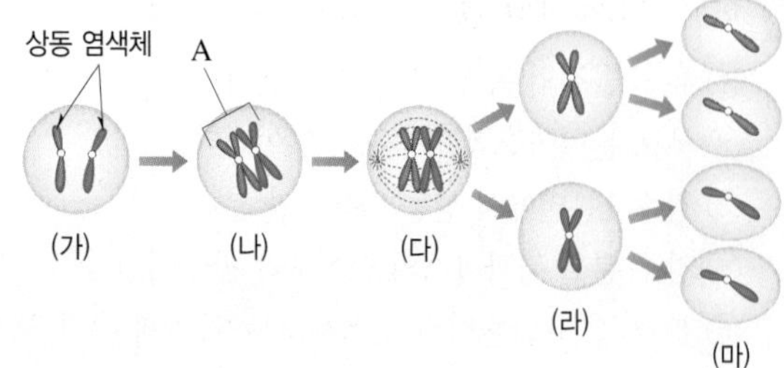

중요

21 이에 대한 설명으로 옳지 않은 것은?

① A는 2가 염색체이다.
② (가) → (나) 과정에서 DNA가 복제된다.
③ (다) → (라) 과정에서 염색체 수가 절반으로 줄어든다.
④ (라) → (마) 과정에서 상동 염색체가 분리되어 각각의 딸세포로 들어간다.
⑤ (라)와 (마)에서 각 세포의 염색체 수는 모두 같다.

22 이와 같은 세포 분열이 일어나는 경우는?

① 생물이 생장할 때
② 식물의 뿌리가 길어질 때
③ 피부에 난 상처가 아물 때
④ 정소에서 정자가 만들어질 때
⑤ 아메바가 새로운 개체를 만들 때

중요

23 체세포 분열과 감수 분열을 비교한 것으로 옳은 것은?

	구분	체세포 분열	감수 분열
①	분열 횟수	2회	1회
②	염색체 수 변화	절반으로 줄어듦	변화 없음
③	2가 염색체	형성되지 않음	형성됨
④	딸세포 수	4개	2개
⑤	분열 결과	생식세포 형성	생장

중요

24 오른쪽 그림은 어떤 생물의 체세포 분열 전기의 염색체 구성을 나타낸 것이다. 이 생물에서 감수 분열이 일어난 결과 만들어지는 딸세포의 염색체 구성으로 옳은 것은?

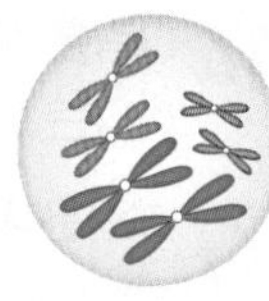

① ② 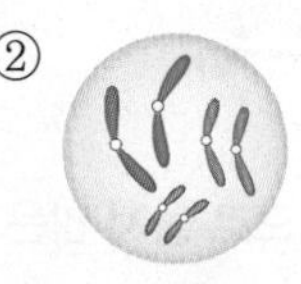 ③ 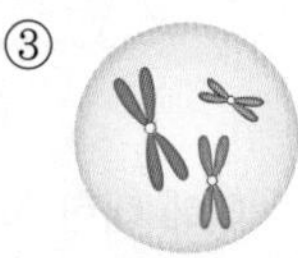

④ 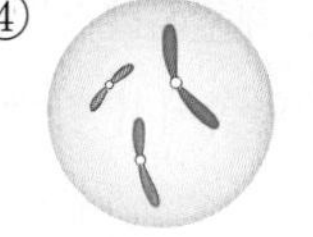 ⑤  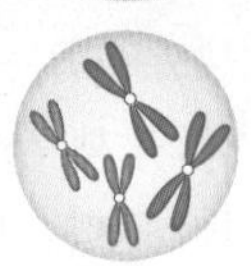

중요

25 오른쪽 그림은 어떤 생물에서 일어나는 세포 분열 과정 중 한 시기를 나타낸 것이다. 이 세포의 (가) 분열 단계와 (나) 분열 전 모세포의 염색체 수, (다) 분열 결과 만들어지는 딸세포의 염색체 수를 옳게 짝 지은 것은?

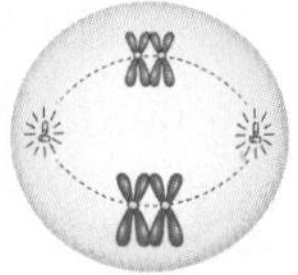

	(가)	(나)	(다)
①	체세포 분열 중기	2개	2개
②	체세포 분열 중기	4개	4개
③	감수 1분열 중기	2개	4개
④	감수 1분열 중기	4개	2개
⑤	감수 2분열 중기	2개	2개

26 그림은 어떤 생물에서 일어나는 세포 분열 과정 중 어느 한 시기를 각각 나타낸 것이다.

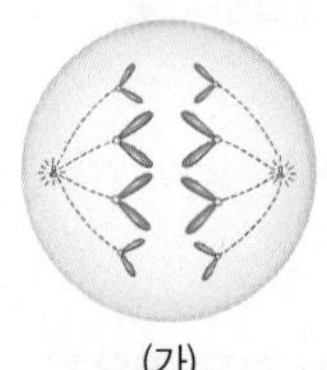
(가)

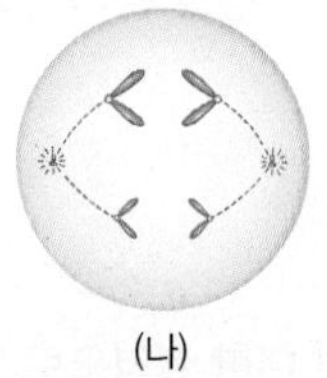
(나)

(가)와 (나)에 해당하는 세포 분열 단계를 옳게 짝 지은 것은?

	(가)	(나)
①	감수 1분열 중기	감수 2분열 중기
②	감수 1분열 후기	체세포 분열 후기
③	체세포 분열 중기	감수 1분열 중기
④	체세포 분열 후기	감수 1분열 후기
⑤	체세포 분열 후기	감수 2분열 후기

서술형 문제

중요
27 그림은 사람 체세포의 염색체 구성을 나타낸 것이다.

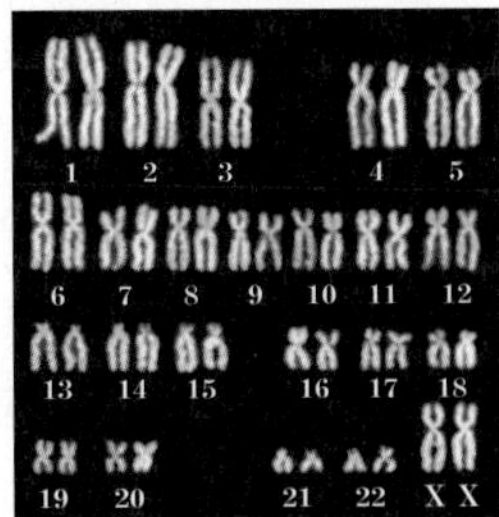

이 사람이 남자인지 여자인지 쓰고, 그 까닭을 서술하시오.

중요
28 그림은 서로 다른 종류의 세포 분열 과정을 나타낸 것이다.

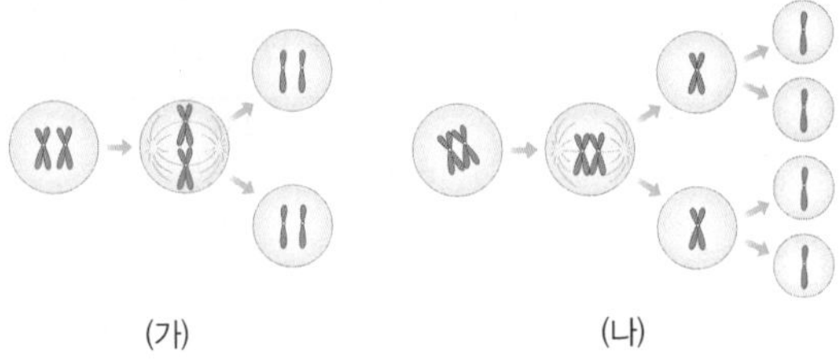

(가) (나)

(1) (가)와 (나)에 해당하는 세포 분열의 종류를 각각 쓰시오.

(2) (가)와 (나)의 세포 분열에서 분열 횟수, 딸세포 수, 염색체 수 변화를 비교하여 서술하시오.

29 오른쪽 그림은 어떤 생물의 체세포의 염색체 구성을 나타낸 것이다. 이 생물에서 (가) 체세포 분열 결과 생기는 딸세포의 염색체 구성과 (나) 감수 분열 결과 생기는 딸세포의 염색체 구성을 그리시오.

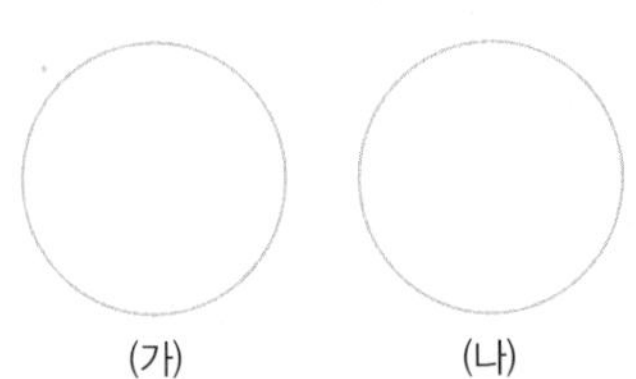

(가) (나)

수준 높은 문제로 실력 탄탄

● 정답과 해설 6쪽

01 그림 (가)는 감수 분열이 일어날 때 핵 1개당 DNA 상대량의 변화를, (나)는 감수 분열 중 특정 시기에 볼 수 있는 염색체 구성을 나타낸 것이다.

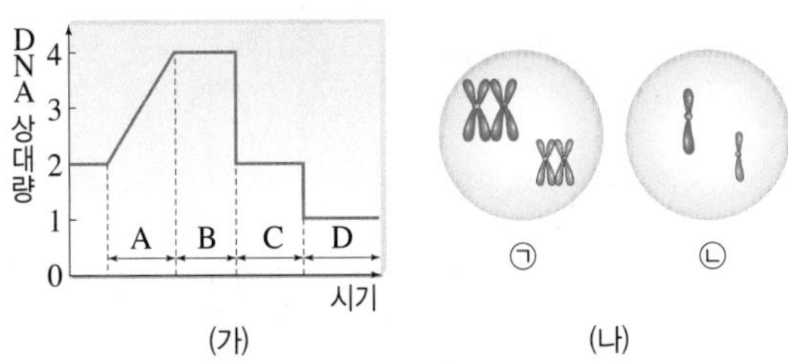

(가) (나)

이에 대한 설명으로 옳은 것을 보기에서 모두 고른 것은?

보기
ㄱ. A 시기에 유전 물질이 복제된다.
ㄴ. ㉠은 B 시기에 관찰할 수 있다.
ㄷ. ㉡은 C 시기에 관찰할 수 있다.
ㄹ. ㉠의 DNA양은 ㉡의 2배이다.

① ㄱ, ㄴ ② ㄴ, ㄷ ③ ㄷ, ㄹ
④ ㄱ, ㄴ, ㄷ ⑤ ㄴ, ㄷ, ㄹ

[02~03] 오른쪽 그림은 어떤 동물의 감수 2분열 전기의 염색체 구성을 나타낸 것이다.

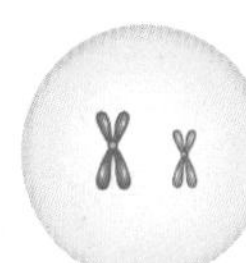

02 이 동물의 체세포와 생식세포의 염색체 수를 옳게 짝지은 것은?

	체세포	생식세포		체세포	생식세포
①	2개	1개	②	2개	2개
③	4개	2개	④	4개	4개
⑤	8개	4개			

03 이 동물에서 체세포 분열이 일어날 때 중기의 모습으로 옳은 것은?

① ② ③ ④ ⑤

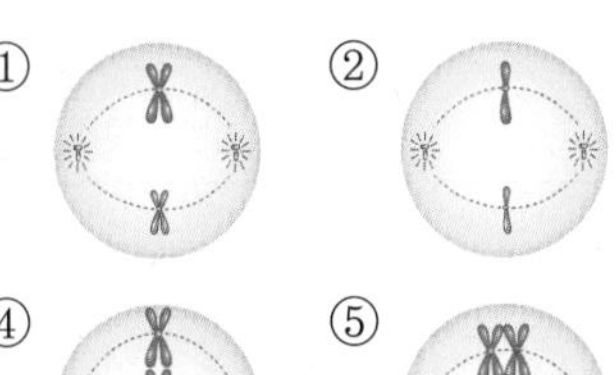

02 사람의 발생

A 수정과 발생

여기서 잠깐 26쪽

화보 5.3

1 생식세포 형성 감수 분열 결과 남자에서는 정자가, 여자에서는 난자가 만들어진다.❶

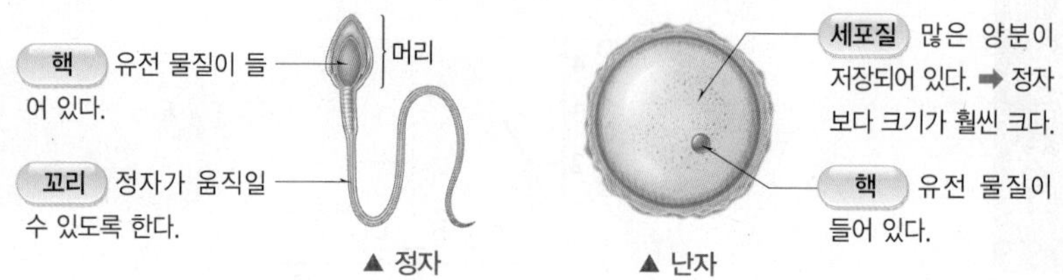

▲ 정자 ▲ 난자

2 수정 정자와 난자 같은 암수의 생식세포가 결합하는 것 ➡ 염색체 수가 체세포의 절반인 정자와 난자가 수정하여 수정란이 만들어지므로, 수정란은 체세포와 염색체 수가 같다.❷

3 발생 수정란이 세포 분열을 하면서 여러 과정을 거쳐 개체가 되는 것 ➡ 수정란은 난할을 거친 후 체세포 분열을 반복하면서 여러 조직과 기관을 형성하여 개체가 된다.

① 난할 : 수정란의 초기 세포 분열

[난할의 특징]❸

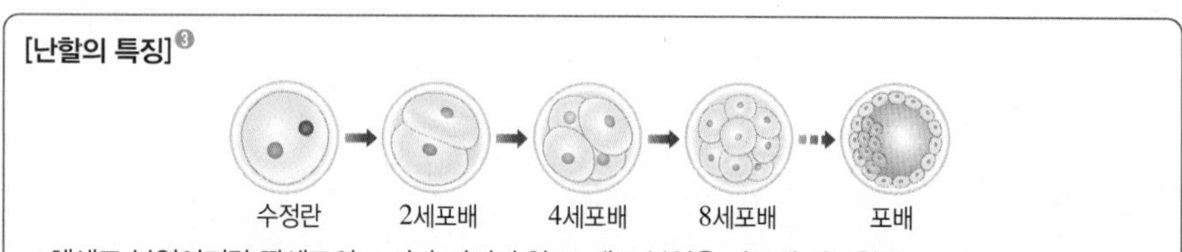

- 체세포 분열이지만 딸세포의 크기가 커지지 않고, 세포 분열을 빠르게 반복한다.
- 난할이 진행되면 세포 수가 늘어나고, 세포 각각의 크기는 점점 작아진다.
- 난할이 진행되어도 배아 전체의 크기는 수정란과 비슷하고, 세포 하나의 염색체 수는 변화 없다.

② 착상 : 수정란이 *포배가 되어 자궁 안쪽 벽을 파고들어 가는 현상 ➡ 착상되었을 때부터 임신되었다고 한다.

[*배란에서 착상까지의 과정]

배란	난자가 난소에서 수란관으로 나온다.
수정	수란관에서 정자와 난자가 만나 수정한다.
난할	수정란이 난할을 거듭하여 세포 수를 늘리면서 자궁으로 이동한다.
착상 (임신)	수정 후 약 일주일이 지나면 포배가 되어 자궁 안쪽 벽을 파고들어 간다.

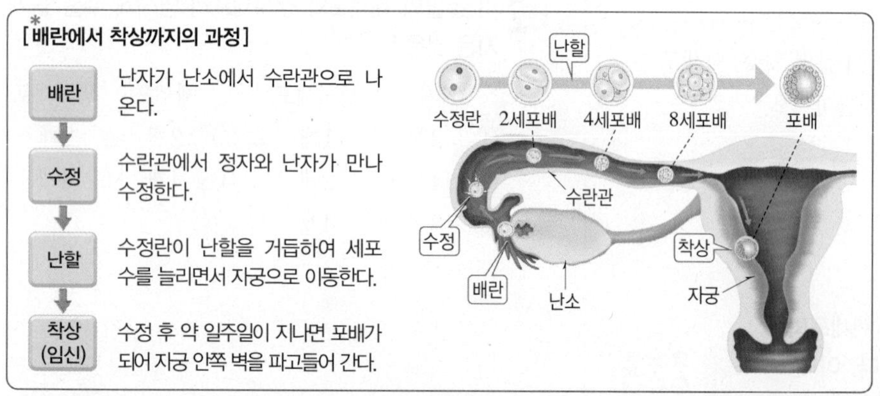

③ 태반 형성 : 착상이 되면 태반이 만들어져 태반을 통해 모체와 물질 교환이 일어난다.❹

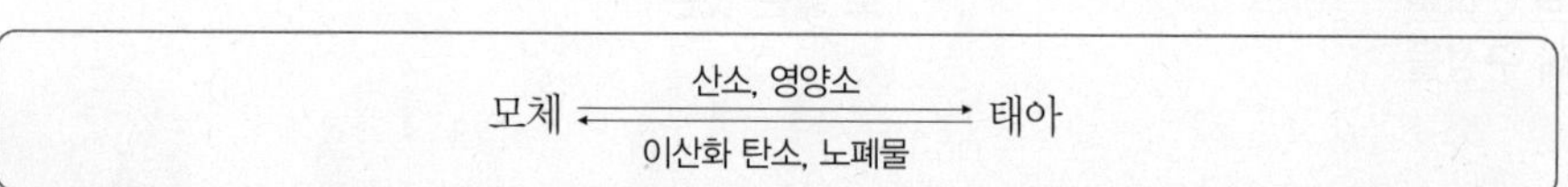

④ 기관 형성 : 자궁에서 배아는 체세포 분열을 계속하여 조직과 기관을 형성하여 사람의 모습을 갖춘 태아가 된다.❺

4 출산 태아는 수정된 지 약 266일이 지나면 출산 과정을 거쳐 모체 밖으로 나온다.

플러스 강의

❶ 정자와 난자의 비교

구분	정자	난자
생성 장소	정소	난소
크기	작다.	크다.
운동성	있다.	없다.
염색체 수 (사람)	23개	23개

❷ 정자와 난자의 수정

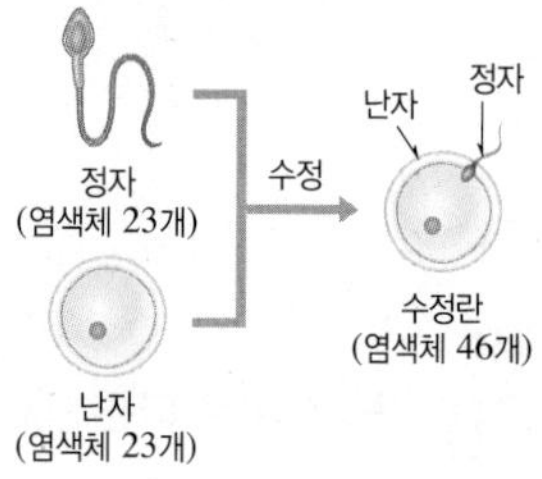

❸ 난할 진행 시 나타나는 변화

세포 수	증가한다.
세포 하나의 크기	작아진다.
배아 전체의 크기	수정란과 비슷하다.
세포 1개당 염색체 수	변화 없다(46개).

❹ 태아와 태반

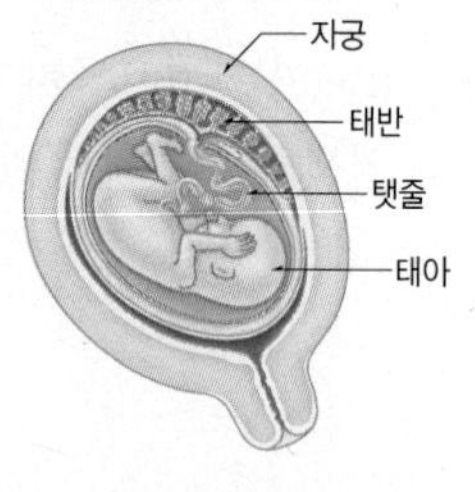

❺ 배아와 태아

- 배아 : 수정란이 난할을 시작한 후 사람의 모습을 갖추기 전까지의 세포 덩어리 상태
- 태아 : 수정 8주 후 사람의 모습을 갖추기 시작한 상태

용어 돋보기

* **포배**(胞 세포, 胚 아이 배다)_ 속이 빈 공 모양의 세포 덩어리
* **배란**(排 밀치다, 卵 알)_ 난자가 난소에서 수란관으로 나오는 현상

● 정답과 해설 6쪽

A 수정과 발생

- □□ : 정자와 난자가 결합하는 것
- □□ : 수정란이 세포 분열을 하면서 여러 과정을 거쳐 개체가 되는 것
- □□ : 수정란의 초기 세포 분열
- □□ : 수정란이 포배가 되어 자궁 안쪽 벽을 파고들어 가는 현상
- □□ : 수정 8주 후 사람의 모습을 갖추기 시작한 상태
- 출산 : 수정된 지 약 □일 후 태아가 모체 밖으로 나오는 현상

암기콱 배란에서 착상까지의 과정

배를 깎아 수타면에 계란과 넣었더니 입에 착 달라붙는다.

(배: 란, 수: 정, 란: 난할, 착: 상)

1 오른쪽 그림은 사람의 생식세포인 정자와 난자의 모습을 나타낸 것이다.

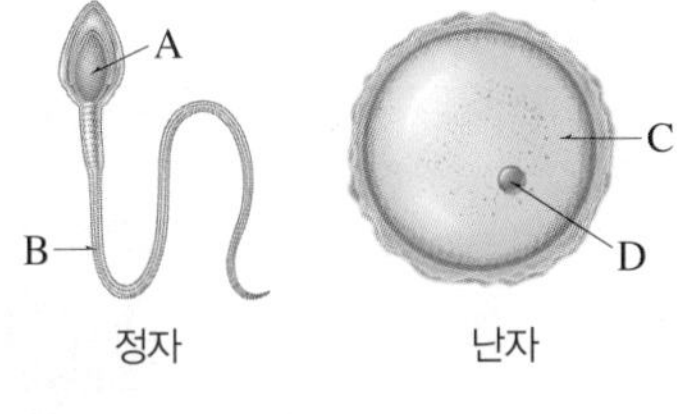

(1) A～D의 이름을 쓰시오.

(2) 정자와 난자에서 유전 물질이 들어 있는 곳의 기호를 쓰시오.

(3) 정자와 난자의 특징을 설명한 다음 글에서 (　　) 안에 알맞은 말을 고르시오.

> • ㉠(정자, 난자)는 스스로 움직일 수 있다.
> • ㉡(정자, 난자)는 ㉢(A, B, C, D)에 많은 양분을 저장하고 있어 보통 세포보다 크기가 훨씬 크다.

2 난할에 대한 설명으로 옳은 것은 ○, 옳지 않은 것은 ×로 표시하시오.

(1) 난할이 진행되면 세포 수가 증가한다. ………… (　　)
(2) 난할이 진행되면 세포 하나의 크기가 점점 커진다. ………… (　　)
(3) 난할이 진행되어도 세포 1개당 염색체 수는 변하지 않는다. ………… (　　)
(4) 난할이 진행되어도 배아 전체의 크기는 수정란과 비슷하다. ………… (　　)

[3~4] 오른쪽 그림은 배란에서 착상까지의 과정을 나타낸 것이다.

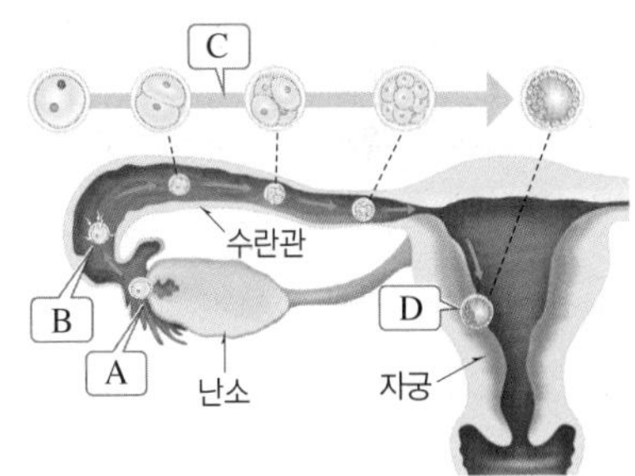

3 A～D에 해당하는 과정의 이름을 각각 쓰시오.

4 D가 일어날 때 수정란의 상태를 쓰시오.

5 태반을 통해 태아와 모체 사이에 물질 교환이 일어난다. 태아에서 모체로 이동하는 물질과 모체에서 태아로 이동하는 물질을 각각 보기에서 고르시오.

> **보기**
> ㄱ. 산소　　ㄴ. 노폐물　　ㄷ. 영양소　　ㄹ. 이산화 탄소

(1) 태아 → 모체 : ________　　(2) 모체 → 태아 : ________

생식세포는 생식 기관에서 만들어지죠. 동아 교과서에서는 생식 기관의 구조도 설명하고 있어요. 여기서 잠깐 에서 남자와 여자의 생식 기관을 비교하여 살펴봅시다.

● 정답과 해설 6쪽

생식 기관의 구조와 기능

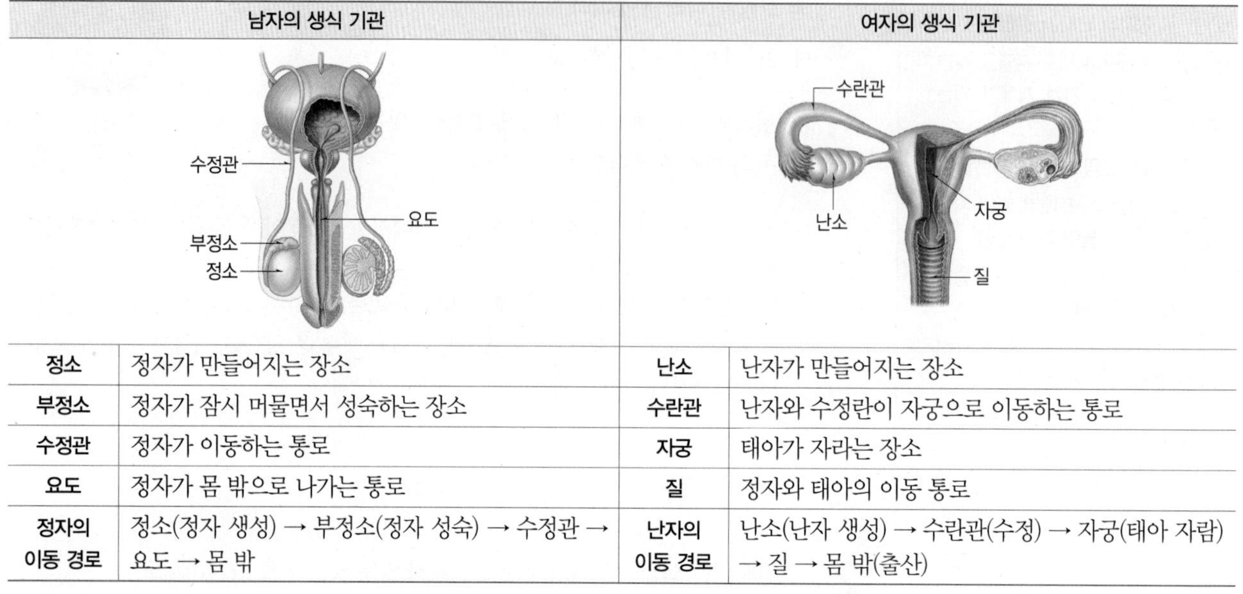

정소	정자가 만들어지는 장소	난소	난자가 만들어지는 장소
부정소	정자가 잠시 머물면서 성숙하는 장소	수란관	난자와 수정란이 자궁으로 이동하는 통로
수정관	정자가 이동하는 통로	자궁	태아가 자라는 장소
요도	정자가 몸 밖으로 나가는 통로	질	정자와 태아의 이동 통로
정자의 이동 경로	정소(정자 생성) → 부정소(정자 성숙) → 수정관 → 요도 → 몸 밖	난자의 이동 경로	난소(난자 생성) → 수란관(수정) → 자궁(태아 자람) → 질 → 몸 밖(출산)

유제① 그림 (가)는 남자의 생식 기관을, (나)는 여자의 생식 기관을 나타낸 것이다.

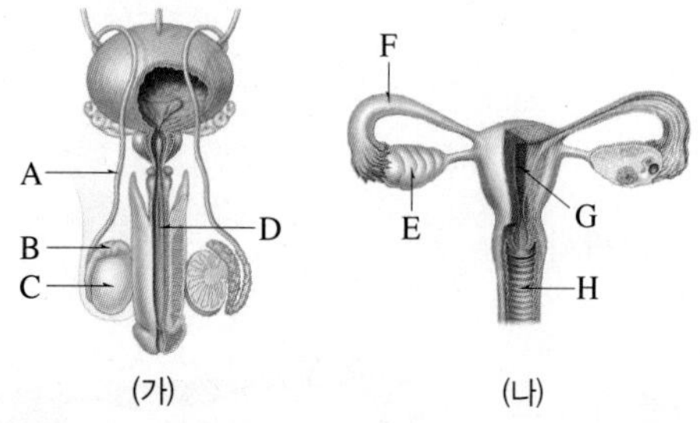

(1) A~H의 이름을 쓰시오.

(2) 정자와 난자가 만들어지는 곳을 순서대로 쓰시오.

(3) 정자가 잠시 머물면서 성숙하는 장소를 쓰시오.

(4) 정자가 몸 밖으로 나가는 경로에서 (　　) 안에 알맞은 기호를 쓰시오.

정소 → 부정소 → (　　　) → 요도 → 몸 밖

유제② 그림은 남자의 생식 기관을 나타낸 것이다.

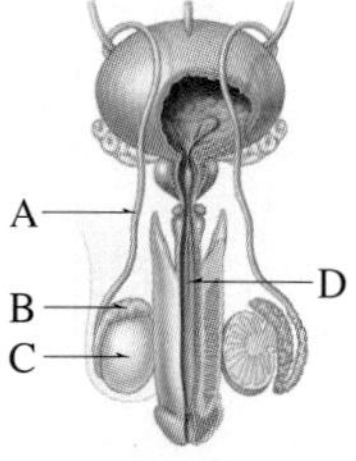

(1) 감수 분열이 일어나는 장소를 쓰시오.

(2) 정자가 만들어져 몸 밖으로 나가는 경로를 기호를 이용하여 순서대로 나열하시오.

유제③ 그림은 여자의 생식 기관을 나타낸 것이다.

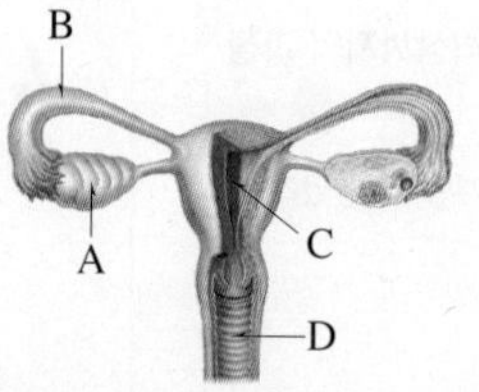

(가) 수정이 일어나는 곳과 (나) 태아가 자라는 곳을 옳게 짝 지은 것은?

	(가)	(나)		(가)	(나)
①	A	B	②	A	C
③	B	C	④	C	B
⑤	C	D			

전국 주요 학교의 **시험에 가장 많이 나오는 문제**들로만 구성하였습니다.
모든 친구들이 '꼭' 봐야 하는 코너입니다.

● 정답과 해설 7쪽

A 수정과 발생

[01~02] 그림은 사람의 생식세포인 정자와 난자를 순서 없이 나타낸 것이다.

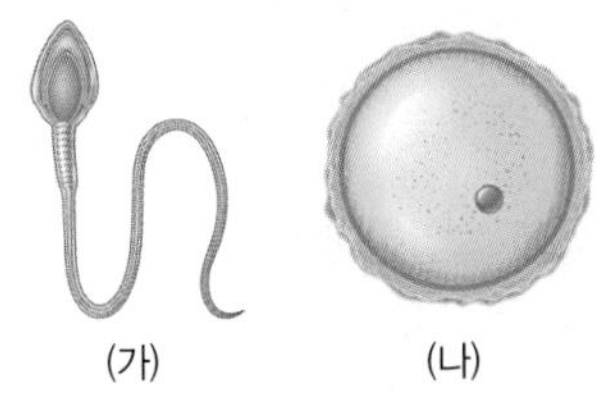

중요

01 이에 대한 설명으로 옳은 것은?

① (가)는 스스로 움직이지 못한다.
② (나)는 꼬리를 이용해 스스로 움직일 수 있다.
③ (가)는 난소에서, (나)는 정소에서 만들어진다.
④ (가)와 (나)는 모두 체세포 분열로 만들어진다.
⑤ (가)와 (나)의 핵에는 각각 23개의 염색체가 있다.

02 (나)는 (가)보다 크기가 훨씬 크다. 그 까닭을 옳게 설명한 것은?

① 핵이 두 개이기 때문이다.
② 생명 활동이 일어나지 않기 때문이다.
③ 핵 속에 유전 물질이 들어 있기 때문이다.
④ 여러 개의 세포로 이루어져 있기 때문이다.
⑤ 세포질에 많은 양분을 저장하고 있기 때문이다.

03 수정에 대한 설명으로 옳은 것을 보기에서 모두 고른 것은?

보기
ㄱ. 수정은 자궁에서 일어난다.
ㄴ. 정자와 난자가 결합하는 것을 수정이라고 한다.
ㄷ. 수정이 일어나면 수정란이 만들어진다.

① ㄱ ② ㄴ ③ ㄷ
④ ㄱ, ㄴ ⑤ ㄴ, ㄷ

04 그림은 사람의 수정과 발생 과정을 나타낸 것이다.

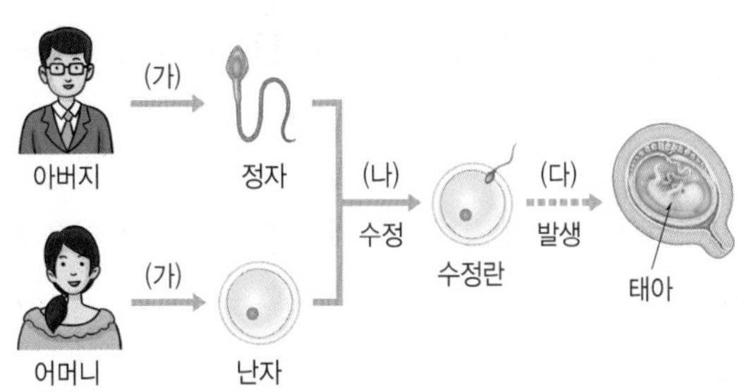

이에 대한 설명으로 옳은 것을 보기에서 모두 고른 것은?

보기
ㄱ. (가) 과정에서 감수 분열이 일어난다.
ㄴ. (나) 과정을 거쳐 만들어진 수정란은 염색체 수가 체세포의 두 배이다.
ㄷ. (다) 과정에서 체세포 분열을 통해 세포 수가 늘어나고 여러 조직과 기관을 형성한다.

① ㄱ ② ㄷ ③ ㄱ, ㄴ
④ ㄱ, ㄷ ⑤ ㄴ, ㄷ

중요

05 그림은 수정란의 초기 발생 과정 중 일부를 순서 없이 나타낸 것이다.

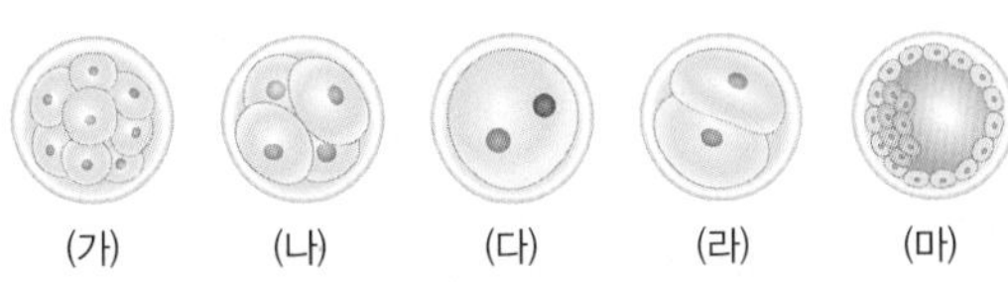

이에 대한 설명으로 옳은 것을 보기에서 모두 고른 것은?

보기
ㄱ. 세포 1개당 염색체 수는 (가)와 (나)에서 같다.
ㄴ. (가) 상태에서 착상이 일어난다.
ㄷ. (라)는 수정란이 2회 분열한 상태이다.
ㄹ. (다) → (라) → (나) → (가) → (마) 순으로 진행된다.

① ㄱ, ㄷ ② ㄱ, ㄹ ③ ㄴ, ㄷ
④ ㄱ, ㄴ, ㄹ ⑤ ㄴ, ㄷ, ㄹ

중요
06 난할에 대한 설명으로 옳지 않은 것은?

① 수정란의 초기 세포 분열이다.
② 난할이 진행될수록 세포 수가 증가한다.
③ 난할이 진행되어도 세포 하나의 크기는 변하지 않는다.
④ 난할로 만들어진 세포는 체세포와 염색체 수가 같다.
⑤ 딸세포의 크기가 커지지 않고 세포 분열을 빠르게 반복한다.

[07~08] 그림은 수정란의 형성과 초기 발생 과정을 나타낸 것이다.

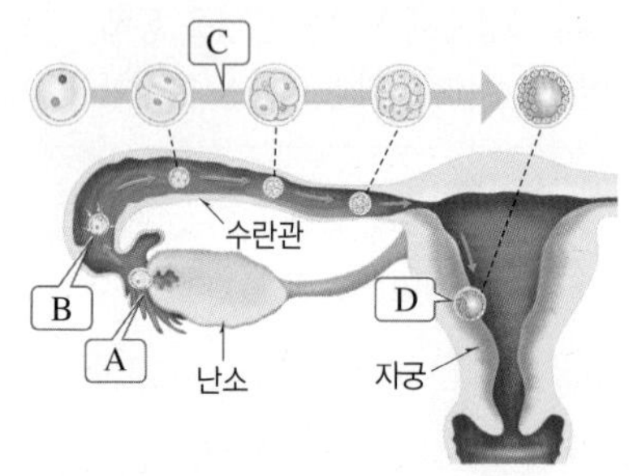

07 A~D에 해당하는 과정을 옳게 짝 지은 것은?

	A	B	C	D
①	수정	착상	난할	배란
②	수정	배란	착상	난할
③	배란	수정	난할	착상
④	배란	착상	난할	수정
⑤	착상	배란	수정	난할

중요
08 이에 대한 설명으로 옳은 것을 보기에서 모두 고른 것은?

보기
ㄱ. A는 난자가 난소에서 수란관으로 나오는 현상이다.
ㄴ. B가 일어나면 이때부터 임신되었다고 한다.
ㄷ. C 과정에서 세포 수가 증가한다.
ㄹ. D는 수정 후 약 일주일이 지나 포배가 되어 일어난다.

① ㄱ, ㄴ ② ㄴ, ㄷ ③ ㄷ, ㄹ
④ ㄱ, ㄴ, ㄷ ⑤ ㄱ, ㄷ, ㄹ

09 다음은 배란에서 착상까지의 과정을 순서 없이 나타낸 것이다.

(가) 정자와 난자가 만나 수정한다.
(나) 배아가 자궁 안쪽 벽에 착상된다.
(다) 난자가 난소에서 수란관으로 배란된다.
(라) 수정란이 난할을 거듭하여 세포 수를 늘리면서 자궁으로 이동한다.

순서대로 옳게 나열한 것은?

① (가) → (나) → (다) → (라)
② (가) → (다) → (라) → (나)
③ (나) → (다) → (가) → (라)
④ (다) → (가) → (나) → (라)
⑤ (다) → (가) → (라) → (나)

10 태반에서의 물질 교환에 대한 설명으로 옳은 것을 보기에서 모두 고른 것은?

보기
ㄱ. 태아는 태반을 통해 모체와 물질 교환을 한다.
ㄴ. 태아는 모체로부터 산소와 영양소를 공급받는다.
ㄷ. 태아는 몸에서 생기는 이산화 탄소와 노폐물을 모체로 전달하여 내보낸다.

① ㄴ ② ㄷ ③ ㄱ, ㄷ
④ ㄴ, ㄷ ⑤ ㄱ, ㄴ, ㄷ

중요
11 사람의 발생에 대한 설명으로 옳지 않은 것은?

① 수정란이 세포 분열을 하면서 여러 과정을 거쳐 개체가 되는 것을 발생이라고 한다.
② 착상 이후에 태반이 만들어진다.
③ 착상 이후에 배아는 더 이상 세포 분열을 하지 않는다.
④ 수정 8주 후 대부분의 기관을 형성하여 사람의 모습을 갖춘 태아가 된다.
⑤ 태아는 수정된 지 약 266일 뒤에 출산 과정을 거쳐 모체 밖으로 나온다.

서술형 문제

12 그림은 사람의 생식세포인 정자와 난자를 순서 없이 나타낸 것이다.

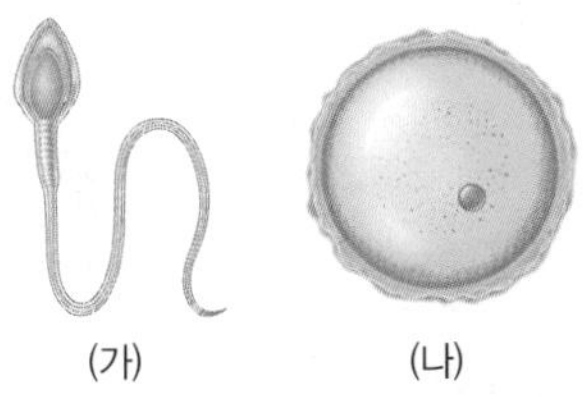

(1) (가)와 (나)의 핵에 들어 있는 염색체 수를 각각 쓰시오.

(2) (가)와 (나)의 상대적인 크기와 운동성을 비교하여 서술하시오.

중요

13 그림은 난할이 일어날 때의 변화를 나타낸 것이다.

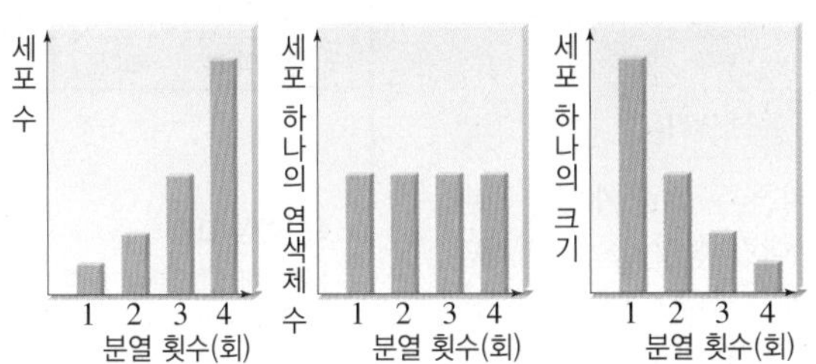

난할이 진행되면 세포 수, 세포 하나의 염색체 수, 세포 하나의 크기가 각각 어떻게 변하는지 서술하시오.

14 그림은 태아와 태반의 모습을 나타낸 것이다. 태반에서 물질이 이동하는 방향을 다음 단어를 모두 포함하여 서술하시오.

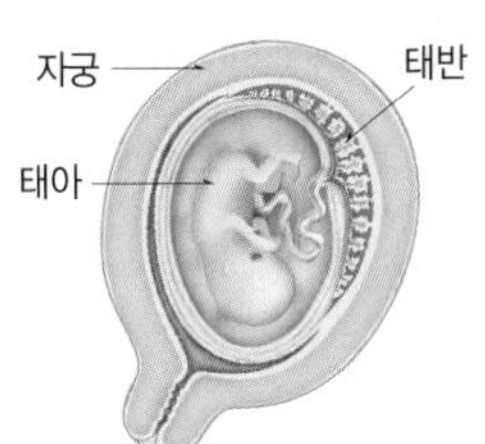

산소, 이산화 탄소, 영양소, 노폐물

● 정답과 해설 8쪽

01 그림은 사람의 정자와 난자의 수정 과정을 나타낸 것이다.

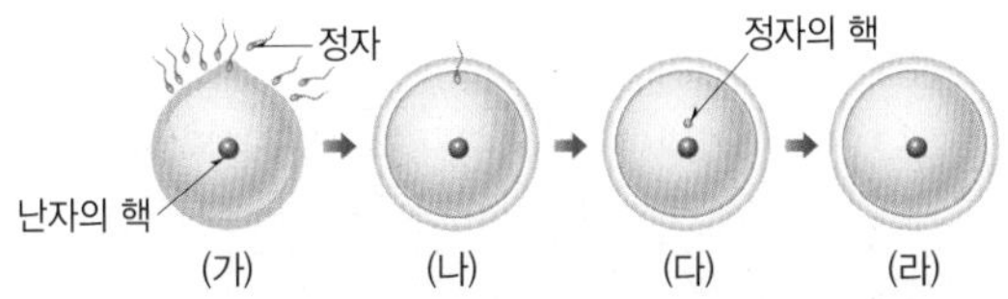

이에 대한 설명으로 옳은 것을 보기에서 모두 고른 것은?

보기
ㄱ. 위 과정은 모두 수란관에서 일어난다.
ㄴ. (나)에서 Y 염색체를 가진 정자가 난자에 들어와 수정되면 아들이 된다.
ㄷ. 정자의 핵과 난자의 핵이 합쳐지면 22쌍의 염색체를 가진 수정란이 된다.

① ㄱ ② ㄷ ③ ㄱ, ㄴ
④ ㄱ, ㄷ ⑤ ㄴ, ㄷ

02 그림은 태아의 발달 과정을 나타낸 것이다.

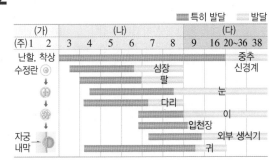

특히 발달 발달
(가) (나) (다)
(주) 1 2 3 4 5 6 7 8 9 16 20~36 38
난할, 착상
수정란
자궁 내막
중추 신경계
심장
팔
눈
다리
이
입천장
외부 생식기
귀

이에 대한 설명으로 옳은 것을 보기에서 모두 고른 것은?

보기
ㄱ. 난할을 거쳐 일정한 시기가 되면 조직과 기관이 형성된다.
ㄴ. 대부분의 기관은 (나) 시기에 발달한다.
ㄷ. (가) 시기에는 감수 분열, (나)와 (다) 시기에는 체세포 분열이 일어난다.

① ㄱ ② ㄷ ③ ㄱ, ㄴ
④ ㄱ, ㄷ ⑤ ㄴ, ㄷ

03 멘델의 유전 원리

A 유전 용어

유전	부모의 형질이 자녀에게 전달되는 현상
형질	생물이 지니고 있는 여러 가지 특성 예 모양, 색깔, 성질 등
대립 형질	한 가지 형질에서 뚜렷하게 구분되는 변이 예 완두씨의 모양이 둥근 것 ↔ 주름진 것
유전자형	유전자 구성을 알파벳 기호로 나타낸 것 예 RR, Rr, rr
표현형	유전자 구성에 따라 겉으로 드러나는 형질 예 완두씨 모양이 둥근 것, 주름진 것
자가 수분	수술의 꽃가루가 같은 그루의 꽃에 있는 암술에 붙는 현상
타가 수분	수술의 꽃가루가 다른 그루의 꽃에 있는 암술에 붙는 현상
순종	• 한 가지 형질을 나타내는 유전자(대립유전자)의 구성이 같은 개체 예 RR, RRyy❶ • 여러 세대를 자가 수분하여도 계속 같은 형질의 자손만 나오는 개체
잡종	• 한 가지 형질을 나타내는 유전자의 구성이 다른 개체 예 Rr, RrYy • 대립 형질이 다른 두 순종 개체를 타가 수분하여 얻은 자손

B 멘델이 밝힌 유전 원리

1 완두가 유전 실험의 재료로 적합한 까닭

① 기르기 쉽고, 한 세대가 짧으며, 자손의 수가 많다.

② 대립 형질이 뚜렷하다.

③ 자가 수분과 타가 수분이 모두 가능하여 의도한 대로 형질을 교배할 수 있다.

화보 5.4

2 한 쌍의 대립 형질의 유전 여기서잠깐 34쪽

멘델의 실험		멘델이 밝힌 유전 원리
순종의 둥근 완두와 순종의 주름진 완두를 교배하였더니 자손 1대(잡종 1대)에서 모두 둥근 완두만 나타났다.	➡	**우열의 원리** 대립 형질이 다른 두 순종 개체를 교배하여 얻은 잡종 1대에는 대립 형질 중 한 가지만 나타나는데, 잡종 1대에서 나타나는 형질이 우성, 잡종 1대에서 나타나지 않는 형질이 열성이다.❷
잡종 1대를 자가 수분하였더니 잡종 2대에서 둥근 완두와 주름진 완두가 약 3 : 1의 비로 나타났다.	➡	**분리의 법칙** 감수 분열이 일어날 때 쌍을 이루고 있던 대립유전자가 분리되어 서로 다른 생식세포로 들어가는 유전 원리

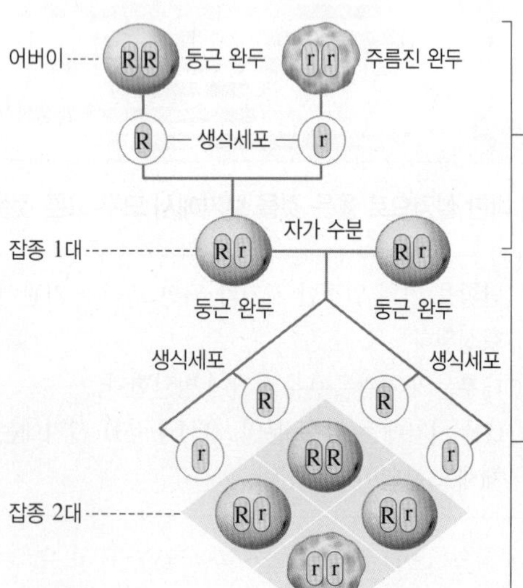

• 감수 분열에서 대립유전자 쌍이 분리되어 R를 가진 생식세포와 r를 가진 생식세포가 만들어진다.
• 생식세포가 수정되면서 대립유전자가 다시 쌍을 이루고, 이때 우성 유전자만 표현된다.
➡ 잡종 1대의 유전자형은 모두 Rr이고, 표현형은 모두 둥근 모양이다.
➡ 둥근 모양이 우성, 주름진 모양이 열성이다.❸

[잡종 1대의 생식세포 형성]
대립유전자 R와 r가 분리되어 서로 다른 생식세포로 들어간다.
➡ 생식세포 R : r = 1 : 1❹

[잡종 2대의 분리비]
• 유전자형의 비 ➡ RR : Rr : rr = 1 : 2 : 1
• 표현형의 비 ➡
둥근 완두(RR, Rr) : 주름진 완두(rr) = 3 : 1

플러스 강의

❶ 대립유전자

• 대립 형질을 결정하는 유전자로, 상동 염색체의 같은 위치에 있다.
• 우성 유전자는 알파벳 대문자, 열성 유전자는 알파벳 소문자로 표시한다.

대립유전자

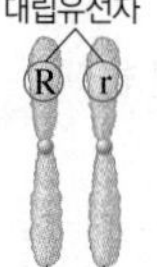

상동 염색체
Rr(잡종)

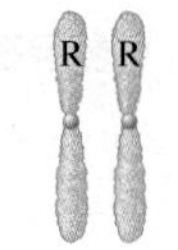

RR(순종)

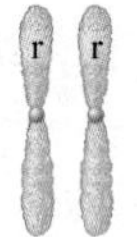

rr(순종)

❷ 멘델이 실험에 사용한 완두의 7가지 대립 형질

구분	우성	열성
씨 모양	둥글다.	주름지다.
씨 색깔	노란색	초록색
꽃잎 색깔	보라색	흰색
꼬투리 모양	매끈하다.	잘록하다.
꼬투리 색깔	초록색	노란색
꽃 위치	잎겨드랑이	줄기 끝
줄기의 키	크다.	작다.

❸ 검정 교배

우성 개체를 열성 순종 개체와 교배하여 우성 개체의 유전자형을 알아보는 방법

• 우성 개체가 순종(RR)인 경우 : 열성 개체(rr)와 교배하면 자손에서 우성 개체(Rr)만 나온다. (RR × rr → Rr)
• 우성 개체가 잡종(Rr)인 경우 : 열성 개체(rr)와 교배하면 자손에서 우성(Rr) : 열성(rr) = 1 : 1로 나온다. (Rr × rr → Rr, rr)

❹ 잡종 1대의 생식세포 형성

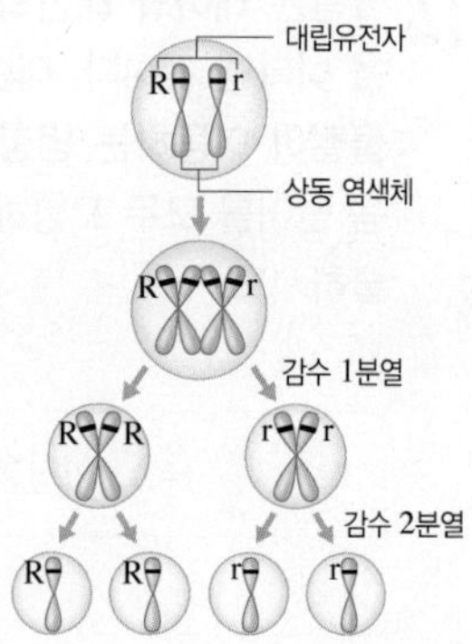

● 정답과 해설 8쪽

A 유전 용어

- □□ 형질 : 한 가지 형질에서 뚜렷하게 구분되는 변이
- □□□□ : Rr와 같이 유전자 구성을 알파벳 기호로 나타낸 것
- □□□ : 유전자 구성에 따라 겉으로 드러나는 형질

B 멘델이 밝힌 유전 원리

- □□의 원리 : 대립 형질이 다른 두 순종 개체를 교배하여 얻은 잡종 1대에는 대립 형질 중 한 가지만 나타나는데, 잡종 1대에서 나타나는 형질이 □□, 나타나지 않는 형질이 □□이다.
- □□의 법칙 : 감수 분열이 일어날 때 쌍을 이루고 있던 □□유전자가 분리되어 서로 다른 생식세포로 들어가는 유전 원리

한 쌍의 대립 형질의 유전에서 잡종 2대의 표현형의 비

우성 : 열성=3 : 1

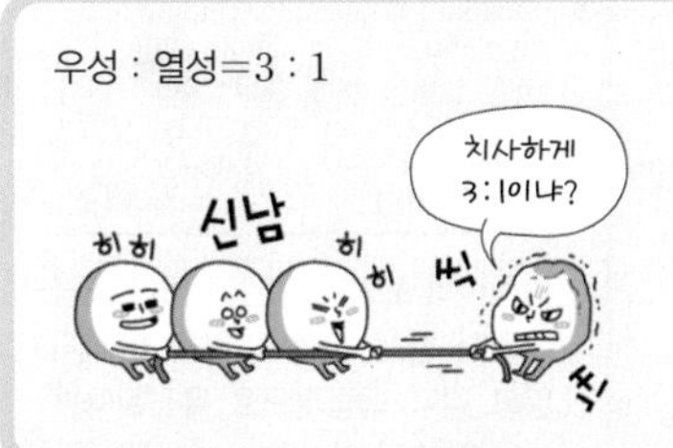

1 다음 설명에 해당하는 용어를 쓰시오.

(1) 한 가지 형질을 나타내는 유전자의 구성이 같은 개체
(2) 한 가지 형질을 나타내는 유전자의 구성이 다른 개체
(3) 수술의 꽃가루가 같은 그루의 꽃에 있는 암술에 붙는 현상
(4) 수술의 꽃가루가 다른 그루의 꽃에 있는 암술에 붙는 현상

2 순종인 것을 보기에서 모두 고르시오.

보기
ㄱ. AA　ㄴ. Yy　ㄷ. AAbb　ㄹ. RrTt　ㅁ. rrYY

3 완두가 유전 실험의 재료로 적합한 까닭으로 옳은 것을 보기에서 모두 고르시오.

보기	
ㄱ. 한 세대가 길다.	ㄴ. 자손의 수가 많다.
ㄷ. 대립 형질이 뚜렷하다.	ㄹ. 연구자의 의도대로 교배할 수 없다.

4 오른쪽 그림은 순종의 둥근 완두와 순종의 주름진 완두를 교배하여 잡종 1대를 얻는 과정을 나타낸 것이다.

둥근 완두　주름진 완두
어버이　RR　rr
잡종 1대

(1) 완두씨 모양에서 우성 형질을 쓰시오.

(2) 잡종 1대의 유전자형을 쓰시오.

(3) 잡종 1대에서 만들어지는 생식세포의 유전자형을 모두 쓰시오.

더 풀어보고 싶다면? 시험 대비 교재 18쪽 계산력·암기력 강화 문제

5 오른쪽 그림은 순종의 노란색 완두와 순종의 초록색 완두를 교배하여 얻은 잡종 1대를 자가 수분하여 잡종 2대를 얻는 과정을 나타낸 것이다.

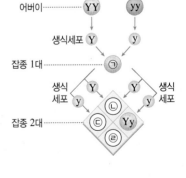

노란색 완두　초록색 완두
어버이　YY　yy
생식세포　Y　y
잡종 1대　㉠
생식세포　Y　y　Y　y　생식세포
잡종 2대　㉡　㉢　Yy　㉣

(1) ㉠~㉣의 유전자형을 쓰시오.

(2) ㉡~㉣의 표현형을 쓰시오.

(3) 잡종 2대에서 노란색 완두 : 초록색 완두의 비를 쓰시오.

(4) 잡종 2대에서 총 400개의 완두를 얻었다면, 이 중 노란색 완두는 이론상 모두 몇 개인지 구하시오.

3 멘델이 세운 가설

① 생물에는 한 가지 형질을 결정하는 한 쌍의 유전 인자가 있으며, 유전 인자는 부모에서 자손으로 전달된다. ➡ 유전 인자는 오늘날의 유전자이다.

② 한 쌍을 이루는 유전 인자가 서로 다를 때 하나의 유전 인자만 형질로 표현되며, 나머지 인자는 표현되지 않는다. ➡ 우열의 원리

③ 한 쌍을 이루는 유전 인자는 생식세포가 만들어질 때 각 생식세포로 나뉘어 들어가고, 생식세포가 수정될 때 다시 쌍을 이룬다. ➡ 분리의 법칙

[우열의 원리가 성립하지 않는 분꽃의 꽃잎 색깔 유전][1]

1. 순종의 빨간색 꽃잎 분꽃(RR)과 순종의 흰색 꽃잎 분꽃(WW)을 교배하면 잡종 1대에서 분홍색 꽃잎(RW)만 나타난다. ➡ 빨간색 꽃잎 유전자(R)와 흰색 꽃잎 유전자(W) 사이의 우열 관계가 뚜렷하지 않기 때문이다. ➡ 우열의 원리가 성립하지 않는다.
2. 잡종 1대의 분홍색 꽃잎 분꽃(RW)을 자가 수분하면 잡종 2대에서 빨간색 꽃잎(RR) : 분홍색 꽃잎(RW) : 흰색 꽃잎(WW)=1 : 2 : 1로 나타난다. ➡ 빨간색 꽃잎 유전자(R)와 흰색 꽃잎 유전자(W)가 감수 분열 과정에서 분리되어 서로 다른 생식세포로 들어가고, 생식세포가 수정되어 잡종 2대가 만들어졌기 때문이다. ➡ 분리의 법칙은 성립한다.

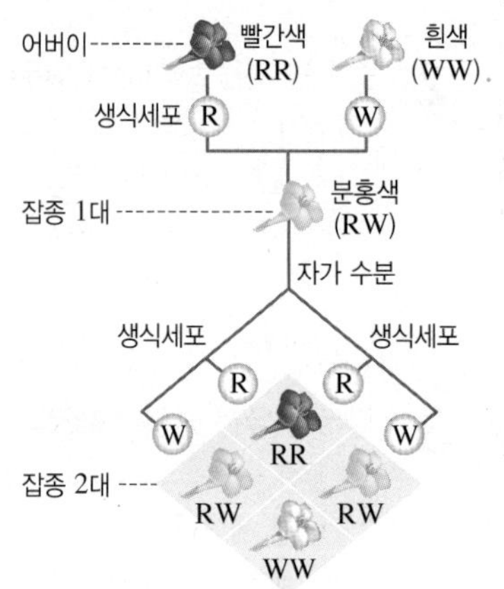

4 두 쌍의 대립 형질의 유전 여기서 잠깐 35쪽

멘델의 실험		멘델이 밝힌 유전 원리
순종의 둥글고 노란색인 완두와 순종의 주름지고 초록색인 완두를 교배하여 잡종 1대를 얻고, 이것을 자가 수분하였더니 잡종 2대에서 둥글고 노란색, 둥글고 초록색, 주름지고 노란색, 주름지고 초록색인 완두가 약 9 : 3 : 3 : 1의 비로 나타났다.	➡	**독립의 법칙** 두 쌍 이상의 대립유전자가 서로 영향을 미치지 않고 각각 분리의 법칙에 따라 유전되는 원리

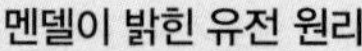

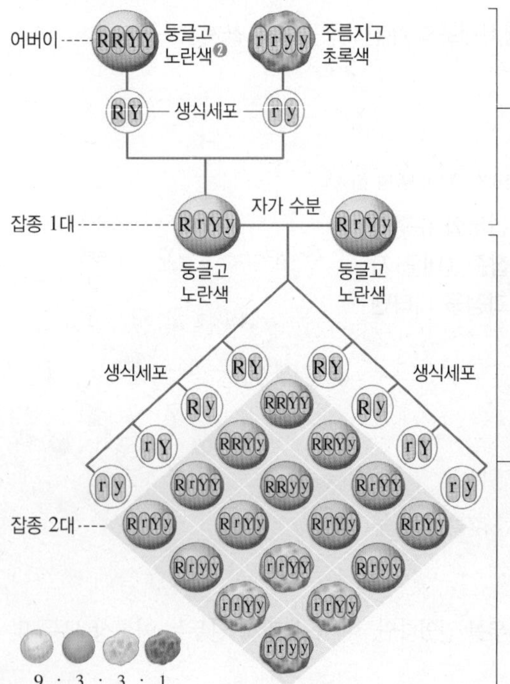

- 어버이에서 RY를 가진 생식세포와 ry를 가진 생식세포가 만들어진다.
- 생식세포가 수정되면서 RrYy를 가진 개체가 만들어지고, 이때 우성 유전자만 표현된다.
  ➡ 잡종 1대의 유전자형은 모두 RrYy이고, 표현형은 모두 둥글고 노란색이다.

[잡종 1대의 생식세포 형성]

대립유전자 R와 r, Y와 y가 각각 분리되어 서로 다른 생식세포로 들어간다.[3]

➡ 생식세포 RY : Ry : rY : ry=1 : 1 : 1 : 1

[잡종 2대의 분리비]

- 완두씨 모양과 색깔에 대한 표현형의 비
  ➡ 둥글고 노란색(R_Y_) : 둥글고 초록색(R_yy) : 주름지고 노란색(rrY_) : 주름지고 초록색(rryy)=9 : 3 : 3 : 1
- 완두씨 모양에 대한 표현형의 비
  ➡ 둥근 모양 : 주름진 모양=3 : 1
- 완두씨 색깔에 대한 표현형의 비
  ➡ 노란색 : 초록색=3 : 1[4]

플러스 강의

❶ 중간 유전

대립유전자 사이의 우열 관계가 뚜렷하지 않아 잡종 1대에서 부모의 중간 형질이 나타나는 유전 현상

❷ 완두씨의 모양과 색깔을 나타내는 유전자의 위치

완두씨의 모양을 나타내는 유전자(R)와 완두씨의 색깔을 나타내는 유전자(Y)는 서로 다른 상동 염색체에 있다.

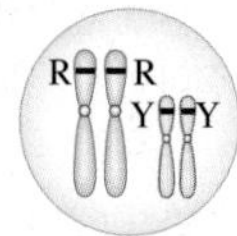

❸ 잡종 1대의 생식세포 형성

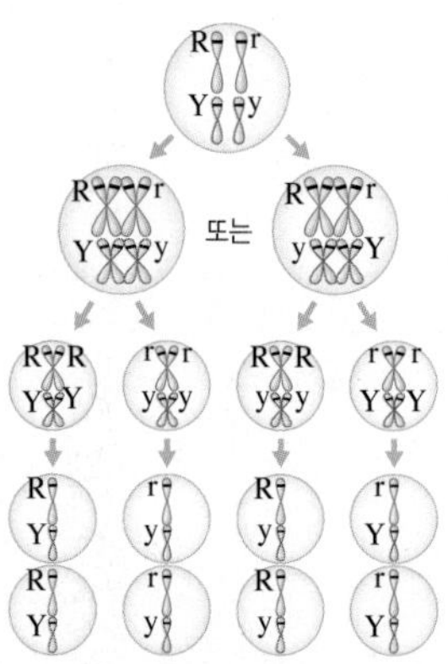

유전자 R는 유전자 Y 또는 y와 같은 생식세포로 들어갈 수 있고, 유전자 r도 유전자 Y 또는 y와 같은 생식세포로 들어갈 수 있다.

❹ 완두씨의 모양에 대한 표현형의 비와 색깔에 대한 표현형의 비

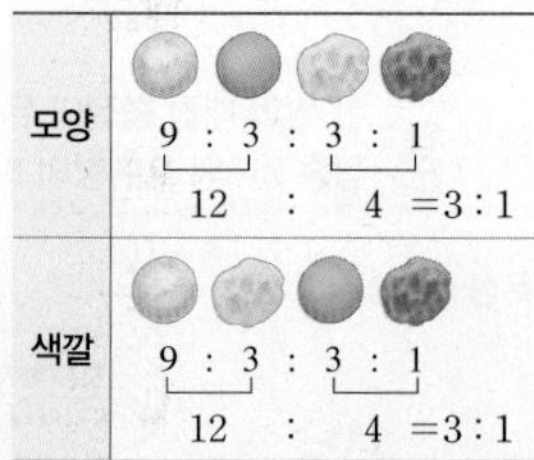

완두씨의 모양과 색깔에 대한 대립유전자 쌍은 서로 영향을 미치지 않고 각각 독립적으로 유전된다는 것을 알 수 있다.

● 정답과 해설 8쪽

B 멘델이 밝힌 유전 원리

- □□의 법칙 : 두 쌍 이상의 대립유전자가 서로 영향을 미치지 않고 각각 분리의 법칙에 따라 유전되는 원리
- 순종의 둥글고 노란색인 완두와 순종의 주름지고 초록색인 완두를 교배하여 얻은 잡종 1대를 자가 수분하면 잡종 2대에서 둥글고 노란색 : 둥글고 초록색 : 주름지고 노란색 : 주름지고 초록색=□ : □ : □ : □의 비로 나온다.

두 쌍의 대립 형질의 유전에서 잡종 2대의 표현형의 비

- 둥글고 노란색 : 둥글고 초록색 : 주름지고 노란색 : 주름지고 초록색=9 : 3 : 3 : 1
- 둥근 완두 : 주름진 완두=3 : 1
- 노란색 완두 : 초록색 완두=3 : 1

6 오른쪽 그림은 순종의 빨간색 꽃잎 분꽃과 순종의 흰색 꽃잎 분꽃을 교배하여 얻은 잡종 1대를 자가 수분하여 잡종 2대를 얻는 과정을 나타낸 것이다. 이에 대한 설명으로 옳은 것은 ○, 옳지 않은 것은 ×로 표시하시오.

빨간색(RR) 흰색(WW)
어버이
잡종 1대 분홍색
자가 수분
잡종 2대

(1) 잡종 1대의 유전자형은 RW이다. ( )

(2) 빨간색 꽃잎 유전자 R가 흰색 꽃잎 유전자 W에 대해 우성이다. ( )

(3) 잡종 2대의 유전자형의 비는 RR : RW : WW=1 : 2 : 1이다. ( )

(4) 분꽃의 꽃잎 색깔 유전에서는 분리의 법칙이 성립하지 않는다. ( )

더 풀어보고 싶다면? 시험 대비 교재 18쪽 계산력·암기력 강화 문제

[7~12] 오른쪽 그림은 순종의 둥글고 노란색인 완두와 순종의 주름지고 초록색인 완두를 교배하여 얻은 잡종 1대를 자가 수분하여 잡종 2대를 얻는 과정을 나타낸 것이다.

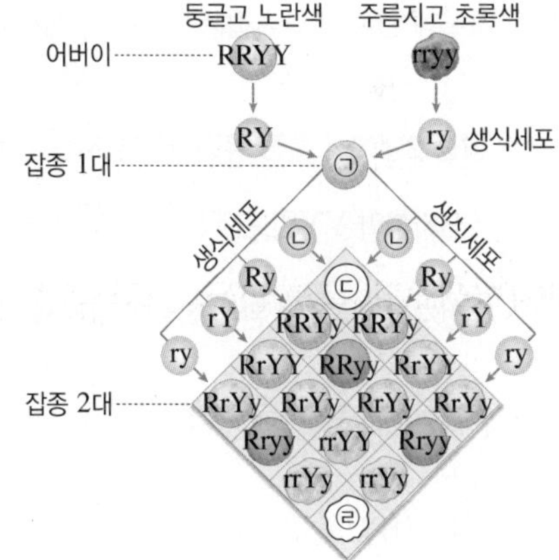

7 ㉠~㉣의 유전자형을 쓰시오.

8 잡종 1대에서 만들어지는 생식세포의 유전자형을 모두 쓰시오.

9 잡종 2대에서 둥글고 노란색 : 둥글고 초록색 : 주름지고 노란색 : 주름지고 초록색의 비를 쓰시오.

10 잡종 2대에서 (가) 노란색 완두 : 초록색 완두와 (나) 둥근 완두 : 주름진 완두의 비를 쓰시오.

11 잡종 2대에서 둥글고 초록색인 완두의 유전자형을 모두 쓰시오.

12 잡종 2대에서 총 1600개의 완두를 얻었다면, 이 중 주름지고 노란색인 완두는 이론상 모두 몇 개인지 구하시오.

분리의 법칙과 독립의 법칙을 확실히 이해하고, 멘델의 실험뿐만 아니라 어떤 상황에서든지 자손의 유전자형과 표현형 및 특정 완두의 개수를 구할 수 있도록 연습해 봅시다.

● 정답과 해설 9쪽

특정 완두의 개수 구하기

① 한 쌍의 대립 형질의 유전

그림과 같이 순종의 노란색 완두와 순종의 초록색 완두를 교배하여 얻은 잡종 1대를 자가 수분하여 잡종 2대를 얻었다.

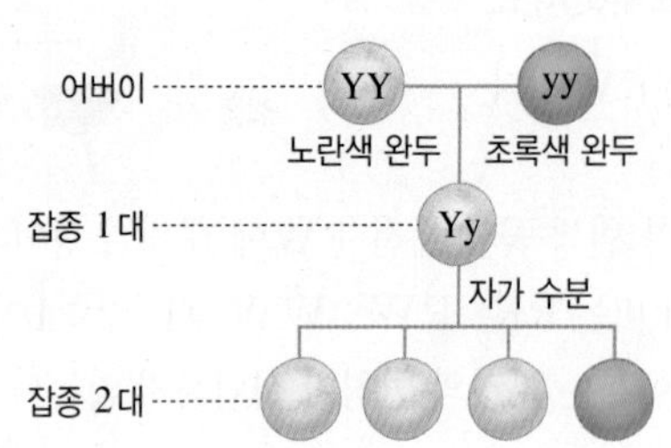

- 잡종 1대의 생식세포 ➡ Y : y=1 : 1
- 잡종 2대의 유전자형과 표현형

생식세포	Y	y
Y	YY	Yy
y	Yy	yy

➡ YY : Yy : yy=1 : 2 : 1
➡ 노란색(YY, Yy) : 초록색(yy)=3 : 1

≫ 잡종 2대에서 특정 형질을 지닌 완두의 개수

- 노란색 완두 개수=잡종 2대의 총 개수$\times\dfrac{3(\text{노란색})}{4(\text{노란색}+\text{초록색})}$
- 초록색 완두 개수=잡종 2대의 총 개수$\times\dfrac{1(\text{초록색})}{4(\text{노란색}+\text{초록색})}$

≫ 잡종 2대에서 특정 유전자형을 지닌 완두의 개수

- 유전자형이 YY인 완두(순종의 노란색 완두) 개수=잡종 2대의 총 개수$\times\dfrac{1(\text{YY})}{4(\text{YY}+\text{Yy}+\text{yy})}$
- 유전자형이 Yy인 완두(잡종의 노란색 완두) 개수=잡종 2대의 총 개수$\times\dfrac{2(\text{Yy})}{4(\text{YY}+\text{Yy}+\text{yy})}$
- 유전자형이 yy인 완두 개수=잡종 2대의 총 개수$\times\dfrac{1(\text{yy})}{4(\text{YY}+\text{Yy}+\text{yy})}$

예제 ① (1) 잡종 2대에서 총 1000개의 완두를 얻었을 때, 이 중 노란색 완두의 개수를 구하시오.

| 풀이 | $1000\times\dfrac{3}{4}=$ ☐개

(2) 잡종 2대에서 총 1200개의 완두를 얻었을 때, 이 중 초록색 완두의 개수를 구하시오.

| 풀이 | $1200\times\dfrac{1}{㉠☐}=$ ㉡☐개

(3) 잡종 2대에서 총 1200개의 완두를 얻었을 때, 이 중 유전자형이 Yy인 완두의 개수를 구하시오.

| 풀이 | $1200\times\dfrac{㉠☐}{4}=$ ㉡☐개

답 (1) 750 (2) ㉠ 4, ㉡ 300 (3) ㉠ 2, ㉡ 600

유제 ① 그림과 같이 잡종의 둥근 완두와 순종의 주름진 완두를 교배하여 총 800개의 완두를 얻었다.

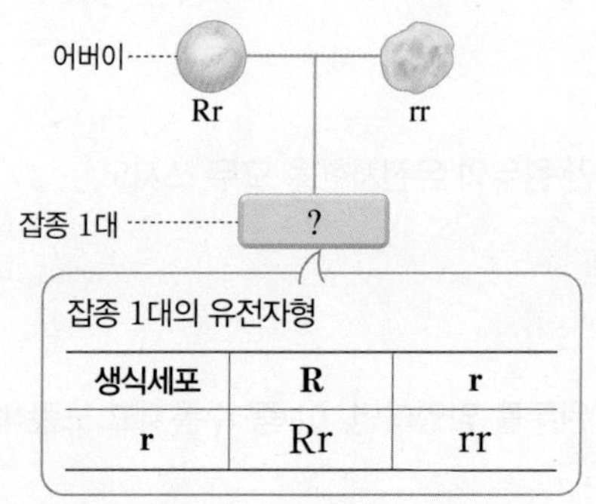

잡종 1대의 유전자형

생식세포	R	r
r	Rr	rr

(1) 잡종 1대에서 표현형의 비를 쓰시오.

(2) 잡종 1대에서 둥근 완두의 개수를 구하시오.

(3) 잡종 1대에서 순종인 완두의 개수를 구하시오.

② 두 쌍의 대립 형질의 유전

그림과 같이 순종의 둥글고 노란색인 완두와 순종의 주름지고 초록색인 완두를 교배하여 얻은 잡종 1대를 자가 수분하여 잡종 2대를 얻었다.

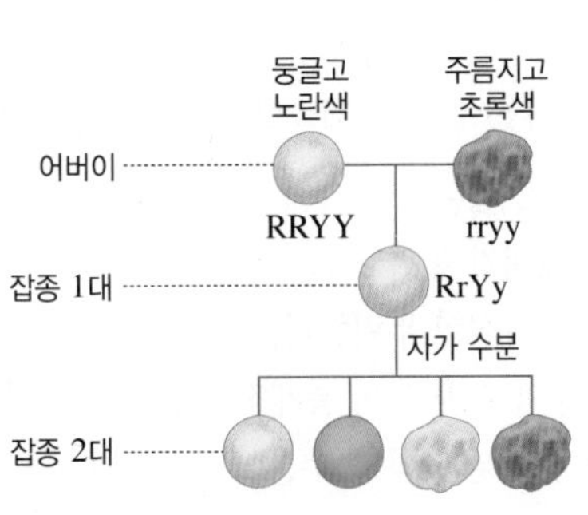

- 잡종 1대의 생식세포 ➡ RY : Ry : rY : ry = 1 : 1 : 1 : 1
- 잡종 2대의 유전자형과 표현형

생식세포	RY	Ry	rY	ry
RY	RRYY	RRYy	RrYY	RrYy
Ry	RRYy	RRyy	RrYy	Rryy
rY	RrYY	RrYy	rrYY	rrYy
ry	RrYy	Rryy	rrYy	rryy

➡ 둥글고 노란색 : 둥글고 초록색 : 주름지고 노란색 : 주름지고 초록색 = 9 : 3 : 3 : 1

≫ 잡종 2대에서 특정 형질을 지닌 완두의 개수

- 둥글고 노란색인 완두 개수 = 잡종 2대의 총 개수 × $\frac{9(\text{둥글고 노란색})}{16(\text{둥·노}+\text{둥·초}+\text{주·노}+\text{주·초})}$
- 둥글고 초록색인 완두 개수 = 잡종 2대의 총 개수 × $\frac{3(\text{둥글고 초록색})}{16(\text{둥·노}+\text{둥·초}+\text{주·노}+\text{주·초})}$
- 주름지고 노란색인 완두 개수 = 잡종 2대의 총 개수 × $\frac{3(\text{주름지고 노란색})}{16(\text{둥·노}+\text{둥·초}+\text{주·노}+\text{주·초})}$
- 주름지고 초록색인 완두 개수 = 잡종 2대의 총 개수 × $\frac{1(\text{주름지고 초록색})}{16(\text{둥·노}+\text{둥·초}+\text{주·노}+\text{주·초})}$

두 쌍의 대립 형질의 유전도 어렵지 않아!

예제② (1) 잡종 2대에서 총 1200개의 완두를 얻었을 때, 이 중 둥글고 노란색인 완두의 개수를 구하시오.

| 풀이 | $1200 \times \frac{9}{16} = \square$개

(2) 잡종 2대에서 총 2000개의 완두를 얻었을 때, 이 중 둥글고 초록색인 완두의 개수를 구하시오.

| 풀이 | $2000 \times \frac{㉠\square}{16} = ㉡\square$개

(3) 잡종 2대에서 총 1200개의 완두를 얻었을 때, 이 중 주름진 완두의 개수를 구하시오.

| 풀이 | $1200 \times \frac{4}{16} = \square$개

(4) 잡종 2대에서 총 2000개의 완두를 얻었을 때, 이 중 노란색 완두의 개수를 구하시오.

| 풀이 | $2000 \times \frac{㉠\square}{16} = ㉡\square$개

답 (1) 675 (2) ㉠ 3, ㉡ 375 (3) 300 (4) ㉠ 12, ㉡ 1500

유제② 그림과 같이 잡종의 둥글고 노란색인 완두와 순종의 주름지고 초록색인 완두를 교배하여 총 1600개의 완두를 얻었다.

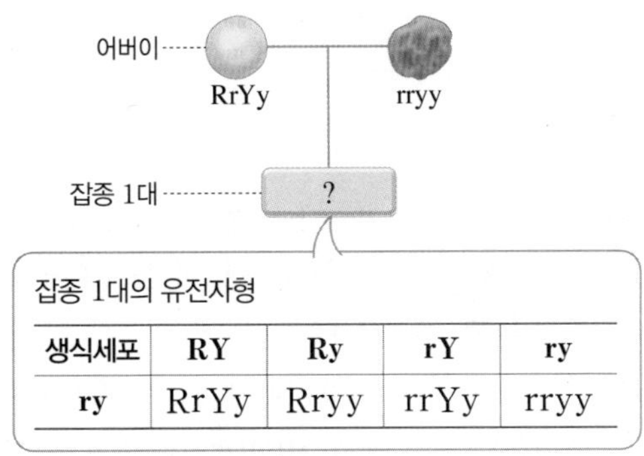

잡종 1대의 유전자형

생식세포	RY	Ry	rY	ry
ry	RrYy	Rryy	rrYy	rryy

(1) 잡종 1대에서 표현형의 비를 쓰시오.

(2) 잡종 1대에서 주름지고 노란색인 완두의 개수를 구하시오.

(3) 잡종 1대에서 노란색 완두의 개수를 구하시오.

(4) 잡종 1대에서 유전자형이 어버이의 둥글고 노란색인 완두와 같은 완두의 개수를 구하시오.

전국 주요 학교의 **시험에 가장 많이 나오는 문제**들로만 구성하였습니다.
모든 친구들이 '꼭' 봐야 하는 코너입니다.

기출 문제로 내신 쑥쑥

A 유전 용어

중요
01 유전 용어에 대한 설명으로 옳지 않은 것은?

① 유전자 구성에 따라 겉으로 드러나는 형질을 표현형이라고 한다.
② 한 가지 형질에서 뚜렷하게 구분되는 변이를 대립 형질이라고 한다.
③ 한 가지 형질을 나타내는 유전자의 구성이 같은 개체를 순종이라고 한다.
④ 대립유전자는 대립 형질을 결정하는 유전자로, 상동 염색체의 다른 위치에 있다.
⑤ 우성은 대립 형질이 다른 두 순종 개체를 교배하였을 때 잡종 1대에서 나타나는 형질이다.

02 유전자형이 순종인 것을 보기에서 모두 고른 것은?

보기
ㄱ. AA　ㄴ. Bb　ㄷ. Yy
ㄹ. rrYY　ㅁ. aabb

① ㄱ, ㄴ, ㄷ　② ㄱ, ㄷ, ㄹ
③ ㄱ, ㄹ, ㅁ　④ ㄴ, ㄷ, ㅁ
⑤ ㄴ, ㄹ, ㅁ

03 완두의 대립 형질끼리 짝 지은 것으로 옳지 않은 것은?

① 작은 키 – 큰 키
② 보라색 꽃잎 – 흰색 꽃잎
④ 둥근 씨 – 주름진 씨
④ 초록색 씨 – 초록색 꼬투리
⑤ 잎겨드랑이에 피는 꽃 – 줄기 끝에 피는 꽃

B 멘델이 밝힌 유전 원리

04 완두가 유전 실험의 재료로 적합한 까닭이 아닌 것은?

① 기르기 쉽다.
② 한 세대가 짧다.
③ 대립 형질이 뚜렷하다.
④ 자손의 수가 적어 통계적인 분석에 유리하다.
⑤ 자가 수분과 타가 수분이 모두 가능하여 의도한 대로 형질을 교배할 수 있다.

[05~07] 그림은 순종의 둥근 완두(RR)와 순종의 주름진 완두(rr)를 교배하여 잡종 1대를 얻는 과정을 나타낸 것이다. 둥근 모양이 우성, 주름진 모양이 열성이다.

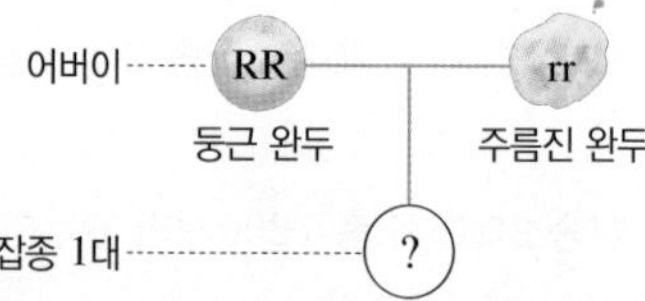

중요
05 잡종 1대의 표현형과 유전자형을 옳게 짝 지은 것은?

	표현형	유전자형		표현형	유전자형
①	둥글다.	RR	②	둥글다.	Rr
③	둥글다.	rr	④	주름지다.	Rr
⑤	주름지다.	rr			

중요
06 잡종 1대를 자가 수분하였을 때 잡종 2대에서 둥근 완두 : 주름진 완두의 비를 쓰시오.

중요
07 잡종 1대를 자가 수분하였을 때 잡종 2대에서 총 1000개의 완두를 얻었다면, 이 중 주름진 완두는 이론상 모두 몇 개인가?

① 0개　② 250개　③ 500개
④ 750개　⑤ 1000개

[08~11] 그림은 순종의 노란색 완두(YY)와 순종의 초록색 완두(yy)를 교배하여 얻은 잡종 1대를 자가 수분하여 잡종 2대를 얻는 과정을 나타낸 것이다.

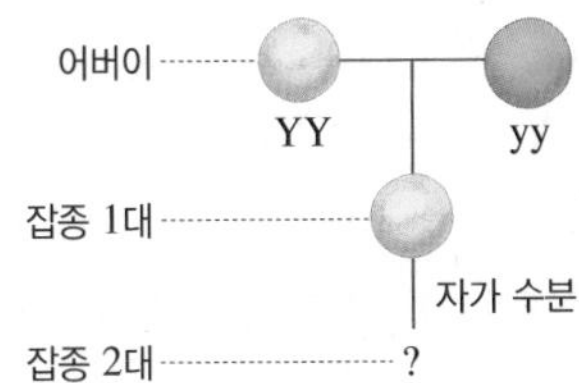

08 잡종 1대의 유전자 구성을 염색체에 옳게 나타낸 것은?

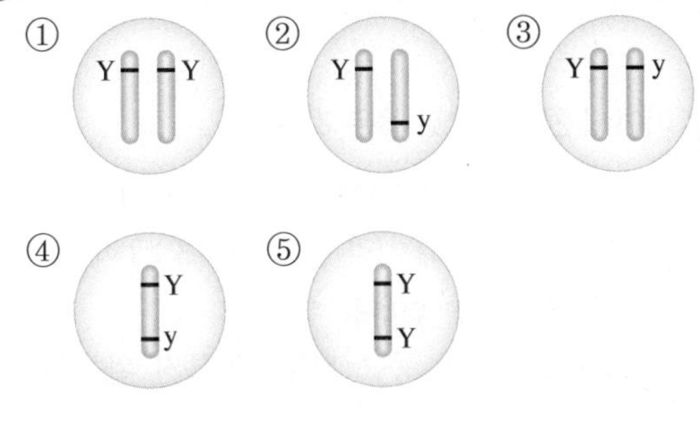

중요

09 이에 대한 설명으로 옳지 않은 것은?

① 완두씨의 색깔은 노란색이 우성이고, 초록색이 열성이다.
② 잡종 1대에서는 유전자 Y를 가진 생식세포와 y를 가진 생식세포가 1 : 1로 만들어진다.
③ 잡종 2대에서 순종 : 잡종=1 : 1이다.
④ 잡종 2대에서 총 600개의 완두를 얻었다면, 이 중 순종인 노란색 완두는 450개이다.
⑤ 우열의 원리와 분리의 법칙이 모두 성립한다.

중요

10 잡종 2대에서 총 1200개의 완두를 얻었다면, 이 중 유전자형이 잡종 1대와 같은 것은 이론상 모두 몇 개인가?

① 200개 ② 400개 ③ 600개
④ 800개 ⑤ 1000개

11 잡종 1대와 같은 유전자형을 가진 완두를 초록색 완두와 교배하였을 때 자손에서 나타나는 우성 : 열성의 비는?

① 1 : 1 ② 1 : 2
③ 2 : 1 ④ 3 : 1
⑤ 우성 형질만 나온다.

12 그림은 완두씨의 모양에 대한 여러 가지 교배 실험 결과를 나타낸 것이다. 완두씨의 둥근 모양 유전자 R는 주름진 모양 유전자 r에 대해 우성이다.

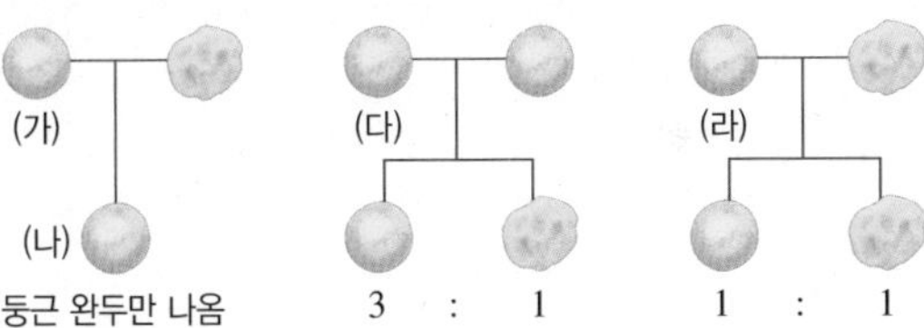

둥근 완두 (가)~(라)의 유전자형을 옳게 나타낸 것은?

	(가)	(나)	(다)	(라)
①	RR	RR	RR	Rr
②	RR	Rr	RR	Rr
③	RR	Rr	Rr	Rr
④	Rr	RR	Rr	RR
⑤	Rr	Rr	RR	RR

13 멘델의 가설로 옳지 않은 것은?

① 생물에는 한 가지 형질을 결정하는 한 쌍의 유전 인자가 있다.
② 유전 인자는 부모에서 자손으로 전달된다.
③ 한 쌍을 이루는 유전 인자가 서로 다를 때 하나의 유전 인자만 형질로 표현된다.
④ 한 쌍을 이루는 유전 인자는 생식세포가 만들어질 때 각 생식세포로 나뉘어 들어간다.
⑤ 두 쌍의 대립 형질이 동시에 유전될 때는 분리의 법칙이 성립하지 않는다.

14 그림은 순종의 빨간색 꽃잎 분꽃과 순종의 흰색 꽃잎 분꽃을 교배하여 얻은 잡종 1대를 자가 수분하여 잡종 2대를 얻는 과정을 나타낸 것이다.

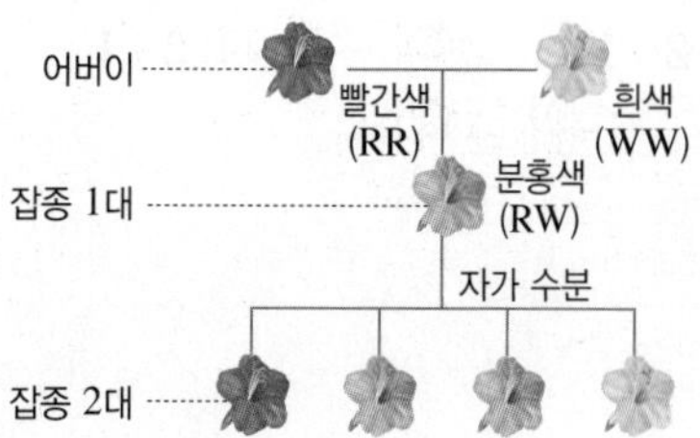

이에 대한 설명으로 옳은 것을 보기에서 모두 고른 것은?

보기
ㄱ. 빨간색 꽃잎 유전자 R가 흰색 꽃잎 유전자 W에 대해 우성이다.
ㄴ. 잡종 2대에서 표현형의 비와 유전자형의 비가 1 : 2 : 1로 같다.
ㄷ. 우열의 원리는 성립하지 않지만, 분리의 법칙은 성립한다.

① ㄱ ② ㄷ ③ ㄱ, ㄴ
④ ㄱ, ㄷ ⑤ ㄴ, ㄷ

[15~20] 그림은 순종의 둥글고 노란색인 완두(RRYY)와 순종의 주름지고 초록색인 완두(rryy)를 교배하여 얻은 잡종 1대를 자가 수분하여 잡종 2대를 얻는 과정을 나타낸 것이다. 완두씨의 모양을 나타내는 유전자와 색깔을 나타내는 유전자는 서로 다른 상동 염색체에 있다.

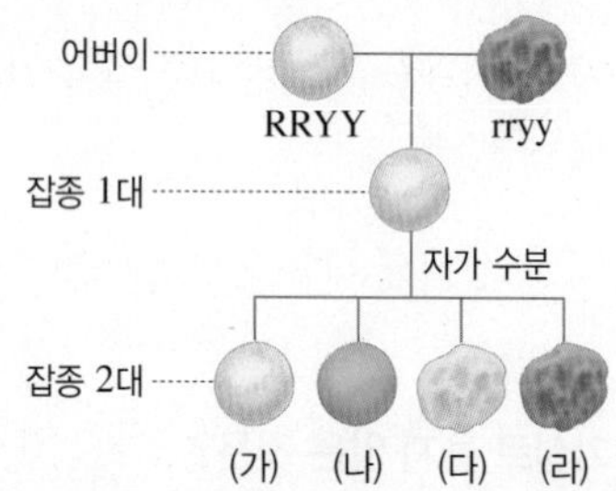

15 잡종 1대의 유전자 구성을 염색체에 옳게 나타낸 것은?

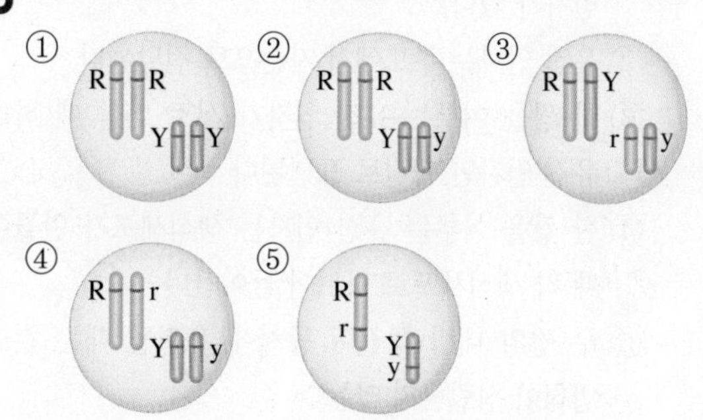

중요
16 잡종 1대에서 만들어지는 생식세포의 종류와 그 비율로 옳은 것은?

① Rr : Yy=1 : 1
② RY : ry=3 : 1
③ R : r : Y : y=1 : 1 : 1 : 1
④ RY : Ry : rY : ry=1 : 1 : 1 : 1
⑤ RY : Ry : rY : ry=9 : 3 : 3 : 1

중요
17 이에 대한 설명으로 옳은 것은?

① (가)의 유전자형은 RrYy 한 종류이다.
② (가) : (나) : (다) : (라)는 3 : 1 : 3 : 1이다.
③ (라)는 모두 순종이다.
④ 잡종 2대에서 둥근 완두 : 주름진 완두는 9 : 1이다.
⑤ 완두씨의 모양과 색깔에 대한 대립유전자 쌍은 서로 영향을 주고받으며 유전된다.

중요
18 잡종 2대에서 총 3200개의 완두를 얻었다면, 이 중 (나)는 이론상 모두 몇 개인가?

① 300개 ② 600개 ③ 900개
④ 1200개 ⑤ 1800개

19 (다)의 유전자형으로 옳은 것을 모두 고르면?(2개)

① RRYy ② RrYy ③ rrYY
④ rrYy ⑤ rryy

20 잡종 2대에서 유전자형이 Rryy인 개체와 rrYy인 개체를 교배하여 다시 자손을 얻을 때, 자손에서 나올 수 있는 유전자형이 아닌 것은?

① RrYy ② Rryy ③ rrYY
④ rrYy ⑤ rryy

서술형 문제

중요

21 멘델은 유전 실험의 재료로 완두를 사용하였다. 완두가 유전 실험의 재료로 적합한 까닭을 세 가지만 서술하시오.

22 그림은 순종의 키 큰 완두와 순종의 키 작은 완두를 교배하여 얻은 잡종 1대를 자가 수분하여 잡종 2대를 얻는 과정을 나타낸 것이다.

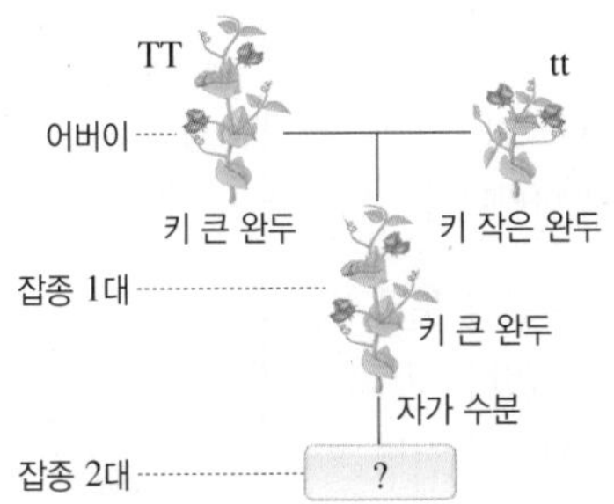

(1) 키가 큰 것과 작은 것 중 우성인 형질을 쓰시오.

(2) (1)과 같이 생각한 까닭을 우성의 뜻과 관련지어 서술하시오.

(3) 잡종 2대의 표현형의 비를 쓰시오.

23 그림은 순종의 빨간색 꽃잎 분꽃(RR)과 순종의 흰색 꽃잎 분꽃(WW)을 교배하여 잡종 1대를 얻는 과정을 나타낸 것이다.

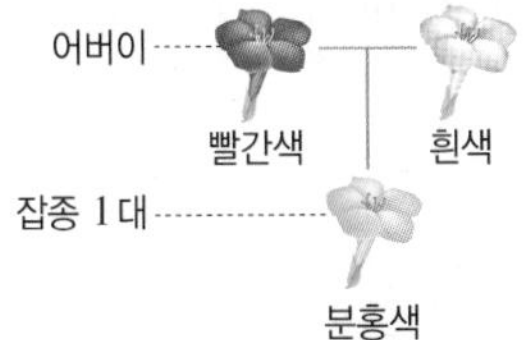

잡종 1대에서 분홍색 꽃잎 분꽃만 나오는 까닭을 유전자의 우열 관계와 관련지어 서술하시오.

수준 높은 문제로 실력 탄탄

● 정답과 해설 10쪽

01 그림은 유전자 구성이 다른 두 개의 완두 (가)와 (나)에서 완두씨의 모양과 색깔을 결정하는 두 종류의 대립유전자 쌍이 염색체에 존재하는 모습을 나타낸 것이다. 둥근 모양 유전자 R는 주름진 모양 유전자 r에 대해 우성이고, 노란색 유전자 Y는 초록색 유전자 y에 대해 우성이다.

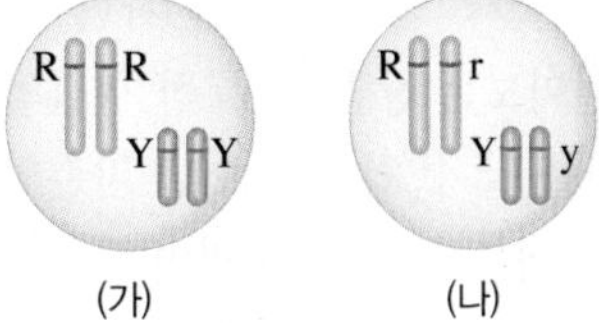

이에 대한 설명으로 옳은 것은?

① (가)와 (나)는 모두 순종이다.
② (가)와 (나)의 표현형은 다르다.
③ (가)에서 만들어지는 생식세포의 종류는 두 가지이다.
④ (가)와 (나)를 교배하여 얻은 잡종 1대에서는 한 가지 표현형만 나타난다.
⑤ (가)와 (나)를 교배하여 얻은 잡종 1대에서 나올 수 있는 유전자형은 두 가지이다.

02 다음은 어떤 식물의 키 유전자와 꽃잎 색깔 유전자에 대한 설명이다.

- 키가 큰 유전자 T는 키가 작은 유전자 t에 대해 우성이다.
- 빨간색 꽃잎 유전자 R와 흰색 꽃잎 유전자 W 사이의 우열 관계는 뚜렷하지 않다.
- 키 유전자와 꽃잎 색깔 유전자는 서로 다른 상동 염색체에 있다.

키가 크고 분홍색 꽃잎을 가진 식물(TtRW)과 키가 작고 분홍색 꽃잎을 가진 식물(ttRW)을 교배하여 총 800 개체의 자손을 얻었다면, 이 중 키가 작고 흰색 꽃잎을 가진 식물은 이론상 모두 몇 개인가?

① 100개 ② 200개 ③ 400개
④ 600개 ⑤ 800개

04 사람의 유전

A 사람의 유전 연구

1 사람의 유전 연구가 어려운 까닭

① 한 세대가 길고, 자손의 수가 적다.

② 대립 형질이 복잡하고, 환경의 영향을 많이 받으며, 교배 실험이 불가능하다.

화보 5.5

2 사람의 유전 연구 방법

① 가계도 조사 : 특정 형질을 가진 집안에서 여러 세대에 걸쳐 이 형질이 어떻게 유전되는지 알아보는 방법 ➡ 특정 형질의 우열 관계, 유전자의 전달 경로, 가족 구성원의 유전자형을 알 수 있고, 태어날 자손의 형질을 예측할 수 있다.❶

② 쌍둥이 연구 : 유전과 환경이 특정 형질에 미치는 영향을 알아볼 수 있다.

구분	1란성 쌍둥이	2란성 쌍둥이
발생 과정	하나의 수정란이 발생 초기에 둘로 나뉘어 각각 발생한다. ➡ 유전자 구성이 서로 같다.	각기 다른 두 개의 수정란이 동시에 발생한다.❷ ➡ 유전자 구성이 서로 다르다.
형질 차이	환경의 영향으로 나타난다.❸	유전과 환경의 영향으로 나타난다.

③ 통계 조사 : 특정 형질이 사람에게 나타난 사례를 가능한 많이 수집하고, 자료를 통계적으로 분석하는 방법 ➡ 형질이 유전되는 특징, 유전자의 분포 등을 밝힐 수 있다.

④ 염색체와 DNA 분석 : 염색체 수와 모양을 분석하여 염색체 이상에 의한 유전병을 진단할 수 있고, DNA를 분석하여 특정 형질에 관여하는 유전자를 알아낼 수 있다.

B 상염색체 유전

화보
5.6

1 상염색체에 있는 한 쌍의 대립유전자에 의해 결정되는 형질

구분	혀 말기	이마 선 모양	보조개	눈꺼풀	귓불 모양	미맹❹
우성	가능	V자형	있음	쌍꺼풀	분리형	미맹 아님
열성	불가능	일자형	없음	외꺼풀	부착형	미맹

① 멘델의 분리의 법칙에 따라 유전되며, 대립 형질이 비교적 명확하게 구분된다.

② 유전자가 상염색체에 있어 남녀에 따라 형질이 나타나는 빈도에 차이가 없다.

2 혀 말기 유전

① 혀 말기 가능 대립유전자(T)는 혀 말기 불가능 대립유전자(t)에 대해 우성이다.
➡ 유전자형이 TT, Tt인 경우 혀 말기 가능, tt인 경우 혀 말기 불가능

② 혀 말기 유전 가계도 분석 여기서잠깐 44쪽

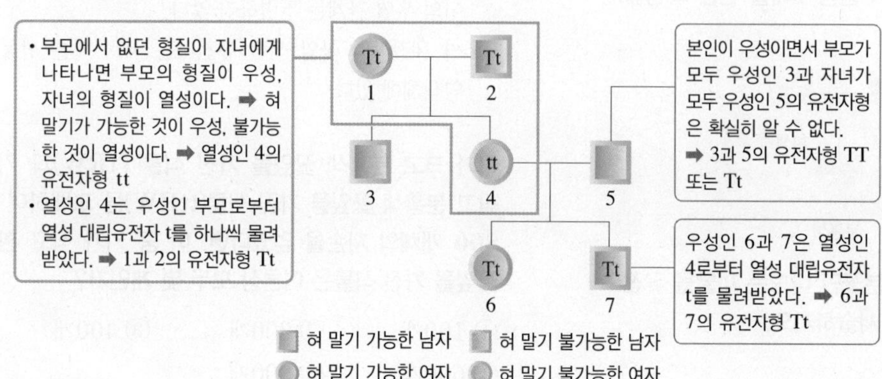

• 부모에서 없던 형질이 자녀에게 나타나면 부모의 형질이 우성, 자녀의 형질이 열성이다. ➡ 혀 말기가 가능한 것이 우성, 불가능한 것이 열성이다. ➡ 열성인 4의 유전자형 tt
• 열성인 4는 우성인 부모로부터 열성 대립유전자 t를 하나씩 물려받았다. ➡ 1과 2의 유전자형 Tt
Tt
1
Tt
2
3
tt
4
5
Tt
6
Tt
7
본인이 우성이면서 부모가 모두 우성인 3과 자녀가 모두 우성인 5의 유전자형은 확실히 알 수 없다. ➡ 3과 5의 유전자형 TT 또는 Tt
우성인 6과 7은 열성인 4로부터 열성 대립유전자 t를 물려받았다. ➡ 6과 7의 유전자형 Tt
혀 말기 가능한 남자
혀 말기 불가능한 남자
혀 말기 가능한 여자
혀 말기 불가능한 여자

플러스 강의

❶ **가계도에 사용되는 기호**

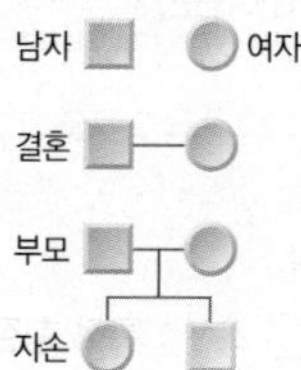

남자
여자
결혼
부모
자손

색깔이 다른 것은 서로 다른 대립 형질을 뜻한다.
예 보라색이 쌍꺼풀이면, 분홍색은 외꺼풀이다.

❷ **쌍둥이의 발생 과정**

정자
난자

▲ 1란성 쌍둥이 ▲ 2란성 쌍둥이

1란성 쌍둥이는 성별이 항상 같지만, 2란성 쌍둥이는 성별이 같을 수도 있고 다를 수도 있다.

❸ **쌍둥이 연구** 내 교과서 확인 | 천재

1란성 쌍둥이 (가)~(다) 중 (가)와 (나)는 같은 환경에서 자라고, (다)만 다른 환경에서 자랐을 때 (가)~(다)의 키와 몸무게가 표와 같았다.

구분	키	몸무게
(가)	177 cm	70 kg중
(나)	177.5 cm	71 kg중
(다)	177.5 cm	82 kg중

• 키 : 자란 환경에 상관없이 거의 비슷하다. ➡ 유전자의 영향을 많이 받는 형질
• 몸무게 : 같은 환경에서 자랐을 때보다 다른 환경에서 자랐을 때 차이가 크다. ➡ 환경의 영향을 많이 받는 형질

❹ **미맹**

PTC 용액의 쓴맛을 느끼지 못하는 형질로, 쓴맛을 느끼는 형질(미맹이 아닌 형질)에 대해 열성이다.

A 사람의 유전 연구

- □□□ 조사 : 특정 형질을 가진 집안에서 여러 세대에 걸쳐 이 형질이 어떻게 유전되는지 알아본다.
- □□□ 연구 : 유전과 환경이 특정 형질에 미치는 영향을 알아볼 수 있다.
- □□ 조사 : 특정 형질이 사람에게 나타난 사례를 가능한 많이 수집하고, 자료를 통계적으로 분석한다.
- □□□와 DNA 분석 : 염색체 이상에 의한 유전병을 진단하거나 특정 형질에 관여하는 유전자를 알아낼 수 있다.

B 상염색체 유전

- 우성과 열성의 판단 : 부모에서 없던 형질이 자녀에게 나타나면 부모의 형질이 □□, 자녀의 형질이 □□이다.

암기쾅 사람의 유전 연구가 어려운 까닭

완두	사람
한 세대가 짧다.	한 세대가 길다.
자손의 수가 많다.	자손의 수가 적다.
교배 실험에 적합하다.	교배 실험이 불가능하다.

A

1 사람의 유전 연구가 어려운 까닭으로 옳은 것은 ○, 옳지 않은 것은 ×로 표시하시오.

(1) 대립 형질이 복잡하다. ( )

(2) 교배 실험을 할 수 없다. ( )

(3) 환경의 영향을 받지 않는다. ( )

(4) 한 세대가 길고, 자손의 수가 적다. ( )

2 1란성 쌍둥이에 대한 설명으로 옳은 것을 보기에서 모두 고르시오.

보기

ㄱ. 하나의 수정란이 발생 초기에 둘로 나뉘어 각각 발생한다.

ㄴ. 유전자 구성이 서로 같으며, 성별이 항상 같다.

ㄷ. 형질 차이는 유전과 환경의 영향으로 나타난다.

B

3 상염색체에 있는 한 쌍의 대립유전자에 의해 결정되는 형질에 대한 설명으로 옳은 것은 ○, 옳지 않은 것은 ×로 표시하시오.

(1) 멘델의 분리의 법칙에 따라 유전된다. ( )

(2) 대립 형질이 명확하게 구분되지 않는다. ( )

(3) 혀 말기와 귓불 모양은 이 형질에 해당한다. ( )

(4) 남녀에 따라 형질이 나타나는 빈도에 차이가 난다. ( )

4 오른쪽 그림은 어떤 가족의 혀 말기 유전 가계도를 나타낸 것이다.

(가) (나) (다)

혀 말기 가능한 남자 / 혀 말기 가능한 여자 / 혀 말기 불가능한 남자

(1) 혀 말기가 가능한 것과 불가능한 것 중 우성인 형질을 쓰시오.

(2) 우성 대립유전자를 T, 열성 대립유전자를 t라고 할 때, (가)~(다)의 유전자형을 쓰시오.

더 풀어보고 싶다면? 시험 대비 교재 26쪽 계산력·암기력 강화 문제

5 오른쪽 그림은 어떤 집안의 귓불 모양 유전 가계도를 나타낸 것이다.

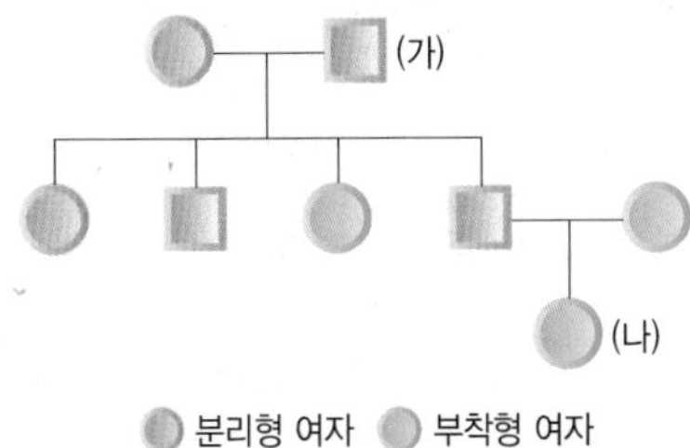

(1) 우성 대립유전자를 A, 열성 대립유전자를 a라고 할 때, (가)와 (나)의 유전자형을 쓰시오.

(2) 유전자형을 확실히 알 수 없는 사람은 총 몇 명인지 쓰시오.

3 ABO식 혈액형 유전

① A, B, O 세 가지 대립유전자가 관여한다. ➡ 대립유전자 A와 B는 대립유전자 O에 대해 우성이고, 대립유전자 A와 B 사이에는 우열 관계가 없다(A=B>O).

② 한 쌍의 대립유전자에 의해 형질이 결정된다. ➡ 표현형 4가지, 유전자형 6가지

표현형	A형	B형	AB형	O형
유전자형	AA, AO	BB, BO	AB	OO
대립유전자	A A / A O	B B / B O	A B	O O

③ ABO식 혈액형 유전 가계도 분석 여기서 잠깐 44쪽

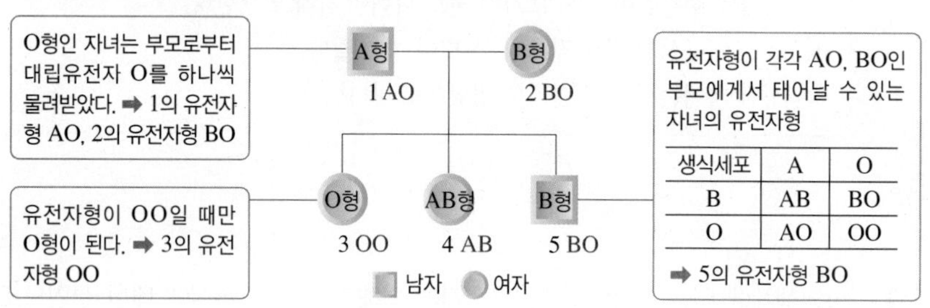

O형인 자녀는 부모로부터 대립유전자 O를 하나씩 물려받았다. ➡ 1의 유전자형 AO, 2의 유전자형 BO
유전자형이 OO일 때만 O형이 된다. ➡ 3의 유전자형 OO
A형
1 AO
B형
2 BO
O형
3 OO
AB형
4 AB
B형
5 BO
남자 여자
유전자형이 각각 AO, BO인 부모에게서 태어날 수 있는 자녀의 유전자형
생식세포 | A | O
B | AB | BO
O | AO | OO
➡ 5의 유전자형 BO

C 성염색체 유전

1 반성유전 유전자가 성염색체에 있어 유전 형질이 나타나는 빈도가 남녀에 따라 차이가 나는 유전 현상 예 적록 색맹, 혈우병[1]

2 적록 색맹 유전 적록 색맹은 붉은색과 초록색을 잘 구별하지 못하는 유전 형질로, 적록 색맹 유전자가 성염색체인 X 염색체에 있다.

① 적록 색맹 대립유전자(X′)는 정상 대립유전자(X)에 대해 열성이다.

② 여자보다 남자에게 더 많이 나타난다. ➡ 성염색체 구성이 XY인 남자는 적록 색맹 대립유전자가 1개만 있어도 적록 색맹이 되지만, 성염색체 구성이 XX인 여자는 2개의 X 염색체에 모두 적록 색맹 대립유전자가 있어야 적록 색맹이 되기 때문[2]

남녀 구분	남자		여자	
표현형	정상	적록 색맹	정상	적록 색맹
유전자형	XY	X′Y	XX, XX′(보인자)[3]	X′X′
대립유전자	X Y	X′ Y	X X / X X′	X′ X′

③ 적록 색맹 유전 가계도 분석 여기서 잠깐 45쪽

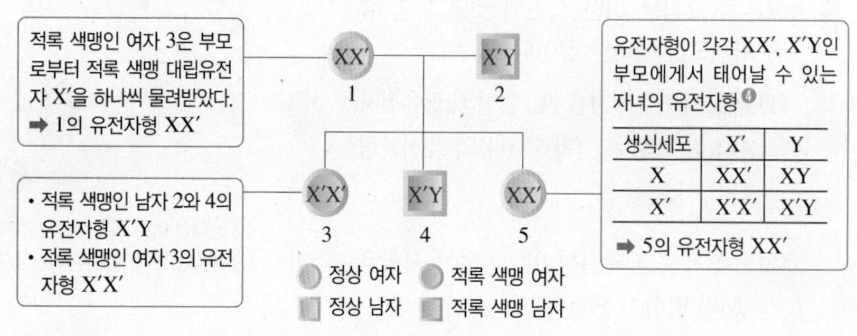

플러스 강의

❶ 혈우병
혈액이 응고되지 않아 상처가 나면 출혈이 잘 멈추지 않는 병

❷ 사람의 성 결정

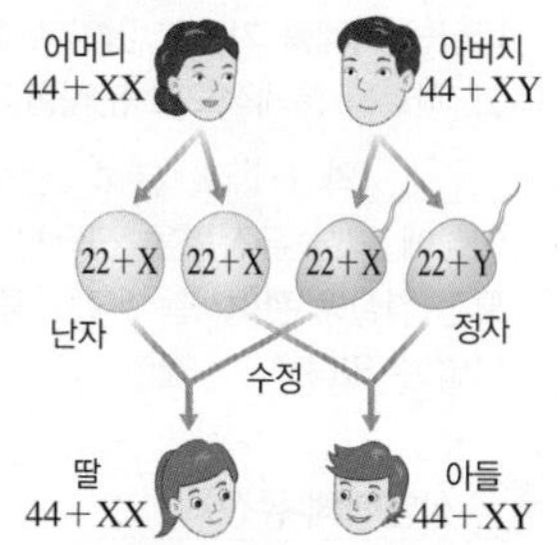

- 딸 : 어머니와 아버지로부터 X 염색체를 하나씩 물려받는다. ➡ 성염색체 구성 XX
- 아들 : 어머니로부터 X 염색체를, 아버지로부터 Y 염색체를 물려받는다. ➡ 성염색체 구성 XY

❸ 보인자
하나의 X 염색체에만 적록 색맹 대립유전자가 있는 여자의 경우 정상인과 같이 색을 구별할 수 있어 보인자라고 한다.

❹ 적록 색맹 유전의 특징

- 아버지가 적록 색맹이면 딸은 모두 적록 색맹 대립유전자를 가진다.

X′Y(부)×XX(모)

생식세포	X′	Y
X	XX′	XY
X	XX′	XY

X′Y(부)×XX′(모)

생식세포	X′	Y
X	XX′	XY
X′	X′X′	X′Y

- 어머니가 적록 색맹이면 아들은 모두 적록 색맹이다.

XY(부)×X′X′(모)

생식세포	X	Y
X′	XX′	X′Y
X′	XX′	X′Y

● 정답과 해설 11쪽

B 상염색체 유전

• ABO식 혈액형의 표현형과 유전자형

표현형	유전자형
A형	AA, □□
B형	BB, □□
AB형	□□
O형	□□

C 성염색체 유전

• □□유전 : 유전자가 성염색체에 있어 유전 형질이 나타나는 빈도가 남녀에 따라 차이가 나는 유전 현상
• 적록 색맹 유전 : 적록 색맹 유전자는 성염색체인 □ 염색체에 있고, 적록 색맹 대립유전자는 정상 대립유전자에 대해 □□이다.

B

6 ABO식 혈액형 유전에 대한 설명으로 옳은 것은 ○, 옳지 않은 것은 ×로 표시하시오.

(1) 표현형은 6가지이다. ( )
(2) B형의 유전자형은 두 종류이다. ( )
(3) 두 쌍의 대립유전자에 의해 형질이 결정된다. ( )
(4) 대립유전자 A와 B는 대립유전자 O에 대해 우성이다. ( )

더 풀어보고 싶다면? 시험 대비 교재 26쪽 계산력·암기력 강화 문제

7 오른쪽 그림은 어떤 집안의 ABO식 혈액형 유전 가계도를 나타낸 것이다.

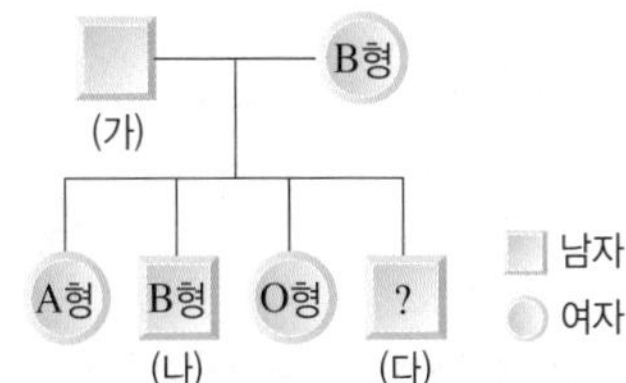

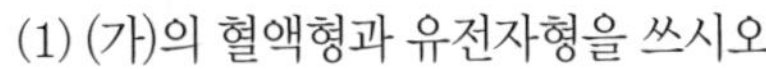
(1) (가)의 혈액형과 유전자형을 쓰시오.

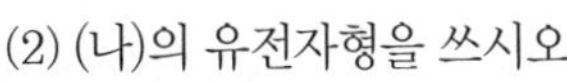
(2) (나)의 유전자형을 쓰시오.

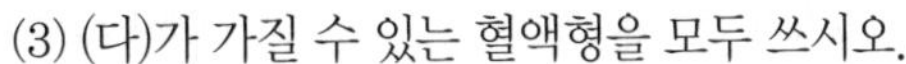
(3) (다)가 가질 수 있는 혈액형을 모두 쓰시오.

C

8 적록 색맹 유전에 대한 설명으로 옳은 것은 ○, 옳지 않은 것은 ×로 표시하시오.

(1) 반성유전이다. ( )
(2) 적록 색맹은 정상에 대해 열성이다. ( )
(3) 남자보다 여자에게 더 많이 나타난다. ( )
(4) 남자는 보인자가 있지만, 여자는 보인자가 없다. ( )

9 부모의 적록 색맹에 대한 유전자형이 다음과 같을 때, 자녀에서 나올 수 있는 유전자형을 모두 쓰시오.

(1) $XY \times XX' \rightarrow$ ( )
(2) $X'Y \times XX' \rightarrow$ ( )
(3) $X'Y \times X'X' \rightarrow$ ( )

암기광 ABO식 혈액형 유전

• AA × AA → AA
• AA × AO → AA, AO
• AO × AO → AA, 2AO, OO

더 풀어보고 싶다면? 시험 대비 교재 26쪽 계산력·암기력 강화 문제

10 오른쪽 그림은 어떤 집안의 적록 색맹 유전 가계도를 나타낸 것이다.

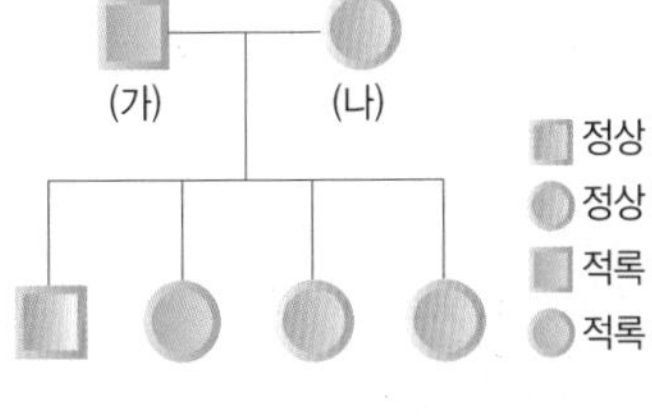

(1) (가)와 (나)의 유전자형을 쓰시오.

(2) 가족 중 적록 색맹 대립유전자를 가진 사람은 모두 몇 명인지 쓰시오.

가계도를 분석할 때는 기본 원칙에 따라 유전자형을 모두 알아보는 것이 정석이지요. 한 번 확실히 알고 나면 전혀 어렵지 않게 느껴진답니다. 그럼 시작해 볼까요?

● 정답과 해설 12쪽

가계도 분석하기

단계 1 **우성과 열성을 파악한다.** ➡ 부모와 다른 형질이 자녀에게 나타나면 부모의 형질이 우성, 자녀의 형질이 열성이다.

단계 2 **유전자가 상염색체에 있는지, 성염색체에 있는지 파악한다.**

단계 3 **가족 구성원 중 확실히 알 수 있는 유전자형을 먼저 쓴다.** ➡ 열성 형질의 유전자형은 순종이다.

단계 4 **부모와 자녀 사이의 관계를 분석하여 유전자형을 구한다.** ➡ 부모나 자녀에게 열성 형질이 있으면 열성 대립유전자를 가지고 있다.

혀 말기 유전 가계도 분석

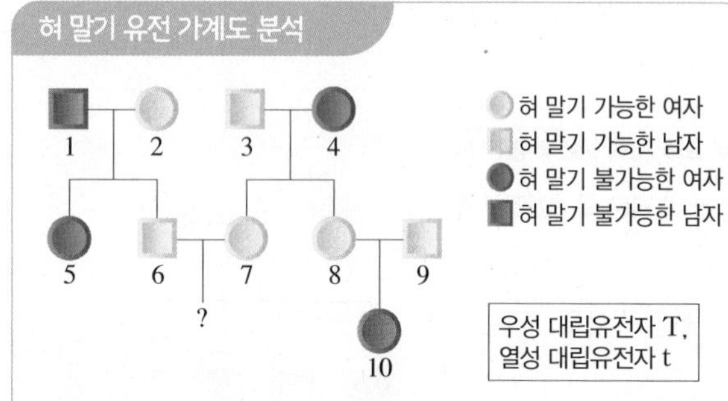

1 혀 말기가 가능한 것이 우성, 불가능한 것이 열성이다. 혀 말기가 가능한 8과 9 사이에서 혀 말기가 불가능한 10이 태어난 것으로 확인할 수 있다.

2 혀 말기 유전자는 상염색체에 있다.

3 혀 말기가 불가능한 사람의 유전자형은 tt이다.
➡ 1, 4, 5, 10의 유전자형 tt

4
- 2는 5에게, 8과 9는 10에게 혀 말기 불가능 대립유전자를 물려주었다. ➡ 2, 8, 9의 유전자형 Tt
- 6은 1로부터, 7은 4로부터 혀 말기 불가능 대립유전자를 물려받았다. ➡ 6과 7의 유전자형 Tt
- 3의 유전자형은 TT인지, Tt인지 확실히 알 수 없다.

예제① 6과 7 사이에서 자녀가 태어날 때 혀 말기가 불가능할 확률을 구하시오.

|풀이| Tt(6)×Tt(7) → TT, 2Tt, tt이므로, 6과 7 사이에서 태어나는 자녀가 혀 말기가 불가능할(tt) 확률은 $\frac{1}{4}\times100=($　　　$)\%$이다.

답 25

ABO식 혈액형 유전 가계도 분석

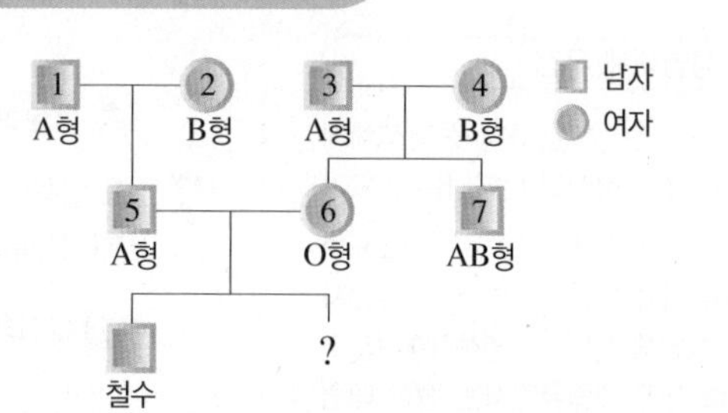

1 대립유전자 A와 B 사이에는 우열 관계가 없고, 대립유전자 A와 B는 대립유전자 O에 대해 우성이다.

2 ABO식 혈액형 유전자는 상염색체에 있다.

3 AB형인 사람의 유전자형은 AB이고, O형인 사람의 유전자형은 OO이다.
➡ 6의 유전자형 OO, 7의 유전자형 AB

4
- 5는 2로부터 대립유전자 B를 물려받으면 A형이 될 수 없으므로 2로부터 대립유전자 O를 물려받았다.
➡ 2의 유전자형 BO, 5의 유전자형 AO
- 3과 4는 6에게 대립유전자 O를 물려주었다.
➡ 3의 유전자형 AO, 4의 유전자형 BO
- 1의 유전자형은 AA인지, AO인지 확실히 알 수 없다.

예제② 철수의 동생이 태어날 때 O형일 확률을 구하시오.

|풀이| AO(5)×OO(6) → AO, OO이므로, 5와 6 사이에서 태어나는 철수의 동생이 O형(OO)일 확률은 (　　　)×100=(　　　)%이다.

답 $\frac{1}{2}$, 50

유제① 그림은 어떤 집안의 귓불 모양 유전 가계도를 나타낸 것이다. 귓불 모양 유전자는 상염색체에 있다.

1　2
3　4　5　6
7　8　9

■ 분리형 귓불 남자
● 분리형 귓불 여자
■ 부착형 귓불 남자
● 부착형 귓불 여자

(1) 분리형 귓불과 부착형 귓불 중 우성 형질을 쓰시오.

(2) 우성 대립유전자를 B, 열성 대립유전자를 b라고 할 때, 3과 4의 유전자형을 쓰시오.

(3) 3과 4 사이에서 자녀가 한 명 더 태어날 때 분리형 귓불을 가질 확률을 구하시오.

(4) 유전자형을 확실히 알 수 없는 사람의 번호를 모두 쓰시오.

적록 색맹 유전 가계도 분석

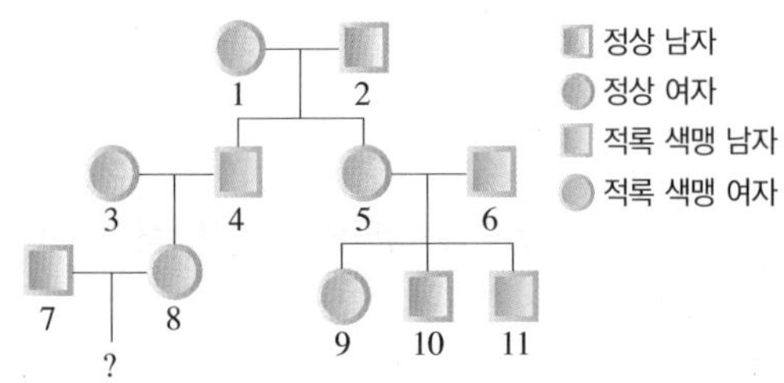

1 적록 색맹이 열성, 정상이 우성이다. 정상인 1과 2 사이에서 적록 색맹인 4가 태어난 것으로 확인할 수 있다.

2 적록 색맹 유전자는 성염색체인 X 염색체에 있다.

3 정상 남자의 유전자형은 XY, 적록 색맹 남자의 유전자형은 X′Y, 적록 색맹 여자의 유전자형은 X′X′이다.
➡ 2, 7, 10의 유전자형 XY, 4, 6, 11의 유전자형 X′Y

4
- 1은 4에게, 5는 11에게 적록 색맹 대립유전자를 물려주었다. ➡ 1과 5의 유전자형 XX′
- 8은 4로부터, 9는 6으로부터 적록 색맹 대립유전자를 물려받았다. ➡ 8과 9의 유전자형 XX′
- 3의 유전자형은 XX인지, XX′인지 확실히 알 수 없다.

예제❸ 7과 8 사이에서 자녀가 태어날 때 적록 색맹일 확률을 구하시오.

| 풀이 | XY(7)×XX′(8) → XX, XX′, XY, X′Y이므로, 7과 8 사이에서 태어나는 자녀가 적록 색맹(X′Y)일 확률은 (　　　)×100=(　　　)%이다.

예제❹ 7과 8 사이에서 태어난 아들이 적록 색맹일 확률을 구하시오.

| 풀이 | 7과 8 사이에서 태어난 아들(XY, X′Y)이 적록 색맹(X′Y)일 확률은 (　　　)×100=(　　　)%이다.

답 ❸ $\frac{1}{4}$, 25 ❹ $\frac{1}{2}$, 50

유전병 유전 가계도 분석

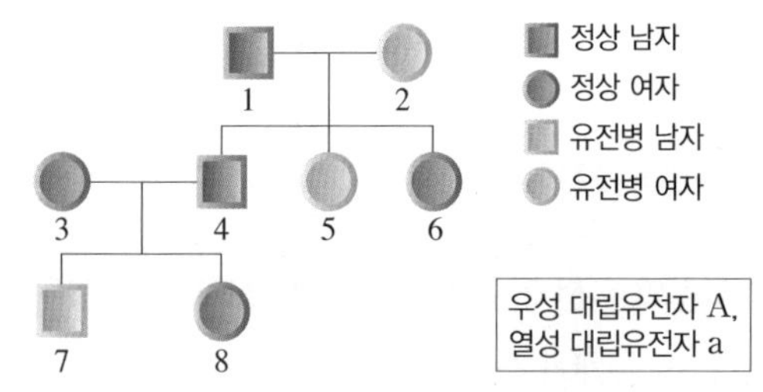

1 정상인 3과 4 사이에서 유전병을 나타내는 7이 태어난 것으로 보아 유전병이 열성, 정상이 우성이다.

2 아버지(1)가 정상인데 딸(5)이 유전병이고, 어머니(2)가 유전병인데 아들(4)이 정상인 것으로 보아 유전병 유전자는 상염색체에 있다. 만약 유전병 유전자가 X 염색체에 있다면 아버지로부터 정상 대립유전자가 있는 X 염색체를 물려받는 딸은 모두 정상이 되고, 어머니로부터 유전병 대립유전자가 있는 X 염색체를 물려받는 아들은 모두 유전병을 나타낼 것이다.

3 유전병을 나타내는 사람의 유전자형은 aa이다.
➡ 2, 5, 7의 유전자형 aa

4
- 1은 5에게, 3과 4는 7에게 유전병 대립유전자를 물려주었다. ➡ 1, 3, 4의 유전자형 Aa
- 6은 2로부터 유전병 대립유전자를 물려받았다.
➡ 6의 유전자형 Aa
- 8의 유전자형은 AA인지, Aa인지 확실히 알 수 없다.

예제❺ 3과 4 사이에서 자녀가 한 명 더 태어날 때 정상일 확률을 구하시오.

| 풀이 | Aa(3)×Aa(4) → AA, 2Aa, aa이므로, 3과 4 사이에서 태어나는 자녀가 정상(AA, Aa)일 확률은 (　　　)×100=(　　　)%이다.

예제❻ 6이 유전병을 나타내는 남자와 결혼하여 자녀를 낳을 때 자녀가 정상일 확률을 구하시오.

| 풀이 | Aa(6)×aa(유전병 남자) → Aa, aa이므로, 6과 유전병을 나타내는 남자 사이에서 태어나는 자녀가 정상(Aa)일 확률은 (　　　)×100=(　　　)%이다.

답 ❺ $\frac{3}{4}$, 75 ❻ $\frac{1}{2}$, 50

유제❷ 그림은 어떤 집안의 유전병 유전 가계도를 나타낸 것이다. 유전병 유전자는 성염색체인 X 염색체에 있다.

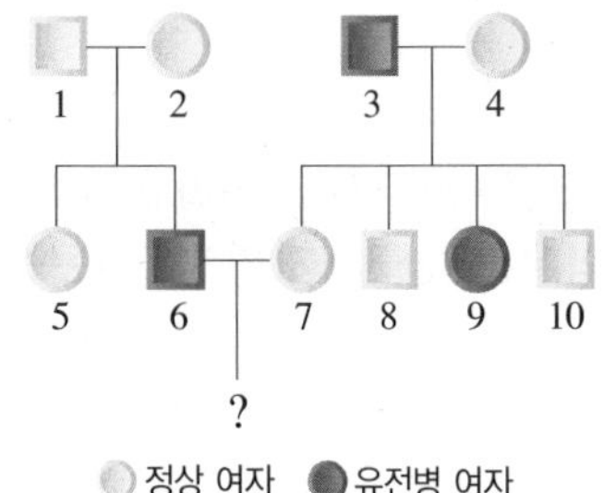

(1) 유전병은 정상에 대해 우성인지 열성인지 쓰시오.

(2) 우성 대립유전자를 X, 열성 대립유전자를 X′이라고 할 때, 6과 7의 유전자형을 쓰시오.

(3) 6과 7 사이에서 자녀가 태어날 때 유전병을 나타내는 아들일 확률을 구하시오.

(4) 6과 7 사이에서 태어난 딸이 유전병을 나타낼 확률을 구하시오.

(5) 유전자형을 확실히 알 수 없는 사람의 번호를 모두 쓰시오.

기출 문제로 내신쑥쑥

전국 주요 학교의 **시험에 가장 많이 나오는 문제**들로만 구성하였습니다.
모든 친구들이 '꼭' 봐야 하는 코너입니다.

A 사람의 유전 연구

중요
01 사람의 유전 연구가 어려운 까닭으로 옳지 않은 것은?

① 한 세대가 짧다.
② 자손의 수가 적다.
③ 대립 형질이 복잡하다.
④ 교배 실험이 불가능하다.
⑤ 환경의 영향을 많이 받는다.

02 사람의 유전 연구 방법에 대한 설명으로 옳지 않은 것은?

① 교배 실험을 하여 특정 형질의 우열 관계를 알아낼 수 있다.
② DNA를 분석하여 특정 형질에 관여하는 유전자를 알아낼 수 있다.
③ 염색체의 수와 모양을 분석하여 염색체 이상에 의한 유전병을 진단할 수 있다.
④ 가계도 조사를 통해 가족 구성원의 유전자형, 유전자의 전달 경로 등을 알 수 있다.
⑤ 통계 조사는 형질이 나타난 사례를 가능한 많이 수집하고, 자료를 통계적으로 분석하는 방법이다.

중요
03 사람의 유전을 연구할 때 유전과 환경이 특정 형질에 미치는 영향을 알아보는 데 가장 적합한 방법은?

① 교배 실험　② 통계 조사
③ 가계도 조사　④ 쌍둥이 연구
⑤ 염색체 분석

04 쌍둥이에 대한 설명으로 옳은 것은?

① 1란성 쌍둥이는 성별이 같을 수도 있고, 다를 수도 있다.
② 난자 1개에 정자 2개가 동시에 들어가서 발생하면 1란성 쌍둥이가 된다.
③ 2란성 쌍둥이는 성별이 항상 같다.
④ 2란성 쌍둥이는 유전자 구성이 같다.
⑤ 2란성 쌍둥이는 유전과 환경의 영향으로 형질 차이가 나타난다.

05 그림은 세 가지 형질이 1란성 쌍둥이와 2란성 쌍둥이에서 일치하는 정도를 나타낸 것이다. 형질이 비슷할수록 수치가 1에 가깝다.

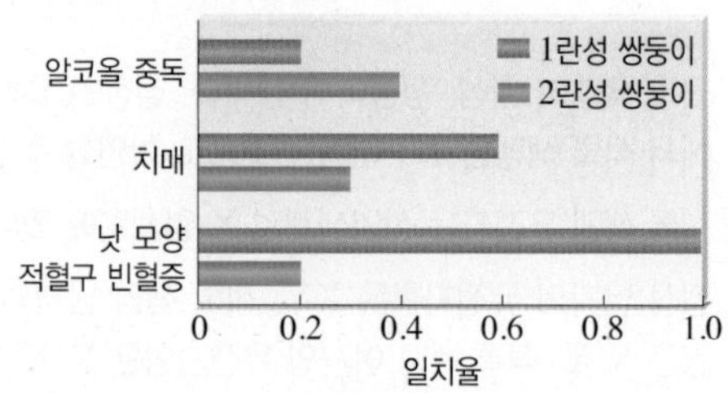

위 세 가지 형질 중 (가) 유전의 영향을 가장 많이 받는 것과 (나) 환경의 영향을 가장 많이 받는 것을 각각 쓰시오.

B 상염색체 유전

06 다음 여러 가지 유전 형질의 공통적인 특징이 아닌 것은?

미맹, 보조개, 혀 말기, 귓불 모양

① 유전자가 상염색체에 있다.
② 멘델의 분리의 법칙에 따라 유전된다.
③ 여러 쌍의 대립유전자에 의해 결정된다.
④ 대립 형질이 비교적 명확하게 구분된다.
⑤ 남녀에 따라 나타나는 빈도에 차이가 없다.

중요
07 다음은 은수네 가족의 혀 말기 가능 여부를 조사한 결과이다.

- 아버지와 어머니는 모두 혀 말기가 가능하다.
- 은수는 혀 말기가 가능하다.
- 은수의 여동생은 혀 말기가 불가능하다.

우성 대립유전자를 T, 열성 대립유전자를 t라고 할 때 아버지, 어머니, 여동생의 유전자형을 옳게 짝 지은 것은?

	아버지	어머니	여동생
①	Tt	Tt	tt
②	Tt	Tt	Tt
③	tt	TT	Tt
④	tt	TT	tt
⑤	tt	Tt	tt

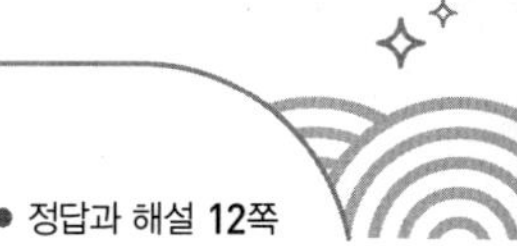

[08~09] 그림은 어떤 집안의 미맹 유전 가계도를 나타낸 것이다. 미맹 유전자는 상염색체에 있다.

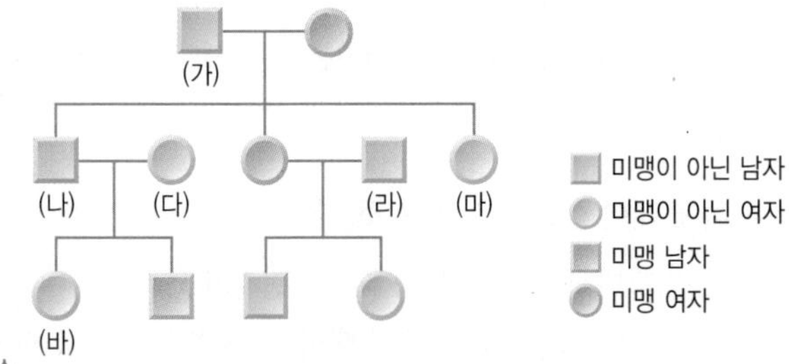

중요

08 이에 대한 설명으로 옳지 않은 것은? (단, 우성 대립유전자는 T, 열성 대립유전자는 t로 표시한다.)

① 미맹은 열성으로 유전된다.
② 미맹인 사람의 유전자형은 tt이다.
③ (가)와 (다)의 유전자형은 Tt이다.
④ (나)는 (가)로부터 대립유전자 t를 물려받았다.
⑤ (마)는 미맹 대립유전자를 가지고 있다.

09 (가)~(바) 중 유전자형을 확실히 알 수 없는 사람을 모두 쓰시오.

[10~11] 그림은 어떤 집안의 귀지 상태 유전 가계도를 나타낸 것이다. 귀지 상태 유전자는 상염색체에 있다.

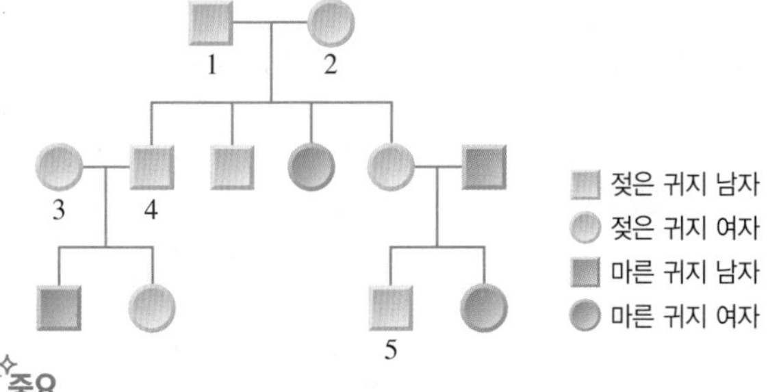

중요

10 이에 대한 설명으로 옳지 않은 것은?

① 1과 2의 유전자형은 같다.
② 3과 4 사이에서 자녀가 한 명 더 태어날 때 젖은 귀지가 있을 확률은 25 %이다.
③ 5는 아버지로부터 마른 귀지 대립유전자를 물려받았다.
④ 이 가계도에서 유전자형을 확실히 알 수 없는 사람은 총 2명이다.
⑤ 부모가 모두 마른 귀지가 있을 경우 젖은 귀지가 있는 자녀는 태어나지 않는다.

11 5가 마른 귀지가 있는 여자와 결혼하여 자녀를 낳을 때 자녀가 마른 귀지가 있을 확률은?

① 0 % ② 25 % ③ 50 %
④ 75 % ⑤ 100 %

[12~14] 그림은 준서네 집안의 ABO식 혈액형 유전 가계도를 나타낸 것이다.

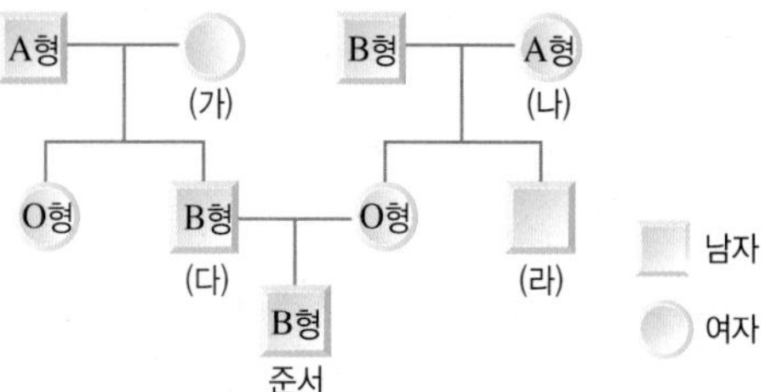

중요

12 이에 대한 설명으로 옳은 것을 보기에서 모두 고른 것은?

보기
ㄱ. (가)의 혈액형은 B형이다.
ㄴ. (나)의 유전자형은 AO이다.
ㄷ. 준서의 동생이 태어날 때 O형일 확률은 25 %이다.

① ㄱ ② ㄷ ③ ㄱ, ㄴ
④ ㄱ, ㄷ ⑤ ㄴ, ㄷ

13 (다)가 가진 ABO식 혈액형 대립유전자를 염색체에 옳게 나타낸 것은?

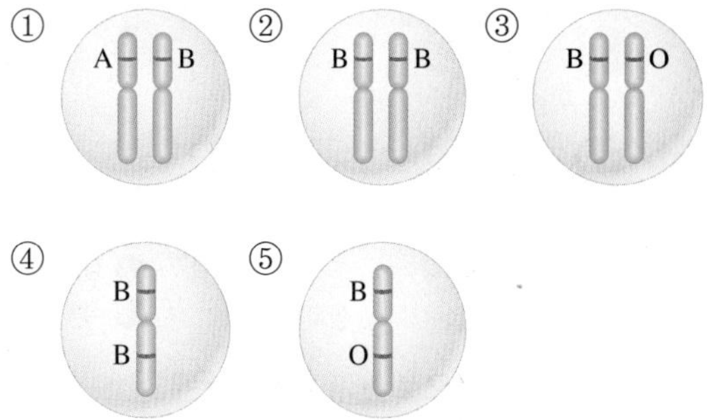

14 (라)가 가질 수 있는 ABO식 혈액형의 종류를 모두 나열한 것은?

① A형 ② A형, B형
③ A형, B형, AB형 ④ A형, B형, O형
⑤ A형, B형, AB형, O형

C 성염색체 유전

15 적록 색맹 유전에 대한 설명으로 옳은 것을 모두 고르면?(2개)

① 반성유전의 예이다.
② 남자보다 여자에게 더 많이 나타난다.
③ 적록 색맹 유전자는 Y 염색체에 있다.
④ 아버지가 적록 색맹이면 딸은 모두 적록 색맹이다.
⑤ 어머니가 적록 색맹이면 아들은 모두 적록 색맹이다.

중요
16 그림은 어떤 집안의 적록 색맹 유전 가계도를 나타낸 것이다.

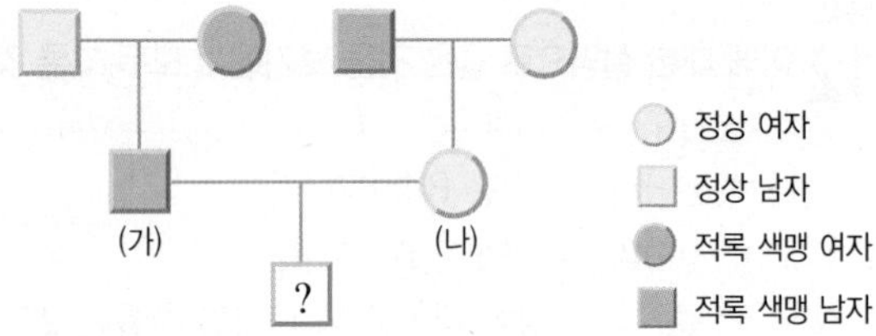

(가)와 (나) 사이에서 태어난 아들이 적록 색맹일 확률은?

① 0 % ② 25 % ③ 50 %
④ 75 % ⑤ 100 %

중요
17 그림은 어떤 집안의 적록 색맹 유전 가계도를 나타낸 것이다.

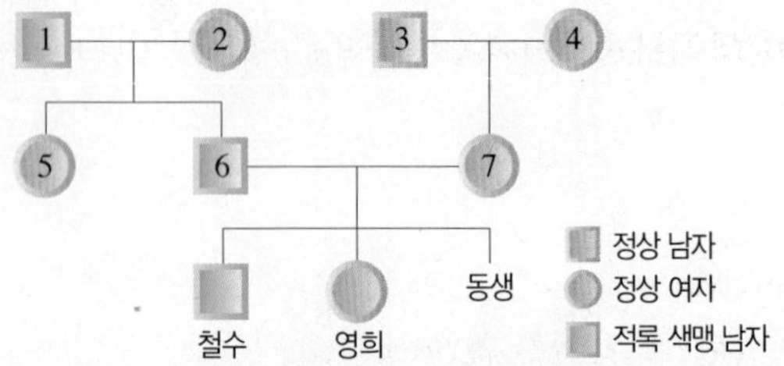

이에 대한 설명으로 옳지 않은 것은?

① 7의 유전자형은 XX′이다.
② 철수의 적록 색맹 대립유전자는 6으로부터 물려받았다.
③ 영희는 보인자이다.
④ 영희의 동생이 태어날 때 적록 색맹일 확률은 50 %이다.
⑤ 영희의 동생이 태어날 때 적록 색맹인 남자일 확률은 25 %이다.

18 다음은 민서네 가족의 적록 색맹 유전에 대한 설명이다.

- 외할머니와 외할아버지는 모두 정상이다.
- 어머니는 정상이고, 아버지는 적록 색맹이다.
- 여자인 민서는 적록 색맹이고, 남동생은 정상이다.

이에 대한 설명으로 옳은 것은?

① 외할머니는 적록 색맹 대립유전자가 없다.
② 외할아버지는 적록 색맹 대립유전자를 가지고 있다.
③ 어머니는 적록 색맹 대립유전자를 가지고 있다.
④ 민서는 아버지로부터 정상 대립유전자를 물려받았다.
⑤ 남동생은 어머니로부터 적록 색맹 대립유전자를 물려받았다.

19 그림은 어떤 집안의 ABO식 혈액형과 적록 색맹 유전 가계도를 나타낸 것이다.

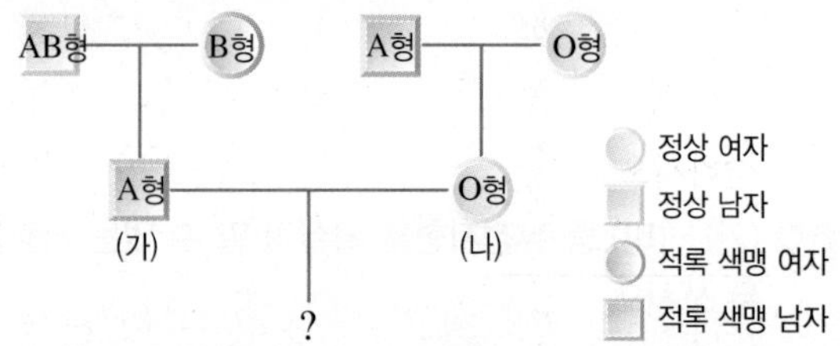

(가)와 (나) 사이에서 자녀가 태어날 때 O형이면서 적록 색맹인 아들일 확률은?

① $\frac{1}{16}$ ② $\frac{1}{8}$ ③ $\frac{1}{4}$ ④ $\frac{1}{2}$ ⑤ 1

중요
20 그림은 어떤 집안의 유전병 유전 가계도를 나타낸 것이다.

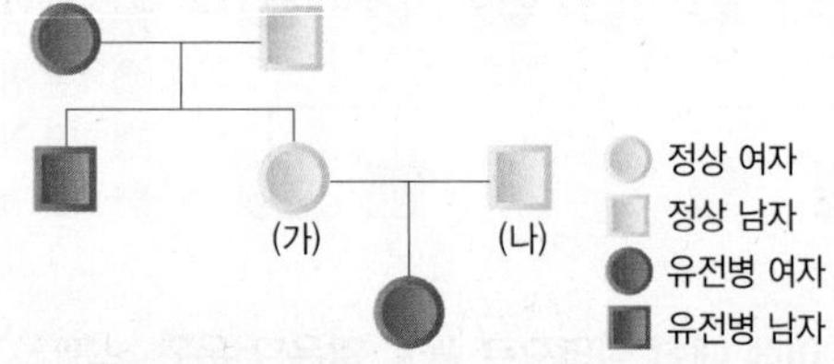

이에 대한 설명으로 옳은 것을 보기에서 모두 고른 것은?

보기
ㄱ. 유전병은 정상에 대해 열성이다.
ㄴ. 유전병 유전자는 X 염색체에 있다.
ㄷ. (가)는 유전병 대립유전자를 가지고 있지 않다.
ㄹ. (가)와 (나) 사이에서 자녀가 한 명 더 태어날 때 정상일 확률은 75 %이다.

① ㄱ, ㄴ ② ㄱ, ㄹ ③ ㄴ, ㄷ
④ ㄴ, ㄹ ⑤ ㄷ, ㄹ

서술형 문제

21 사람의 유전 연구가 어려운 까닭을 세 가지만 서술하시오.

중요

22 그림은 어떤 집안의 적록 색맹 유전 가계도를 나타낸 것이다.

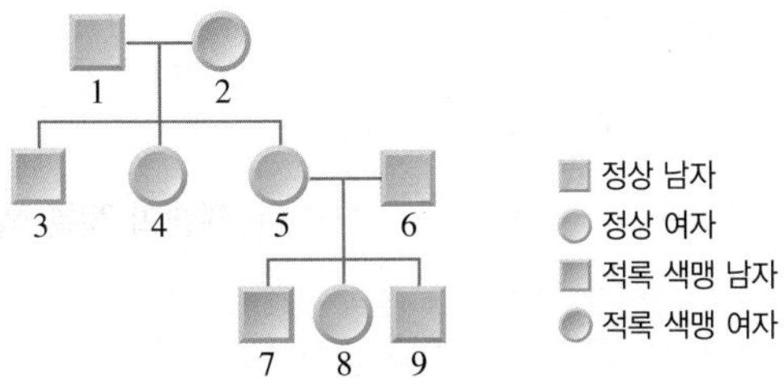

(1) 7에게 적록 색맹 대립유전자가 전달된 경로를 서술하시오.

(2) 1~9 중 유전자형을 확실히 알 수 없는 사람의 번호를 모두 쓰시오.

23 그림은 어떤 집안의 유전병 유전 가계도를 나타낸 것이다.

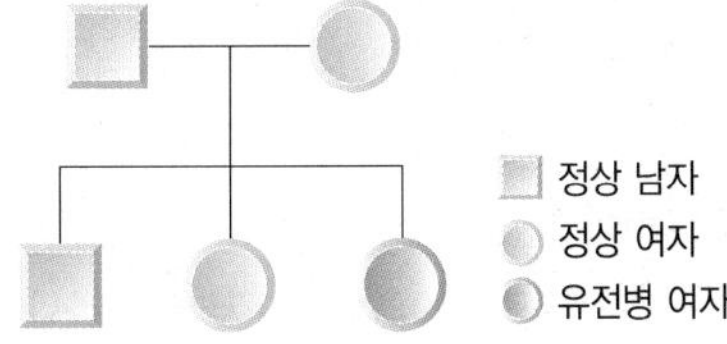

(1) 이 유전병은 정상 형질에 대해 우성인지 열성인지 쓰고, 그 까닭을 서술하시오.

(2) 아버지가 정상인데 유전병을 나타내는 딸이 태어난 것으로 보아 이 유전병 유전자는 상염색체와 X 염색체 중 어디에 있는지 쓰고, 그렇게 판단한 까닭을 서술하시오.

수준 높은 문제로 실력 탄탄

● 정답과 해설 14쪽

01 표는 가족 (가)와 (나)의 귓불 모양과 보조개의 유무를 나타낸 것이다.

구분	가족 (가)			가족 (나)		
	아버지	어머니	딸 ㉠	아버지	어머니	아들 ㉡
귓불	분리형	분리형	부착형	부착형	부착형	부착형
보조개	있음	있음	없음	없음	있음	있음

이에 대한 설명으로 옳은 것을 보기에서 모두 고른 것은?

보기
ㄱ. ㉠의 아버지와 어머니는 귓불 모양에 대한 유전자형이 서로 같다.
ㄴ. 보조개가 없는 것이 있는 것에 대해 우성이다.
ㄷ. ㉠과 ㉡이 결혼하여 자녀를 낳을 때 귓불 모양이 부착형이고, 보조개가 있을 확률은 50 %이다.

① ㄱ ② ㄷ ③ ㄱ, ㄴ
④ ㄱ, ㄷ ⑤ ㄴ, ㄷ

02 표는 세 아이와 그 부모의 ABO식 혈액형을 나타낸 것이다. 부모 ㉠~㉢은 각각 한 명씩의 아이가 있다.

아이		부모	
(가)	B형	㉠	A형, B형
(나)	O형	㉡	A형, A형
(다)	AB형	㉢	AB형, O형

세 아이와 그 부모를 옳게 짝 지으시오.

03 적록 색맹이며 B형인 어머니와 정상이며 AB형인 아버지 사이에서 태어날 수 있는 자녀로 옳은 것은?

① 정상이며 O형인 딸
② 적록 색맹이며 A형인 딸
③ 적록 색맹이며 B형인 딸
④ 정상이며 AB형인 아들
⑤ 적록 색맹이며 A형인 아들

단원 평가 문제

지금까지 열심히 달려오셨어요!
단원 평가 문제를 풀면서 자신의 **실력**을 **확인**해 봅시다.

01 페놀프탈레인 용액을 넣어 굳힌 우무 조각을 각각 한 변이 1 cm, 2 cm인 정육면체로 잘라 수산화 나트륨 수용액에 담갔다가 꺼내어 단면을 관찰하였더니 그림과 같았다. 이에 대한 설명으로 옳은 것을 보기에서 모두 고른 것은?

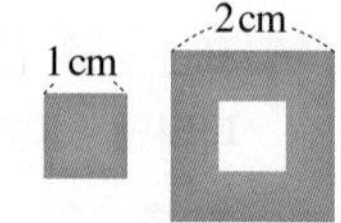

(가) (나)

> 보기
> ㄱ. (가)는 중심까지 붉게 변하였다.
> ㄴ. 우무 조각이 클수록 부피에 대한 표면적의 비가 커진다.
> ㄷ. 우무 조각을 세포라고 가정하면 (가)보다 (나)에서 물질 교환이 더 효율적으로 일어난다.

① ㄱ ② ㄷ ③ ㄱ, ㄴ
④ ㄱ, ㄷ ⑤ ㄴ, ㄷ

02 염색체에 대한 설명으로 옳지 않은 것은?

① DNA와 단백질로 구성된다.
② DNA에는 많은 수의 유전자가 있다.
③ 세포가 분열할 때는 핵 속에 가는 실처럼 풀어져 있다.
④ 한 생물의 몸을 구성하는 체세포에는 모두 같은 수의 염색체가 들어 있다.
⑤ 체세포에서 쌍을 이루고 있는 크기와 모양이 같은 2개의 염색체를 상동 염색체라고 한다.

03 그림은 사람 체세포의 염색체 구성을 나타낸 것이다.

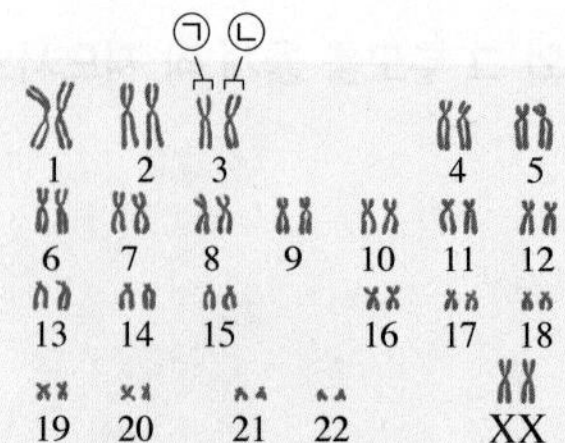

이에 대한 설명으로 옳은 것은?

① 이 사람은 남자이다.
② 이 사람의 생식세포에는 23개의 상염색체와 1개의 성염색체가 있다.
③ ㉠과 ㉡은 유전 정보가 서로 같다.
④ ㉠과 ㉡은 감수 분열 시 서로 다른 생식세포로 나뉘어 들어간다.
⑤ 2개의 X 염색체는 모두 어머니에게서 물려받았다.

04 그림은 체세포 분열 과정을 순서 없이 나타낸 것이다.

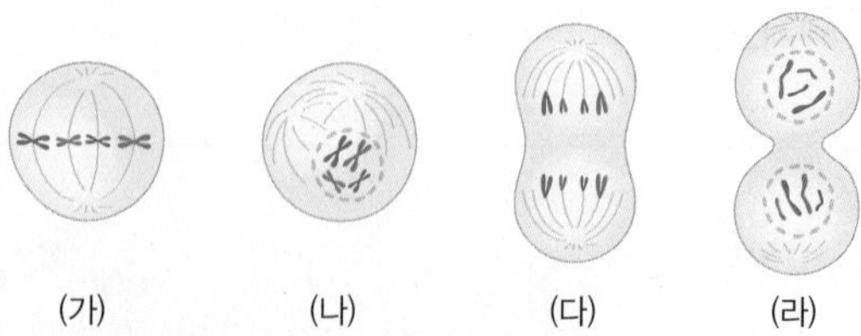
(가) (나) (다) (라)

이에 대한 설명으로 옳지 않은 것은?

① (가)는 중기이다.
② (나) 시기에 핵막이 사라지고, 막대 모양의 염색체가 나타난다.
③ (다) 시기에 염색 분체가 분리되어 이동한다.
④ (라)에서는 세포판이 만들어지고 있다.
⑤ (나) → (가) → (다) → (라) 순으로 일어난다.

05 오른쪽 그림은 어떤 동물 세포의 체세포 분열 과정 중 한 시기를 나타낸 것이다. 분열 시기와 분열 결과 만들어지는 딸세포의 염색체 수를 옳게 짝 지은 것은?

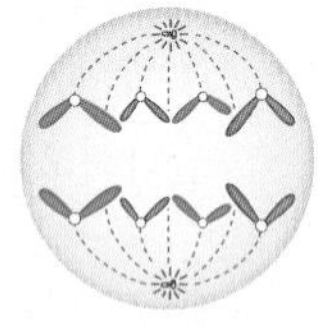

① 전기, 4개 ② 중기, 4개 ③ 중기, 8개
④ 후기, 4개 ⑤ 후기, 8개

06 다음은 체세포 분열 관찰 실험 과정이다.

> (가) 양파 뿌리 조각을 에탄올과 아세트산을 3 : 1로 섞은 용액에 담가 둔다.
> (나) 뿌리 조각을 묽은 염산에 넣어 물중탕한다.
> (다) 뿌리 끝에 아세트산 카민 용액을 떨어뜨린다.
> (라) 뿌리 끝을 해부 침으로 잘게 찢고, 덮개 유리를 덮어 연필에 달린 고무로 가볍게 두드린다.
> (마) 현미경 표본을 거름종이로 덮고 손가락으로 지그시 누른 후, 현미경으로 관찰한다.

이에 대한 설명으로 옳지 않은 것은?

① 양파 뿌리 끝에는 체세포 분열이 활발하게 일어나는 생장점이 있다.
② (가)는 해리, (나)는 고정 과정이다.
③ (나)는 세포가 잘 분리되도록 조직을 연하게 하는 과정이다.
④ (다)는 핵과 염색체를 염색하는 과정이다.
⑤ (마)에서는 간기의 세포가 가장 많이 관찰된다.

07 생물의 체세포 분열 결과로 볼 수 <u>없는</u> 것은?

① 상처가 아문다.
② 성장기에 키가 자란다.
③ 정자와 난자가 만들어진다.
④ 싹이 튼 씨앗에서 뿌리, 줄기, 잎이 자란다.
⑤ 꼬리가 잘린 도마뱀에서 꼬리가 새로 자란다.

08 그림은 어떤 세포 분열 과정을 나타낸 것이다.

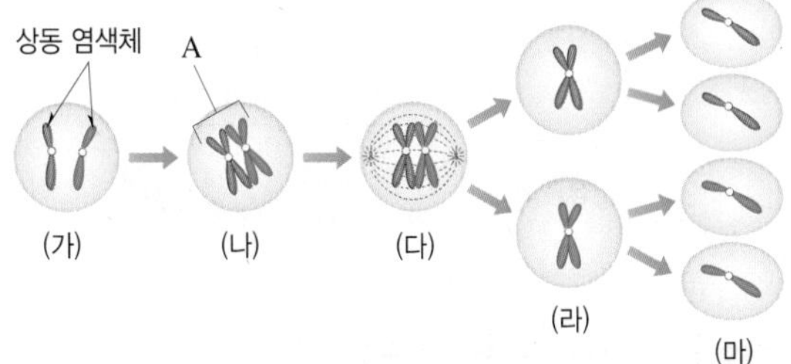

이에 대한 설명으로 옳은 것을 모두 고르면?(2개)

① 사람의 경우 정소와 난소에서 일어난다.
② A는 상동 염색체가 결합한 2가 염색체이다.
③ 연속 2회 분열로 2개의 딸세포가 만들어진다.
④ (다) → (라) 과정에서 염색 분체가 분리된다.
⑤ (라) → (마) 과정에서 염색체 수가 절반으로 줄어든다.

09 체세포 분열과 감수 분열에 대한 설명으로 옳은 것은?

① 2가 염색체는 감수 분열에서만 볼 수 있다.
② 체세포 분열은 2회, 감수 분열은 1회 분열한다.
③ 유전 물질의 복제는 체세포 분열에서만 일어난다.
④ 감수 분열 결과 생성되는 딸세포의 염색체 수는 모세포의 $\frac{1}{4}$이다.
⑤ 체세포 분열 결과 4개의 딸세포가, 감수 분열 결과 2개의 딸세포가 만들어진다.

10 오른쪽 그림은 어떤 동물 세포의 염색체 구성을 나타낸 것이다. 이 동물에서 <u>(가) 체세포 분열이 일어났을 때</u>와 <u>(나) 감수 분열이 일어났을 때</u> 만들어지는 딸세포를 옳게 짝 지은 것은?

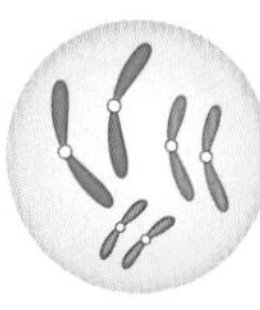

	(가)	(나)		(가)	(나)
①			②		
③			④		
⑤					

11 사람의 수정란이 3회 분열했을 때 만들어지는 세포의 수, 세포 1개당 염색체 수, 세포 하나의 크기 변화를 옳게 짝 지은 것은?

	세포의 수	염색체 수	세포의 크기
①	2개	23개	커진다.
②	4개	23개	변화 없다.
③	4개	46개	작아진다.
④	8개	46개	작아진다.
⑤	8개	92개	변화 없다.

12 수정과 발생에 대한 설명으로 옳지 <u>않은</u> 것은?

① 수정란은 체세포와 염색체 수가 같다.
② 수란관에서 정자와 난자가 수정한다.
③ 수정란은 난할을 거듭하면서 자궁으로 이동한다.
④ 포배 상태에서 착상이 일어난다.
⑤ 태아는 모체와 연결된 태반을 통해 영양소와 산소를 내보낸다.

13 출산까지의 과정을 순서대로 옳게 나열한 것은?

① 수정 → 배란 → 착상 → 태반 형성 → 출산
② 착상 → 수정 → 배란 → 태반 형성 → 출산
③ 착상 → 태반 형성 → 배란 → 수정 → 출산
④ 배란 → 수정 → 착상 → 태반 형성 → 출산
⑤ 배란 → 착상 → 수정 → 태반 형성 → 출산

14 유전에 대한 설명으로 옳지 않은 것은?

① 표현형이 같으면 유전자형이 항상 같다.
② 유전자형이 AABB인 개체는 순종이다.
③ 대립유전자는 상동 염색체의 같은 위치에 있다.
④ 완두씨의 모양이 둥근 것과 주름진 것은 대립 형질이다.
⑤ Aa와 같이 유전자 구성을 알파벳 기호로 나타낸 것을 유전자형이라고 한다.

15 그림은 순종의 노란색 완두(YY)와 순종의 초록색 완두(yy)를 교배하여 얻은 잡종 1대를 자가 수분하여 잡종 2대를 얻는 과정을 나타낸 것이다.

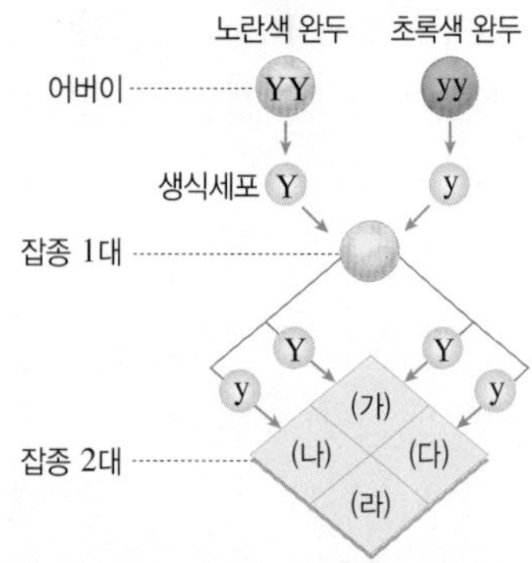

이에 대한 설명으로 옳은 것은?

① 노란색이 열성 형질이다.
② 잡종 1대의 유전자형은 Yy이다.
③ 잡종 1대에서 4종류의 생식세포가 만들어진다.
④ 잡종 2대에서 (나)와 (다)는 유전자형이 다르다.
⑤ 잡종 2대에서 총 800개의 완두를 얻었다면, 이 중 (라)의 완두는 이론상 600개이다.

16 순종의 키 큰 완두(TT)와 순종의 키 작은 완두(tt)를 교배하였더니 잡종 1대에서 키 큰 완두만 나왔다. 잡종 1대를 키 작은 완두와 교배하여 총 1000개의 완두를 얻었을 때, 이 중 키 큰 완두와 키 작은 완두는 이론상 각각 몇 개인지 쓰시오.

[17~20] 그림과 같이 순종의 둥글고 노란색인 완두(RRYY)와 순종의 주름지고 초록색인 완두(rryy)를 교배하여 얻은 잡종 1대를 자가 수분하여 총 3200개의 잡종 2대를 얻었다. 완두씨의 모양과 색깔을 결정하는 대립유전자는 서로 다른 상동 염색체에 있다.

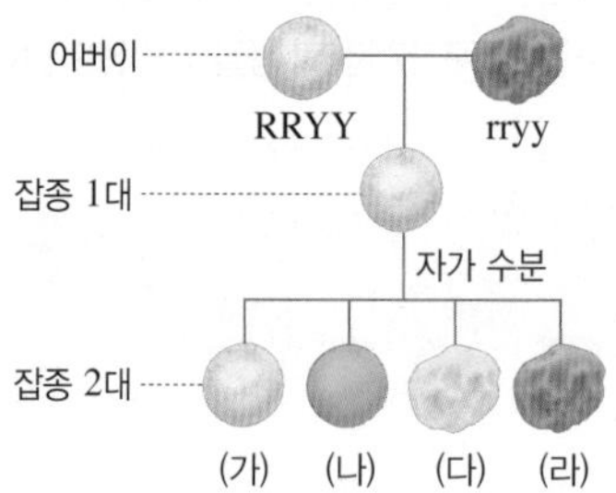

17 잡종 1대의 유전자형은?

① RRYY ② RRYy ③ RRyy
④ RrYY ⑤ RrYy

18 잡종 1대에서 만들어지는 생식세포의 유전자형을 모두 쓰시오.

19 (가) : (나) : (다) : (라)의 비로 옳은 것은?

① 1 : 1 : 1 : 1 ② 1 : 3 : 3 : 9
③ 3 : 1 : 3 : 1 ④ 9 : 3 : 3 : 1
⑤ 9 : 6 : 3 : 1

20 잡종 2대에서 표현형이 잡종 1대와 같은 것은 이론상 모두 몇 개인가?

① 600개 ② 800개 ③ 1600개
④ 1800개 ⑤ 2400개

21 사람의 유전 연구에 대한 설명으로 옳은 것은?

① 사람은 자손의 수가 적어 유전 연구가 쉽다.
② 인위적인 교배 실험을 통해 연구할 수 있다.
③ 사람의 유전 형질은 환경의 영향을 적게 받는다.
④ 1란성 쌍둥이의 형질 차이는 유전에 의한 것이다.
⑤ 쌍둥이 연구를 통해 유전과 환경이 특정 형질에 미치는 영향을 알아볼 수 있다.

22 아버지는 분리형 귓불, 어머니는 부착형 귓불을 가졌는데 아들은 분리형 귓불을 가졌다. 아들이 부착형 귓불을 가진 여자와 결혼하여 자녀를 낳을 때, 이 자녀가 부착형 귓불을 가질 확률은?(단, 분리형 귓불이 부착형 귓불에 대해 우성이다.)

① 0 %　② 25 %　③ 50 %
④ 75 %　⑤ 100 %

[23~24] 그림은 어떤 집안의 혀 말기 유전 가계도를 나타낸 것이다.

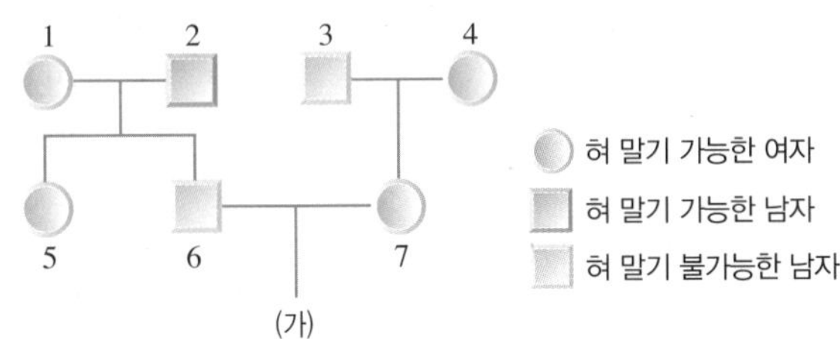

23 (가)가 혀 말기가 불가능할 확률은?

① 0 %　② 25 %　③ 50 %
④ 75 %　⑤ 100 %

24 1~7 중 유전자형을 확실히 알 수 <u>없는</u> 사람을 모두 나타낸 것은?

① 1, 4　② 1, 7　③ 4, 5
④ 5, 7　⑤ 4, 5, 7

25 ABO식 혈액형의 유전에 대한 설명으로 옳지 <u>않은</u> 것은?

① 표현형은 4종류이다.
② 유전자형은 6종류이다.
③ A, B, O 세 가지 대립유전자가 관여한다.
④ 대립유전자 A와 B 사이에는 우열 관계가 없다.
⑤ 부모가 모두 AB형일 때 O형인 자녀가 태어날 수 있다.

26 그림은 어떤 두 집안의 ABO식 혈액형 유전 가계도를 나타낸 것이다.

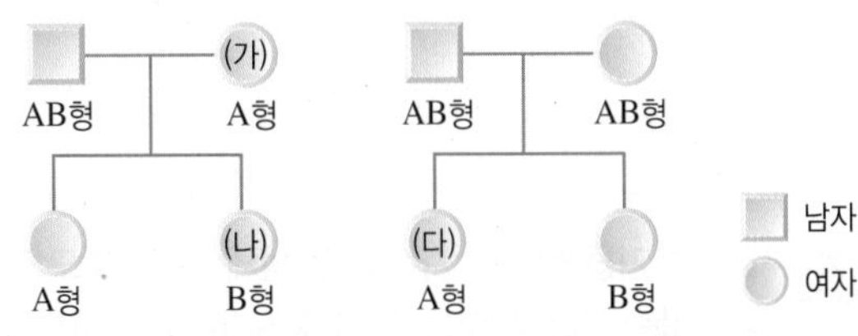

(가)~(다)의 유전자형을 각각 쓰시오.

27 그림은 영희네 집안의 적록 색맹 유전 가계도를 나타낸 것이다.

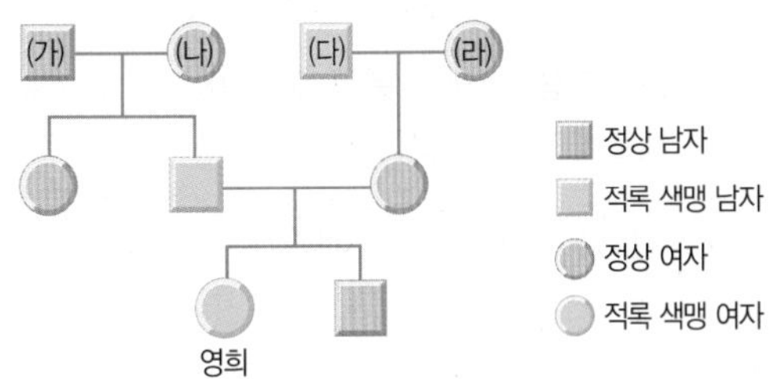

(가)~(라) 중 영희에게 적록 색맹 대립유전자를 물려준 사람을 모두 나타낸 것은?

① (가), (나)　② (가), (다)　③ (나), (다)
④ (나), (라)　⑤ (다), (라)

28 외할아버지가 적록 색맹이고, 아버지와 어머니가 모두 정상일 때 이 부모 사이에서 태어난 아들이 적록 색맹일 확률은 몇 %인지 쓰시오.

서술형 문제

29 그림은 동물 세포와 식물 세포에서 세포질 분열이 일어나는 모습을 순서 없이 나타낸 것이다.

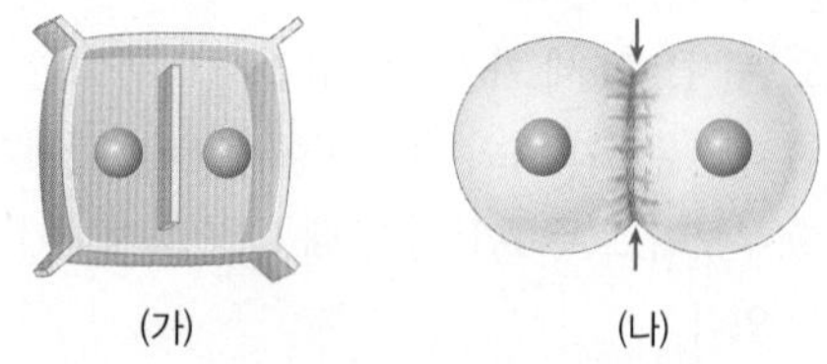

(1) (가)와 (나) 중 식물 세포를 쓰시오.

(2) (1)과 같이 생각한 까닭을 (1)의 세포질 분열 방법과 관련지어 서술하시오.

30 세대를 거듭하여도 자손의 염색체 수가 부모와 같게 유지되는 까닭을 다음 단어를 모두 포함하여 서술하시오.

감수 분열, 체세포, 생식세포, 수정

31 오른쪽 그림은 세포 분열 중인 어떤 세포를 나타낸 것이다.

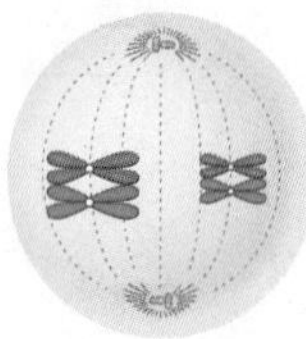

(1) 이 세포 분열의 종류와 시기를 쓰시오.

(2) (1)과 같이 생각한 까닭을 염색체와 관련지어 서술하시오.

32 ABO식 혈액형을 결정하는 데 관여하는 대립유전자는 A, B, O 세 가지이다. 대립유전자 A, B, O 사이의 우열 관계를 서술하시오.

33 그림은 어떤 집안의 보조개 유전 가계도를 나타낸 것이다.

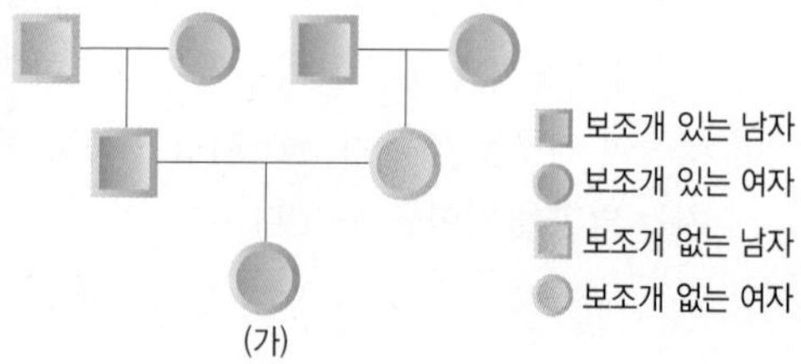

(1) (가)의 유전자형을 쓰시오.(단, 보조개가 있는 대립유전자는 B, 보조개가 없는 대립유전자는 b로 표시한다.)

(2) (가)는 아버지와 어머니로부터 각각 어떤 대립유전자를 물려받았는지 서술하시오.

34 그림은 수희네 집안의 유전병과 ABO식 혈액형 유전 가계도를 나타낸 것이다. 유전병 유전자는 성염색체에 있다.

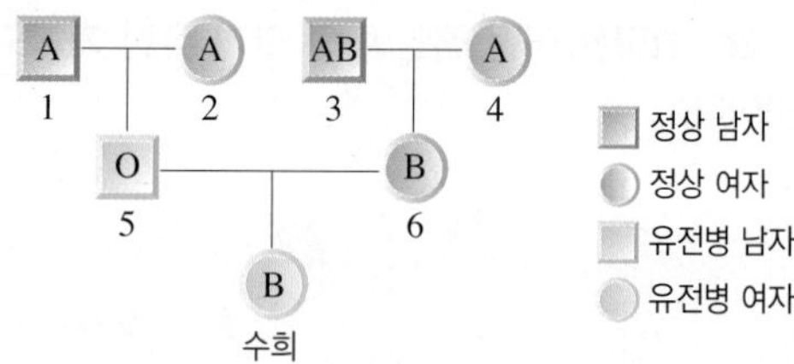

(1) 수희에게 유전병 대립유전자가 전달된 경로를 서술하시오.

(2) 수희가 정상인 AB형 남자와 결혼하여 자녀를 낳을 때 자녀가 유전병을 나타내면서 B형일 확률을 구하시오.

35 적록 색맹이 여자보다 남자에게 더 많이 나타나는 까닭을 서술하시오.

대단원 콕콕 점검

이 단원에서 학습한 내용을 확실히 이해했나요?
다음 내용을 잘 알고 있는지 스스로 체크해 보세요.

체세포 분열을
열심히 해서
어른이 되었다!

- [ ] 12쪽 ⓒ 체세포 분열이 일어나는 과정을 설명할 수 있다.

- [ ] 14쪽 Ⓓ, 24쪽 Ⓐ 감수 분열로 만들어진 생식세포가 수정되어 개체가 되는 과정을 설명할 수 있다.

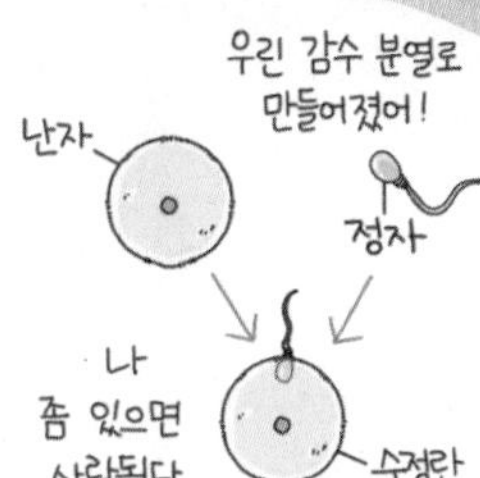
우린 감수 분열로
만들어졌어!
난자
정자
나
좀 있으면
사람된다.
수정란

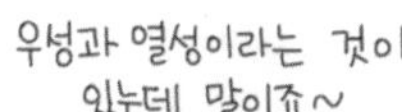
우성과 열성이라는 것이
있는데 말이죠~

나는 어쩔거야...

- [ ] 30쪽 Ⓐ 유전 용어의 뜻을 정확하게 설명할 수 있다.

너 순종이
뭔지 알아?
얘 순종이야!
지금 그 얘기가
아닐텐데...

- [ ] 30쪽 Ⓑ 우열의 원리, 분리의 법칙, 독립의 법칙을 알고 적용할 수 있다.

쌍둥인데 왜 이렇게
다르지?

- [ ] 40쪽 Ⓐ 사람의 유전 연구가 어려운 까닭을 알고, 연구 방법을 설명할 수 있다.

- [ ] 40쪽 Ⓑ, 42쪽 ⓒ 상염색체 유전과 성염색체 유전의 특징을 알고, 가계도를 분석할 수 있다.

부모님의 형질이
우성이구나

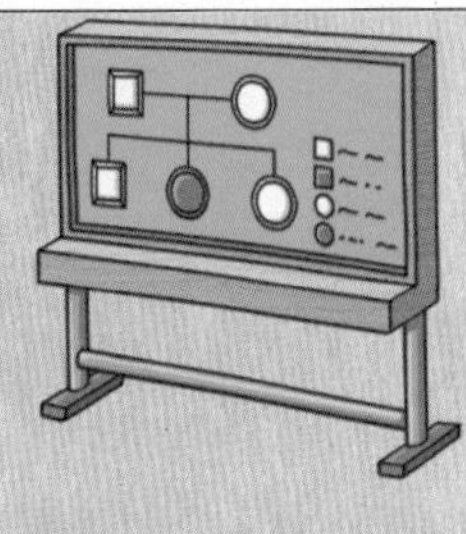

- 모두 체크 참 잘했어요! 이 단원을 완벽하게 이해했군요!
- 5~4개 체크 알쏭달쏭한 내용은 해당 쪽으로 돌아가 복습하세요.
- 3개 이하 이 단원을 한 번 더 학습하세요.

에너지 전환과 보존

다른 학년과의 연계는?

초등학교 3, 6학년

- 자석의 이용 : 자석은 서로 밀어내거나 끌어당긴다.
- 전류 : 전기 회로에 흐르는 전기를 전류라고 한다.
- 전류가 흐르는 전선 주위에 나침반을 두면 나침반 바늘이 가리키는 방향이 바뀐다.

중학교 2학년

- 정전기 유도 : 물체에 전기를 띠고 있는 대전체를 가까이 하면 물체의 끝부분이 전기를 띠게 된다.
- 옴의 법칙 : 전류의 세기는 전압에 비례하고 저항에 반비례한다.
- 전류의 자기 작용 : 도선에 전류가 흐르면 그 주위에 자기장이 형성된다.

중학교 3학년

- 역학적 에너지 : 중력에 의한 위치 에너지와 운동 에너지의 합을 역학적 에너지라고 한다.
- 전자기 유도 : 코일 주위에서 자석을 움직이면 코일에 유도 전류가 흐른다.
- 소비 전력 : 1초 동안 전기 기구가 사용하는 전기 에너지를 소비 전력이라고 한다.

통합 과학

- 전자기 유도 : 코일 근처에서 자석을 움직이면 코일에 전류가 흐르는 현상이다.
- 전력 : 단위 시간 동안 생산되거나 사용하는 전기 에너지를 전력이라고 한다.
- 손실 전력 : 송전 과정에서 전기 에너지의 일부가 열에너지로 전환되어 전력이 손실된다.

이 단원에서는 역학적 에너지의 전환과 보존, 전기 에너지의 전환에 대해 알아본다.
이 단원을 들어가기 전에 이전 학년에서 배운 개념을 확인해 보자.

알고 있나요?

다음 내용에서 필요한 단어를 골라 빈칸을 완성해 보자.

북, 방향, 전자석, 전동기, 수직, 셀

초3

1. 자석과 나침반

① 나침반은 자석이 일정한 방향을 가리키는 성질을 이용하여 방향을 찾는 도구로, 나침반의 N극은 ❶□쪽을 가리킨다.
② 자석과 철로 된 물체는 서로 끌어당긴다.
③ 자석과 자석은 같은 극끼리는 밀어내고 다른 극끼리는 서로 끌어당긴다.

초6

2. 전류와 자기

① 나침반을 전류가 흐르는 전선 주위에 두면 나침반 바늘이 움직인다.
② 전선에 흐르는 전류의 방향을 바꾸면 나침반 바늘이 움직이는 ❷□□이 바뀐다.
③ ❸□□□은 전류가 흐르는 전선이 주위에 자석의 성질을 나타내는 것을 이용해 만든 자석이다.
④ 전자석은 전자석 기중기, 선풍기, 세탁기, 스피커, 헤어드라이어 등에 이용된다.

중2

3. 전류의 자기 작용

① 오른쪽 그림과 같이 자기장에서 전류가 받는 힘의 방향은 전류와 자기장의 방향에 각각 ❹□□이다.
② 자기장에서 전류가 받는 힘의 크기는 전류의 세기가 ❺□수록, 자기장의 세기가 ❻□수록 크다.
③ 영구 자석의 N극과 S극 사이에 있는 코일에 전류가 흐르면 코일이 힘을 받아 회전하는 원리를 이용하여 ❼□□□를 만든다.

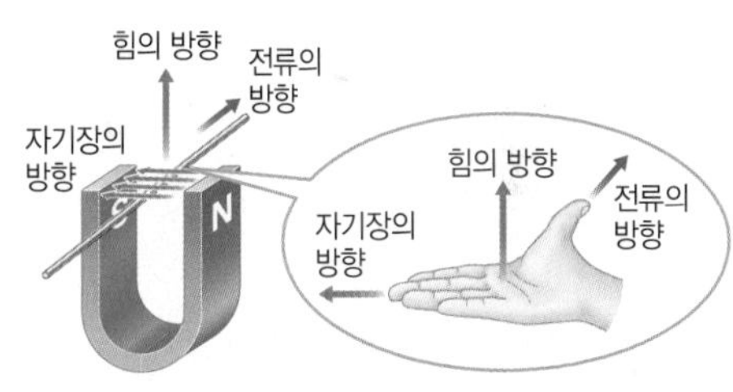

▲ 자기장에서 전류가 받는 힘의 방향

정답 | ❶ 북 ❷ 방향 ❸ 전자석 ❹ 수직 ❺ 셀 ❻ 셀 ❼ 전동기

역학적 에너지 전환과 보존

A 역학적 에너지 전환과 보존

1 역학적 에너지* 물체가 가진 위치 에너지와 운동 에너지의 합

화보 6.1

2 역학적 에너지 전환 물체의 높이가 변할 때 위치 에너지가 운동 에너지로, 또는 운동 에너지가 위치 에너지로 전환된다.

내려갈 때	올라갈 때
• 물체의 높이가 낮아진다. ➡ 위치 에너지 감소 • 물체의 속력이 점점 빨라진다. ➡ 운동 에너지 증가 • 위치 에너지가 운동 에너지로 전환된다.	• 물체의 높이가 높아진다. ➡ 위치 에너지 증가 • 물체의 속력이 점점 느려진다. ➡ 운동 에너지 감소 • 운동 에너지가 위치 에너지로 전환된다.

3 역학적 에너지 보존 법칙 공기 저항이나 마찰이 없을 때 운동하는 물체의 역학적 에너지는 항상 일정하게 보존된다. 탐구 a 60쪽 여기서잠깐 61쪽

역학적 에너지=위치 에너지+운동 에너지=일정

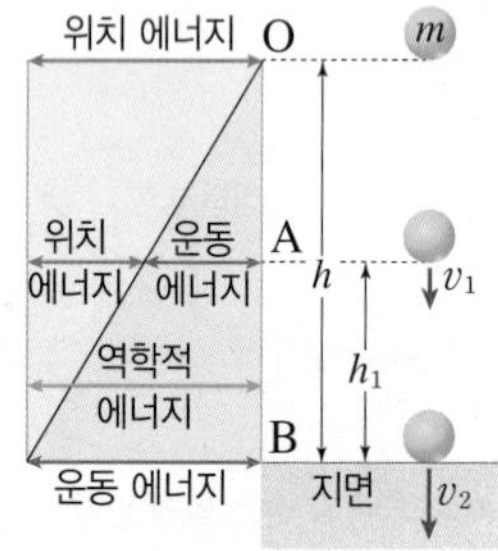

▲ 자유 낙하 하는 물체의 역학적 에너지 ❶

위치	위치 에너지	운동 에너지	역학적 에너지
O	$9.8mh$	0	$9.8mh$
A	$9.8mh_1$	$\frac{1}{2}mv_1^2$	$9.8mh_1+\frac{1}{2}mv_1^2$
B	0	$\frac{1}{2}mv_2^2$	$\frac{1}{2}mv_2^2$

O=A=B ➡ $9.8mh=9.8mh_1+\frac{1}{2}mv_1^2=\frac{1}{2}mv_2^2$=일정

[연직 위로 던져 올린 물체의 역학적 에너지 전환과 보존] ❷

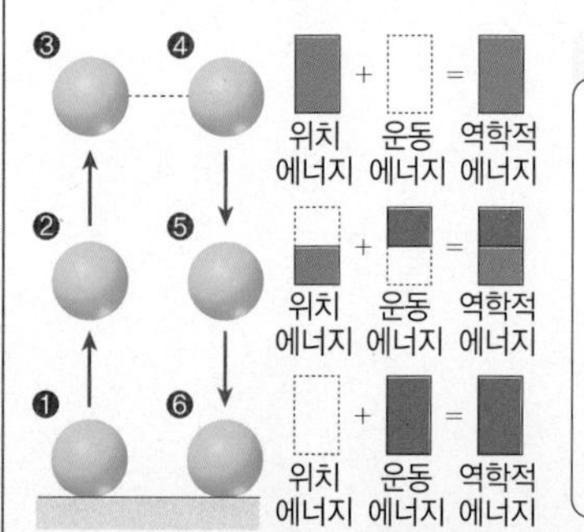

올라갈 때 ❶ → ❷ → ❸	내려갈 때 ❹ → ❺ → ❻
• 속력 감소 ➡ 운동 에너지 감소 • 높이 증가 ➡ 위치 에너지 증가 • 운동 에너지가 위치 에너지로 전환 ➡ 감소한 운동 에너지 만큼 위치 에너지가 증가	• 높이 감소 ➡ 위치 에너지 감소 • 속력 증가 ➡ 운동 에너지 증가 • 위치 에너지가 운동 에너지로 전환 ➡ 감소한 위치 에너지 만큼 운동 에너지가 증가

• 위치 에너지와 운동 에너지가 서로 전환되므로 역학적 에너지(위치 에너지+운동 에너지)는 항상 일정하다. ➡ 역학적 에너지가 보존된다.
• 역학적 에너지는 항상 일정하므로 지면(❶)에서 물체의 운동 에너지는 최고점(❸)에서 물체의 위치 에너지와 같다. ➡ ❶에서 운동 에너지=❸에서 위치 에너지
• ❹부터 물체가 자유 낙하 한다. ➡ ❹에서 위치 에너지=❻에서 운동 에너지

플러스 강의

❶ 자유 낙하 하는 물체의 운동 에너지 구하기

물체가 자유 낙하 할 때 감소하는 위치 에너지가 운동 에너지로 전환된다. 따라서 어떤 높이에서 물체의 운동 에너지는 위치 에너지의 감소량으로 구할 수 있다.

예 A에서 운동 에너지
=A까지 낙하하는 동안 위치 에너지 감소량
=9.8×질량×낙하 거리
=(9.8×1) N×5 m
=49 J

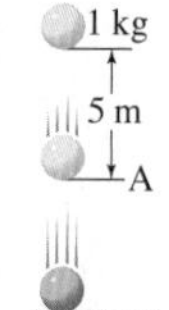

❷ 왕복 운동을 하는 물체의 역학적 에너지 전환과 보존

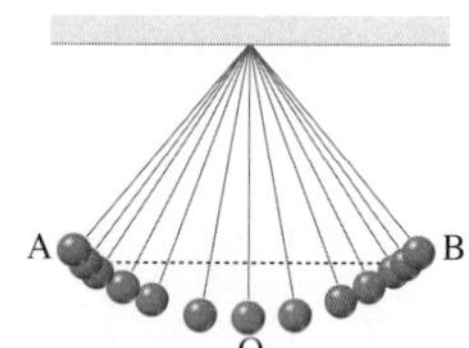

▲ 줄에 매달린 물체의 운동

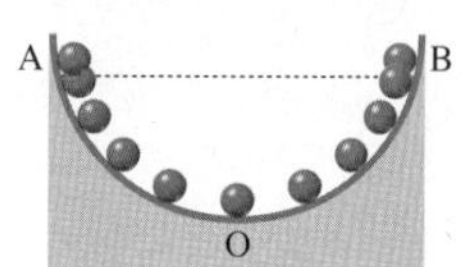

▲ 반원형 곡면에서 공의 운동

A점, B점	O점
위치 에너지는 최대이고, 운동 에너지는 0이다.	위치 에너지는 최소이고, 운동 에너지는 최대이다.

물체가 A점에서 O점으로 운동할 때는 위치 에너지가 운동 에너지로 전환되고, O점에서 B점으로 운동할 때는 운동 에너지가 위치 에너지로 전환된다.
➡ 역학적 에너지는 모든 위치에서 일정하게 보존된다.

용어 돋보기

* 역학(力 힘, 學 공부하다)_물체의 운동에 관한 법칙을 연구하는 학문

● 정답과 해설 17쪽

A 역학적 에너지 전환과 보존

- □□□ 에너지 : 물체가 가진 위치 에너지와 운동 에너지의 합
- 역학적 에너지 □□ 법칙 : 공기 저항과 마찰이 없을 때 물체의 역학적 에너지는 항상 □□하게 보존된다.
- 자유 낙하 하는 물체의 역학적 에너지 보존 : □□하는 위치 에너지만큼 운동 에너지가 □□한다.
- 연직 위로 던져 올린 물체의 역학적 에너지 보존 : 물체가 올라가는 동안 □□하는 운동 에너지만큼 위치 에너지가 □□한다.

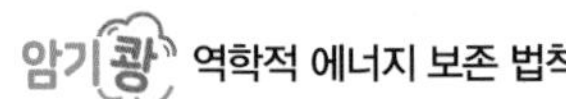

공기 저항과 마찰이 없으면 위치 에너지와 운동 에너지의 합은 일정하다.
➡ 역학적 에너지 보존 법칙

1 공기 저항과 마찰이 작용하지 않을 때, 물체의 역학적 에너지에 대한 설명으로 옳은 것은 ○, 옳지 않은 것은 ×로 표시하시오.

(1) 역학적 에너지는 위치 에너지와 운동 에너지의 합이다. ( )
(2) 낙하하는 물체의 위치 에너지는 운동 에너지로 전환된다. ( )
(3) 연직 위로 던져 올린 물체의 역학적 에너지는 점점 감소한다. ( )

2 오른쪽 그림은 장난감 롤러코스터가 정지 상태에서 A점을 출발하여 B점을 통과한 후, C점을 지나는 순간의 모습을 나타낸 것이다. ( ) 안에 알맞은 말을 고르시오.(단, 공기 저항과 마찰은 무시한다.)

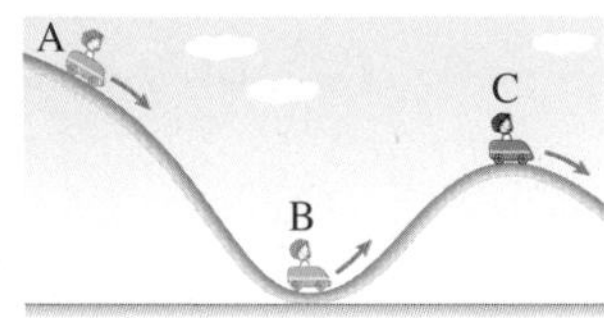

(1) A → B 구간에서 위치 에너지가 (증가한다, 감소한다).
(2) A → B 구간에서 ㉠(운동, 위치) 에너지가 ㉡(운동, 위치) 에너지로 전환된다.
(3) B → C 구간에서 운동 에너지가 (증가한다, 감소한다).
(4) B → C 구간에서 ㉠(운동, 위치) 에너지가 ㉡(운동, 위치) 에너지로 전환된다.

더 풀어보고 싶다면? 시험 대비 교재 34쪽 계산력·암기력 강화 문제

3 오른쪽 그림은 질량이 2 kg인 공을 지면으로부터 2.5 m 높이에 있는 A점에서 가만히 놓아 지면에 있는 B점으로 떨어뜨린 모습을 나타낸 것이다. ( ) 안에 알맞은 값을 쓰시오.(단, 공기 저항은 무시한다.)

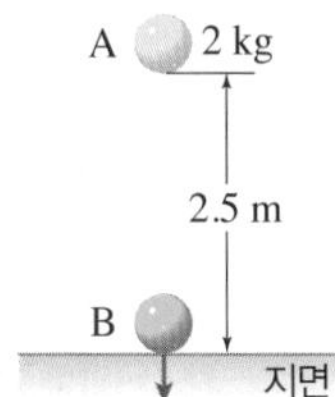

(1) A점에서 공의 위치 에너지는 ( ) J이다.
(2) B점에 도달하는 순간 공의 역학적 에너지는 ( ) J이다.
(3) B점에 도달하는 순간 공의 위치 에너지는 ( ) J이다.
(4) B점에 도달하는 순간 공의 운동 에너지는 ( ) J이다.

4 오른쪽 그림은 연직 위로 던져 올린 공이 올라갈 때와 내려올 때의 모습을 나타낸 것이다. 이에 대한 설명으로 옳은 것은 ○, 옳지 않은 것은 ×로 표시하시오.(단, 공기 저항은 무시한다.)

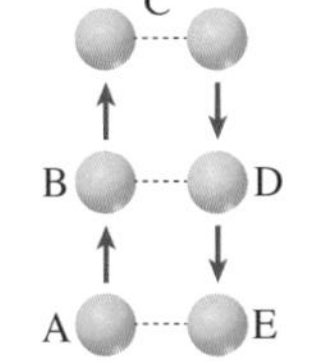

(1) A점에서 운동 에너지는 0이다. ( )
(2) A → B 구간에서 위치 에너지는 증가한다. ( )
(3) C → D 구간에서 역학적 에너지는 증가한다. ( )
(4) E점에서 운동 에너지는 C점과 E점 사이의 위치 에너지 차와 같다. ( )

5 질량이 4 kg인 물체를 연직 위로 14 m/s의 속력으로 던져 올렸다. 이 물체가 올라갈 수 있는 최고 높이는 몇 m인지 구하시오.(단, 공기 저항은 무시한다.)

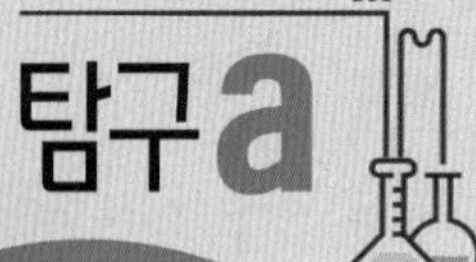

탐구 a 자유 낙하 하는 물체의 역학적 에너지

이 탐구에서는 물체가 자유 낙하 할 때 물체의 역학적 에너지가 일정함을 설명할 수 있다.

● 정답과 해설 17쪽

과정

페이지를 인식하세요!

오투실험실

❶ 쇠구슬의 질량을 측정한다.
❷ 그림과 같이 투명한 플라스틱 관과 속력 측정기를 설치한 후 B점을 기준으로 O점과 A점의 높이를 측정한다.
❸ 쇠구슬을 O점에서 가만히 떨어뜨려 A점과 B점을 지날 때 쇠구슬의 속력을 측정한다.
❹ 과정 ❸을 두 번 더 반복하여 속력의 평균을 구한다.

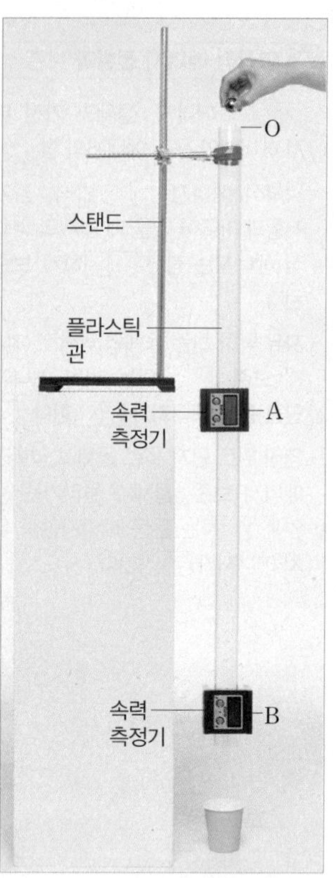

결과 & 해석

• 쇠구슬의 질량 : 0.11 kg
• O점의 높이 : 1 m　　• A점의 높이 : 0.5 m
• 쇠구슬의 속력

구분	쇠구슬의 속력(m/s)			
	1회	2회	3회	평균
A점	3.13	3.14	3.12	3.13
B점	4.41	4.45	4.43	4.43

• 쇠구슬의 역학적 에너지

구분	위치 에너지(J)	운동 에너지(J)	역학적 에너지(J)
O점	1.08	0	1.08
A점	0.54	0.54	1.08
B점	0	1.08	1.08

• O점에서 A점으로 낙하하는 동안 물체는 위치 에너지가 0.54 J 감소하고, 운동 에너지가 0.54 J 증가하였다.
• O점에서 B점으로 낙하하는 동안 물체는 위치 에너지가 1.08 J 감소하고, 운동 에너지가 1.08 J 증가하였다.
➡ 감소한 위치 에너지만큼 운동 에너지가 증가한다.
➡ 물체의 위치 에너지와 운동 에너지의 합인 역학적 에너지는 각 지점에서 일정하다.

정리

1. 낙하하는 물체의 위치 에너지의 ㉠(　　　)량과 운동 에너지의 ㉡(　　　)량은 같다.
2. 물체의 역학적 에너지는 일정하게 ㉢(　　　)된다.

확인 문제

01 위 실험에 대한 설명으로 옳은 것은 ○, 옳지 않은 것은 ×로 표시하시오.

(1) 쇠구슬이 낙하할 때 위치 에너지가 운동 에너지로 전환된다. ………… (　　)

(2) 쇠구슬의 역학적 에너지는 A점을 지날 때 최대이다. ………… (　　)

(3) 쇠구슬이 낙하하는 동안 중력이 계속 작용하므로 쇠구슬의 역학적 에너지는 점점 증가한다. ………… (　　)

(4) 공기 저항을 무시했을 때 낙하하는 높이를 알면 쇠구슬이 지면에 도달할 때의 속력을 구할 수 있다. (　　)

(5) 높이가 O점의 2배인 곳에서 쇠구슬을 가만히 떨어뜨리면 B점에서 쇠구슬의 속력은 2배가 된다. ………… (　　)

[02~03] 표는 질량이 0.1 kg인 공을 연직 위로 던져 올렸을 때 공의 속력 변화를 나타낸 것이다.(단, 공기 저항은 무시한다.)

위치	A	B	C
속력(m/s)	2.8	1.4	0

02 공이 A점에서 B점과 C점으로 이동하는 동안 공의 운동 에너지는 증가하는지, 감소하는지 쓰시오.

03 A점의 높이가 0이라면, C점에서 공의 위치 에너지를 풀이 과정과 함께 구하시오.

이 단원에서는 역학적 에너지의 전환과 보존을 활용하여 물체의 높이가 바뀔 때 물체의 위치 에너지와 운동 에너지를 구하는 문제가 많이 출제돼요. 여기서 잠깐을 통해 조금 더 자세히 살펴보아요.

● 정답과 해설 17쪽

역학적 에너지 보존 법칙 활용하기

① 연직 위로 던져 올린 물체의 역학적 에너지 보존

오른쪽 그림은 질량이 m인 물체를 연직 위로 던져 올렸을 때, 물체가 손으로부터 h_1 높이에 있는 A점과 h_2 높이에 있는 B점을 지나서 위로 올라가는 모습을 나타낸 것이다.(단, 공기 저항은 무시한다.)

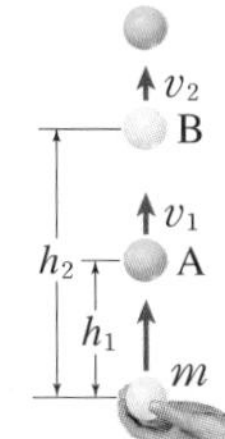

❶ A점과 B점에서의 역학적 에너지

A점에서 물체의 속력을 v_1이라고 하고, B점에서 물체의 속력을 v_2라고 하면 각 위치에서 물체의 역학적 에너지는 다음과 같다.

구분	A점	B점
위치 에너지	$9.8mh_1$	$9.8mh_2$
운동 에너지	$\frac{1}{2}mv_1^2$	$\frac{1}{2}mv_2^2$
역학적 에너지	$9.8mh_1+\frac{1}{2}mv_1^2$	$9.8mh_2+\frac{1}{2}mv_2^2$

❷ 역학적 에너지 보존

물체의 역학적 에너지(위치 에너지와 운동 에너지의 합)는 일정하게 보존되므로 어느 높이에서나 같다.

$$9.8mh_1+\frac{1}{2}mv_1^2=9.8mh_2+\frac{1}{2}mv_2^2$$

A점에서 역학적 에너지=B점에서 역학적 에너지

❸ 운동 에너지 감소량과 위치 에너지 증가량

물체가 운동하는 동안 역학적 에너지가 일정하게 보존되므로 감소한 운동 에너지만큼 위치 에너지가 증가한다.

$$9.8mh_1+\frac{1}{2}mv_1^2=9.8mh_2+\frac{1}{2}mv_2^2$$

$$\Rightarrow \frac{1}{2}mv_1^2-\frac{1}{2}mv_2^2=9.8mh_2-9.8mh_1$$

운동 에너지 감소량=위치 에너지 증가량

유제 ❶ 그림과 같이 질량이 2 kg인 공을 지면에서 연직 위로 14 m/s의 속력으로 쏘아 올렸다.

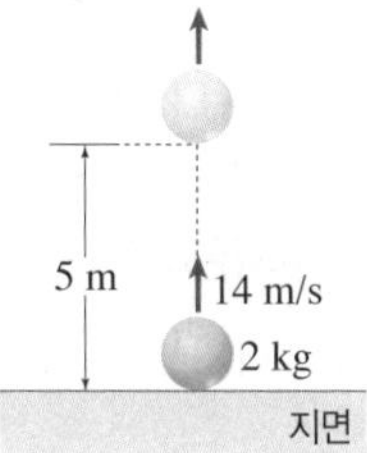

공이 지면으로부터 5 m 높이를 지날 때, 공의 운동 에너지는?(단, 공기 저항은 무시한다.)

① 9.8 J ② 19.6 J ③ 49 J
④ 98 J ⑤ 196 J

② 롤러코스터의 역학적 에너지 보존

그림과 같이 질량이 m인 롤러코스터가 정지 상태에서 기준면으로부터 h_1 높이에 있는 A점을 출발하여 기준면과 같은 높이인 B점을 통과한 후, 기준면으로부터 h_2 높이에 있는 C점을 지났다.(단, 공기 저항과 마찰은 무시한다.)

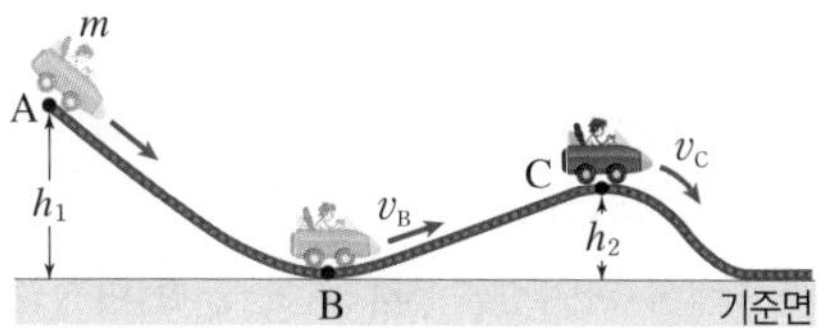

❶ A점, B점, C점에서의 역학적 에너지

B점에서 롤러코스터의 속력을 v_B라고 하고, C점에서 롤러코스터의 속력을 v_C라고 하면 각 위치에서 롤러코스터의 역학적 에너지는 다음과 같다.

구분	A점	B점	C점
위치 에너지	$9.8mh_1$	0	$9.8mh_2$
운동 에너지	0	$\frac{1}{2}mv_B^2$	$\frac{1}{2}mv_C^2$
역학적 에너지	$9.8mh_1$	$\frac{1}{2}mv_B^2$	$9.8mh_2+\frac{1}{2}mv_C^2$

❷ 역학적 에너지 보존

롤러코스터가 운동하는 동안 위치 에너지와 운동 에너지가 서로 전환되므로 역학적 에너지가 일정하게 보존된다.

$$9.8mh_1=\frac{1}{2}mv_B^2=9.8mh_2+\frac{1}{2}mv_C^2$$

A점에서 역학적 에너지 = B점에서 역학적 에너지 = C점에서 역학적 에너지

유제 ❷ 그림과 같이 질량이 4 kg인 장난감 롤러코스터를 기준면으로부터 5 m 높이에 있는 A점에 가만히 놓았다.

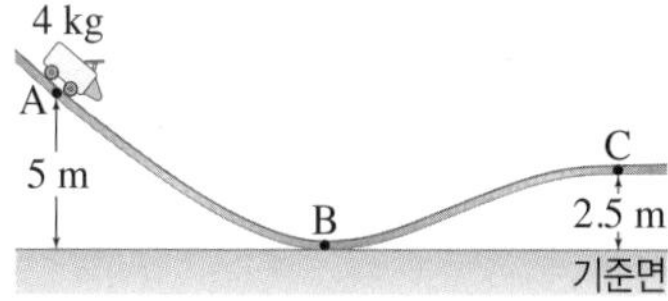

이에 대한 설명으로 옳은 것을 보기에서 모두 고른 것은?(단, 공기 저항과 마찰은 무시한다.)

보기
ㄱ. A점에서 장난감의 역학적 에너지는 196 J이다.
ㄴ. B점에서 장난감의 운동 에너지는 196 J이다.
ㄷ. C점에서 장난감의 속력은 7 m/s이다.

① ㄱ ② ㄷ ③ ㄱ, ㄴ
④ ㄴ, ㄷ ⑤ ㄱ, ㄴ, ㄷ

기출 문제로 내신쑥쑥

전국 주요 학교의 **시험에 가장 많이 나오는 문제**들로만 구성하였습니다.
모든 친구들이 '꼭' 봐야 하는 코너입니다.

A 역학적 에너지 전환과 보존

01 역학적 에너지에 대한 설명으로 옳지 <u>않은</u> 것은?

① 역학적 에너지는 위치 에너지와 운동 에너지의 합이다.
② 물체가 자유 낙하 할 때 역학적 에너지는 일정하게 보존된다.
③ 스카이다이버가 비행기에서 뛰어내리면 위치 에너지가 감소한다.
④ 나무에서 떨어지는 사과의 운동 에너지는 위치 에너지로 전환된다.
⑤ 공을 연직 위로 던져 올려 공이 위로 올라갈 때는 운동 에너지가 위치 에너지로 전환된다.

중요
02 그림은 롤러코스터가 레일을 따라 움직이고 있는 모습을 나타낸 것이다.

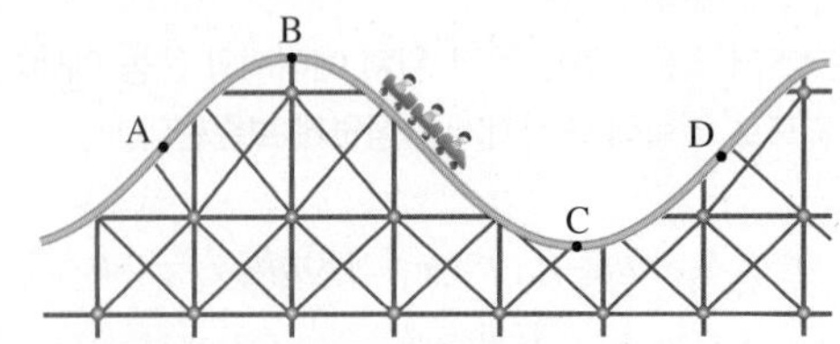

운동 에너지가 위치 에너지로 전환되는 구간만을 모두 고르면?(2개)

① A→B 구간 ② A→C 구간 ③ B→C 구간
④ B→D 구간 ⑤ C→D 구간

03 오른쪽 그림은 질량이 1 kg인 물체를 지면으로부터 5 m 높이에서 가만히 놓아 떨어뜨리는 모습을 나타낸 것이다. 물체가 지면에 닿는 순간 물체의 역학적 에너지는?(단, 공기 저항은 무시한다.)

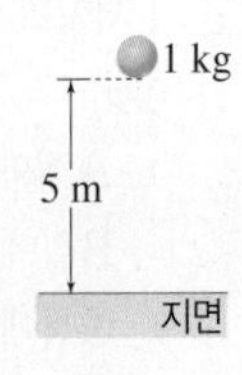

① 0 J ② 5 J ③ 9.8 J
④ 49 J ⑤ 98 J

중요
04 오른쪽 그림은 질량이 2 kg인 물체를 지면으로부터 2.5 m 높이에서 가만히 놓아 떨어뜨린 모습을 나타낸 것이다. 0.5 m 높이에서 물체의 위치 에너지, 운동 에너지, 역학적 에너지를 옳게 짝지은 것은?(단, 공기 저항은 무시한다.)

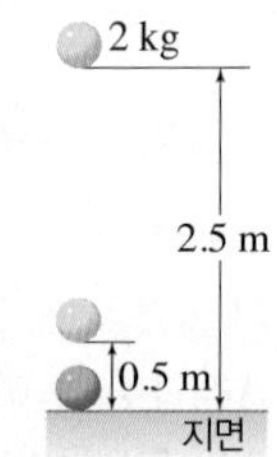

	위치 에너지	운동 에너지	역학적 에너지
①	9.8 J	39.2 J	49 J
②	9.8 J	49 J	58.8 J
③	9.8 J	58.8 J	49 J
④	39.2 J	9.8 J	49 J
⑤	39.2 J	49 J	58.8 J

05 질량이 2 kg인 물체가 기준면으로부터 10 m 높이에서 자유 낙하 하였을 때, 이에 대한 설명으로 옳은 것을 보기에서 모두 고른 것은?

보기
ㄱ. 5 m 높이에서 위치 에너지는 98 J이다.
ㄴ. 5 m 높이에서 운동 에너지는 98 J이다.
ㄷ. 기준면에 도달하는 순간의 운동 에너지는 98 J이다.

① ㄱ ② ㄷ ③ ㄱ, ㄴ
④ ㄴ, ㄷ ⑤ ㄱ, ㄴ, ㄷ

중요
06 오른쪽 그림은 질량이 1 kg인 물체를 지면으로부터 8 m 높이에서 가만히 놓아 떨어뜨린 모습을 나타낸 것이다. 이에 대한 설명으로 옳지 <u>않은</u> 것은?(단, 공기 저항은 무시한다.)

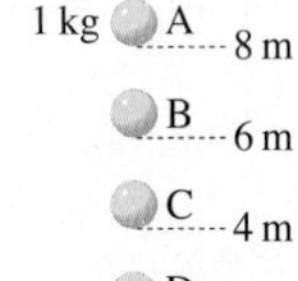

① 물체의 위치 에너지는 운동 에너지로 전환된다.
② A점에서 역학적 에너지는 위치 에너지와 같다.
③ B점에서 운동 에너지는 19.6 J이다.
④ C점에서 운동 에너지 : 위치 에너지=2 : 1이다.
⑤ D점에서 위치 에너지=B점에서 운동 에너지이다.

[07~08] 오른쪽 그림과 같이 지면으로부터 10 m 높이에서 질량이 2 kg인 공을 가만히 놓아 떨어뜨렸다.(단, 공기 저항은 무시한다.)

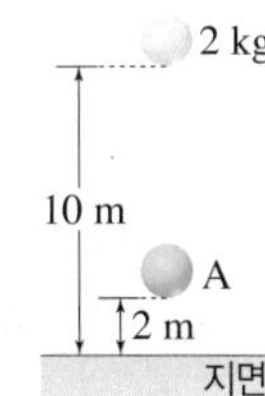

중요
07 공이 지면으로부터 2 m 높이의 A점을 지날 때 공의 운동 에너지와 위치 에너지의 비(운동 에너지 : 위치 에너지)는?

① 1 : 1 ② 1 : 4 ③ 1 : 5
④ 4 : 1 ⑤ 5 : 1

중요
08 공이 지면에 닿는 순간 공의 속력은?

① 6 m/s ② 7 m/s ③ 10 m/s
④ 14 m/s ⑤ 15 m/s

09 오른쪽 그림과 같이 지면으로부터 30 m 높이에서 질량이 2 kg인 공을 가만히 놓아 떨어뜨렸다. 공의 높이가 20 m일 때 공의 속력은? (단, 공기 저항은 무시한다.)

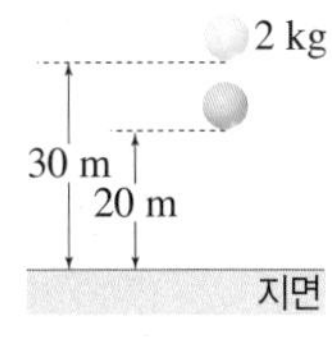

① 1 m/s ② 2 m/s ③ 7 m/s
④ 10 m/s ⑤ 14 m/s

10 오른쪽 그림은 질량이 2 kg인 물체가 낙하하면서 A점과 B점을 지나는 모습을 나타낸 것이다. 물체가 A점을 지날 때 운동 에너지는 100 J이고, B점을 지날 때 운동 에너지는 198 J이다. A점과 B점 사이의 높이 차 h는?(단, 공기 저항은 무시한다.)

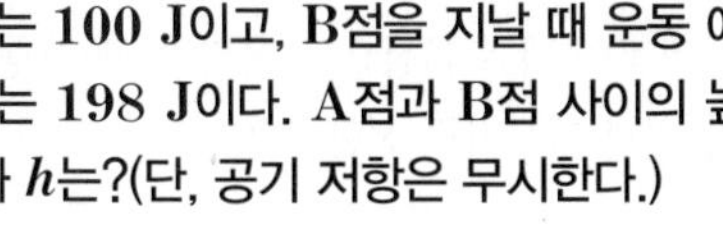

① 1 m ② 2 m ③ 3 m
④ 4 m ⑤ 5 m

탐구 a 60쪽

11 오른쪽 그림과 같이 질량이 100 g인 쇠구슬을 O점에서 투명한 관 안쪽으로 가만히 놓아 떨어뜨리고 A점과 B점을 지날 때의 속력을 측정하였다. 이에 대한 설명으로 옳지 않은 것은?(단, 공기 저항과 마찰은 무시한다.)

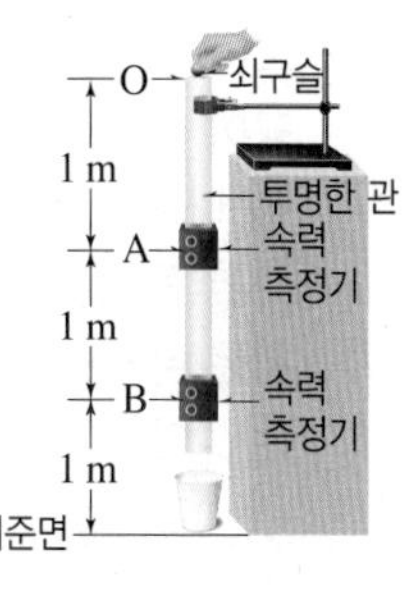

① 쇠구슬이 낙하하는 동안 운동 에너지는 증가한다.
② A점에서 위치 에너지는 O점에서의 $\frac{2}{3}$배이다.
③ A점에서 운동 에너지 : B점에서 운동 에너지는 1 : 2이다.
④ B점에서 쇠구슬의 속력은 A점에서 속력의 2배이다.
⑤ 쇠구슬이 낙하하는 동안 역학적 에너지는 일정하다.

중요
12 질량이 1 kg인 야구공을 지면에서 연직 위로 9.8 m/s의 속력으로 던져 올리면, 야구공이 올라가는 최고 높이는?(단, 공기 저항은 무시한다.)

① 4.9 m ② 9.8 m ③ 14.7 m
④ 19.6 m ⑤ 49 m

13 오른쪽 그림과 같이 지면에서 질량이 3 kg인 물체를 연직 위로 속력 v로 던져 올렸더니 19.6 m까지 올라갔다가 다시 떨어졌다. 이때 물체를 던져 올린 속력 v는?(단, 공기 저항은 무시한다.)

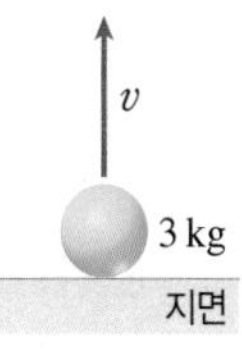

① 4.9 m/s ② 9.8 m/s
③ 19.6 m/s ④ 14.7 m/s
⑤ 29.4 m/s

14 오른쪽 그림은 연직 위로 던져 올린 공이 올라갈 때와 내려올 때의 모습을 나타낸 것이다. 이에 대한 설명으로 옳지 않은 것은?(단, 공기 저항은 무시하고, B점과 D점의 높이는 같다.)

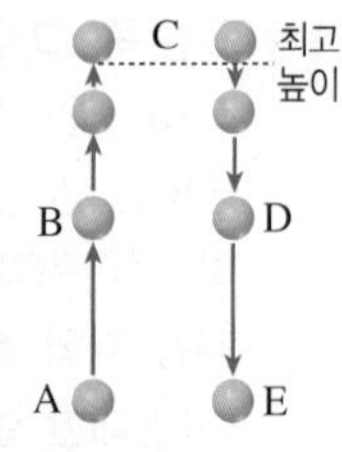

① A점에서 공의 속력은 0이다.
② C점에서 공의 위치 에너지가 가장 크다.
③ A점과 E점에서 공의 운동 에너지는 같다.
④ B점에서 C점으로 올라가는 동안 공의 운동 에너지가 위치 에너지로 전환된다.
⑤ 모든 지점에서 역학적 에너지는 같다.

[15~16] 그림은 질량이 20 kg인 롤러코스터가 정지 상태에서 A점을 출발하여 D점까지 운동하는 모습을 나타낸 것이다.(단, 공기 저항과 마찰은 무시한다.)

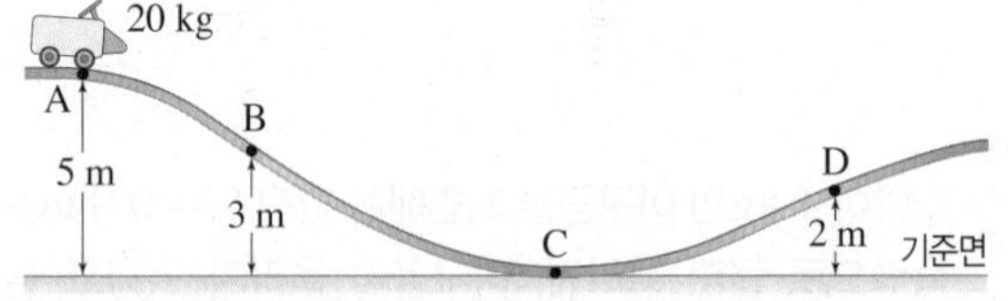

15 D점에서 롤러코스터의 위치 에너지와 운동 에너지의 비는?

① 2 : 1 ② 2 : 3 ③ 2 : 5
④ 3 : 2 ⑤ 3 : 5

16 이에 대한 설명으로 옳지 않은 것은?

① B점에서 역학적 에너지는 A점에서 위치 에너지와 같다.
② B점에서 위치 에너지는 운동 에너지의 1.5배이다.
③ B점에서 위치 에너지는 D점에서 운동 에너지와 같다.
④ C점에서 운동 에너지는 980 J이다.
⑤ D점에서 운동 에너지는 C점에서 운동 에너지의 3배이다.

중요

17 그림은 공기 저항과 마찰이 없는 레일의 A점에서 정지해 있던 롤러코스터가 운동하는 모습을 나타낸 것이다.

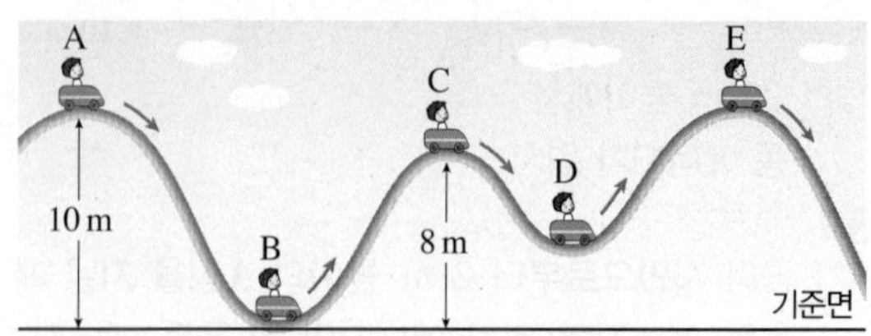

롤러코스터의 운동에 대한 설명으로 옳은 것은?

① A점에서 위치 에너지는 D점에서의 2배이다.
② B점에서 운동 에너지는 0이다.
③ B점에서 속력은 C점에서의 5배이다.
④ C점에서 위치 에너지 : 운동 에너지=4 : 1이다.
⑤ E점에서 속력이 가장 빠르다.

18 오른쪽 그림은 줄에 매달려 A점과 B점 사이를 왕복 운동하는 물체를 나타낸 것이다. 이에 대한 설명으로 옳지 않은 것은?(단, 공기 저항은 무시한다.)

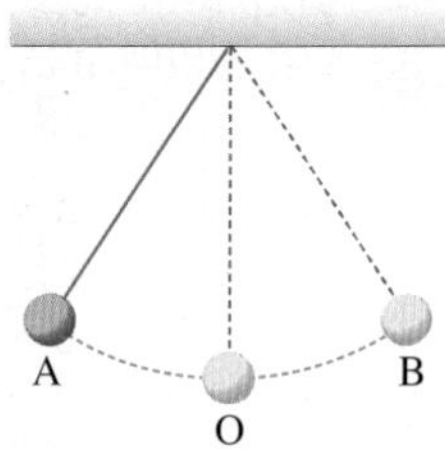

① A점에서 속력은 0이다.
② O점에서 속력이 가장 빠르다.
③ O점에서 운동 에너지가 최대이다.
④ A점에서 O점으로 운동하는 동안 위치 에너지가 감소한다.
⑤ O점에서 B점으로 운동하는 동안 운동 에너지가 증가한다.

19 오른쪽 그림은 A점에서 정지해 있던 공이 출발하여 O점을 지나 B점까지 올라가는 모습을 나타낸 것이다. 이에 대한 설명으로 옳은 것을 보기에서 모두 고른 것은?(단, 공기 저항과 마찰은 무시한다.)

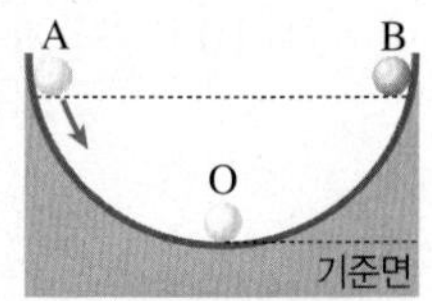

보기
ㄱ. A점에서 운동 에너지는 최대이다.
ㄴ. O점에서 운동 에너지는 A점에서 위치 에너지와 같다.
ㄷ. 공이 O점에서 B점으로 올라갈 때 운동 에너지가 위치 에너지로 전환된다.

① ㄱ ② ㄷ ③ ㄱ, ㄴ
④ ㄴ, ㄷ ⑤ ㄱ, ㄴ, ㄷ

서술형 문제

20 20 m 높이에서 정지해 있던 물체가 낙하하는 동안 운동 에너지가 위치 에너지의 4배가 되는 높이는 지면으로부터 몇 m인지 풀이 과정과 함께 구하시오.(단, 공기 저항은 무시한다.)

21 오른쪽 그림과 같이 지면으로부터 5 m 높이에서 질량이 2 kg인 물체를 연직 위로 5 m/s의 속력으로 던져 올렸다. 이 물체가 지면에 떨어지는 순간의 역학적 에너지는 몇 J인지 풀이 과정과 함께 구하시오.(단, 공기 저항은 무시한다.)

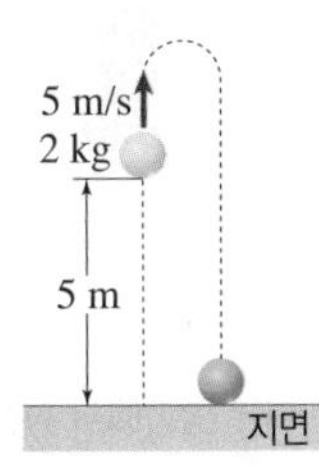

중요

22 오른쪽 그림과 같이 같은 높이에서 질량이 같은 공 A와 B를 들고 있다가 A는 연직 위로 속력 v로 던져 올렸고, B는 연직 아래로 속력 v로 던졌다. 이때 A와 B 중 지면에 도달하는 순간의 속력이 더 큰 공은 어느 것인지 쓰고, 그 까닭을 서술하시오.(단, 공기 저항은 무시한다.)

중요

23 오른쪽 그림과 같이 A점에서 정지해 있던 롤러코스터가 출발하여 레일을 따라 움직였다.(단, 공기 저항과 마찰은 무시한다.)

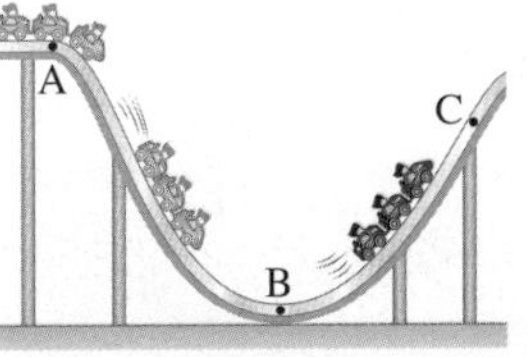

(1) B → C 구간에서는 어떤 에너지 전환이 일어나는지 서술하시오.

(2) B점에서 롤러코스터의 속력이 2배가 되려면 A점의 높이는 몇 배가 되어야 하는지 쓰고, 그 까닭을 서술하시오.

● 정답과 해설 20쪽

01 그림과 같이 지면으로부터 5 m 높이에서 질량이 4 kg인 물체를 수평 방향으로 10 m/s의 속력으로 던졌다.

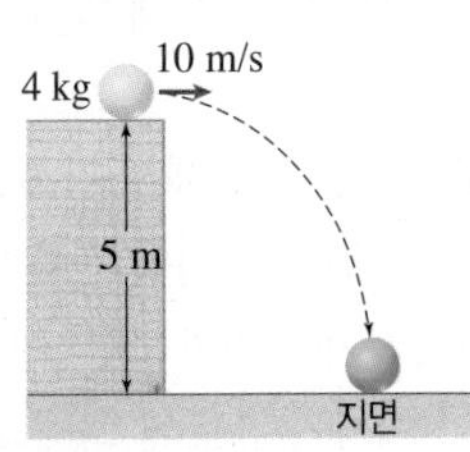

이 물체가 지면에 닿는 순간의 운동 에너지는?(단, 공기 저항은 무시한다.)

① 98 J　② 196 J　③ 200 J
④ 396 J　⑤ 400 J

02 그림과 같이 롤러코스터가 정지 상태에서 A점을 출발하여 E점으로 운동하고 있다.

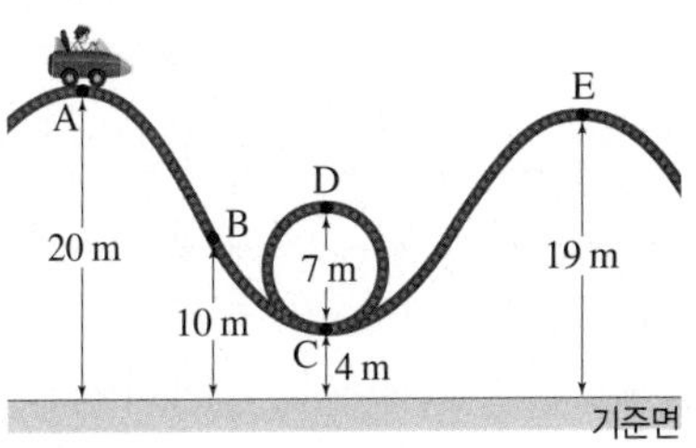

이에 대한 설명으로 옳지 <u>않은</u> 것은?(단, 공기 저항과 마찰은 무시한다.)

① A점과 E점에서 역학적 에너지는 같다.
② B점과 C점에서 운동 에너지의 비 $E_B : E_C = 5 : 8$이다.
③ C점에서 D점으로 운동하는 동안 운동 에너지가 위치 에너지로 전환된다.
④ C점과 D점에서 운동 에너지의 비 $E_C : E_D = 11 : 7$이다.
⑤ D점에서 C점으로 운동하는 동안 운동 에너지가 증가한다.

02 전기 에너지의 발생과 전환

A 전기 에너지의 발생

1 전기 에너지 전류가 흐를 때 공급되는 에너지[단위 : J(줄)]

2 전자기 *유도 코일 주위에서 자석을 움직이면 코일을 통과하는 자기장이 변하면서 코일에 전류가 흐르는 현상 탐구 a 70쪽
➡ 자석의 역학적 에너지가 전기 에너지로 전환된다.❶

① 유도 전류 : 전자기 유도에 의해 코일에 흐르는 전류❷

② 자석 주위에서 코일을 움직여도 코일을 통과하는 자기장이 변하면서 코일에 유도 전류가 흐른다.

③ 유도 전류의 방향 : 자석을 코일에 가까이 할 때와 멀리 할 때 서로 반대 방향으로 유도 전류가 흐른다.

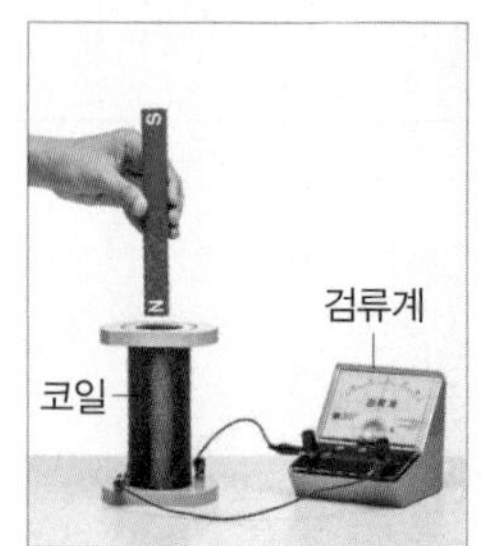

자석이 정지해 있을 때	자석을 코일에 가까이 할 때	자석을 코일에서 멀리 할 때
검류계, S, N, 코일	바늘이 돌아간다. S, N, 가까이 한다.	바늘이 돌아간다. S, N, 멀리 한다.
*검류계 바늘이 움직이지 않는다. ➡ 전류가 흐르지 않는다.	검류계 바늘이 돌아간다. ➡ 전류가 흐른다.	검류계 바늘이 반대로 돌아간다. ➡ 전류가 흐른다.

3 발전기 전자기 유도를 이용하여 운동 에너지나 위치 에너지와 같은 역학적 에너지를 전기 에너지로 전환하는 장치❸

① 발전기의 원리 : 발전기 내부에는 자석과 회전할 수 있는 코일이 있고, 이 코일이 자석 사이에서 회전하면 전자기 유도에 의해 코일에 전류가 흐르면서 전기 에너지가 생산된다. ➡ 역학적 에너지가 전기 에너지로 전환된다.

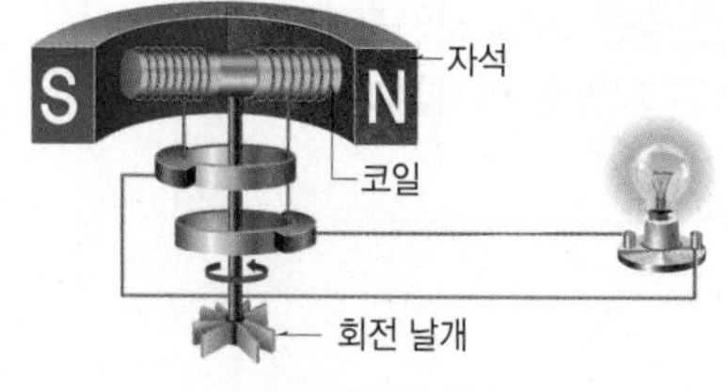

▲ 발전기의 구조

화보 6.3 ② 발전소 : 다양한 에너지를 이용하여 발전기를 돌려 전기를 생산한다.

구분	수력 발전소	화력 발전소	풍력 발전소
발전소 모습			
발전 원리	댐에 있는 물을 흘려보내 발전기를 돌려 전기를 생산한다.	연료를 태우며 물을 끓여 얻은 수증기로 발전기를 돌려 전기를 생산한다.	바람의 힘으로 발전기를 돌려 전기를 생산한다.
에너지 전환	물의 위치 에너지 → 물의 운동 에너지 → 발전기의 역학적 에너지 → 전기 에너지	연료의 화학 에너지 → 수증기의 역학적 에너지 → 발전기의 역학적 에너지 → 전기 에너지	바람의 운동 에너지 → 발전기의 역학적 에너지 → 전기 에너지

플러스 강의

내 교과서 확인 | 동아

❶ 코일을 통과하는 자석의 역학적 에너지

(가)와 같이 코일을 감은 플라스틱 관에 자석을 떨어뜨리면 (나)와 같이 코일을 감지 않은 플라스틱 관에 자석을 떨어뜨릴 때보다 자석이 더 늦게 떨어진다. ➡ (가)에서 자석의 역학적 에너지의 일부가 전기 에너지로 전환되어 역학적 에너지가 감소하기 때문이다.

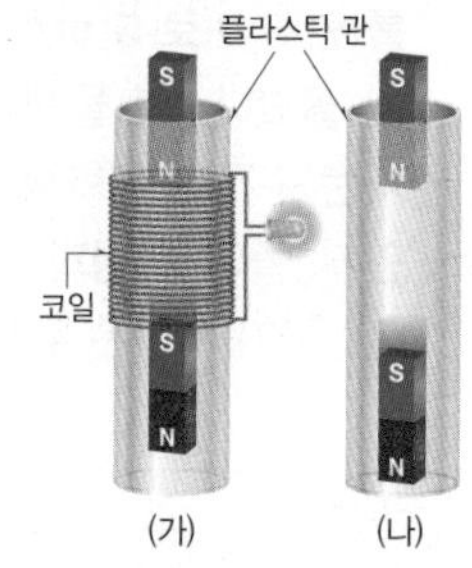

❷ 유도 전류의 세기

강한 자석을 움직일수록, 코일의 감은 수가 많을수록, 자석을 빠르게 움직일수록 유도 전류의 세기가 세진다.

❸ 발전기와 전동기의 에너지 전환

발전기와 전동기는 에너지 전환이 반대로 일어난다.

- 발전기 : 역학적 에너지를 전기 에너지로 전환한다.

- 전동기 : 전기 에너지를 역학적 에너지로 전환한다.

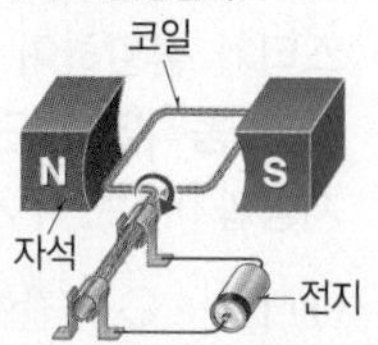

용어 돋보기

* 유도(誘 꾀다, 導 인도하다)_목적한 장소나 방향으로 이끎
* 검류계(檢 검사, 流 흐르다, 計 측정하다)_매우 작은 전류나 전압을 측정하는 장치로, 전기 기호는 Ⓖ로 표시

A 전기 에너지의 발생

- □□ 에너지 : 전류가 흐를 때 공급되는 에너지
- □□□ □□ : 코일 주위에서 자석을 움직이면 코일을 통과하는 자기장이 변하면서 코일에 전류가 흐르는 현상
- 발전기 : 전자기 유도를 이용하여 운동 에너지나 위치 에너지를 □□ 에너지로 전환하는 장치
- 발전소에서 일어나는 에너지 전환 : 발전기의 □□□ 에너지를 전기 에너지로 전환

암기콱 전자기 유도

➡ 자석이 움직일 때만 코일에 유도 전류가 흐른다.

A

1 전자기 유도에 대한 설명으로 옳은 것은 ○, 옳지 않은 것은 ×로 표시하시오.

(1) 코일을 통과하는 자기장이 변할 때 발생한다. ( )

(2) 유도 전류는 자석을 코일에 가까이 할 때 흐르고, 코일을 자석에 가까이 할 때는 흐르지 않는다. ( )

(3) 자석을 코일 속에 넣고 가만히 있으면 유도 전류가 흐른다. ( )

(4) 자석을 코일에 가까이 할 때와 멀리 할 때 코일에 흐르는 유도 전류의 방향이 같다. ( )

2 전자기 유도에 의해 유도 전류가 흐르는 경우를 보기에서 모두 고르시오.

보기
ㄱ. 코일 속에 들어 있는 자석을 빼낼 때
ㄴ. 자석의 N극을 코일에 가까이 가져갈 때
ㄷ. 자석을 코일 속에 넣었다 뺐다를 반복할 때
ㄹ. 코일 속에 매우 강한 자석을 넣고 가만히 두었을 때

3 다음은 발전기에서 전기를 생산하는 원리를 설명한 것이다. ( ) 안에 알맞은 말을 고르시오.

자석 사이에 회전할 수 있는 코일을 놓고, 코일이 회전하여 코일을 통과하는 자기장이 변하면 코일에 전류가 흐른다. 이러한 현상을 ㉠(전자기 유도, 정전기 유도)라고 한다. 발전기는 이러한 현상을 이용하여 ㉡(역학적, 전기) 에너지를 ㉢(역학적, 전기) 에너지로 전환한다.

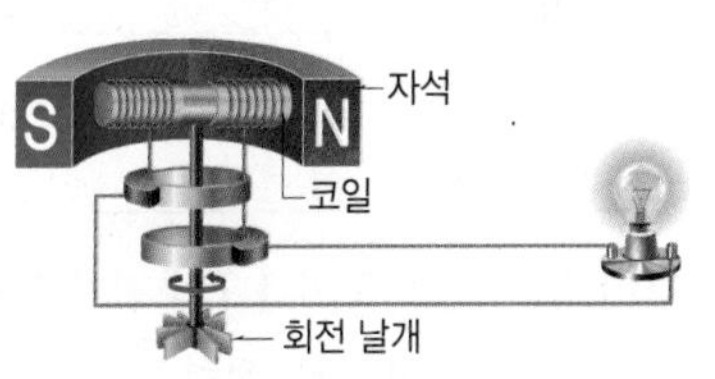

4 다음은 발전소에서 일어나는 에너지 전환 과정을 나타낸 것이다. ( ) 안에 알맞은 발전소의 종류를 쓰시오.

(1) ( ) 발전소 : 바람의 운동 에너지 → 발전기의 역학적 에너지 → 전기 에너지

(2) ( ) 발전소 : 물의 위치 에너지 → 물의 운동 에너지 → 발전기의 역학적 에너지 → 전기 에너지

(3) ( ) 발전소 : 연료의 화학 에너지 → 수증기의 역학적 에너지 → 발전기의 역학적 에너지 → 전기 에너지

02 전기 에너지의 발생과 전환

B 전기 에너지의 전환과 보존

화보 6.4

1 가전제품에서 전기 에너지의 전환 전기 에너지는 쉽게 다른 형태의 에너지로 전환하여 사용할 수 있기 때문에 우리 생활에 많이 이용된다.

전기 에너지의 전환	예
전기 에너지 → 열에너지	전기다리미, 전기난로 등
전기 에너지 → 빛에너지	전등, 텔레비전 등
전기 에너지 → 소리 에너지	오디오, 텔레비전 등
전기 에너지 → 운동 에너지	세탁기, 선풍기 등
전기 에너지 → 화학 에너지	배터리 충전 등

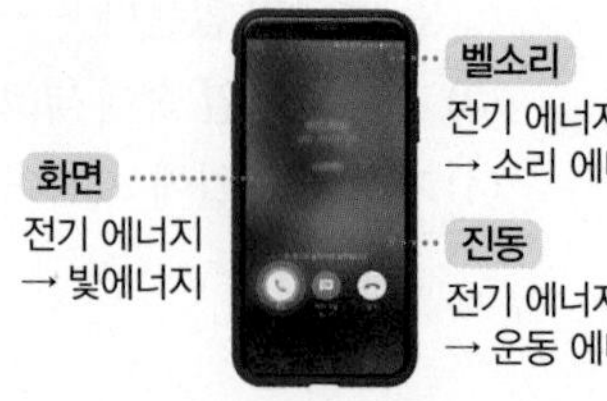

▲ 휴대 전화에서의 에너지 전환

2 에너지의 전환과 보존 에너지는 전환되는 과정에서 새로 생기거나 없어지지 않고, 에너지의 총량이 일정하게 보존된다.❶ 여기서 잠깐 71쪽

[전기 자동차에서 에너지의 전환과 보존]
- 전기 자동차는 전기 에너지를 이용하여 움직인다.
- 전기 에너지는 전기 자동차의 운동 에너지로 전환되고, 일부는 열에너지, 빛에너지, 소리 에너지로 전환된다.
- 전기 자동차에 공급된 전기 에너지의 총량은 전기 자동차에서 전환된 에너지의 총량과 같다.

➡ 에너지가 전환될 때 에너지의 총량은 변하지 않고, 일정하게 보존된다.

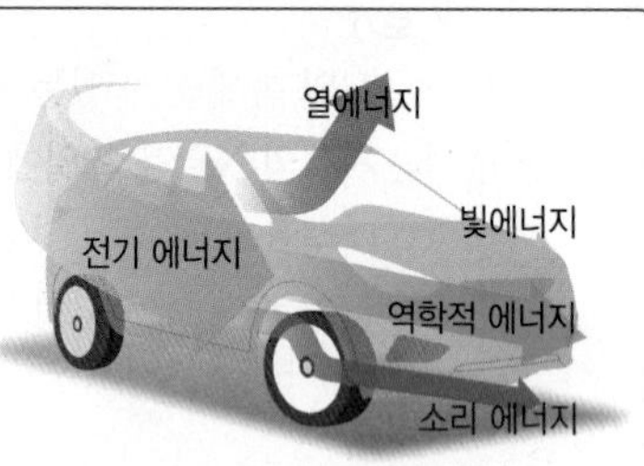

C 소비 전력

1 소비 전력 1초 동안 전기 기구가 사용하는 전기 에너지의 양

① 단위 : W(와트) ➡ 1 kW=1000 W

$$\text{소비 전력(W)}=\frac{\text{전기 에너지(J)}}{\text{시간(s)}}$$

② 1 W : 1초 동안 1 J의 전기 에너지를 사용할 때의 전력

③ 전기 기구의 소비 전력 : *정격 전압을 연결했을 때 단위 시간 동안 전기 기구가 사용하는 전기 에너지❷

예 220 V-50 W로 표시되어 있는 선풍기는 220 V의 전원에 연결하면 1초에 50 J의 전기 에너지를 사용한다.

2 전력량 전기 기구가 일정 시간 동안 사용하는 전기 에너지의 양❸

① 단위 : Wh(와트시), kWh(킬로와트시)

$$\text{전력량(Wh)}=\text{소비 전력(W)}\times\text{시간(h)}$$

② 1 Wh : 소비 전력이 1 W인 전기 기구를 1시간 동안 사용했을 때의 전력량

[소비 전력과 전력량 계산하기]❹
- 전구의 정격 전압은 220 V이고, 정격 소비 전력은 20 W이다.
- 전구를 220 V의 전압에 연결하면 1초에 20 J의 전기 에너지를 사용한다.
- 3시간 동안 전구를 켰을 때 사용하는 전력량은 20 W×3 h=60 Wh이다.

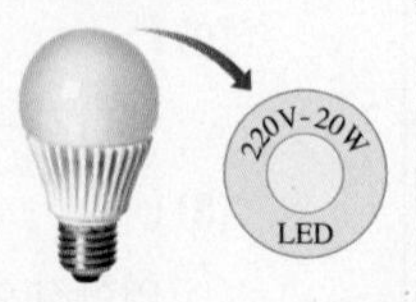

플러스 강의

❶ 가전제품인 선풍기에서 에너지의 전환과 보존의 예
- 선풍기에서 전기 에너지는 운동 에너지와 소리 에너지, 열에너지 등으로 전환된다.
- 선풍기에서 전기 에너지가 전환되기 전과 후 에너지의 총량은 보존된다.
- 에너지의 총량은 보존되지만, 에너지 전환 과정에서 일부는 다시 사용할 수 없는 열에너지, 소리 에너지 등의 형태로 전환된다.

❷ 정격 소비 전력
정격 전압을 걸어 주었을 때 전기 기구가 1초 동안 사용하는 전기 에너지의 양이다. 전기 기구에 쓰여 있는 소비 전력은 정격 소비 전력을 의미한다.

❸ 전력량과 전기 요금
가정에 부과되는 전기 요금은 각 가정에 설치된 전력량계에서 측정한 전력량에 전기 요금이 곱해져 정해진다. 각 가정에서 사용한 전력량은 전기 요금 고지서에서 확인할 수 있다.
예 사용한 전력량이 100 kWh이고, 1 kWh당 전기 요금이 200원이라면, 가정에서 내야 하는 전기 요금은 100 kWh×200원/kWh=20000원이다.

❹ 효율이 좋은 전기 기구
똑같은 효과를 내는 전기 기구 중 전력량이 작은 전기 기구일수록 효율이 더 좋다.
예 두 전구의 밝기가 같다면 전력량이 작은 전구의 효율이 더 좋다.

용어 돋보기
* **정격(定 정하다, 格 바로잡다) 전압**_전기 기구가 정상적으로 작동할 수 있는 전압

B 전기 에너지의 전환과 보존

- 전기 에너지는 쉽게 다른 형태의 에너지로 ☐☐하여 사용할 수 있기 때문에 우리 생활에 많이 이용된다.
- 에너지는 전환되는 과정에서 새로 생기거나 없어지지 않고, 에너지의 총량이 일정하게 ☐☐된다.

C 소비 전력

- ☐☐ ☐☐ : 1초 동안 전기 기구가 사용하는 전기 에너지의 양
- 소비 전력의 단위는 ☐☐☐를 사용한다.
- ☐☐☐ : 전기 기구가 일정 시간 동안 사용하는 전기 에너지의 양
- 전력량의 단위는 ☐☐☐를 사용한다.

암기쾅 소비 전력

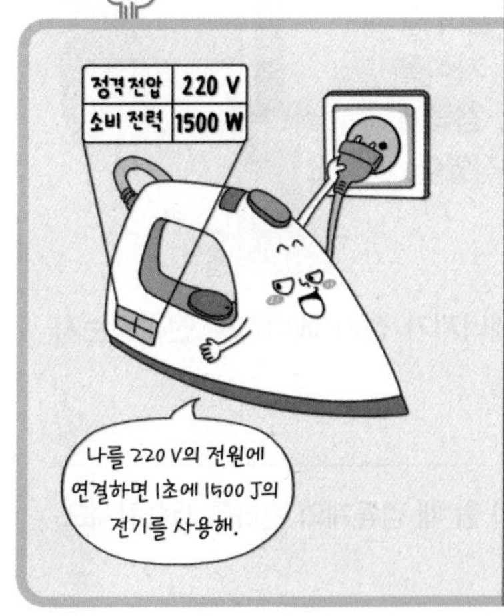

정격 전압 220 V
소비 전력 1500 W
나를 220 V의 전원에 연결하면 1초에 1500 J의 전기를 사용해.

B

5 다음은 가전제품에서 전기 에너지가 주로 어떤 에너지로 전환되는지를 나타낸 것이다. (　　) 안에 알맞은 말을 보기에서 고르시오.

보기
ㄱ. 빛에너지　　ㄴ. 열에너지　　ㄷ. 소리 에너지
ㄹ. 운동 에너지　　ㅁ. 위치 에너지　　ㅂ. 화학 에너지

(1) 전기다리미 : 전기 에너지 → (　　)　(2) 선풍기 : 전기 에너지 → (　　)
(3) 형광등 : 전기 에너지 → (　　)　(4) 배터리 충전 : 전기 에너지 → (　　)

6 다음은 전기 자동차에서 에너지가 전환되는 과정을 설명한 것이다. (　　) 안에 알맞은 말을 고르시오.

전기 자동차에 공급된 전기 에너지는 ㉠(한 가지, 다양한) 종류의 에너지로 전환된다. 이때 전기 자동차에 공급된 전기 에너지의 총량은 전기 자동차에서 전환된 에너지의 총량과 ㉡(같다, 다르다).

C

7 오른쪽 표는 전자레인지를 사용한 뒤에, 전자레인지가 소비한 전기 에너지와 사용한 시간을 나타낸 것이다. 이 전자레인지의 소비 전력은 몇 W인지 구하시오.

전기 에너지	120000 J
사용 시간	2분

8 오른쪽 그림과 같이 선풍기에 정격 전압과 정격 소비 전력이 표시되어 있다. 이에 대한 설명으로 옳은 것은 ○, 옳지 않은 것은 ×로 표시하시오.

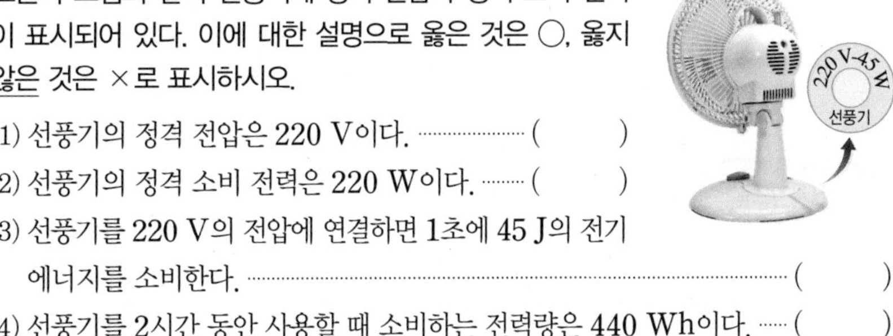

(1) 선풍기의 정격 전압은 220 V이다. ············ (　　)
(2) 선풍기의 정격 소비 전력은 220 W이다. ········ (　　)
(3) 선풍기를 220 V의 전압에 연결하면 1초에 45 J의 전기 에너지를 소비한다. ············ (　　)
(4) 선풍기를 2시간 동안 사용할 때 소비하는 전력량은 440 Wh이다. ······ (　　)

9 오른쪽 그림은 밝기가 같은 두 전구의 소비 전력을 나타낸 것이다. (　　) 안에 알맞은 말을 쓰시오.

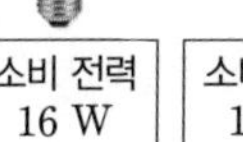

소비 전력 16 W	소비 전력 10 W
(가)	(나)

(1) (가)가 1초 동안 소비한 전기 에너지의 양은 (　　) J이다.
(2) (나)를 2시간 동안 켜 놓으면 (나)가 소비한 전력량은 (　　) Wh이다.
(3) (가)와 (나) 중 효율이 더 좋은 전구는 (　　)이다.

탐구 a 전기 에너지가 만들어지는 원리

이 탐구에서는 역학적 에너지가 전기 에너지로 전환되는 과정을 설명할 수 있다.

● 정답과 해설 21쪽

과정

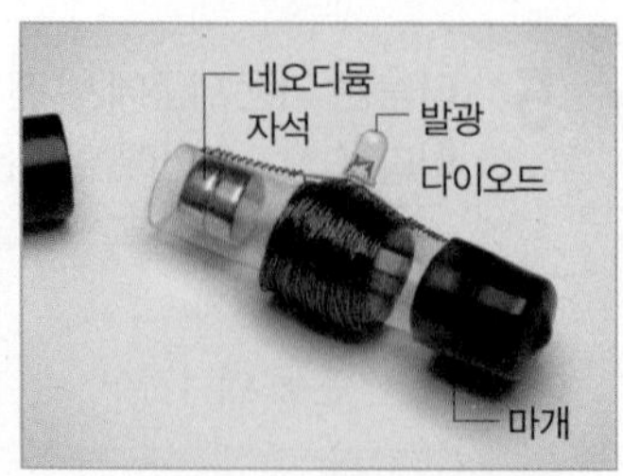

❶ 플라스틱 관에 에나멜선을 감아 코일을 만들고 에나멜선 양 끝을 사포로 문지른 후 발광 다이오드를 연결한다.
❷ 플라스틱 관 안에 네오디뮴 자석을 넣고 관의 양쪽을 마개로 막은 후 흔들면서 발광 다이오드를 관찰한다.
❸ 플라스틱 관을 더 빠르게 흔들면서 발광 다이오드를 관찰한다.

결과 & 해석

- 자석이 코일을 통과하도록 플라스틱 관을 흔들면 발광 다이오드에 불이 켜진다.
  ➡ 역학적 에너지가 전기 에너지로 전환된다.
- 플라스틱 관을 흔드는 동안 발광 다이오드의 불이 꺼졌다 켜졌다를 반복한다.
  ➡ 자석이 움직이는 방향에 따라 전류가 흐르는 방향이 달라진다.
- 플라스틱 관을 더 빠르게 흔들면 발광 다이오드의 불이 더 밝아진다.

발광 다이오드
발광 다이오드는 긴 다리에서 짧은 다리로, 한쪽으로만 전류가 흐른다.

정리

1. 자석이 코일 사이를 움직이면 코일을 통과하는 자기장의 변화 때문에 ㉠(　　　　)가 일어나고, 코일에 ㉡(　　　　)가 흐른다.
2. 자석이 움직이는 방향에 따라 ㉢(　　　　)의 방향이 달라진다.
3. 자석이 코일 사이를 ㉣(　　　　) 움직일수록 더 센 전류가 흐른다.

이렇게도 실험해요

|과정| ❶ 코일과 검류계를 연결하고, 자석을 코일 가까이 가져간다.
❷ 자석을 코일 속에 넣고 움직이지 않는다.
❸ 자석을 코일에서 멀어지도록 움직인다.
❹ 코일을 자석에 가까이 하거나 멀어지도록 움직인다.

검류계 / 자석 / 코일

|결과|

과정 ❶	과정 ❷	과정 ❸	과정 ❹
검류계 바늘이 오른쪽으로 움직인다.	검류계 바늘이 움직이지 않는다.	검류계 바늘이 왼쪽으로 움직인다.	자석을 움직일 때와 같은 방향으로 검류계 바늘이 움직인다.

확인 문제

01 위 실험에 대한 설명으로 옳은 것은 ○, 옳지 않은 것은 ×로 표시하시오.

(1) 자석의 운동 방향에 따라 유도 전류의 세기가 달라진다. .... (　　)

(2) 발광 다이오드에 불이 켜지는 것은 전자기 유도 때문이다. .... (　　)

(3) 코일에서 역학적 에너지가 전기 에너지로 전환된다. .... (　　)

(4) 플라스틱 관을 더 빠르게 흔들면 발광 다이오드의 불이 어두워진다. .... (　　)

[02~03] 오른쪽 그림과 같이 코일과 검류계를 연결하고 자석을 코일에 가까이 하였더니 검류계의 바늘이 오른쪽으로 움직였다.

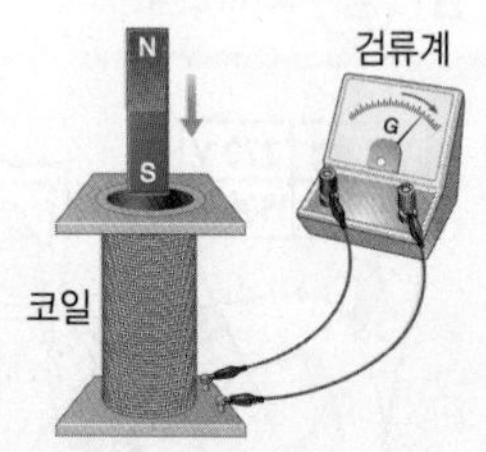

02 이때 자석의 어떤 에너지가 전기 에너지로 전환되는지 쓰시오.

03 자석을 코일에서 멀리 할 때 검류계의 변화를 서술하시오.

에너지가 전환될 때 에너지의 총량이 보존된다는 사실은 기억하죠? 여기서 잠깐을 통해 내 교과서에 나오는 에너지의 전환과 보존을 조금 더 자세히 살펴보아요.

● 정답과 해설 21쪽

에너지의 전환과 보존 이해하기

내 교과서 확인 | 미래엔

① 역학적 에너지가 보존되지 않는 경우 이해하기

그림은 공기의 저항과 마찰이 있을 때 공을 옆으로 살짝 던진 후 공의 위치를 일정한 시간 간격으로 나타낸 것이다.

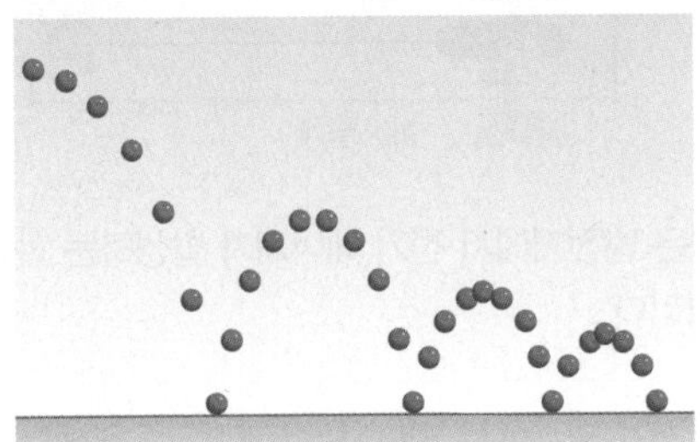

❶ 공이 바닥에서 튀어 올라갈 때마다 최고 높이가 점점 낮아지다가 마지막에는 정지한다.

➡ 공의 역학적 에너지가 점점 감소하다가 0이 된다.

❷ 공의 역학적 에너지가 점점 감소하므로 역학적 에너지는 보존되지 않는다.

➡ 역학적 에너지의 일부가 공기 저항이나 바닥과의 충돌에 의해 열에너지, 소리 에너지 등으로 전환된다.

❸ 처음 역학적 에너지와 전환된 에너지의 총량은 같다.

➡ 역학적 에너지는 보존되지 않지만, 에너지의 총량은 일정하게 보존된다.

처음 역학적 에너지=전환되는 에너지의 총량
=(역학적 에너지+소리 에너지+열에너지+…)=일정

내 교과서 확인 | 동아

② 손발전기를 이용해 전기 에너지의 전환과 보존 이해하기

그림과 같이 전구와 버저를 스위치와 함께 두 손발전기에 병렬로 연결한다. A의 손잡이를 돌리면, 스위치 1과 2를 열거나 닫는 경우에 따라 B의 손잡이가 돌아가는 횟수가 달라진다.

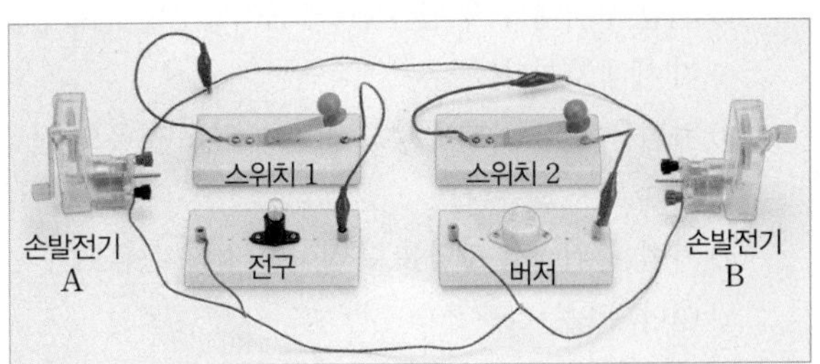

❶ 스위치 1과 2를 모두 열고 A를 돌리면 B의 손잡이도 A와 비슷한 횟수만큼 돌아간다.

➡ A를 돌리는 역학적 에너지가 B를 돌리는 역학적 에너지로 전환된다.

❷ 스위치 1만 닫고 A를 ❶에서와 같은 횟수만큼 돌리면 B의 손잡이가 돌아가는 횟수는 ❶에서보다 적고, 전구에는 불이 켜진다.

➡ A를 돌리는 역학적 에너지가 B를 돌리는 역학적 에너지와 전구의 빛에너지로 전환된다.

❸ 스위치 1과 2를 모두 닫고 A를 ❶에서와 같은 횟수만큼 돌리면 B의 손잡이가 돌아가는 횟수는 ❷에서보다 적고, 전구에는 불이 켜지고 버저가 울린다.

➡ A를 돌리는 역학적 에너지가 B를 돌리는 역학적 에너지와 전구의 빛에너지, 버저의 소리 에너지로 전환된다.

유제❶ 그림은 A점에서 수평 방향으로 던진 공이 바닥에서 튀어 올라 B점, C점을 지나 운동하는 모습을 나타낸 것이다.

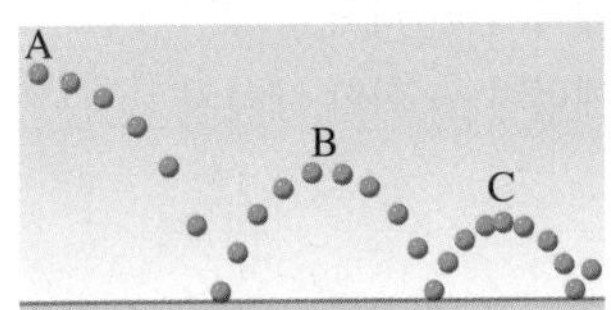

이에 대한 설명으로 옳은 것을 보기에서 모두 고른 것은?

보기

ㄱ. A점, B점, C점에서 역학적 에너지는 모두 같다.
ㄴ. 공이 운동하면서 역학적 에너지는 열에너지, 소리 에너지 등으로 전환된다.
ㄷ. 처음 역학적 에너지와 전환된 에너지의 총량은 같다.

① ㄱ ② ㄷ ③ ㄱ, ㄴ
④ ㄴ, ㄷ ⑤ ㄱ, ㄴ, ㄷ

유제❷ 그림과 같이 실험 장치를 준비한 후 스위치 1과 2를 닫고 손발전기 A의 손잡이를 일정한 속력으로 10회 돌렸더니 손발전기 B의 손잡이가 돌아갔다.

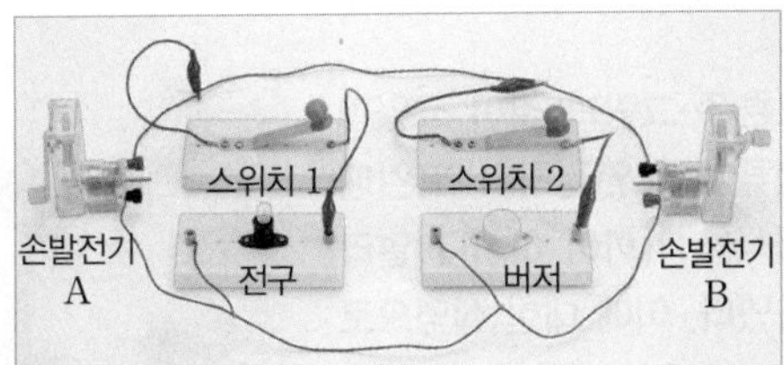

이에 대한 설명으로 옳지 않은 것은?

① A에서 역학적 에너지는 전기 에너지로 전환된다.
② B의 손잡이는 10회 돌아간다.
③ 전구와 버저에서 전기 에너지는 각각 빛에너지와 소리 에너지로 전환된다.
④ 스위치 1과 2 중 하나만 닫고 실험하면 B의 손잡이는 더 많이 돌아간다.
⑤ 전기 에너지의 총량은 전환된 에너지의 총량과 같다.

기출 문제로 내신쑥쑥

전국 주요 학교의 **시험에 가장 많이 나오는 문제**들로만 구성하였습니다.
모든 친구들이 '꼭' 봐야 하는 코너입니다.

A 전기 에너지의 발생

01 전자기 유도에 대한 설명으로 옳지 않은 것은?

① 코일을 통과하는 자기장이 변하면 유도 전류가 흐른다.
② 코일 주위에서 자석을 빠르게 움직일수록 유도 전류가 세게 흐른다.
③ 자석을 코일 내부에 넣고 가만히 있으면 유도 전류가 흐르지 않는다.
④ 자석 주위에서 코일을 움직이면 전자기 유도가 일어나지 않는다.
⑤ 자석을 코일에 가까이 할 때와 멀리 할 때 유도 전류의 방향은 반대이다.

중요

02 전자기 유도가 일어나지 않는 경우는?

① 자석의 S극을 코일에서 멀리 할 때
② 자석의 N극을 코일에 가까이 할 때
③ 코일을 자석의 두 극 사이에서 회전시킬 때
④ 자석 근처에 있는 코일을 자석에서 멀리 할 때
⑤ 자석의 N극을 코일 속에 넣고 움직이지 않을 때

중요

03 오른쪽 그림과 같이 코일과 검류계를 연결하고 코일에 자석을 가까이 하거나 멀리 하였다. 이에 대한 설명으로 옳지 않은 것은?

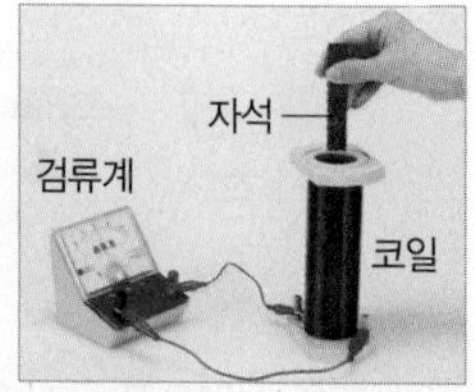

① 전자기 유도 현상이 일어난다.
② 코일을 통과하는 자기장이 변한다.
③ 자석의 역학적 에너지가 전기 에너지로 전환된다.
④ 자석을 코일 속에 넣고 가만히 있으면 검류계 바늘이 움직이지 않는다.
⑤ 자석의 N극을 가까이 할 때와 멀리 할 때, 검류계 바늘이 같은 방향으로 움직인다.

[04~05] 그림은 전자기 유도를 이용한 발전기의 구조를 나타낸 것이다.

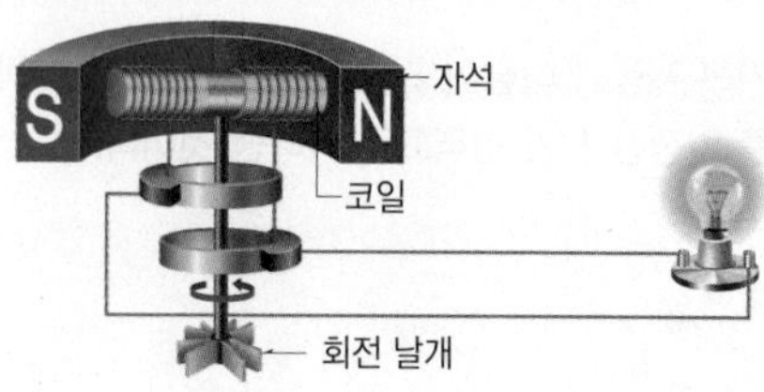

04 다음은 발전기에서 전기 에너지가 발생하는 과정에 대한 설명이다.

> 발전기 외부에서 전달하는 ㉠(　　　) 에너지에 의해 회전 날개가 회전하면, 자석 사이에서 코일이 회전한다. 이때 코일을 통과하는 ㉡(　　　)이 변하여 ㉢(　　　)에 의해 전기 에너지가 발생한다.

㉠~㉢에 알맞은 말을 옳게 짝 지은 것은?

	㉠	㉡	㉢
①	역학적	자기장	전류에 의한 자기장
②	역학적	자기장	전자기 유도
③	역학적	전류	전류에 의한 자기장
④	전기	자기장	전자기 유도
⑤	전기	전류	전자기 유도

05 발전기에서 일어나는 에너지 전환으로 옳은 것은?

① 역학적 에너지 → 빛에너지
② 역학적 에너지 → 전기 에너지
③ 전기 에너지 → 빛에너지
④ 전기 에너지 → 역학적 에너지
⑤ 전기 에너지 → 화학 에너지

중요

06 발전기에 대한 설명으로 옳은 것을 보기에서 모두 고른 것은?

> 보기
> ㄱ. 발전기 내부에는 자석과 코일이 들어 있다.
> ㄴ. 자석 사이에 전류가 흐르는 도선이 받는 힘을 이용한 장치이다.
> ㄷ. 발전소에서는 발전기를 회전시켜 전기 에너지를 생산한다.

① ㄱ　② ㄴ　③ ㄱ, ㄷ　④ ㄴ, ㄷ　⑤ ㄱ, ㄴ, ㄷ

07 발전소에서 전기를 생산하는 과정에 대한 설명으로 옳은 것을 보기에서 모두 고른 것은?

보기
ㄱ. 풍력 발전은 바람의 역학적 에너지를 이용하여 전기를 생산한다.
ㄴ. 수력 발전은 물의 높이 차를 이용하여 발전기를 돌려 전기를 생산한다.
ㄷ. 화력 발전은 연료를 태운 열에너지를 이용하여 수증기의 화학 에너지로 전기를 생산한다.

① ㄱ ② ㄴ ③ ㄷ
④ ㄱ, ㄴ ⑤ ㄴ, ㄷ

중요 탐구 a 70쪽

08 오른쪽 그림은 간이 발전기에 발광 다이오드를 연결한 후 흔드는 모습을 나타낸 것이다. 이에 대한 설명으로 옳은 것을 보기에서 모두 고른 것은?

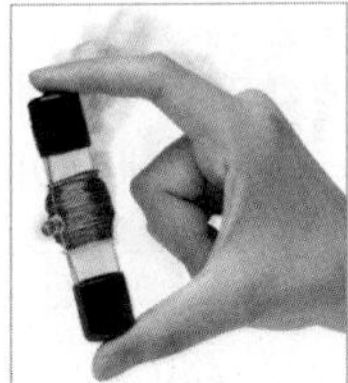

보기
ㄱ. 발광 다이오드가 깜박이며 불이 켜진다.
ㄴ. 간이 발전기를 흔드는 동안 발광 다이오드의 불은 꺼지지 않는다.
ㄷ. 간이 발전기를 흔드는 동안 역학적 에너지가 전기 에너지로 전환된다.
ㄹ. 간이 발전기를 여러 번 세게 흔들어 주고 멈추면 발광 다이오드에 불이 한동안 켜져 있다가 꺼진다.

① ㄱ, ㄴ ② ㄱ, ㄷ ③ ㄴ, ㄷ
④ ㄴ, ㄹ ⑤ ㄷ, ㄹ

09 오른쪽 그림과 같이 손발전기에 전구를 연결한 후 손잡이를 돌렸더니 전구에 불이 켜졌다. 이에 대한 설명으로 옳지 않은 것은?

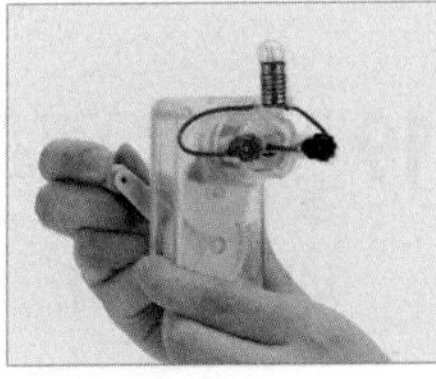

① 전구에는 유도 전류가 흐른다.
② 손발전기 내부에는 자석과 코일이 있다.
③ 손잡이를 돌리는 운동 에너지가 전기 에너지로 전환된다.
④ 전구에서는 전기 에너지가 빛에너지로 전환된다.
⑤ 손잡이를 더 빠르게 돌리면 전구의 불빛이 더 어두워진다.

B 전기 에너지의 전환과 보존

중요

10 가전제품에서 주로 일어나는 에너지 전환을 나타낸 것으로 옳지 않은 것은?

① 전등 : 전기 에너지 → 빛에너지
② 스피커 : 전기 에너지 → 소리 에너지
③ 선풍기 : 전기 에너지 → 운동 에너지
④ 전기다리미 : 전기 에너지 → 열에너지
⑤ 헤어드라이어 : 전기 에너지 → 화학 에너지

11 그림은 선풍기를 사용할 때 전기 에너지가 다양한 에너지로 전환되는 것을 나타낸 것이다.

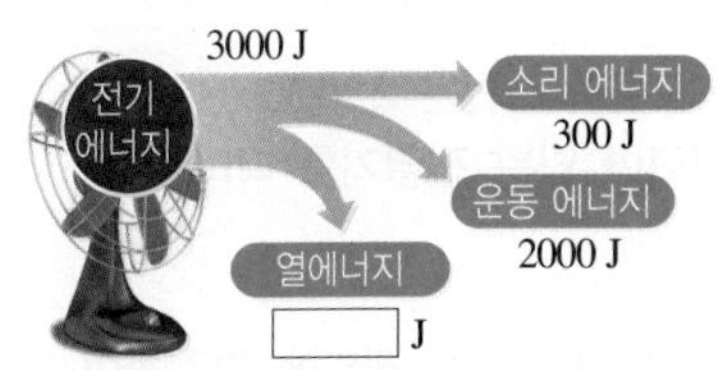

전기 에너지로부터 전환된 열에너지는?

① 300 J ② 500 J ③ 700 J
④ 1200 J ⑤ 2500 J

중요

12 다음은 휴대 전화에서 일어나는 에너지 전환을 나타낸 것이다.

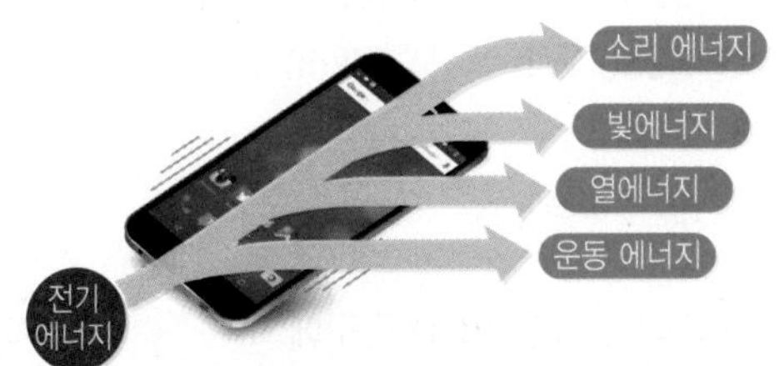

이에 대한 설명으로 옳은 것을 보기에서 모두 고른 것은?

보기
ㄱ. 휴대 전화의 화면에서 전기 에너지는 빛에너지로 전환된다.
ㄴ. 휴대 전화에 공급된 전기 에너지는 한 종류의 에너지로만 전환될 수 있다.
ㄷ. 휴대 전화에 공급된 전기 에너지의 총량은 휴대 전화에서 전환된 에너지의 총량과 같다.

① ㄱ ② ㄴ ③ ㄱ, ㄷ
④ ㄴ, ㄷ ⑤ ㄱ, ㄴ, ㄷ

C 소비 전력

중요

13 소비 전력과 전력량에 대한 설명으로 옳지 않은 것을 모두 고르면?(2개)

① 소비 전력의 단위로 W, kW 등을 사용한다.
② 소비 전력이 1 W인 전기 기구는 1초 동안 1 J의 전기 에너지를 소비한다.
③ 정격 전압을 걸었을 때 전기 기구가 소비하는 전력을 정격 소비 전력이라고 한다.
④ 1 Wh는 1 W의 전력을 1초 동안 사용할 때의 전력량이다.
⑤ 1 Wh는 1000 J의 전기 에너지와 같다.

[14~15] 오른쪽 그림은 220 V-880 W라고 표시되어 있는 전열기를 나타낸 것이다.

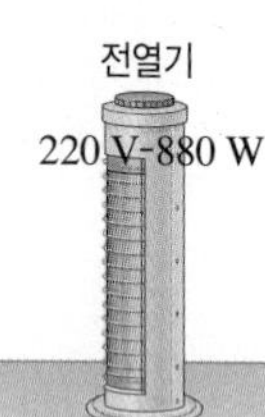

14 이 전열기를 정격 전압에 연결하여 5분 동안 사용했을 때 소비한 전기 에너지는?

① 1100 J ② 4400 J ③ 39600 J
④ 66000 J ⑤ 264000 J

15 이 전열기를 60분 동안 사용했을 때 소비한 전력량은?

① 220 Wh ② 880 Wh ③ 1320 Wh
④ 5280 Wh ⑤ 52800 Wh

중요

16 오른쪽 그림은 LED 전구에 표시된 문구를 나타낸 것이다. 이 전구에 대한 설명으로 옳지 않은 것은?

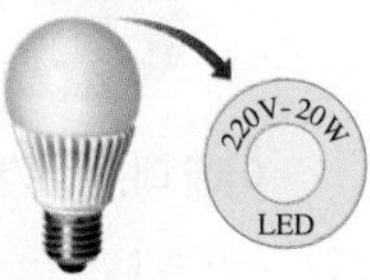

① 전구는 220 V에서 제대로 작동한다.
② 정격 소비 전력은 20 W이다.
③ 정격 전압을 걸었을 때 1초에 20 J의 전기 에너지를 소비한다.
④ 전구를 오래 사용할수록 전구의 소비 전력은 증가한다.
⑤ 전구를 오래 사용할수록 전구가 소비하는 전력량은 증가한다.

17 소비 전력이 50 W인 선풍기와 소비 전력이 1500 W인 전기다리미가 있다. 이에 대한 설명으로 옳지 않은 것은?

① 선풍기가 3초 동안 소비하는 전기 에너지는 150 J이다.
② 전기다리미가 1분 동안 소비하는 전기 에너지는 1500 J이다.
③ 선풍기를 2시간 동안 사용했을 때 소비하는 전력량은 100 Wh이다.
④ 전기다리미를 20분 동안 사용했을 때 소비하는 전력량은 500 Wh이다.
⑤ 같은 시간 동안 사용했을 때 소비한 전기 에너지는 전기다리미가 선풍기의 30배이다.

중요

18 표는 민지네 집에서 사용하는 가전제품의 소비 전력을 나타낸 것이다.

텔레비전	세탁기	선풍기	청소기
220 V -100 W	220 V -150 W	220 V -60 W	220 V -80 W

이에 대한 설명으로 옳지 않은 것은?

① 텔레비전은 1초에 100 Wh의 전기 에너지를 소비한다.
② 청소기는 1시간 동안 288 kJ의 전기 에너지를 소비한다.
③ 세탁기를 2시간 동안 사용했을 때 소비하는 전력량은 300 Wh이다.
④ 청소기를 30분 동안 사용했을 때 소비하는 전력량은 40 Wh이다.
⑤ 같은 시간 동안에 가장 작은 전기 에너지를 사용하는 것은 선풍기이다.

19 표는 220 V의 전원이 공급되는 민수네 가정에서 하루 동안 사용한 가전제품의 소비 전력과 사용 시간을 나타낸 것이다.

가전제품	소비 전력(W)	사용 시간
선풍기	50	3시간
LED등	10	3시간
믹서	900	20분

하루 동안 사용한 총 전력량은?

① 180 Wh ② 300 Wh ③ 450 Wh
④ 480 Wh ⑤ 1080 Wh

서술형 문제

중요

20 그림과 같이 동일한 플라스틱 관 (가)와 (나)를 놓고 (나)쪽에 LED가 연결된 코일을 감은 후, 위쪽 입구에서 같은 자석을 동시에 가만히 놓아 떨어뜨렸다. 이때 (나)를 통과한 자석이 더 늦게 지면에 도달했다.

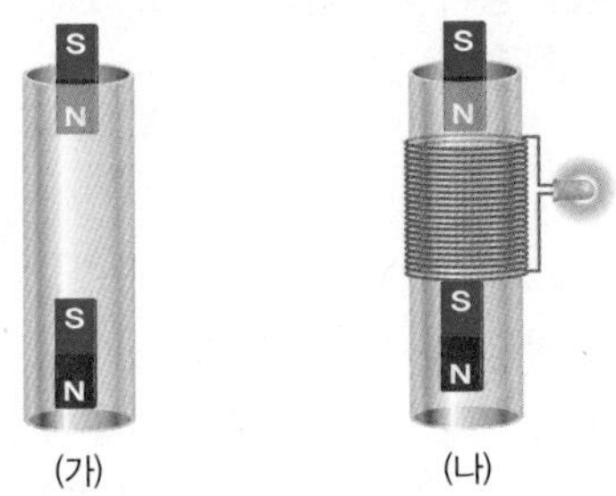

(가)와 (나)에서 일어나는 자석의 에너지 전환을 각각 서술하시오.

21 장난감 자동차에 건전지를 넣어 움직이게 하였다. 이때 장난감 자동차에서 에너지 전환은 주로 어떻게 이루어지는지 서술하시오.

22 그림은 전기 자동차에 공급된 전기 에너지가 다양한 에너지로 전환되는 모습을 나타낸 것이다. 전기 자동차를 움직이게 하는 운동 에너지는 몇 J인지 풀이 과정과 함께 구하시오.

중요

23 헤어드라이어에 220 V－550 W라고 표시되어 있을 때, 이 표시의 의미를 다음 단어를 모두 포함하여 서술하시오.

정격 전압, 1초, 전기 에너지

수준 높은 문제로 실력 탄탄

● 정답과 해설 23쪽

01 그림은 각각 어떤 장치의 구조를 나타낸 것이다.

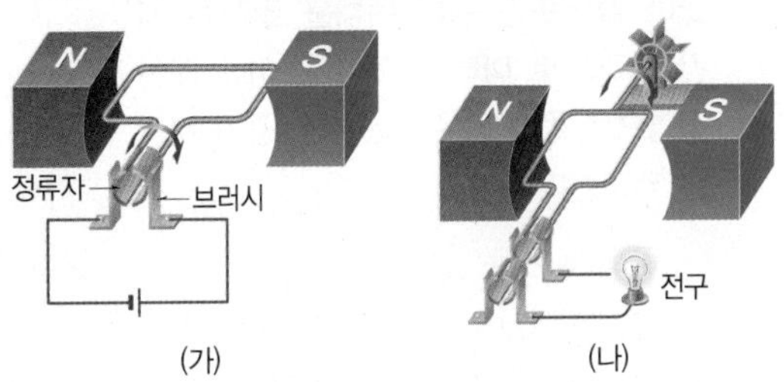

전자기 유도를 이용하여 역학적 에너지를 전기 에너지로 전환하는 장치를 고르시오.

02 그림은 서로 다른 두 전구 A와 B를 1분 동안 켜두었을 때 방출된 에너지를 나타낸 것이다.

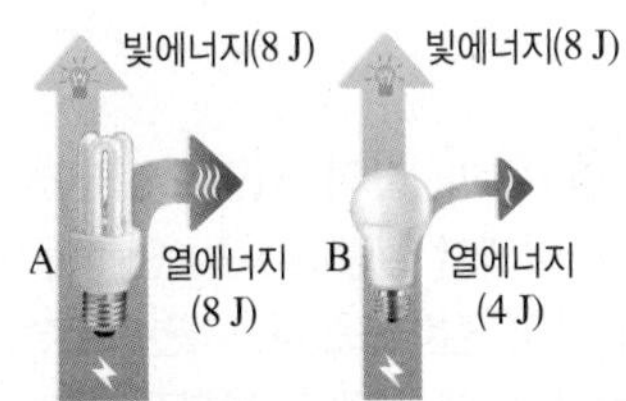

이에 대한 설명으로 옳은 것을 보기에서 모두 고른 것은?

> **보기**
> ㄱ. 두 전구의 밝기는 같다.
> ㄴ. A와 B의 소비 전력의 비는 3 : 4이다.
> ㄷ. A보다 B를 사용할 때 전기 에너지를 더 절약할 수 있다.

① ㄱ ② ㄴ ③ ㄱ, ㄷ
④ ㄴ, ㄷ ⑤ ㄱ, ㄴ, ㄷ

03 표는 건영이네 집에서 하루 동안 사용하는 가전제품별 소비 전력과 일일 사용 시간을 나타낸 것이다.

가전제품	소비 전력	일일 사용 시간
텔레비전	80 W	2시간
형광등	30 W	8시간
컴퓨터	100 W	3시간
냉장고	200 W	24시간

건영이네 집에서 한 달(30일) 동안 가전제품을 사용했을 때 전기 요금은?(단, 전기 요금은 1 kWh당 300원이고, 누진세는 적용하지 않는다.)

① 3690원 ② 16500원
③ 18500원 ④ 49500원
⑤ 55000원

단원 평가 문제

지금까지 열심히 달려오셨어요!
단원 평가 문제를 풀면서 자신의 **실력**을 **확인**해 봅시다.

01 오른쪽 그림은 지면 근처에서 가만히 놓아 떨어뜨린 공의 위치를 일정한 시간 간격으로 나타낸 것이다. 이에 대한 설명으로 옳지 않은 것은?(단, 공기 저항은 무시한다.)

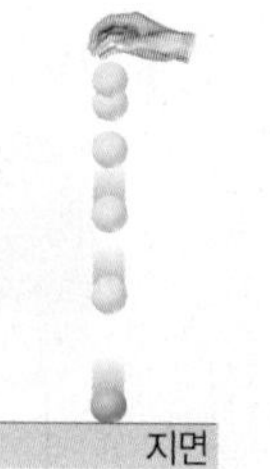

① 공의 높이는 낮아진다.
② 공의 위치 에너지는 감소한다.
③ 공의 운동 에너지는 증가한다.
④ 공의 역학적 에너지는 감소한다.
⑤ 공의 위치 에너지가 운동 에너지로 전환된다.

02 오른쪽 그림과 같이 지면으로부터 **10 m** 높이에서 질량이 **1 kg**인 공을 가만히 놓아 떨어뜨렸다. 지면으로부터 **7 m** 높이에서 공의 역학적 에너지, 위치 에너지, 운동 에너지를 옳게 짝 지은 것은?(단, 공기 저항은 무시한다.)

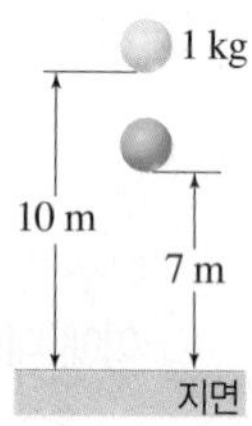

	역학적 에너지	위치 에너지	운동 에너지
①	98 J	29.4 J	68.6 J
②	98 J	49 J	49 J
③	98 J	68.6 J	29.4 J
④	196 J	137.2 J	58.8 J
⑤	196 J	58.8 J	137.2 J

03 오른쪽 그림은 질량이 **2 kg**인 공을 지면으로부터 **10 m** 높이에서 가만히 놓아 떨어뜨린 모습을 나타낸 것이다. 공이 지면에 닿는 순간의 운동 에너지 E와 속력 v를 옳게 짝 지은 것은?(단, 공기 저항은 무시한다.)

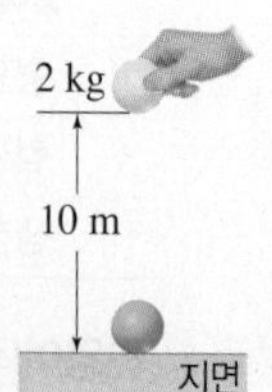

	E	v		E	v
①	98 J	10 m/s	②	98 J	14 m/s
③	196 J	10 m/s	④	196 J	14 m/s
⑤	294 J	14 m/s			

04 오른쪽 그림은 **A**점에서 정지해 있던 질량이 **1 kg**인 물체의 낙하 운동을 나타낸 것이다. 이에 대한 설명으로 옳은 것을 보기에서 모두 고른 것은?(단, 공기 저항은 무시하고, **E**점을 기준면으로 한다.)

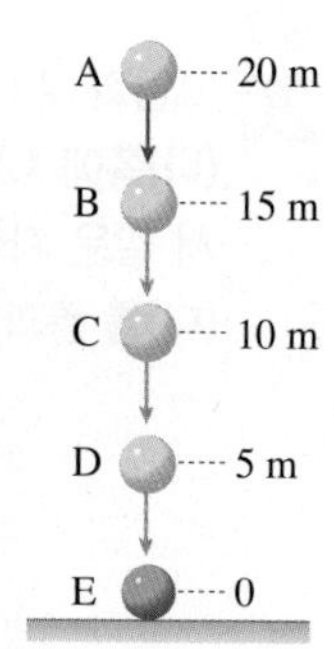

보기
ㄱ. A점에서는 위치 에너지만 있다.
ㄴ. B점에서는 운동 에너지가 위치 에너지보다 작다.
ㄷ. C점에서 운동 에너지는 98 J이다.
ㄹ. E점에서 속력은 10 m/s이다.

① ㄱ, ㄷ　② ㄱ, ㄴ, ㄷ　③ ㄱ, ㄴ, ㄹ
④ ㄱ, ㄷ, ㄹ　⑤ ㄴ, ㄷ, ㄹ

05 오른쪽 그림과 같이 질량이 **200 g**인 공을 연직 위로 **14 m/s**의 속력으로 던져 올렸다. 지면으로부터 높이가 **5 m**인 지점을 지나는 순간 공의 운동 에너지는?(단, 공기 저항은 무시한다.)

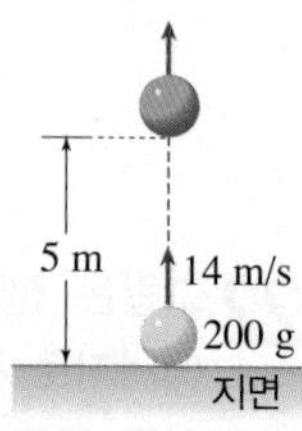

① 4.9 J　② 9.8 J　③ 19.6 J
④ 49 J　⑤ 98 J

06 오른쪽 그림은 질량이 **3 kg**인 물체를 연직 위로 던져 올려 물체가 A점과 B점을 지나 운동하는 모습을 나타낸 것이다. A점에서 물체의 운동 에너지는 **267 J**이고, B점에서 운동 에너지는 **120 J**일 때, A점과 B점 사이의 높이 차 h는?(단, 공기 저항은 무시한다.)

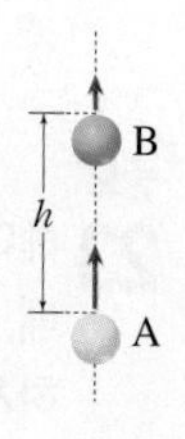

① 2 m　② 2.5 m　③ 3 m
④ 5 m　⑤ 10 m

07 오른쪽 그림은 지면에서 연직 위로 던져 올린 공이 올라갈 때와 내려올 때의 모습을 나타낸 것이다. 공이 운동하면서 위치 에너지가 운동 에너지로 전환되는 구간만을 모두 고르면?(단, 공기 저항은 무시한다.)(2개)

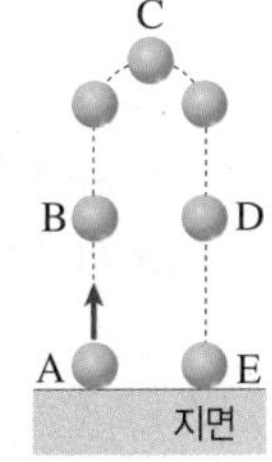

① A → B 구간 ② B → C 구간
③ B → D 구간 ④ C → D 구간
⑤ D → E 구간

08 그림과 같이 롤러코스터가 정지 상태에서 A점을 출발하여 F점으로 운동하고 있다.

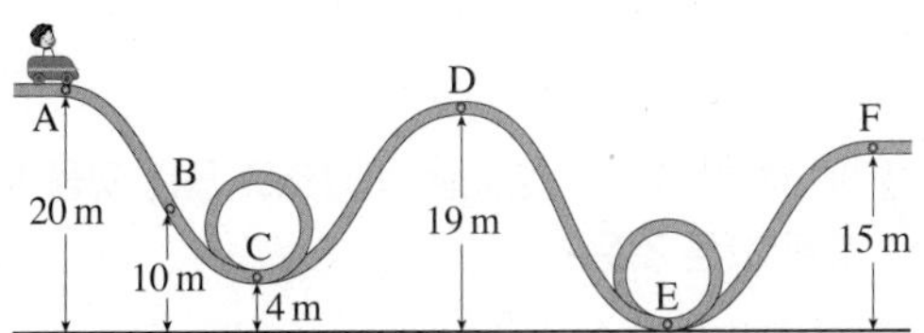

이에 대한 설명으로 옳지 않은 것은?(단, 공기 저항과 마찰은 무시하고, E점을 기준면으로 한다.)

① A점과 E점에서 역학적 에너지는 같다.
② B점에서는 위치 에너지와 운동 에너지가 같다.
③ C점에서 위치 에너지 : 운동 에너지=3 : 1이다.
④ D점에서 E점까지는 위치 에너지가 감소하고 운동 에너지는 증가한다.
⑤ E점에서 롤러코스터의 속력이 가장 빠르다.

09 그림과 같이 롤러코스터가 정지 상태에서 A점을 출발하여 B점을 거쳐 C점으로 운동하고 있다.

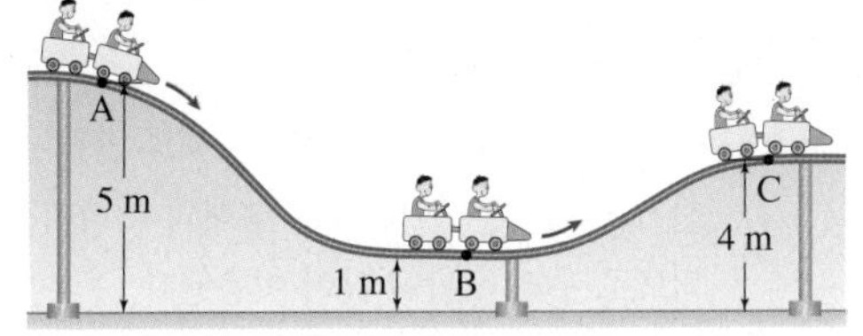

B점과 C점에서 롤러코스터의 속력의 비($v_B : v_C$)는?(단, 공기 저항과 마찰은 무시한다.)

① 1 : 1 ② 1 : 2 ③ 2 : 1
④ 3 : 1 ⑤ 4 : 1

10 그림은 공이 반원형 곡면에서 A와 B 사이를 왕복 운동하는 모습을 나타낸 것이다.

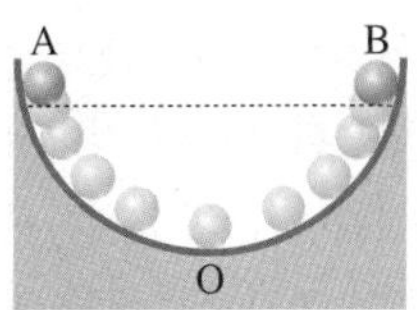

A, B, O 중 역학적 에너지가 최대인 지점은?(단, 공기 저항과 마찰은 무시한다.)

① A ② B ③ O
④ A, B ⑤ A, B, O 모두 같다.

11 오른쪽 그림은 자석의 S극을 코일에 가까이 하는 모습을 나타낸 것이다. 이에 대한 설명으로 옳은 것을 보기에서 모두 고른 것은?

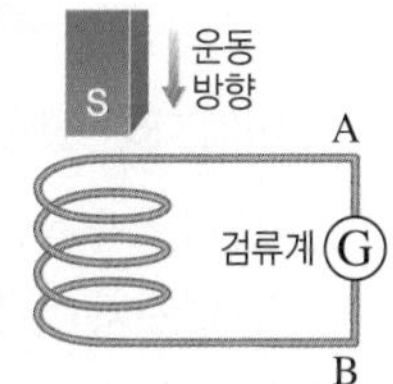

보기
ㄱ. 검류계의 바늘이 움직인다.
ㄴ. 자석을 코일에서 멀리 하면 코일에 전류가 흐른다.
ㄷ. 자석을 코일 속에 넣고 가만히 두면 전류가 일정한 세기로 흐른다.
ㄹ. 자석을 코일에 가까이 할 때 A → Ⓖ → B 방향으로 전류가 흘렀다면 멀리 할 때도 같은 방향으로 전류가 흐른다.

① ㄱ, ㄴ ② ㄱ, ㄷ ③ ㄴ, ㄷ
④ ㄴ, ㄹ ⑤ ㄷ, ㄹ

12 코일 주위에서 자석을 움직일 때, 유도 전류의 세기를 더 세게 하기 위한 방법으로 옳지 않은 것을 모두 고르면?(2개)

① 자석을 더 빠르게 움직인다.
② 자석의 극을 바꾸어 움직인다.
③ 코일의 감은 수를 더 많이 한다.
④ 코일의 감은 방향을 반대로 한다.
⑤ 더 강한 자석을 코일 주위에서 움직인다.

13 발전기에 대한 설명으로 옳지 않은 것은?

① 정전기 유도를 이용한다.
② 자석 사이에 회전할 수 있는 코일이 있다.
③ 코일이 회전하면 전기 에너지가 생산된다.
④ 역학적 에너지가 전기 에너지로 전환된다.
⑤ 발전소에서 전기 에너지를 생산하는 데 이용한다.

14 그림과 같이 진우는 과학관에 가서 자전거 바퀴를 돌릴 때 전기가 생산되는 발전기를 체험해 보았다.

이에 대한 설명으로 옳지 않은 것은?

① 바퀴가 돌아갈 때 전기가 생산된다.
② 발전기 안에는 코일과 자석이 들어 있을 것이다.
③ 바퀴의 역학적 에너지가 전기 에너지로 전환된다.
④ 자전거를 콘센트에 연결해야만 발전기가 작동한다.
⑤ 생산된 전기 에너지는 다른 에너지로 전환될 수 있다.

15 다음과 같이 자석, 코일, 발광 다이오드로 간이 발전기를 만들어 흔들었더니 발광 다이오드에 불이 켜졌다.

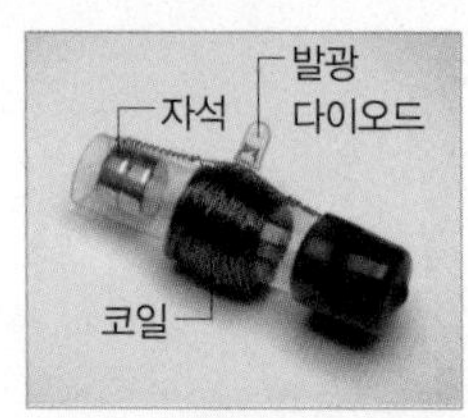

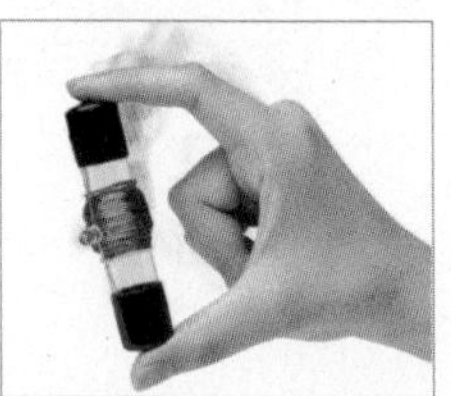

이에 대한 설명으로 옳은 것을 보기에서 모두 고른 것은?

보기
ㄱ. 전자기 유도가 일어난다.
ㄴ. 발광 다이오드에서는 전기 에너지가 역학적 에너지로 전환된다.
ㄷ. 간이 발전기를 더 빠르게 흔들면 발광 다이오드의 불빛이 더 밝아진다.

① ㄱ ② ㄴ ③ ㄷ
④ ㄱ, ㄷ ⑤ ㄴ, ㄷ

16 오른쪽 그림은 전기를 생산하는 수력 발전소의 모습을 나타낸 것이다. 수력 발전소에서 나타나는 에너지 전환 과정으로 옳은 것은?

① 물의 열에너지 → 전기 에너지
② 물의 역학적 에너지 → 전기 에너지
③ 바람의 열에너지 → 전기 에너지
④ 바람의 역학적 에너지 → 전기 에너지
⑤ 연료의 화학 에너지 → 전기 에너지

17 에너지가 주로 전환되는 과정으로 옳은 것을 보기에서 모두 고른 것은?

보기
ㄱ. 컴퓨터 모니터 : 빛에너지 → 전기 에너지
ㄴ. 미끄럼틀 : 위치 에너지 → 운동 에너지
ㄷ. 배터리 충전 : 전기 에너지 → 화학 에너지
ㄹ. 전기다리미 : 전기 에너지 → 화학 에너지

① ㄱ, ㄷ ② ㄱ, ㄹ ③ ㄴ, ㄷ
④ ㄴ, ㄹ ⑤ ㄷ, ㄹ

18 에너지에 대한 설명으로 옳은 것을 보기에서 모두 고른 것은?

보기
ㄱ. 에너지가 전환될 때 에너지가 새로 만들어진다.
ㄴ. 전기 에너지는 쉽게 다른 형태의 에너지로 전환되므로 우리 생활에 많이 이용된다.
ㄷ. 에너지가 전환될 때 모든 형태의 에너지를 합한 에너지의 총량은 일정하게 보존된다.

① ㄱ ② ㄴ ③ ㄷ
④ ㄱ, ㄷ ⑤ ㄴ, ㄷ

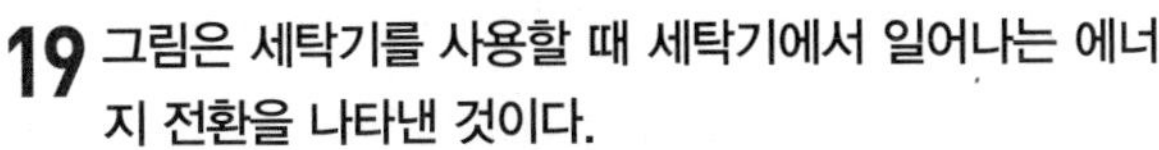

19 그림은 세탁기를 사용할 때 세탁기에서 일어나는 에너지 전환을 나타낸 것이다.

이에 대한 설명으로 옳은 것을 보기에서 모두 고른 것은?

보기
ㄱ. 세탁기가 사용하는 에너지는 전기 에너지이다.
ㄴ. 전기 에너지는 역학적 에너지로 전환될 수 있다.
ㄷ. 전환된 에너지를 모두 합하면 세탁기에 공급된 전기 에너지보다 많다.
ㄹ. 에너지는 전환될 때 한 종류의 에너지로만 전환된다.

① ㄱ, ㄴ ② ㄱ, ㄷ ③ ㄴ, ㄷ
④ ㄴ, ㄹ ⑤ ㄷ, ㄹ

20 소비 전력과 전력량에 대한 설명으로 옳은 것을 보기에서 모두 고른 것은?

보기
ㄱ. 소비 전력은 1초 동안 전기 기구가 소비하는 전기 에너지의 양을 나타낸다.
ㄴ. 전력량은 소비 전력과 시간의 곱으로 나타낸다.
ㄷ. 전력량의 단위로 W, kW 등을 사용한다.

① ㄱ ② ㄴ ③ ㄷ
④ ㄱ, ㄴ ⑤ ㄴ, ㄷ

21 오른쪽 그림은 진공청소기에 붙어 있는 세부사항을 나타낸 것이다. 이에 대한 설명으로 옳은 것을 보기에서 모두 고른 것은?

제품명 : 진공청소기
정격 전압 : 220 V
소비 전력 : 1390 W
제조 연월 : 2022년 3월
제조국 : 대한민국

보기
ㄱ. 220 V에 연결해야 제대로 작동한다.
ㄴ. 1시간에 1390 J의 에너지를 소비한다.
ㄷ. 30분 동안 사용하면 695 Wh의 전력량을 소비한다.
ㄹ. 진공청소기를 사용할 때 전기 에너지는 역학적 에너지, 소리 에너지, 열에너지 등으로 전환된다.

① ㄱ, ㄴ ② ㄱ, ㄷ ③ ㄴ, ㄹ
④ ㄱ, ㄷ, ㄹ ⑤ ㄴ, ㄷ, ㄹ

22 표는 여러 가지 전기 기구 (가)~(마)가 1초 동안 소비하는 전기 에너지와 사용한 시간을 나타낸 것이다.

전기 기구	전기 에너지	사용 시간
(가)	10 J	2시간
(나)	30 J	100시간
(다)	45 J	5시간
(라)	200 J	10시간
(마)	1000 J	1시간

전기 기구 (가)~(마) 중 전력량이 가장 큰 것은?

① (가) ② (나) ③ (다)
④ (라) ⑤ (마)

23 표는 220 V의 전원이 공급되는 가정에서 사용하는 전기 기구의 소비 전력과 하루 동안 사용한 시간을 나타낸 것이다.

전기 기구	소비 전력	사용 시간
에어컨	6000 W	30분
LED 전구	10 W	10시간
전기다리미	1000 W	15분
헤어드라이어	1600 W	15분

하루 동안 사용한 총 전력량은?

① 3000 Wh ② 3500 Wh ③ 3750 Wh
④ 4000 Wh ⑤ 4500 Wh

24 다음은 220 V－500 W인 컴퓨터를 매일 2시간씩 30일 동안 사용하면 내야 하는 전기 요금이 얼마인지 구하는 과정이다. 과정 중 틀리기 시작한 곳은?(단, 전기 요금은 1 kWh당 200원이다.)

Ⅰ. 컴퓨터를 220 V에 연결하고 사용하면 1초에 소비하는 에너지 : 500 J
Ⅱ. 컴퓨터를 1시간 동안 사용할 때 소비하는 전력량 : 500 W × 60 min＝30000 W＝30 kW
Ⅲ. 2시간씩 30일 동안 사용할 때 소비하는 전력량 : 30 kW × 2 h × 30＝1800 kWh
Ⅳ. 전기 요금이 1 kWh당 200원일 때 내야 하는 전기 요금 : 1800 kWh × 200원/kWh＝360000원

① Ⅰ ② Ⅱ ③ Ⅲ
④ Ⅳ ⑤ 틀린 곳이 없다.

서술형 문제

25 그림은 자유 낙하 하는 물체의 위치 에너지, 운동 에너지, 역학적 에너지의 변화를 낙하 거리에 따라 나타낸 것이다.

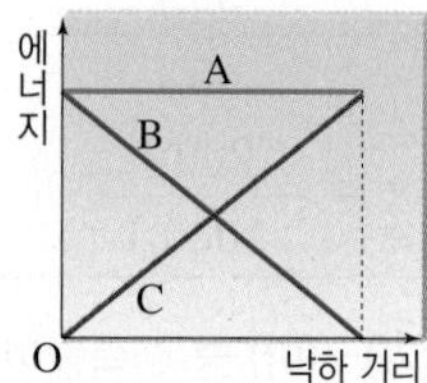

A, B, C는 각각 어떤 에너지를 나타내는지 쓰고, 그 까닭을 서술하시오.(단, 공기 저항은 무시한다.)

26 그림과 같이 마찰이 없는 빗면 (가)에서 쇠구슬을 v의 속력으로 굴렸더니 표시된 위치까지 올라갔다 내려왔다.

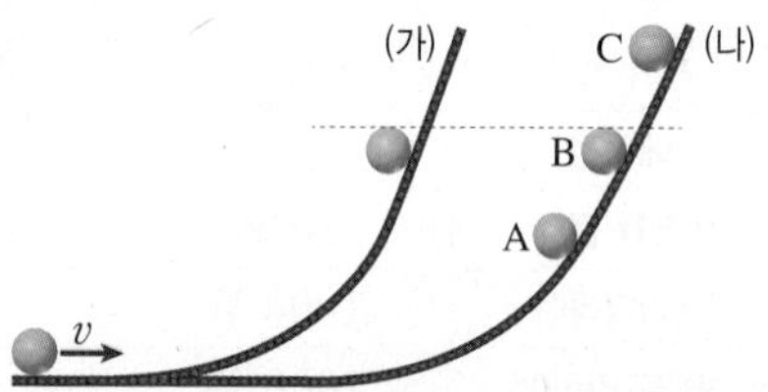

마찰이 없는 빗면 (나)에서 쇠구슬을 똑같이 굴렸을 때 쇠구슬이 올라가는 최고 높이를 A, B, C 중에서 고르고, 그 까닭을 서술하시오.(단, 공기 저항은 무시한다.)

27 그림은 마찰이 없는 빗면에 질량이 1 kg인 공을 A점에 가만히 놓았을 때 공이 빗면을 따라 운동하는 모습을 나타낸 것이다.(단, 공기 저항은 무시한다.)

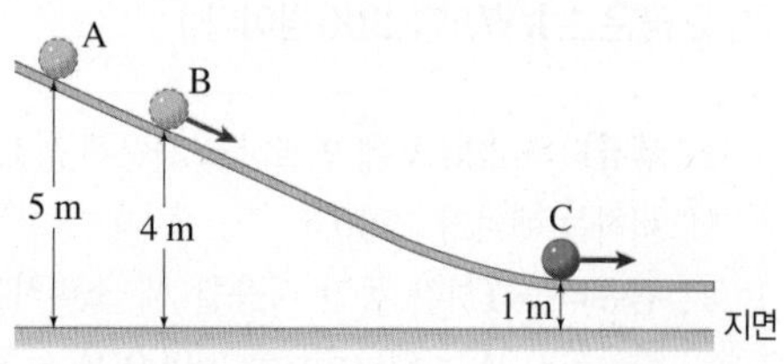

(1) B점에서 공의 위치 에너지와 운동 에너지의 비를 풀이 과정과 함께 구하시오.

(2) C점에서 운동 에너지는 몇 J인지 풀이 과정과 함께 구하시오.

28 그림은 흔들어서 발광 다이오드에 불을 켤 수 있는 간이 발전기의 구조를 나타낸 것이다.

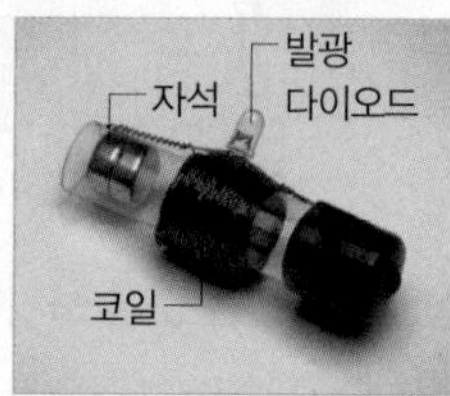

발광 다이오드에 불이 켜지는 까닭을 서술하시오.

29 그림은 텔레비전이 켜져 있는 모습을 나타낸 것이다.

텔레비전을 시청할 때 전기 에너지는 어떤 에너지로 전환되는지 두 가지 이상의 에너지를 예를 들어 서술하시오.

30 그림은 밝기가 같은 두 전구 (가)와 (나)의 소비 전력을 나타낸 것이다.

(가)와 (나) 중 효율이 더 좋은 전구는 어떤 것인지 쓰고, 그 까닭을 서술하시오.

이 단원에서 학습한 내용을 확실히 이해했나요?
다음 내용을 잘 알고 있는지 스스로 체크해 보세요.

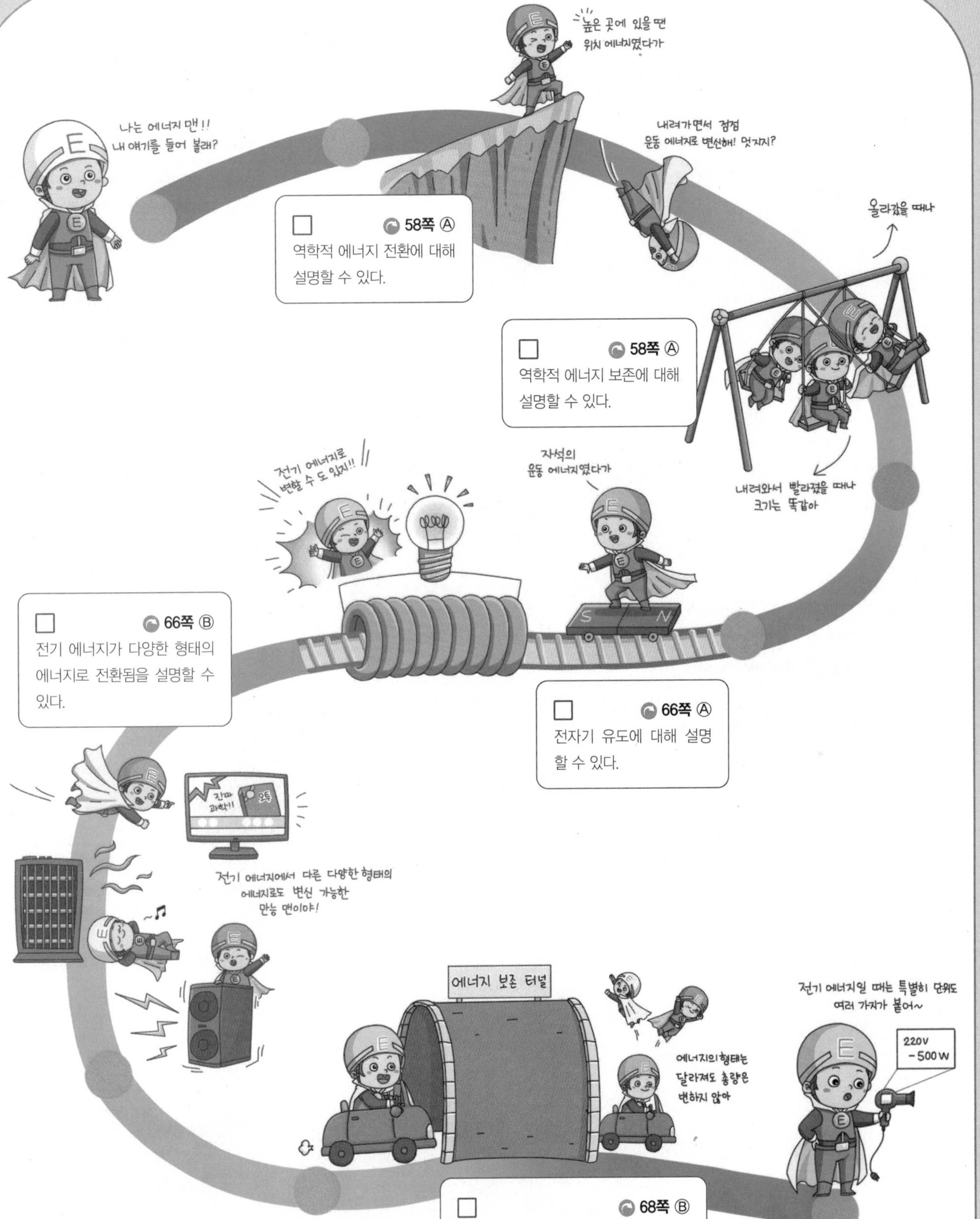

나는 에너지 맨!!
내 얘기를 들어 볼래?
높은 곳에 있을 땐
위치 에너지였다가
내려가면서 점점
운동 에너지로 변신해! 멋지지?
올라갔을 때나
내려와서 빨라졌을 때나
크기는 똑같아
자석의
운동 에너지였다가
전기 에너지로
변할 수도 있지!!
진짜 과학!!
전기 에너지에서 다른 다양한 형태의
에너지로도 변신 가능한
만능 맨이야!
에너지 보존 터널
에너지의 형태는
달라져도 총량은
변하지 않아
전기 에너지일 때는 특별히 단위도
여러 가지가 붙어~
220V
-500W

- ☐ 58쪽 Ⓐ 역학적 에너지 전환에 대해 설명할 수 있다.
- ☐ 58쪽 Ⓐ 역학적 에너지 보존에 대해 설명할 수 있다.
- ☐ 66쪽 Ⓑ 전기 에너지가 다양한 형태의 에너지로 전환됨을 설명할 수 있다.
- ☐ 66쪽 Ⓐ 전자기 유도에 대해 설명할 수 있다.
- ☐ 68쪽 Ⓑ 에너지의 전환 전후에 에너지의 총량은 변하지 않음을 설명할 수 있다.
- ☐ 68쪽 Ⓒ 소비 전력과 전력량의 정의를 알고, 값을 구할 수 있다.

•모두 체크 참 잘했어요! 이 단원을 완벽하게 이해했군요!
•5~4개 체크 알쏭달쏭한 내용은 해당 쪽으로 돌아가 복습하세요.
•3개 이하 이 단원을 한 번 더 학습하세요.

Ⅶ

별과 우주

|다른 학년과의 연계는?|

초등학교 5학년

- 태양계와 별 : 태양계는 태양과 행성 등으로 구성되고, 밤하늘에서는 별자리를 볼 수 있다.

초등학교 6학년

- 지구의 공전 : 지구는 태양 주위를 서쪽에서 동쪽으로 일 년에 한 바퀴씩 회전한다.

중학교 3학년

- 별까지의 거리 : 연주 시차를 이용하여 별까지의 거리를 알아낸다.
- 별의 성질 : 별은 거리, 표면 온도 등에 따라 밝기 또는 색이 달라진다.
- 은하와 우주 : 은하는 별, 성단, 성운, 성간 물질로 이루어져 있고, 우주는 팽창하고 있다.
- 우주 탐사 : 다양한 장비를 이용하여 우주를 탐사한다.

통합과학

- 대폭발 우주론(빅뱅 우주론) : 약 138억 년 전 매우 뜨겁고 밀도가 높은 한 점에서 대폭발이 일어나 우주가 시작된 후 계속 팽창하고 있다.

지구과학 Ⅰ

- 별의 물리량 : 별의 밝기를 측정하고 스펙트럼을 분석하여 별의 물리적 특성을 알아낸다.
- 은하의 분류 : 허블은 외부 은하를 모양에 따라 분류하였다.
- 우주 팽창 : 우주는 정적이지 않고 팽창하고 있다.

이 단원에서는 별까지의 거리와 별의 표면 온도 및 우리은하와 우주를 알아본다.
이 단원을 들어가기 전에 이전 학년에서 배운 개념을 확인해 보자.

알고 있나요?

다음 내용에서 필요한 단어를 골라 빈칸을 완성해 보자.

별, 공전, 천체, 행성, 별자리, 태양계

초5

1. 우주의 구성원

① ❶□□ : 우주에 있는 모든 물체

② ❷□□□ : 태양과 태양의 영향을 받는 천체들 그리고 그 공간

③ 태양계의 구성원 : 태양, 행성, 위성, 소행성, 혜성 등

➡ 지구와 같이 태양의 주위를 돌고 있는 천체를 ❸□□이라고 한다.

▲ 태양계를 이루는 천체

2. 별자리

① ❹□ : 태양과 같이 스스로 빛을 내는 천체

② ❺□□□ : 밤하늘에 무리 지어 있는 별을 몇 개씩 연결하여 신화 속 인물이나 동물, 물건의 이름을 붙인 것

예 카시오페이아자리, 큰곰자리, 오리온자리 등

▲ 북쪽 하늘의 별자리

초6

3. 지구의 ❻□□ : 지구가 태양을 중심으로 일 년에 한 바퀴씩 회전하는 것

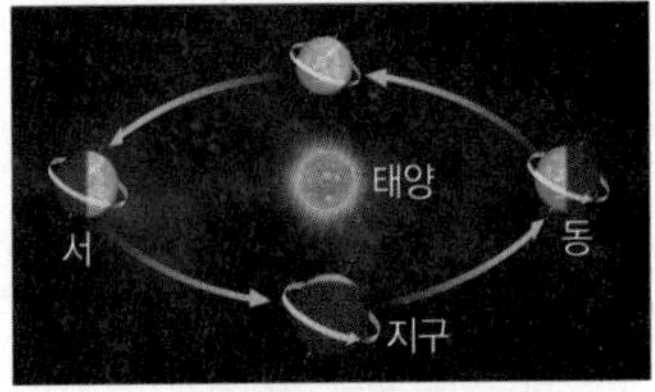

▲ 지구의 공전

정답 | ❶ 천체 ❷ 태양계 ❸ 행성 ❹ 별 ❺ 별자리 ❻ 공전

01 별까지의 거리

A 연주 시차와 별까지의 거리

1 시차 관측자가 서로 다른 두 지점에서 같은 물체를 바라볼 때 두 관측 지점과 물체가 이루는 각도 ➡ 관측 지점과 물체 사이의 거리가 멀수록 시차가 작다. 탐구 a 86쪽

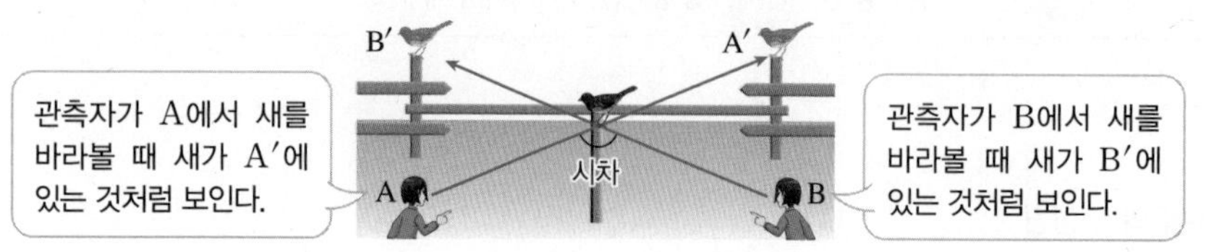

2 연주 시차 지구에서 6개월 간격으로 별을 관측할 때 나타나는 각도(시차)의 $\frac{1}{2}$

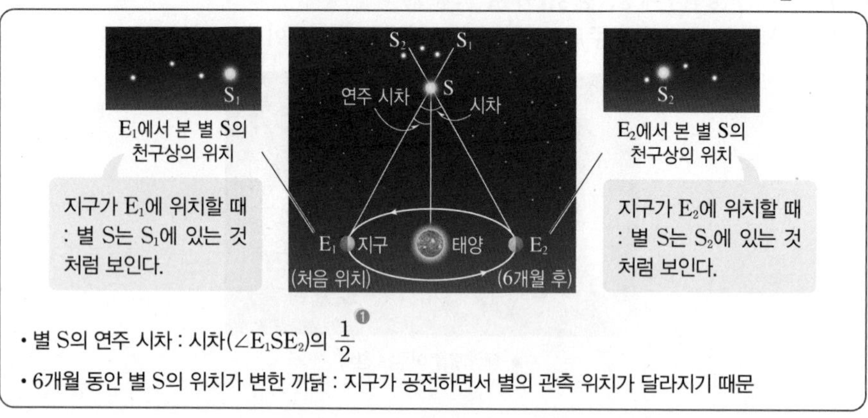

- 별 S의 연주 시차 : 시차($\angle E_1SE_2$)의 $\frac{1}{2}$[1]
- 6개월 동안 별 S의 위치가 변한 까닭 : 지구가 공전하면서 별의 관측 위치가 달라지기 때문

① 연주 시차가 나타나는 까닭 : 지구가 태양 주위를 공전하기 때문[2]

② 연주 시차의 단위 : ″(초) ➡ 1°(도)=60′(분)=3600″(초)

3 연주 시차와 별까지의 거리 관계

① 별까지의 거리가 멀수록 연주 시차가 작다. ➡ 연주 시차는 별까지의 거리에 반비례한다.

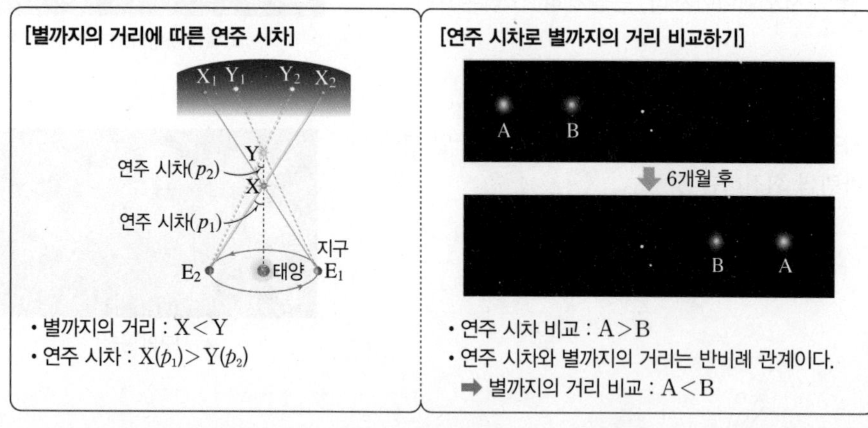

- 별까지의 거리 : X<Y
- 연주 시차 : $X(p_1)>Y(p_2)$

- 연주 시차 비교 : A>B
- 연주 시차와 별까지의 거리는 반비례 관계이다. ➡ 별까지의 거리 비교 : A<B

② 연주 시차가 1″인 별까지의 거리를 1 pc(파섹)이라고 한다.[3]

$$\text{별까지의 거리(pc)}=\frac{1}{\text{연주 시차(″)}}$$

③ 연주 시차 측정의 한계 : 약 100 pc 이상 멀리 있는 별들은 연주 시차가 매우 작아서 측정하기 어렵다. ➡ 연주 시차는 비교적 가까운 별까지의 거리를 구할 때 이용한다.[4]

플러스 강의

❶ 배경 별을 이용한 별의 연주 시차 측정

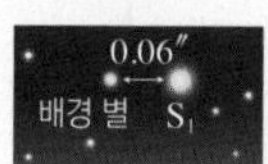

(단, 그림의 숫자는 *각거리이다.)

별 S의 연주 시차 $=\frac{0.06''+0.04''}{2}=0.05''$

❷ 지구와 목성에서의 시차 비교

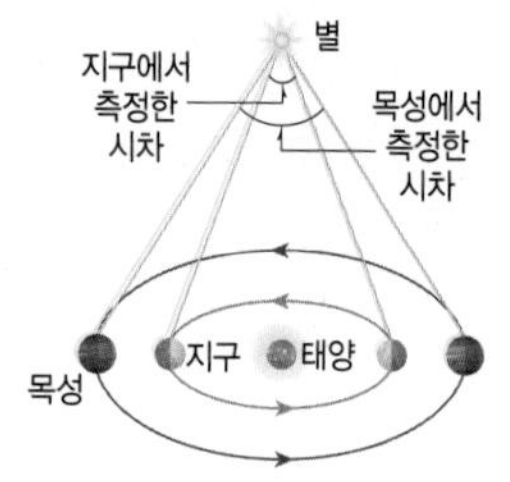

관측 지점 사이의 거리가 멀수록 측정되는 시차가 크다. 공전 궤도의 가장 먼 두 점에서 별을 관측할 때, 지구보다 목성의 공전 궤도가 크므로 별의 시차는 지구보다 목성에서 더 크게 측정된다.

❸ 별까지의 거리 단위

- 1광년(LY) : 빛이 1년 동안 이동하는 거리
- 1 pc : 연주 시차가 1″인 별까지의 거리
- 1 pc ≒ 3×10^{13} km ≒ 3.26광년

❹ 가까운 거리에 있는 별의 연주 시차와 별까지의 거리

별	연주 시차(″)	거리(pc)
프록시마 센타우리	0.77	1.3
시리우스	0.38	2.6
알타이르 (견우성)	0.19	5.1
베가 (직녀성)	0.13	7.8
스피카	0.013	80

용어 돋보기

* 각거리(角 각도, 距離 거리)_각도로 표시한 두 점 사이의 거리. 관측자와 두 점을 각각 직선으로 연결할 때 그 두 직선이 이루는 각도로 나타낼 수 있다.

확인 문제로 **개념쏙쏙**

● 정답과 해설 26쪽

A 연주 시차와 별까지의 거리

- □□ : 관측자가 서로 다른 두 지점에서 같은 물체를 바라볼 때 두 관측 지점과 물체가 이루는 각도
- □□ □□ : 지구에서 6개월 간격으로 별을 관측할 때 나타나는 각도(시차)의 $\frac{1}{2}$
- 연주 시차와 별까지의 거리 관계 : 별까지의 거리가 멀수록 연주 시차가 □□.
- □ pc : 연주 시차가 1″인 별까지의 거리
- 별까지의 거리(pc) $= \frac{1}{□□\ □□(″)}$

암기콱 연주 시차와 거리의 관계

- 연주 시차가 크면 거리가 가깝다.
- 연주 시차가 작으면 거리가 멀다.

1 시차와 연주 시차에 대한 설명으로 옳은 것은 ○, 옳지 않은 것은 ×로 표시하시오.

(1) 시차는 관측자와 물체 사이의 거리가 멀수록 크게 나타난다. ( )

(2) 연주 시차는 6개월 간격으로 별을 관측했을 때 나타나는 각도이다. ( )

(3) 연주 시차는 지구에서 먼 별일수록 작고, 가까운 별일수록 크다. ( )

(4) 연주 시차로 100 pc보다 멀리 있는 별까지의 거리를 측정한다. ( )

2 지구에서 6개월 간격으로 별을 관측할 때 나타나는 시차로 알 수 있는 것은?

① 별의 크기 ② 별의 밝기 ③ 별까지의 거리

④ 별의 표면 온도 ⑤ 별의 공전 궤도

3 연주 시차가 다음과 같은 별까지의 거리는 몇 pc인지 각각 구하시오.

(1) 연주 시차가 1″인 별 : ________ (2) 연주 시차가 2″인 별 : ________

(3) 연주 시차가 0.5″인 별 : ________ (4) 연주 시차가 0.25″인 별 : ________

4 그림은 태양 주위를 공전하는 지구가 E_1의 위치에 있을 때 별 S를 관측한 후, 6개월 뒤 E_2의 위치에서 별 S를 다시 관측한 모습을 나타낸 것이다.

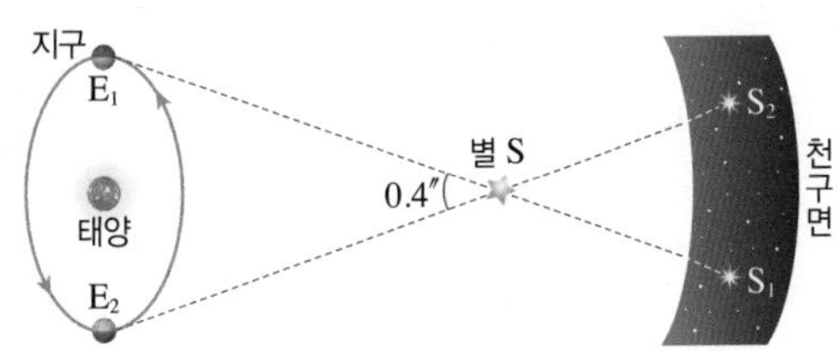

(1) 별 S를 6개월 간격으로 관측하여 측정한 시차는 몇 ″(초)인가?

(2) 별 S의 연주 시차는 몇 ″(초)인가?

(3) 지구에서 별 S까지의 거리는 몇 pc인가?

(4) 지구에서 별 S까지의 거리가 현재보다 2배로 멀어진다면 연주 시차는 몇 ″(초)로 변하겠는가?

5 별 (가)~(마)의 연주 시차가 다음과 같을 때, 지구에서 가장 가까운 별을 고르시오.

(가) 0.01″	(나) 0.25″	(다) 0.5″	(라) 0.1″	(마) 1″

탐구 a 시차 측정

이 탐구에서는 물체까지의 거리에 따른 시차의 변화를 설명할 수 있다.

● 정답과 해설 26쪽

과정 & 결과

페이지를 인식하세요!
오투실험실

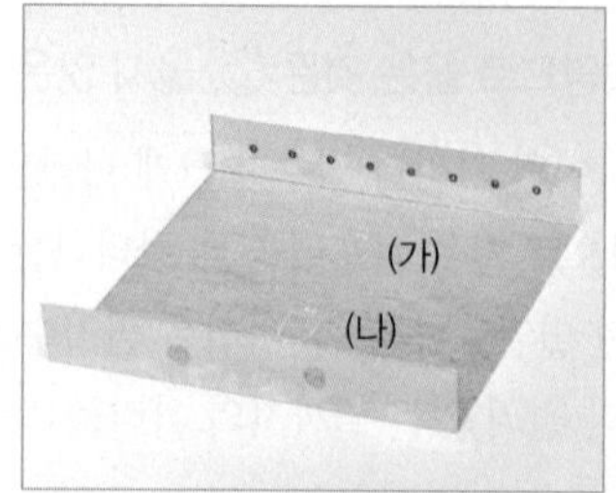

❶ 시차 측정 활동지를 만들어 오려 낸 후, 점선을 따라 활동지의 양쪽 끝부분을 접어 세우고 점선 아래쪽에 구멍 2개를 뚫는다.

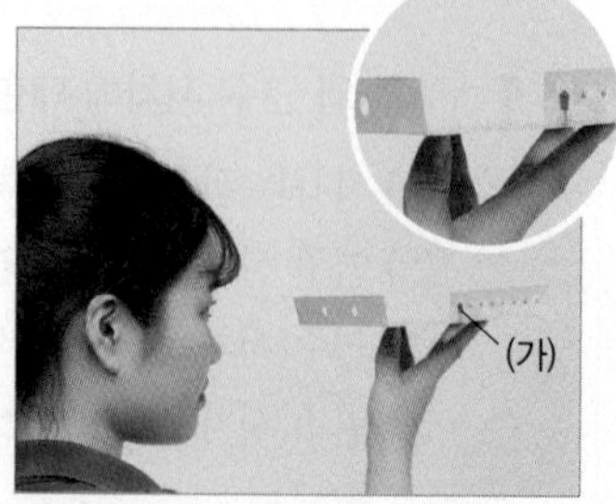

❷ (가)에 있는 우체통을 왼쪽 구멍과 오른쪽 구멍에서 각각 관찰한다.

결과 왼쪽 구멍에서는 ⑤, 오른쪽 구멍에서는 ④와 겹쳐 보인다.

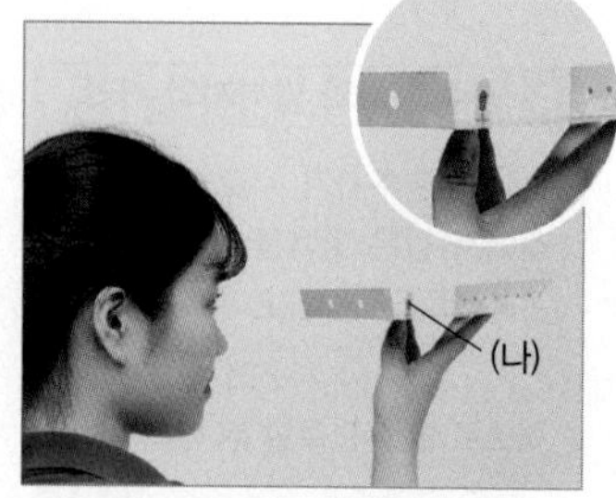

❸ (나)에 있는 우체통을 왼쪽 구멍과 오른쪽 구멍에서 각각 관찰한다.

결과 왼쪽 구멍에서는 ⑦, 오른쪽 구멍에서는 ②와 겹쳐 보인다.

해석

과정 ❷와 ❸에서 관찰한 결과를 바탕으로 양쪽 구멍과 (가)와 (나)의 위치를 각각 선으로 잇는다.

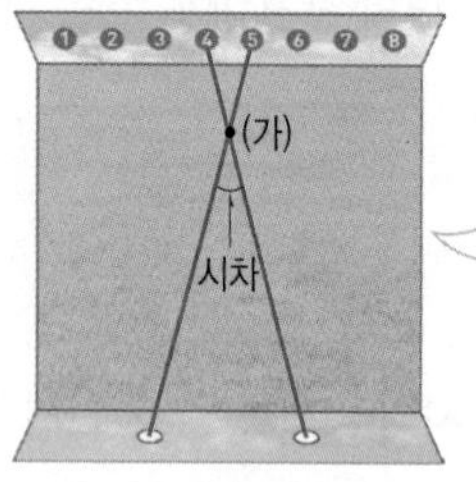

(가)의 시차는 양쪽 구멍과 (가)가 이루는 각도이다.
➡ 시차가 (나)보다 작다.

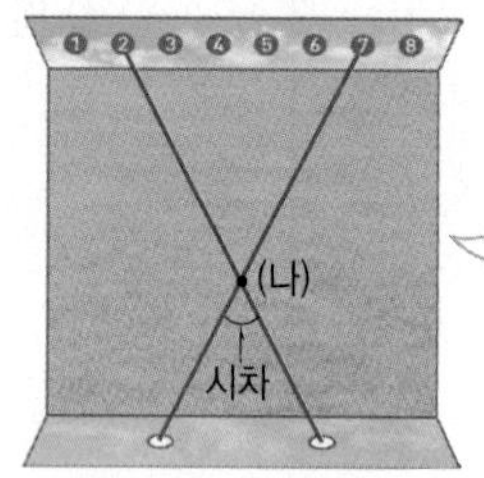

(나)의 시차는 양쪽 구멍과 (나)가 이루는 각도이다.
➡ 시차가 (가)보다 크다.

정리

1. (가)와 (나) 중 시차가 작은 (가)가 (나)보다 관측 지점에서 더 먼 거리에 있다.
2. 시차는 물체까지의 거리가 멀수록 ㉠(　　　)진다. ➡ 시차와 물체까지의 거리는 ㉡(　　　) 관계이다.
3. 시차를 이용하면 물체까지의 ㉢(　　　)를 알 수 있다.

이렇게도 실험해요 내 교과서 확인 | 동아

|과정| ❶ 칠판에 일정한 간격으로 색종이를 붙이고 번호를 적는다.
❷ 연필을 쥐고, 칠판을 향해 팔을 편 후 양쪽 눈을 번갈아 감으면서 연필 끝이 가리키는 색종이의 번호를 읽는다.
❸ 팔을 굽히고 실험을 반복한다.

|결과| 팔을 폈을 때보다 굽혔을 때 양쪽 눈을 번갈아 감으면서 읽은 번호 사이의 간격이 더 크다. ➡ 팔을 굽혔을 때 시차가 더 크다.

확인 문제

01 위 실험에 대한 설명으로 옳은 것은 ○, 옳지 않은 것은 ×로 표시하시오.

(1) (가)와 (나)의 차이는 물체와 관측자 사이의 거리를 다르게 하기 위한 것이다. ---------- (　　)

(2) 과정 ❸인 경우보다 과정 ❷인 경우에 시차가 크게 측정된다. ---------- (　　)

(3) 우체통의 위치를 그대로 한다면, 구멍 사이의 거리가 더 먼 경우에 시차가 더 클 것이다. ---------- (　　)

(4) 위 실험과 같은 원리로 별을 6개월 간격으로 관측해 보면 별까지의 거리를 알 수 있다. ---------- (　　)

[02~03] 오른쪽 그림과 같은 실험 장치의 양쪽 구멍에서 번갈아가면서 A, B, C를 각각 관찰하였다.

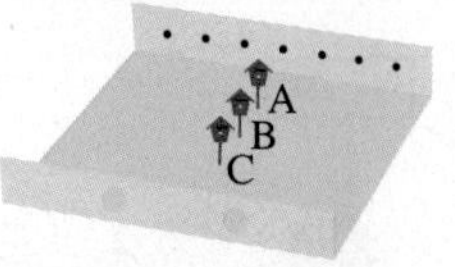

02 A~C를 시차가 작은 것부터 순서대로 나열하시오.

03 시차와 물체까지의 거리 관계를 서술하시오.

기출 문제로 내신 쑥쑥

전국 주요 학교의 **시험에 가장 많이 나오는 문제**들로만 구성하였습니다.
모든 친구들이 '꼭' 봐야 하는 코너입니다.

● 정답과 해설 26쪽

A 연주 시차와 별까지의 거리

중요

01 시차와 연주 시차에 대한 설명으로 옳은 것은?

① 시차는 관측자와 물체 사이의 거리가 멀수록 크다.
② 별의 시차가 생기는 원인은 지구의 자전 때문이다.
③ 연주 시차는 지구에서 12개월 간격으로 별을 관측하여 측정한 것이다.
④ 연주 시차는 별까지의 거리에 비례한다.
⑤ 연주 시차가 1″인 별까지의 거리는 1 pc이다.

탐구 a | 86쪽

02 그림은 관측자가 양쪽 눈을 번갈아 감으면서 연필 끝의 위치 변화를 관찰하는 모습을 나타낸 것이다.

(가) 팔을 굽혔을 때

(나) 팔을 폈을 때

이에 대한 설명으로 옳지 않은 것은?

① 물체의 시차를 측정하기 위한 실험이다.
② 두 눈과 연필 끝이 이루는 각도는 시차이다.
③ 관측자의 양쪽 눈은 지구에 비유할 수 있다.
④ 눈과 연필 사이의 거리가 멀어지면 시차는 커진다.
⑤ 시차를 이용하여 물체까지의 거리를 측정할 수 있다.

03 그림은 지구에서 별 S를 관측한 모습을 나타낸 것이다.

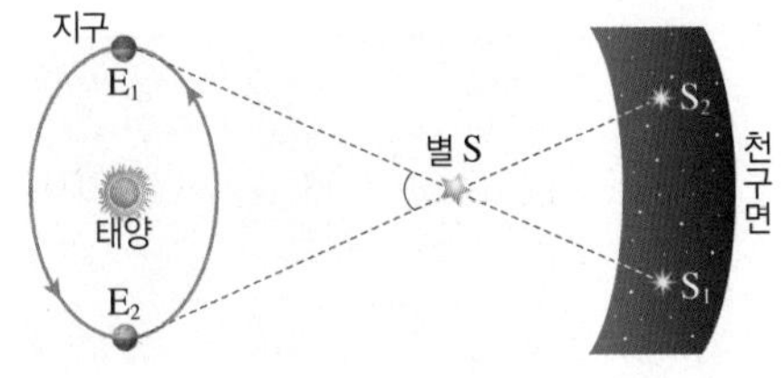

이에 대한 설명으로 옳은 것을 보기에서 모두 고른 것은?

> 보기
> ㄱ. 별 S의 연주 시차는 $\angle E_1SE_2$이다.
> ㄴ. 별 S의 연주 시차는 지구로부터 별 S까지의 거리가 멀수록 커진다.
> ㄷ. 연주 시차는 지구가 공전한다는 증거가 된다.

① ㄱ ② ㄴ ③ ㄷ
④ ㄱ, ㄴ ⑤ ㄴ, ㄷ

[04~05] 그림은 지구에서 6개월 간격으로 별 S를 관측한 모습을 나타낸 것이다.

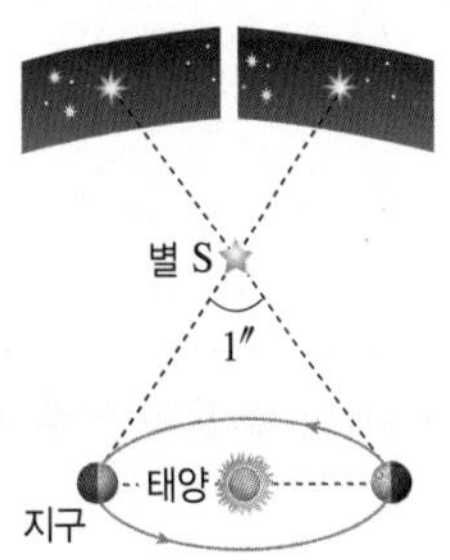

중요

04 이에 대한 설명으로 옳은 것을 보기에서 모두 고른 것은?

> 보기
> ㄱ. 별 S의 연주 시차는 1″이다.
> ㄴ. 지구에서 별 S까지의 거리는 10 pc이다.
> ㄷ. 별 S보다 멀리 있는 별은 S보다 연주 시차가 작다.

① ㄱ ② ㄴ ③ ㄷ
④ ㄱ, ㄴ ⑤ ㄴ, ㄷ

중요

05 지구에서 별 S까지의 거리가 2배로 멀어지면 측정되는 별 S의 연주 시차는 몇 ″(초)인가?

① 2″ ② 1″ ③ 0.5″
④ 0.25″ ⑤ 0.05″

06 지구에서 관측한 어느 별 S의 연주 시차가 2″라고 할 때, (가) 지구에서 별 S까지의 거리와 (나) 별 S보다 4배 먼 별의 연주 시차를 옳게 짝 지은 것은?

	(가)	(나)
①	0.5 pc	0.5″
②	0.5 pc	1″
③	0.5 pc	2″
④	1 pc	0.5″
⑤	1 pc	1″

[07~08] 그림은 지구에서 6개월 간격으로 별 A와 B를 관측한 모습을 나타낸 것이다.

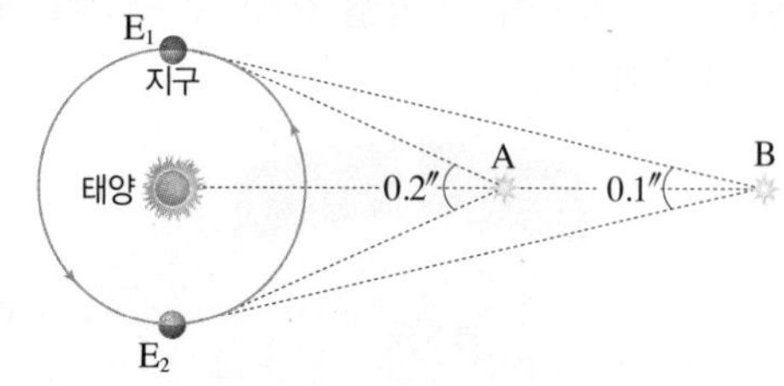

07 별 A의 연주 시차와 별 B의 연주 시차를 옳게 짝 지은 것은?

	별 A의 연주 시차	별 B의 연주 시차
①	0.1″	0.05″
②	0.1″	0.2″
③	0.2″	0.1″
④	0.4″	0.05″
⑤	0.4″	0.2″

08 이에 대한 설명으로 옳지 않은 것은?

① 별 A까지의 거리는 10 pc이다.
② 별 B까지의 거리는 별 A까지의 거리보다 2배 더 멀다.
③ 별 A와 별 B 사이의 거리는 10 pc이다.
④ 연주 시차를 이용하면 모든 별까지의 거리를 구할 수 있다.
⑤ 공전 궤도의 가장 먼 두 점에서 별 B를 관측하여 측정한 시차는 지구보다 목성에서 더 클 것이다.

중요

09 표는 지구에서 관측한 별 A~D의 연주 시차를 나타낸 것이다.

별	A	B	C	D
연주 시차(″)	1	0.04	0.5	0.2

지구에서 가까운 별부터 순서대로 옳게 나열한 것은?

① A-B-C-D ② A-C-D-B
③ B-A-C-D ④ B-C-D-A
⑤ D-B-C-A

10 그림은 지구에서 별 S_1과 S_2를 관측한 모습이다.

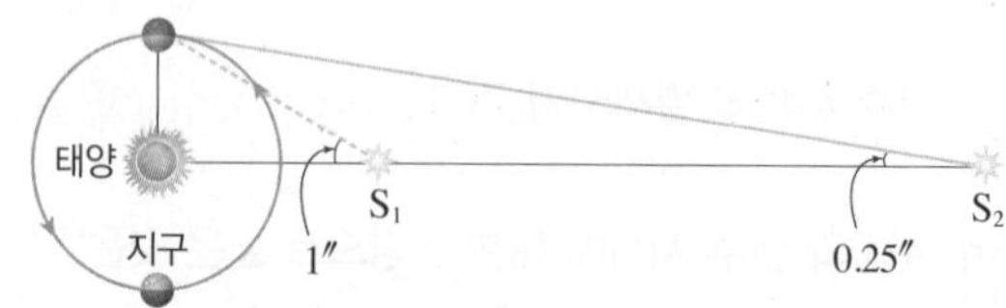

두 별 S_1과 S_2의 거리 비는?

① 1 : 2 ② 1 : 3 ③ 1 : 4
④ 2 : 1 ⑤ 4 : 1

중요

11 그림은 지구에서 별 (가)와 (나)를 6개월 간격으로 관측한 모습을 나타낸 것이다.

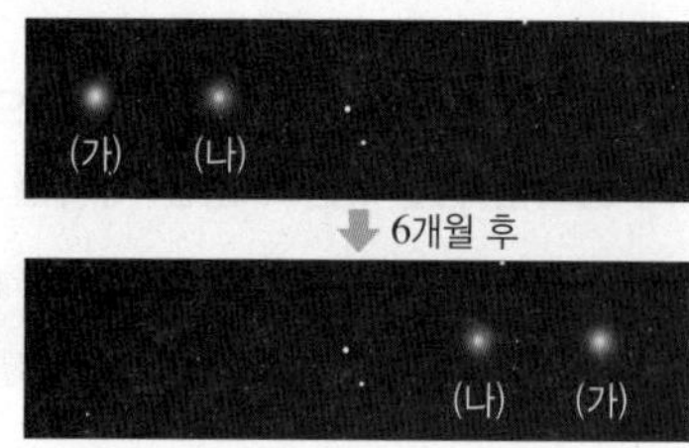

이에 대한 설명으로 옳은 것을 보기에서 모두 고른 것은?

보기
ㄱ. 별 (가)는 별 (나)보다 연주 시차가 크다.
ㄴ. 별 (가)는 별 (나)보다 지구에서 더 멀리 있다.
ㄷ. 별 (가)와 별 (나)의 위치가 변한 까닭은 별이 지구를 공전하기 때문이다.

① ㄱ ② ㄴ ③ ㄷ
④ ㄱ, ㄴ ⑤ ㄱ, ㄷ

12 그림은 서로 다른 두 별 A와 B를 6개월 간격으로 찍은 세 장의 사진을 겹쳐 놓은 것으로, 별 A는 A → A′ → A로, 별 B는 B → B′ → B로 각각 이동하였다.

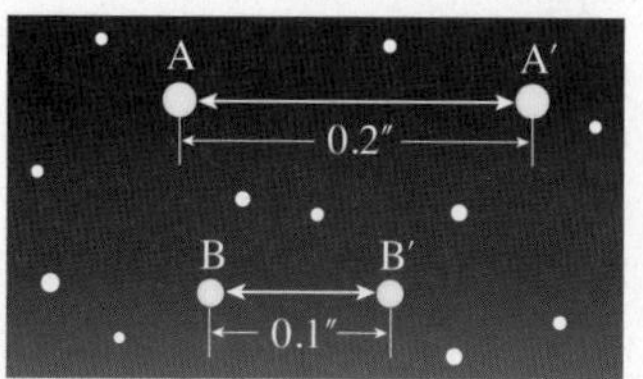

이에 대한 설명으로 옳은 것을 보기에서 모두 고른 것은?(단, 그림의 숫자는 각거리이다.)

보기
ㄱ. 별 A의 연주 시차는 0.1″이다.
ㄴ. 지구에서 별 B까지의 거리는 50 pc이다.
ㄷ. 별 B는 별 A보다 지구에서 더 가까이 있다.

① ㄱ ② ㄷ ③ ㄱ, ㄴ
④ ㄴ, ㄷ ⑤ ㄱ, ㄴ, ㄷ

서술형 문제

13 오른쪽 그림은 지구에서 6개월 간격으로 별 S를 관측한 결과이다. 이 그림에서 θ가 의미하는 것은 무엇인지 쓰고, 별 S가 현재의 위치에서 점점 멀어진다면 θ 값은 어떻게 변하는지 서술하시오.

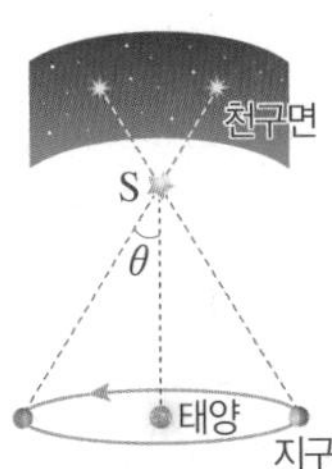

14 그림은 태양 주위를 공전하는 지구에서 6개월 간격으로 별 S_1과 S_2를 관측한 모습을 나타낸 것이다.

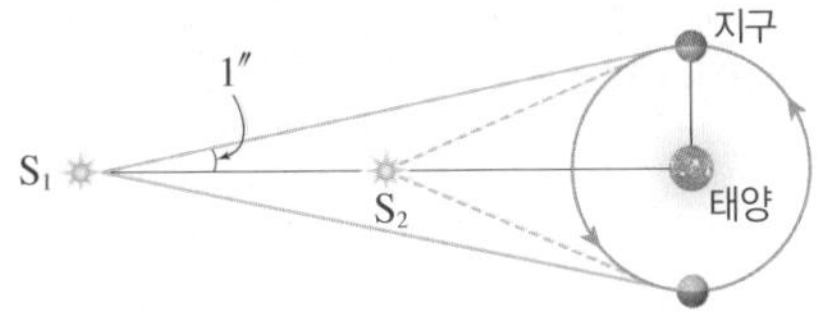

(1) 지구에서 별 S_1까지의 거리는 몇 pc인지 구하시오.

(2) 지구에서 별 S_2까지의 거리가 별 S_1까지의 거리의 $\frac{1}{2}$일 때 별 S_2의 연주 시차를 구하고, 그렇게 판단한 까닭을 서술하시오.

중요

15 지구에서 비교적 거리가 가까운 별 A와 B를 6개월 간격으로 관측하였더니 그림과 같았다.

(가) 처음 모습 (나) 6개월 후 (다) 1년 후

(1) 별 A와 B의 위치가 달라진 까닭을 서술하시오.

(2) 별 A와 B 중 연주 시차가 더 큰 별을 고르고, 그 까닭을 서술하시오.

● 정답과 해설 27쪽

01 그림은 일정한 시간 간격으로 관측한 별 A와 B의 위치 변화를 나타낸 것이다. 그림의 숫자는 별 A와 B 사이의 각거리이다.

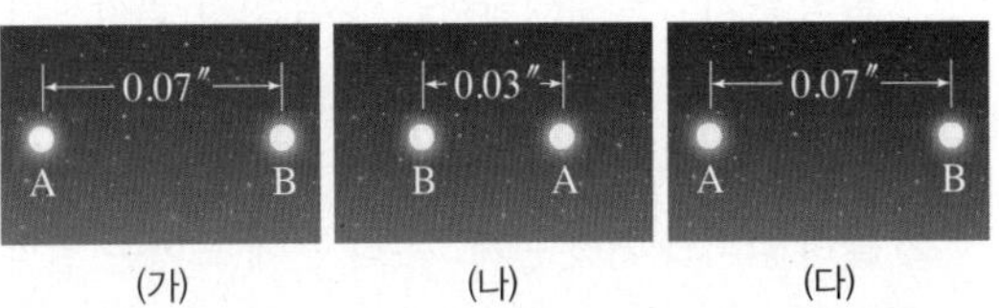

(가) (나) (다)

이에 대한 설명으로 옳은 것은?(단, 별 B의 위치는 변하지 않았다.)

① 별 A는 배경 별이다.
② (나)는 (가)로부터 1년 뒤에 관측한 모습이다.
③ 별 A의 연주 시차는 0.1″이다.
④ 지구에서 별 A까지의 거리는 20 pc이다.
⑤ 별 B는 별 A보다 지구로부터 가까운 거리에 있다.

02 그림은 지구에서 별 A~C를 6개월 간격으로 관측한 결과를 나타낸 것이다.

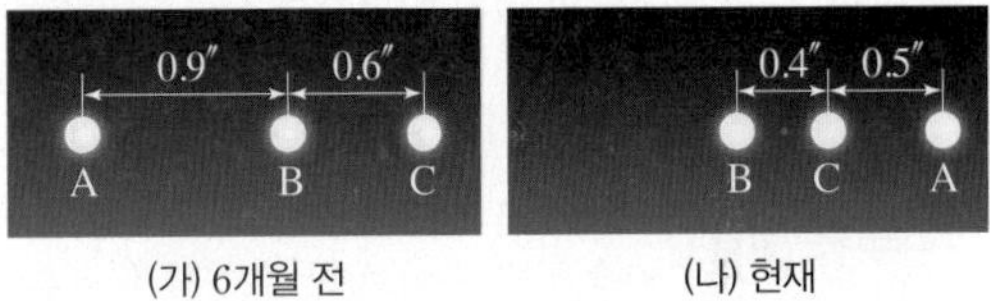

(가) 6개월 전 (나) 현재

지구에서 별 A까지의 거리와 별 B까지의 거리를 옳게 짝 지은 것은?(단, 밤하늘에서 별 C의 위치는 변하지 않았고, 그림의 숫자는 각거리이다.)

	A	B		A	B
①	0.5 pc	5 pc	②	0.5 pc	10 pc
③	1 pc	0.5 pc	④	1 pc	10 pc
⑤	2 pc	1 pc			

03 지구로부터의 거리가 가장 먼 별은?

① 연주 시차가 1″인 별
② 연주 시차가 0.1″인 별
③ 별까지의 거리가 5 pc인 별
④ 별까지의 거리가 3.26광년인 별
⑤ 별까지의 거리가 3×10^{13} km인 별

02 별의 성질

A 별의 밝기 여기서 잠깐 94~95쪽

1 별의 밝기와 거리

① 별의 밝기 : 별이 방출하는 빛의 양과 별까지의 거리에 따라 달라진다. 탐구 a 96쪽

- 별까지의 거리가 같다면, 방출하는 빛의 양이 많은 별일수록 밝게 보인다.
- 별이 방출하는 빛의 양이 같다면, 거리가 가까운 별일수록 밝게 보인다.

② 별의 밝기와 거리 관계 : 우리 눈에 보이는 별의 밝기는 별까지의 거리의 제곱에 반비례한다.

$$\text{별의 밝기} \propto \frac{1}{(\text{별까지의 거리})^2}$$

[거리에 따른 별의 밝기 변화]

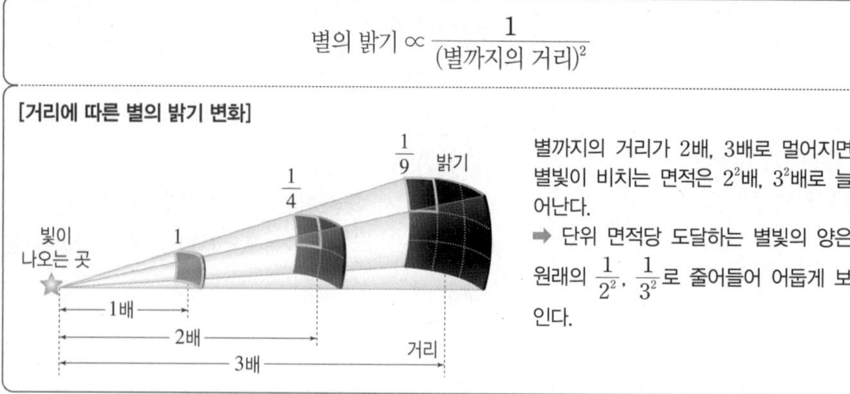

별까지의 거리가 2배, 3배로 멀어지면 별빛이 비치는 면적은 2^2배, 3^2배로 늘어난다.
➡ 단위 면적당 도달하는 별빛의 양은 원래의 $\frac{1}{2^2}$, $\frac{1}{3^2}$로 줄어들어 어둡게 보인다.

2 별의 밝기와 등급

별의 밝기를 등급으로 나타내는 방법	• 별의 밝기는 숫자를 이용하여 등급으로 나타낸다.❶ • 등급이 작을수록 밝은 별이다. 예 1등급인 별은 6등급인 별보다 밝다.❷ • 1등급보다 밝은 별은 0등급, −1등급, −2등급, … 등으로 나타낸다. • 6등급보다 어두운 별은 7등급, 8등급, 9등급, … 등으로 나타낸다. • 각 등급 사이의 밝기인 별은 소수점을 이용하여 등급을 나타낸다. 예 2.1등급, −1.5등급 등
별의 등급 차와 밝기 차	• 1등급인 별은 6등급인 별보다 약 100배 밝다. ➡ 1등급인 별 1개의 밝기는 6등급인 별 100개의 밝기와 같다. • 1등급 차이마다 밝기는 약 2.5배의 차이가 있고, 등급 간의 밝기 차이가 일정하다.❸

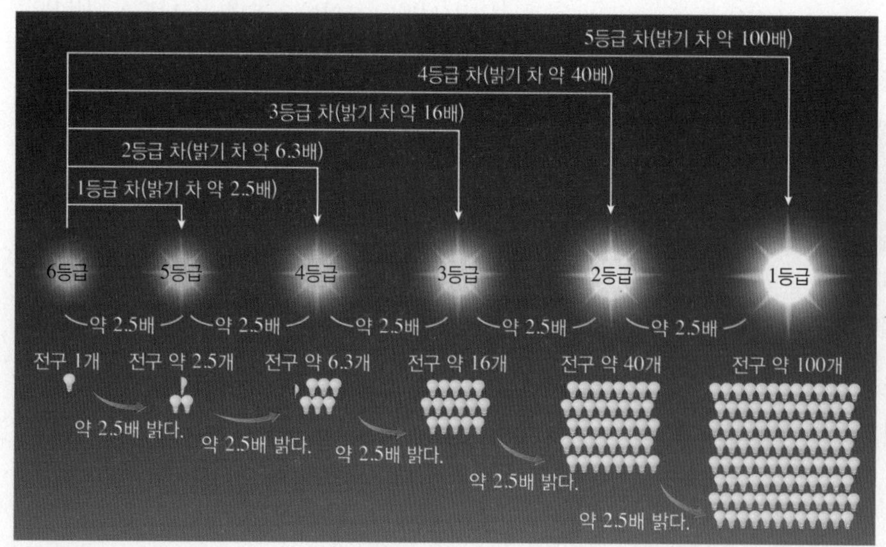

플러스 강의

❶ **등급과 등성** 내 교과서 확인 | 천재
일정한 범위의 별의 등급을 대표하는 값을 등성이라고 한다.
예 0.6~1.5등급의 별 ➡ 1등성
−0.4~0.5등급의 별 ➡ 0등성

❷ **별의 등급의 정립**
고대 그리스의 과학자 *히파르코스는 맨눈으로 관측한 별들을 가장 밝게 보이는 별을 1등급, 가장 어둡게 보이는 별을 6등급으로 정하였고, 그 사이에 있는 별들은 밝기에 따라 2등급, 3등급, 4등급, 5등급으로 정하였다.

❸ **별의 등급 차와 밝기 차**
밝기 차(배)≒$2.5^{\text{등급 차}}$

등급 차	밝기 차
1	2.5^1(=2.5)배
2	2.5^2(≒6.3)배
3	2.5^3(≒16)배
4	2.5^4(≒40)배
5	2.5^5(≒100)배

용어 돋보기

* 히파르코스(Hipparchos, B.C. 190?~B.C. 120?)_고대 그리스의 천문학자로, 별 1000여 개의 위치와 밝기를 나타낸 표를 만들었다.

● 정답과 해설 27쪽

더 풀어보고 싶다면? 시험 대비 교재 54쪽 계산력·암기력 강화 문제

A 별의 밝기

- 별의 밝기에 영향을 주는 요인 : 별이 방출하는 빛의 양, 지구에서 별까지의 □□
- 우리 눈에 보이는 별의 밝기는 별까지의 거리의 제곱에 □□□한다.
- 별의 밝기와 등급 : 등급이 □을수록 밝은 별이다.
- 등급 차가 5등급인 두 별의 밝기 차 : 약 □배
- 1등급 간의 밝기 차 : 약 □배

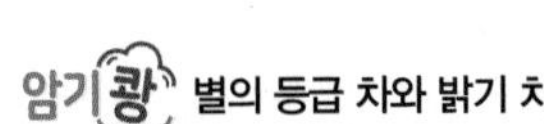

일이오(1등급 차≒2.5배)
이육삼(2등급 차≒6.3배)
삼십육(3등급 차≒16배)
사사십(4등급 차≒40배)
오 백(5등급 차≒100배)

A

1 그림은 별 (가)의 밝기와 거리의 관계를 나타낸 것이다.

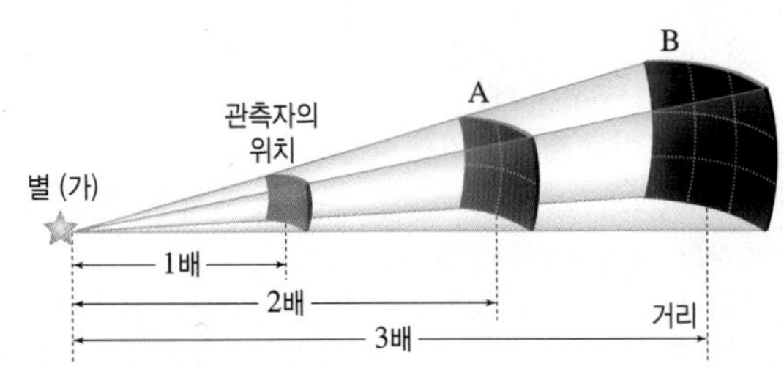

관측자가 A와 B 위치로 멀어지면, 별 (가)의 밝기는 각각 원래 밝기의 얼마만큼으로 어둡게 보이는지 쓰시오.

2 별의 밝기와 등급에 대한 설명으로 옳은 것은 ○, 옳지 않은 것은 ×로 표시하시오.

(1) 별의 밝기는 숫자를 이용하여 등급으로 나타낼 수 있다. ( )
(2) 히파르코스는 별을 밝기에 따라 1등급부터 6등급까지 구분하였다. ( )
(3) 1등급인 별은 6등급인 별보다 어둡다. ( )
(4) 1등급보다 밝은 별은 0등급, −1등급, −2등급, …으로 나타낸다. ( )
(5) 별의 밝기가 4등급과 5등급 사이일 때는 소수점을 이용하여 나타낸다. ( )
(6) 1등급인 별과 6등급인 별은 약 100배의 밝기 차이가 난다. ( )
(7) 1등급인 별은 2등급인 별보다 약 6배 밝다. ( )

더 풀어보고 싶다면? 시험 대비 교재 54쪽 계산력·암기력 강화 문제

3 표는 별 A~D의 등급을 나타낸 것이다.

별	A	B	C	D
등급	−1	0	1	4

(1) A~D 중 가장 밝은 별은 무엇인가?
(2) A~D 중 가장 어두운 별은 무엇인가?
(3) A~D 중 가장 밝은 별은 가장 어두운 별에 비해 약 몇 배 더 밝은가?

더 풀어보고 싶다면? 시험 대비 교재 54쪽 계산력·암기력 강화 문제

4 3등급인 별이 100개 모여 있다면, 이는 몇 등급인 별 1개의 밝기와 같은가?

① −4등급 ② −2등급 ③ 0등급
④ 3등급 ⑤ 8등급

02 별의 성질

B 별의 겉보기 등급과 절대 등급 여기서잠깐 95쪽

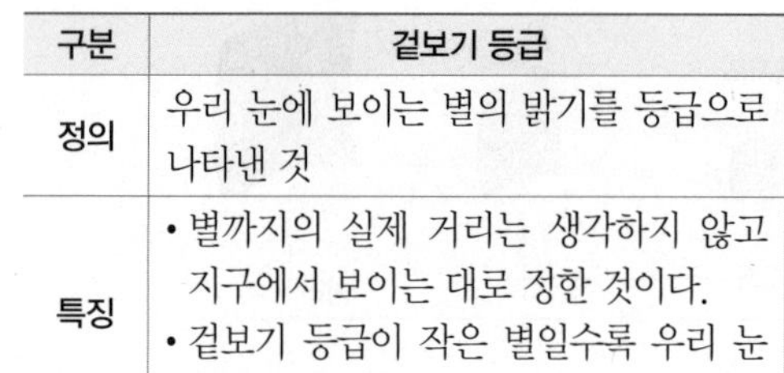

1 겉보기 등급과 절대 등급

구분	겉보기 등급	절대 등급
정의	우리 눈에 보이는 별의 밝기를 등급으로 나타낸 것	별이 10 pc의 거리에 있다고 가정했을 때의 밝기를 등급으로 나타낸 것
특징	• 별까지의 실제 거리는 생각하지 않고 지구에서 보이는 대로 정한 것이다. • 겉보기 등급이 작은 별일수록 우리 눈에 밝게 보인다.	• 별의 실제 밝기를 비교할 수 있다. • 절대 등급이 작은 별일수록 실제로 밝다.

2 별까지의 거리 판단
별의 겉보기 등급과 절대 등급을 비교하면 별까지의 거리를 알 수 있다. ➡ 별의 (겉보기 등급－절대 등급) 값이 클수록 멀리 있는 별이다.❶

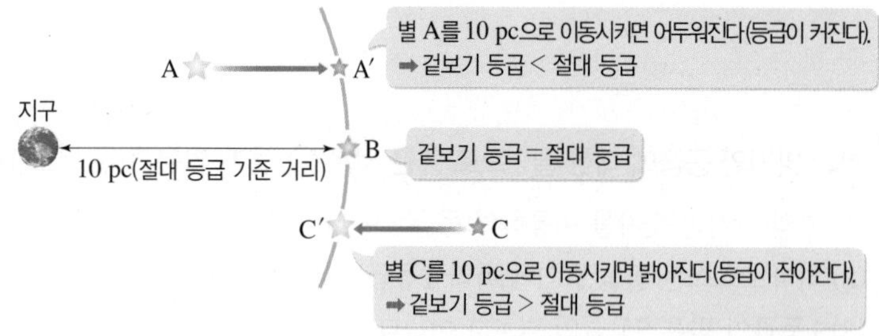

10 pc보다 가까이 있는 별(A)	10 pc의 거리에 있는 별(B)	10 pc보다 멀리 있는 별(C)❷
겉보기 등급－절대 등급<0	겉보기 등급－절대 등급＝0	겉보기 등급－절대 등급>0

C 별의 색과 표면 온도

1 별의 색과 표면 온도
별의 색은 별의 표면 온도에 따라 달라진다.
➡ 표면 온도가 높은 별일수록 파란색을 띠고, 표면 온도가 낮은 별일수록 붉은색을 띤다.

별의 색	청색	청백색	백색	황백색	황색	주황색	적색
표면 온도	높다. ⟷						낮다.
대표적인 별	나오스, 민타카	스피카, 리겔	견우성, 직녀성	프로키온, 북극성	태양, 카펠라	아크투르스, 알데바란	베텔게우스, 안타레스

[베텔게우스와 리겔의 색과 표면 온도]

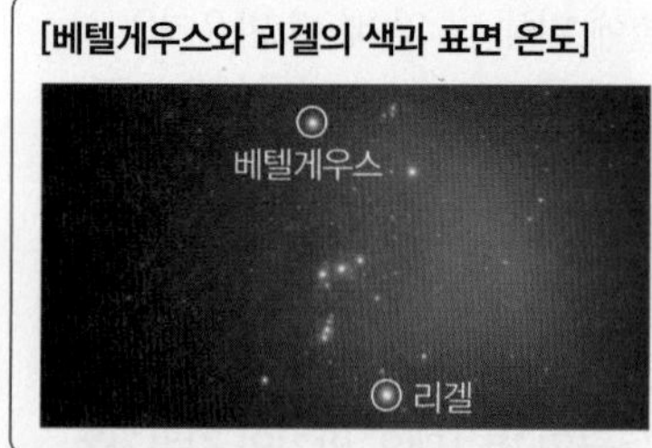

겨울철 우리나라에서 관측되는 *오리온자리의 별들 중 베텔게우스는 적색을 띠고, 리겔은 청백색을 띤다.
➡ 베텔게우스는 리겔보다 표면 온도가 낮다.

2 별의 표면 온도를 알아내는 방법
별의 표면 온도는 직접 측정할 수 없으므로 별의 색 등을 통해 알아낸다.

플러스 강의

❶ **별까지의 거리를 비교할 수 있는 자료**
- 별의 연주 시차
- 별의 (겉보기 등급－절대 등급)

❷ **별의 겉보기 등급과 절대 등급**

별	겉보기 등급	절대 등급
태양	－26.8	4.8
북극성	2.1	－3.7
시리우스	－1.5	1.4
베텔게우스	0.4	－5.6
데네브	1.3	－8.7
폴룩스	1.16	1.1

- 우리 눈에 밝게 보이는(겉보기 등급이 작은) 별부터 순서대로 나열하기 : 태양－시리우스－베텔게우스－폴룩스－데네브－북극성
  ➡ 태양이 가장 밝게 보인다.
- 실제로 밝은(절대 등급이 작은) 별부터 순서대로 나열하기 : 데네브－베텔게우스－북극성－폴룩스－시리우스－태양
  ➡ 실제로 데네브가 가장 밝다.
- 10 pc보다 가까이 있는 별 : 태양, 시리우스 ➡ '겉보기 등급－절대 등급<0'이기 때문
- 10 pc보다 멀리 있는 별 : 북극성, 베텔게우스, 데네브, 폴룩스 ➡ '겉보기 등급－절대 등급>0'이기 때문

용어 돋보기

*오리온자리_ 겨울철 저녁에 남쪽 하늘에서 잘 보이는 별자리로, 비교적 밝은 별들로 이루어져 있다. 별자리의 이름은 그리스 신화에 나오는 사냥꾼인 '오리온'에서 기원하였다.

● 정답과 해설 27쪽

B 별의 겉보기 등급과 절대 등급

- □□□ 등급 : 우리 눈에 보이는 별의 밝기를 등급으로 나타낸 것
- 절대 등급 : 별이 □ pc의 거리에 있다고 가정했을 때의 밝기를 등급으로 나타낸 것
- 겉보기 등급과 절대 등급이 같은 별까지의 거리 : □ pc
- 10 pc보다 가까이 있는 별은 겉보기 등급이 절대 등급보다 □□.
- 10 pc보다 멀리 있는 별은 겉보기 등급이 절대 등급보다 □□.

C 별의 색과 표면 온도

- 별마다 색이 다른 까닭 : 별의 □□ □□가 다르기 때문
- 파란색을 띠는 별은 붉은색을 띠는 별보다 표면 온도가 □□.
- 태양은 색이 □□인 별이다.

암기쾅 별까지의 거리 판단

거절을 많이하면 멀어진다.
겉보기 절대

(겉보기 등급−절대 등급) 값이 클수록 거리가 먼 별이다.

B

5 다음은 별의 겉보기 등급과 절대 등급에 대한 설명이다. 겉보기 등급에 대한 설명이면 '겉', 절대 등급에 대한 설명이면 '절'이라고 쓰시오.

(1) 이 등급 값이 작을수록 우리 눈에 밝게 보인다. ( )
(2) 별을 10 pc의 거리에 두었을 때의 밝기 등급이다. ( )
(3) 별의 실제 밝기를 비교할 수 있다. ( )
(4) 별까지의 실제 거리는 고려하지 않고 정한 밝기 등급이다. ( )

더 풀어보고 싶다면? 시험 대비 교재 55쪽 | 계산력·암기력 강화 문제

6 표는 별 A~D의 겉보기 등급과 절대 등급을 나타낸 것이다.

별	A	B	C	D
겉보기 등급	2.5	1.5	−1.1	0.1
절대 등급	5.5	1.5	3.7	−6.8

(1) A~D 중 우리 눈에 가장 밝게 보이는 별은?
(2) A~D 중 실제로 가장 밝은 별은?
(3) A~D 중 10 pc보다 가까이 있는 별을 모두 골라 쓰시오.
(4) A~D 중 10 pc보다 멀리 있는 별을 모두 골라 쓰시오.
(5) A~D 중 지구에서 가장 가까운 별과 가장 멀리 있는 별을 순서대로 쓰시오.

C

7 다음은 별의 색이 다른 까닭에 대한 설명이다. ( ) 안에 알맞은 말을 쓰시오.

> 별의 색이 다른 까닭은 별의 표면 온도가 다르기 때문이다. 별은 표면 온도가 높을수록 ㉠( )을 띠고, 표면 온도가 낮을수록 ㉡( )을 띤다.

8 표는 별 (가)~(마)의 색을 나타낸 것이다.

별	(가)	(나)	(다)	(라)	(마)
색	주황색	적색	백색	청색	황색

(1) (가)~(마)를 표면 온도가 높은 것부터 순서대로 나열하시오.

(2) (가)~(마) 중 태양과 표면 온도가 가장 비슷한 별은?

별의 밝기와 등급에 관한 문제는 다양한 형태로 출제되기 때문에 어려워하는 경우가 많아요. 특히, 별까지의 거리까지 연관된 문제가 나오면 당황하기도 합니다. 여기서 잠깐에서 별의 밝기, 거리, 등급 관계에 대한 개념을 확실히 잡고, 시험에서 많이 출제되는 유형의 문제를 연습해 봅시다.

● 정답과 해설 28쪽

별의 밝기와 거리, 등급에 대한 여러 가지 유형의 문제

유형 ① 별까지의 거리에 따른 별의 밝기를 묻는 문제

$$\text{별의 밝기} \propto \frac{1}{(\text{별까지의 거리})^2}$$

• 거리가 **가까워**지면 **밝게** 보인다.
• 거리가 **멀어**지면 **어둡게** 보인다.

별까지의 거리 변화	$\frac{1}{10}$	$\frac{1}{3}$	$\frac{1}{2}$	2배	3배	10배
별의 밝기 변화	100배	9배	4배	$\frac{1}{4}$	$\frac{1}{9}$	$\frac{1}{100}$

유제 ① 어떤 별까지의 거리가 원래의 3배로 멀어지면 눈에 보이는 별의 밝기는 어떻게 변하는가?

유제 ② 어떤 별까지의 거리가 원래의 $\frac{1}{10}$로 가까워지면 눈에 보이는 별의 밝기는 어떻게 변하는가?

유형 ② 별의 등급 차로 밝기 차를 묻거나 별의 밝기 차로 등급 차를 묻는 문제

• 1등급인 별은 6등급인 별보다 약 100배 밝다. ➡ 1등급 간의 밝기 차 : 약 2.5배

등급 차	1	2	3	4	5	10
밝기 차(배)	약 2.5	약 6.3 ($\fallingdotseq 2.5^2$)	약 16 ($\fallingdotseq 2.5^3$)	약 40 ($\fallingdotseq 2.5^4$)	약 100 ($\fallingdotseq 2.5^5$)	약 10000 ($\fallingdotseq 2.5^{10}$)

• 밝으면 등급이 작아지고, 어두우면 등급이 커진다.
tip 밝으면 등급 빼기, 어두우면 등급 더하기

유제 ③ 2등급인 별은 5등급인 별보다 몇 배 밝은가?

유제 ④ 밝기가 4등급인 별보다 약 100배 밝은 별의 등급은?

유제 ⑤ 1등급인 별의 밝기가 약 $\frac{1}{40}$로 줄어들면 이 별은 몇 등급이 되는가?

유형 ③ 별이 여러 개 모여 있을 때의 밝기를 등급으로 나타내는 문제

밝기가 같은 별 n개가 모여 있을 때의 밝기 $=$ n배 밝은 별 1개의 밝기

예시 같은 밝기의 별 16개가 모일 때 : 밝기가 16배 밝아진다. ➡ 3등급 작은 별 1개의 밝기와 같다.

예시 같은 밝기의 별 100개가 모일 때 : 밝기가 100배 밝아진다. ➡ 5등급 작은 별 1개의 밝기와 같다.

유제 ⑥ 5등급인 별 16개가 모여 있으면 몇 등급인 별 1개의 밝기와 같은가?

유제 ⑦ 전구 1개의 밝기가 3등급으로 보인다면, 이 전구 100개의 전체 밝기는 몇 등급인가?

유형 4 별까지의 거리에 따른 밝기와 등급 변화를 알아내는 문제

- 별까지의 거리가 **가까워지면**
  ➡ 눈에 보이는 밝기가 **밝아**진다. ➡ 등급이 **작아**진다.
- 별까지의 거리가 **멀어지면**
  ➡ 눈에 보이는 밝기가 **어두워**진다. ➡ 등급이 **커**진다.

유제 8 1등급인 별까지의 거리가 원래의 $\frac{1}{4}$로 가까워지면 몇 등급으로 보이겠는가?

유제 9 2등급인 별까지의 거리가 원래의 10배로 멀어지면 몇 등급으로 보이겠는가?

유형 5 별의 겉보기 등급과 절대 등급을 이용하여 별까지의 거리를 비교하는 문제

- 멀리 있는 별일수록 (겉보기 등급−절대 등급) 값이 크다.
  - 겉보기 등급−절대 등급<0
    ➡ 10 pc보다 가까이 있는 별
  - 겉보기 등급−절대 등급=0
    ➡ 10 pc의 거리에 있는 별
  - 겉보기 등급−절대 등급>0
    ➡ 10 pc보다 멀리 있는 별

유제 10 표는 지구에서 볼 수 있는 별들의 겉보기 등급과 절대 등급을 나타낸 것이다.

별	태양	북극성	리겔	시리우스	베텔게우스
겉보기 등급	−26.8	2.1	0.1	−1.5	0.4
절대 등급	4.8	−3.7	−6.8	1.4	−5.6

(1) 지구에서 거리가 가까운 별부터 순서대로 나열하시오.

(2) 10 pc보다 가까이 있는 별을 모두 쓰시오.

유형 6 별까지의 거리와 절대 등급의 관계를 이용하여 별의 겉보기 등급을 구하는 문제

절대 등급의 기준 거리 : 10 pc

|문제 풀이 순서|

① 실제 별까지의 거리가 10 pc과 비교하여 얼마나 가까운지 먼지 판단한다.

② 거리에 따른 밝기 차를 계산한다.

③ 밝기 차에 따른 등급 차를 계산한다.

④ 별이 10 pc보다 가까우면 절대 등급에서 등급 차를 빼고, 10 pc보다 멀면 절대 등급에서 등급 차를 더한다.

|예시| 절대 등급이 5등급인 별 A까지의 거리가 2.5 pc일 때 별 A의 겉보기 등급은 몇 등급인가?

① 2.5 pc은 10 pc의 $\frac{1}{4}$로 가까워진 거리이다.

② 거리가 $\frac{1}{4}$로 가까워지면 밝기는 16($=4^2$)배 밝아진다.

③ 약 16배의 밝기 차=3등급 차

④ 10 pc보다 가까우므로 절대 등급에서 등급 차를 뺀다.
➡ 5등급−3등급=2등급

답 2등급

유제 11 절대 등급이 −3등급인 별 B까지의 거리가 100 pc일 때 별 B의 겉보기 등급은 몇 등급인가?

유제 12 절대 등급이 0등급인 별 C까지의 거리가 40 pc일 때 별 C의 겉보기 등급은 몇 등급인가?

유형 7 별까지의 거리와 겉보기 등급의 관계를 이용하여 별의 절대 등급을 구하는 문제

|문제 풀이 순서|

① 10 pc이 실제 별까지의 거리와 비교하여 얼마나 가까운지 먼지 판단한다.

② 별을 10 pc의 거리로 옮겼을 때 거리에 따른 밝기 차를 계산한다.

③ 밝기 차에 따른 등급 차를 계산한다.

④ 별이 10 pc보다 가까우면 겉보기 등급에서 등급 차를 더하고, 10 pc보다 멀면 겉보기 등급에서 등급 차를 뺀다.

|예시| 겉보기 등급이 −2등급인 별 A까지의 거리가 1 pc일 때 별 A의 절대 등급은 몇 등급인가?

① 10 pc은 1 pc보다 10배 먼 거리이다.

② 별 A를 10 pc의 거리로 옮기면 거리가 10배 멀어지므로 밝기는 원래의 $\frac{1}{100}\left(=\frac{1}{10^2}\right)$로 어두워진다.

③ 약 100배의 밝기 차=5등급 차

④ 10 pc보다 가까우므로 겉보기 등급에서 등급 차를 더한다. ➡ −2등급+5등급=3등급

답 3등급

유제 13 겉보기 등급이 4등급인 별 B까지의 거리가 100 pc일 때 별 B의 절대 등급은 몇 등급인가?

유제 14 연주 시차가 0.1″인 어떤 별의 겉보기 등급이 1등급일 때 이 별의 절대 등급은 몇 등급인가?

빛의 밝기 변화

이 탐구에서는 방출하는 빛의 양과 거리에 따른 빛의 밝기 변화를 설명할 수 있다.

● 정답과 해설 28쪽

과정 & 결과

페이지를 인식하세요!

:: 유의점

주변의 밝기가 실험에 영향을 줄 수 있으므로 어두운 상태에서 실험한다.

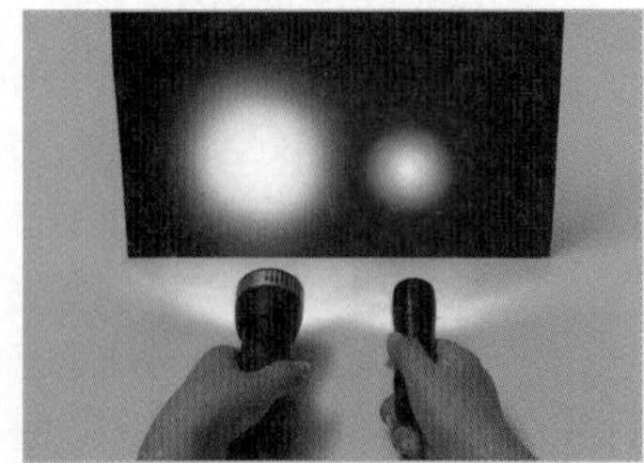

❶ 방출하는 빛의 양이 다른 두 개의 손전등을 종이로부터 같은 거리에서 비추고, 종이에 비친 두 불빛의 밝기를 비교한다.

결과 방출하는 빛의 양이 많은 손전등의 불빛이 더 밝다. ➡ 까닭 : 방출하는 빛의 양이 많을수록 단위 면적당 도달하는 빛의 양이 더 많기 때문이다.

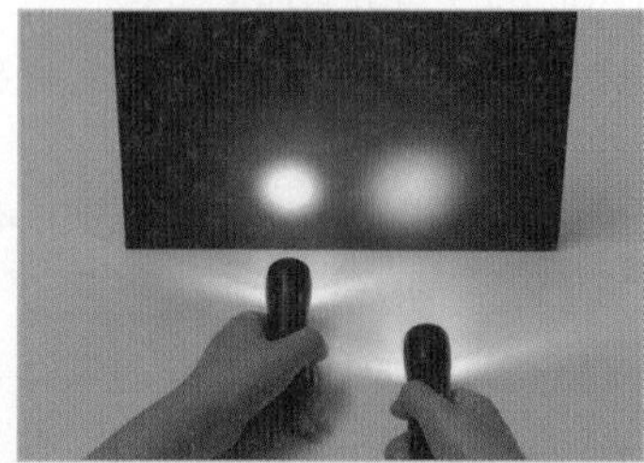

❷ 방출하는 빛의 양이 같은 두 개의 손전등을 종이로부터 서로 다른 거리에서 비추고, 종이에 비친 두 불빛의 밝기를 비교한다.

결과 종이와의 거리가 가까운 손전등의 불빛이 더 밝다. ➡ 까닭 : 거리가 가까울수록 단위 면적당 도달하는 빛의 양이 더 많기 때문이다.

정리

1. 종이는 관측자, 손전등은 별에 해당한다.
2. 별까지의 거리가 같을 경우, 별이 방출하는 빛의 양이 많을수록 더 ㉠(   )게 보인다.
3. 별이 방출하는 빛의 양이 같을 경우, 별까지의 거리가 ㉡(   )수록 더 밝게 보인다.

이렇게도 실험해요 내 교과서 확인 | 동아

|과정| ❶ 검은색 종이를 붙인 종이컵 바닥의 가운데에 정사각형의 구멍을 뚫는다.
❷ 종이컵을 휴대 전화의 손전등 부분에 붙인 후 손전등 기능을 켠다.
❸ 종이컵 바닥의 구멍으로 나오는 빛이 모눈종이의 격자 모양 한 칸, 네 칸, 아홉 칸을 비출 때 모눈종이와 휴대 전화 사이의 거리를 비교한다.

|결과|

한 칸을 비출 때

네 칸을 비출 때

아홉 칸을 비출 때

휴대 전화와 모눈종이 사이의 거리가 2배, 3배로 멀어질수록 빛을 받는 넓이는 4배, 9배로 넓어지고, 빛의 밝기는 점점 어두워진다.

확인 문제

01 위 실험에 대한 설명으로 옳은 것은 ○, 옳지 않은 것은 ×로 표시하시오.

(1) 실제 밝기가 다른 별들은 같은 거리에 있더라도 지구에서 다른 밝기로 보인다. ( )

(2) 거리가 멀어지면 단위 면적당 도달하는 빛의 양이 줄어든다. ( )

(3) 지구에서 같은 밝기로 보이는 별은 모두 지구로부터 같은 거리에 있다. ( )

(4) 방출하는 빛의 양이 같은 별들은 모두 지구에서 같은 밝기로 보인다. ( )

[02~03] 오른쪽 그림과 같이 장치한 후 휴대 전화를 움직여 모눈종이와의 거리를 점점 멀리하였다.

02 휴대 전화와 모눈종이 사이의 거리가 2배로 멀어지면, 빛을 받는 모눈종이의 넓이는 몇 배가 되는지 쓰시오.

03 휴대 전화에서 나오는 빛의 총량의 변화와 같은 넓이의 모눈종이가 받는 빛의 양의 변화를 서술하시오.

기출 문제로 내신 쑥쑥

전국 주요 학교의 **시험에 가장 많이 나오는 문제**들로만 구성하였습니다.
모든 친구들이 '꼭' 봐야 하는 코너입니다.

● 정답과 해설 29쪽

A 별의 밝기

탐구 a 96쪽

01 그림은 빛의 밝기 변화를 알아보는 실험이다.

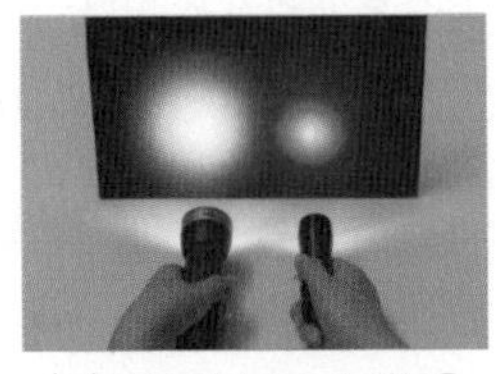
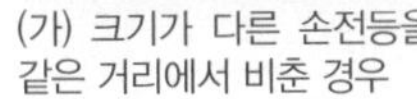

(가) 크기가 다른 손전등을 같은 거리에서 비춘 경우

(나) 크기가 같은 손전등을 다른 거리에서 비춘 경우

이 실험에 대한 설명으로 옳지 않은 것은?

① (가)는 방출하는 빛의 양과 밝기 관계를 알아보는 실험이다.
② (가)에서 큰 손전등이 방출하는 빛의 양이 더 많다.
③ (나)는 거리와 밝기 관계를 알아보는 실험이다.
④ (나)에서 거리가 멀어지면 손전등이 방출하는 빛의 양이 감소한다.
⑤ 실험을 통해 별의 밝기는 별이 방출하는 빛의 양과 별까지의 거리와 관계가 있음을 알 수 있다.

02 어떤 별 A까지의 거리가 원래의 $\frac{1}{3}$로 가까워지면, 눈에 보이는 A의 밝기 변화는?

① $\frac{1}{3}$로 어두워진다. ② $\frac{1}{9}$로 어두워진다.
③ 3배 밝아진다. ④ 9배 밝아진다.
⑤ 변화가 없다.

03 그림은 거리에 따른 별의 밝기 변화를 나타낸 것이다.

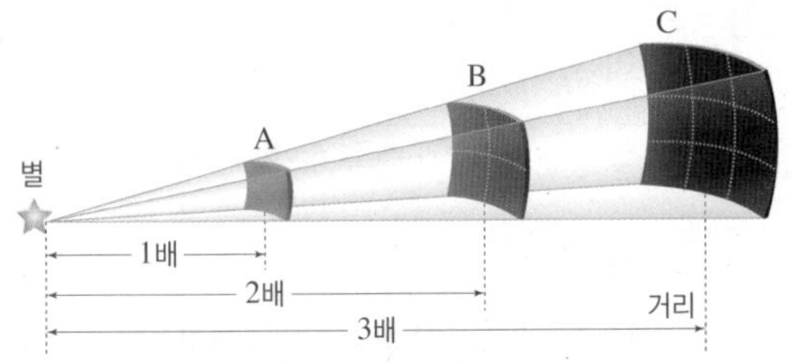

이에 대한 설명으로 옳은 것을 보기에서 모두 고른 것은?

보기
ㄱ. 별빛을 받는 총 면적은 A가 가장 넓다.
ㄴ. 같은 면적당 도달하는 별빛의 양은 C가 가장 적다.
ㄷ. A와 B에서의 별의 밝기 비는 4 : 1이다.

① ㄱ ② ㄷ ③ ㄱ, ㄴ
④ ㄴ, ㄷ ⑤ ㄱ, ㄴ, ㄷ

중요
04 별의 밝기와 등급에 대한 설명으로 옳은 것은?

① 별의 등급이 클수록 밝은 별이다.
② 1등급 간의 밝기 차는 약 10배이다.
③ 6등급인 별은 1등급인 별보다 약 100배 밝다.
④ 별까지의 거리가 2배 멀어지면 별의 밝기는 $\frac{1}{2}$로 어두워진다.
⑤ 히파르코스는 맨눈으로 관측했을 때 가장 밝게 보이는 별을 1등급으로 정하였다.

중요
05 0등급인 별은 5등급인 별보다 약 몇 배 더 밝은가?

① 약 2.5배 ② 약 10배 ③ 약 40배
④ 약 80배 ⑤ 약 100배

B 별의 겉보기 등급과 절대 등급

중요
06 별의 겉보기 등급과 절대 등급에 대한 설명으로 옳지 않은 것은?

① 겉보기 등급이 큰 별은 절대 등급도 크다.
② 겉보기 등급은 별까지의 거리는 고려하지 않는다.
③ 절대 등급은 별을 10 pc의 거리에 두고 정한 등급이다.
④ 절대 등급으로 별의 실제 밝기를 비교할 수 있다.
⑤ 10 pc의 거리에 있는 별은 겉보기 등급과 절대 등급이 같다.

07 어떤 별의 겉보기 등급이 0.3등급이다. 이 별보다 약 2.5배 밝게 보이는 별의 겉보기 등급은 몇 등급인가?

① −2.2등급 ② −1.3등급 ③ −0.7등급
④ 1.3등급 ⑤ 2.7등급

[08~09] 표는 여러 별의 겉보기 등급과 절대 등급을 나타낸 것이다.

별	겉보기 등급	절대 등급
시리우스	−1.5	1.4
직녀성	0.0	0.5
데네브	1.3	−8.7
리겔	0.1	−6.8

중요

08 (가)맨눈으로 볼 때 가장 밝게 보이는 별과 (나)실제로 가장 밝은 별을 옳게 짝 지은 것은?

	(가)	(나)		(가)	(나)
①	리겔	데네브	②	직녀성	리겔
③	데네브	시리우스	④	시리우스	데네브
⑤	시리우스	직녀성			

09 위 표의 별들 중 지구로부터 가장 가까이 있는 별을 쓰시오.

[10~12] 표는 별 A~E의 절대 등급과 겉보기 등급을 나타낸 것이다.

별	A	B	C	D	E
절대 등급	−2.3	2.5	0.8	−1.1	1.0
겉보기 등급	0.7	−4.8	−3.2	−1.1	5.5

10 A~E 중 지구로부터 같은 거리에 있다고 가정할 때 가장 밝은 별은?

① A ② B ③ C ④ D ⑤ E

11 A~E 중 10 pc의 거리에 있는 별은?

① A ② B ③ C ④ D ⑤ E

12 A~E 중 연주 시차가 가장 큰 별은?

① A ② B ③ C ④ D ⑤ E

C 별의 색과 표면 온도

13 별의 표면 온도에 대한 설명으로 옳은 것을 보기에서 모두 고른 것은?

보기
ㄱ. 별은 표면 온도가 높을수록 파란색을 띤다.
ㄴ. 백색 별보다 주황색 별의 표면 온도가 더 높다.
ㄷ. 태양은 청색 별보다 표면 온도가 높다.

① ㄱ ② ㄷ ③ ㄱ, ㄴ
④ ㄴ, ㄷ ⑤ ㄱ, ㄴ, ㄷ

중요

14 (가)~(다)를 표면 온도가 높은 것부터 순서대로 옳게 나열한 것은?

(가) 황색의 태양
(나) 청백색의 리겔
(다) 적색의 베텔게우스

① (가) − (나) − (다) ② (가) − (다) − (나)
③ (나) − (가) − (다) ④ (나) − (다) − (가)
⑤ (다) − (가) − (나)

중요

15 표는 별 A~D의 겉보기 등급, 절대 등급, 색을 나타낸 것이다.

별	겉보기 등급	절대 등급	색
A	−3.0	1.2	적색
B	3.5	3.5	황백색
C	0.5	3.0	백색
D	0.5	−2.0	청색

이에 대한 설명으로 옳지 않은 것은?

① 표면 온도가 가장 낮은 별은 A이다.
② 연주 시차가 가장 작은 별은 C이다.
③ 10 pc보다 먼 거리에 있는 별은 D이다.
④ 방출하는 빛의 양이 가장 많은 별은 D이다.
⑤ 맨눈으로 보았을 때 가장 어두운 별은 B이다.

서술형 문제

16 그림은 별 S의 밝기와 거리의 관계를 나타낸 것이다.

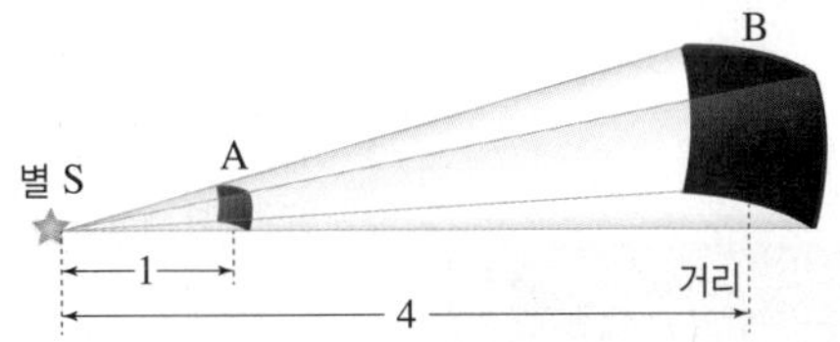

(1) B에서 별 S의 밝기를 A에서의 밝기와 비교하여 서술하시오.

(2) 별의 밝기와 별까지의 거리는 서로 어떤 관계가 있는지 서술하시오.

중요

17 표는 별 A~D의 겉보기 등급과 절대 등급을 나타낸 것이다.

별	A	B	C	D
겉보기 등급	1.7	−1.3	−0.1	3.0
절대 등급	−3.3	5.0	−0.1	−1.4

(1) A~D 중 실제 밝기가 가장 밝은 별을 고르시오.

(2) A~D를 지구로부터 가까운 것부터 순서대로 나열하시오.

(3) A~D 중 연주 시차가 가장 큰 별을 고르고, 그렇게 판단한 까닭을 서술하시오.

중요

18 표는 별 (가)와 (나)의 등급과 색을 나타낸 것이다.

별	겉보기 등급	절대 등급	색
(가)	2.1	−3.7	백색
(나)	−1.5	1.4	주황색

(가)와 (나) 중 표면 온도가 더 높은 별을 쓰고, 그 까닭을 서술하시오.

수준 높은 문제로 실력 탄탄

● 정답과 해설 30쪽

01 표는 별 (가)~(다)의 겉보기 등급과 연주 시차를 나타낸 것이다.

별	(가)	(나)	(다)
겉보기 등급	2	2	2
연주 시차	0.05″	1.0″	0.1″

이에 대한 설명으로 옳지 않은 것은?

① (가)는 지구로부터 가장 멀리 있는 별이다.
② (가)는 실제로 가장 밝은 별이다.
③ (나)는 겉보기 등급과 절대 등급이 같은 별이다.
④ (나)와 (다)는 우리 눈에 같은 밝기로 보인다.
⑤ (다)의 거리를 (나)와 같게 하면 (다)는 (나)보다 약 100배 밝게 보일 것이다.

02 그림은 여러 별들을 색과 절대 등급에 따라 A~E 집단으로 분류한 것이다.

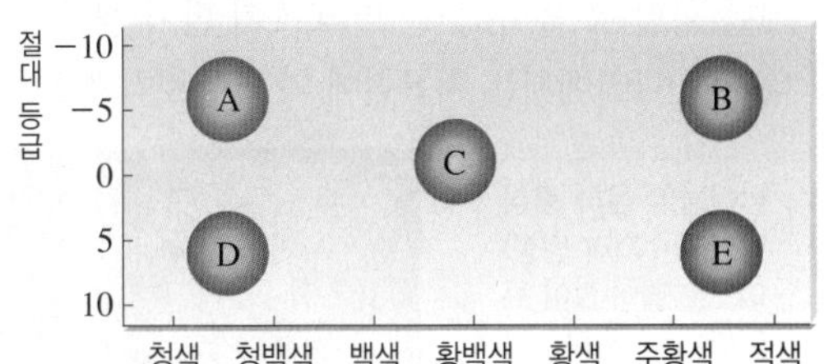

A~E 중 표면 온도가 가장 높고, 실제로 가장 밝은 별의 집단은?

① A　② B　③ C　④ D　⑤ E

03 그림은 오리온자리의 모습이고, 표는 오리온자리의 별인 베텔게우스와 리겔의 등급과 색을 나타낸 것이다.

베텔게우스
리겔

별	베텔게우스	리겔
겉보기 등급	0.4	0.1
절대 등급	−5.6	−6.8
색	적색	청백색

이에 대한 설명으로 옳은 것을 보기에서 모두 고른 것은?

보기
ㄱ. 베텔게우스보다 리겔이 더 밝게 보인다.
ㄴ. 베텔게우스보다 리겔의 표면 온도가 더 높다.
ㄷ. 베텔게우스와 리겔은 지구로부터의 거리가 같다.

① ㄱ　② ㄷ　③ ㄱ, ㄴ
④ ㄴ, ㄷ　⑤ ㄱ, ㄴ, ㄷ

03 은하와 우주

A 우리은하

1 은하 수많은 별로 이루어진 거대한 천체 집단

2 우리은하 태양계가 속해 있는 은하로, *성간 물질, 성단, 성운 등이 포함되어 있다.

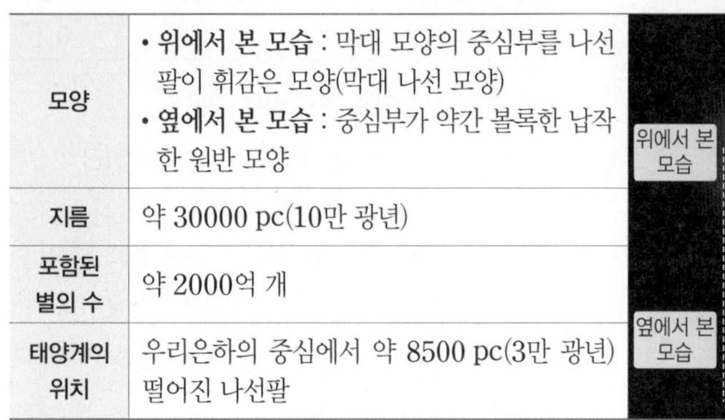

모양	• **위에서 본 모습** : 막대 모양의 중심부를 나선팔이 휘감은 모양(막대 나선 모양) • **옆에서 본 모습** : 중심부가 약간 볼록한 납작한 원반 모양
지름	약 30000 pc(10만 광년)
포함된 별의 수	약 2000억 개
태양계의 위치	우리은하의 중심에서 약 8500 pc(3만 광년) 떨어진 나선팔

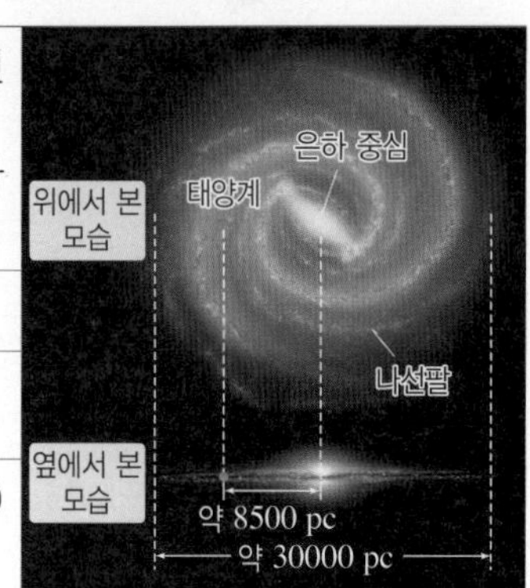

3 은하수 지구에서 우리은하의 일부를 바라본 모습으로, 희뿌연 띠 모양으로 보인다.[1]

① 북반구와 남반구에서 모두 은하수를 관측할 수 있다.

② 은하수는 은하 중심 방향인 궁수자리 방향에서 폭이 넓고 밝게 보인다. ➡ 은하 중심부를 향할 때 볼 수 있는 별의 수가 많기 때문

③ 우리나라에서는 여름철에 가장 뚜렷하게 보이고, 겨울철에 희미하게 보인다.

밤하늘이 은하 중심 방향(궁수자리 방향)이므로 별이 많이 보인다. ➡ 은하수가 뚜렷함

▲ 여름철 은하수

▲ 겨울철 은하수

밤하늘이 은하 중심의 반대 방향이므로 별이 적게 보인다. ➡ 은하수가 희미함

B 성단과 성운

1 성단 많은 별이 모여 있는 집단으로, 별들이 모여 있는 모양에 따라 구분한다.[2]

종류		*산개 성단	*구상 성단
모습		별들이 비교적 엉성하게 모여 있는 성단	별들이 빽빽하게 공 모양으로 모여 있는 성단
구성 별	수	수십~수만 개	수만~수십만 개
	나이	적다.	많다.
	색[3]	표면 온도가 높은 파란색 별	표면 온도가 낮은 붉은색 별

화보 7.2

2 성운 별과 별 사이에 성간 물질이 많이 모여 있어 구름처럼 보이는 것[4]

방출 성운	반사 성운	암흑 성운
오리온 대성운 / 장미 성운	마귀할멈 성운 / M78	말머리성운 / 버나드 68
성간 물질이 주변의 별빛을 흡수하여 가열되면서 스스로 빛을 내는 성운	성간 물질이 주변의 별빛을 반사하여 밝게 보이는 성운	성간 물질이 뒤쪽에서 오는 별빛을 가로막아 어둡게 보이는 성운

플러스 강의

❶ 은하수를 관측할 때 군데군데 검게 보이는 까닭

성간 물질이 뒤쪽에서 오는 별빛을 가로막기 때문에 검게 보인다.

❷ 우리은하에서 구상 성단과 산개 성단의 분포 위치

• 구상 성단 : 주로 우리은하 중심부와 은하 원반을 둘러싼 구형의 공간에 고르게 분포

• 산개 성단 : 주로 우리은하의 나선팔에 분포

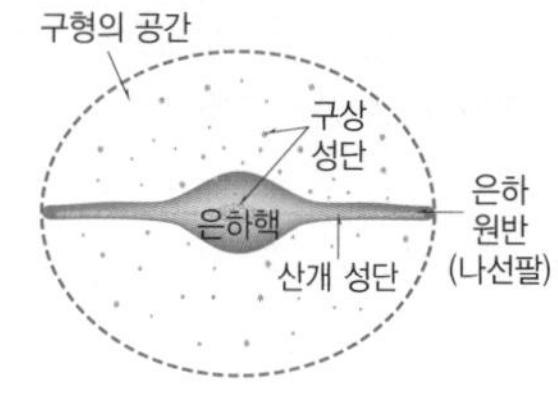

❸ 성단을 이루는 별의 색

산개 성단의 별들은 비교적 최근에 생성되어 에너지를 방출하므로 표면 온도가 높아 주로 파란색을 띤다. 구상 성단의 별들은 생성된 지 오래되어 에너지를 많이 소모하였으므로 표면 온도가 낮아 주로 붉은색을 띤다.

❹ 성운의 형성 원리

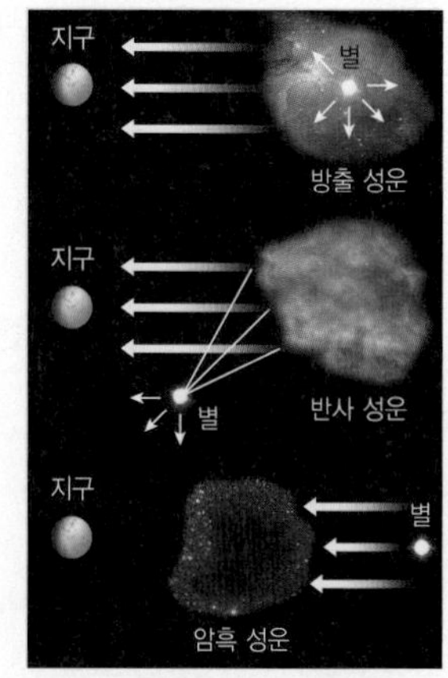

용어 돋보기

* 성간(星 별, 間 사이) 물질_별과 별 사이의 공간에 분포하는 수소, 헬륨 등의 가스나 작은 티끌
* 산개(散 흩어지다, 開 열다)_여럿으로 흩어져 벌림
* 구상(球 공, 狀 모양)_공처럼 둥근 모양

A 우리은하

- □□□□ : 태양계가 속해 있는 은하
  - 위에서 본 모습 : 막대 모양의 중심부를 □□□이 휘감은 모양
  - 옆에서 본 모습 : 중심부가 약간 볼록한 납작한 □□ 모양
- □□□ : 지구에서 우리은하의 일부를 바라본 모습으로, 희뿌연 띠 모양으로 보인다.

B 성단과 성운

- □□ : 많은 별이 모여 있는 집단
- □□ : 별과 별 사이에 성간 물질이 많이 모여 있어 구름처럼 보이는 것

암기콱 산개 성단과 구상 성단을 이루는 별의 특징

구분	산개 성단	구상 성단
분포	엉성하게 분포	빽빽하게 분포
수	수십~수만 개	수만~수십만 개
나이	적다.	많다.
온도	높다.	낮다.
색	파란색	붉은색

A

1 그림 (가)와 (나)는 각각 우리은하를 옆에서 본 모습과 위에서 본 모습이다.

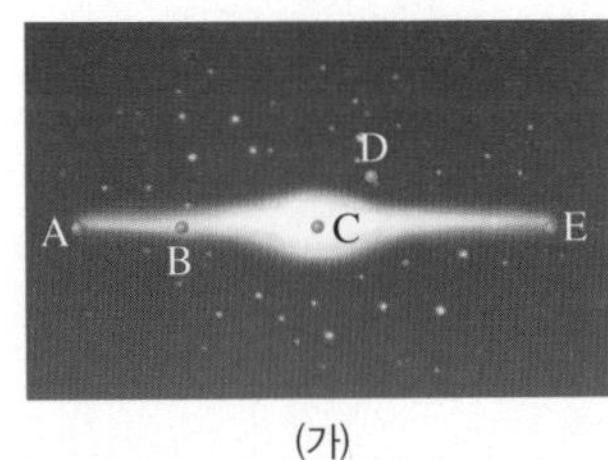

(가)

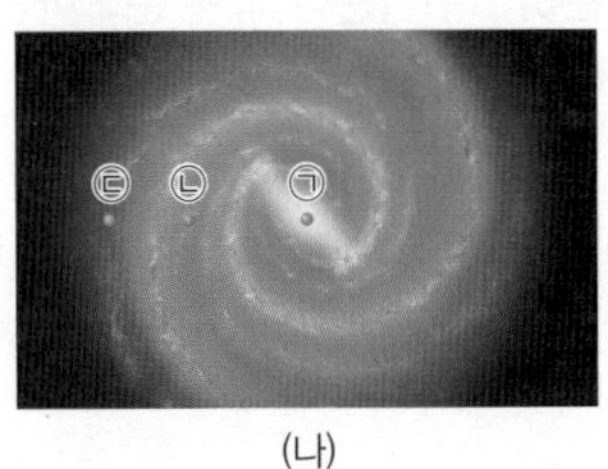

(나)

(1) 그림 (가)에서 A와 E 사이의 거리(pc)를 쓰시오.

(2) 그림 (가)와 (나)에서 태양계의 위치를 각각 고르시오.

2 우리은하와 은하수에 대한 설명으로 옳은 것은 ○, 옳지 않은 것은 ×로 표시하시오.

(1) 우리은하를 옆에서 보면 중심부가 볼록한 납작한 원반 모양으로 보인다. ( )

(2) 우리은하에 포함된 별의 수는 수백 개이다. ( )

(3) 은하수는 우리은하의 일부를 지구에서 본 모습이다. ( )

(4) 지구에서 은하수는 희뿌연 띠 모양으로 보인다. ( )

(5) 은하수의 폭과 밝기는 언제 어디서나 일정하게 보인다. ( )

(6) 여름철에는 겨울철보다 은하수의 폭이 넓고 밝게 보인다. ( )

B

3 그림은 두 종류의 성단을 나타낸 것이다. (가)와 (나)의 종류를 각각 쓰시오.

(가)

(나)

4 다음 설명이 구상 성단에 해당하면 '구', 산개 성단에 해당하면 '산'이라고 쓰시오.

(1) 수만~수십만 개의 별이 공 모양으로 빽빽하게 모여 있다. ( )

(2) 별의 표면 온도가 높아 파란색을 띤다. ( )

(3) 생성된 지 비교적 오래되었다. ( )

(4) 우리은하의 나선팔에 주로 분포한다. ( )

5 각 설명에 해당하는 성운의 이름을 쓰시오.

(1) 성간 물질이 주변의 별빛을 반사하여 밝게 보인다.

(2) 성간 물질이 뒤쪽에서 오는 별빛을 가려 검게 보인다.

(3) 성간 물질이 주변의 별빛을 흡수하여 스스로 빛을 낸다.

C 우주 팽창

1 외부 은하 우리은하 밖에 분포하는 은하

① *허블이 최초로 발견하였다.
② 우주에 약 1000억 개의 외부 은하들이 존재한다.
③ 외부 은하는 우주 공간에 불균질하게 분포한다.
④ 외부 은하는 은하의 모양을 기준으로 분류할 수 있다.❶

2 우주 팽창 허블은 외부 은하를 관측하여 우주가 팽창한다는 것을 알아냈다.

우주	우리은하를 비롯하여 외부 은하 전체가 차지하는 거대한 공간❷
우주 팽창	우주는 팽창하고 있다. ➡ 대부분의 은하들이 우리은하로부터 멀어지고 있으며, 멀리 있는 은하일수록 빨리 멀어진다.
우주 팽창의 중심	우주는 특별한 중심 없이 모든 방향으로 균일하게 팽창하고 있다. ➡ 우주의 어느 지점에서 보더라도 은하들이 서로 멀어지고 있다.

[우주 팽창 모형 실험]
풍선에 스티커를 붙이고 풍선을 불면서 스티커 사이의 거리 변화를 비교한다.

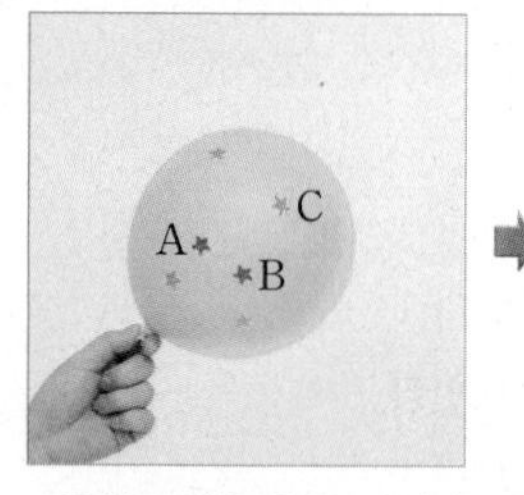

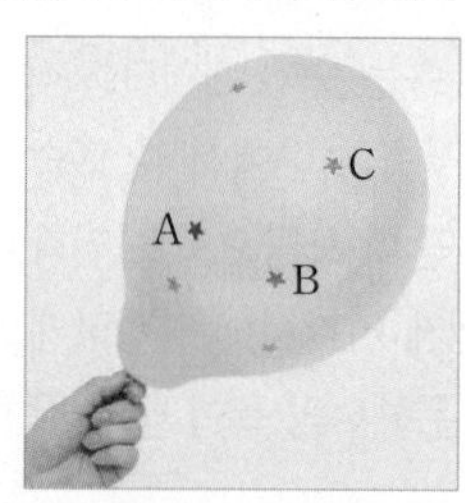

거리(cm)	A~B	B~C	C~A
풍선을 작게 불었을 때	5.3	6.2	7.8
풍선을 크게 불었을 때	10.1	11.6	14.6
거리 변화	4.8	5.4	6.8

- 풍선 표면은 우주, 스티커는 은하를 의미한다.
- 스티커 사이의 거리 : 풍선 표면(우주)이 팽창하여 스티커(은하) 사이의 거리가 멀어진다.
- 늘어난 거리 : A~B<B~C<C~A ➡ 풍선을 크게 불었을 때 거리가 먼 스티커(은하)일수록 더 빨리 멀어진다.
- 팽창의 중심 : 스티커(은하)가 서로 멀어지므로 팽창의 중심을 정할 수 없다.

3 대폭발 우주론(빅뱅 우주론)

① 대폭발 우주론(빅뱅 우주론) : 약 138억 년 전, 매우 뜨겁고 밀도가 큰 한 점에서 대폭발(빅뱅)이 일어나 계속 팽창하여 현재와 같은 우주가 되었다고 설명하는 이론
② 팽창하는 우주의 시간을 거꾸로 돌리면 우주는 점점 수축하면서 뜨거워지고, 우주의 처음 상태는 한 점에 모여 있었다고 추측할 수 있다.
③ 대폭발로 시작된 우주는 점차 식어서 별과 은하가 만들어졌고, 현재와 같은 분포를 보이게 되었다.
④ 현재에도 우주는 계속 팽창하고 있다.

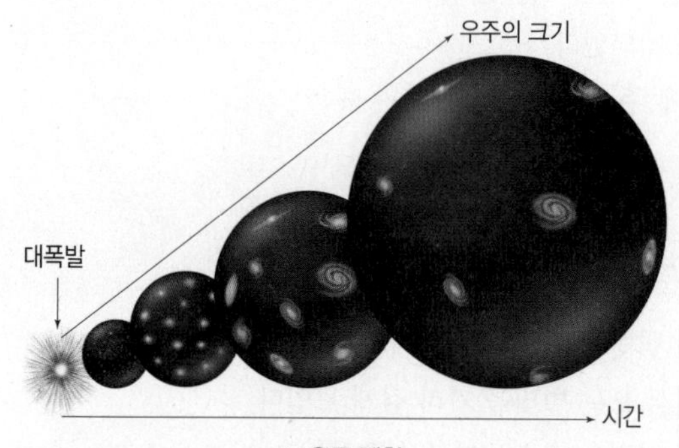

▲ 우주 팽창

플러스 강의

내 교과서 확인 | 미래엔

❶ 허블의 은하 분류

허블은 은하들을 은하의 모양에 따라 타원 은하, 정상 나선 은하, 막대 나선 은하, 불규칙 은하로 분류하였다.

- 타원 은하 : 나선팔이 없고, 구형이거나 타원 모양
- 정상 나선 은하 : 둥근 형태의 은하 중심부에서 나선팔이 휘어져 나온 모양 예 안드로메다은하
- 막대 나선 은하 : 은하 중심을 가로지르는 막대 모양의 끝에서 나선팔이 휘어져 나온 모양 예 우리은하
- 불규칙 은하 : 규칙적인 모양이 없는 은하

▲ 안드로메다은하

❷ 우주를 구성하는 천체의 규모 비교

지구<태양계<성단이나 성운<은하<우주

➡ 별의 개수 비교 : 태양계<산개 성단<구상 성단<은하

▲ 지구

▲ 성단

▲ 은하
▲ 우주

용어 돋보기

* 허블(Hubble, E. P.; 1889~1953)_외부 은하의 존재를 알아내고 관측을 통해 우주가 팽창한다는 사실을 밝혀낸 천문학자

● 정답과 해설 30쪽

C 우주 팽창

- □□ □□ : 우리은하 밖에 분포하는 은하
- 우주가 □□함에 따라 대부분의 외부 은하들이 서로 멀어지고 있다.
- 우주가 팽창함에 따라 □□ 있는 은하일수록 빨리 멀어진다.
- □□□ 우주론 : 약 138억 년 전, 매우 뜨겁고 밀도가 큰 한 점에서 대폭발이 일어나 계속 팽창하여 현재와 같은 우주가 되었다고 설명하는 이론

C

6 다음에서 설명하는 천체가 무엇인지 쓰시오.

> • 우리은하 밖에 있는 은하이다.
> • 우주 공간에 불균질하게 분포한다.
> • 모양을 기준으로 타원 은하, 정상 나선 은하, 막대 나선 은하, 불규칙 은하로 분류할 수 있다.

7 외부 은하를 최초로 발견하였으며, 외부 은하를 관측하여 우주가 팽창한다는 사실을 알아낸 천문학자의 이름을 쓰시오.

8 우주 팽창에 대한 설명으로 옳은 것은 ○, 옳지 않은 것은 ×로 표시하시오.

(1) 우주가 팽창하고 있기 때문에 은하들은 서로 멀어지고 있다. ( )
(2) 은하들이 멀어지는 속도는 모두 같다. ( )
(3) 우리은하를 중심으로 우주가 팽창하고 있다. ( )

9 그림은 우주 팽창의 원리를 알아보기 위한 모형 실험을 나타낸 것이다. ( ) 안에 알맞은 말을 쓰시오.

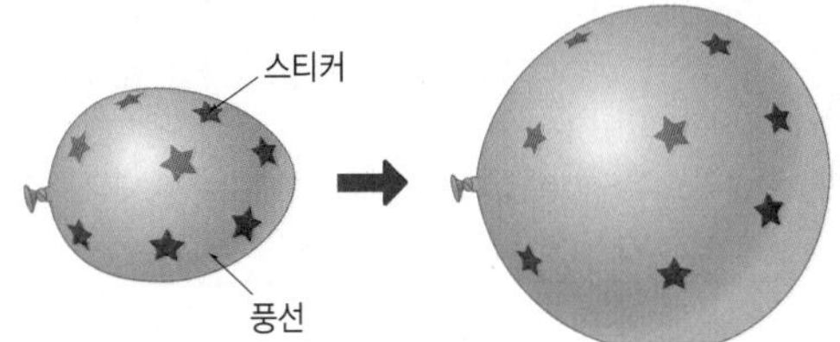

(1) 풍선 표면은 ㉠( )에, 스티커는 ㉡( )에 비유할 수 있다.
(2) 풍선을 크게 불었을 때 거리가 먼 스티커일수록 멀어지는 속도는 더 ( ).

10 다음은 팽창하는 우주에 대한 설명이다. ( ) 안에 알맞은 말을 고르시오.

> 팽창하는 우주의 시간을 거꾸로 돌리면 우주는 점차 ㉠(커, 작아)지다가 결국 한 점에 모일 것이다. 즉, 우주는 매우 ㉡(뜨겁고, 차갑고) 밀도가 ㉢(큰, 작은) 한 점에서 대폭발로 시작하였으며 지금도 계속 팽창하고 있다고 설명할 수 있으며, 이러한 이론을 대폭발 우주론(빅뱅 우주론)이라고 한다.

암기콱 우주 팽창

- 멀리 있는 은하일수록 멀어지는 속도가 빨라진다.
- 팽창하는 우주의 중심은 없다.

03 은하와 우주

D 우주 탐사

1 우주 탐사의 목적과 의의

① 우주 탐사 : 우주를 이해하고자 우주를 탐색하고 조사하는 활동

② 우주 탐사의 목적과 의의

- 우주에 대한 이해의 폭을 넓힐 수 있고, 지적 호기심을 충족시킬 수 있다.
- 지구 이외의 다른 천체에도 생명체가 살고 있는지 알 수 있다.
- 지구에서 부족하거나 고갈되어 가는 지하자원을 채취할 수 있다.
- 우주 탐사를 통해 습득된 정보로부터 지구 환경과 생명을 더 깊이 이해할 수 있다.
- 우주 탐사 과정에서 개발된 첨단 기술을 여러 산업 분야와 실생활에 이용할 수 있다.

화보 7.3

2 우주 탐사 방법 인공위성, 우주 탐사선, 우주 정거장, 전파 망원경 등을 이용한다.

구분	내용
인공위성	• 천체 주위를 일정한 궤도를 따라 공전하도록 만든 장치이다. • 다양한 목적으로 발사되며, 우주 망원경도 인공위성의 한 종류이다.[1]
우주 탐사선	• 지구 이외의 다른 천체를 탐사하기 위해 쏘아 올리는 물체이다. • 천체 주위를 돌거나 천체 표면에 착륙하여 탐사한다.
우주 정거장	• 사람들이 우주에 머무르면서 임무를 수행하도록 만든 인공 구조물이다. • 지상에서 하기 어려운 실험이나 우주 환경 등을 연구한다.
전파 망원경	지상에 설치하여 천체가 방출하는 전파를 관측하기 위한 장치이다.

3 우주 탐사 역사와 성과[2]

시기	성과
1950년대 우주 탐사 시작	스푸트니크 1호(1957) : 구소련에서 발사한 인류 최초의 인공위성
1960년대 달 탐사	아폴로 11호(1969) : 인류가 최초로 달에 착륙함
1970년대 행성 탐사	• 보이저 1호(1977) : 태양계 탐사를 위해 발사됨 • 보이저 2호(1977) : 목성형 행성 탐사를 위해 발사됨. 1989년에 해왕성 통과
1990년대 이후 탐사 대상 확대	• 허블 우주 망원경 : 1990년 발사 이후 현재까지 이용하고 있음 • 뉴호라이즌스호(2006) : 명왕성 탐사를 위해 발사됨. 2015년에 명왕성 통과 • 주노호(2011) : 목성 탐사를 위해 발사됨. 2016년에 목성 도착 후 궤도 공전 • 큐리오시티(2011) : 화성 탐사를 위해 발사된 탐사 로봇, 2012년에 화성 착륙 • 파커 탐사선(2018) : 태양 대기권에 진입

4 우주 탐사의 영향

구분		내용
긍정적 영향	우주 탐사 기술의 이용[3]	정수기, 에어쿠션 운동화, 안경테, 인공 관절, 치아 교정기, 골프채, 의족, 자기 공명 영상(MRI), 컴퓨터 단층 촬영(CT), *위성 위치 확인 시스템(GPS), 진공청소기, 화재경보기, 태양 전지, 형상 기억 합금 헤드셋 등
	인공위성의 이용	• 기상 위성 : 일기 예보, 태풍 예측 • 방송 통신 위성 : 외국 생중계 방송 시청, 외국에 사는 사람과 쉽게 전화 통화 • 방송 통신 위성과 항법 위성 : 위치 파악, 지도 검색
부정적 영향		우주 쓰레기 : *로켓 하단부, 인공위성의 발사나 폐기 과정 등에서 나온 파편 등 ➡ 궤도가 일정하지 않고, 매우 빠른 속도로 떠돌면서 운행 중인 인공위성이나 우주 탐사선, 우주 정거장 등에 피해를 줄 수 있다.

플러스 강의

❶ 우주 망원경

지구 대기 밖 우주에서 관측을 수행하는 망원경으로, 지구 대기의 영향을 받지 않아 지상에 있는 망원경보다 더 선명한 영상을 얻을 수 있다. 예 허블 우주 망원경, 스피처 우주 망원경, 케플러 우주 망원경

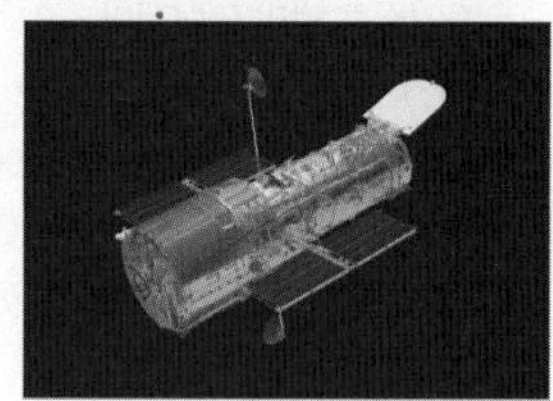

▲ 허블 우주 망원경

내 교과서 확인 | 동아

❷ 우리나라의 우주 탐사

- 2009년에 인공위성을 발사할 수 있는 우주 센터(나로 우주 센터)를 완공하였다.
- 2013년에 나로 우주 센터에서 나로호 로켓을 발사하였다.

❸ 일상생활에서 이용된 우주 탐사 기술

- 정수기 : 우주인들의 식수 문제 해결을 위해 개발하였다.
- 에어쿠션 운동화 : 무중력 상태에서 우주인들의 관절을 보호하기 위해 신발 바닥에 공기를 넣어 만든 것을 적용하였다.
- 안경테, 인공 관절, 치아 교정기 : 인공위성 안테나를 만들 때 사용한 형상 기억 합금 소재를 이용하였다.
- 골프채, 의족 : 우주선을 가볍게 만들기 위해 개발된 티타늄 소재를 이용하였다.
- 자기 공명 영상(MRI), 컴퓨터 단층 촬영(CT) : 우주 탐사에서 활용했던 사진 촬영 기술을 응용하였다.

용어 돋보기

* **위성 위치 확인 시스템(GPS)**_여러 대의 인공위성이 내보내는 신호를 받아 지구상의 위치를 결정하는 체계
* **로켓(rocket)**_고온 고압의 가스를 분출시켜 그 반동으로 추진하는 장치. 우주 탐사에 필요한 장비들은 로켓을 이용하여 우주로 내보낸다.

● 정답과 해설 30쪽

D 우주 탐사

- □□ □□ : 우주를 이해하고자 우주를 탐색하고 조사하는 활동
- □□□□ : 천체 주위를 일정한 궤도를 따라 공전하도록 만든 장치
- □□ □□□ : 지구 이외의 다른 천체를 탐사하기 위해 쏘아 올리는 물체
- □□ □□□ : 사람들이 우주에 머무르면서 임무를 수행하도록 만든 인공 구조물
- □□□□□ 1호 : 인류 최초의 인공위성
- □□ □□□ : 로켓 하단부, 인공위성의 발사나 폐기 과정 등에서 나온 파편 등

암기 꽝 인공위성의 이용 예

생일 선물로 화장품과 치마를 받았다.
전
위
중계 방송
기예보
통화
파악

D

11 우주 탐사의 목적과 의의에 대한 설명으로 옳은 것은 ○, 옳지 않은 것은 ×로 표시하시오.

(1) 우주에 대한 이해의 폭을 넓힐 수 있다. ( )

(2) 지구에서 부족하거나 고갈되어 가는 지하자원을 얻을 수 있다. ( )

(3) 우주 탐사 과정에서 개발된 첨단 기술을 일상생활에 적용하기엔 아직 이르다. ( )

12 보기는 우주를 탐사하는 여러 가지 장비를 나타낸 것이다. 각 물음에 해당하는 탐사 장비를 보기에서 찾아 쓰시오.

> **보기**
> ㄱ. 인공위성　　ㄴ. 전파 망원경
> ㄷ. 우주 정거장　　ㄹ. 우주 탐사선

(1) 직접 천체까지 날아가 탐사한다. ( )

(2) 특정한 목적을 위해 천체 주위를 공전하도록 만든 장치로, 우주 망원경도 이에 속한다. ( )

(3) 우주에 머무르면서 지상에서 하기 어려운 실험을 할 수 있으며, 우주 탐사를 위한 경유지로 이용될 수 있다. ( )

(4) 지상에 커다란 안테나를 설치하여 천체가 방출하는 전파를 관측한다. ( )

13 보기는 우주 탐사에 이용된 다양한 장비를 나타낸 것이다. ( ) 안에 알맞은 말을 보기에서 찾아 쓰시오.

> **보기**
> • 보이저 2호　• 아폴로 11호　• 큐리오시티
> • 스푸트니크 1호　• 뉴호라이즌스호　• 허블 우주 망원경

(1) 1960년대에는 최초로 달에 착륙한 ( ) 등을 이용하여 달 탐사가 활발하게 이루어졌다.

(2) ( )는 1977년 목성, 토성, 천왕성, 해왕성을 향해 발사되었고, 1989년에 해왕성을 통과하였다.

(3) ( )은 1990년에 발사된 이래로 선명한 우주 영상을 지구로 전송하고 있다.

(4) 2011년에 발사된 ( )는 화성 표면 탐사를 위해 발사된 탐사 로봇이다.

14 우주 탐사를 위해 개발된 기술이 일상생활에 이용되는 예가 아닌 것은?

① 정수기　② 축구공　③ 인공 관절
④ 진공청소기　⑤ 에어쿠션 운동화

기출 문제로 내신 쑥쑥

전국 주요 학교의 **시험에 가장 많이 나오는 문제**들로만 구성하였습니다.
모든 친구들이 '꼭' 봐야 하는 코너입니다.

A 우리은하

중요

01 우리은하에 대한 설명으로 옳지 않은 것은?

① 태양계는 우리은하의 중심부에 있다.
② 우리은하의 지름은 약 30000 pc이다.
③ 옆에서 보면 중심부가 볼록한 원반 모양이다.
④ 태양과 같은 별이 약 2000억 개 포함되어 있다.
⑤ 위에서 보면 막대 모양의 중심부를 나선팔이 휘감고 있다.

[02~03] 그림은 우리은하의 모습을 나타낸 것이다.

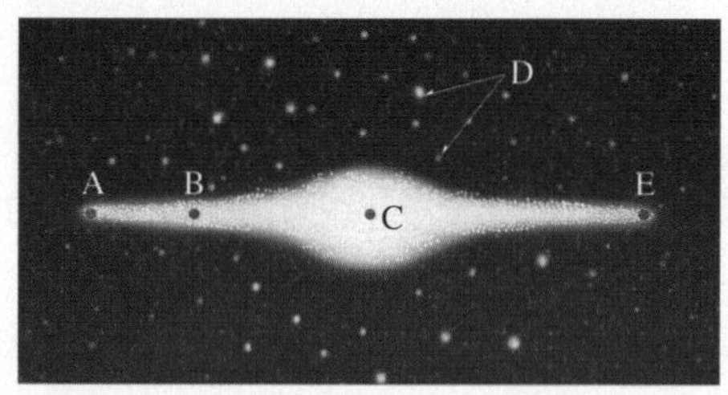

02 A~E 중 태양계의 위치로 옳은 것은?

① A ② B ③ C
④ D ⑤ E

03 이에 대한 설명으로 옳은 것을 보기에서 모두 고른 것은?

보기
ㄱ. 우리은하를 위에서 본 모습이다.
ㄴ. 은하 중심에서 태양계까지의 거리는 약 8500 pc이다.
ㄷ. 우리나라에서는 여름철에 밤하늘이 C 방향인 궁수자리 방향을 향한다.

① ㄱ ② ㄴ ③ ㄱ, ㄷ
④ ㄴ, ㄷ ⑤ ㄱ, ㄴ, ㄷ

04 은하수에 대한 설명으로 옳지 않은 것은?

① 수많은 별로 구성되어 있다.
② 지구에서 본 우리은하의 모습이다.
③ 남반구와 북반구에서 모두 관측된다.
④ 밤하늘에 희뿌연 띠 모양으로 나타난다.
⑤ 방향에 상관없이 폭과 밝기가 일정하게 관측된다.

B 성단과 성운

05 우리은하를 구성하는 성단과 성운에 대한 설명으로 옳은 것을 보기에서 모두 고른 것은?

보기
ㄱ. 별과 별 사이의 공간에는 가스나 티끌인 성간 물질이 분포한다.
ㄴ. 성운은 많은 별들이 모여 집단을 이루고 있는 것이다.
ㄷ. 성단은 성간 물질이 모여 있어 구름처럼 보이는 것이다.

① ㄱ ② ㄴ ③ ㄱ, ㄷ
④ ㄴ, ㄷ ⑤ ㄱ, ㄴ, ㄷ

중요

06 산개 성단과 구상 성단의 특징을 비교한 것으로 옳은 것은?

	구분	산개 성단	구상 성단
①	모양	별들이 빽빽하게 공 모양으로 모임	별들이 듬성듬성 허술하게 모임
②	별의 수	수만~수십만 개	수십~수만 개
③	별의 색	붉은색	파란색
④	별의 표면 온도	높다.	낮다.
⑤	별의 나이	많다.	적다.

중요

07 그림 (가)와 (나)는 서로 다른 두 성단을 나타낸 것이다.

(가) (나)

이에 대한 설명으로 옳은 것은?

① (가)는 산개 성단이고, (나)는 구상 성단이다.
② (가)는 (나)보다 별의 수가 많다.
③ (가)는 (나)보다 젊은 별들의 모임이다.
④ (가)는 (나)보다 표면 온도가 높은 별로 이루어져 있다.
⑤ (가)는 주로 우리은하의 나선팔에 분포하고, (나)는 주로 우리은하의 중심부에 분포한다.

● 정답과 해설 31쪽

08 산개 성단과 구상 성단을 구성하는 별의 색이 다른 까닭은?

① 성단의 모양이 다르기 때문이다.
② 성단의 크기가 다르기 때문이다.
③ 성단의 생성 시기가 다르기 때문이다.
④ 성단을 이루는 별의 수가 다르기 때문이다.
⑤ 지구로부터 성단까지의 거리가 다르기 때문이다.

09 우리은하를 구성하는 천체 중 다음 설명에 해당하는 것은?

- 별과 별 사이에 성간 물질이 많이 모여 있어 구름처럼 보인다.
- 성간 물질이 주변의 별빛을 흡수하여 가열되면서 스스로 빛을 낸다.

① 산개 성단 ② 구상 성단
③ 방출 성운 ④ 반사 성운
⑤ 암흑 성운

중요

10 그림은 오리온자리의 일부를 나타낸 것이다.

말머리 모양으로 검게 보이는 천체에 대한 설명으로 옳은 것을 보기에서 모두 고른 것은?

보기
ㄱ. 암흑 성운이다.
ㄴ. 많은 별이 모여 있는 집단이다.
ㄷ. 성간 물질이 주변의 별빛을 반사하여 어둡게 보인다.

① ㄱ ② ㄷ ③ ㄱ, ㄴ
④ ㄴ, ㄷ ⑤ ㄱ, ㄴ, ㄷ

11 그림 (가)는 산개 성단인 좀생이 성단이고, (나)는 반사 성운인 M78이다.

(가)

(나)

이에 대한 설명으로 옳지 않은 것은?

① (가)를 구성하는 별들은 주로 파란색을 띤다.
② (가)는 비교적 나이가 적은 별들로 구성되어 있다.
③ (가)는 별들이 비교적 엉성하게 모여 있다.
④ (나)와 같은 반사 성운에는 마귀할멈 성운이 있다.
⑤ (나)는 성간 물질이 뒤쪽에서 오는 별빛을 가로막아 밝게 보인다.

12 다음 중 가장 많은 별을 포함하고 있는 것은?

① 성단 ② 성운 ③ 태양계
④ 성간 물질 ⑤ 우리은하

13 우리은하의 모습과 우리은하를 이루는 천체에 대한 설명으로 옳은 것을 보기에서 모두 고른 것은?

보기
ㄱ. 우리은하의 중심부에는 막대 모양의 구조가 있다.
ㄴ. 우리은하에는 성단, 성간 물질, 성운이 포함되어 있다.
ㄷ. 우리은하에서 성단은 나선팔에만 분포한다.

① ㄱ ② ㄷ ③ ㄱ, ㄴ
④ ㄴ, ㄷ ⑤ ㄱ, ㄴ, ㄷ

C 우주 팽창

14 외부 은하에 대한 설명으로 옳지 않은 것은?

① 우리은하 밖에 분포하는 은하이다.
② 모든 외부 은하들은 크기가 일정하다.
③ 허블이 외부 은하의 존재를 발견하였다.
④ 외부 은하는 모양을 기준으로 분류할 수 있다.
⑤ 타원 은하는 나선팔이 없고, 구형이거나 타원 모양이다.

15 다음은 우주를 구성하는 천체의 종류를 나타낸 것이다.

(가) 성단	(나) 지구	(다) 우주
(라) 태양계	(마) 우리은하	

(가)~(마)를 규모가 큰 것부터 순서대로 옳게 나열한 것은?

① (나) → (라) → (가) → (마) → (다)
② (다) → (마) → (가) → (라) → (나)
③ (다) → (마) → (라) → (나) → (가)
④ (마) → (다) → (가) → (라) → (나)
⑤ (마) → (나) → (가) → (다) → (라)

중요
16 우주 팽창에 대한 설명으로 옳은 것을 보기에서 모두 고른 것은?

보기
ㄱ. 우주는 우리은하를 중심으로 팽창하고 있다.
ㄴ. 은하와 은하 사이의 거리는 점점 멀어지고 있다.
ㄷ. 멀리 있는 은하일수록 멀어지는 속도가 빠르다.

① ㄱ ② ㄷ ③ ㄱ, ㄴ
④ ㄴ, ㄷ ⑤ ㄱ, ㄴ, ㄷ

중요
17 그림은 풍선 표면에 스티커를 붙인 다음, 풍선을 크게 불어 각 스티커의 위치 변화를 관찰한 실험이다.

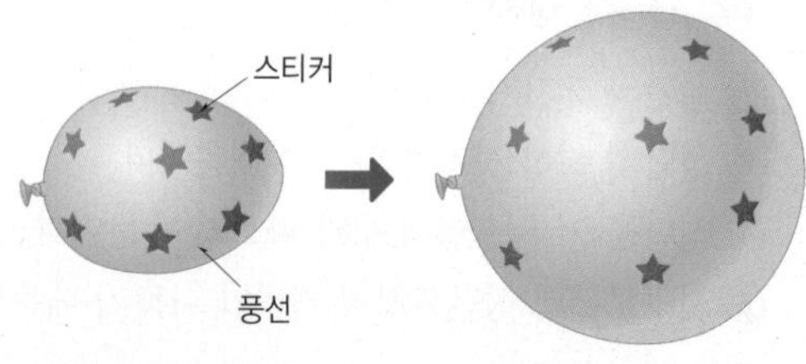

이 실험에 대한 해석으로 옳지 않은 것은?

① 풍선 표면은 우주를 의미한다.
② 스티커는 은하를 의미한다.
③ 가까이 있는 스티커 사이보다 멀리 있는 스티커 사이의 거리 변화가 더 크다.
④ 은하들은 모두 같은 속도로 멀어짐을 알 수 있다.
⑤ 우주가 팽창함에 따라 은하 사이의 거리가 멀어짐을 알 수 있다.

18 약 138억 년 전, 매우 뜨겁고 밀도가 큰 한 점에서 대폭발이 일어나 우주가 만들어졌으며, 계속 팽창하여 현재와 같은 모습으로 되었다고 설명하는 이론은?

① 우주 팽창 ② 외부 은하
③ 겉보기 등급 ④ 허블의 은하 분류
⑤ 대폭발 우주론(빅뱅 우주론)

중요
19 그림은 우주 생성 이론을 나타낸 것이다.

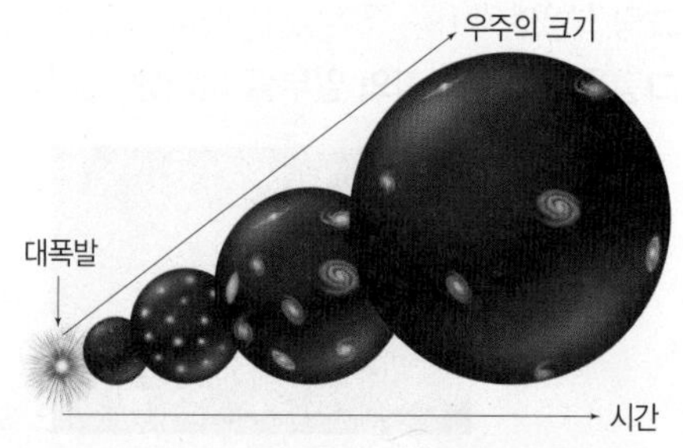

이에 대한 설명으로 옳은 것을 보기에서 모두 고른 것은?

보기
ㄱ. 시간이 지나면서 우주가 계속 수축하고 있다.
ㄴ. 우주의 모든 물질과 에너지가 한 점에 모여 있다가 폭발하여 우주가 생성되었다.
ㄷ. 대부분의 외부 은하는 우리은하와 가까워지고 있다.

① ㄱ ② ㄴ ③ ㄱ, ㄷ
④ ㄴ, ㄷ ⑤ ㄱ, ㄴ, ㄷ

D 우주 탐사

중요

20 우주 탐사에 대한 설명으로 옳지 않은 것은?

① 우주 탐사는 우주를 이해하고자 우주를 탐색하고 조사하는 활동이다.
② 지구에서 고갈되어 가는 자원을 채취할 수 있다.
③ 첨단 과학 기술을 실생활에 이용할 수 있다.
④ 뉴호라이즌스호는 2011년 화성 탐사를 위해 발사되었다.
⑤ 우주 탐사에 인공위성, 우주 탐사선, 우주 정거장과 같은 장비가 이용된다.

중요

21 다음은 태양계의 천체에 대한 정보를 얻기 위한 방법을 설명한 것이다.

> 이것은 천체에 가까이 접근하거나 직접 착륙하여 탐사하며, 지구에서 관측하기 어려운 천체의 표면 상태에 대해 자세히 알아낼 수 있다는 장점이 있다. 따라서 현재까지의 태양계 탐사 방법 중 가장 큰 성과를 얻은 방법이다.

이에 해당하는 탐사 장비는 무엇인가?

① 인공위성　② 우주 망원경
③ 우주 정거장　④ 우주 탐사선
⑤ 전파 망원경

22 그림 (가)와 (나)는 우주를 탐사하는 여러 가지 방법을 나타낸 것이다.

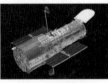

(가) 전파 망원경

(나) 우주 망원경

이에 대한 설명으로 옳은 것을 보기에서 모두 고른 것은?

보기
ㄱ. (가)는 지상에 설치하여 천체가 방출하는 전파를 관측한다.
ㄴ. (나)는 지구 대기의 영향을 받지 않는다.
ㄷ. (나)는 지상에 있는 망원경보다 더 선명한 영상을 얻을 수 있다.

① ㄱ　② ㄷ　③ ㄱ, ㄴ
④ ㄴ, ㄷ　⑤ ㄱ, ㄴ, ㄷ

23 우리 생활에서 우주 탐사 기술을 이용하는 예가 아닌 것은?

① 형상 기억 합금으로 만든 안경테
② 전선이 없는 휴대용 진공청소기
③ 티타늄 소재를 이용하여 만든 의족
④ 줄기 세포를 이용하여 만든 인공 혈액
⑤ 고른 치아를 만들기 위해 부착하는 치아 교정기

24 다음은 우주 탐사를 위한 과학 기술을 일상생활에 이용한 예를 나타낸 것이다.

> (가) 정수기
> (나) 인공 관절
> (다) 에어쿠션 운동화

(가)~(다)에 이용된 과학 기술에 대한 설명으로 옳은 것을 보기에서 모두 고른 것은?

보기
ㄱ. (가)는 우주인의 식수 문제를 해결하기 위해 개발되었다.
ㄴ. (나)는 인공위성 안테나를 만들 때 사용한 형상 기억 합금 소재를 이용하였다.
ㄷ. (다)는 우주인의 무게를 줄이기 위해 사용된 티타늄 소재로 만들어졌다.

① ㄱ　② ㄷ　③ ㄱ, ㄴ
④ ㄴ, ㄷ　⑤ ㄱ, ㄴ, ㄷ

25 오른쪽 그림은 지구를 둘러싸고 있는 우주 쓰레기를 나타낸 것이다. 이와 같은 우주 쓰레기에 대한 설명으로 옳은 것을 보기에서 모두 고른 것은?

보기
ㄱ. 일정한 궤도를 따라 매우 느린 속도로 움직인다.
ㄴ. 인공위성을 발사하거나 폐기하는 과정에서 떨어져 나온 파편 등이다.
ㄷ. 다른 인공위성과 충돌하여 피해를 입히기도 한다.

① ㄱ　② ㄴ　③ ㄱ, ㄷ
④ ㄴ, ㄷ　⑤ ㄱ, ㄴ, ㄷ

서술형 문제

중요

26 우리은하를 (가) 위에서 보았을 때의 모양과 (나) 옆에서 보았을 때의 모양을 각각 서술하시오.

27 그림 (가)와 (나)는 서로 다른 성운의 형성 원리를 나타낸 것이다.

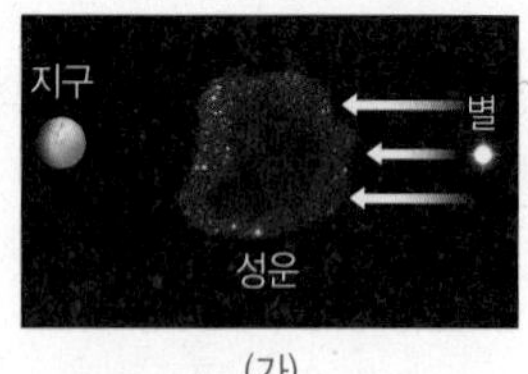

(가)

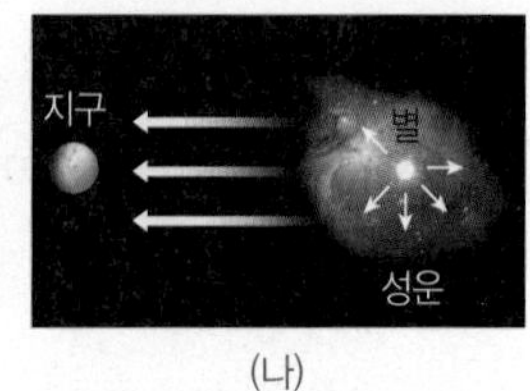

(나)

(1) (가)와 같이 성간 물질이 뒤쪽에서 오는 별빛을 가로막아 어둡게 보이는 성운의 종류를 쓰시오.

(2) (나)와 같이 성운이 밝게 보이는 원리를 서술하시오.

28 그림과 같이 표면에 스티커를 붙인 풍선을 불면서 스티커 사이의 거리를 측정하였더니, 결과가 표와 같았다.

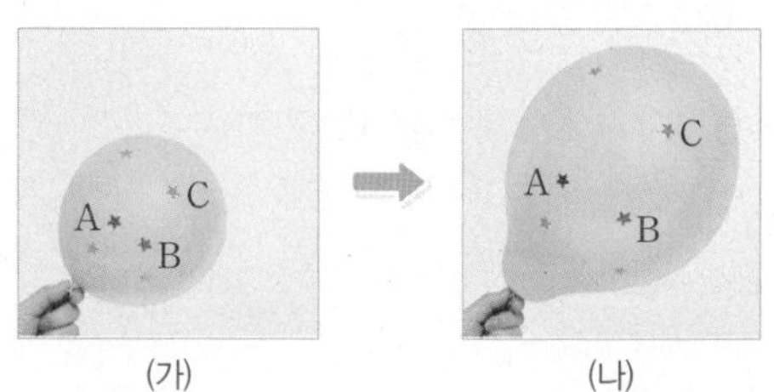

(가) (나)

구분	A와 B 사이의 거리(cm)	A와 C 사이의 거리(cm)
(가)	5.3	7.8
(나)	10.1	14.6

은하 사이의 거리가 멀수록 은하가 멀어지는 속도는 어떻게 변하는지 실험 결과와 비교하여 서술하시오.

29 인공위성이 우리 생활에 미치는 영향을 두 가지 서술하시오.

실력 탄탄

● 정답과 해설 33쪽

01 그림 (가)는 우리나라에서 여름철에 관측한 은하수의 모습을, (나)는 우리은하를 옆에서 본 모습을 나타낸 것이다.

(가)

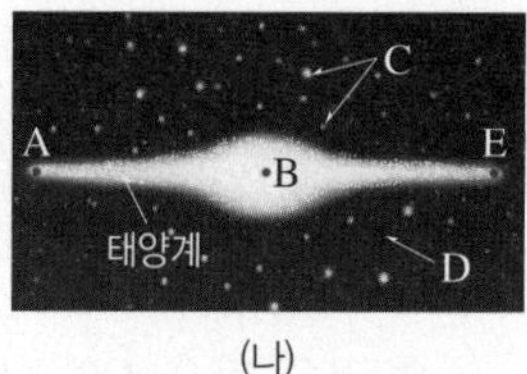

(나)

(가)는 (나)의 A~E 중 어느 방향을 관측했을 때 볼 수 있는가?

① A ② B ③ C ④ D ⑤ E

02 오른쪽 그림은 구성하는 별의 색과 나이에 따라 성단을 분류한 것이다. 이에 대한 설명으로 옳지 않은 것은?

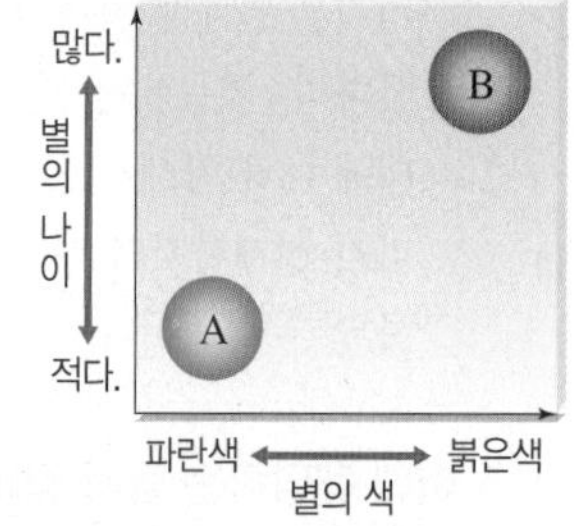

① A는 산개 성단, B는 구상 성단이다.
② A를 구성하는 별의 수는 수십~수만 개이다.
③ A를 구성하는 별들은 비교적 표면 온도가 높다.
④ B는 우리은하에서 주로 나선팔에 분포한다.
⑤ B는 별들이 빽빽하게 모여 공 모양을 이루고 있다.

03 다음 글은 영희의 일과 중 일부를 설명한 것이다. 밑줄 친 부분 중 인공위성의 서비스와 관계가 없는 것은?

> 영희는 집을 나서기 전 비가 오지 않을까 하는 걱정에 ① 스마트폰의 날씨 애플리케이션으로 일기 예보를 확인하였다. 다행히 오늘은 맑았다.
> 등교를 위해 버스 정류장에 간 영희는 안내판을 보고 ② 버스가 3분 후에 도착한다는 것을 알았다.
> 버스를 기다리는 동안 잠시 스마트폰으로 인터넷을 연결해 미국의 ③ NASA에서 제공하는 천체 사진을 내려받았다. "이제 과학 과제 해결!"
> 드디어 도착한 버스에 탄 영희는 인터넷 지도에서 자신이 타고 있는 ④ 버스의 위치가 실시간으로 표시되는 것을 보았다. 버스가 출발하자 영희는 ⑤ 스마트폰에 저장된 음악을 들으면서 학교로 향했다.

단원 평가 문제

지금까지 열심히 달려오셨어요!
단원 평가 문제를 풀면서 자신의 **실력**을 **확인**해 봅시다.

● 정답과 해설 33쪽

01 시차와 연주 시차에 대한 설명으로 옳은 것을 보기에서 모두 고른 것은?

보기
ㄱ. 연주 시차는 지구에서 6개월 간격으로 별을 관측할 때 나타나는 시차의 $\frac{1}{2}$이다.
ㄴ. 지구에서 가까운 별일수록 연주 시차가 작다.
ㄷ. 연주 시차를 이용하면 모든 별까지의 거리를 구할 수 있다.

① ㄱ ② ㄷ ③ ㄱ, ㄴ
④ ㄴ, ㄷ ⑤ ㄱ, ㄴ, ㄷ

02 오른쪽 그림은 연필을 양쪽 눈으로 번갈아 보면서 멀리 있는 자에 대해 연필의 위치를 관찰하는 실험이다. 이 실험을 별의 연주 시차와 관련지어 설명한 내용으로 옳은 것은?

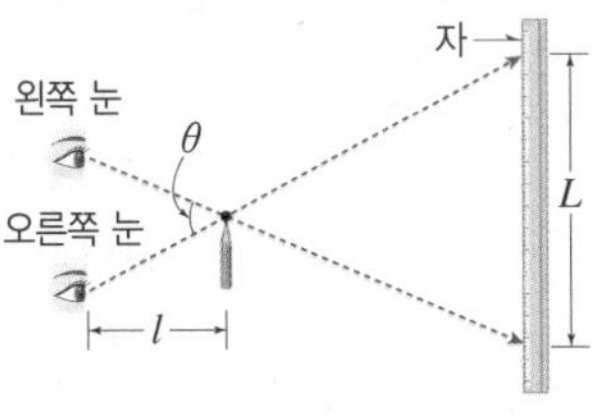

① θ는 별의 연주 시차에 해당한다.
② 연필은 지구, 양쪽 눈은 연주 시차를 측정하는 별에 해당한다.
③ 연필까지의 거리(l)가 멀수록 θ가 커진다.
④ 연필까지의 거리(l)가 가까울수록 연필이 움직여 보이는 거리(L)가 커진다.
⑤ 연주 시차는 별까지의 거리에 비례한다.

03 그림은 지구에서 6개월 동안 관측한 별 A와 B의 시차를 나타낸 것이다.

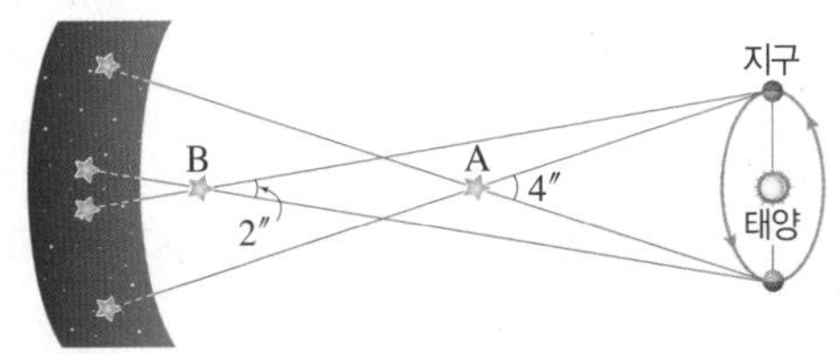

(가) 별 A의 연주 시차와 (나) 별 B까지의 거리를 옳게 짝 지은 것은?

	(가)	(나)		(가)	(나)
①	2″	1 pc	②	2″	10 pc
③	4″	1 pc	④	4″	5 pc
⑤	8″	1 pc			

04 표는 지구에서 관측한 별 A~E의 연주 시차를 나타낸 것이다.

별	A	B	C	D	E
연주 시차(″)	1	1.2	0.01	0.5	0.1

A~E 중 지구로부터 가장 가까운 별은?

① A ② B ③ C
④ D ⑤ E

05 그림 (가)와 (나)는 휴대 전화의 거리를 달리하여 휴대 전화의 손전등에서 나온 빛을 모눈종이에 비춘 실험을 나타낸 것이다.

(가) 한 칸을 비출 때

(나) 아홉 칸을 비출 때

이에 대한 설명으로 옳은 것을 보기에서 모두 고른 것은?

보기
ㄱ. 빛을 비춘 거리가 멀어질수록 모눈종이에 비친 빛의 밝기는 어두워진다.
ㄴ. 빛을 비춘 거리가 멀어질수록 모눈종이가 빛을 받는 넓이는 넓어진다.
ㄷ. 빛을 비춘 거리가 멀어질수록 휴대 전화에서 방출되는 빛의 양은 감소한다.

① ㄱ ② ㄷ ③ ㄱ, ㄴ
④ ㄴ, ㄷ ⑤ ㄱ, ㄴ, ㄷ

06 별의 밝기와 등급에 대한 설명으로 옳은 것을 보기에서 모두 고른 것은?

보기
ㄱ. 히파르코스는 맨눈으로 보았을 때 가장 어둡게 보이는 별을 10등급으로 정하였다.
ㄴ. 절대 등급이 작은 별일수록 실제로 밝다.
ㄷ. 겉보기 등급이 작은 별일수록 우리 눈에 밝게 보인다.

① ㄱ ② ㄴ ③ ㄷ
④ ㄱ, ㄴ ⑤ ㄴ, ㄷ

07 −2등급인 별 A와 1등급인 별 B의 밝기를 옳게 비교한 것은?

① A가 B보다 약 2.5배 밝게 보인다.
② A가 B보다 약 6.3배 밝게 보인다.
③ A가 B보다 약 16배 밝게 보인다.
④ B가 A보다 약 2.5배 밝게 보인다.
⑤ B가 A보다 약 16배 밝게 보인다.

08 그림은 별 S의 거리와 밝기의 관계를 나타낸 것이다.

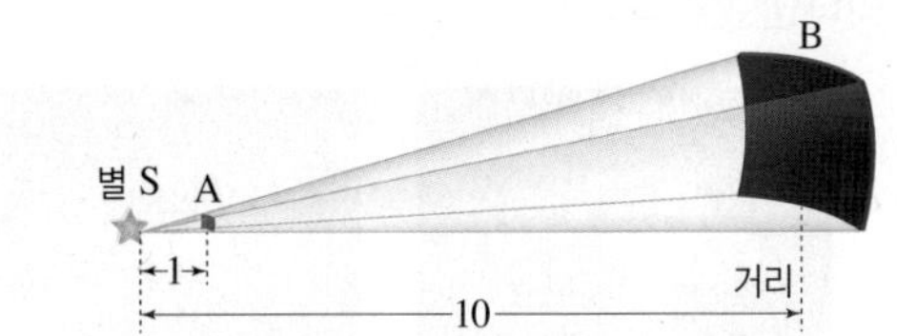

A 위치에서 별 S의 겉보기 등급이 6등급이라면, B 위치에서 별 S의 겉보기 등급은?

① 0등급 ② 1등급 ③ 6등급
④ 7등급 ⑤ 11등급

09 그림은 별 A와 B까지의 거리를 나타낸 것이다.

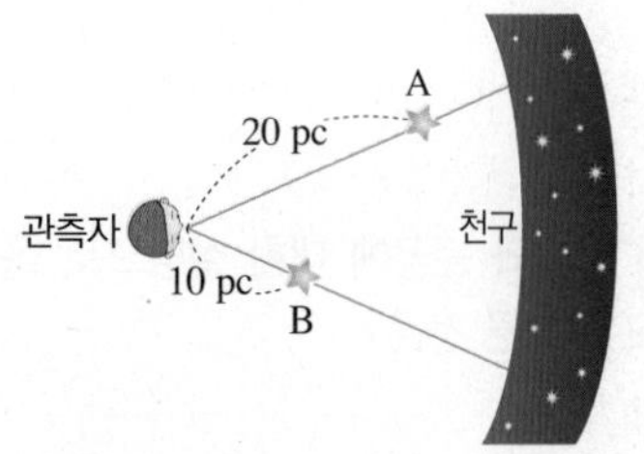

두 별에 대한 설명으로 옳은 것은?(단, 두 별의 겉보기 등급은 1등급으로 같다.)

① 별 A의 절대 등급은 2등급이다.
② 별 A는 별 B보다 연주 시차가 크다.
③ 별 B의 절대 등급은 1등급이다.
④ 별 B는 별 A보다 실제로 더 밝다.
⑤ 두 별은 우리 눈에 서로 다른 밝기로 보인다.

10 별까지의 거리가 달라지면 그 값이 변하는 것을 보기에서 모두 고른 것은?

보기
ㄱ. 색 ㄴ. 연주 시차
ㄷ. 절대 등급 ㄹ. 표면 온도
ㅁ. 겉보기 등급

① ㄱ, ㄴ ② ㄱ, ㄷ ③ ㄴ, ㅁ
④ ㄷ, ㄹ ⑤ ㄹ, ㅁ

11 오른쪽 그림은 밤하늘에 떠 있는 세 별의 모습으로, 프로키온은 황백색, 베텔게우스는 적색, 시리우스는 백색을 띤다. 세 별 중 (가) 표면 온도가 가장 높은 별과 (나) 표면 온도가 가장 낮은 별을 옳게 짝 지은 것은?

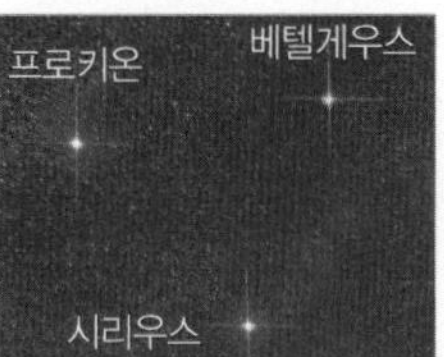

	(가)	(나)
①	시리우스	프로키온
②	시리우스	베텔게우스
③	프로키온	시리우스
④	프로키온	베텔게우스
⑤	베텔게우스	시리우스

12 표는 별 A～C의 등급과 색을 나타낸 것이다.

별	겉보기 등급	절대 등급	색
A	−26.8	4.8	황색
B	0.8	2.2	백색
C	0.1	−6.8	청백색

이에 대한 설명으로 옳은 것을 보기에서 모두 고른 것은?

보기
ㄱ. A는 10 pc보다 가까이 있는 별이다.
ㄴ. 맨눈으로 보았을 때 가장 밝게 보이는 별은 B이다.
ㄷ. 표면 온도는 B가 가장 높고, C가 가장 낮다.

① ㄱ ② ㄷ ③ ㄱ, ㄴ
④ ㄴ, ㄷ ⑤ ㄱ, ㄴ, ㄷ

13 오른쪽 그림은 우리은하의 모습을 나타낸 것이다. 이에 대한 설명으로 옳지 않은 것은?

① 위에서 본 모습이다.
② 우리은하에는 나선팔이 있다.
③ 태양계는 B에 위치하고 있다.
④ 우리은하의 지름은 약 30000 pc이다.
⑤ 우리은하 중심부에 해당하는 A에는 산개 성단이 많이 분포한다.

14 그림은 두 종류의 성단을 나타낸 것이다.

(가)

(나)

(나)가 (가)에 비해 큰 값을 가지는 것을 보기에서 모두 고른 것은?

보기	
ㄱ. 별의 개수	ㄴ. 별의 표면 온도
ㄷ. 붉은색 별의 비율	ㄹ. 파란색 별의 비율

① ㄱ, ㄴ ② ㄱ, ㄹ ③ ㄴ, ㄷ
④ ㄴ, ㄹ ⑤ ㄷ, ㄹ

15 그림 (가)와 (나)는 서로 다른 종류의 성운을 나타낸 것이다.

(가) 오리온 대성운

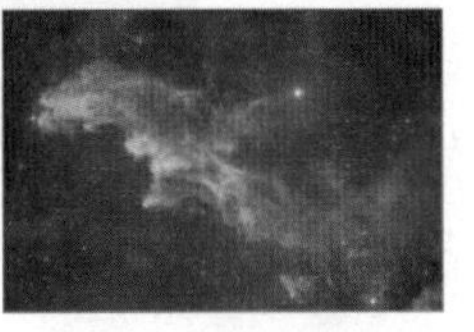
(나) 마귀할멈 성운

이에 대한 설명으로 옳은 것을 보기에서 모두 고른 것은?

보기
ㄱ. (가)는 방출 성운이다.
ㄴ. (나)는 성간 물질이 주변의 별빛을 반사하여 밝게 보인다.
ㄷ. 성운은 많은 별이 모여 있는 집단이다.

① ㄱ ② ㄷ ③ ㄱ, ㄴ
④ ㄴ, ㄷ ⑤ ㄱ, ㄴ, ㄷ

16 대폭발 우주론(빅뱅 우주론)에 대한 설명으로 옳지 않은 것은?

① 현재는 우주의 팽창이 멈춘 상태이다.
② 과거로 갈수록 우주의 크기는 작아진다.
③ 약 138억 년 전 우주의 온도는 현재보다 높았다.
④ 우주는 대폭발 이후로 계속 팽창하여 현재와 같은 우주가 되었다.
⑤ 대폭발로 시작된 우주는 시간이 지남에 따라 점차 식어서 별과 은하가 만들어졌다.

17 우주 탐사에 대한 설명으로 옳지 않은 것은?

① 최초의 인공위성은 1957년에 구소련에서 발사한 스푸트니크 1호이다.
② 아폴로 11호는 1969년에 최초로 달에 착륙하였다.
③ 허블 우주 망원경은 1990년에 발사된 이후 현재까지 지상에서 활발하게 관측을 수행하고 있다.
④ 1990년대 이후에는 다양한 장비를 이용하여 탐사 대상이 확대되었다.
⑤ 우리나라에서는 2013년에 나로 우주 센터에서 나로호 로켓을 발사하였다.

18 우주 탐사의 영향에 대한 설명으로 옳은 것을 보기에서 모두 고른 것은?

보기
ㄱ. 우주 탐사의 결과로 우주 쓰레기의 양이 감소하였다.
ㄴ. 우주 탐사 과정에서 얻은 기술을 정수기나 전자레인지 등 일상생활에 이용한다.
ㄷ. 인공위성을 이용하여 외국에 사는 친구와 쉽게 전화 통화를 할 수 있다.

① ㄱ ② ㄷ ③ ㄱ, ㄴ
④ ㄴ, ㄷ ⑤ ㄱ, ㄴ, ㄷ

서술형 문제

19 그림은 관측자가 A와 B 위치에서 나무를 바라볼 때 생기는 시차를 나타낸 것이다.

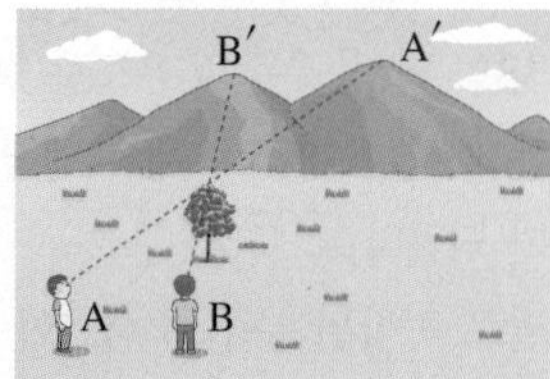

(1) 나무를 별이라고 가정한다면, 관측자는 무엇에 해당하는지 쓰시오.

(2) 관측 위치인 A와 B 사이의 거리가 멀어지면 시차는 어떻게 변할지 서술하시오.

20 그림은 같은 장소에서 6개월 간격으로 같은 시각, 같은 방향의 밤하늘을 촬영한 것이다.

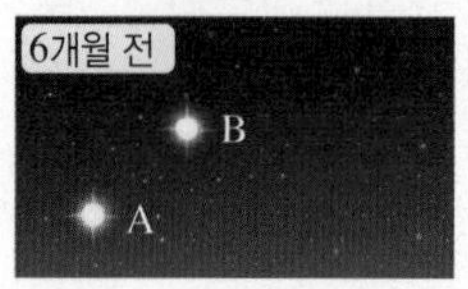

별 A와 B 중 지구에서 더 멀리 있는 별을 고르고, 그렇게 판단한 까닭을 연주 시차와 관련지어 서술하시오.

21 겉보기 등급이 1등급인 별까지의 거리가 현재보다 $\frac{1}{4}$로 가까워지면 이 별의 밝기와 겉보기 등급은 어떻게 변하는지 구체적으로 서술하시오.(단, $2.5^3=16$으로 계산한다.)

22 표는 여러 별의 겉보기 등급과 절대 등급을 나타낸 것이다.

별	겉보기 등급	절대 등급
시리우스	−1.5	1.4
직녀성	0.0	0.5
프로키온	0.3	2.6
안타레스	1.0	−4.5

지구로부터 거리가 가장 먼 별과 가까운 별을 위 표에서 각각 고르고, 그렇게 판단한 까닭을 서술하시오.

23 밤하늘의 별을 관측하면 어떤 별은 붉은색을 띠고, 어떤 별은 파란색을 띤다. 이처럼 별마다 색이 다르게 나타나는 까닭을 서술하시오.

24 그림은 지구에서 관측한 은하수를 나타낸 것이다.

은하수를 관측할 때 군데군데 검은 부분이 보이는 까닭을 서술하시오.

25 구상 성단과 산개 성단을 이루는 별의 표면 온도와 색을 비교하여 서술하시오.

대단원 콕콕 점검

이 단원에서 학습한 내용을 확실히 이해했나요?
다음 내용을 잘 알고 있는지 스스로 체크해 보세요.

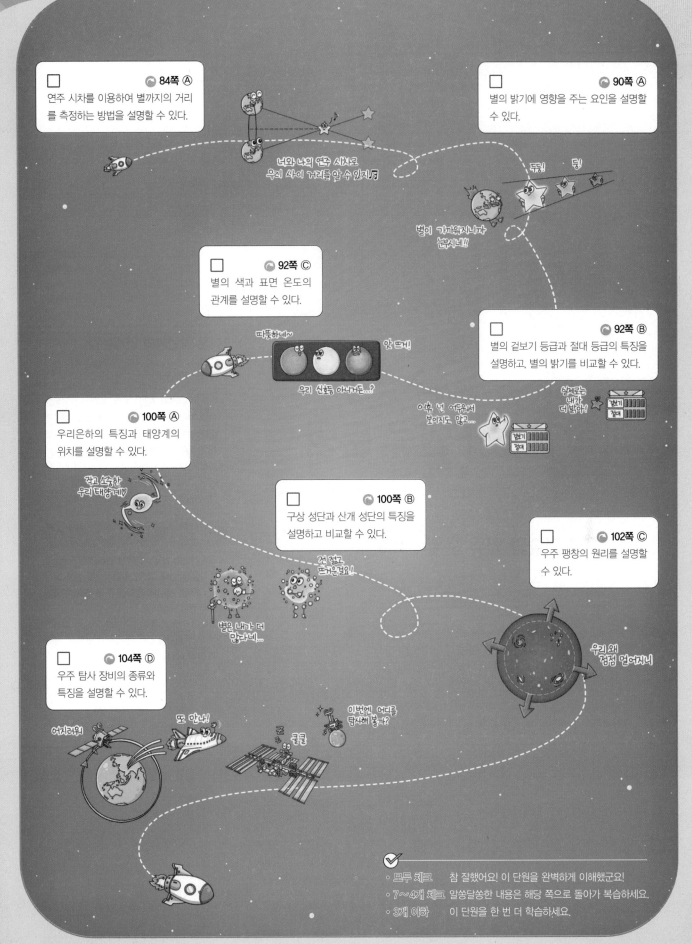

- [ ] 84쪽 Ⓐ
  연주 시차를 이용하여 별까지의 거리를 측정하는 방법을 설명할 수 있다.
- [ ] 90쪽 Ⓐ
  별의 밝기에 영향을 주는 요인을 설명할 수 있다.
- [ ] 92쪽 Ⓒ
  별의 색과 표면 온도의 관계를 설명할 수 있다.
- [ ] 92쪽 Ⓑ
  별의 겉보기 등급과 절대 등급의 특징을 설명하고, 별의 밝기를 비교할 수 있다.
- [ ] 100쪽 Ⓐ
  우리은하의 특징과 태양계의 위치를 설명할 수 있다.
- [ ] 100쪽 Ⓑ
  구상 성단과 산개 성단의 특징을 설명하고 비교할 수 있다.
- [ ] 102쪽 Ⓒ
  우주 팽창의 원리를 설명할 수 있다.
- [ ] 104쪽 Ⓓ
  우주 탐사 장비의 종류와 특징을 설명할 수 있다.

너와 나의 연주 시차로 우리 사이 거리를 알 수 있지♬
두둥! 둥!
별이 가까워지니까 눈부시네!!
따뜻하네~
앗 뜨거!
우리 신호등 아니거든...?
실제로는 내가 더 밝아!
어휴 넌 어두워서 보이지도 않고...
겉보기
절대
작고 소중한 우리 태양계♡
전 젊고 뜨거운걸요!
별은 내가 더 많다네...
우리 왜 점점 멀어지니
어지러워
또 만나!
쿨쿨
이번엔 어디를 탐사해 볼까?

✓
- 모두 체크　참 잘했어요! 이 단원을 완벽하게 이해했군요!
- 7~4개 체크　알쏭달쏭한 내용은 해당 쪽으로 돌아가 복습하세요.
- 3개 이하　이 단원을 한 번 더 학습하세요.

Ⅷ

과학기술과 인류 문명

|다른 학년과의 연계는?|

중학교 1학년

- 과학과 관련된 직업 : 기초 과학이나 응용과학과 관련된 직업에는 공통적으로 필요한 역량이 있으며, 현대 사회의 다양한 직업은 과학과 관련되어 있다.
- 과학의 발달과 미래의 직업 : 미래의 직업은 첨단 과학기술의 융합, 친환경, 삶의 질 향상, 인공 지능 등과 관계가 깊을 것이다.

중학교 3학년

- 과학기술의 발달 : 과학적 원리의 발견 및 과학기술은 인쇄, 교통, 농업, 의료, 정보 통신 등 다양한 분야에 영향을 주어 인류 문명을 크게 발달시켰다.
- 과학과 기술의 활용 : 과학과 기술을 활용하여 우리 생활을 보다 편리하게 만들고, 공학적 설계 과정을 경험한다.

이 단원에서는 과학기술의 발달, 과학과 기술의 활용에 대해 알아본다.
이 단원을 들어가기 전에 과학기술의 발달이 가져올 유망 직업에 대해 알아보자.

알고 있나요?

인공 지능 전문가

하는 일 | 컴퓨터와 로봇 등이 인간처럼 생각하고 결정을 내리도록 하는 기술을 개발한다. 또한 기존 지식을 기계가 배우도록 한 뒤에 기계가 사람 대신 일하게 만드는 기술, 저장한 지식과 여러 지식을 연결해 새로운 지식을 발견하는 기술 등 지식을 학습하고 다른 지식을 이끌어 내는 기술을 개발하기도 한다.
활동 분야 | 로봇 설계, 게임, 재생 에너지, 검색 엔진, 영상 및 음성 인식 등 다양한 분야에서 활동이 가능하다.

가상 현실 전문가

하는 일 | 사용자가 원하는 가상 세계가 무엇인지 파악하고, 시스템을 분석하여 개발 방향을 설정한다. 기초 작업이 정리되면 기획안을 작성하고 3차원 컴퓨터 그래픽 제어 기술을 활용하여 프로그래밍 한 후 가상 현실 시스템을 개발한다. 시스템이 개발되면 오류가 없는지 한 번 더 테스트하고 수정 작업을 거쳐 시스템을 완성한다.
활동 분야 | 문화 콘텐츠와 관련된 산업 중심으로 활동하며, 향후 다양한 분야로 발전할 것으로 예상된다.

빅데이터 전문가

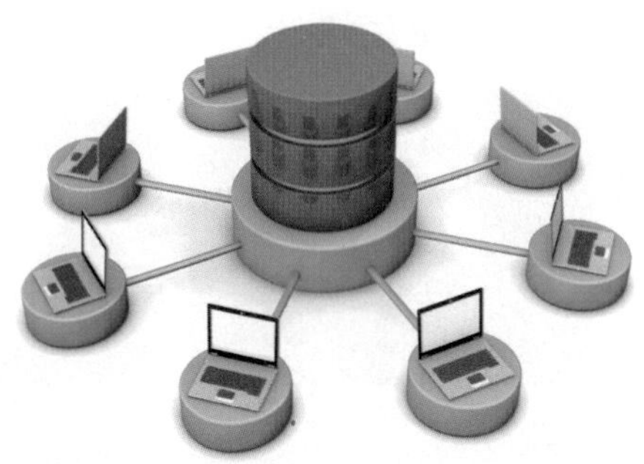

하는 일 | 대량의 데이터 수집, 저장 및 분석, 데이터 시각화 등을 통해 사람들의 행동이나 시장의 변화 등을 분석하는 데 도움이 되는 정보를 제공한다.
활동 분야 | 금융, 유통(계절에 따라 생산이나 판매가 달라지는 상품 예측, 매장의 상품 진열), 제조(불량 제품이 발생할 가능성을 미리 알려줌), 서비스, 의료 등 다양한 분야에서 활동이 가능하다.

01 과학기술과 인류 문명

A 과학기술의 발달

1 불의 이용과 인류 문명의 시작 불의 발견과 이용 → 생존을 위한 기술 발달(음식 익히기, 흙으로 도구 만들기 등) → 청동, 철과 같은 금속을 얻고 가공하는 기술 발달 → 과학기술의 발달로 인류의 생활 수준 향상 → 문명의 발전

화보 8.1

2 과학 원리의 발견이 인류 문명에 미친 영향

태양 중심설❶ (코페르니쿠스)	망원경으로 천체를 관측하여 태양 중심설의 증거를 발견하면서 경험 중심의 과학적 사고를 중요시하게 되었다.❷
세포의 발견 (훅)	현미경으로 세포를 발견하면서 생물체를 작은 세포들이 모여서 이루어진 존재로 인식하게 되었다.
만유인력 법칙 (뉴턴)	만유인력 법칙을 발견하여 자연 현상을 이해하고 그 변화를 예측할 수 있게 하였다.
전자기 유도 법칙❸ (패러데이)	전자기 유도 법칙을 발견하여 전기를 생산하고 활용할 수 있는 방법을 열었다.
암모니아 합성 (하버)	암모니아 합성법을 개발한 후 질소 비료를 대량 생산할 수 있게 되면서 식량 문제 해결에 기여하였다.
백신 개발 (파스퇴르)	백신 접종을 통해 질병을 예방할 수 있음을 입증하였고, 이후 다양한 백신이 개발되어 인류의 평균 수명 연장에 영향을 미쳤다.

3 과학기술이 인류 문명의 발달에 미친 영향❹

① 인쇄 : 인쇄술의 발달은 책의 대량 생산과 보급을 가능하게 하여 지식과 정보가 빠르게 확산되었다.

- 활판 인쇄술이 발달하면서 책의 대량 생산이 가능해졌고, 종교 개혁, 과학 혁명 등에 영향을 주었다.
- 현재는 전자책이 출판되어 많은 양의 책을 저장하고 검색하기 쉬워졌으며, 새로운 전자물 출판이 용이해졌다.

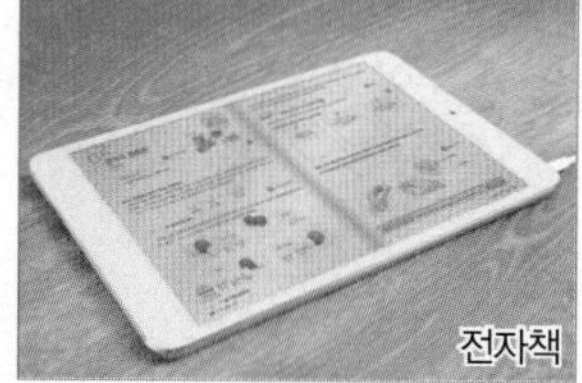
전자책

② 교통 : 교통수단의 발달로 먼 거리까지 많은 물건을 빠르게 운반할 수 있게 되어 산업이 크게 발달하였다.

증기 기관차
증기 기관을 이용한 기차나 배로 대량의 물건을 먼 곳까지 운반할 수 있게 되었다.❺

자동차
내연 기관의 등장으로 자동차가 발달하였다.❻

고속 열차
현재는 전기를 동력으로 하는 고속 열차 등이 개발되어 사람과 물자의 이동이 더욱 활발해졌다.

③ 농업 : 화학 비료 등이 개발되어 농산물의 품질이 향상되고, 생산량이 증가하였다.

- 암모니아 합성 기술을 이용하여 개발된 질소 비료는 식량 증대에 큰 역할을 하였다.
- 현재는 생명 공학 기술을 이용해 특정한 목적에 맞게 품종을 개량하고, 지능형 농장을 이용해 농산물의 생산성과 품질을 높이고 있다.

지능형 농장

플러스 강의

내 교과서 확인 | 비상, 미래엔

❶ **태양 중심설**
지구와 다른 행성이 태양 주위를 돌고 있다는 이론

내 교과서 확인 | 미래엔

❷ **망원경의 발달**
- 갈릴레이 : 자신이 만든 망원경으로 목성의 위성 4개를 발견하였고, 은하수가 수많은 별로 이루어져 있음을 알아냈다.
- 뉴턴 : 오목 거울로 배율이 높은 망원경을 만들어 천문학의 발달에 기여하였다.
- 우주 망원경 : 지상에서는 관측할 수 없는 관측 자료를 수집하여 천문학과 우주 항공 기술을 발전시켰다.

내 교과서 확인 | 미래엔

❸ **전자기 유도**
코일 주위에서 자석을 움직이면 코일 내부의 자기장이 변하며, 이에 따라 코일에 전류가 흐르는 현상

❹ **과학기술 발달의 부정적 영향**
과학기술이 발달하면서 환경 오염, 에너지 부족 등의 문제가 나타나고, 사생활 침해와 같은 사회적 문제가 발생하기도 한다. 따라서 앞으로 발생할 수 있는 문제에 대비하고, 이미 발생한 문제를 해결하려고 노력해야 한다.

❺ **증기 기관** 내 교과서 확인 | 동아
물을 끓여 만든 수증기가 피스톤을 움직이게 하는 장치로, 외부에서 연료를 연소시켜 얻은 증기의 압력을 이용하여 기계를 움직인다. 증기 기관을 이용한 기계의 사용은 수공업 중심의 사회를 산업 사회로 변화시키는 산업 혁명의 원동력이 되었다.

❻ **내연 기관** 내 교과서 확인 | 동아
연료를 기관 내부에서 연소시켜 이를 동력원으로 이용하는 장치로, 내연 기관의 등장은 산업을 한 단계 더 발전시켰다.

확인 문제로 개념 쏙쏙

● 정답과 해설 35쪽

A 과학기술의 발달

- □의 이용 : 생존을 위한 기술 발달 → 금속을 얻고 가공하는 기술 발달 → 과학기술의 발달로 인류의 생활 수준 향상 → 문명의 발전
- 코페르니쿠스는 지구와 다른 행성이 태양 주위를 돌고 있다는 □□□□□을 주장하였다.
- 하버는 □□□□ 합성법을 개발하여 식량 증대에 큰 역할을 하였다.
- □□술의 발달은 책의 대량 생산과 보급을 가능하게 하여 지식과 정보가 빠르게 확산되었다.
- □□수단의 발달로 먼 거리까지 많은 물건을 빠르게 운반할 수 있게 되어 산업이 크게 발달하였다.
- □□ 분야에서는 화학 비료 등이 개발되어 농산물의 품질이 향상되고, 생산량이 증가하였다.

A

1 불이 인류 생활에 미친 영향으로 옳은 것은 ○, 옳지 않은 것은 ×로 표시하시오.

(1) 인류는 불을 이용하게 되면서 생존을 위한 기술을 발달시켰다. ( )

(2) 인류는 불을 이용하여 금속을 얻는 기술이 발달했지만 철제 무기나 철제 농기구 등은 만들지 못했다. ( )

(3) 인류는 불을 다루는 것에서 시작하여 불을 이용하여 금속을 얻게 되면서 생활 수준이 향상되었다. ( )

2 과학 원리의 발견이 인류 문명에 미친 영향으로 옳은 것은 ○, 옳지 않은 것은 ×로 표시하시오.

(1) 코페르니쿠스가 주장한 지구 중심설은 우주에 관한 인류의 생각을 변화시켰다. ( )

(2) 만유인력 법칙의 발견은 자연 현상을 이해하고 그 변화를 예측할 수 있게 하였다. ( )

(3) 현미경으로 세포를 발견하면서 생물체를 작은 세포들이 모여서 이루어진 존재로 인식하게 되었다. ( )

(4) 전자기 유도 법칙의 발견으로 식량 문제가 해결되었다. ( )

3 다음 ( ) 안에 알맞은 말을 쓰시오.

> 금속 활자가 발명되어 활판 ( )이 발달하면서 책의 대량 생산이 가능해졌고, 지식과 정보의 유통이 활발해지면서 사람들의 지식수준이 향상하였다. 이 기술의 발달은 종교 개혁, 과학 혁명 등에도 영향을 주었다.

4 다음은 과학기술이 인류 문명의 발달에 미친 영향 중 어떤 분야에 대한 설명인지 쓰시오.

> 증기의 압력을 이용하여 기계를 움직이는 장치인 증기 기관은 산업 혁명에서 동력원으로써 중요한 역할을 하였다. 특히 증기 기관을 이용한 증기 기관차와 증기선의 발명으로 인류는 더 많은 물건을 먼 곳까지 운반할 수 있게 되었다. 오늘날에는 고속 열차나 비행기를 이용하여 이전보다 더 빠르게 원하는 곳으로 이동하거나 물자를 운반하고 있다.

5 다음 ( ) 안에 알맞은 말을 쓰시오.

> 산업 혁명 이후 인구가 급격히 증가하면서 인류는 더 많은 식량이 필요해졌다. 이때 ( )를 합성하는 기술을 이용하여 개발된 질소 비료는 식량을 증대하는 데 큰 역할을 하였다.

01 과학기술과 인류 문명

④ 의료 : 의약품과 치료 방법, 의료 기기가 개발되어 인류의 평균 수명이 길어졌다.

- *종두법의 발견 이후 여러 가지 백신이 개발되어 소아마비와 같은 질병을 예방할 수 있게 되었다.
- 페니실린과 같은 항생제가 개발되어 결핵과 같은 질병을 치료할 수 있게 되었다.
- 현재는 자기 공명 영상 장치(MRI) 등 첨단 의료 기기로 정밀한 진단이 가능하며, 원격 의료 기술이 발달하고 있다.

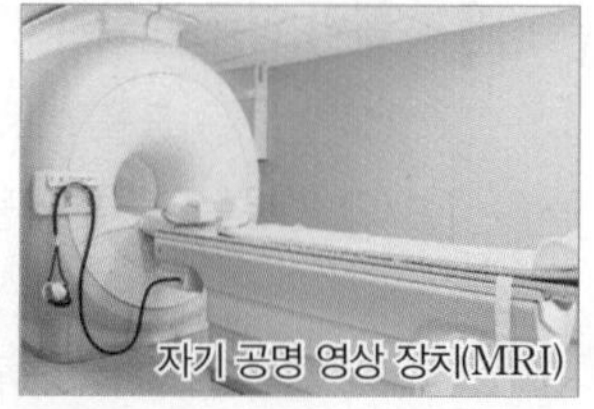
자기 공명 영상 장치(MRI)

⑤ 정보 통신 : 정보 통신 분야의 기술 발달은 인류의 문명과 생활을 크게 변화시켰다.

전화기

소리의 진동을 전기 신호로 바꾸는 기술이 개발되었고, 이를 이용한 전화기가 발명되어 멀리 떨어진 사람과 통화할 수 있게 되었다.

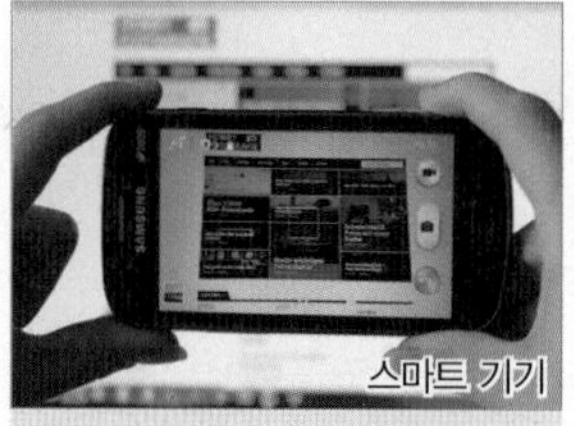
스마트 기기

인공위성, 인터넷의 개발로 세계를 연결하는 통신망이 구축되고, 스마트 기기를 이용하여 어디서든 정보를 검색하는 것이 가능해졌다.

인공 지능 스피커

현재는 인공 지능 스피커로 음악을 재생하는 등 생활이 더욱 편리해지고 있다.

B 과학과 기술의 활용

화보 8.2

1 생활을 편리하게 하는 과학기술

*나노 기술	나노 물질의 독특한 특성을 이용하여 다양한 소재나 제품을 만드는 기술 예 나노 반도체, 나노 로봇, 나노 표면 소재, 휘어지는 디스플레이 등❶❷
생명 공학 기술	생물의 특성과 생명 현상을 이해하고, 이를 인간에게 유용하게 이용하거나 인위적으로 조작하는 기술 예 유전자 재조합 기술, 세포 융합, 바이오 의약품, 바이오칩 등❸
정보 통신 기술❹	정보 기기의 하드웨어와 소프트웨어 기술, 이 기술을 이용한 정보 수집, 생산, 가공, 보존, 전달, 활용하는 모든 방법 • 사물 인터넷 (IoT) : 모든 사물을 인터넷으로 연결하는 기술 예 홈 네트워크 : 밖에서 집 안의 가전제품을 제어할 수 있다. • 빅데이터 기술 : 방대한 정보를 분석하여 활용하는 기술 • 인공 지능(AI) : 컴퓨터로 인간의 기억, 지각, 학습 이해 등 인간이 하는 지적 행위를 실현하고자 하는 기술 • 그 외 : 증강 현실(AR), 가상 현실(VR), 전자 결제, 언어 번역, 생체 인식, 웨어러블 기기 등❺

2 공학적 설계

2 공학적 설계 과학 원리나 기술을 활용하여 기존의 제품을 개선하거나 새로운 제품 또는 시스템을 개발하는 창의적인 과정

일상생활에서 불편한 점 인식 ➡ 최적의 해결 방법 모색 ➡ 적절한 과학 원리나 기술을 활용하여 제품 생산❻

화보 8.3

[제품 생산 시 고려해야 하는 점 예 전기 자동차]

- 경제성 : 축전지(배터리) 교체 비용을 줄이기 위해 수명이 긴 축전지 사용
- 안전성 : 소음이 거의 없는 전기 자동차의 접근을 보행자가 알 수 있도록 경보음 장치 설치
- 편리성 : 한 번 충전하면 먼 거리를 주행할 수 있도록 용량이 큰 축전지 사용
- 환경적 요인 : 배기가스를 배출하지 않도록 전기 에너지를 이용하는 전동기 사용
- 외형적 요인 : 주요 소비자층의 취향을 분석하여 설계

플러스 강의

❶ 나노 표면 소재
연잎의 표면은 매우 작은 돌기 구조로 이루어져 있어 연잎 위로 떨어진 물은 스며들지 않고 흘러내린다. 연잎 표면의 이러한 현상에 착안하여 개발된 것이 물에 젖지 않는 나노 표면 소재이다.

내 교과서 확인 | 천재

❷ 유기 발광 다이오드(OLED)
전류를 흘려 주면 스스로 빛을 내는 현상을 이용한 형광성 물질로, 얇은 모니터나 휘어지는 스마트폰 화면 등에 사용한다.

내 교과서 확인 | 미래엔

❸ 유전자 재조합 기술로 만들어진 유전자 변형 생물(LMO)
제초제에 내성을 가진 콩, 바이타민 A를 강화한 쌀, 잘 무르지 않는 토마토 등

❹ 나노 기술과 정보 통신 기술의 활용 내 교과서 확인 | 미래엔, 동아
- 자율 주행 자동차 : 사람이 직접 운전하지 않아도 다양한 감지기로 주변 상황을 인식하고, 정보를 처리하며 주행하는 자동차
- 드론 : 조종사가 탑승하지 않고 전파를 통해 원격 조종하는 항공기

❺ 증강 현실과 가상 현실
- 증강 현실(AR) : 현실 세계에 가상의 정보가 실제 존재하는 것처럼 보이게 하는 기술
- 가상 현실(VR) : 오감을 통해 가상의 세계를 현실처럼 체험하도록 하는 기술

내 교과서 확인 | 비상

❻ 과학 원리를 활용한 제품
- 고무를 덧댄 장갑 : 고무는 마찰력이 크므로 물체를 잡을 때 손이 미끄러지는 것을 방지한다.
- 자전거 안장 : 자전거 안장에 앉으면 용수철이 줄어들면서 충격을 흡수한다.
- 튜브 : 튜브에 공기를 불어 넣으면 밀도가 작아져 물 위에 뜬다.

용어 돋보기

*종두법_천연두 예방을 위해 백신을 인체의 피부에 접종하는 방법
*나노(nano)_단위 앞에 붙여 10억 분의 1을 나타내는 말

A 과학기술의 발달

- □□ 분야에서는 의약품과 치료 방법, 의료 기기가 개발되어 인류의 평균 수명이 길어졌다.
- 정보 □□ 분야의 기술 발달은 인류의 문명과 생활을 크게 변화시켰다.

B 과학과 기술의 활용

- □□ 기술 : 나노 물질의 독특한 특성을 이용하여 다양한 소재나 제품을 만드는 기술
- □□ □□ 기술 : 생물의 특성과 생명 현상을 이해하고, 이를 인간에게 유용하게 이용하거나 인위적으로 조작하는 기술
- □□□ □□ 기술 : 정보 기기의 하드웨어와 소프트웨어 기술, 이 기술을 이용한 정보 수집, 생산, 가공, 보존, 전달, 활용하는 모든 방법
- □□적 설계 : 과학 원리나 기술을 활용하여 기존의 제품을 개선하거나 새로운 제품 또는 시스템을 개발하는 창의적인 과정

A

6 의료 분야의 과학기술이 인류 문명의 발달에 미친 영향으로 옳은 것은 ○, 옳지 않은 것은 ×로 표시하시오.

(1) 항생제의 개발로 소아마비와 같은 질병을 예방할 수 있게 되었다. ( )
(2) 백신의 개발로 결핵과 같은 질병을 치료할 수 있게 되었다. ( )
(3) 백신과 항생제의 개발은 인류의 평균 수명을 감소시키는 역할을 하였다. ( )
(4) 현재는 첨단 의료 기기로 질병을 더 정밀하게 진단하고 치료할 수 있다. ( )

7 다음은 과학기술이 인류 문명의 발달에 미친 영향 중 어떤 분야에 대한 설명인지 쓰시오.

이 분야의 기술은 전화기에서 라디오, 텔레비전을 거쳐 컴퓨터에 이르기까지 빠르게 발달하였다. 특히 인터넷이 개발되어 인류는 세계를 연결하는 통신망을 만들고, 많은 정보를 쉽게 찾을 수 있게 되었다. 최근에는 스마트 기기를 이용하여 어디서든 정보를 검색하거나 영상을 보는 것이 가능해졌다.

B

8 다음은 생활을 편리하게 하는 여러 가지 정보 통신 기술을 나타낸 것이다.

가상 현실, 증강 현실, 사물 인터넷, 인공 지능

다음 설명에 해당하는 기술을 각각 골라 쓰시오.

(1) 모든 사물을 인터넷으로 연결하는 기술 ( )
(2) 현실 세계에 가상의 정보가 실제 존재하는 것처럼 보이게 하는 기술 ( )
(3) 컴퓨터로 인간의 기억, 지각, 학습 이해 등 인간이 하는 지적 행위를 실현하고자 하는 기술 ( )
(4) 가상의 세계를 시각, 청각, 촉각 등 오감을 통해 마치 현실처럼 체험하도록 하는 기술 ( )

9 공학적 설계에 대한 설명으로 옳은 것은 ○, 옳지 않은 것은 ×로 표시하시오.

(1) 공학적 설계는 과학 원리나 기술을 활용하여 기존의 제품을 개선하거나 새로운 제품 또는 시스템을 개발하는 창의적인 과정이다. ( )
(2) 공학적 설계는 일상생활에서 편한 점을 인식하는 것으로 시작한다. ( )
(3) 공학적 설계는 불편한 점을 해결하기 위한 최적의 방법을 생각하고, 적절한 과학 원리나 기술을 활용하여 제품을 만든다. ( )
(4) 제품을 만들 때 경제성, 안전성, 편리성, 환경적 요인, 외형적 요인은 고려할 필요가 없다. ( )

전국 주요 학교의 **시험에 가장 많이 나오는 문제**들로만 구성하였습니다.
모든 친구들이 '꼭' 봐야 하는 코너입니다.

기출 문제로 내신 쑥쑥

A 과학기술의 발달

01 불의 이용이 인류 문명에 미친 영향으로 옳지 않은 것은?

① 불을 이용하면서 음식을 익혀 먹게 되었다.
② 인류는 흙을 구워 도구를 만드는 등 불의 이용 범위를 넓혀 나갔다.
③ 불을 이용하여 청동이나 철과 같은 금속을 얻고 도구를 만드는 기술이 발달하였다.
④ 인류는 불을 이용하여 금속을 얻게 되면서 과학기술을 발달시켰다.
⑤ 불의 이용으로 과학기술이 발달하였지만 인류의 생활 수준은 더욱 어려워졌다.

중요
02 다음은 몇 가지 과학 원리의 발견 사례를 나타낸 것이다.

- 만유인력 법칙의 발견
- 현미경을 이용한 세포의 발견
- 천체 관측으로 태양 중심설의 증거 발견

이 사례들이 인류 문명에 미친 영향으로 옳은 것을 보기에서 모두 고른 것은?

보기
ㄱ. 생물체를 보는 관점이 달라졌다.
ㄴ. 경험 중심의 과학적 사고를 중요시하게 되었다.
ㄷ. 자연 현상을 이해하고 그 변화를 예측할 수 있게 되었다.

① ㄴ ② ㄱ, ㄴ ③ ㄱ, ㄷ
④ ㄴ, ㄷ ⑤ ㄱ, ㄴ, ㄷ

중요
03 과학기술이 인류 문명의 발달에 미친 영향으로 옳지 않은 것은?

① 생명 공학 기술로 농산물의 품종을 개량하였다.
② 교통수단의 발달로 사람과 물자의 이동이 더욱 활발해졌다.
③ 인쇄술의 발달로 대량의 지식과 정보를 쉽게 접할 수 있게 되었다.
④ 통신 기술의 발달로 세계 곳곳의 정보를 실시간으로 이용할 수 있게 되었다.
⑤ 페니실린과 같은 백신이 개발되어 소아마비를 비롯한 여러 질병을 예방할 수 있게 되었다.

중요
04 오른쪽 그림은 18세기 유럽에서 일어난 산업 혁명 당시 공장의 모습을 나타낸 것이다. 이와 같은 산업 혁명이 일어나는 데 중요한 역할을 한 것은?

① 불 ② 종이 ③ 발전기
④ 증기 기관 ⑤ 컴퓨터와 인터넷

05 교통 분야의 과학기술이 인류 문명의 발달에 미친 영향으로 옳은 것을 보기에서 모두 고른 것은?

보기
ㄱ. 증기 기관차와 증기선이 개발되면서 많은 물건을 먼 곳까지 운반할 수 있게 되었다.
ㄴ. 내연 기관의 등장으로 자동차가 발달하였다.
ㄷ. 내연 기관의 등장은 수공업 중심에서 산업 사회로의 변화를 가져왔다.
ㄹ. 현재는 전기를 동력으로 하는 고속 열차 등이 개발되어 더 빠르게 원하는 곳으로 이동할 수 있다.

① ㄱ, ㄴ ② ㄴ, ㄷ ③ ㄷ, ㄹ
④ ㄱ, ㄴ, ㄹ ⑤ ㄴ, ㄷ, ㄹ

06 오른쪽 그림은 지능형 농장의 모습을 나타낸 것이다. 지능형 농장에서 하는 일에 대한 설명으로 옳은 것은?

① 암모니아 합성 기술을 이용하여 질소 비료를 개발한다.
② 해충을 죽이는 살충제를 개발한다.
③ 잡초를 제거하는 제초제를 개발한다.
④ 생명 공학 기술을 이용하여 해충에 강한 농산물을 개량한다.
⑤ 농산물이 성장하기에 좋은 환경을 자동으로 유지하여 농산물의 생산성과 품질을 높인다.

중요

07 의료 분야의 과학기술이 인류 문명의 발달에 미친 영향으로 옳은 것은?

① 질소 비료를 대량으로 생산하여 식량 문제를 해결하였다.
② 항생제와 백신이 개발되어 인류의 평균 수명이 늘어났다.
③ 활판 인쇄술이 발달하여 책을 빠르게 만들 수 있게 되었다.
④ 망원경이 발달하여 천문학과 우주 항공 기술이 발전하였다.
⑤ 전화기가 발명되어 멀리 떨어진 사람과 음성으로 정보를 주고받게 되었다.

08 정보 통신 분야의 과학기술이 우리 사회에 미친 영향으로 옳지 않은 것은?

① 사람의 소통 방법을 변화시켰다.
② 개인이 콘텐츠를 만들어 보급할 수 있게 되었다.
③ 개인 정보가 유출되면서 인류의 활동 영역이 넓어졌다.
④ 인터넷을 이용해 넓은 지역의 수많은 정보를 공유할 수 있게 되었다.
⑤ 사용자의 위치를 파악하는 기술이 개발되어 교통 분야에 영향을 미쳤다.

B 과학과 기술의 활용

09 생활을 편리하게 하는 과학기술에 대한 설명으로 옳지 않은 것은?

① 나노 기술의 발달로 제품의 대형화가 가능해졌다.
② 생명 공학 기술을 활용하여 잘 무르지 않는 토마토를 만들 수 있다.
③ 정보 통신 기술을 활용하여 스마트폰 등 다양한 전자 기기를 개발하고 있다.
④ 정보 통신 기술을 활용하여 통신망으로 연결된 사물이 주변 상황에 맞추어 스스로 일을 하는 기술이 발달하고 있다.
⑤ 나노 기술과 정보 통신 기술의 발달은 자율 주행 자동차와 드론의 개발로 이어지고 있다.

중요

10 정보 통신 기술을 활용한 과학기술에 대한 설명으로 옳은 것을 보기에서 모두 고른 것은?

보기
ㄱ. 사물 인터넷 : 모든 사물을 인터넷으로 연결하는 기술
ㄴ. 빅데이터 기술 : 방대한 정보를 분석하여 활용하는 기술
ㄷ. 인공 지능 : 컴퓨터로 인간의 지적 행위를 실현하고자 하는 기술
ㄹ. 가상 현실 : 현실 세계에 가상의 정보가 실제 존재하는 것처럼 보이게 하는 기술

① ㄱ, ㄴ　② ㄴ, ㄷ　③ ㄷ, ㄹ
④ ㄱ, ㄴ, ㄷ　⑤ ㄴ, ㄷ, ㄹ

중요

11 공학적 설계에 대한 설명으로 옳은 것을 보기에서 모두 고른 것은?

보기
ㄱ. 공학적 설계는 과학 원리의 활용을 전제로 한다.
ㄴ. 목적에 맞게 제품의 기능을 구체적으로 정해야 한다.
ㄷ. 공학적 설계는 기존 제품의 개선에는 적용되지 않는다.
ㄹ. 경제성, 안전성, 편리성, 환경적 요인, 외형적 요인을 모두 고려해야 한다.

① ㄱ, ㄴ　② ㄴ, ㄷ　③ ㄷ, ㄹ
④ ㄱ, ㄴ, ㄹ　⑤ ㄴ, ㄷ, ㄹ

12 공학적 설계에 따라 전기 자동차를 개발할 때 고려한 사항으로 적합하지 않은 것은?

① 경제성을 고려하여 수명이 긴 축전지를 사용한다.
② 편리성을 고려하여 용량이 큰 축전지를 사용한다.
③ 주요 소비자층의 취향을 분석하여 외형을 디자인한다.
④ 환경적 요인을 고려하여 배기가스가 발생하지 않는 전동기를 사용한다.
⑤ 안전성을 고려하여 보행자가 자동차의 접근을 알 수 있도록 큰 소리가 나는 전동기를 사용한다.

서술형 문제

중요

13 다음은 식물의 생장에 필요한 질소에 대하여 설명한 것이다.

> 질소는 공기의 성분 중 78 %를 차지한다. 하지만 공기 중의 질소는 매우 안정한 상태이므로 대부분의 식물이 직접 흡수한다. 따라서 인류는 공기 중의 질소를 이용할 수 없다.

하지만 하버는 공기 중의 질소를 이용하여 암모니아를 대량으로 합성하는 기술을 개발하였다. 이 기술의 개발이 인류 문명에 미친 영향을 서술하시오.

14 증기 기관을 동력으로 하는 증기 기관차나 증기선이 인류 문명의 발달에 미친 영향을 서술하시오.

중요

15 정보 통신 기술은 전화기에서 라디오, 텔레비전을 거쳐 컴퓨터에 이르기까지 빠르게 발달하였고, 최근에는 오른쪽 그림과 같은 스마트 기기를 이용하고 있다. 스마트 기기의 이용이 우리 생활에 미친 편리한 점을 한 가지만 서술하시오.

16 다음은 연잎에 대하여 설명한 것이다.

> 연잎 표면은 수많은 미세 돌기로 덮여 있다. 따라서 비가 내릴 때 연잎 위로 떨어진 물은 연잎 표면과 접촉하는 면적이 작아져 연잎 속으로 스며들지 않고 맺혀 있거나 굴러떨어진다.

연잎이 물에 젖지 않는 원리를 옷에 어떻게 활용할 수 있는지 서술하시오.

● 정답과 해설 36쪽

01 과학 원리를 활용하여 만든 제품에 대한 설명으로 옳지 않은 것은?

① 튜브 : 튜브에 공기를 불어 넣으면 밀도가 작아져 물 위에 뜬다.
② 자전거 안장 : 자전거 안장에 앉으면 용수철이 줄어들면서 충격을 흡수한다.
③ 고무를 덧댄 장갑 : 고무는 마찰력이 작으므로 물체를 잡을 때 손이 미끄러지는 것을 방지한다.
④ 농구화 : 뛰어올랐다가 착지할 때 운동화 밑에 부착한 공기 주머니의 부피가 줄어들면서 발이 받는 충격을 줄여 준다.
⑤ 펌프식 용기 : 펌프를 누르면 펌프 내부의 부피가 감소하면서 압력이 높아져 관에 차 있던 내용물이 용기 밖으로 나온다.

02 물질을 나노 수준으로 다룰 수 있게 되면서 여러 가지 신소재가 개발되고 있다. 다음은 신소재인 그래핀의 특성과 구조를 나타낸 것이다.

> • 탄소로 이루어진 얇은 막으로, 단단한 정도가 강철의 200배 이상이다.
> • 휘거나 구부려도 전기가 통한다.
>
> 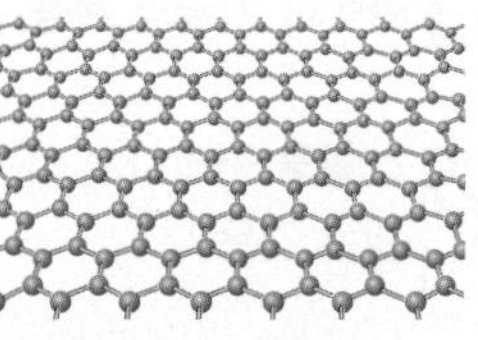
> ▲ 그래핀의 구조

그래핀의 특성을 활용할 수 있는 제품으로 옳은 것을 모두 고르면?(2개)

① 마찰력을 줄이는 수영복
② 인체에 해가 없는 의료용 접착제
③ 떨어뜨려도 깨지지 않는 단단한 컴퓨터
④ 가볍고 휴대가 편리한 플라스틱 일회용 물병
⑤ 접거나 말아서 간편하게 휴대할 수 있는 디스플레이

단원 평가 문제

지금까지 열심히 달려오셨어요!
단원 평가 문제를 풀면서 자신의 **실력**을 **확인**해 봅시다.

● 정답과 해설 36쪽

01 코페르니쿠스, 뉴턴이 주장한 과학 원리를 순서대로 옳게 짝 지은 것은?

① 만유인력 법칙, 태양 중심설
② 태양 중심설, 만유인력 법칙
③ 태양 중심설, 전자기 유도 법칙
④ 전자기 유도 법칙, 태양 중심설
⑤ 전자기 유도 법칙, 만유인력 법칙

02 과학 원리의 발견이 인류 문명에 미친 영향으로 옳지 않은 것은?

① 만유인력 법칙은 자연 현상을 이해하는 데 기여하였다.
② 백신의 개발은 인류의 평균 수명을 감소시키는 데 영향을 미쳤다.
③ 암모니아 합성법의 개발은 인류의 식량 문제를 해결하는 데 기여하였다.
④ 전자기 유도 법칙의 발견으로 전기를 생산하고 활용할 수 있는 방법을 열었다.
⑤ 천체 관측으로 태양 중심설의 증거가 발견되어 우주에 관한 사람들의 생각이 달라지기 시작했다.

03 과학기술이 인류 문명의 발달에 미친 영향으로 옳지 않은 것을 모두 고르면?(2개)

① 인류는 기기를 발명하여 새로운 과학 원리나 과학적 사실을 발견하였다.
② 망원경이 개발되고 성능이 우수해지면서 생명 과학의 발달에 기여하였다.
③ 훅이 현미경을 만든 이후 현미경의 성능이 우수해지면서 천문학의 발달에 기여하였다.
④ 자동차, 비행기 등 교통수단이 발달하면서 먼 곳까지 빠르게 이동할 수 있게 되었다.
⑤ 스마트폰이 개발되어 다양한 정보를 어디서나 쉽고 빠르게 접할 수 있게 되었다.

04 인쇄 분야의 과학기술 발달이 인류 문명에 미친 영향으로 옳지 않은 것은?

① 인쇄 기술이 발명되기 전에는 책을 만드는 시간이 오래 걸렸다.
② 활판 인쇄술이 발달하면서 책을 대량으로 만들 수 있게 되었다.
③ 인쇄 기술의 발달로 책의 종류가 너무 많아져 사람들은 책에서 지식을 얻기 힘들어졌다.
④ 현재는 전자 기기에서 볼 수 있는 콘텐츠 형태의 책을 만들어 출판 영역이 확장되었다.
⑤ 전자책의 등장으로 많은 양의 도서를 저장하고 손쉽게 검색할 수 있게 되었다.

05 증기 기관에 대한 설명으로 옳지 않은 것은?

① 증기 기관은 산업 혁명의 원동력이 되었다.
② 증기 기관은 연료를 기관 내부에서 연소시켜 이를 동력원으로 이용한다.
③ 증기 기관의 발명으로 면직물과 같은 제품의 대량 생산이 가능해졌다.
④ 증기 기관의 발명으로 한꺼번에 많은 짐을 실어 나를 수 있게 되었다.
⑤ 증기 기관은 이후에 내연 기관으로 대체되었다.

06 농업 분야의 과학기술이 인류 문명의 발달에 미친 영향으로 옳은 것을 보기에서 모두 고른 것은?

보기
ㄱ. 암모니아 합성 기술을 이용하여 개발된 질소 비료는 농산물의 생산량을 감소시켜 식량 부족 문제를 가져왔다.
ㄴ. 화학 비료 등이 개발되어 농산물의 품질과 생산량이 향상되었다.
ㄷ. 생명 공학 기술을 이용하면 특정한 목적에 맞게 품종을 개량할 수 있다.
ㄹ. 지능형 농장을 이용하면 식물에게 최적의 환경을 만들어 주어 농산물의 생산성과 품질을 높일 수 있다.

① ㄱ, ㄴ ② ㄴ, ㄷ ③ ㄷ, ㄹ
④ ㄱ, ㄴ, ㄹ ⑤ ㄴ, ㄷ, ㄹ

07 정보 통신 분야의 과학기술이 인류 문명의 발달에 미친 영향으로 옳지 않은 것은?

① 
전화기의 발명으로 멀리 떨어진 사람과 통화할 수 있다.

② 
인터넷을 통해 세계 각국의 정보를 동시에 주고받을 수 있다.

③ 
인공 지능 스피커의 이용으로 생활이 편리해지고 있다.

④ 
군사, 기상, 과학, 통신 등에 인공위성을 이용하고 있다.

⑤ 

암모니아 합성 기술을 이용하여 질소 비료를 만들 수 있다.

08 스마트 기기의 사용으로 우리 생활이 편리하게 변화된 모습과 거리가 먼 것은?

① 어디서든 다양한 정보를 검색할 수 있다.
② 외부에서도 집 안의 가전 제품을 제어할 수 있다.
③ 문자 또는 음성 인식을 통해 외국어를 번역할 수 있다.
④ 개인 정보가 유출되거나 사생활이 침해될 가능성이 있다.
⑤ 근거리 무선 통신이 내장된 스마트폰의 경우 기존 화폐와 신용 카드를 대체할 수 있다.

09 생명 공학 기술을 활용하는 예에 해당하지 않는 것은?

① 바이오칩 ② 세포 융합
③ 바이오 의약품 ④ 유전자 재조합
⑤ 휘어지는 디스플레이

10 다음 (　　) 안에 알맞은 말은?

> (　　　　　)는(은) 인공 지능을 활용하여 전파 탐지기 및 시각 감지기로 주변 상황을 인식하고, 인식한 정보를 처리하며 주행한다. 이 기기가 상용화되면 이동에 필요한 시간과 비용이 감소하고, 운전 미숙으로 인한 사고가 줄어들 것으로 예상된다.

① 나노 로봇 ② 증강 현실
③ 가상 현실 ④ 자율 주행 자동차
⑤ 유기 발광 다이오드

11 공학적 설계에 대한 설명으로 옳지 않은 것은?

① 일상생활에서 불편한 점을 인식하는 것으로 시작한다.
② 불편한 점에 대한 최적의 해결 방법을 생각한다.
③ 과학 원리나 기술을 활용하여 새로운 제품이나 시스템을 만든다.
④ 과학 원리나 기술을 활용하여 기존의 제품을 개선한다.
⑤ 제품을 만들 때 경제성, 안전성 등은 고려해야 하지만 환경적 요인은 고려할 필요가 없다.

12 공학적 설계로 노트북 컴퓨터를 개발할 때 고려해야 하는 점으로 옳은 것을 보기에서 모두 고른 것은?

> 보기
> ㄱ. 주요 소비자층의 취향을 고려하여 디자인과 색상을 다양하게 만든다.
> ㄴ. 경제성을 높이기 위해 대량 생산이 가능하게 하여 가격을 낮춘다.
> ㄷ. 편리성을 높이기 위해 제품의 크기를 줄이고 휴대가 가능하게 한다.

① ㄴ ② ㄱ, ㄴ ③ ㄱ, ㄷ
④ ㄴ, ㄷ ⑤ ㄱ, ㄴ, ㄷ

MEMO

MEMO

시험 대비 교재

오투 친구들! 시험 대비 교재는 이렇게 활용하세요.

중단원별로 구성하였으니, 학교 시험에 대비해 단원별로 편리하게 사용하세요.

중단원 핵심 요약

▼

잠깐 테스트

▼

계산력 · 암기력 강화 문제

▼

중단원 기출 문제

▼

서술형 정복하기

시험 대비 교재

중단원 핵심 요약

1 세포 분열이 필요한 까닭 세포가 클수록 세포의 부피에 대한 표면적의 비가 작아져 물질 교환에 불리하므로, 세포는 어느 정도 커지면 분열하여 그 수를 늘린다.

2 염색체 세포가 분열하지 않을 때는 핵 속에 가는 실처럼 풀어져 있다가 세포가 분열하기 시작하면 굵고 짧게 뭉쳐져 막대 모양으로 나타난다. ➡ DNA와 단백질로 구성

(1) ❶ ______ : 유전 물질

(2) ❷ ______ : DNA에서 유전 정보를 저장하고 있는 특정 부위

(3) ❸ ______ : 하나의 염색체를 이루는 각각의 가닥 ➡ 유전 정보가 서로 같다.

(4) 염색체 수 : 체세포에 들어 있는 염색체 수와 모양은 생물의 종에 따라 다르고, 같은 종의 생물에서는 모두 같다.

(5) ❹ ______ : 체세포에서 쌍을 이루고 있는 크기와 모양이 같은 2개의 염색체 ➡ 하나는 어머니에게서, 다른 하나는 아버지에게서 물려받은 것으로, 유전 정보가 서로 다르다.

(6) 사람의 염색체 : ❺ ______ 22쌍+성염색체 1쌍

① 여자 : 44+XX ② 남자 : 44+❻ ______

3 체세포 분열

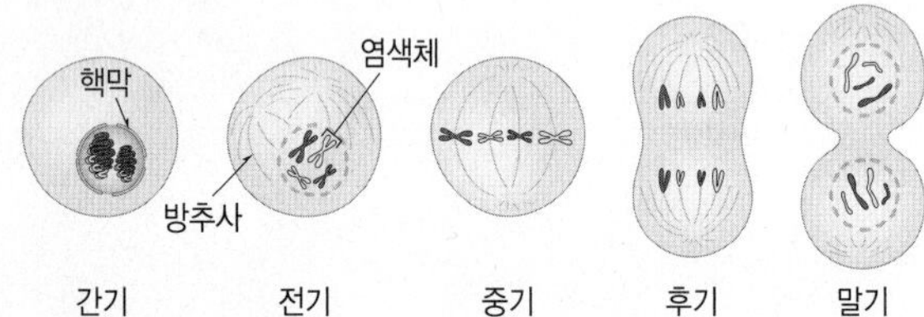

구분		특징
간기		• 세포의 크기가 커지고, DNA가 복제된다. • 핵막이 뚜렷하며, 염색체가 핵 속에 실처럼 풀어져 있다.
핵분열	전기	핵막이 사라지고, 두 가닥의 염색 분체로 이루어진 막대 모양의 ❼ ______ 가 나타난다.
	중기	염색체가 세포 중앙에 배열된다.
	후기	두 가닥의 ❽ ______ 가 분리되어 세포 양쪽 끝으로 이동한다.
	말기	• 핵막이 나타나고, 염색체가 풀어진다. • 세포질 분열이 시작된다.
세포질 분열		• 동물 세포 : 세포막이 바깥쪽에서 안쪽으로 잘록하게 들어간다. • 식물 세포 : 2개의 핵 사이에 안쪽에서 바깥쪽으로 ❾ ______ 이 만들어진다.

➡ 모세포와 유전 정보, 염색체의 수와 모양이 같은 2개의 딸세포가 만들어진다.

4 감수 분열(생식세포 분열)

(1) 과정 : 간기에 DNA가 복제된 후 감수 1분열과 감수 2분열이 연속해서 일어난다.

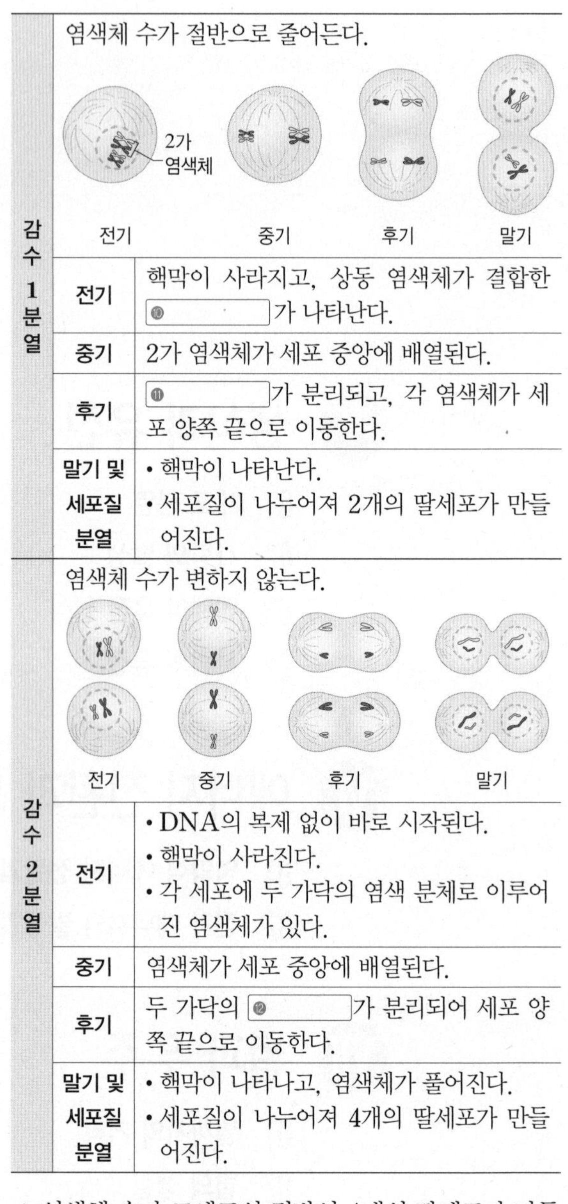

구분	시기	특징
감수 1분열		염색체 수가 절반으로 줄어든다.
	전기	핵막이 사라지고, 상동 염색체가 결합한 ❿ ______ 가 나타난다.
	중기	2가 염색체가 세포 중앙에 배열된다.
	후기	⓫ ______ 가 분리되고, 각 염색체가 세포 양쪽 끝으로 이동한다.
	말기 및 세포질 분열	• 핵막이 나타난다. • 세포질이 나누어져 2개의 딸세포가 만들어진다.
감수 2분열		염색체 수가 변하지 않는다.
	전기	• DNA의 복제 없이 바로 시작된다. • 핵막이 사라진다. • 각 세포에 두 가닥의 염색 분체로 이루어진 염색체가 있다.
	중기	염색체가 세포 중앙에 배열된다.
	후기	두 가닥의 ⓬ ______ 가 분리되어 세포 양쪽 끝으로 이동한다.
	말기 및 세포질 분열	• 핵막이 나타나고, 염색체가 풀어진다. • 세포질이 나누어져 4개의 딸세포가 만들어진다.

➡ 염색체 수가 모세포의 절반인 4개의 딸세포가 만들어진다.

(2) 의의 : 세대를 거듭해도 자손의 염색체 수가 항상 일정하게 유지되도록 한다.

5 체세포 분열과 감수 분열 비교

구분	체세포 분열	감수 분열
분열 횟수	1회	연속 2회
딸세포 수	⓭ ______ 개	4개
2가 염색체	형성되지 않는다.	형성된다.
염색체 수	변화 없다.	절반으로 줄어든다.
분열 결과	생장, 재생	⓮ ______ 형성

잠깐 테스트

● 정답과 해설 38쪽

1 염색체는 ①(　　　)와 단백질로 구성되며, ①에서 유전 정보를 저장하고 있는 특정 부위를 ②(　　　)라고 한다.

2 체세포에서 쌍을 이루고 있는 크기와 모양이 같은 2개의 염색체를 (　　　)라고 한다.

3 사람의 체세포에는 ①(　　　)쌍의 상염색체와 ②(　　　)쌍의 성염색체가 있다.

[4~5] 오른쪽 그림은 체세포 분열 과정을 순서 없이 나타낸 것이다.

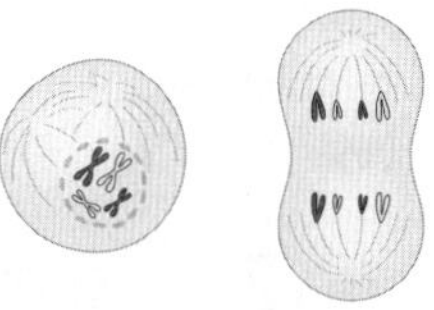
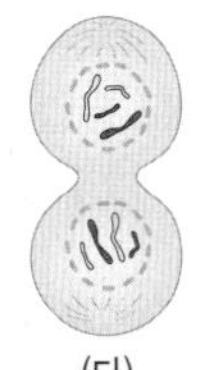

(가)　(나)　(다)　(라)

4 (가)~(라)를 순서대로 나열하시오.

5 염색체의 수와 모양을 관찰하기 가장 좋은 시기의 기호와 이름을 쓰시오.

6 ①(동물, 식물) 세포는 2개의 핵 사이에 안쪽에서 바깥쪽으로 ②(　　　)이 만들어지면서 세포질이 나누어진다.

7 (체세포, 감수) 분열 결과 생장과 재생이 일어난다.

8 오른쪽 그림은 감수 분열이 일어날 때 상동 염색체가 결합하여 만들어지는 ①(　　　)로, 감수 ②(1, 2)분열 전기에 나타난다.

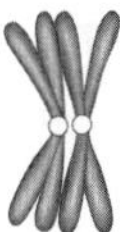

9 감수 분열에서 상동 염색체가 분리되는 시기는 감수 (1, 2)분열이다.

10 표는 체세포 분열과 감수 분열을 비교한 것이다. (　　) 안에 알맞은 말을 고르시오.

구분	염색체 수 변화	분열 횟수	딸세포 수
체세포 분열	①(변화 없음, 절반으로 줄어듦)	③(1, 2)회	⑤(2, 4)개
감수 분열	②(변화 없음, 절반으로 줄어듦)	④(1, 2)회	⑥(2, 4)개

MEMO

계산력 · 암기력 강화 문제

● 정답과 해설 38쪽

◆ 세포 분열의 종류와 시기 구분하기 진도 교재 15쪽

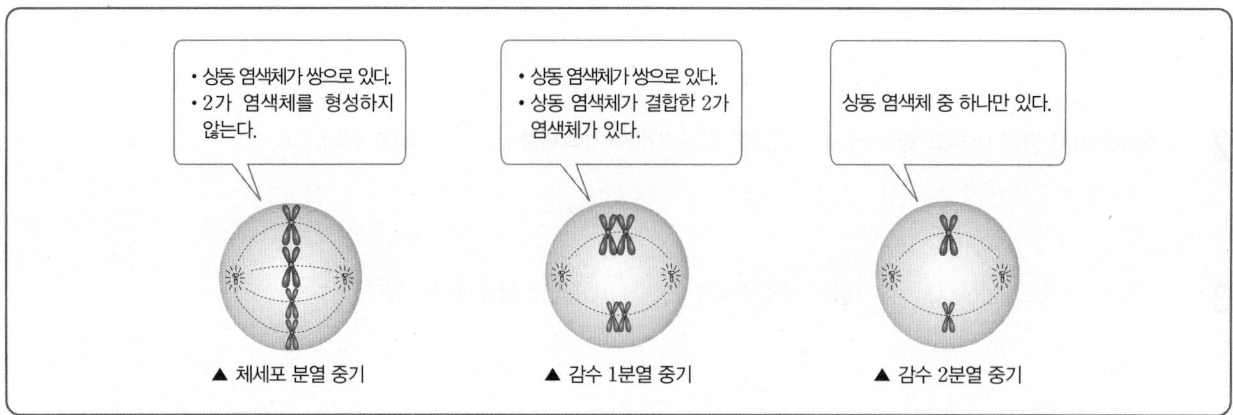

● 세포 분열의 종류와 시기 구분하기

그림은 각각 세포 분열 과정 중 한 시기를 나타낸 것이다. 해당하는 세포 분열의 종류와 시기를 쓰시오.

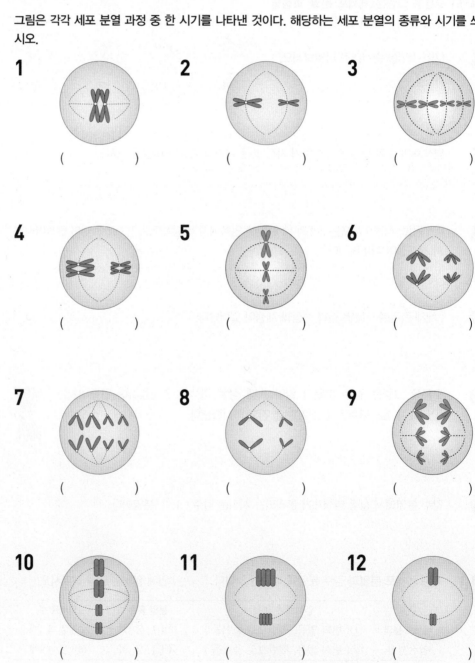

1 ( )

2 ( )

3 ( )

4 ( )

5 ( )

6 ( )

7 ( )

8 ( )

9 ( )

10 ( )

11 ( )

12 ( )

● 정답과 해설 38쪽

01 코끼리가 쥐보다 몸집이 큰 까닭으로 옳은 것은?

① 세포의 수가 더 많기 때문에
② 세포의 크기가 더 크기 때문에
③ 염색체의 수가 더 많기 때문에
④ 염색체의 크기가 더 크기 때문에
⑤ 염색체의 모양이 더 다양하기 때문에

02 표는 정육면체의 한 변의 길이 변화에 따른 표면적과 부피의 변화를 나타낸 것이다.

한 변의 길이(cm)	1	2	3
표면적(cm^2)	6	24	54
부피(cm^3)	1	8	27
$\frac{표면적}{부피}$	6	3	2

정육면체를 세포라고 가정할 때 이에 대한 설명으로 옳은 것은?

① 세포가 커질수록 부피가 작아진다.
② 세포가 커질수록 $\frac{표면적}{부피}$이 커진다.
③ 세포가 커질수록 표면적이 작아진다.
④ 세포가 커질수록 필요한 물질을 세포 중심까지 빠르게 흡수할 수 있다.
⑤ 세포의 크기가 커지는 것보다 분열하여 세포의 수를 늘리는 것이 물질 교환에 유리하다.

03 염색체에 대한 설명으로 옳지 않은 것은?

① DNA와 단백질로 구성된다.
② 염색 분체끼리는 유전 정보가 서로 같다.
③ 세포가 분열할 때는 핵 속에 실처럼 풀어져 있다.
④ 상염색체는 남녀에게 공통적으로 들어 있는 염색체이다.
⑤ 상동 염색체는 아버지와 어머니로부터 각각 하나씩 물려받은 것이다.

이 문제에서 나올 수 있는 보기는 多

04 그림은 사람의 염색체를 나타낸 것이다.

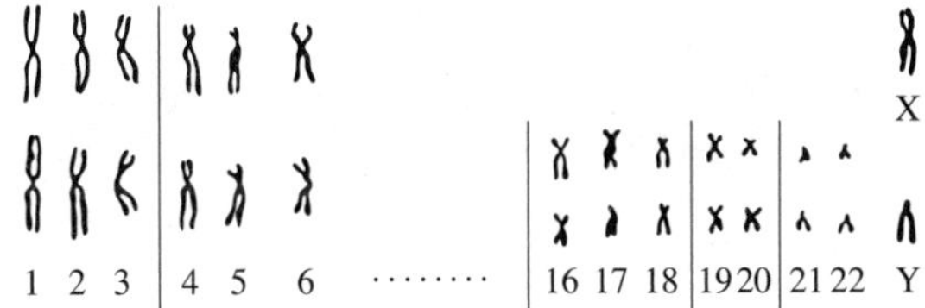

이에 대한 설명으로 옳은 것을 모두 고르면?(2개)

① 이 사람은 여자이다.
② 총 염색체 수는 44개이다.
③ 1번에서 22번까지는 상염색체이다.
④ X 염색체와 Y 염색체는 성염색체이다.
⑤ 어머니로부터 22개의 염색체를 물려받았다.
⑥ X 염색체는 아버지로부터, Y 염색체는 어머니로부터 물려받았다.
⑦ 1번 염색체를 어머니로부터 물려받았다면 2번 염색체는 아버지로부터 물려받은 것이다.

05 여자의 체세포에 들어 있는 염색체 구성을 옳게 표시한 것은?

① 22+XY ② 22+XX
③ 44+XY ④ 44+XX
⑤ 46+XY

06 오른쪽 그림은 어떤 동물 세포의 염색체 구성을 나타낸 것이다. 이에 대한 설명으로 옳지 않은 것은?

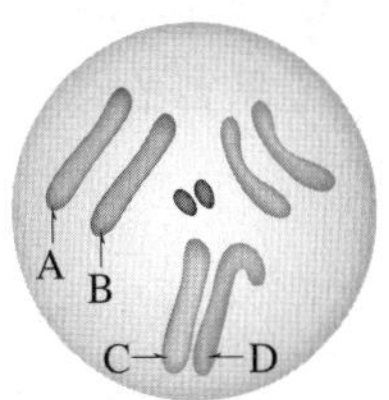

① A와 B는 상동 염색체이다.
② C와 D는 상염색체이다.
③ 이 동물의 체세포에는 8개의 염색체가 있다.
④ 이 동물의 생식세포에는 4개의 염색체가 있다.
⑤ 이 동물의 생식세포에는 A와 B 중 하나만 있다.

[07~08] 그림은 어떤 동물에서 일어나는 체세포 분열 과정을 순서 없이 나타낸 것이다.

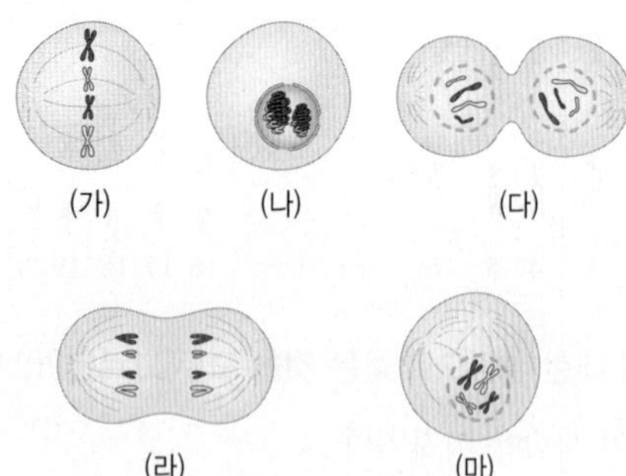

07 간기부터 순서대로 옳게 나열한 것은?

① (가) → (나) → (다) → (라) → (마)
② (가) → (다) → (라) → (나) → (마)
③ (나) → (마) → (가) → (라) → (다)
④ (나) → (마) → (라) → (가) → (다)
⑤ (다) → (나) → (마) → (가) → (라)

08 각 시기에 대한 설명으로 옳은 것은?

① (가) : 유전 물질이 복제된다.
② (나) : 핵막이 나타나면서 2개의 핵이 만들어진다.
③ (다) : 세포 주기 중 가장 길다.
④ (라) : 상동 염색체가 분리되어 세포 양쪽 끝으로 이동한다.
⑤ (마) : 핵막이 사라지면서 막대 모양의 염색체가 나타난다.

09 체세포 분열 과정에서 다음과 같은 특징을 보이는 시기로 옳은 것은?

- 염색체가 세포 중앙에 배열된다.
- 염색체의 수와 모양을 관찰하기 가장 좋은 시기이다.
- 가장 짧게 나타나는 시기이다.

① 간기 ② 전기 ③ 중기
④ 후기 ⑤ 말기

10 그림은 식물에서 체세포 분열이 일어나는 모습을 나타낸 것이다.

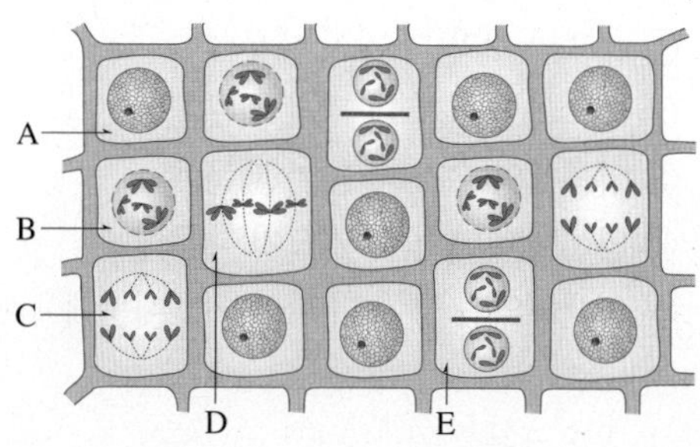

현미경으로 관찰했을 때 가장 많이 관찰되는 시기로 옳은 것은?

① A ② B ③ C
④ D ⑤ E

11 어떤 생물에서 체세포 분열 전기의 세포에 16가닥의 염색 분체가 있다면, 이 생물의 체세포에 들어 있는 염색체 수는 모두 몇 개인가?

① 4개 ② 8개 ③ 16개
④ 32개 ⑤ 64개

이 문제에서 나올 수 있는 보기는 多

12 그림은 어떤 동물의 세포 분열 과정 중 한 시기를 나타낸 것이다.

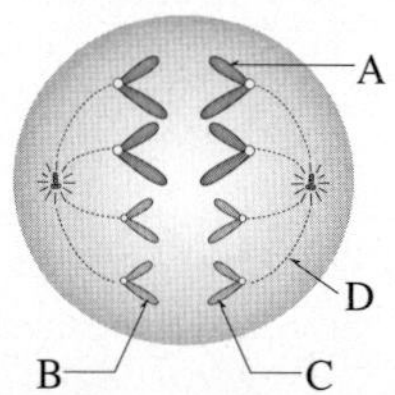

이에 대한 설명으로 옳은 것을 모두 고르면?(3개)

① A와 C는 상동 염색체이다.
② B와 C의 유전 정보는 서로 다르다.
③ B와 C는 하나의 염색체를 이루던 두 가닥의 염색 분체가 분리된 것이다.
④ D는 방추사로, 전기에 형성된다.
⑤ 감수 1분열 후기의 세포이다.
⑥ 분열 결과 4개의 딸세포가 만들어진다.
⑦ 이 생물의 난자에는 2개의 염색체가 들어 있다.

[13~14] 건우는 양파 뿌리 끝에서 일어나는 세포 분열을 관찰하기 위해 다음과 같이 실험하였다.

(가) 뿌리 조각을 에탄올과 아세트산을 3 : 1로 섞은 용액에 넣는다.
(나) 뿌리 조각을 묽은 염산에 넣어 55 ℃~60 ℃의 온도로 물중탕한다.
(다) 뿌리 끝을 해부 침으로 잘게 찢고 덮개 유리를 덮어 연필에 달린 고무로 가볍게 두드린다.
(라) 현미경 표본을 거름종이로 덮고 손가락으로 지그시 누른다.
(마) 현미경으로 관찰한다.

13 이에 대한 설명으로 옳은 것을 보기에서 모두 고른 것은?

보기
ㄱ. 세포들이 잘 분리되지 않았다.
ㄴ. 핵과 염색체가 염색되지 않았다.
ㄷ. 감수 분열을 관찰하기 위한 실험이다.
ㄹ. 세포 분열을 멈추는 과정을 거치지 않았다.

① ㄴ ② ㄹ ③ ㄱ, ㄴ
④ ㄴ, ㄷ ⑤ ㄷ, ㄹ

14 (나) 과정을 거치는 까닭으로 옳은 것은?

① 염색체 수를 늘리기 위해서
② 조직을 연하게 만들기 위해서
③ 핵과 염색체를 염색하기 위해서
④ 세포가 잘 분리되지 않게 하기 위해서
⑤ 세포가 살아 있을 때의 모습을 유지하도록 하기 위해서

15 오른쪽 그림은 체세포 분열이 일어날 때 핵 1개당 DNA 상대량의 변화를 나타낸 것이다. (가) 시기에 대한 설명으로 옳지 않은 것은?

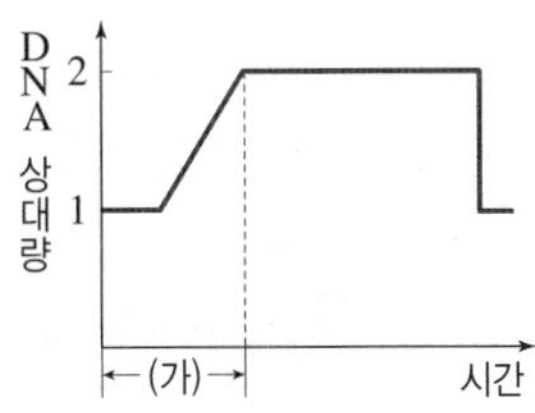

① 간기이다.
② 핵막이 뚜렷하다.
③ 유전 물질이 복제된다.
④ 세포의 크기는 변하지 않는다.
⑤ 염색체가 핵 속에 실처럼 풀어져 있다.

16 그림은 감수 분열 과정을 나타낸 것이다.

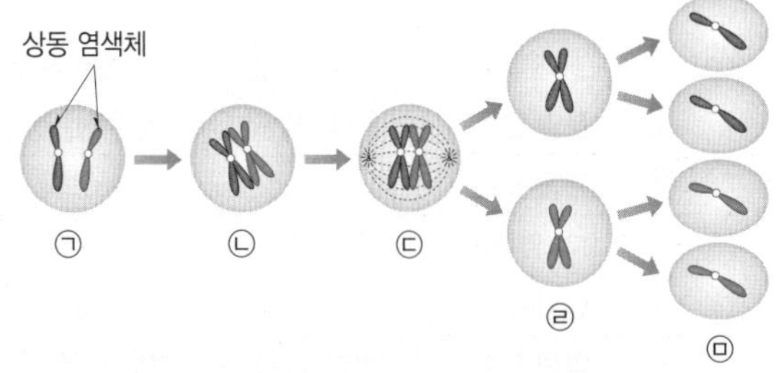

(가) 유전 물질이 복제되는 시기와 (나) 염색체 수가 절반으로 줄어드는 시기를 옳게 짝 지은 것은?

	(가)	(나)
①	㉠ → ㉡	㉡ → ㉢
②	㉠ → ㉡	㉢ → ㉣
③	㉡ → ㉢	㉢ → ㉣
④	㉢ → ㉣	㉣ → ㉤
⑤	㉣ → ㉤	㉢ → ㉣

이 문제에서 나올 수 있는 보기는 多

17 감수 분열에 대한 설명으로 옳지 않은 것을 모두 고르면?(2개)

① 분열 결과 생장이 일어난다.
② 난자와 정자는 감수 분열로 만들어진다.
③ 감수 1분열 시기에 2가 염색체가 나타난다.
④ 감수 1분열 결과 염색체 수가 절반으로 줄어든다.
⑤ 감수 2분열에서 염색 분체가 분리되어 서로 다른 딸세포로 들어간다.
⑥ 감수 1분열과 2분열 사이에 유전 물질이 복제되어 그 양이 두 배로 늘어난다.

18 감수 분열의 의의로 옳은 것은?

① 상처를 아물게 한다.
② 체세포와 염색체 수가 같은 생식세포를 만든다.
③ 자손의 유전자 구성이 부모 중 한쪽과 같아지게 한다.
④ 세대를 거듭할수록 자손의 염색체 수가 2배씩 증가하도록 한다.
⑤ 세대를 거듭해도 자손의 염색체 수가 일정하게 유지되도록 한다.

이 문제에서 나올 수 있는 보기는 多

19 식물에서 일어나는 체세포 분열과 감수 분열을 비교한 내용으로 옳지 않은 것을 모두 고르면?(2개)

	내용	체세포 분열	감수 분열
①	분열 장소	꽃밥, 밑씨	생장점, 형성층
②	분열 횟수	1회	2회
③	2가 염색체	형성 안 됨	형성됨
④	딸세포 수	2개	4개
⑤	염색체 수	변화 없음	절반으로 줄어듦
⑥	분열 결과	생식세포 형성	생장, 재생

20 개의 체세포에 들어 있는 염색체 수는 78개이다. 개의 (가) 체세포 분열 전기와 (나) 감수 2분열 전기의 세포에 들어 있는 염색체 수를 옳게 짝 지은 것은?

	(가)	(나)		(가)	(나)
①	39개	39개	②	39개	78개
③	78개	39개	④	78개	78개
⑤	78개	156개			

[21~22] 그림은 어떤 생물에서 일어나는 서로 다른 세포 분열 중 한 시기의 모습을 나타낸 것이다.

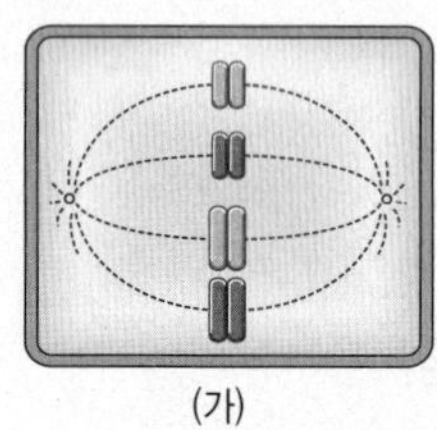
(가)

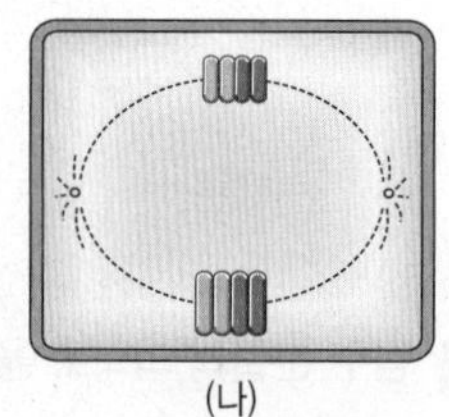
(나)

21 이에 대한 설명으로 옳지 않은 것은?

① (가)의 염색체 수는 8개이다.
② (가)는 체세포 분열 중기의 세포이다.
③ (가)의 분열 후기에는 염색 분체가 분리된다.
④ (나)는 감수 1분열 중기의 세포이다.
⑤ (나)의 분열 과정이 끝나면 염색체 수가 2개인 딸세포가 만들어진다.

22 (나)와 같은 세포 분열이 일어나는 곳은?

① 사람의 간　② 백합의 꽃밥
③ 개구리의 피부　④ 봉선화의 형성층
⑤ 양파의 뿌리 끝

23 오른쪽 그림은 어떤 생물의 염색체 구성을 나타낸 것이다. 이 생물에서 (가) 체세포 분열과 (나) 감수 분열이 일어났을 때 만들어지는 딸세포의 염색체 구성을 옳게 짝 지은 것은?

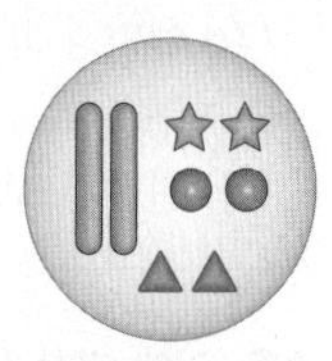

(가) (나)　(가) (나)

① 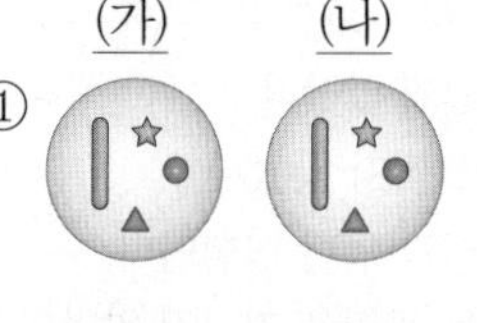　② 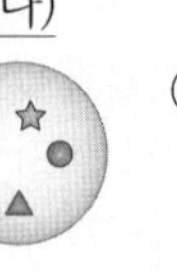 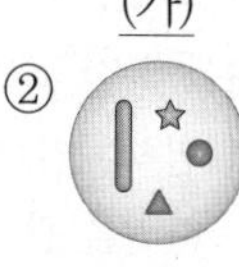 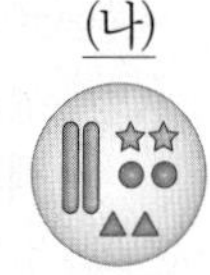

③ 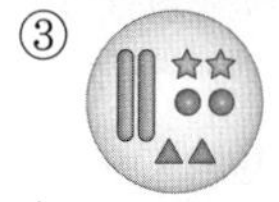 　④ 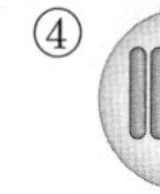 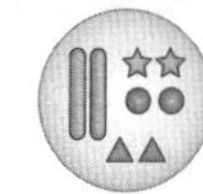

⑤ 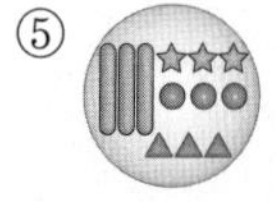 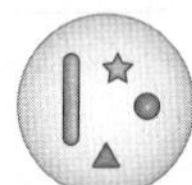

24 그림은 서로 다른 종류의 세포 분열 과정을 모식적으로 나타낸 것이다.

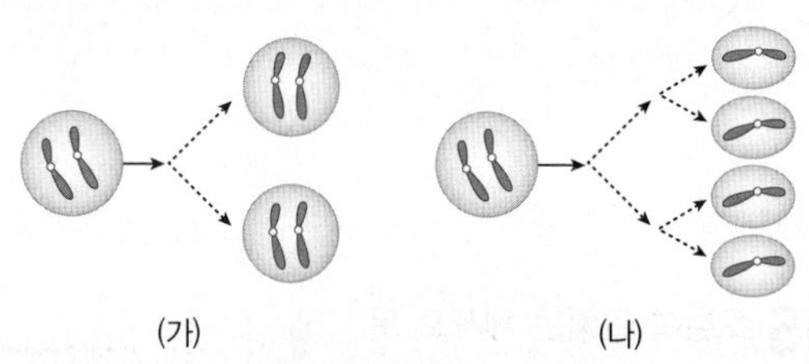

이에 대한 설명으로 옳은 것은?

① 동물에서는 (나)가 일어나지 않는다.
② (가)는 감수 분열, (나)는 체세포 분열이다.
③ (가)의 결과 생식세포가 만들어지고, (나)의 결과 생장이 일어난다.
④ (가)의 결과 염색체 수가 변하지 않고, (나)의 결과 염색체 수가 절반으로 줄어든다.
⑤ (가)에서는 2가 염색체가 형성되지만, (나)에서는 2가 염색체가 형성되지 않는다.

서술형 정복하기

● 정답과 해설 39쪽

1단계 단답형으로 쓰기

1 DNA에서 유전 정보를 저장하고 있는 특정 부위를 무엇이라고 하는지 쓰시오.

2 (가) 하나의 염색체를 이루는 각각의 가닥과 (나) 체세포에서 쌍을 이루고 있는 크기와 모양이 같은 2개의 염색체를 각각 무엇이라고 하는지 쓰시오.

3 (가) 남녀가 공통으로 가지는 염색체와 (나) 성을 결정하는 염색체를 각각 무엇이라고 하는지 쓰시오.

4 체세포 분열에서 핵막이 사라지면서 막대 모양의 염색체가 나타나는 시기를 쓰시오.

5 상동 염색체가 결합한 염색체의 이름을 쓰시오.

2단계 제시된 단어를 모두 이용하여 서술하기

[6~10] 각 문제에 제시된 단어를 모두 이용하여 답을 서술하시오.

6 남자가 어머니와 아버지로부터 물려받은 염색체를 서술하시오.

22, 상염색체, X 염색체, Y 염색체

7 동물 세포에서 세포질 분열이 일어나는 방식을 서술하시오.

세포막, 안쪽, 바깥쪽

8 분열 전 간기에 일어나는 현상을 두 가지 서술하시오.

세포, 크기, DNA

9 감수 1분열 후기에 일어나는 현상을 서술하시오.

상동 염색체, 분리, 끝

10 체세포 분열과 감수 분열의 분열 횟수와 딸세포 수를 비교하여 서술하시오.

1회, 2회, 2개, 4개

3단계 실전 문제 풀어 보기

11 그림은 어떤 사람의 체세포 염색체 구성을 나타낸 것이다.

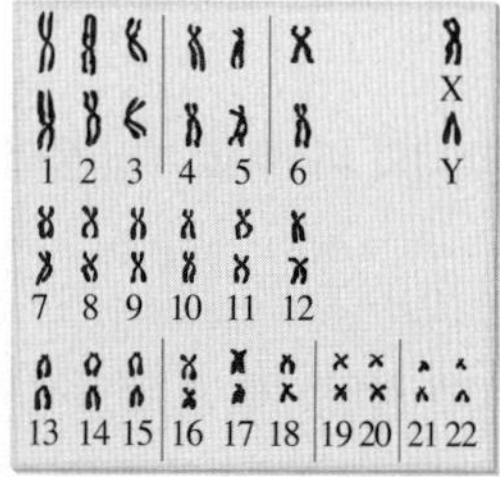

(1) 이 사람이 남자인지 여자인지 쓰시오.

(2) (1)과 같이 생각한 까닭을 서술하시오.

답안작성 TIP

12 그림은 양파 뿌리 끝의 체세포 분열을 관찰하기 위한 실험 과정을 순서 없이 나타낸 것이다.

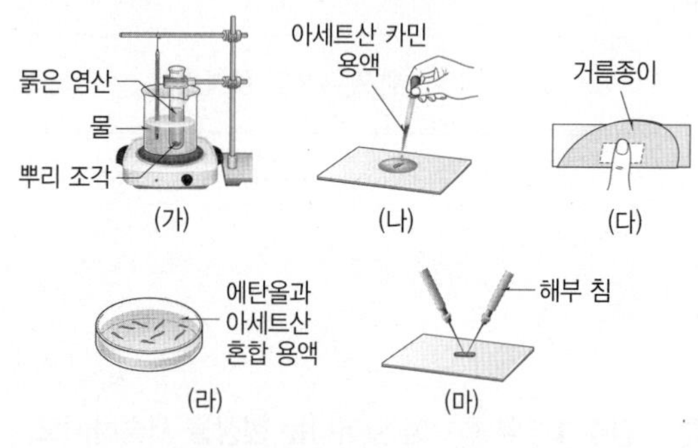

(1) (가)~(마)를 순서대로 나열하시오.

(2) (라) 과정을 거치는 까닭을 서술하시오.

(3) 관찰 결과 가장 많이 보이는 단계의 세포를 쓰고, 그 까닭을 서술하시오.

13 그림은 어떤 생물에서 일어나는 세포 분열 과정을 순서 없이 나타낸 것이다.

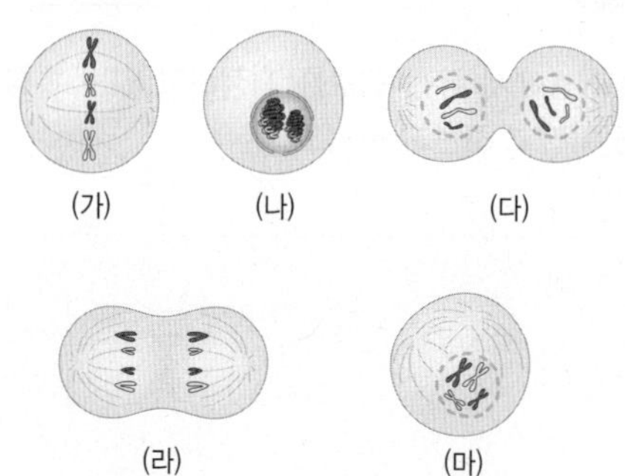

이 세포 분열의 종류가 체세포 분열인지 감수 분열인지 쓰고, 그 까닭을 후기에 나타나는 변화를 들어 서술하시오.(단, 후기의 기호도 포함한다.)

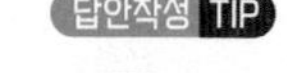

14 오른쪽 그림은 어떤 동물에서 일어나는 세포 분열 과정 중 한 시기를 나타낸 것이다.

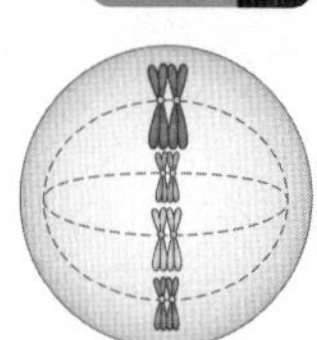

(1) 세포 분열의 종류와 시기를 쓰시오.

(2) 이 생물의 체세포와 생식세포의 염색체 수를 서술하시오.

답안작성 TIP

15 오른쪽 그림은 어떤 동물의 감수 분열 과정 중 감수 1분열 전기의 모습을 나타낸 것이다. 이 생물의 (가) 감수 2분열 전기의 세포와 (나) 생식세포의 염색체 구성을 그리시오.

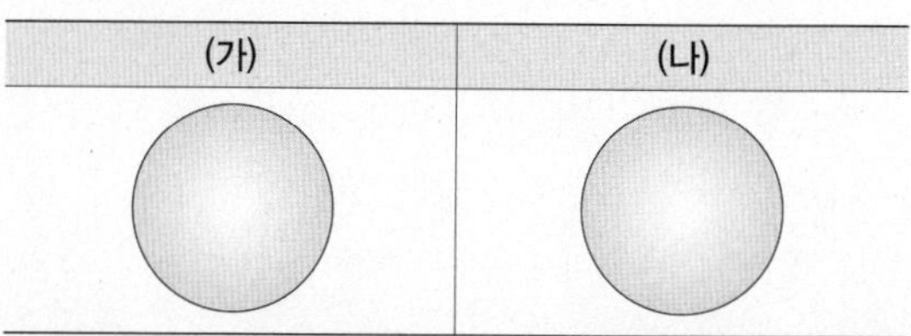

(가)	(나)

답안작성 TIP

12. (가)는 해리, (나)는 염색, (라)는 고정, (마)는 분리 과정이다. 14. 2가 염색체는 감수 1분열 과정에서 볼 수 있다. 15. 감수 1분열에서 상동 염색체가 분리되고, 감수 2분열에서 염색 분체가 분리된다.

1 생식세포 형성 감수 분열 결과 남자에서는 정자가, 여자에서는 난자가 만들어진다.

(1) 정자와 난자의 구조

정자		난자	
핵, 머리, 꼬리		세포질, 핵	
핵	유전 물질이 들어 있다.	**핵**	유전 물질이 들어 있다.
꼬리	정자가 움직일 수 있도록 한다.	**세포질**	많은 양분이 저장되어 있다.

(2) 정자와 난자의 특징 비교(사람)

구분	생성 장소	염색체 수	크기	운동성
정자	정소	❶ ______	작다.	있다.
난자	난소	❷ ______	크다.	없다.

2 수정 정자와 난자 같은 암수의 생식세포가 결합하는 것 ➡ 염색체 수가 체세포의 절반인 정자와 난자가 수정하여 만들어진 수정란은 체세포와 염색체 수가 같다.

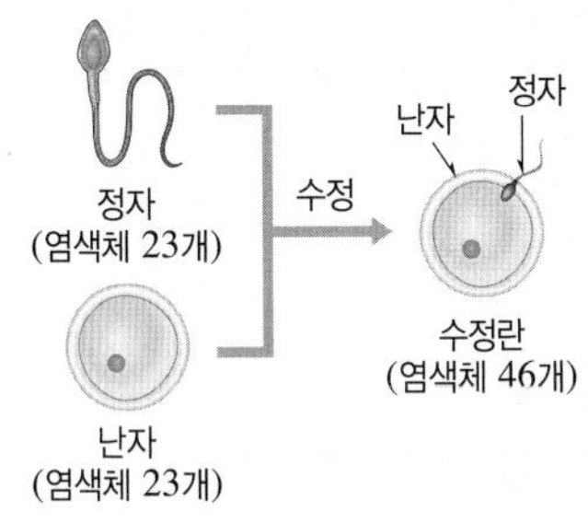

3 ❸ ______ 수정란이 세포 분열을 하면서 여러 과정을 거쳐 개체가 되는 것

(1) 난할 : 수정란의 초기 세포 분열

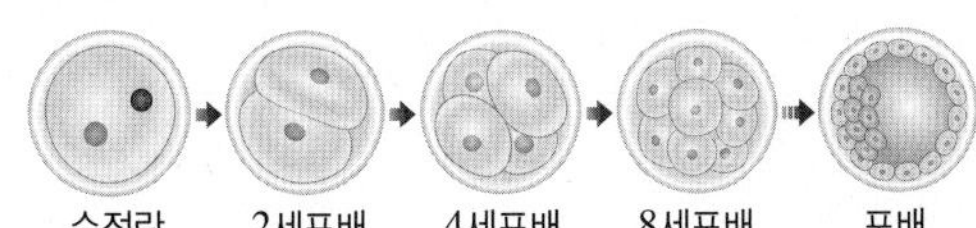

• 난할의 특징 : 체세포 분열이지만 딸세포의 크기가 커지지 않고 세포 분열을 빠르게 반복한다. ➡ 난할이 진행되면 세포 수가 늘어나고, 세포 각각의 크기는 점점 작아진다.

세포 1개당 염색체 수	세포 수	세포 하나의 크기	배아 전체의 크기
❹ ______.	증가한다.	❺ ______.	수정란과 비슷하다.

(2) ❻ ______ : 수정 후 약 일주일이 지나 수정란이 포배가 되어 자궁 안쪽 벽을 파고들어 가는 현상 ➡ 착상되었을 때부터 임신되었다고 한다.

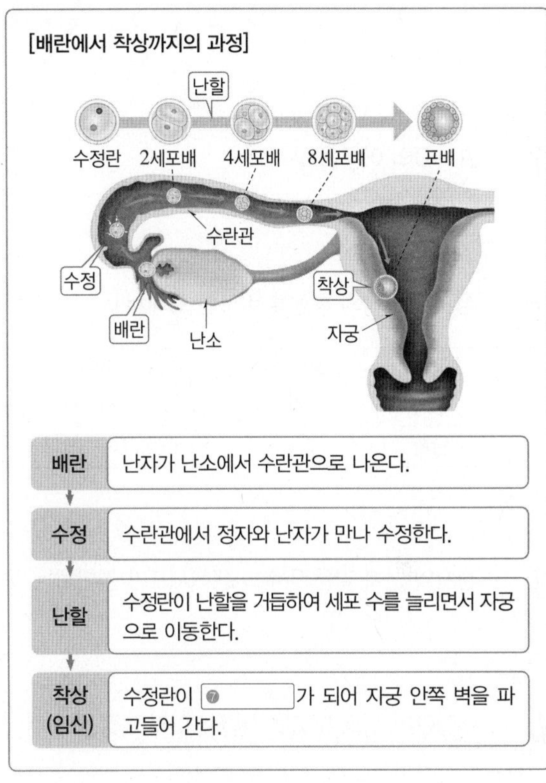

[배란에서 착상까지의 과정]
난할
수정란
2세포배
4세포배
8세포배
포배
수란관
수정
배란
난소
착상
자궁
배란 난자가 난소에서 수란관으로 나온다.
수정 수란관에서 정자와 난자가 만나 수정한다.
난할 수정란이 난할을 거듭하여 세포 수를 늘리면서 자궁으로 이동한다.
착상(임신) 수정란이 ❼ ______가 되어 자궁 안쪽 벽을 파고들어 간다.

(3) 태반 형성 : 착상 이후 태반이 만들어지며, 태반을 통해 모체와 물질 교환이 일어난다. ➡ 태아는 필요한 산소와 영양소를 모체로부터 전달받고, 몸에서 생기는 이산화 탄소와 노폐물을 모체로 전달하여 내보낸다.

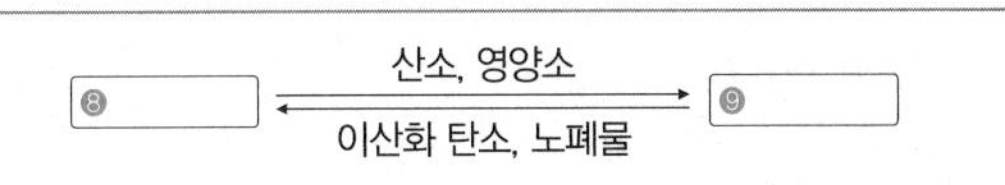

(4) 기관 형성 : 자궁에서 배아는 체세포 분열을 계속하여 조직과 기관을 형성하여 사람의 모습을 갖춘 태아가 된다. ➡ 사람의 모습을 갖추기 전까지의 세포 덩어리 상태를 ❿ ______라 하고, 수정 8주 후 사람의 모습을 갖추기 시작한 상태를 ⓫ ______라고 한다.

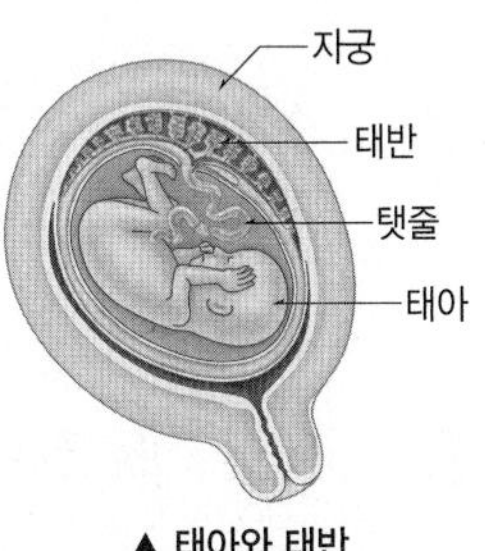

▲ 태아와 태반

4 출산 태아는 수정된 지 약 ⓬ ______일이 지나면 출산 과정을 거쳐 모체 밖으로 나온다.

잠깐 테스트

● 정답과 해설 40쪽

MEMO

[1~2] 그림은 사람의 생식세포인 정자와 난자의 모습을 나타낸 것이다.

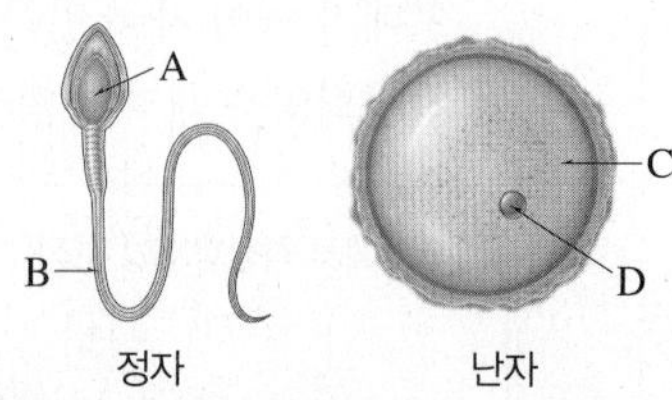

1 A~D의 이름을 쓰시오.

2 정자와 난자의 특징을 비교한 표에서 (   ) 안에 알맞은 말을 고르시오.

구분	생성 장소	크기	운동성	염색체 수
정자	정소	①(크다, 작다).	③(있다, 없다).	⑤(23, 46)개
난자	난소	②(크다, 작다).	④(있다, 없다).	⑥(23, 46)개

3 정자와 난자 같은 암수의 생식세포가 결합하는 것을 (   )이라고 한다.

4 수정란이 세포 분열을 하면서 여러 과정을 거쳐 개체가 되는 것을 (   )이라고 한다.

5 난자가 난소에서 수란관으로 나오는 현상을 (   )이라고 한다.

6 난할이 진행되면 세포 수가 ①(늘어나고, 변하지 않고), 세포 각각의 크기는 점점 ②(작아, 커)진다.

7 수정 후 약 일주일이 지나 수정란이 ①(   )가 되어 자궁 안쪽 벽을 파고들어 가는 현상을 ②(   )이라고 한다.

8 (   )을 통해 태아와 모체 사이에 물질 교환이 일어난다.

9 태아는 모체로부터 ①(산소, 이산화 탄소)와 영양소를 공급받고, 모체로 ②(산소, 이산화 탄소)와 노폐물을 전달한다.

10 태아는 수정된 지 약 (   )일이 지나면 출산 과정을 거쳐 모체 밖으로 나온다.

01 그림은 사람의 생식세포인 난자와 정자의 모습을 나타낸 것이다.

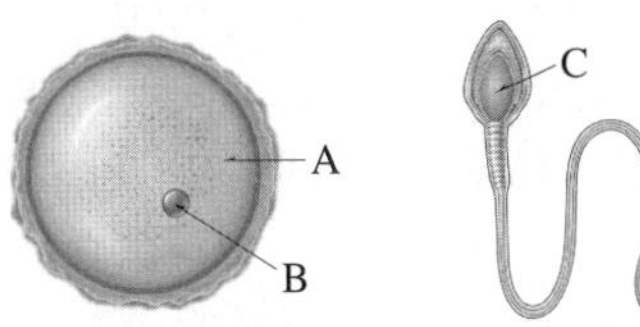

이에 대한 설명으로 옳지 않은 것은?

① A는 세포질, B는 핵이다.
② A에는 많은 양분이 저장되어 있다.
③ B에는 유전 물질인 DNA가 들어 있다.
④ C는 정자의 핵으로, 46개의 염색체가 들어 있다.
⑤ D는 정자가 움직일 수 있도록 하는 꼬리이다.

02 사람의 정자와 난자를 비교한 내용으로 옳은 것은?

	구분	정자	난자
①	크기	크다.	작다.
②	운동성	있다.	없다.
③	양분	많다.	없다.
④	생성 장소	난소	정소
⑤	염색체 수	23개	46개

03 그림 (가)는 남자의 생식 기관을, (나)는 여자의 생식 기관을 나타낸 것이다.

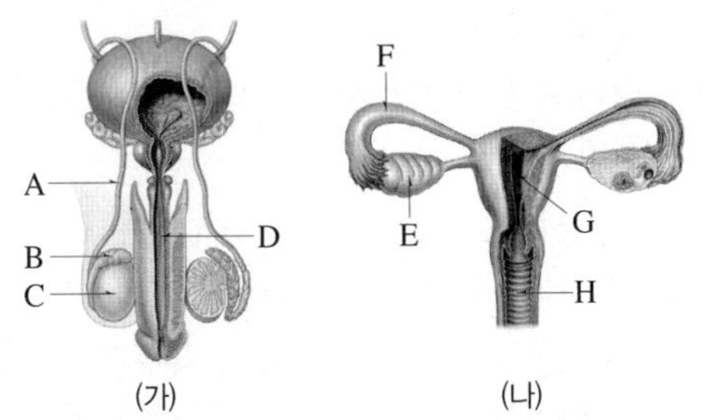

(가) (나)

이에 대한 설명으로 옳지 않은 것은?

① A는 수란관으로, 정자가 이동하는 통로이다.
② 정자는 B에서 잠시 머물면서 성숙한다.
③ 정자는 C에서, 난자는 E에서 만들어진다.
④ F에서 정자와 난자가 수정한다.
⑤ G에서 태아가 자란다.

04 수정에 대한 설명으로 옳은 것을 보기에서 모두 고른 것은?

보기
ㄱ. 염색체 수가 체세포의 절반인 정자와 난자가 결합하는 것이다.
ㄴ. 수정란의 염색체 수는 체세포와 같다.
ㄷ. 자궁에서 만들어진 수정란은 난할을 거듭하면서 수란관으로 이동한다.

① ㄱ ② ㄴ ③ ㄱ, ㄴ
④ ㄱ, ㄷ ⑤ ㄴ, ㄷ

05 발생의 뜻을 옳게 설명한 것은?

① 정자와 난자가 결합하는 것이다.
② 태아가 모체 밖으로 나오는 것이다.
③ 부모의 형질이 자녀에게 전달되는 것이다.
④ 난자가 난소에서 수란관으로 나오는 것이다.
⑤ 수정란이 세포 분열을 하면서 여러 과정을 거쳐 개체가 되는 것이다.

06 난할에 대한 설명으로 옳지 않은 것은?

① 딸세포가 커지지 않고 세포 분열만 빠르게 반복한다.
② 난할이 진행될수록 세포 수가 증가한다.
③ 난할이 진행될수록 세포 하나의 염색체 수가 줄어든다.
④ 난할이 진행될수록 세포 하나의 크기가 점점 작아진다.
⑤ 난할이 진행되어도 배아 전체의 크기는 수정란과 비슷하다.

07 그림은 수정란의 초기 발생 과정 중 일부를 순서 없이 나타낸 것이다.

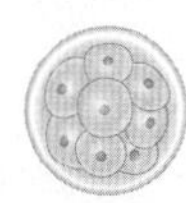
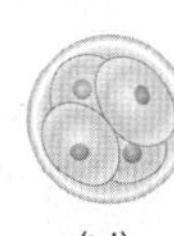
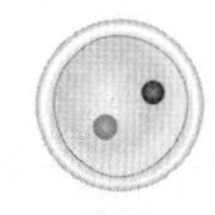
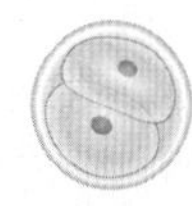
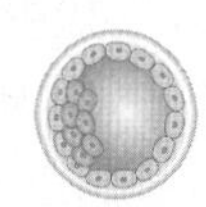

(가) (나) (다) (라) (마)

순서대로 옳게 나열한 것은?

① (가) → (나) → (다) → (라) → (마)
② (나) → (라) → (가) → (다) → (마)
③ (다) → (라) → (나) → (가) → (마)
④ (다) → (라) → (마) → (나) → (가)
⑤ (라) → (다) → (가) → (나) → (마)

[08~09] 그림은 수정란의 형성과 초기 발생 과정을 나타낸 것이다.

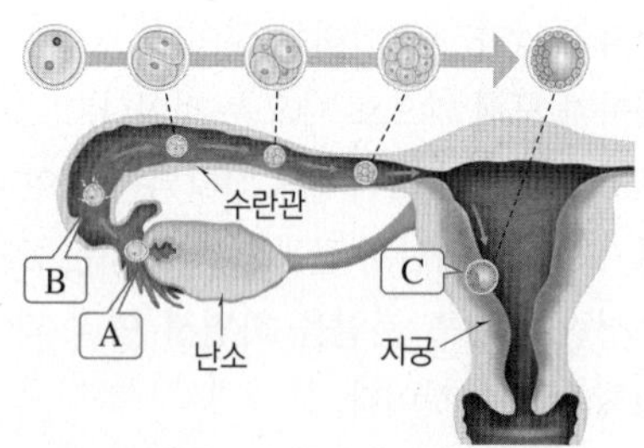

08 A~C에 해당하는 과정의 이름을 쓰시오.

09 C 과정에 대한 설명으로 옳은 것을 보기에서 모두 고른 것은?

보기
ㄱ. C가 일어난 후 태반이 만들어진다.
ㄴ. 수정 후 약 한 달이 지났을 때 일어난다.
ㄷ. 수정란이 포배가 되어 자궁 안쪽 벽을 파고들어 가는 현상이다.

① ㄱ ② ㄷ ③ ㄱ, ㄴ
④ ㄱ, ㄷ ⑤ ㄱ, ㄴ, ㄷ

10 태아와 모체 사이에서 일어나는 물질 교환에 대한 설명으로 옳은 것을 보기에서 모두 고른 것은?

보기
ㄱ. 태반에서 물질 교환이 일어난다.
ㄴ. 노폐물은 태아에서 모체로 이동한다.
ㄷ. 영양소와 산소는 모체에서 태아로 이동한다.
ㄹ. 알코올이나 약물과 같이 해로운 물질은 모체에서 태아로 전달되지 않는다.

① ㄱ, ㄴ ② ㄴ, ㄷ ③ ㄷ, ㄹ
④ ㄱ, ㄴ, ㄷ ⑤ ㄱ, ㄷ, ㄹ

11 다음은 아기가 태어날 때까지의 과정을 순서 없이 나타낸 것이다.

(가) 출산을 한다.
(나) 배란이 일어난다.
(다) 착상이 일어난다.
(라) 수정이 일어난다.
(마) 태반이 만들어진다.

순서대로 옳게 나열한 것은?

① (나) → (다) → (라) → (마) → (가)
② (나) → (라) → (다) → (마) → (가)
③ (나) → (마) → (라) → (다) → (가)
④ (라) → (나) → (다) → (마) → (가)
⑤ (라) → (나) → (마) → (다) → (가)

이 문제에서 나올 수 있는 보기는 多

12 사람의 발생 과정에 대한 설명으로 옳지 않은 것을 모두 고르면?(2개)

① 수정란의 초기 세포 분열인 난할은 감수 분열이다.
② 착상되었을 때부터 임신되었다고 한다.
③ 수정 8주 후 사람의 모습을 갖추기 시작한 상태를 태아라고 한다.
④ 자궁에서 배아는 체세포 분열을 계속하여 조직과 기관을 만들고 하나의 개체가 된다.
⑤ 태반에서 이산화 탄소는 태아 → 모체 쪽으로 이동한다.
⑥ 태아는 수정된 지 약 365일이 지나면 출산 과정을 거쳐 모체 밖으로 나온다.

서술형 정복하기

● 정답과 해설 40쪽

1단계 단답형으로 쓰기

1 정자와 난자 같은 암수의 생식세포가 결합하는 것을 무엇이라고 하는지 쓰시오.

2 수정란이 세포 분열을 하면서 여러 과정을 거쳐 개체가 되는 것을 무엇이라고 하는지 쓰시오.

3 체세포 분열이지만 딸세포의 크기가 커지지 않고, 세포 분열을 빠르게 반복하는 수정란의 초기 세포 분열을 무엇이라고 하는지 쓰시오.

4 수정 후 약 일주일이 지나 수정란이 포배가 되어 자궁 안쪽 벽을 파고들어 가는 현상을 무엇이라고 하는지 쓰시오.

2단계 제시된 단어를 모두 이용하여 서술하기

[5~7] 각 문제에 제시된 단어를 모두 이용하여 답을 서술하시오.

5 난자의 크기가 정자보다 훨씬 큰 까닭을 서술하시오.

양분, 세포질

6 수정란의 염색체 수가 체세포와 같은 까닭을 서술하시오.

염색체 수, 체세포, 정자, 난자, 수정

7 언제부터 태아라고 하는지 그 시기를 서술하시오.

수정, 사람, 8주

3단계 실전 문제 풀어 보기

8 사람의 난자와 정자의 크기, 운동성, 염색체 수를 비교하여 서술하시오.

9 난할이 진행될 때 세포 수, 세포 하나의 크기, 배아 전체의 크기 변화를 서술하시오.

10 태반에서 산소와 이산화 탄소가 이동하는 방향을 서술하시오.

중단원 핵심 요약

1 유전 용어

유전	부모의 형질이 자녀에게 전달되는 현상
형질	생물이 지니고 있는 여러 가지 특성
대립 형질	한 가지 형질에서 뚜렷하게 구분되는 변이
유전자형	유전자 구성을 알파벳 기호로 나타낸 것
표현형	유전자 구성에 따라 겉으로 드러나는 형질
❶	한 가지 형질을 나타내는 유전자의 구성이 같은 개체
❷	한 가지 형질을 나타내는 유전자의 구성이 다른 개체
자가 수분	수술의 꽃가루가 같은 그루의 꽃에 있는 암술에 붙는 현상
타가 수분	수술의 꽃가루가 다른 그루의 꽃에 있는 암술에 붙는 현상

2 완두가 유전 실험의 재료로 적합한 까닭

(1) 기르기 쉽고, 한 세대가 짧으며, 자손의 수가 많다.

(2) 대립 형질이 뚜렷하다.

(3) 자가 수분과 타가 수분이 모두 가능하여 의도한 대로 형질을 교배할 수 있다.

3 한 쌍의 대립 형질의 유전

(1) 우열의 원리 : 대립 형질이 다른 두 순종 개체를 교배하여 얻은 잡종 1대에는 대립 형질 중 한 가지만 나타나는데, 잡종 1대에서 나타나는 형질이 ❸ , 나타나지 않는 형질이 ❹ 이다.

(2) ❺ 의 법칙 : 감수 분열이 일어날 때 쌍을 이루고 있던 대립유전자가 분리되어 서로 다른 생식세포로 들어가는 유전 원리

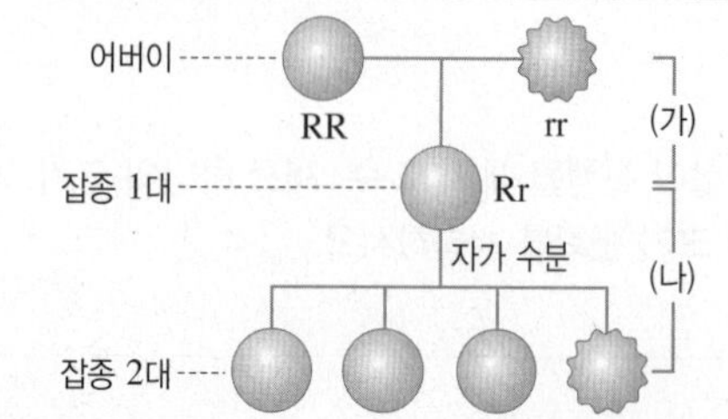

(가)	순종의 둥근 완두(RR)와 순종의 주름진 완두(rr)를 교배하면 잡종 1대에서 둥근 완두(Rr)만 나타난다. ➡ 둥근 모양(R)이 우성, 주름진 모양(r)이 열성이다.
(나)	• 잡종 1대에서 생식세포가 만들어질 때 대립유전자 R와 r가 분리되어 서로 다른 생식세포로 들어간다. ➡ 생식세포 R : r=1 : 1 • 잡종 2대에서 둥근 완두(RR, Rr) : 주름진 완두(rr)=❻ 로 나타난다.

(3) 분꽃의 꽃잎 색깔 유전 : 우열의 원리는 성립하지 않지만, 분리의 법칙은 성립한다.

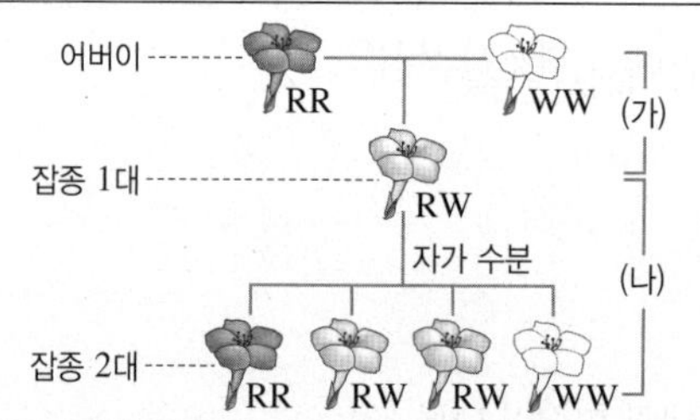

(가)	순종의 빨간색 꽃잎 분꽃(RR)과 순종의 흰색 꽃잎 분꽃(WW)을 교배하면 잡종 1대에서 ❼ 꽃잎(RW)만 나타난다. ➡ 빨간색 꽃잎 유전자 R와 흰색 꽃잎 유전자 W 사이의 우열 관계가 뚜렷하지 않기 때문
(나)	• 잡종 1대에서 생식세포가 만들어질 때 대립유전자 R와 W가 분리되어 서로 다른 생식세포로 들어간다. ➡ 생식세포 R : W=1 : 1 • 잡종 2대에서 빨간색 꽃잎(RR) : 분홍색 꽃잎(RW) : 흰색 꽃잎(WW)=❽ 로 나타난다.

4 두 쌍의 대립 형질의 유전

• ❾ 의 법칙 : 두 쌍 이상의 대립유전자가 서로 영향을 미치지 않고 각각 분리의 법칙에 따라 유전되는 원리

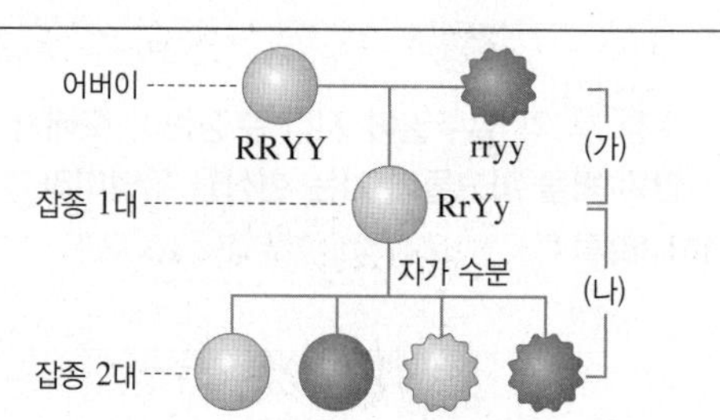

(가)	순종의 둥글고 노란색인 완두(RRYY)와 순종의 주름지고 초록색인 완두(rryy)를 교배하면 잡종 1대에서 둥글고 노란색인 완두(RrYy)만 나타난다. ➡ 둥근 모양(R)이 주름진 모양(r)에 대해, 노란색(Y)이 초록색(y)에 대해 우성이다.
(나)	• 잡종 1대에서 생식세포가 만들어질 때 대립유전자 R와 r, Y와 y가 각각 분리되어 서로 다른 생식세포로 들어간다. ➡ 생식세포 RY : Ry : rY : ry=1 : 1 : 1 : 1 • 잡종 2대에서 둥글고 노란색(R_Y_) : 둥글고 초록색(R_yy) : 주름지고 노란색(rrY_) : 주름지고 초록색(rryy)=❿ 로 나타난다. [씨 모양] 둥근 모양 : 주름진 모양=⓫ [씨 색깔] 노란색 : 초록색=⓬

● 정답과 해설 41쪽

MEMO

1 유전자 구성에 따라 겉으로 드러나는 형질을 ①(　　　)이라 하며, 유전자 구성을 알파벳 기호로 나타낸 것을 ②(　　　)이라고 한다.

2 보기에서 순종인 것을 모두 고르시오.

보기
ㄱ. RR　ㄴ. Rr　ㄷ. yy　ㄹ. RrYy　ㅁ. rrYY

3 대립 형질이 다른 두 순종 개체를 교배하여 얻은 잡종 1대에서 나타나는 형질을 (　　　)이라고 한다.

4 완두는 한 세대가 ①(짧고, 길고) 자손의 수가 ②(적어, 많아) 유전 실험의 재료로 적합하다.

5 순종의 노란색 완두(YY)와 순종의 초록색 완두(yy)를 교배하여 얻은 잡종 1대의 유전자형은 ①(　　　)이고, 표현형은 ②(노란색, 초록색) 완두이다.(단, 노란색이 초록색에 대해 우성이다.)

[6~7] 오른쪽 그림은 순종의 둥근 완두(RR)와 순종의 주름진 완두(rr)를 교배하여 얻은 잡종 1대를 자가 수분하여 잡종 2대를 얻는 과정을 나타낸 것이다.

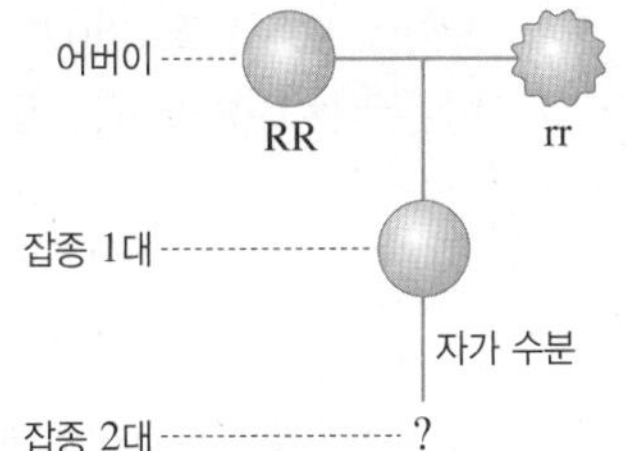

6 잡종 2대에서 둥근 완두 : 주름진 완두＝①(　　　) : ②(　　　)로 나타난다.

7 잡종 2대에서 총 800개의 완두를 얻었다면, 이 중 주름진 완두의 개수는 이론상 (　　　)개이다.

[8~10] 오른쪽 그림은 순종의 둥글고 노란색인 완두(RRYY)와 순종의 주름지고 초록색인 완두(rryy)를 교배하여 얻은 잡종 1대를 자가 수분하여 잡종 2대를 얻는 과정을 나타낸 것이다.(단, 둥근 모양은 주름진 모양에 대해, 노란색은 초록색에 대해 우성이며, 완두씨의 모양과 색깔을 나타내는 유전자는 서로 다른 상동 염색체에 있다.)

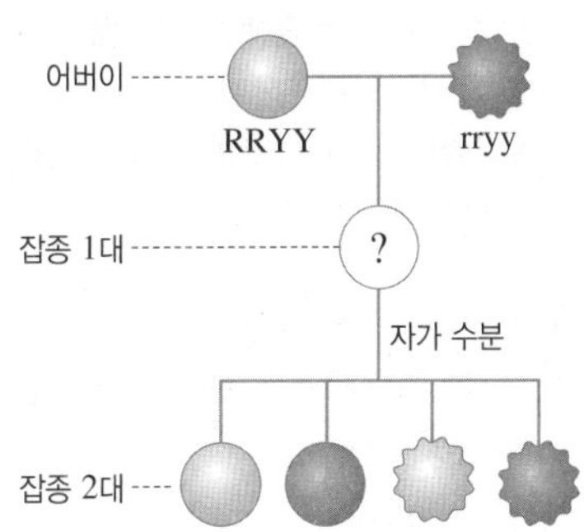

8 잡종 1대의 유전자형은 ①(　　　)이고, 표현형은 ②(　　　)인 완두이다.

9 잡종 2대에서 총 960개의 완두를 얻었다면, 이 중 둥글고 초록색인 완두의 개수는 이론상 (　　　)개이다.

10 잡종 2대에서 총 2400개의 완두를 얻었다면, 이 중 노란색 완두의 개수는 이론상 (　　　)개이다.

계산력·암기력 강화 문제

● 정답과 해설 41쪽

◆ 완두 교배 실험 이해하기 진도 교재 31, 33쪽

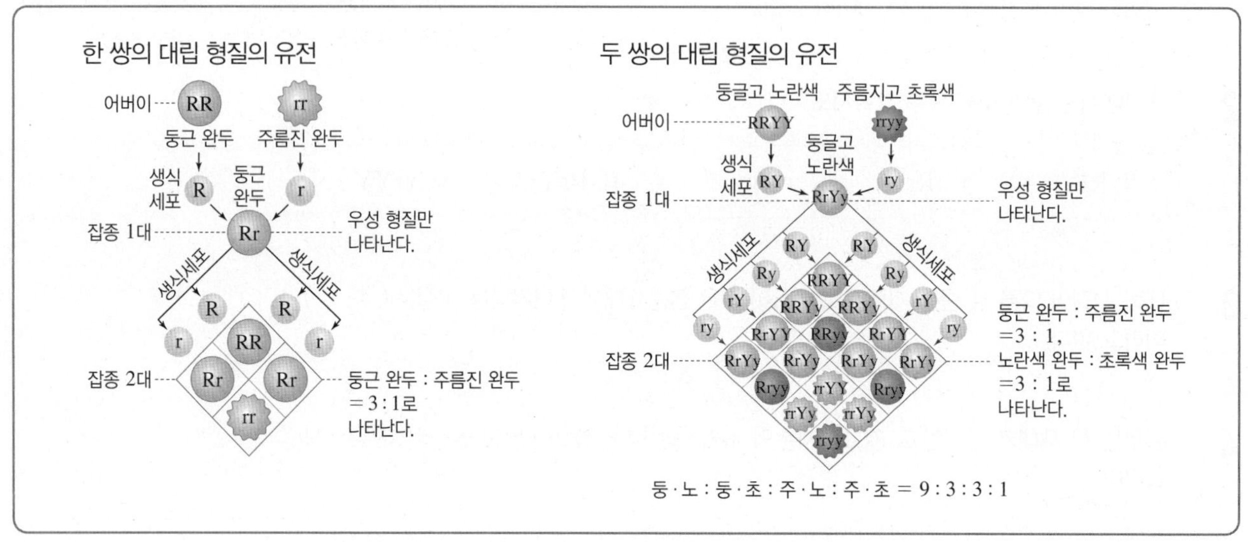

● 한 쌍의 대립 형질의 유전

[1~2] 오른쪽 그림은 순종의 둥근 완두와 순종의 주름진 완두를 교배하여 얻은 잡종 1대를 자가 수분하여 잡종 2대를 얻는 과정을 나타낸 것이다.

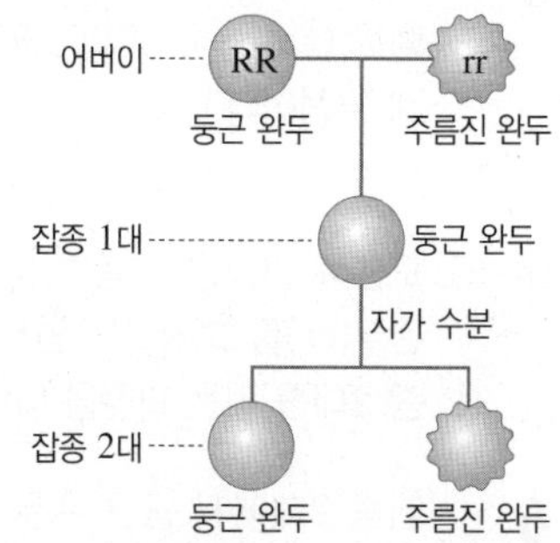

1 잡종 2대에서 총 600개의 완두를 얻었다면, 이 중 주름진 완두는 이론상 모두 몇 개인지 쓰시오.

2 잡종 2대에서 총 1000개의 완두를 얻었다면, 이 중 순종인 완두는 이론상 모두 몇 개인지 쓰시오.

● 두 쌍의 대립 형질의 유전

[3~5] 오른쪽 그림은 순종의 둥글고 노란색인 완두와 순종의 주름지고 초록색인 완두를 교배하여 얻은 잡종 1대를 자가 수분하여 잡종 2대를 얻는 과정을 나타낸 것이다.(단, 완두씨의 모양과 색깔을 결정하는 유전자는 서로 다른 상동 염색체에 있다.)

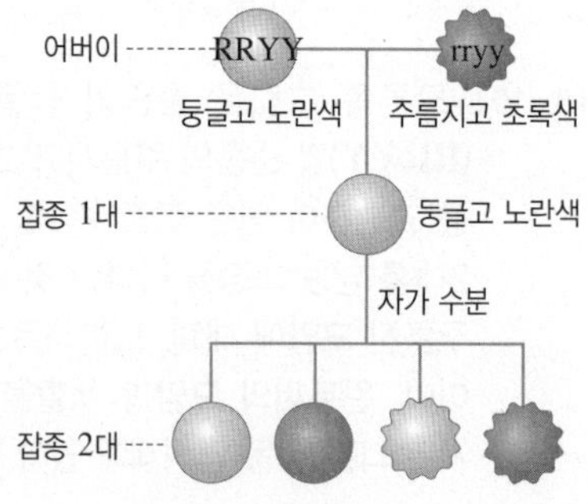

3 잡종 2대에서 총 1600개의 완두를 얻었다면, 이 중 주름지고 초록색인 완두는 이론상 모두 몇 개인지 쓰시오.

4 잡종 2대에서 총 640개의 완두를 얻었다면, 이 중 표현형이 잡종 1대와 같은 완두는 이론상 모두 몇 개인지 쓰시오.

5 잡종 2대에서 총 3600개의 완두를 얻었다면, 이 중 둥근 완두는 이론상 모두 몇 개인지 쓰시오.

● 정답과 해설 41쪽

01 유전 용어에 대한 설명으로 옳은 것은?

① 유전 : 부모의 형질이 자녀에게 전달되는 현상
② 유전자형 : 유전자 구성에 따라 겉으로 드러나는 형질
③ 순종 : 한 가지 형질을 나타내는 유전자의 구성이 다른 개체
④ 열성 : 대립 형질이 다른 두 순종 개체를 교배하여 얻은 잡종 1대에서 나타나는 형질
⑤ 우성 : 대립 형질이 다른 두 순종 개체를 교배하여 얻은 잡종 1대에서 나타나지 않는 형질

02 순종인 것을 모두 고르면?(2개)

① YY ② Yy ③ Rr
④ RrYy ⑤ rryy

이 문제에서 나올 수 있는 보기는 多

03 완두가 유전 실험의 재료로 적합한 까닭이 아닌 것은?

① 기르기 쉽다.
② 한 세대가 길다.
③ 자손의 수가 많다.
④ 대립 형질이 뚜렷하다.
⑤ 자유로운 교배가 가능하다.
⑥ 통계적인 분석에 유리하다.
⑦ 자가 수분과 타가 수분이 모두 가능하다.

04 멘델의 가설에 대한 설명으로 옳은 것을 보기에서 모두 고른 것은?

보기
ㄱ. 생물에는 한 가지 형질을 결정하는 한 쌍의 유전 인자가 있으며, 유전 인자는 부모에서 자손으로 전달된다.
ㄴ. 한 쌍을 이루는 유전 인자가 서로 다를 때 하나의 유전 인자만 형질로 표현되며, 나머지 인자는 표현되지 않는다.
ㄷ. 한 쌍을 이루는 유전 인자는 생식세포가 만들어질 때 분리되지 않고 같은 생식세포로 들어간다.

① ㄱ ② ㄴ ③ ㄱ, ㄴ
④ ㄱ, ㄷ ⑤ ㄴ, ㄷ

[05~06] 그림은 순종의 둥근 완두(RR)와 순종의 주름진 완두(rr)를 교배하여 잡종 1대를 얻는 과정을 나타낸 것이다.(단, 둥근 모양이 주름진 모양에 대해 우성이다.)

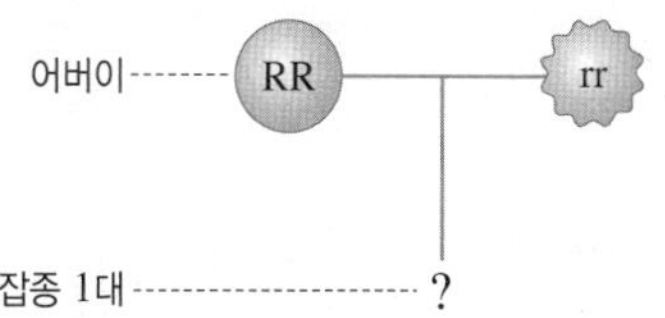

05 잡종 1대에 대한 설명으로 옳은 것을 보기에서 모두 고른 것은?

보기
ㄱ. 모두 순종이다.
ㄴ. 우성인 둥근 완두만 나타난다.
ㄷ. 잡종 1대를 자가 수분하여 얻은 잡종 2대의 표현형의 비는 1 : 2 : 1이다.

① ㄱ ② ㄴ ③ ㄷ
④ ㄱ, ㄴ ⑤ ㄴ, ㄷ

06 잡종 1대를 자가 수분하여 잡종 2대에서 총 900개의 완두를 얻었다면, 이 중 둥근 완두는 이론상 모두 몇 개인가?

① 125개 ② 225개 ③ 450개
④ 675개 ⑤ 900개

07 그림은 완두에서 순종의 보라색 꽃(PP)과 순종의 흰색 꽃(pp)을 교배하여 얻은 잡종 1대를 자가 수분하여 잡종 2대를 얻는 과정을 나타낸 것이다.

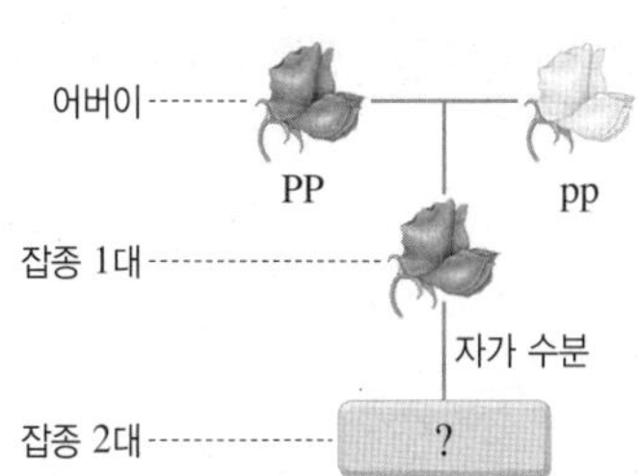

이에 대한 설명으로 옳은 것은?

① 보라색 꽃이 열성이다.
② 잡종 1대의 유전자형은 Pp이다.
③ 잡종 1대에서 4종류의 생식세포가 만들어진다.
④ 잡종 2대의 유전자형은 2종류이다.
⑤ 잡종 2대에서 총 800개의 완두를 얻었다면, 이 중 순종의 보라색 꽃은 이론상 600개이다.

[08~10] 그림은 순종의 노란색 완두(YY)와 순종의 초록색 완두(yy)를 교배하여 얻은 잡종 1대를 자가 수분하여 잡종 2대를 얻는 과정을 나타낸 것이다.(단, 노란색이 초록색에 대해 우성이다.)

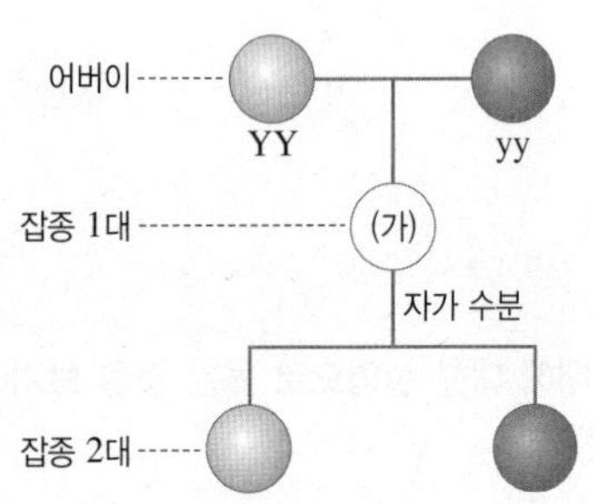

08 잡종 1대에서 총 400개의 완두를 얻었다면, 이 중 노란색 완두는 이론상 모두 몇 개인가?

① 없다. ② 100개 ③ 200개
④ 300개 ⑤ 400개

09 (가)를 초록색 완두와 교배하여 얻은 자손에서 노란색 완두 : 초록색 완두의 비를 쓰시오.

10 잡종 2대에서 순종 : 잡종의 비를 쓰시오.

11 다음과 같은 완두 교배 실험 결과 그 자손에서 우성과 열성이 1 : 1로 나타나는 것은?(단, 노란색 유전자 Y는 초록색 유전자 y에 대해 우성이다.)

① yy×yy ② Yy×yy
③ Yy×Yy ④ YY×yy
⑤ YY×Yy

12 다음은 완두의 키에 대한 교배 실험이다.

> (가) 키 큰 완두와 키 작은 완두를 교배하였더니 자손에서 키 큰 완두만 나타났다.
> (나) 키 큰 완두(A)를 자가 수분하였더니 자손에서 키 큰 완두 : 키 작은 완두=3 : 1로 나타났다.
> (다) 키 큰 완두(B)와 키 작은 완두를 교배하였더니 자손에서 키 큰 완두 : 키 작은 완두=1 : 1로 나타났다.

이에 대한 설명으로 옳지 않은 것은?

① 키 작은 완두는 모두 순종이다.
② 키가 큰 것이 작은 것에 대해 우성이다.
③ A는 키가 작은 유전자를 가지고 있다.
④ B는 키가 작은 유전자를 가지고 있다.
⑤ A와 B를 교배하면 자손에서 키 작은 완두가 나타나지 않는다.

이 문제에서 나올 수 있는 보기는 多

13 그림과 같이 순종의 빨간색 꽃잎 분꽃(RR)과 순종의 흰색 꽃잎 분꽃(WW)을 교배하였더니 잡종 1대에서 분홍색 꽃잎만 나타났고, 이를 자가 수분하여 잡종 2대를 얻었다.

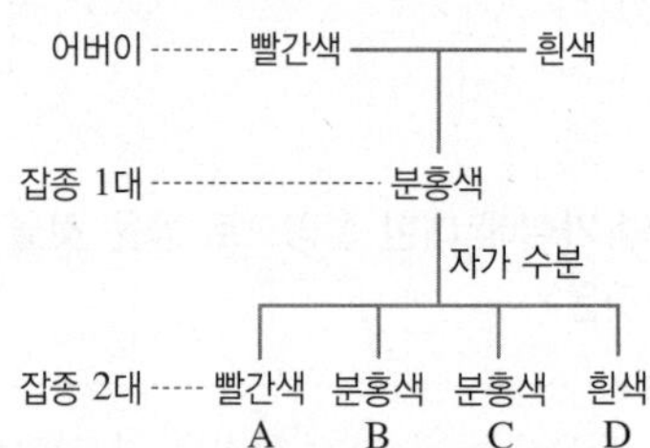

이에 대한 설명으로 옳지 않은 것은?

① 분리의 법칙에 따라 유전된다.
② 우열의 원리가 성립하지 않는다.
③ 잡종 1대에서는 순종 : 잡종=1 : 1로 나온다.
④ 빨간색 꽃잎 유전자 R와 흰색 꽃잎 유전자 W 사이의 우열 관계가 뚜렷하지 않다.
⑤ 잡종 2대에서 표현형의 비와 유전자형의 비는 모두 1 : 2 : 1이다.
⑥ 잡종 2대의 B와 C를 교배하면 빨간색 꽃잎, 분홍색 꽃잎, 흰색 꽃잎을 모두 얻을 수 있다.

[14~18] 그림은 순종의 둥글고 노란색인 완두(RRYY)와 순종의 주름지고 초록색인 완두(rryy)를 교배하여 얻은 잡종 1대를 자가 수분하여 잡종 2대를 얻는 과정을 나타낸 것이다.(단, 완두씨의 모양과 색깔을 결정하는 유전자는 서로 다른 상동 염색체에 있다.)

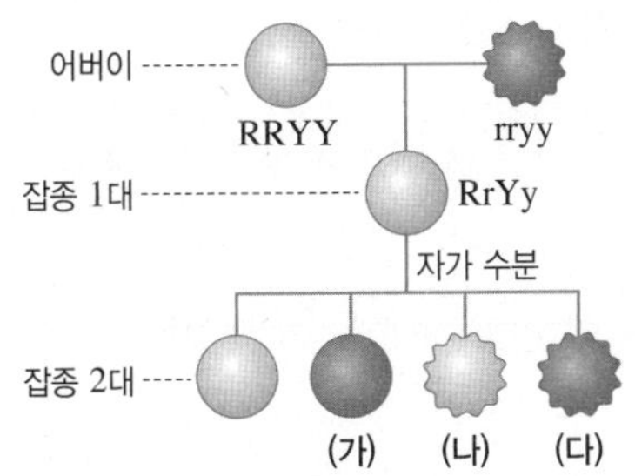

14 (가) : (나)의 비로 옳은 것은?

① 1 : 1　② 3 : 1　③ 1 : 3
④ 9 : 1　⑤ 1 : 9

15 이에 대한 설명으로 옳은 것을 모두 고르면?(2개)

① 잡종 1대에서는 우성 형질만 나타난다.
② 잡종 1대에서는 유전자형이 RY, ry인 두 종류의 생식세포가 만들어진다.
③ (가)의 유전자형은 4가지이다.
④ (다)를 자가 수분하면 둥근 완두와 주름진 완두가 모두 나온다.
⑤ 완두씨의 모양과 색깔에 대한 대립유전자 쌍은 각각 분리의 법칙에 따라 유전된다.

16 잡종 2대에서 총 1200개의 완두를 얻었다면, 이 중 초록색 완두는 이론상 모두 몇 개인가?

① 100개　② 200개　③ 300개
④ 600개　⑤ 900개

17 잡종 2대에서 총 960개의 완두를 얻었다면, 이 중 표현형이 (나)와 같은 것은 이론상 모두 몇 개인가?

① 60개　② 120개　③ 180개
④ 240개　⑤ 540개

18 잡종 2대 중 유전자형이 rrYy인 개체와 Rryy인 개체를 교배하여 총 2000개의 완두를 얻었다면, 이 중 둥글고 초록색인 완두는 이론상 모두 몇 개인가?

① 250개　② 500개　③ 750개
④ 1000개　⑤ 1200개

19 표는 어떤 식물이 가진 두 종류의 대립 형질과 그 유전자를, 그림은 염색체에 존재하는 이들 유전자의 위치를 나타낸 것이다. 유전자 A는 a에 대해, 유전자 B는 b에 대해 각각 우성이다.

구분	키		꽃잎 색깔	
형질	크다.	작다.	보라색	흰색
유전자	A	a	B	b

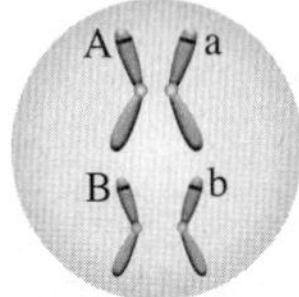

이에 대한 설명으로 옳은 것을 보기에서 모두 고른 것은?

보기
ㄱ. 이 식물에서는 유전자형이 AB인 생식세포가 만들어질 수 있다.
ㄴ. 이 식물을 자가 수분하면 자손에서 키 큰 개체와 키 작은 개체가 3 : 1로 나온다.
ㄷ. 이 식물을 유전자형이 aabb인 개체와 교배하면 자손에서 보라색 꽃잎이 나오지 않는다.

① ㄱ　② ㄱ, ㄴ　③ ㄱ, ㄷ
④ ㄴ, ㄷ　⑤ ㄱ, ㄴ, ㄷ

서술형 정복하기

1단계 단답형으로 쓰기

1 부모의 형질이 자녀에게 전달되는 현상을 무엇이라고 하는지 쓰시오.

2 한 가지 형질에서 뚜렷하게 구분되는 변이를 무엇이라고 하는지 쓰시오.

3 (가) 유전자 구성을 알파벳 기호로 나타낸 것과 (나) 유전자 구성에 따라 겉으로 드러나는 형질을 각각 무엇이라고 하는지 쓰시오.

4 수술의 꽃가루가 같은 그루의 꽃에 있는 암술에 붙는 현상을 무엇이라고 하는지 쓰시오.

5 상동 염색체의 같은 위치에 있으며, 대립 형질을 결정하는 유전자를 무엇이라고 하는지 쓰시오.

2단계 제시된 단어를 모두 이용하여 서술하기

[6~10] 각 문제에 제시된 단어를 모두 이용하여 답을 서술하시오.

6 순종의 뜻을 서술하시오.

형질, 유전자, 구성, 개체

7 열성의 뜻을 서술하시오.

대립 형질, 순종, 잡종 1대, 형질

8 분리의 법칙을 서술하시오.

감수 분열, 대립유전자, 분리, 생식세포

9 순종의 빨간색 꽃잎 분꽃과 순종의 흰색 꽃잎 분꽃을 교배하면 잡종 1대에서 분홍색 꽃잎만 나온다. 그 까닭을 서술하시오.

빨간색, 흰색, 유전자, 우열 관계

10 독립의 법칙을 서술하시오.

대립유전자, 영향, 분리의 법칙

3단계 실전 문제 풀어 보기

11 완두가 유전 실험의 재료로 적합한 까닭을 세 가지만 서술하시오.

12 그림과 같이 순종의 둥근 완두(RR)와 순종의 주름진 완두(rr)를 교배하여 잡종 1대를 얻고, 이를 자가 수분하여 잡종 2대를 얻었다.(단, 둥근 모양이 주름진 모양에 대해 우성이다.)

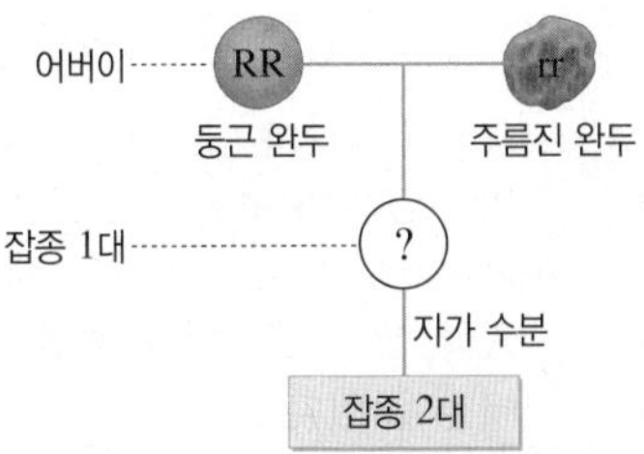

(1) 잡종 1대의 유전자형과 표현형을 쓰시오.

(2) 잡종 2대의 표현형의 비와 유전자형의 비를 서술하시오.

답안작성 TIP

13 유전자형을 모르는 노란색 완두(A)를 순종의 초록색 완두와 교배하여 유전자형을 알아보려고 한다.(단, 노란색 유전자 Y가 초록색 유전자 y에 대해 우성이다.)

(1) 노란색 완두(A)가 순종일 때의 교배 결과를 서술하시오.

(2) 노란색 완두(A)가 잡종일 때의 교배 결과를 서술하시오.

14 다음은 분꽃의 꽃잎 색깔 유전에 대한 설명이다.

- 순종의 빨간색 꽃잎 분꽃(RR)과 순종의 흰색 꽃잎 분꽃(WW)을 교배하였더니 잡종 1대에서 분홍색 꽃잎(RW)만 나왔다.
- 잡종 1대를 자가 수분하였더니 잡종 2대에서 빨간색 꽃잎(RR) : 분홍색 꽃잎(RW) : 흰색 꽃잎(WW)=1 : 2 : 1로 나왔다.

멘델의 유전 원리 중 분꽃의 꽃잎 색깔 유전에서 성립하는 것과 성립하지 않는 것을 서술하시오.

답안작성 TIP

15 그림은 순종의 둥글고 노란색인 완두(RRYY)와 순종의 주름지고 초록색인 완두(rryy)를 교배하여 얻은 잡종 1대를 자가 수분하여 잡종 2대를 얻는 과정을 나타낸 것이다.

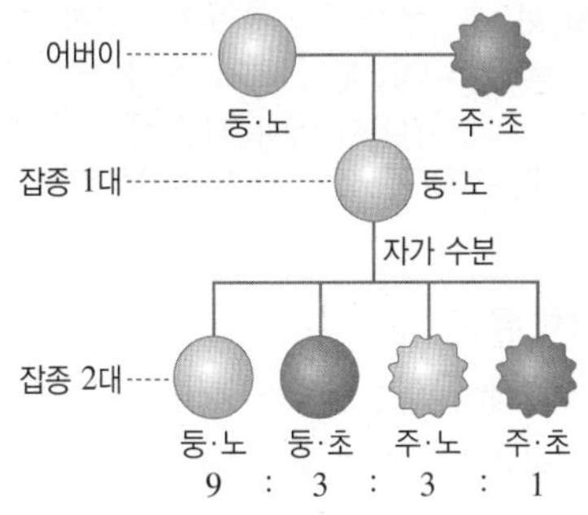

(1) 잡종 1대에서 만들어지는 생식세포의 종류와 그 비를 쓰시오.

(2) 잡종 2대에서 둥근 완두 : 주름진 완두, 노란색 완두 : 초록색 완두의 비를 쓰시오.

(3) 잡종 2대에서 유전자형이 RRYy인 개체와 Rryy인 개체를 교배하였을 때 그 자손에서 나타나는 표현형의 비를 쓰시오.

답안작성 TIP

13. 어버이가 모두 열성 유전자를 가지고 있어야 자손에서 열성 형질이 나온다. **15.** 유전자형이 RRYy인 개체에서 만들어지는 생식세포는 RY, Ry 두 종류이고, Rryy인 개체에서 만들어지는 생식세포는 Ry, ry 두 종류이다.

중단원 핵심 요약

● 정답과 해설 43쪽

1 사람의 유전 연구

(1) 사람의 유전 연구가 어려운 까닭

① 한 세대가 길고, 자손의 수가 적다.

② 교배 실험이 불가능하다.

③ 대립 형질이 복잡하고, 환경의 영향을 많이 받는다.

(2) 사람의 유전 연구 방법

구분	연구 방법
❶ ___ 조사	특정 형질을 가진 집안에서 여러 세대에 걸쳐 이 형질이 어떻게 유전되는지 알아보는 방법 ➡ 특정 형질의 우열 관계, 가족 구성원의 유전자형 등을 알 수 있다.
❷ ___ 연구	• 유전과 환경이 특정 형질에 미치는 영향을 알아볼 수 있다. • ❸ ___ 쌍둥이는 유전자 구성이 서로 같고, ❹ ___ 쌍둥이는 유전자 구성이 서로 다르다.
통계 조사	특정 형질이 사람에게 나타난 사례를 가능한 많이 수집하고, 자료를 통계적으로 분석하는 방법 ➡ 형질이 유전되는 특징, 유전자의 분포 등을 밝힐 수 있다.
염색체와 DNA 분석	• 염색체의 수와 모양 분석 ➡ 염색체 이상에 의한 유전병을 진단할 수 있다. • DNA 분석 ➡ 특정 형질에 관여하는 유전자를 알아낼 수 있다.

2 상염색체 유전

(1) 상염색체에 있는 한 쌍의 대립유전자에 의해 결정되는 형질의 특징 : 멘델의 분리의 법칙에 따라 유전되며, 대립 형질이 비교적 명확하게 구분되고, 남녀에 따라 형질이 나타나는 빈도에 차이가 없다.

(2) 혀 말기 유전

우열 관계	혀 말기 가능 대립유전자(T) > 혀 말기 불가능 대립유전자(t)	
표현형과 유전자형	표현형	혀 말기 가능	혀 말기 불가능
	유전자형	TT, Tt	❺ ___
예	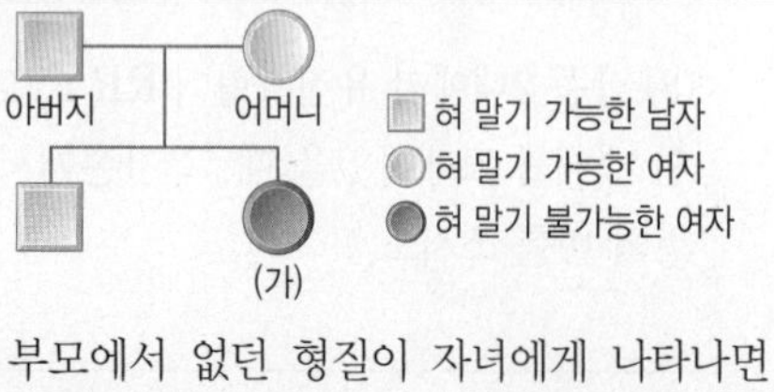 아버지, 어머니, (가) / 혀 말기 가능한 남자, 혀 말기 가능한 여자, 혀 말기 불가능한 여자 • 부모에서 없던 형질이 자녀에게 나타나면 부모의 형질이 우성, 자녀의 형질이 열성이다. • 열성인 (가)의 유전자형 : ❻ ___ • (가)는 부모로부터 혀 말기 불가능 대립유전자(t)를 하나씩 물려받았다. ➡ 아버지와 어머니의 유전자형 : ❼ ___	

(3) ABO식 혈액형 유전

특징	A, B, O 세 가지 대립유전자가 관여하며, 한 쌍의 대립유전자에 의해 형질이 결정된다.				
우열 관계	대립유전자 A와 B 사이에는 우열 관계가 없고, 대립유전자 A와 B는 대립유전자 O에 대해 우성이다.				
표현형과 유전자형	표현형	A형	B형	AB형	O형
	유전자형	AA, AO	❽ ___	AB	OO
예	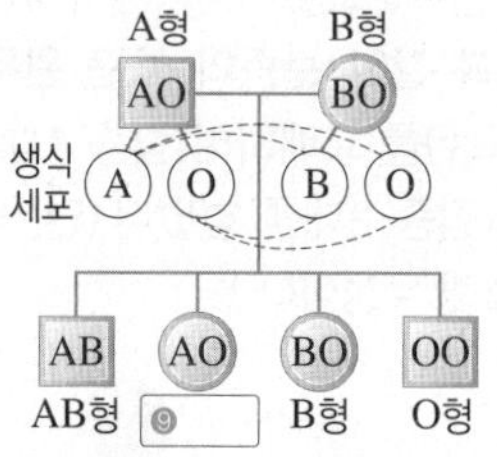 A형 AO, B형 BO / 생식세포 A, O, B, O / AB: AB형, AO: ❾ ___, BO: B형, OO: O형 • O형인 자녀가 있으면 부모는 모두 대립유전자 O를 가진다. • 유전자형이 AO, BO인 부모 사이에서는 A형, B형, AB형, O형의 자녀가 모두 태어날 수 있다.				

3 성염색체 유전

(1) ❿ ___ : 유전자가 성염색체에 있어 유전 형질이 나타나는 빈도가 남녀에 따라 차이가 나는 유전 현상

예 적록 색맹, 혈우병

(2) 적록 색맹 유전

우열 관계	정상 대립유전자(X) > 적록 색맹 대립유전자(X′)		
표현형과 유전자형	표현형	정상	적록 색맹
	유전자형 남자	XY	X′Y
	유전자형 여자	XX, XX′(보인자)	X′X′
특징	⓫ ___보다 ⓬ ___에게 더 많이 나타난다. ➡ 성염색체 구성이 XY인 남자는 적록 색맹 대립유전자가 한 개만 있어도 적록 색맹이 되지만, 성염색체 구성이 XX인 여자는 2개의 X 염색체에 모두 적록 색맹 대립유전자가 있어야 적록 색맹이 되기 때문		
예	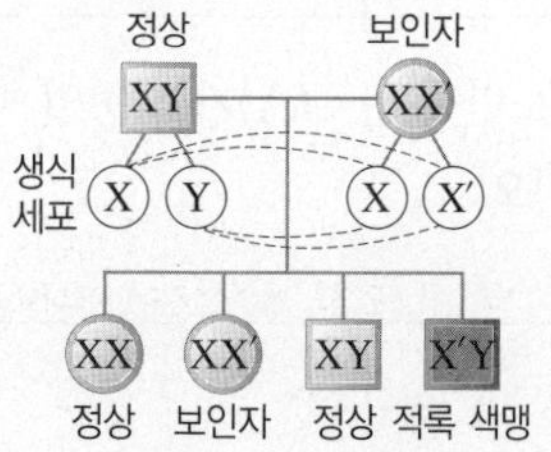 정상 XY, 보인자 XX′ / 생식세포 X, Y, X, X′ / XX 정상, XX′ 보인자, XY 정상, X′Y 적록 색맹 아버지가 정상이면 적록 색맹인 딸은 태어나지 않고, 아들이 적록 색맹이면 정상인 어머니는 보인자(XX′)이다.		

잠깐 테스트

● 정답과 해설 43쪽

MEMO

1 사람은 한 세대가 ①(짧, 길)고, 자손의 수가 ②(많, 적)으며, 교배 실험이 ③(가능, 불가능)하기 때문에 유전 연구에 어려움이 있다.

2 쌍둥이 연구는 유전과 (　　　)이 특정 형질에 미치는 영향을 알아보는 데 이용된다.

[3~5] 오른쪽 그림은 어떤 집안의 혀 말기 유전 가계도를 나타낸 것이다.

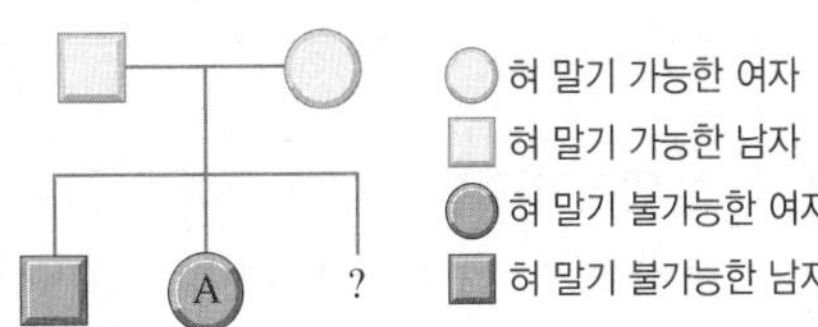

3 혀 말기가 불가능한 것은 혀 말기가 가능한 것에 대해 (우성, 열성)이다.

4 A의 부모의 유전자형은 모두 (　　　)이다.(단, 우성 대립유전자는 T, 열성 대립유전자는 t로 표시한다.)

5 A의 동생이 태어날 때 혀 말기가 불가능할 확률은 몇 %인지 쓰시오.

6 ABO식 혈액형을 결정하는 대립유전자의 우열 관계를 등호 또는 부등호를 써서 나타내시오.

7 어머니는 AB형, 아버지는 B형일 때 자녀에서 나타날 수 없는 ABO식 혈액형을 모두 쓰시오.(단, 아버지는 대립유전자 O를 가지고 있다.)

8 적록 색맹 유전자는 ①(상염색체, X 염색체)에 있고, 적록 색맹 대립유전자가 정상 대립유전자에 대해 ②(우성, 열성)이다.

9 아버지가 적록 색맹이고, 어머니는 정상이지만 적록 색맹 대립유전자를 가진 보인자일 경우 두 사람 사이에서 태어날 수 있는 아들의 유전자형을 모두 쓰시오.(단, 정상 대립유전자는 X, 적록 색맹 대립유전자는 X′으로 표시한다.)

10 정상 남자가 적록 색맹인 여자와 결혼하여 자녀를 낳을 때 자녀가 적록 색맹일 확률은 몇 %인지 쓰시오.

계산력·암기력 강화 문제

● 정답과 해설 43쪽

① 가계도 분석하기 진도 교재 41, 43쪽

허 말기 유전, ABO식 혈액형 유전, 적록 색맹 유전

구분	혀 말기		ABO식 혈액형				적록 색맹	
유전자의 우열 관계	혀 말기 가능 대립유전자(T)> 혀 말기 불가능 대립유전자(t)		A=B>O				정상 대립유전자(X)> 적록 색맹 대립유전자(X′)	
표현형	혀 말기 가능	혀 말기 불가능	A형	B형	AB형	O형	정상	적록 색맹
유전자형	TT, Tt	tt	AA, AO	BB, BO	AB	OO	XX, XX′, XY	X′X′, X′Y

● 혀 말기 유전

1 혀 말기가 가능한 부모 사이에서 혀 말기가 불가능한 딸이 태어났다. 이 딸이 혀 말기가 가능한 남자 (가)와 결혼하여 혀 말기가 불가능한 자녀를 낳았을 때 (가)의 유전자형을 쓰시오.(단, 우성 대립유전자는 T, 열성 대립유전자는 t로 표시한다.)

● ABO식 혈액형 유전

2 오른쪽 그림은 어떤 집안의 ABO식 혈액형 유전 가계도를 나타낸 것이다.

AB형 (가)
A형 (나)
A형
B형 (다)

(1) (나)와 (다)의 유전자형을 쓰시오.

(2) (가)와 (나) 사이에서 자녀가 한 명 더 태어날 때 A형일 확률은 몇 %인지 쓰시오.

● 적록 색맹 유전

3 오른쪽 그림은 어떤 집안의 적록 색맹 유전 가계도를 나타낸 것이다. (가)와 정상인 남자 사이에서 태어난 아들이 적록 색맹일 확률은 몇 %인지 쓰시오.

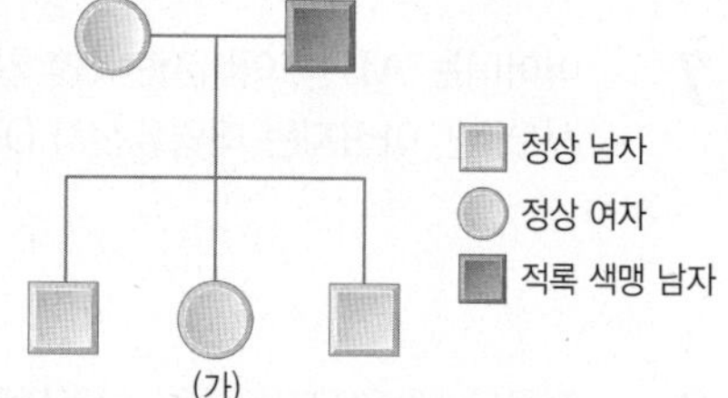

4 오른쪽 그림은 어떤 집안의 적록 색맹 유전 가계도를 나타낸 것이다.

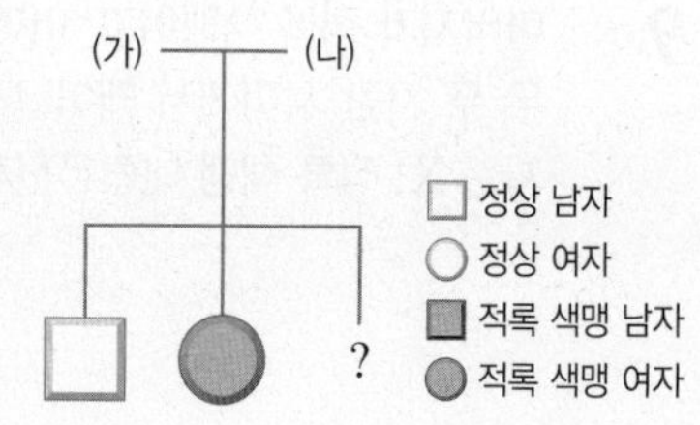

(1) 아버지(가)와 어머니(나)의 유전자형을 쓰시오.

(2) (가)와 (나) 사이에서 자녀가 한 명 더 태어날 때 적록 색맹일 확률은 몇 %인지 쓰시오.

중단원 기출 문제

● 정답과 해설 43쪽

01 사람의 유전 연구가 어려운 까닭으로 옳은 것은?

① 한 세대가 짧다.
② 자손의 수가 많다.
③ 대립 형질이 뚜렷하다.
④ 교배 실험이 불가능하다.
⑤ 환경의 영향을 받지 않는다.

이 문제에서 나올 수 있는 보기는 多

02 사람의 유전 연구에 대한 설명으로 옳지 않은 것은?

① 통계 자료로 활용할 충분한 사례를 얻기 어렵다.
② 가계도 조사를 통해 앞으로 태어날 자손의 형질을 예측할 수 있다.
③ DNA를 분석하여 특정 형질에 관여하는 유전자를 알아낼 수 있다.
④ 여러 세대에 걸쳐 특정 형질이 유전되는 방식을 직접 관찰하기 어렵다.
⑤ 통계 조사를 통해 형질이 유전되는 특징, 유전자의 분포 등을 밝힐 수 있다.
⑥ 유전과 환경이 특정 형질에 미치는 영향을 알아보는 데 가장 적합한 방법은 가계도 조사이다.
⑦ 쌍둥이 연구는 쌍둥이의 성장 환경과 특정 형질의 발현이 어느 정도 일치하는지 조사하는 방법이다.

03 표는 세 가지 형질이 1란성 쌍둥이와 2란성 쌍둥이에서 일치하는 정도를 나타낸 것이다. 형질이 비슷할수록 수치가 1에 가깝다.

구분	1란성 쌍둥이		2란성 쌍둥이
	함께 자란 경우	따로 자란 경우	함께 자란 경우
키	0.96	0.95	0.47
학교 성적	0.90	0.68	0.83
ABO식 혈액형	1	1	0.75

이에 대한 설명으로 옳은 것을 보기에서 모두 고른 것은?

보기
ㄱ. 학교 성적은 환경의 영향을 받는다.
ㄴ. 환경의 영향을 가장 크게 받는 것은 키이다.
ㄷ. ABO식 혈액형은 환경의 영향을 받지 않는다.

① ㄱ ② ㄷ ③ ㄱ, ㄴ
④ ㄱ, ㄷ ⑤ ㄴ, ㄷ

04 다음과 같은 특징을 보이는 유전 형질이 아닌 것은?

• 유전자가 상염색체에 있다.
• 멘델의 분리의 법칙에 따라 유전된다.
• 한 쌍의 대립유전자에 의해 결정된다.
• 남녀에 따라 나타나는 빈도에 차이가 없다.

① 미맹 ② 보조개 ③ 혈우병
④ 혀 말기 ⑤ 귓불 모양

05 그림은 어떤 집안의 미맹 유전 가계도를 나타낸 것이다.

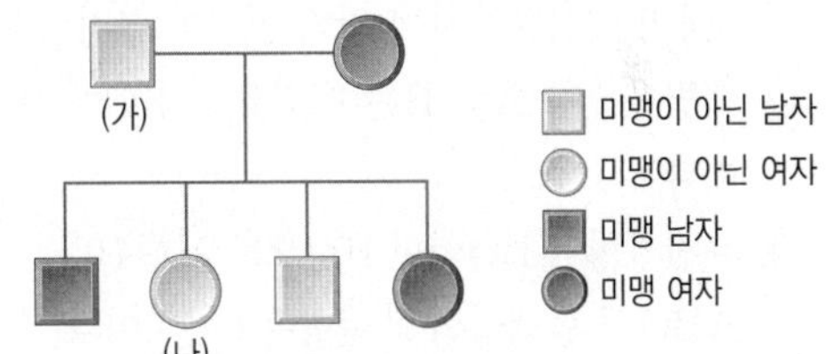

(가)와 (나)의 유전자형을 순서대로 옳게 나열한 것은? (단, 미맹이 아닌 형질은 미맹에 대해 우성이며, 우성 대립유전자는 T, 열성 대립유전자는 t로 표시한다.)

① TT, TT ② TT, Tt ③ Tt, Tt
④ Tt, tt ⑤ tt, tt

06 그림은 어떤 두 집안의 보조개 유전 가계도를 나타낸 것이다.

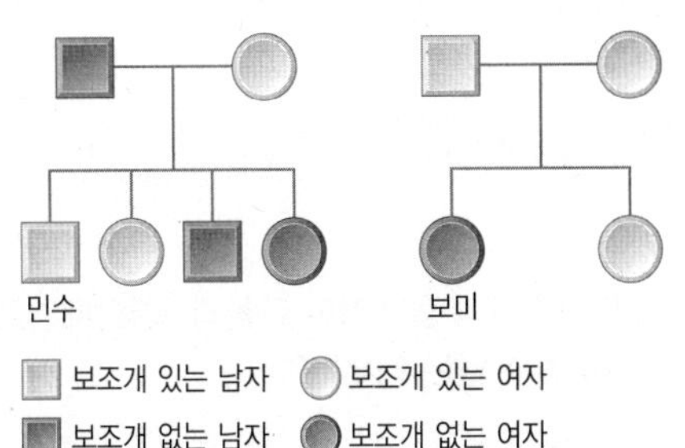

민수와 보미가 결혼하여 자녀를 낳을 때 보조개가 없을 확률은 몇 %인지 쓰시오.

07 다음은 철수네 가족의 귀지 상태 유전에 대한 설명이다.

> • 어머니와 아버지는 모두 젖은 귀지를 가졌다.
> • 철수의 누나는 마른 귀지를 가졌고, 철수는 젖은 귀지를 가졌다.

철수의 동생이 태어날 때 젖은 귀지를 가질 확률은?

① 0 % ② 25 % ③ 50 %
④ 75 % ⑤ 100 %

이 문제에서 나올 수 있는 보기는 多

08 ABO식 혈액형의 유전에 대한 설명으로 옳은 것을 모두 고르면?(2개)

① 남녀에 따라 형질이 나타나는 빈도에 차이가 있다.
② 3쌍의 대립유전자에 의해 형질이 결정된다.
③ 대립유전자 A와 B는 대립유전자 O에 대해 열성이다.
④ 유전자형이 BO이면 B형으로 표현된다.
⑤ ABO식 혈액형의 표현형은 6가지이다.
⑥ A형과 O형인 부모 사이에서는 AB형인 자녀가 태어날 수 없다.

09 아버지는 A형이고, 어머니는 B형인데 아들인 민수는 O형이다. 이 가족의 ABO식 혈액형에 대한 설명으로 옳지 않은 것은?

① 아버지의 유전자형은 AO이다.
② 어머니의 유전자형은 BB이다.
③ 민수의 동생이 태어날 때 A형일 수 있다.
④ 민수의 동생이 태어날 때 B형일 수 있다.
⑤ 민수의 동생이 태어날 때 AB형일 수 있다.

10 부모의 ABO식 혈액형이 다음과 같을 때, O형인 자녀가 태어날 수 없는 경우는?

① A형×A형 ② A형×O형
③ B형×O형 ④ A형×B형
⑤ AB형×O형

[11~12] 오른쪽 그림은 어떤 집안의 ABO식 혈액형 유전 가계도를 나타낸 것이다.

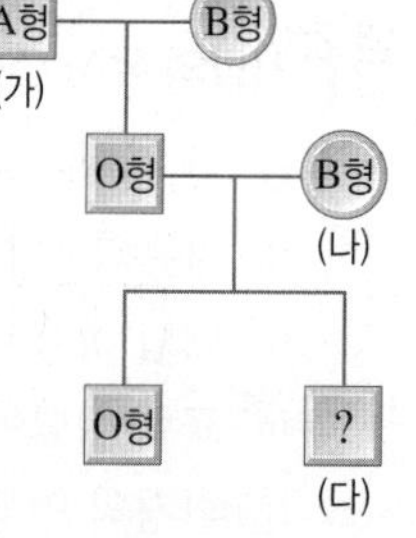

11 (가)와 (나)의 유전자형을 옳게 짝 지은 것은?

	(가)	(나)
①	AA	BB
②	AA	BO
③	AO	BB
④	AO	BO
⑤	AB	AB

12 (다)가 가질 수 있는 혈액형을 모두 나열한 것은?

① B형 ② O형
③ B형, O형 ④ B형, AB형, O형
⑤ A형, B형, AB형, O형

13 적록 색맹 유전에 대한 설명으로 옳지 않은 것을 모두 고르면?(2개)

① 반성유전의 예이다.
② 남자보다 여자에게 더 많이 나타난다.
③ 적록 색맹 유전자는 X 염색체에 있다.
④ 적록 색맹 대립유전자는 정상 대립유전자에 대해 열성이다.
⑤ 아버지가 적록 색맹이면 아들은 항상 적록 색맹이 된다.

14 적록 색맹인 아버지와 정상인 어머니 사이에서 적록 색맹인 아들이 태어났다. 이 부모 사이에서 태어난 딸이 적록 색맹일 확률은?

① 0 % ② 25 % ③ 50 %
④ 75 % ⑤ 100 %

[15~16] 그림은 어떤 집안의 적록 색맹 유전 가계도를 나타낸 것이다.

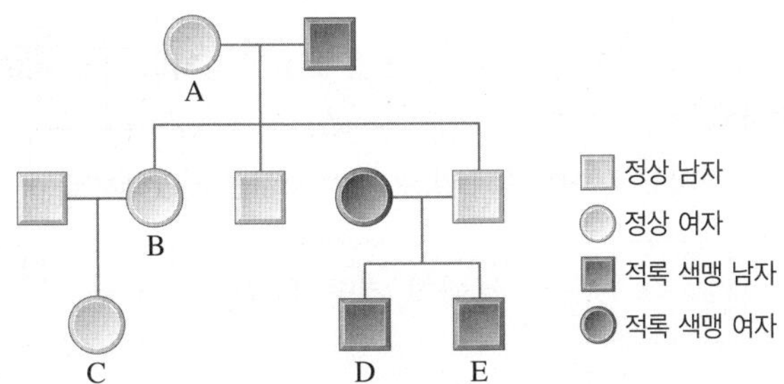

이 문제에서 나올 수 있는 보기는 多

15 이에 대한 설명으로 옳은 것을 모두 고르면?(2개)

① A는 아들에게 적록 색맹 대립유전자를 물려주었다.
② B는 정상이지만 아버지에게서 적록 색맹 대립유전자를 물려받은 보인자이다.
③ C의 동생이 태어날 때 적록 색맹일 확률은 50 %이다.
④ C의 동생이 태어날 때 적록 색맹인 아들일 확률은 25 %이다.
⑤ D와 E의 적록 색맹 대립유전자는 아버지로부터 물려받은 것이다.
⑥ 이 가계도에서 유전자형을 확실히 알 수 없는 사람은 총 3명이다.

16 E와 보인자인 여자가 결혼하여 자녀를 낳을 때 적록 색맹일 확률은?

① 0 % ② 25 % ③ 50 %
④ 75 % ⑤ 100 %

17 정상인 아버지와 적록 색맹인 어머니 사이에서 태어날 수 있는 자녀로 옳은 것을 모두 고르면?(2개)

① 보인자인 딸
② 적록 색맹인 딸
③ 정상인 아들
④ 적록 색맹인 아들
⑤ 적록 색맹 대립유전자를 가지지 않은 딸

18 다음은 영희네 집안의 적록 색맹 유전에 대한 설명이다.

- 영희의 외할머니는 적록 색맹이다.
- 영희의 아버지와 어머니는 모두 정상이다.
- 딸인 영희는 정상이다.

이를 통해 알 수 있는 사실로 옳지 않은 것은?

① 아버지의 유전자형은 XY이다.
② 어머니는 적록 색맹 대립유전자를 가지고 있지 않다.
③ 영희의 유전자형은 확실히 알 수 없다.
④ 영희는 아버지에게서 정상 대립유전자를 물려받았다.
⑤ 영희의 동생이 태어날 때 적록 색맹일 확률은 25 %이다.

19 AB형이며 적록 색맹인 남자와 O형이며 보인자인 여자 사이에서 자녀가 태어날 때 A형이면서 적록 색맹인 딸일 확률은?

① $\frac{1}{2}$ ② $\frac{1}{4}$ ③ $\frac{1}{6}$
④ $\frac{1}{8}$ ⑤ $\frac{3}{8}$

20 그림은 어떤 집안의 유전병 유전 가계도를 나타낸 것이다.

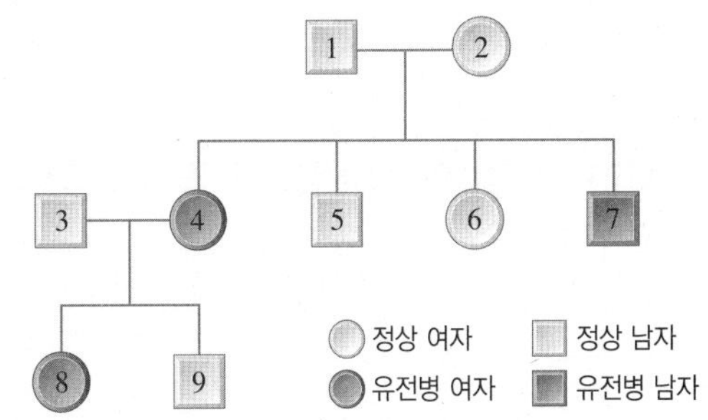

이에 대한 설명으로 옳은 것을 보기에서 모두 고른 것은?

보기
ㄱ. 이 유전병은 정상에 대해 열성이다.
ㄴ. 이 유전병은 반성유전을 한다.
ㄷ. 1과 2는 유전병 대립유전자를 가지고 있다.

① ㄱ ② ㄴ ③ ㄷ
④ ㄱ, ㄴ ⑤ ㄱ, ㄷ

서술형 정복하기

1단계 단답형으로 쓰기

1 특정 형질을 가진 집안에서 여러 세대에 걸쳐 이 형질이 어떻게 유전되는지 알아보는 연구 방법을 쓰시오.

2 유전과 환경이 특정 형질에 미치는 영향을 알아보는 데 가장 적합한 연구 방법을 쓰시오.

3 혀 말기 가능 대립유전자 T가 혀 말기 불가능 대립유전자 t에 대해 우성일 때, 혀 말기가 가능한 사람이 가질 수 있는 유전자형을 모두 쓰시오.

4 ABO식 혈액형의 유전자형 6가지를 모두 쓰시오.

5 유전자가 성염색체에 있어 유전 형질이 나타나는 빈도가 남녀에 따라 차이가 나는 유전 현상을 무엇이라고 하는지 쓰시오.

2단계 제시된 단어를 모두 이용하여 서술하기

[6~10] 각 문제에 제시된 단어를 모두 이용하여 답을 서술하시오.

6 가계도 조사를 통해 알 수 있는 사실을 서술하시오.

우열 관계, 전달, 유전자형

7 1란성 쌍둥이의 발생 과정과 유전자 구성을 서술하시오.

수정란, 발생, 유전자 구성

8 염색체의 수와 모양을 분석하여 알 수 있는 사실을 서술하시오.

염색체, 이상, 유전병

9 상염색체 유전과 성염색체 유전의 차이점을 서술하시오.

남녀, 형질, 빈도

10 적록 색맹은 여자보다 남자에게 더 많이 나타난다. 그 까닭을 서술하시오.

XX, XY, 적록 색맹 대립유전자

3단계 실전 문제 풀어 보기

답안작성 TIP

11 사람의 유전 형질은 완두와 달리 유전 현상을 연구하기가 어렵다. 사람의 유전 연구가 어려운 까닭을 세 가지만 서술하시오.

12 그림은 은수네 가족의 귓불 모양 유전 가계도를 나타낸 것이다.

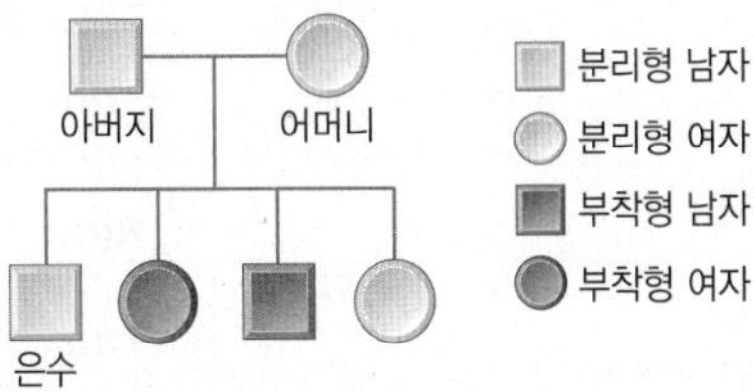

(1) 부착형 귓불은 분리형 귓불에 대해 열성이다. 가계도에서 그 근거를 찾아 서술하시오.

(2) 아버지와 어머니의 유전자형을 각각 쓰시오.(단, 우성 대립유전자는 A, 열성 대립유전자는 a로 표시한다.)

13 ABO식 혈액형에서 유전자형이 AO일 경우 표현형은 A형으로, BO일 경우 B형으로 나타나지만, 유전자형이 AB일 경우 A형이나 B형이 아닌 AB형으로 나타난다. 그 까닭을 서술하시오.

14 그림은 어떤 두 집안의 ABO식 혈액형 유전 가계도를 나타낸 것이다.

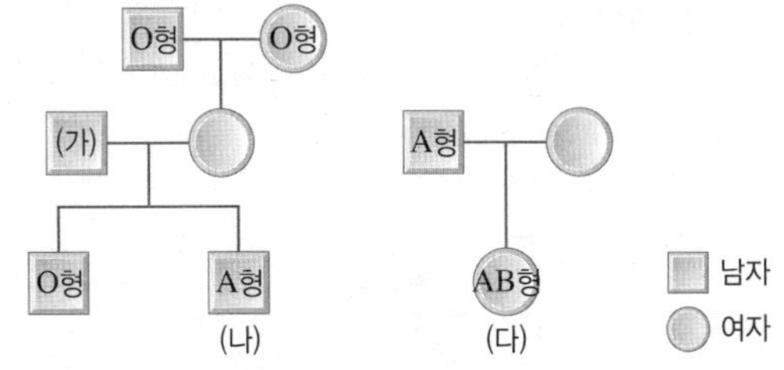

(1) (가)의 유전자형을 쓰고, 그 까닭을 서술하시오.

(2) (나)와 (다)가 결혼하여 자녀를 낳을 경우, 자녀에서 나타날 확률이 가장 높은 ABO식 혈액형을 쓰시오.

답안작성 TIP

15 그림은 어떤 집안의 적록 색맹 유전 가계도를 나타낸 것이다.

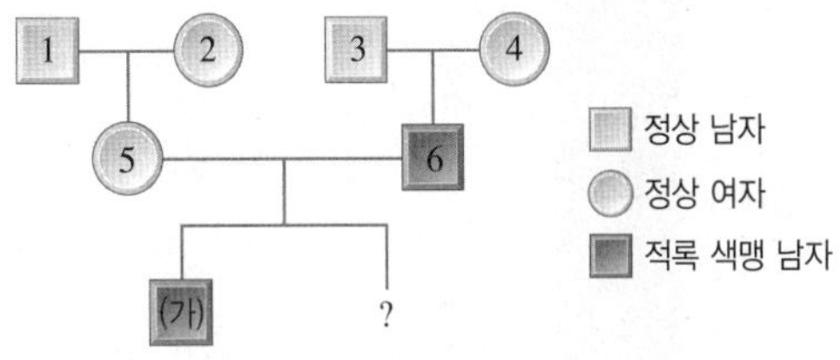

(1) (가)에게 적록 색맹 대립유전자가 전달된 경로를 서술하시오.

(2) (가)의 동생이 태어날 때 적록 색맹일 확률은 몇 %인지 쓰시오.

(3) (가)의 동생이 태어날 때 적록 색맹인 아들일 확률은 몇 %인지 쓰시오.

답안작성 TIP

11. 완두는 한 세대가 짧고, 자손의 수가 많으며, 대립 형질이 뚜렷하고, 자유로운 교배가 가능하다. **15.** 아들은 어머니로부터 X 염색체를 물려받으므로, 아들이 적록 색맹이면 정상인 어머니는 보인자이다.

중단원 핵심 요약

1 역학적 에너지의 전환

(1) ❶ ______ 에너지 : 물체가 가진 위치 에너지와 운동 에너지의 합

[역학적 에너지 구하기]
그림과 같이 높이가 5 m인 곳에서 질량이 4 kg인 새가 10 m/s로 운동하고 있을 때

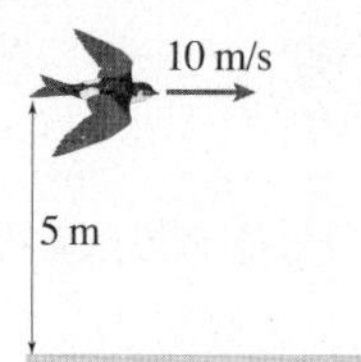

- 새의 위치 에너지$=(9.8\times4)\ \mathrm{N}\times5\ \mathrm{m}=196\ \mathrm{J}$
- 새의 운동 에너지$=\frac{1}{2}\times4\ \mathrm{kg}\times(10\ \mathrm{m/s})^2=200\ \mathrm{J}$
- 새의 역학적 에너지=위치 에너지+운동 에너지 $=196\ \mathrm{J}+200\ \mathrm{J}=396\ \mathrm{J}$

(2) 역학적 에너지 전환 : 물체의 높이가 변할 때 위치 에너지가 운동 에너지로, 또는 운동 에너지가 위치 에너지로 전환된다.

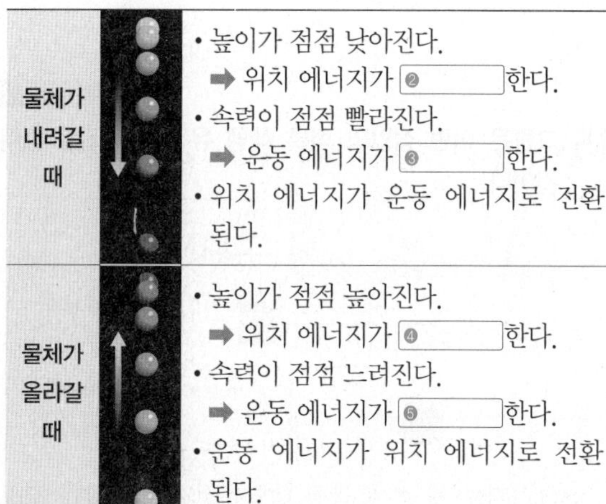

물체가 내려갈 때	• 높이가 점점 낮아진다. ➡ 위치 에너지가 ❷ ______ 한다. • 속력이 점점 빨라진다. ➡ 운동 에너지가 ❸ ______ 한다. • 위치 에너지가 운동 에너지로 전환된다.
물체가 올라갈 때	• 높이가 점점 높아진다. ➡ 위치 에너지가 ❹ ______ 한다. • 속력이 점점 느려진다. ➡ 운동 에너지가 ❺ ______ 한다. • 운동 에너지가 위치 에너지로 전환된다.

2 역학적 에너지 보존

(1) 역학적 에너지 보존 법칙 : 공기 저항이나 마찰이 없을 때 운동하는 물체의 역학적 에너지는 항상 일정하게 보존된다.

역학적 에너지=위치 에너지+운동 에너지=일정

(2) 역학적 에너지가 ❻ ______ 되므로 운동하는 물체의 높이가 변하면 위치 에너지의 변화량만큼 운동 에너지가 변한다.

- 올라갈 때 : 위치 에너지 증가량=운동 에너지 감소량
- 내려갈 때 : 위치 에너지 감소량=운동 에너지 증가량

3 여러 가지 운동에서 역학적 에너지 보존

(1) 자유 낙하 하는 물체의 운동

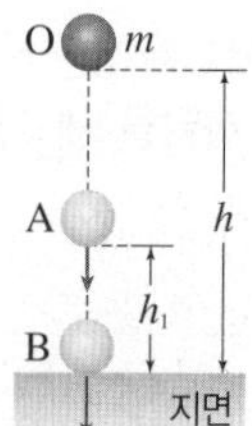

구분	위치 에너지	운동 에너지	❼ ______ 에너지
O	$9.8mh$	0	$9.8mh$
A	$9.8mh_1$	$9.8m(h-h_1)$	
B	0	$9.8mh$	

- 운동 에너지=위치 에너지 감소량
- O에서는 위치 에너지가 최대, B에서는 운동 에너지가 최대 ➡ O에서 위치 에너지=B에서 운동 에너지

(2) 연직 위로 던져 올린 물체의 운동

구분	운동 에너지	위치 에너지	역학적 에너지
B	0	$\frac{1}{2}mv_0^2$	$\frac{1}{2}mv_0^2$
A	$\frac{1}{2}mv_1^2$	$\frac{1}{2}mv_0^2-\frac{1}{2}mv_1^2$	
O	$\frac{1}{2}mv_0^2$	0	

- 위치 에너지=운동 에너지 감소량
- O에서는 운동 에너지가 최대, B에서는 위치 에너지가 최대 ➡ O에서 운동 에너지=B에서 위치 에너지

(3) 롤러코스터의 운동

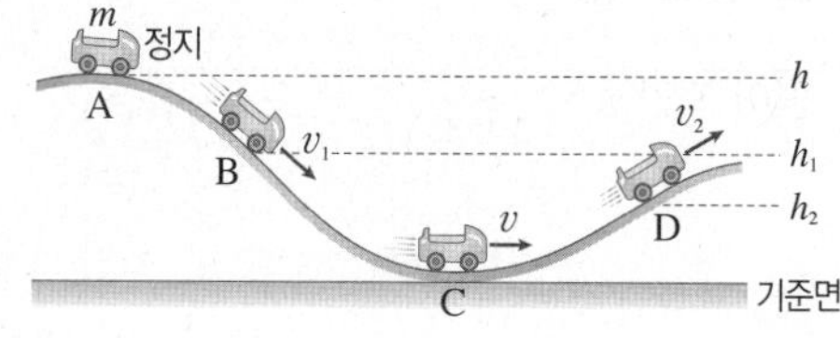

구분	A	B	C	D
위치 에너지	$9.8mh$	$9.8mh_1$	0	$9.8mh_2$
운동 에너지	0	$\frac{1}{2}mv_1^2$	$\frac{1}{2}mv^2$	$\frac{1}{2}mv_2^2$
역학적 에너지	$9.8mh$ =	$9.8mh_1+\frac{1}{2}mv_1^2$ =	$\frac{1}{2}mv^2$ =	$9.8mh_2+\frac{1}{2}mv_2^2$

- A → B → C 구간 : ❽ ______ 에너지가 ❾ ______ 에너지로 전환
- C → D 구간 : 운동 에너지가 위치 에너지로 전환
- 운동 에너지=A에서부터 위치 에너지 감소량

● 정답과 해설 45쪽

MEMO

1 물체가 가진 위치 에너지와 운동 에너지의 합을 (   ) 에너지라고 한다.

2 물체의 높이가 변할 때 공기 저항을 무시하면, 물체가 내려올 때에는 감소한 위치 에너지만큼 운동 에너지가 ①(   )하고, 물체가 올라갈 때에는 증가한 위치 에너지만큼 운동 에너지가 ②(   )한다.

3 물체가 운동할 때 공기 저항이나 마찰이 없으면 운동하는 물체의 역학적 에너지는 항상 일정하게 (보존된다, 감소한다).

4 역학적 에너지에 대한 설명으로 옳은 것은 ○, 옳지 않은 것은 ×로 표시하시오.(단, 공기 저항 및 마찰은 무시한다.)

(1) 자유 낙하 하는 물체가 바닥에 닿을 때 운동 에너지는 물체의 처음 위치 에너지와 크기가 같다. ·························· (   )

(2) 자유 낙하 하는 물체는 낙하하면서 위치 에너지 감소량만큼 운동 에너지가 증가한다. ·························· (   )

(3) 자유 낙하 하는 물체가 어떤 높이에서 위치 에너지가 100 J이고, 운동 에너지가 50 J이면 이 물체의 역학적 에너지는 50 J이다. ·························· (   )

(4) 연직 위로 던져 올린 물체가 최고 높이에 도달했을 때 물체의 속력은 0이다. ·························· (   )

5 기준면으로부터 높이가 h인 지점에 질량이 m인 물체가 있을 때 물체의 위치 에너지는 ①(   )이다. 공기 저항이 없다면 물체가 떨어져 기준면에 도달할 때 물체의 위치 에너지는 ②(   )이 되고, 운동 에너지는 ③(   )가 된다.

[6~8] 오른쪽 그림과 같이 질량이 2 kg인 공을 2.5 m 높이에서 가만히 놓아 떨어뜨렸다.(단, 공기 저항은 무시한다.)

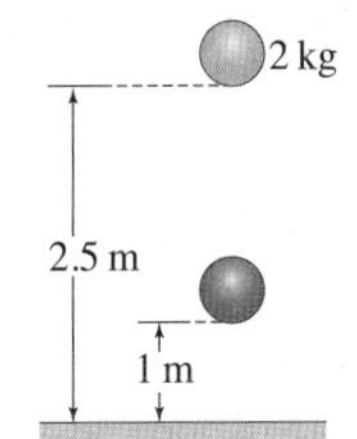

6 공이 지면에 닿는 순간 공의 운동 에너지는 (   ) J이다.

7 공이 지면에 닿는 순간 공의 속력은 (   ) m/s이다.

8 공이 지면에서 1 m 높이에 있을 때 공의 역학적 에너지는 (   ) J이다.

[9~10] ☐ 안에 알맞은 말을 쓰시오.(단, 공기 저항과 마찰은 무시한다.)

9

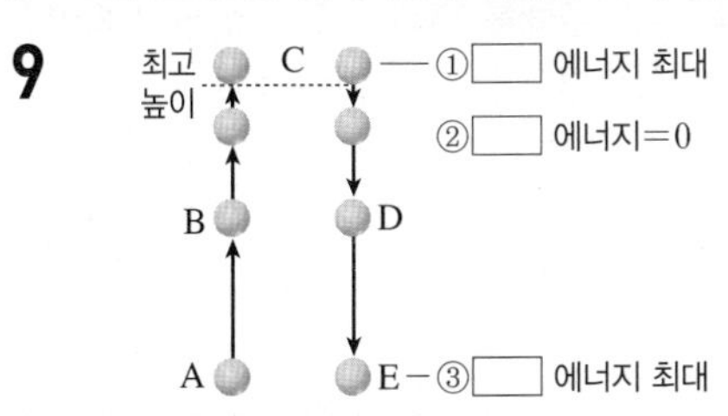

10

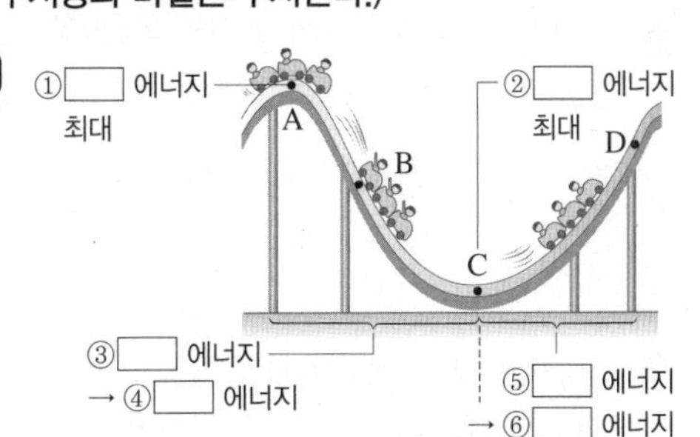

계산력·암기력 강화 문제

● 정답과 해설 45쪽

❶ 역학적 에너지 보존 법칙 적용하기 진도 교재 59쪽

• 역학적 에너지 보존 법칙 : 공기 저항과 마찰이 없으면 물체의 역학적 에너지는 항상 일정하게 보존된다.

역학적 에너지=위치 에너지+운동 에너지=일정

┌물체가 내려갈 때 : 위치 에너지 감소량=운동 에너지 증가량
└물체가 올라갈 때 : 위치 에너지 증가량=운동 에너지 감소량

● **자유 낙하 하는 물체(단, 공기 저항은 무시한다.)**

1 2.5 m 높이에서 질량이 4 kg인 물체를 가만히 놓아 떨어뜨렸을 때 지면에 닿는 순간 물체의 속력은 ( ) m/s이다.

2 질량이 5 kg인 물체를 4 m 높이의 옥상에서 가만히 놓아 떨어뜨렸을 때, 지면으로부터 2 m 높이인 곳을 지나는 순간 물체의 운동 에너지는 ( ) J이다.

3 지면으로부터 15 m 높이인 곳에서 질량이 2 kg인 공을 가만히 놓아 떨어뜨렸을 때, 지면으로부터 5 m 높이인 곳을 지나는 순간 공의 속력은 ( ) m/s이다.

4 지면으로부터 40 m 높이인 곳에서 질량이 1 kg인 물체를 가만히 놓아 떨어뜨렸을 때, 운동 에너지가 위치 에너지의 3배가 되는 지점은 지면으로부터 높이가 ( ) m이다.

● **연직 위로 던져 올린 물체(단, 공기 저항은 무시한다.)**

5 민성이가 질량이 200 g인 공을 지면에서 연직 위로 9.8 m/s의 속력으로 던져 올렸을 때 공이 올라갈 수 있는 최고 높이는 ( ) m이다.

6 지면으로부터 2.5 m 높이의 옥상에서 질량이 4 kg인 물체를 연직 위로 7 m/s의 속력으로 던져 올렸을 때 물체가 올라간 최고 높이는 지면으로부터 ( ) m이다.

7 5 m 높이의 옥상에서 질량이 2 kg인 물체를 연직 위로 4 m/s의 속력으로 던져 올렸을 때 지면에 닿는 순간의 역학적 에너지는 ( ) J이다.

● 정답과 해설 46쪽

01 공기 저항이나 마찰이 없을 때 운동하는 물체의 에너지에 대한 설명으로 옳지 않은 것은?

① 역학적 에너지는 위치 에너지와 운동 에너지의 합이다.
② 위치 에너지와 운동 에너지는 서로 전환이 가능하다.
③ 낙하하는 물체는 운동 에너지가 증가한다.
④ 위로 올라가는 물체는 위치 에너지가 증가한다.
⑤ 위치 에너지와 운동 에너지의 합은 점점 감소한다.

02 10 m 높이에서 질량이 5 kg인 모형 비행기가 6 m/s의 속력으로 날고 있을 때, 모형 비행기의 역학적 에너지는?

① 140 J ② 230 J ③ 526 J
④ 580 J ⑤ 670 J

[03~04] 오른쪽 그림은 질량이 3 kg인 공을 O점에서 가만히 놓아 떨어뜨린 모습을 나타낸 것이다.(단, 공기 저항은 무시한다.)

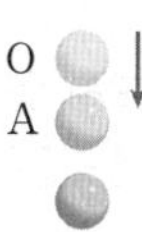

03 A점과 B점에서 공의 운동 에너지, 위치 에너지, 역학적 에너지를 옳게 비교한 것을 보기에서 모두 고른 것은?

보기
ㄱ. 운동 에너지는 A점에서 더 크다.
ㄴ. 위치 에너지는 A점에서 더 크다.
ㄷ. 역학적 에너지는 A점과 B점에서 같다.

① ㄱ ② ㄴ ③ ㄷ
④ ㄱ, ㄴ ⑤ ㄴ, ㄷ

04 이에 대한 설명으로 옳은 것을 모두 고르면?(2개)

① O점에서 공의 운동 에너지는 0이다.
② 공의 역학적 에너지가 운동 에너지로 전환된다.
③ 공이 낙하한 거리가 2배가 되면 물체의 운동 에너지는 4배가 된다.
④ 공의 운동 에너지 증가량만큼 위치 에너지가 감소한다.
⑤ 공의 역학적 에너지는 증가한다.

05 오른쪽 그림과 같이 질량이 20 kg인 공을 지면으로부터 8 m 높이에서 가만히 놓아 떨어뜨렸다. 지면에 닿는 순간 공의 운동 에너지는?(단, 공기 저항은 무시한다.)

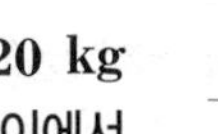
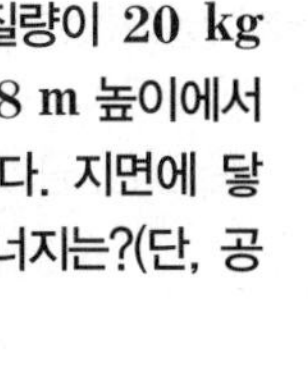
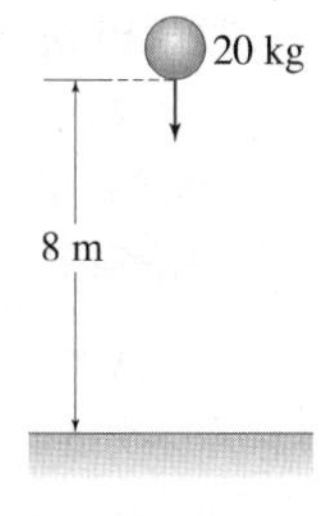

① 160 J ② 196 J
③ 1568 J ④ 2000 J
⑤ 2500 J

[06~07] 오른쪽 그림과 같이 36 m 높이에서 정지해 있던 질량이 10 kg인 물체가 자유 낙하 하였다.(단, 공기 저항은 무시한다.)

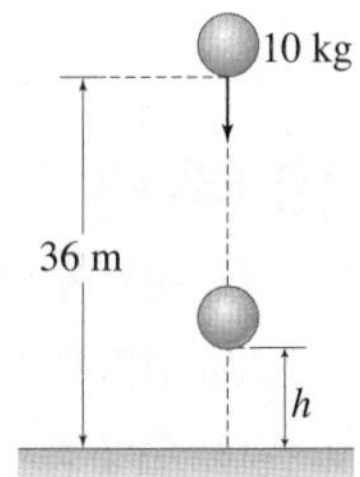

06 이 물체의 운동 에너지가 위치 에너지의 3배가 되는 지점의 높이 h는?

① 9 m ② 12 m ③ 18 m
④ 24 m ⑤ 27 m

07 이 물체의 속력이 14 m/s가 되는 순간의 높이 h는?

① 10 m ② 14 m ③ 20 m
④ 26 m ⑤ 30 m

08 어떤 물체가 20 m 높이에서 낙하하였다. 운동 에너지와 위치 에너지가 같은 지점에서 물체의 속력은?(단, 공기 저항은 무시한다.)

① 4 m/s ② 9.8 m/s ③ 10 m/s
④ 12 m/s ⑤ 14 m/s

09 오른쪽 그림과 같이 기준면으로부터 20 m 높이에서 질량이 2 kg인 공을 가만히 놓아 떨어뜨렸다. 이에 대한 설명으로 옳은 것은?(단, 공기 저항은 무시한다.)

① A점에서의 운동 에너지는 392 J이다.
② B점에서의 운동 에너지는 위치 에너지보다 크다.
③ C점에서의 위치 에너지는 운동 에너지보다 작다.
④ D점에서의 위치 에너지 : 운동 에너지=1 : 3이다.
⑤ E점에서의 운동 에너지는 A점에서의 위치 에너지보다 작다.

10 운동 에너지가 위치 에너지로 전환되는 경우는?

① 위로 던져 올린 농구공
② 언덕길을 내려가는 자전거
③ 수평 레일을 굴러가는 볼링공
④ 폭포에서 아래로 떨어지는 물방울
⑤ 수평한 얼음판 위에서 미끄러져 가고 있는 스케이트 선수

11 질량이 500 g인 물체를 19.6 m/s의 속력으로 연직 위로 던져 올렸다. 이 물체가 올라갈 수 있는 최고 높이는?(단, 공기 저항은 무시한다.)

① 1.96 m ② 9.8 m ③ 19.6 m
④ 98 m ⑤ 196 m

12 오른쪽 그림은 연직 위로 던져 올린 공이 올라갈 때와 내려올 때의 모습을 나타낸 것이다. 이에 대한 설명으로 옳지 않은 것은?(단, B점과 D점의 높이는 같고, 공기 저항은 무시한다.)

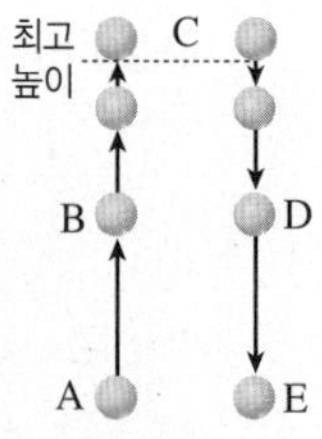

① A점에서의 운동 에너지는 B점에서 보다 크다.
② B점과 D점에서의 운동 에너지는 같다.
③ B점과 E점에서의 역학적 에너지는 같다.
④ C점에서의 역학적 에너지는 최대이다.
⑤ C점에서의 위치 에너지와 E점에서의 운동 에너지는 같다.

13 오른쪽 그림과 같이 지면에서 질량이 2 kg인 공을 연직 위로 쏘아 올렸더니 지면으로부터 2.5 m까지 올라갔다가 다시 떨어졌다. 이때 공을 쏘아 올린 속력은?(단, 공기 저항은 무시한다.)

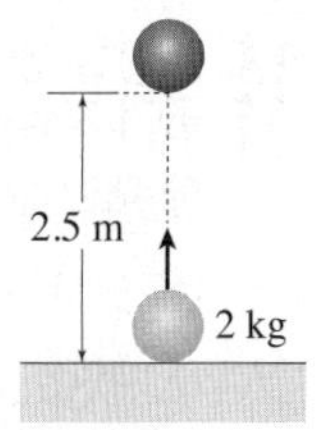

① 1 m/s ② 3 m/s ③ 5 m/s
④ 7 m/s ⑤ 9 m/s

14 오른쪽 그림과 같이 질량이 2 kg인 공을 지면으로부터 높이가 5 m인 곳에서 4 m/s의 속력으로 연직 위 방향으로 던져 올렸다. 이에 대한 설명으로 옳은 것을 보기에서 모두 고른 것은?(단, 공기 저항은 무시한다.)

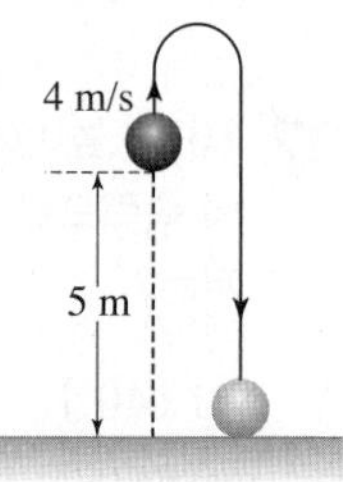

보기
ㄱ. 공의 역학적 에너지는 114 J이다.
ㄴ. 공은 던진 곳에서 1 m 이상 올라갔다가 낙하한다.
ㄷ. 낙하하면서 지면으로부터 5 m 높이의 지점을 다시 지날 때 공의 속력은 4 m/s이다.
ㄹ. 지면에 도달할 때 공의 속력은 12 m/s보다 빠르다.

① ㄱ, ㄴ ② ㄱ, ㄷ ③ ㄷ, ㄹ
④ ㄱ, ㄴ, ㄹ ⑤ ㄴ, ㄷ, ㄹ

15 그림과 같이 롤러코스터가 정지 상태에서 A점을 출발하여 E점으로 운동하고 있다.

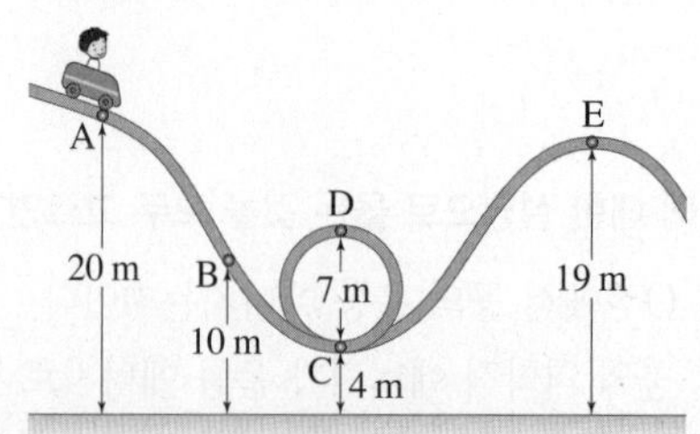

롤러코스터의 운동 에너지가 최대인 점은?(단, 공기 저항과 마찰은 무시한다.)

① A점 ② B점 ③ C점
④ D점 ⑤ E점

16 그림과 같이 질량이 5 kg인 수레를 기준면으로부터 10 m 높이에 있는 마찰이 없는 면에 가만히 놓았더니, A점을 지나 B점으로 운동하였다.

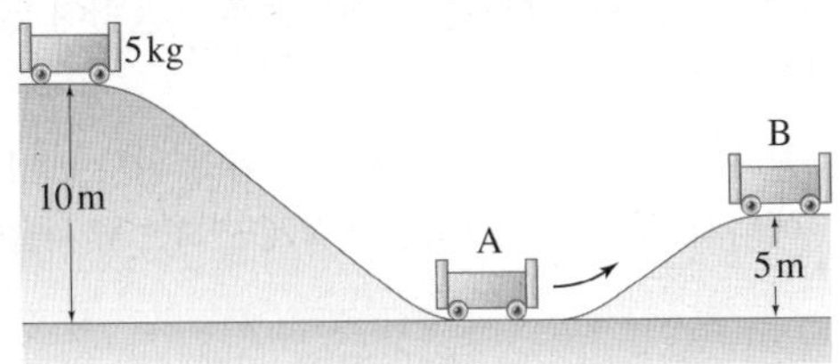

이에 대한 설명으로 옳은 것은?(단, 공기 저항은 무시한다.)

① A점에서의 위치 에너지가 최대이다.
② B점에서의 운동 에너지가 최대이다.
③ A점에서의 운동 에너지는 980 J이다.
④ B점에서의 위치 에너지는 490 J이다.
⑤ A점과 B점에서의 운동 에너지의 비(E_A : E_B)는 2 : 1이다.

이 문제에서 나올 수 있는 보기는 多

17 그림은 운동하던 롤러코스터가 A점을 지나 D점까지 정지하지 않고 운동하는 모습을 나타낸 것이다.

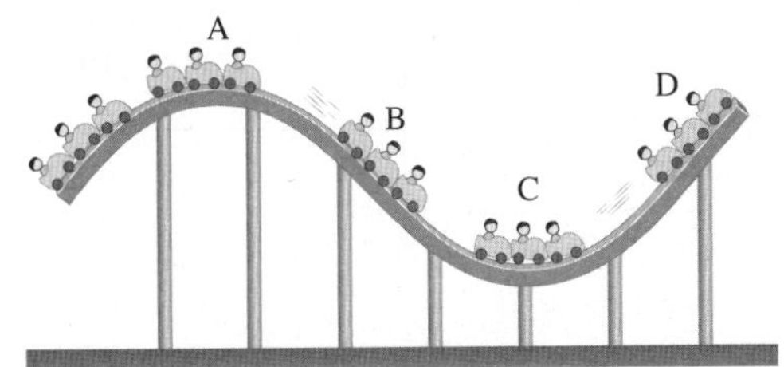

이에 대한 설명으로 옳은 것을 모두 고르면?(단, 공기 저항과 모든 마찰은 무시한다.)(2개)

① A점에서 운동 에너지는 0이다.
② A점에서 역학적 에너지가 최대이다.
③ A점에서 B점으로 운동하는 동안 운동 에너지가 위치 에너지로 전환된다.
④ C점에서 롤러코스터의 속력이 가장 빠르다.
⑤ C점에서 D점으로 운동하는 동안 위치 에너지가 운동 에너지로 전환된다.
⑥ A점에서 D점까지 역학적 에너지는 항상 같다.

18 그림과 같이 10 m 높이에서 정지해 있던 공이 곡면을 따라 굴러가고 있다.

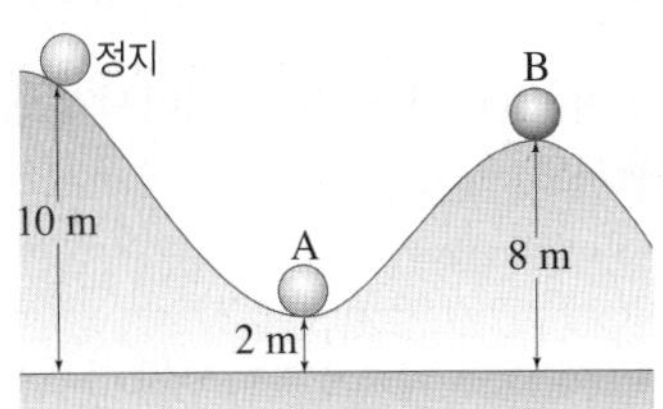

공이 A점을 통과할 때와 B점을 통과할 때 운동 에너지의 비(E_A : E_B)는?(단, 공기 저항과 마찰은 무시한다.)

① 1 : 2 ② 1 : 4 ③ 2 : 1
④ 3 : 1 ⑤ 4 : 1

19 그림과 같이 구슬이 반원형 곡면의 A점과 E점 사이를 왕복 운동하고 있으며, B점과 D점의 높이는 같다.

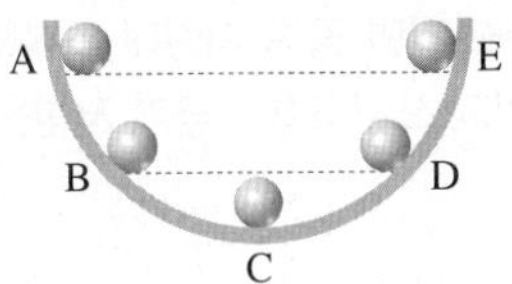

그 값이 다른 하나는?(단, 공기 저항과 마찰은 무시한다.)

① A점에서 B점까지 위치 에너지 감소량
② B점에서 운동 에너지
③ C점에서 D점까지 위치 에너지 증가량
④ D점에서 E점까지 위치 에너지 증가량
⑤ D점에서 운동 에너지

20 오른쪽 그림과 같이 줄에 매달린 물체가 A점과 C점 사이를 왕복 운동하고 있다. 이에 대한 설명으로 옳지 않은 것은?(단, 공기 저항은 무시한다.)

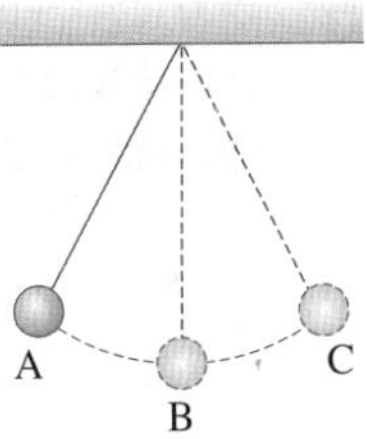

① A점과 C점에서 속력이 0이다.
② 속력이 가장 빠른 곳은 B점이다.
③ 운동 에너지가 최대인 곳은 B점이다.
④ 위치 에너지가 최대인 곳은 A점과 C점이다.
⑤ B점에서 C점까지 운동하는 동안 위치 에너지가 운동 에너지로 전환된다.

서술형 정복하기

1단계 단답형으로 쓰기

1 물체의 위치 에너지와 운동 에너지의 합을 무엇이라 하는지 쓰시오.

2 공을 연직 위로 던져 올렸을 때 공이 올라가는 동안 공의 운동 에너지는 어떻게 변하는지 쓰시오.

3 높이가 **10 m**인 지점에서 질량이 **2 kg**인 공을 가만히 놓아 떨어뜨리면 공이 지면에 도착할 때의 운동 에너지는 몇 **J**인지 쓰시오.(단, 공기 저항은 무시한다.)

4 공기 저항이나 마찰 등이 없을 때 낙하하는 물체의 역학적 에너지는 어떻게 변하는지 쓰시오.

5 공을 연직 위로 던져 올렸을 때 공의 역학적 에너지가 **100 J**이었다면 공이 최고 높이에 도달했을 때 공의 위치 에너지는 몇 **J**인지 쓰시오.(단, 공기 저항은 무시한다.)

6 공을 연직 위로 던져 올릴 때 속력을 2배로 하면 공이 올라가는 최고 높이는 몇 배가 되는지 쓰시오.(단, 공기 저항은 무시한다.)

2단계 제시된 단어를 모두 이용하여 서술하기

[7~10] 각 문제에 제시된 단어를 모두 이용하여 답을 서술하시오.

7 물체가 자유 낙하 하는 동안 물체의 위치 에너지, 운동 에너지, 역학적 에너지는 어떻게 변하는지 서술하시오.

> 증가, 감소, 일정

8 지면에서 물체를 연직 위로 던져 올릴 때의 운동 에너지와 물체가 최고 높이에 올라갔을 때의 위치 에너지의 크기를 까닭과 함께 비교하여 서술하시오.(단, 공기 저항은 무시한다.)

> 운동 에너지, 위치 에너지, 전환, 0

9 물체를 높은 곳에서 가만히 놓아 떨어뜨렸다. 물체가 낙하한 거리와 운동 에너지의 관계를 서술하시오.(단, 공기 저항은 무시한다.)

> 위치 에너지, 운동 에너지, 낙하한 거리, 비례

10 오른쪽 그림과 같이 반원형의 곡면 위를 공이 왕복 운동하고 있을 때 운동 에너지가 최대인 지점을 쓰고, 그 까닭을 서술하시오.(단, 공기 저항 및 마찰은 무시한다.)

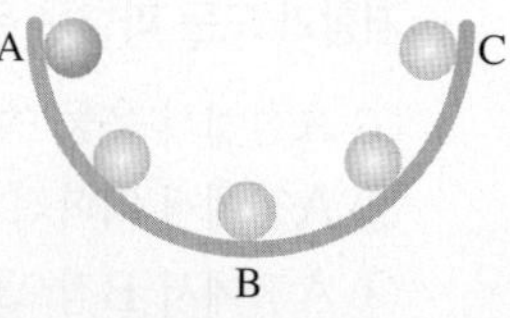

> 위치 에너지, 운동 에너지, 전환, 높이

3단계 실전 문제 풀어 보기

11 표는 일정한 높이에서 낙하하는 물체의 높이에 따른 위치 에너지와 운동 에너지를 나타낸 것이다.

높이	A	B	C	D	E
위치 에너지(J)	100	㉠ ( )	50	25	0
운동 에너지(J)	0	25	50	㉡ ( )	100

㉠, ㉡에 알맞은 값을 쓰고, 그 값을 알 수 있는 까닭을 서술하시오.(단, 공기 저항은 무시한다.)

답안작성 TIP

12 오른쪽 그림은 질량이 2 kg인 공을 지면으로부터 3 m 높이에서 가만히 놓아 떨어뜨린 모습을 나타낸 것이다. 지면으로부터 0.5 m 높이인 A점에서 공의 속력은 몇 m/s인지 풀이 과정과 함께 구하시오.(단, 공기 저항은 무시한다.)

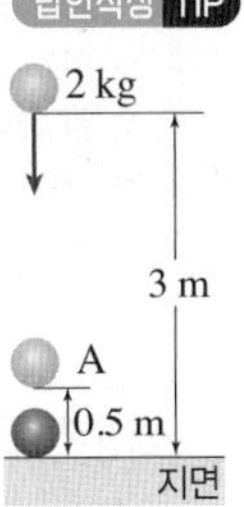

13 오른쪽 그림과 같이 질량이 2 kg인 물체를 7 m/s의 속력으로 연직 위로 던져 올렸다. 이 물체가 올라가는 최고 높이를 구하고, 그 까닭을 서술하시오.(단, 공기 저항은 무시한다.)

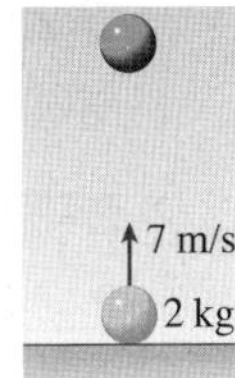

14 그림과 같이 질량이 10 kg인 롤러코스터를 A점에 가만히 놓았더니 곡면을 따라 운동하며 B점과 C점을 지나갔다.

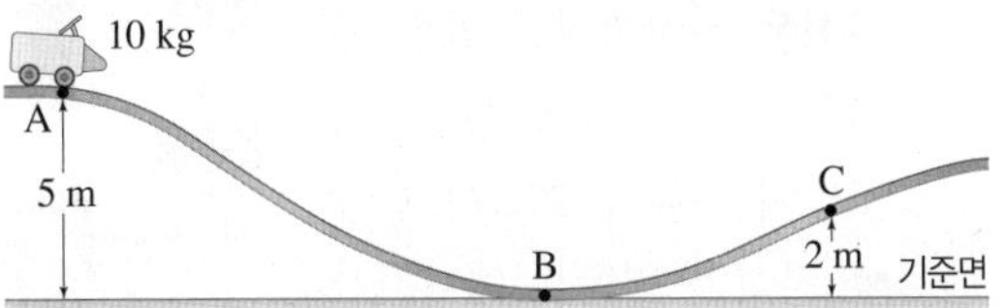

B점과 C점에서 운동 에너지의 비($E_B : E_C$)를 풀이 과정과 함께 구하시오.(단, 공기 저항 및 마찰은 무시한다.)

15 오른쪽 그림은 줄에 매달린 물체가 운동할 때 지나가는 지점을 나타낸 것이다. A점에서 물체를 가만히 놓았을 때 B점까지 운동하는 동안 물체의 에너지 전환을 서술하시오.(단, 공기 저항은 무시한다.)

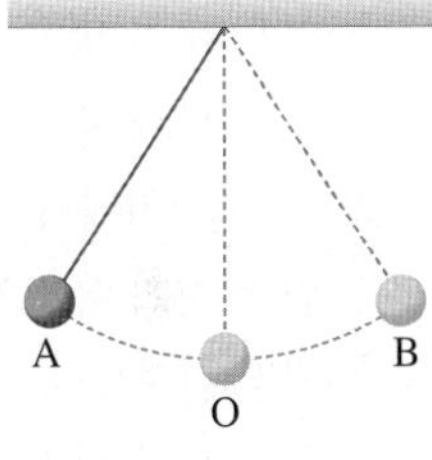

답안작성 TIP

16 그림과 같이 지면에서 질량이 2 kg인 공이 16 m/s의 속력으로 운동하고 있다.(단, 공기 저항 및 마찰은 무시한다.)

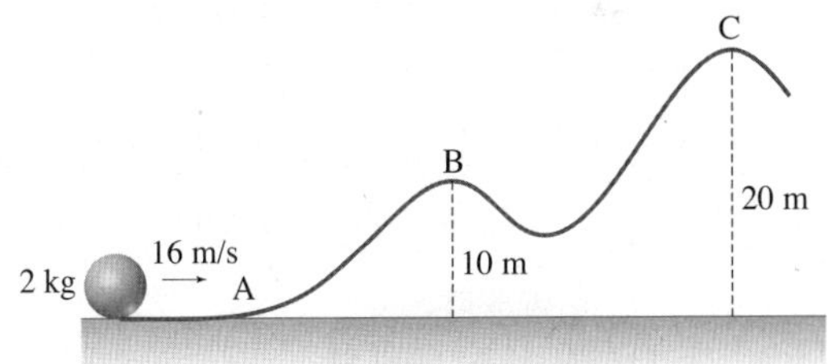

(1) 이 공이 B점까지 올라갈 수 있는지 쓰고, 그 까닭을 서술하시오.

(2) 이 공이 C점까지 올라갈 수 있는지 쓰고, 그 까닭을 서술하시오.

답안작성 TIP

12. A점에서 공의 운동 에너지는 공의 위치 에너지 감소량과 같다.

16. 공이 운동하는 동안 에너지는 없어지거나 새로 생기지 않으므로 역학적 에너지가 처음보다 많아질 수 없다.

02 전기 에너지의 발생과 전환

● 정답과 해설 48쪽

1 전기 에너지의 발생

(1) 전기 에너지 : 전류가 흐를 때 공급되는 에너지

(2) 전자기 유도 : 코일 주위에서 자석을 움직이면 코일을 통과하는 자기장이 변하면서 코일에 전류가 흐르는 현상 ➡ 자석의 역학적 에너지가 전기 에너지로 전환된다.

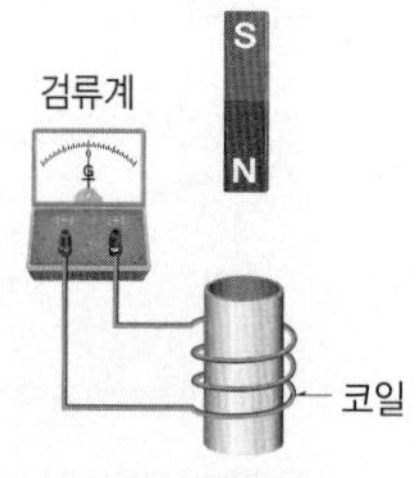

▲ 전자기 유도

① ❶ ______ : 전자기 유도에 의해 코일에 흐르는 전류

② 유도 전류의 방향 : 자석을 코일에 가까이 할 때와 멀리 할 때 서로 ❷ ______ 방향으로 흐른다.

③ 유도 전류의 세기 : 강한 자석을 움직일수록, 코일의 감은 수가 많을수록, 자석을 빠르게 움직일수록 유도 전류의 세기가 세다.

④ 코일 주위에서 자석이 움직이지 않고 가만히 있으면 전자기 유도가 일어나지 않아 유도 전류가 흐르지 않는다.

2 발전기

(1) 발전기 : 전자기 유도를 이용하여 운동 에너지나 위치 에너지와 같은 역학적 에너지를 전기 에너지로 전환하는 장치

(2) 발전기의 원리 : 자석 사이에서 코일이 회전할 수 있는 구조로, 코일이 회전하면 전자기 유도에 의해 코일에 유도 전류가 흐르면서 전기가 생산된다.
➡ 코일의 ❸ ______ 에너지가 코일에 흐르는 전류의 ❹ ______ 에너지로 전환된다.

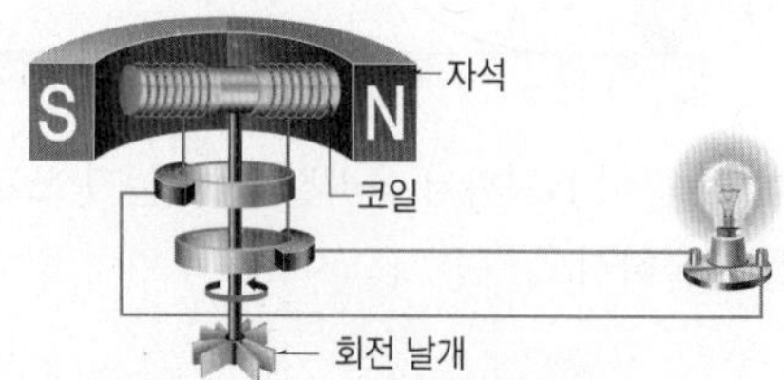

▲ 발전기의 구조

(3) 발전소의 에너지 전환

발전소	에너지 전환
수력	물의 ❺ ______ 에너지 → 물의 운동 에너지 → 발전기의 역학적 에너지 → 전기 에너지
화력	연료의 화학 에너지 → 수증기의 역학적 에너지 → 발전기의 역학적 에너지 → 전기 에너지
풍력	바람의 역학적 에너지 → 발전기의 역학적 에너지 → 전기 에너지

3 전기 에너지의 전환과 보존

(1) 가전제품에서 전기 에너지의 전환 : 전기 에너지는 다른 형태의 에너지로 쉽게 전환하여 사용할 수 있기 때문에 우리 생활에 많이 이용된다.

전기 에너지 → ❻ ______	전기다리미, 전기난로 등
전기 에너지 → 빛에너지	전등, 텔레비전 등
전기 에너지 → 소리 에너지	오디오, 텔레비전 등
전기 에너지 → 운동 에너지	세탁기, 선풍기 등
전기 에너지 → 화학 에너지	배터리 충전 등

(2) 에너지의 전환과 보존 : 에너지는 전환되는 과정에서 새로 생기거나 없어지지 않고, 에너지의 총량이 일정하게 보존된다.

[전기 자동차에서 에너지의 전환과 보존]

- 전기 자동차에 공급된 전기 에너지는 자동차의 운동 에너지로 전환되고, 일부는 열에너지, 소리 에너지, 빛에너지로 전환된다.
- 전기 에너지의 총량은 전환된 에너지의 총량과 같다.

➡ 에너지가 전환될 때 에너지의 총량은 변하지 않고 보존된다.

4 소비 전력

(1) 소비 전력 : 1초 동안 전기 기구가 사용하는 전기 에너지의 양

① 단위 : ❼ ______ ➡ 1 W는 1초 동안 1 J의 전기 에너지를 사용할 때의 전력

$$\text{소비 전력(W)} = \frac{\text{전기 에너지(J)}}{\text{시간(s)}}$$

② 정격 소비 전력 : 정격 전압을 연결했을 때 1초 동안 전기 기구가 사용하는 전기 에너지
예 220 V－20 W인 전기 기구는 220 V의 전원에 연결했을 때 1초에 20 J의 전기 에너지를 사용한다.

(2) 전력량

① ❽ ______ : 전기 기구가 일정 시간 동안 사용하는 전기 에너지의 양

② 단위 : Wh(와트시) ➡ 1 Wh는 소비 전력이 1 W인 전기 기구를 ❾ ______ 동안 사용했을 때의 전력량

$$\text{전력량(Wh)} = \text{소비 전력(W)} \times \text{시간(h)}$$

잠깐 테스트

● 정답과 해설 48쪽

MEMO

1 (　　　) 에너지는 전류가 흐를 때 공급되는 에너지이다.

2 코일 주위에서 자석을 움직이면, 코일을 통과하는 ①(　　　)이 변하면서 코일에 전류가 흐른다. 이를 ②(　　　　)라고 한다.

3 전자기 유도 현상에 의해 코일에 흐르는 전류를 (　　　)라고 한다.

4 코일 근처에서 운동하는 자석에 의해 전자기 유도가 일어날 때에 대한 설명으로 옳은 것은 ○, 옳지 않은 것은 ×로 표시하시오.

(1) 자석이나 코일이 움직이지 않으면 유도 전류가 흐르지 않는다. ·············· (　　　)
(2) 유도 전류의 방향은 자석의 운동 방향과는 관계가 없다. ························ (　　　)
(3) 자석을 느리게 움직일수록 유도 전류가 세게 흐른다. ··························· (　　　)

5 발전기에서는 코일이 회전하는 ①(역학적, 전기) 에너지가 코일에 흐르는 유도 전류의 ②(역학적, 전기) 에너지로 전환된다.

6 다음은 가전제품에서 전기 에너지가 주로 전환되는 에너지를 나타낸 것이다. (　　) 안에 알맞은 에너지를 쓰시오.

(1) 전기난로 : 전기 에너지 → (　　　)에너지
(2) 전등 : 전기 에너지 → (　　　)에너지
(3) 오디오 : 전기 에너지 → (　　　) 에너지
(4) 세탁기 : 전기 에너지 → (　　　) 에너지
(5) 배터리 충전 : 전기 에너지 → (　　　) 에너지

7 전기 자동차에 공급된 전기 에너지가 다른 형태의 에너지로 전환 될 때 에너지의 총량은 (보존된다, 보존되지 않는다).

8 1초 동안 전기 기구가 사용하는 전기 에너지의 양을 (　　　)이라고 한다.

9 소비 전력이 100 W인 전기 기구가 5초 동안 사용하는 전기 에너지의 양은 몇 J인지 구하시오.

10 '220 V－44 W'라고 표시되어 있는 전구가 있다. 이 전구에 정격 전압을 걸어 2시간 동안 사용했을 때 전구가 사용한 전력량은 몇 Wh인지 구하시오.

01 다음은 어떤 현상에 대한 설명이다.

> 코일 주변에서 자석을 움직이면 코일 내부의 (㉠)이 변한다. 이에 따라 전류가 유도되는데, 이 전류를 (㉡)라고 한다. 이때 전류의 방향은 자석을 가까이 할 때와 멀리 할 때 서로 (㉢) 방향으로 흐른다.

㉠~㉢에 알맞은 말을 옳게 짝 지은 것은?

	㉠	㉡	㉢
①	자기장	유도 전류	같은
②	자기장	유도 전류	반대
③	자기장	대기 전류	같은
④	전기력	대기 전류	반대
⑤	전기력	자기 전류	반대

02 전자기 유도 현상이 일어나지 않는 경우를 모두 고르면?(2개)

① 자석 사이에서 코일이 회전할 때
② 강한 자석 사이에 코일을 넣어 둘 때
③ 코일 내부에 강한 자석을 넣어 둘 때
④ 자석 근처에서 코일이 왕복 운동할 때
⑤ 코일의 한 끝에서 자석이 왕복 운동할 때

03 오른쪽 그림과 같이 자석의 S극을 코일에 가까이 하였더니 B 방향으로 전류가 흘렀다. 자석은 가만히 두고 코일을 자석에서 멀리 움직이면 어느 방향으로 전류가 흐르는지 쓰시오.

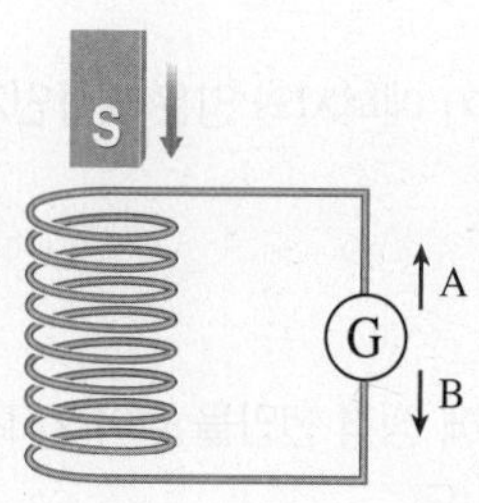

이 문제에서 나올 수 있는 보기는 多

04 전자기 유도와 유도 전류에 대한 설명으로 옳지 않은 것은?

① 코일을 통과하는 자기장이 변할 때 발생한다.
② 정전기 유도에 의해 흐르는 전류를 유도 전류라고 한다.
③ 코일의 감은 수가 많을수록 유도 전류의 세기가 세다.
④ 코일 주위에서 자석이 빠르게 움직일수록 유도 전류의 세기가 세다.
⑤ 코일 주위에서 움직이는 자석의 세기가 셀수록 유도 전류의 세기가 세다.
⑥ 자석의 N극을 코일에 가까이 할 때와 멀리 할 때 유도 전류의 방향은 반대이다.

05 오른쪽 그림과 같이 발광 다이오드 A, B를 길이가 다른 다리끼리 코일에 연결한 후, 자석의 N극을 가까이 하였더니 B에 불이 켜졌다. 이에 대한 설명으로 옳은 것을 보기에서 모두 고른 것은?(단, 발광 다이오드에는 긴 다리 → 짧은 다리 방향으로만 전류가 흐른다.)

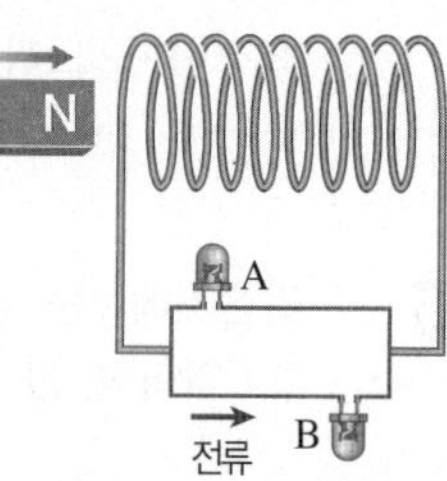

보기
ㄱ. N극을 멀리 하면 A에 불이 켜진다.
ㄴ. N극을 더 빠르게 움직이면 A와 B에 모두 불이 켜진다.
ㄷ. 자석을 코일에 가까이 하고, 멀리 하기를 반복하면 A와 B가 번갈아 가며 불이 켜진다.

① ㄱ ② ㄴ ③ ㄱ, ㄷ
④ ㄴ, ㄷ ⑤ ㄱ, ㄴ, ㄷ

06 오른쪽 그림과 같이 간이 발전기를 만들고, 양끝을 막은 후 흔들었더니 발광 다이오드에 불이 켜졌다. 이때 일어나는 에너지 전환 과정으로 옳은 것을 모두 고르면?(2개)

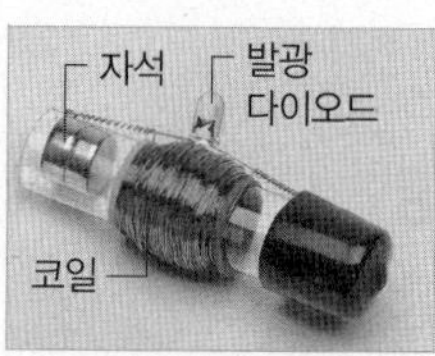

① 전기 에너지 → 빛에너지
② 전기 에너지 → 운동 에너지
③ 소리 에너지 → 운동 에너지
④ 화학 에너지 → 전기 에너지
⑤ 역학적 에너지 → 전기 에너지

07 그림은 각각 어떤 장치의 구조를 나타낸 것이다.

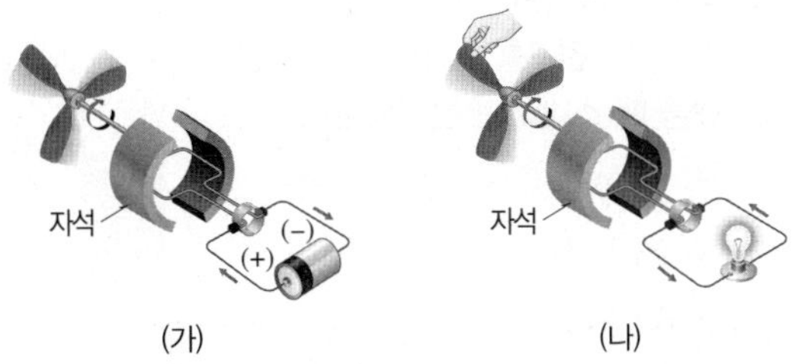

이에 대한 설명으로 옳은 것은?

① (가)에서는 코일을 통과하는 자기장이 변하여 전류가 흐른다.
② (가)에서 역학적 에너지는 전기 에너지로 전환된다.
③ (나)는 정전기 유도를 이용한 장치이다.
④ (나)의 코일은 자기장에서 전류가 흐르는 도선이 받는 힘을 이용하여 회전한다.
⑤ (가)와 (나)는 구조가 비슷하지만, 에너지 전환이 반대로 일어나는 장치이다.

08 오른쪽 그림은 풍력 발전기의 모습을 나타낸 것이다. 이에 대한 설명으로 옳은 것을 보기에서 모두 고른 것은?

보기
ㄱ. 역학적 에너지가 전기 에너지로 전환된다.
ㄴ. 바람이 가진 화학 에너지를 이용해 전기 에너지를 생산한다.
ㄷ. 수력 발전기에서도 같은 에너지 전환이 일어난다.
ㄹ. 건전지를 이용해 손전등을 켤 때와 같은 에너지 전환이 일어난다.

① ㄱ, ㄴ ② ㄱ, ㄷ ③ ㄴ, ㄷ
④ ㄴ, ㄹ ⑤ ㄷ, ㄹ

09 에너지 전환이 일어나는 예로 옳지 않은 것은?

① 광합성 : 빛에너지 → 화학 에너지
② 선풍기 : 전기 에너지 → 운동 에너지
③ 형광등 : 전기 에너지 → 빛에너지
④ 수력 발전 : 위치 에너지 → 전기 에너지
⑤ 화력 발전 : 빛에너지 → 전기 에너지

이 문제에서 나올 수 있는 보기는 多

10 가전제품에서 에너지가 전환되는 과정을 옳게 나타낸 것을 모두 고르면?(3개)

① 세탁기 : 전기 에너지 → 열에너지
② 전등 : 전기 에너지 → 화학 에너지
③ 텔레비전 : 전기 에너지 → 빛에너지
④ 오디오 : 전기 에너지 → 소리 에너지
⑤ 선풍기 : 전기 에너지 → 운동 에너지
⑥ 전기다리미 : 전기 에너지 → 화학 에너지
⑦ 배터리 충전 : 전기 에너지 → 소리 에너지

11 민서가 스마트폰으로 한 시간 동안 동영상을 시청했더니 스마트폰의 온도가 올라갔다. 이때 일어나는 에너지 전환에 대한 설명으로 옳은 것을 보기에서 모두 고른 것은?

보기
ㄱ. 스마트폰 배터리의 화학 에너지가 전기 에너지로 전환된다.
ㄴ. 전기 에너지는 소리 에너지, 빛에너지, 열에너지로 전환된다.
ㄷ. 전환된 에너지의 총량은 소비한 전기 에너지의 총량보다 작다.

① ㄱ ② ㄷ ③ ㄱ, ㄴ
④ ㄴ, ㄷ ⑤ ㄱ, ㄴ, ㄷ

12 에너지에 대한 설명으로 옳지 않은 것은?

① 공기 저항이나 마찰이 있을 때 역학적 에너지는 보존되지 않는다.
② 에너지는 전환 과정에서 새로 생기거나 소멸되지 않는다.
③ 에너지가 전환되는 과정에서 일부는 열에너지로 전환된다.
④ 에너지를 사용할 때마다 유용한 에너지의 양이 점점 감소한다.
⑤ 에너지 전환 과정에서 전환 전 에너지의 총량은 전환 후 에너지의 총량보다 크다.

13 그림은 전기 자동차에 공급된 전기 에너지가 다양한 에너지로 전환되는 모습을 나타낸 것이다.

전기 자동차에서 사용한 소리 에너지는?

① 50 J ② 100 J ③ 150 J
④ 200 J ⑤ 250 J

[14~15] 표는 어떤 가정에서 사용하는 선풍기에 표시되어 있는 내용을 나타낸 것이다.

제품명	선풍기
정격 전압	220 V
정격 소비 전력	22 W
제조 연월	2022년 1월

14 이 선풍기에 대한 설명으로 옳지 않은 것은?

① 220 V에 연결했을 때 가장 잘 작동한다.
② 220 V에 연결했을 때 소비 전력은 22 W이다.
③ 220 V에 연결했을 때 1초에 22 J의 전기 에너지를 소비한다.
④ 220 V에 연결했을 때 1시간에 1320 J의 전기 에너지를 소비한다.
⑤ 220 V에 연결했을 때 1시간 동안 소비하는 전력량은 22 Wh이다.

15 이 선풍기에 정격 전압을 걸어 4시간 동안 작동시켰을 때 선풍기가 소비한 전력량은?

① 22 Wh ② 88 Wh ③ 220 Wh
④ 5280 Wh ⑤ 316.8 kWh

16 오른쪽 그림은 전구가 10초 동안 사용한 에너지의 양을 나타낸 것이다. 이 전구를 3시간 동안 사용했을 때 소비하는 전력량은?

① 16 Wh ② 20 Wh
③ 36 Wh ④ 48 Wh
⑤ 60 Wh

17 표는 전기 기구 A~E의 소비 전력과 하루 동안의 사용 시간을 나타낸 것이다.

전기 기구	소비 전력	사용 시간
A	200 W	2시간 30분
B	300 W	3시간
C	150 W	4시간
D	1000 W	15분
E	100 W	5시간

각 전기 기구가 하루 동안 사용한 전력량을 옳게 비교한 것은?

① A=E<B<C<D ② A=E<C<B<D
③ C<A=E<B<D ④ D<A=E<C<B
⑤ D<A=E<C=B

18 지은이네는 오른쪽 그림과 같이 한 달 동안 사용 전력량이 36 kWh인 냉장고를 구입하였다. 이에 대한 설명으로 옳은 것을 보기에서 모두 고른 것은?(단, 한 달은 30일이다.)

보기

ㄱ. 냉장고를 1 시간 동안 사용했을 때 전력량은 50 Wh이다.
ㄴ. 냉장고의 소비 전력은 50 W이다.
ㄷ. 냉장고가 10초 동안 소비하는 전기 에너지는 360 J이다.
ㄹ. 1000 Wh당 전기 요금이 200원이라면 일 년 동안 냉장고를 사용한 전기 요금은 10만 원 이하이다.

① ㄱ, ㄷ ② ㄱ, ㄹ ③ ㄴ, ㄷ
④ ㄱ, ㄴ, ㄹ ⑤ ㄴ, ㄷ, ㄹ

서술형 정복하기

● 정답과 해설 49쪽

1단계 단답형으로 쓰기

1 자석 근처에서 코일을 움직이면 코일에 전류가 흐르는 현상을 무엇이라 하는지 쓰시오.

2 전자기 유도가 일어날 때 코일에 흐르는 전류를 무엇이라 하는지 쓰시오.

3 전자기 유도를 이용하여 전기 에너지를 생산하는 장치의 이름을 쓰시오.

4 선풍기를 작동할 때 전기 에너지는 주로 어떤 에너지로 전환되는지 쓰시오.

5 전기 기구가 1초 동안 사용하는 전기 에너지의 양을 무엇이라 하는지 쓰시오.

6 전기 기구가 일정 시간 동안 사용하는 전기 에너지의 양을 전력량이라고 한다. 이때 전력량의 단위를 쓰시오.

2단계 제시된 단어를 모두 이용하여 서술하기

[7~10] 각 문제에 제시된 단어를 모두 이용하여 답을 서술하시오.

7 코일 내부에 자석을 넣고 가만히 두었을 때는 유도 전류가 흐르지 않는다. 그 까닭을 서술하시오.

코일, 자기장, 변화

8 수력 발전기에서 전기를 생산할 때 에너지 전환은 어떻게 일어나는지 서술하시오.

물, 운동 에너지, 회전, 전기 에너지

9 전기난로를 사용할 때 어떤 에너지 전환이 일어나는지 서술하시오.

전기난로, 전기 에너지, 열에너지

10 같은 효과를 내는 전기 중 어떤 전기 기구가 효율이 좋은 것인지 서술하시오.

소비 전력, 전기 기구, 전기 에너지

3단계 실전 문제 풀어 보기

11 그림은 코일 근처에 자석이 놓여 있는 모습을 나타낸 것이다.

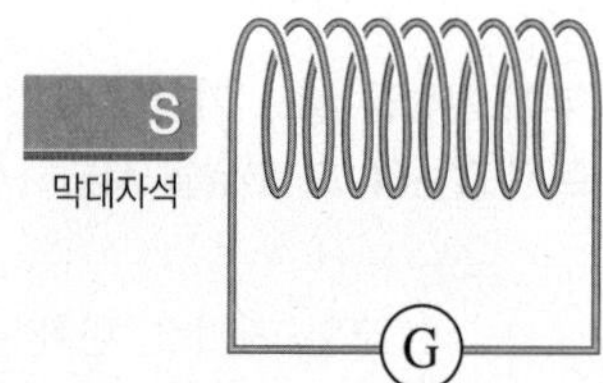

이 상태에서 코일에 연결된 검류계에 전류가 흐르게 하는 방법을 두 가지만 서술하시오.

답안작성 TIP

12 그림과 같이 동일한 네오디뮴 자석 A, B를 같은 높이에서 구리와 플라스틱으로 만든 코일을 통과하도록 가만히 놓아 떨어뜨렸다.

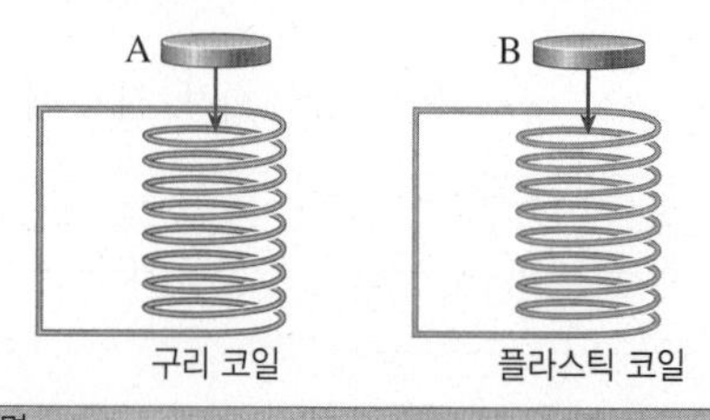

A, B 중 지면에 먼저 도달하는 것을 고르고, 그 까닭을 서술하시오.

13 그림과 같이 간이 발전기를 만들어 흔들었더니 발광 다이오드에 불이 켜졌다.

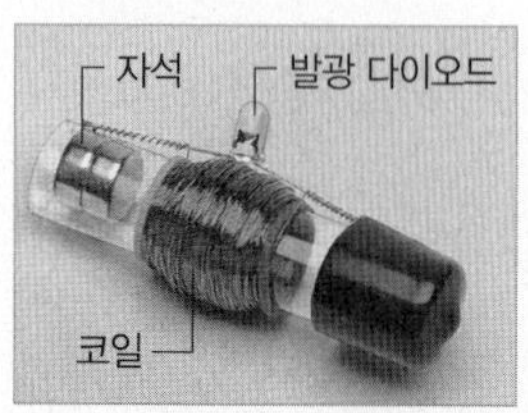

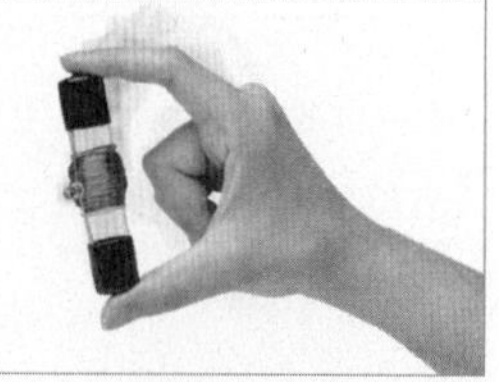

발광 다이오드에 불이 켜진 까닭을 서술하시오.

답안작성 TIP

14 오른쪽 표는 어떤 헤어드라이어에 표시되어 있는 내용을 나타낸 것이다.

제품명	헤어드라이어
정격 전압	220 V
정격 소비 전력	440 W
제조 연월	2023년 1월

(1) 헤어드라이어를 정격 전압에 연결했을 때 헤어드라이어가 1분 동안 사용한 전기 에너지는 얼마인지 풀이 과정과 함께 구하시오.

(2) 헤어드라이어를 정격 전압에 연결하고 30분 동안 사용했을 때 사용한 전력량은 얼마인지 풀이 과정과 함께 구하시오.

15 표는 전기 기구 A~C의 소비 전력과 하루 동안의 사용 시간을 나타낸 것이다.

전기 기구	소비 전력	사용 시간
A	2000 W	30분
B	300 W	3시간
C	150 W	5시간

하루 동안 전기 기구 A~C가 사용한 전력량을 풀이 과정과 함께 비교하시오.

16 그림은 밝기가 같은 두 전구가 1초 동안 사용하는 에너지의 양을 각각 나타낸 것이다.

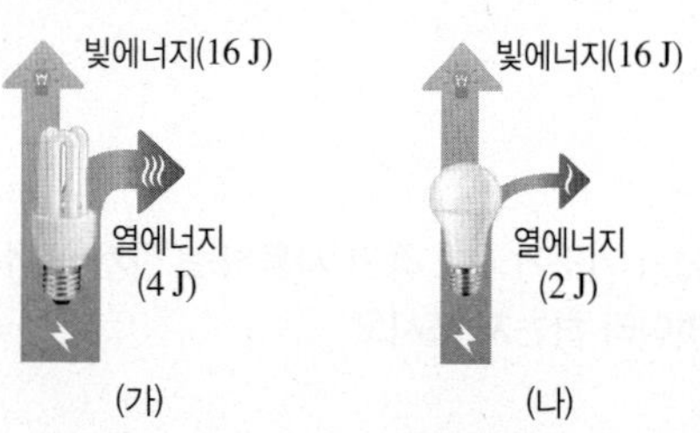

두 전구 중 효율이 더 좋은 전구를 고르고, 그 까닭을 서술하시오.

답안작성 TIP

12. 자석이 코일 속을 지나갈 때 전자기 유도가 일어나는 코일을 찾고, 그때 어떤 에너지 전환이 일어나는지 생각한다. **14.** 전기 에너지의 단위는 J이고, 전력량의 단위는 Wh이다.

중단원 핵심 요약

01 별까지의 거리

● 정답과 해설 50쪽

1 시차

(1) 시차 : 관측자가 서로 다른 두 지점에서 같은 물체를 바라볼 때 두 관측 지점과 물체가 이루는 각도

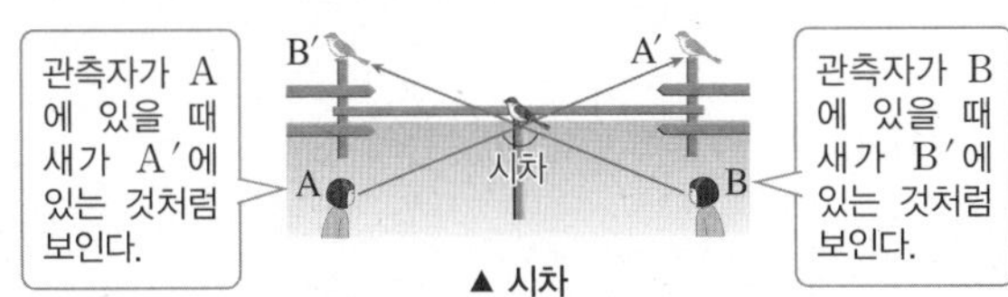

관측자가 A에 있을 때 새가 A′에 있는 것처럼 보인다.
B′
A′
시차
A
B
관측자가 B에 있을 때 새가 B′에 있는 것처럼 보인다.

▲ 시차

(2) 시차와 거리의 관계 : 시차는 관측 지점과 물체 사이의 거리가 멀수록 작아진다. ➡ 시차와 거리는 ❶ ______ 관계이다.

관측 지점과 물체 사이의 거리	가까울 때	멀 때
모습	1234567	1234567
시차	❷ ______.	❸ ______.

2 연주 시차

지구에서 ❹ ______ 개월 간격으로 별을 관측할 때 나타나는 각도(시차)의 $\frac{1}{2}$

(1) 연주 시차는 지구가 태양 주위를 ❺ ______ 하기 때문에 나타난다.

(2) 연주 시차의 단위 : ″(초)

➡ 1°(도)=60′(분)=3600″(초)

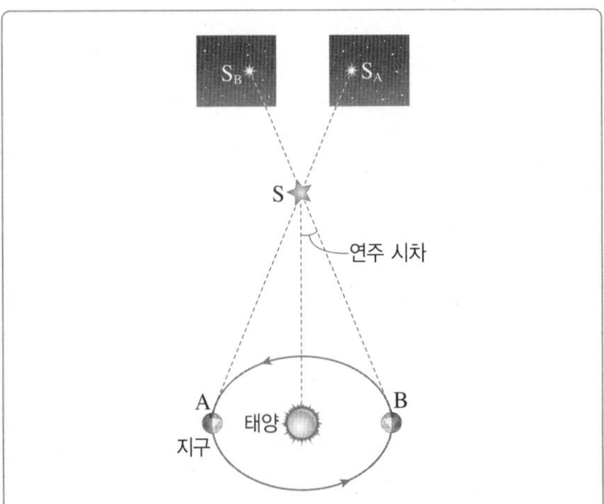

- 지구가 A에 위치할 때 : 별 S는 S_A에 있는 것처럼 보인다.
- 지구가 B에 위치할 때 : 별 S는 S_B에 있는 것처럼 보인다.
- 별 S의 연주 시차 : ∠ASB(시차)의 $\frac{1}{2}$

3 연주 시차와 별까지의 거리 관계

(1) 연주 시차와 별까지의 거리 관계 : 별까지의 거리가 멀수록 연주 시차가 작게 측정된다. ➡ 연주 시차와 별까지의 거리는 ❻ ______ 관계이다.

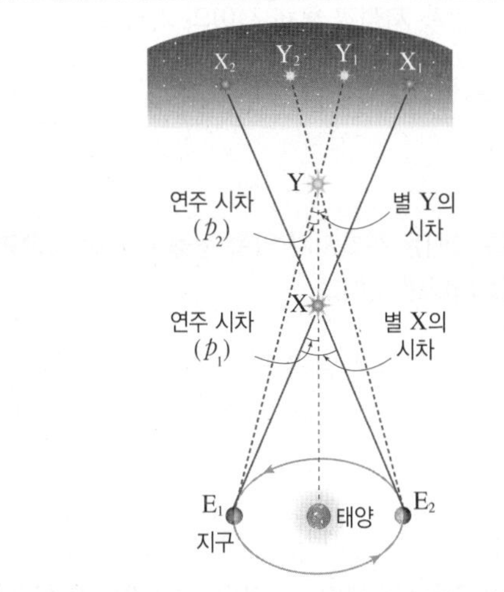

- 별 X의 연주 시차 : $\angle E_1XE_2$의 $\frac{1}{2}=p_1$
- 별 Y의 연주 시차 : $\angle E_1YE_2$의 $\frac{1}{2}=p_2$

➡ 별까지의 거리 : X<Y
➡ 연주 시차 : $p_1>p_2$
별까지의 거리가 멀수록 연주 시차가 작다.

(2) 연주 시차로 별까지의 거리 비교하기

- 연주 시차 : X>Y
- 별까지의 거리 : X<Y
- 별의 위치가 바뀌는 까닭 : 지구의 공전 때문

(3) 연주 시차가 1″인 별까지의 거리를 ❼ ______ pc 이라고 한다.

$$\text{별까지의 거리(pc)}=\frac{1}{\text{연주 시차(″)}}$$

➡ 연주 시차로 별까지의 거리를 구할 수 있다.

(4) 연주 시차 측정의 한계 : 약 100 pc 이상 멀리 있는 별들은 연주 시차가 매우 작아서 측정하기 어렵다.

4 별까지의 거리 단위

1 pc (파섹)	연주 시차가 1″인 별까지의 거리 ➡ 1 pc≒3×10^{13} km	➡ 1 pc ≒3.26광년
1광년 (LY)	빛이 1년 동안 이동하는 거리 ➡ 1광년≒9.5×10^{12} km	

잠깐 테스트

● 정답과 해설 50쪽

MEMO

1 관측자가 서로 다른 두 지점에서 같은 물체를 바라볼 때 두 관측 지점과 물체가 이루는 각도를 (   )라고 한다.

2 시차는 관측 지점과 물체 사이의 거리가 가까울수록 ①(   )지고, 멀수록 ②(   )진다.

[3~5] 오른쪽 그림은 관측자가 양쪽 눈을 번갈아 감으면서 연필 끝을 관찰하는 모습을 나타낸 것이다.

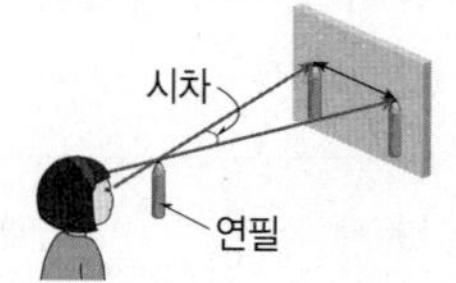

3 이와 같은 원리로 별의 연주 시차를 측정한다고 할 때, 연필은 ①(   )에 해당하고, 양쪽 눈은 ②(   )에 해당한다.

4 연필이 관측자로부터 ①(멀리, 가까이) 있을 때는 시차가 커지고, ②(멀리, 가까이) 있을 때는 시차가 작아진다.

5 시차와 물체까지의 거리는 (비례, 반비례) 관계이다.

6 지구에서 6개월 간격으로 별을 관측할 때 나타나는 각도(시차)의 $\frac{1}{2}$을 (   )라고 한다.

7 연주 시차가 나타나는 까닭은 지구가 (   )하기 때문이다.

[8~9] 오른쪽 그림은 지구에서 6개월 간격으로 별 S를 관측한 모습을 나타낸 것이다.

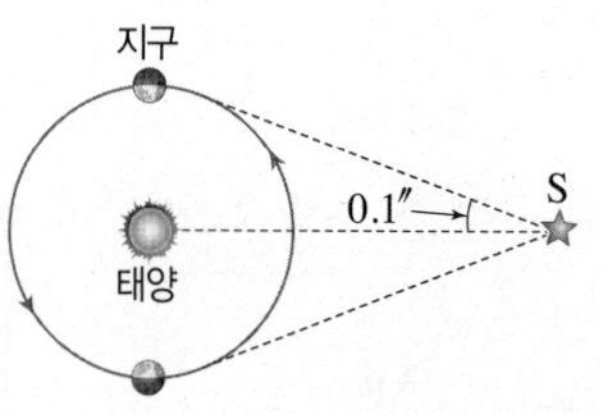

8 별 S의 시차는 ㉠(   )″이고, 연주 시차는 ㉡(   )″이다.

9 별 S까지의 거리가 멀어진다면, 연주 시차는 (커질, 작아질) 것이다.

10 1 pc은 약 (   )광년이다.

중단원 기출 문제

● 정답과 해설 50쪽

이 문제에서 나올 수 있는 보기는 多

01 그림과 같은 장치에서 양쪽 구멍을 통해 A와 B에 있는 우체통 그림을 관측하였다.

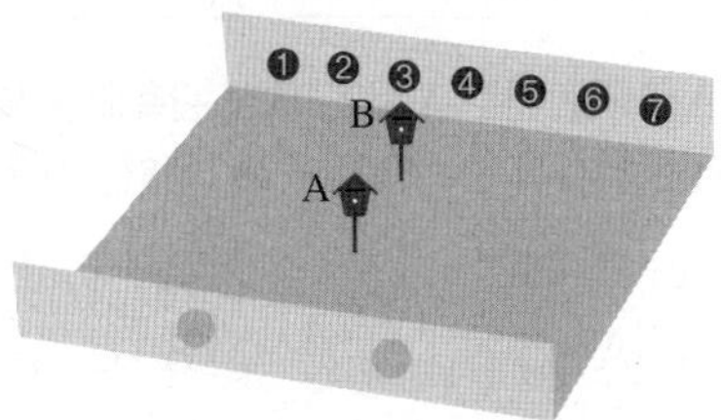

이에 대한 설명으로 옳은 것을 모두 고르면? (2개)

① 물체의 시차를 측정하기 위한 실험이다.
② A를 왼쪽 구멍에서 보면 ❹에 있는 것처럼 보인다.
③ A를 오른쪽 구멍에서 보면 ❹에 있는 것처럼 보인다.
④ A의 시차는 양쪽 구멍과 A가 이루는 각도이다.
⑤ B의 시차는 A의 시차보다 크다.
⑥ 시차는 물체까지의 거리에 비례한다.

이 문제에서 나올 수 있는 보기는 多

02 그림은 지구 공전 궤도의 양 끝에서 별 S를 관측한 모습을 나타낸 것이다.

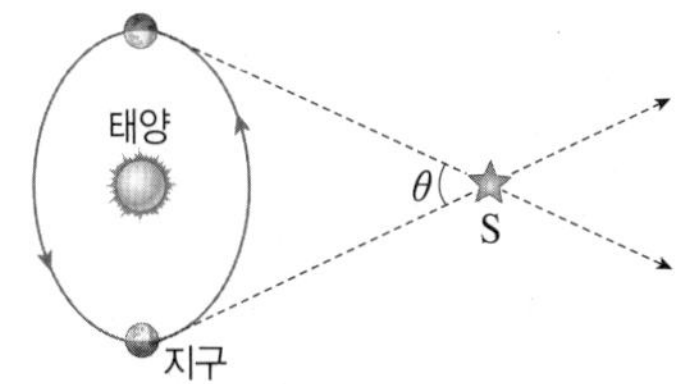

이에 대한 설명으로 옳지 않은 것을 모두 고르면? (2개)

① 별 S의 연주 시차는 $\frac{\theta}{2}$이다.
② 별 S보다 가까운 별의 시차는 θ보다 크다.
③ 별 S까지의 거리가 멀어지면 연주 시차는 작아진다.
④ 연주 시차가 나타나는 것은 지구가 자전하기 때문이다.
⑤ 지구에서 별을 6개월 간격으로 관측하여 측정한다.
⑥ 100 pc보다 멀리 있는 별도 연주 시차를 이용하여 별까지의 거리를 구할 수 있다.

[03~05] 그림은 지구에서 6개월 간격으로 관측한 별 S의 모습을 나타낸 것이다.

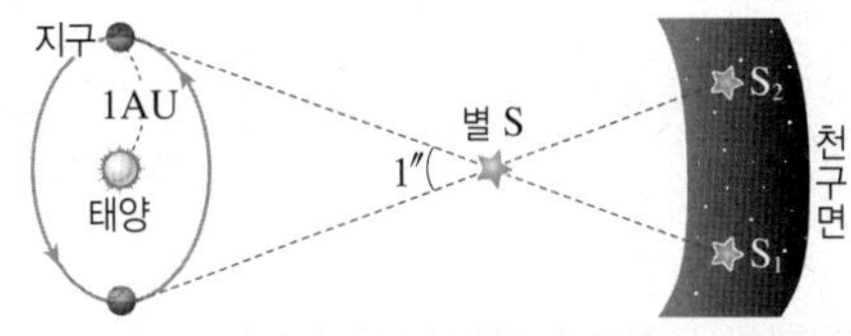

03 별 S의 연주 시차는 몇 ″(초)인가?

① 0.1″　② 0.2″　③ 0.5″
④ 1″　⑤ 2″

04 지구에서 별 S까지의 거리는 몇 pc인가?

① 1 pc　② 2 pc　③ 5 pc
④ 10 pc　⑤ 15 pc

05 별 S가 현재보다 지구로부터 2배 멀어진다면 연주 시차는 몇 초(″)가 되겠는가?

① 0.25″　② 0.5″　③ 1″
④ 2″　⑤ 4″

06 그림은 태양 주위를 공전하는 별 S를 지구에서 6개월 간격으로 관측한 모습을 나타낸 것이다.

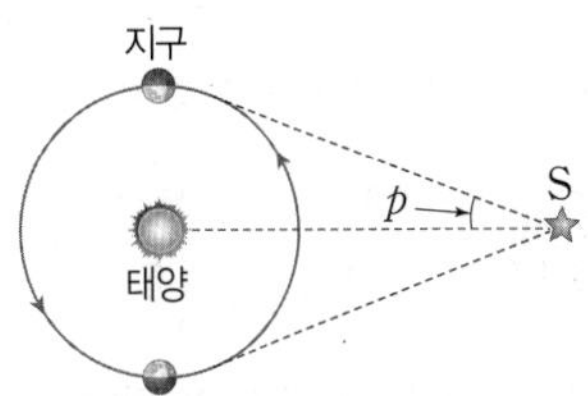

p가 0.4″라고 할 때, 지구에서 별 S까지의 거리(pc)는 몇 pc인가?

① 1 pc　② 2.5 pc　③ 5 pc
④ 10 pc　⑤ 25 pc

Ⅶ 별과 우주

07 그림은 6개월 간격으로 별 A와 B를 관측한 모습을 나타낸 것이다.

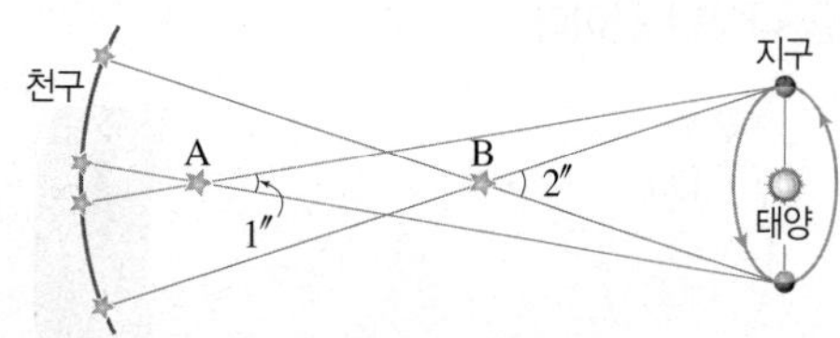

이에 대한 설명으로 옳지 않은 것은?

① 별 A의 시차는 1″이다.
② 별 B의 연주 시차는 1″이다.
③ 지구에서 별 A까지의 거리는 1 pc이다.
④ 별 A에서 B까지의 거리는 1 pc이다.
⑤ 지구에서 별까지의 거리는 별 A가 B의 2배이다.

08 표는 여러 별의 연주 시차를 나타낸 것이다.

별	연주 시차(″)
시리우스	0.38
견우성	0.19
직녀성	0.13
프록시마 센타우리	0.77

이에 대한 설명으로 옳은 것은?

① 지구가 자전한다는 증거가 된다.
② 연주 시차는 별까지의 거리에 비례한다.
③ 지구에서 가장 가까운 별은 직녀성이다.
④ 견우성까지의 거리는 약 10 pc이다.
⑤ 지구로부터 멀리 있는 별일수록 연주 시차는 더 작아진다.

09 표는 별 A~D의 연주 시차를 나타낸 것이다.

별	A	B	C	D
연주 시차(″)	0.1	0.5	0.2	1

별 A~D 중 서로 가장 멀리 떨어져 있는 두 별을 옳게 짝 지은 것은? (단, 별 A~D는 지구에서 볼 때 모두 같은 일직선상에 있다.)

① A와 B ② A와 C ③ A와 D
④ B와 C ⑤ B와 D

10 표는 지구에서 별 A~C까지의 거리를 나타낸 것이다.

별	A	B	C
별까지의 거리(pc)	20	5	10

별 A~C를 연주 시차가 크게 관측되는 별부터 작게 관측되는 별까지 순서대로 옳게 나열한 것은?

① A-B-C ② A-C-B
③ B-A-C ④ B-C-A
⑤ C-A-B

11 그림은 별 A와 B를 6개월 간격으로 관측한 모습과 각 거리를 나타낸 것이다.

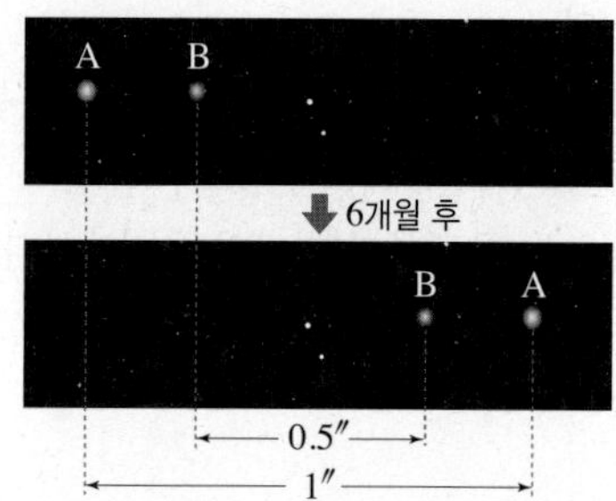

이에 대한 설명으로 옳은 것을 보기에서 모두 고른 것은?

보기
ㄱ. 연주 시차는 별 A가 B보다 2배 크다.
ㄴ. 별까지의 거리는 별 B가 A보다 2배 멀다.
ㄷ. 6개월 뒤 별 A와 B의 위치가 변한 까닭은 별이 실제로 움직였기 때문이다.

① ㄱ ② ㄷ ③ ㄱ, ㄴ
④ ㄴ, ㄷ ⑤ ㄱ, ㄴ, ㄷ

12 다음은 별 A~C에 대한 자료이다.

A : 연주 시차가 1″인 별
B : 지구로부터 5 pc의 거리에 있는 별
C : 지구로부터 10광년의 거리에 있는 별

별 A~C를 지구에서 가까운 것부터 순서대로 옳게 나열한 것은?

① A-B-C ② A-C-B
③ B-A-C ④ B-C-A
⑤ C-A-B

● 정답과 해설 50쪽

1단계 단답형으로 쓰기

1 물체까지의 거리와 시차의 관계를 쓰시오.

2 그림은 지구에서 6개월 간격으로 별 S를 관측한 결과를 나타낸 것이다.

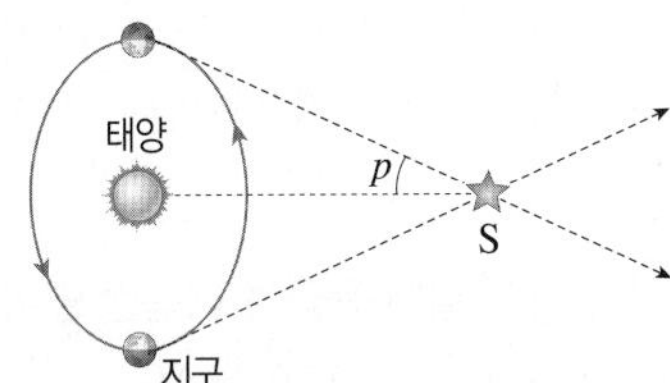

위 그림에서 p는 무엇인지 쓰시오.

2단계 제시된 단어를 모두 이용하여 서술하기

[3~4] 각 문제에 제시된 단어를 모두 이용하여 답을 서술하시오.

3 어떤 별 S의 연주 시차를 측정하였더니 0.8″였다. 지구로부터 별 S까지의 거리가 4배로 멀어진다면 별 S의 연주 시차는 몇 ″로 변하는지 풀이 과정과 함께 구하시오.

> 별까지의 거리, 반비례

4 연주 시차가 0.5″인 별까지의 거리는 몇 광년인지 풀이 과정과 함께 구하시오.

> $\frac{1}{\text{연주 시차}}$, 1 pc, 약 3.26광년

3단계 실전 문제 풀어 보기

5 오른쪽 그림은 지구가 A와 B 위치에 있을 때 별 S를 관측한 모습을 나타낸 것이다. 이처럼 먼 배경에 대해 별 S의 시차가 나타나는 까닭은 무엇인지 서술하시오.

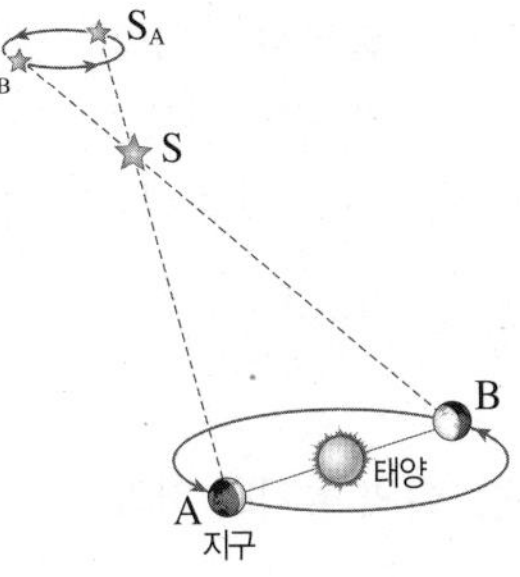

6 그림은 지구가 E_1과 E_2에 위치할 때 별 S를 관측한 결과를 나타낸 것이다.

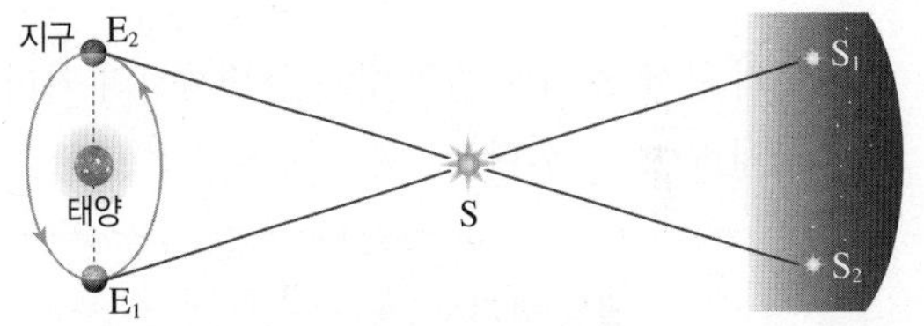

(1) 별 S가 현재보다 멀어진다면 연주 시차는 어떻게 변하는지 쓰고, 그 까닭을 서술하시오.

(2) 공전 궤도의 가장 먼 두 점에서 별 S를 관측할 때, 목성과 지구에서 측정한 별 S의 시차를 비교하여 서술하시오.

7 그림은 태양 주위를 공전하는 지구에서 6개월 간격으로 별 S를 관측한 모습을 나타낸 것이다.

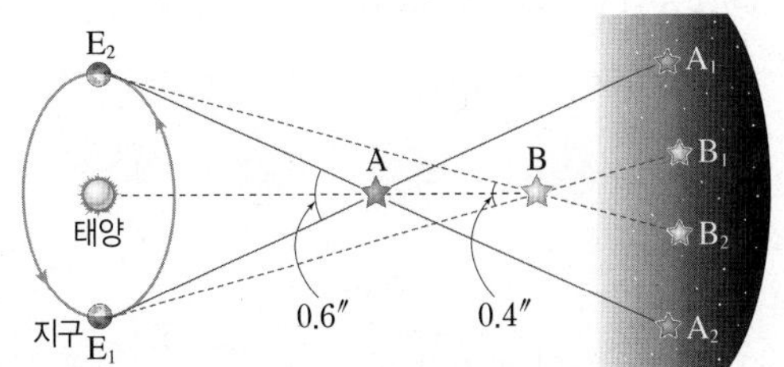

(1) 지구에서 별 A와 별 B까지의 거리 비를 구하고, 그렇게 판단한 까닭을 서술하시오.

(2) 지구에서 별 B까지의 거리는 몇 pc인지 쓰시오.

VII 별과 우주

중단원 핵심 요약

1 별의 밝기

별이 방출하는 빛의 양, 별까지의 거리에 따라 달라진다.

(1) 별까지의 거리가 같은 경우 : 방출하는 빛의 양이 많은 별일수록 밝게 보인다.

(2) 별이 방출하는 빛의 양이 같은 경우 : 거리가 가까운 별일수록 ❶ ______ 보인다.

2 별의 밝기와 거리

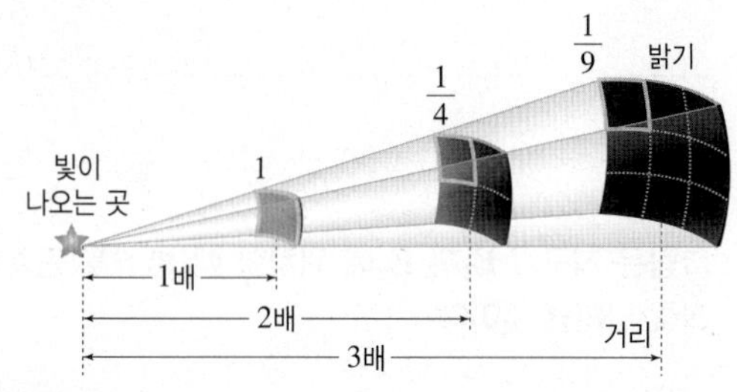

(1) 우리 눈에 보이는 별의 밝기는 별까지의 거리의 제곱에 ❷ ______ 한다.

$$\text{별의 밝기} \propto \frac{1}{(\text{별까지의 거리})^2}$$

(2) 별까지의 거리가 2배, 3배로 멀어지면 ➡ 원래 밝기의 $\frac{1}{4}$, $\frac{1}{9}$로 어두워진다.

(3) 별까지의 거리가 원래의 $\frac{1}{2}$, $\frac{1}{3}$로 가까워지면 ➡ 원래 밝기의 4배, 9배로 밝아진다.

3 별의 밝기와 등급

(1) 등급이 ❸ ______ 을수록 밝은 별이다.

(2) 각 등급 사이의 밝기인 별의 등급은 소수점을 이용하여 나타낸다.

(3) 1등급인 별은 6등급인 별보다 약 ❹ ______ 배 밝다.

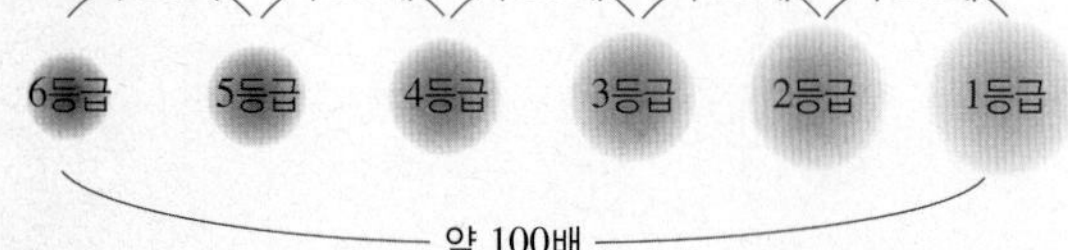

(4) 1등급 간의 밝기 차이는 약 ❺ ______ 배이다.

$$\text{밝기 차(배)} \fallingdotseq 2.5^{\text{등급 차}}$$

등급 차	1	2	3	4	5
밝기 차(배)	2.5	2.5^2 (≒6.3)	2.5^3 (≒16)	2.5^4 (≒40)	2.5^5 (≒100)

4 별의 겉보기 등급과 절대 등급

(1) ❻ ______ 등급

정의	우리 눈에 보이는 별의 밝기를 등급으로 나타낸 것
특징	• 별까지의 실제 거리를 고려하지 않고 지구에서 보이는 대로 정한 것이다. • ❻ ______ 등급이 작은 별일수록 우리 눈에 밝게 보인다.

(2) ❼ ______ 등급

정의	별이 지구로부터 10 pc의 거리에 있다고 가정했을 때의 밝기를 등급으로 나타낸 것
특징	• 별의 실제 밝기를 비교할 수 있다. • ❼ ______ 등급이 작은 별일수록 실제로 밝다.

(3) 겉보기 등급과 절대 등급을 이용한 별까지의 거리 판단

• 10 pc보다 ❽ ______ 있는 별

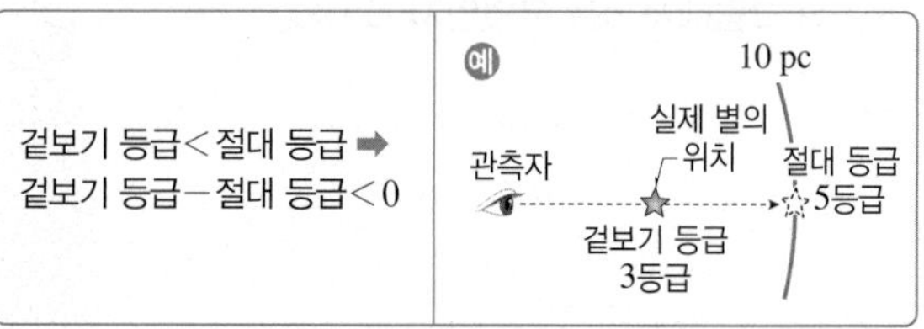

• 10 pc의 거리에 있는 별

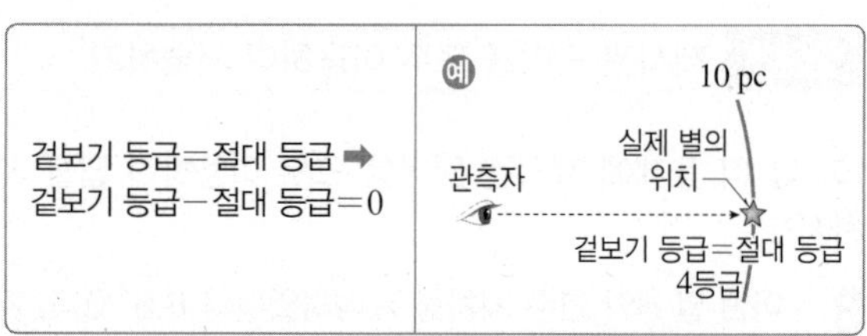

• 10 pc보다 ❾ ______ 있는 별

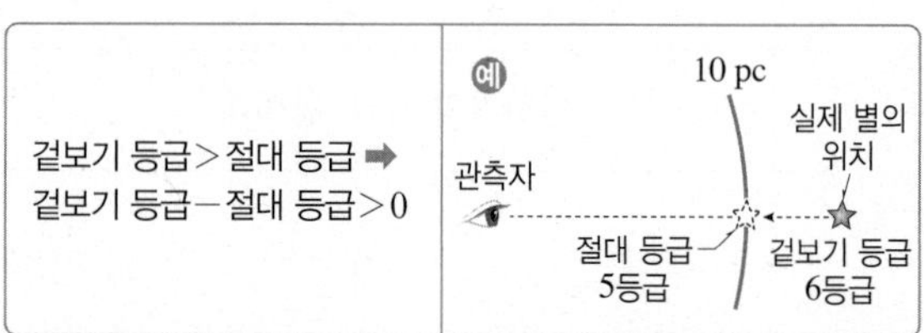

5 별의 색과 표면 온도

(1) 별의 색이 다른 까닭 : 별의 ❿ ______ 가 다르기 때문

(2) 별의 색과 표면 온도

색	청색	청백색	백색	황백색	황색	주황색	적색
표면 온도	⓫ ______ . ←——→ ⓬ ______ .						

● 정답과 해설 51쪽

MEMO

1 별의 밝기는 별이 방출하는 빛의 양과 별까지의 (   )에 따라 달라진다.

2 별의 등급이 클수록 (밝은, 어두운)별이다.

3 1등급의 별은 6등급의 별보다 약 ①(   )배 밝으며, 1등급 차이가 나는 두 별의 밝기 차는 약 ②(   )배이다.

4 2등급인 어떤 별까지의 거리가 현재보다 10배로 멀어지면 몇 등급으로 보이겠는가?

5 겉보기 등급과 절대 등급이 같은 별까지의 거리는 (   ) pc이다.

[6~7] 표는 여러 별들의 겉보기 등급과 절대 등급을 나타낸 것이다.

별	태양	카펠라	안타레스	시리우스	견우성	직녀성
겉보기 등급	−26.8	0.1	1.0	−1.5	0.8	0.0
절대 등급	4.8	0.6	−4.5	1.4	2.2	0.5

6 지구에서 볼 때 가장 밝게 보이는 별은 ①(   )이고, 실제로 가장 밝은 별은 ②(   )이다.

7 지구에서 가장 가까이 있는 별은 ①(   )이고, 가장 멀리 있는 별은 ②(   )이다.

8 어떤 별이 현재보다 지구에서 멀어진다면 그 별의 겉보기 등급은 ①(커지고, 작아지고), 절대 등급은 ②(커진다, 작아진다, 변함없다).

9 별의 색을 통해 별의 (   )를 알아낼 수 있다.

10 표는 별 A, B, C의 겉보기 등급, 절대 등급, 색을 나타낸 것이다.

별	겉보기 등급	절대 등급	색
A	0.8	2.2	황색
B	−1.5	1.4	적색
C	0.1	−6.8	청색

A~C 중 표면 온도가 가장 높은 별을 쓰시오.

계산력·암기력 강화 문제

1 별의 밝기와 등급 구하기 진도 교재 91쪽

- 별의 밝기는 별까지의 거리의 제곱에 반비례한다. ➡ 별의 밝기 $\propto \frac{1}{(\text{별까지의 거리})^2}$
- 별의 등급이 작을수록 밝은 별이다.
- 별의 등급 차에 따른 밝기 차

등급 차	1	2	3	4	5
밝기 차	약 2.5배	약 6.3($\fallingdotseq 2.5^2$)배	약 16($\fallingdotseq 2.5^3$)배	약 40($\fallingdotseq 2.5^4$)배	약 100($\fallingdotseq 2.5^5$)배

● 거리에 따른 별의 밝기 차 구하기

1 어떤 별까지의 거리가 3배로 멀어지면 밝기는 어떻게 변하는지 쓰시오.

2 어떤 별까지의 거리가 원래의 $\frac{1}{4}$로 가까워지면 밝기는 어떻게 변하는지 쓰시오.

● 등급 차를 이용하여 밝기 차 구하기

3 -1등급인 별은 0등급인 별보다 밝기가 약 ①(　　　)배 ②(밝게, 어둡게) 보인다.

4 3등급인 별은 -2등급인 별보다 밝기가 약 ①(　　　)로 ②(밝게, 어둡게) 보인다.

● 밝기 차를 이용하여 등급 구하기

5 1등급보다 약 2.5배 밝은 별은 몇 등급인지 쓰시오.

6 2등급인 별보다 밝기가 약 $\frac{1}{16}$인 별은 몇 등급인지 쓰시오.

7 -3등급인 별보다 약 6.3배 밝은 별은 몇 등급인지 쓰시오.

● 별이 여러 개 모여 있을 때의 등급 구하기

8 6등급인 별이 100개가 모여 있다면, 이는 몇 등급인 별 1개와 밝기가 같은지 쓰시오.

9 0등급인 별 1개와 같은 밝기가 되려면 4등급인 별 몇 개가 모여야 하는지 쓰시오.

● 거리에 따른 별의 등급 변화 구하기

10 0등급인 별까지의 거리가 10배로 멀어지면 몇 등급의 별이 되는지 쓰시오.

11 1등급인 별까지의 거리가 원래의 $\frac{1}{2.5}$로 가까워지면 몇 등급의 별이 되는지 쓰시오.

● 정답과 해설 51쪽

◆ 별의 겉보기 등급과 절대 등급 구하기 진도 교재 93쪽

- 별까지의 거리 판단
  - (겉보기 등급−절대 등급)<0 ➡ 10 pc보다 가까이 있는 별
  - (겉보기 등급−절대 등급)=0 ➡ 10 pc의 거리에 있는 별
  - (겉보기 등급−절대 등급)>0 ➡ 10 pc보다 멀리 있는 별
- 별의 절대 등급을 구하려면 ➡ 10 pc의 거리로 별을 옮겼을 때의 밝기를 구해야 한다.
- 별까지의 거리가 달라지면 겉보기 등급은 변하지만, 절대 등급은 변하지 않는다.

● **겉보기 등급과 절대 등급을 이용하여 별까지의 거리 판단하기**

[1~6] 표는 별 A~E의 겉보기 등급과 절대 등급을 나타낸 것이다.

별	A	B	C	D	E
겉보기 등급	0.6	−0.5	4.2	0.1	3.2
절대 등급	−2.5	1.2	−3.2	3.5	3.2

1 가장 밝게 보이는 별과 가장 어둡게 보이는 별을 순서대로 쓰시오.

2 실제로 가장 밝은 별과 실제로 가장 어두운 별을 순서대로 쓰시오.

3 별 A~E 중 10 pc의 거리에 있는 별을 모두 쓰시오.

4 별 A~E 중 10 pc보다 멀리 있는 별을 모두 쓰시오.

5 별 A~E 중 10 pc보다 가까이 있는 별을 모두 쓰시오.

6 별 A~E 중 지구에서 가장 가까이 있는 별과 가장 멀리 있는 별을 순서대로 쓰시오.

● **별까지의 거리와 겉보기 등급을 이용하여 절대 등급 구하기**

7 10 pc의 거리에 있는 어떤 별의 겉보기 등급이 −1등급이라면, 이 별의 절대 등급은?

8 100 pc의 거리에 있는 어떤 별의 겉보기 등급이 5등급이라면, 이 별의 절대 등급은?

9 1 pc의 거리에 있는 어떤 별의 겉보기 등급이 −4등급이라면, 이 별의 절대 등급은?

● **별까지의 거리 변화에 따른 겉보기 등급과 절대 등급 구하기**

10 겉보기 등급과 절대 등급이 모두 2등급인 어떤 별이 원래 거리의 $\frac{1}{10}$인 위치로 가까워지면, 겉보기 등급과 절대 등급은 각각 몇 등급으로 변하는지 쓰시오.

11 겉보기 등급이 1등급이고, 절대 등급이 −1등급인 어떤 별이 현재 거리에서 2.5배 멀어진다면, 겉보기 등급과 절대 등급은 각각 몇 등급으로 변하는지 쓰시오.

Ⅶ 별과 우주

중단원 기출 문제

01 그림은 별의 밝기와 거리의 관계를 나타낸 것이다.

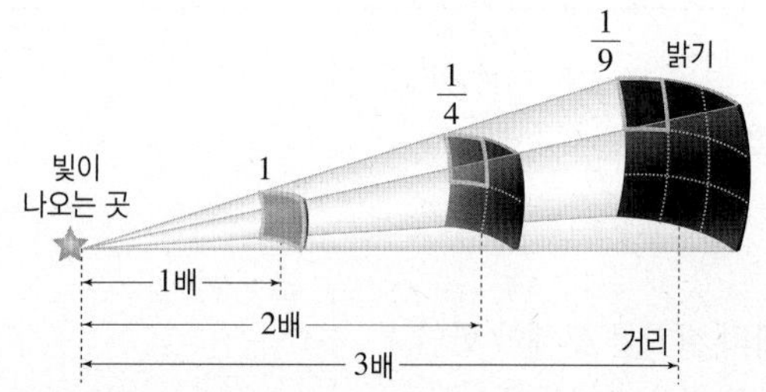

지구로부터 어떤 별까지의 거리가 현재보다 5배 멀어진다면 이 별의 밝기 변화는?

① 5배 밝아진다.
② 25배 밝아진다.
③ 원래의 $\frac{1}{5}$로 어두워진다.
④ 원래의 $\frac{1}{25}$로 어두워진다.
⑤ 밝기 변화가 없다.

이 문제에서 나올 수 있는 보기는 多

02 별의 밝기와 등급에 대한 설명으로 옳은 것을 모두 고르면?(2개)

① 1등급 차는 약 2.5배의 밝기 차가 있다.
② 6등급인 별은 1등급인 별보다 약 100배 밝다.
③ 3등급인 별은 1등급인 별보다 약 2배 밝다.
④ 별의 등급이 클수록 밝은 별이다.
⑤ 각 등급 사이의 별들의 밝기는 □.5로만 나타낸다.
⑥ 6등급보다 어둡게 보이는 별은 7등급, 8등급, … 등으로 나타낸다.
⑦ 히파르코스는 맨눈으로 보이는 가장 어두운 별을 1등급으로 정하였다.

03 표는 별 A~E의 등급을 나타낸 것이다.

별	A	B	C	D	E
등급	2.3	1.9	−2.7	0	−1.6

별 A~E 중 가장 밝은 별은 가장 어두운 별보다 몇 배 밝은가?

① 약 2.5배　② 약 6.3배　③ 약 16배
④ 약 40배　⑤ 약 100배

04 7등급인 별이 100개가 모여 있다면 몇 등급의 별 1개와 밝기가 같은가?

① 1등급　② 2등급　③ 3등급
④ 4등급　⑤ 5등급

이 문제에서 나올 수 있는 보기는 多

05 겉보기 등급과 절대 등급에 대한 설명으로 옳은 것을 모두 고르면?(3개)

① 겉보기 등급이 작은 별은 절대 등급도 작다.
② 별의 실제 밝기는 겉보기 등급으로 비교한다.
③ 겉보기 등급은 거리를 고려하지 않은 등급이다.
④ 밤하늘에서 같은 밝기로 보이는 별들은 절대 등급이 같다.
⑤ 우리 눈에 보이는 별의 밝기 등급을 겉보기 등급이라고 한다.
⑥ 별이 10 pc의 거리에 있다고 가정하고 정한 등급을 절대 등급이라고 한다.
⑦ 별의 절대 등급이 같을 때, 거리가 먼 별일수록 겉보기 등급이 작다.

06 어떤 별의 겉보기 등급이 1.1등급이다. 이 별보다 약 2.5배 밝게 보이는 별의 겉보기 등급은 몇 등급인가?

① −1.9등급　② −0.9등급　③ 0.1등급
④ 2.1등급　⑤ 3.6등급

07 겉보기 등급이 2등급인 별까지의 거리가 현재보다 4배로 멀어진다면, 이 별의 겉보기 등급은 몇 등급이 되겠는가?

① −5등급　② −3등급　③ 0등급
④ 3등급　⑤ 5등급

08 그림은 사자자리를 관찰할 때 눈에 보이는 별의 밝기를 등급으로 나타낸 것이다.

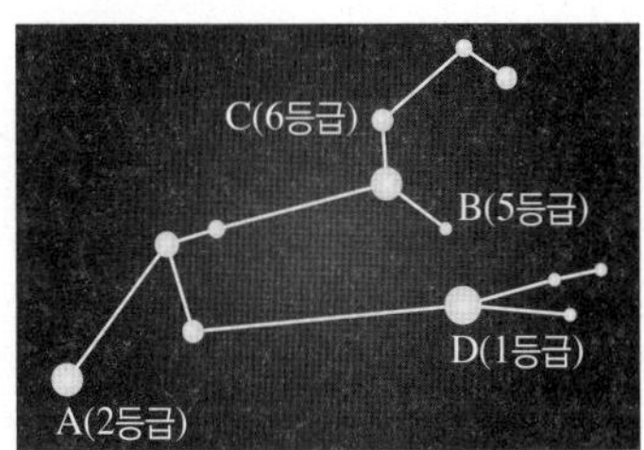

A~D 중 (가)가장 밝게 보이는 별과 (나)가장 밝게 보이는 별의 $\frac{1}{100}$의 밝기로 보이는 별을 옳게 짝 지은 것은?

	(가)	(나)		(가)	(나)
①	A	C	②	C	B
③	C	D	④	D	B
⑤	D	C			

[09~11] 표는 여러 별의 등급을 나타낸 것이다.

별	겉보기 등급	절대 등급
북극성	2.1	−3.7
견우성	0.8	2.2
시리우스	−1.5	1.4
알데바란	0.9	−0.6
아크투르스	−0.1	−0.1

09 위 별들 중 (가) 밤하늘에서 가장 어둡게 보이는 별과 (나) 실제로 가장 어두운 별을 옳게 짝 지은 것은?

	(가)	(나)
①	북극성	견우성
②	북극성	아크투르스
③	알데바란	견우성
④	알데바란	시리우스
⑤	아크투르스	시리우스

10 북극성이 현재 위치보다 10배로 멀어진다고 가정하면 겉보기 등급과 절대 등급은 각각 몇 등급이 되겠는가?

	겉보기 등급	절대 등급
①	−3.7	2.1
②	−2.9	−3.7
③	2.1	−3.7
④	7.1	1.3
⑤	7.1	−3.7

11 위 별들 중 10 pc보다 가까이 있는 별들로만 옳게 짝 지은 것은?

① 견우성, 시리우스
② 북극성, 알데바란
③ 시리우스, 알데바란
④ 시리우스, 아크투르스
⑤ 알데바란, 아크투르스

12 표는 별 A~E의 겉보기 등급과 절대 등급을 나타낸 것이다.

별	A	B	C	D	E
겉보기 등급	6.0	0.7	1.0	−2.0	−1.0
절대 등급	−6.4	0.7	−5.5	2.0	1.4

이에 대한 설명으로 옳지 않은 것은?

① 실제로 가장 밝은 별은 A이다.
② 별 B까지의 거리는 10 pc이다.
③ 우리 눈에 가장 밝게 보이는 별은 D이다.
④ 별 A는 C보다 우리 눈에 약 100배 밝게 보인다.
⑤ 별 D를 현재 위치에서 10배 먼 거리에 가져다 놓을 경우 겉보기 등급은 3등급이 된다.

13 그림은 여러 별의 겉보기 등급과 절대 등급을 나타낸 것이다.

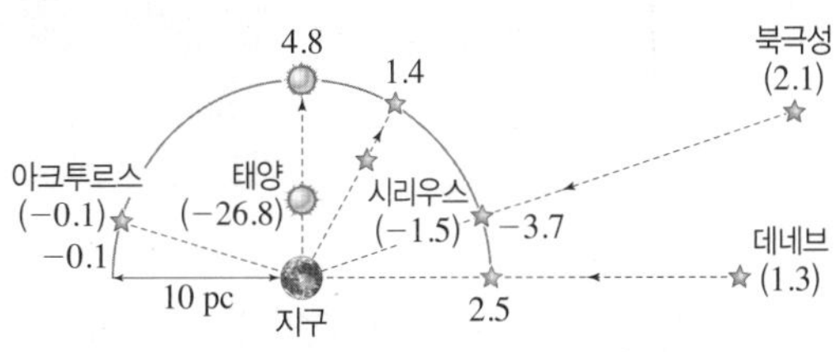

겉보기 등급과 절대 등급의 자료가 잘못 기록된 별은 어느 것인지 쓰시오. (단, 괄호 안은 겉보기 등급이다.)

14 별의 겉보기 등급과 절대 등급이 다음과 같을 때, 별의 연주 시차가 가장 작은 별은?

	별	겉보기 등급	절대 등급
①	A	−0.7	9.6
②	B	−0.1	−7.8
③	C	2.1	−3.7
④	D	−1.5	1.4
⑤	E	0.8	−5.5

15 그림은 별 A~D의 겉보기 등급과 절대 등급을 나타낸 것이다.

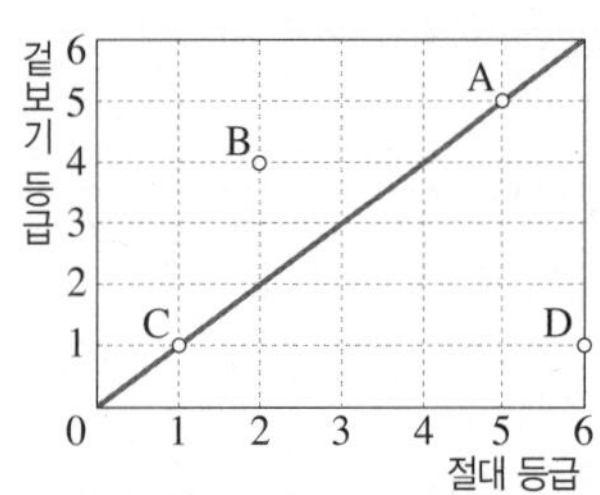

이에 대한 설명으로 옳은 것을 보기에서 모두 고른 것은?

보기
ㄱ. 가장 어둡게 보이는 별은 A이다.
ㄴ. 같은 거리에 두었을 때 가장 밝게 보이는 별은 B이다.
ㄷ. 별 A와 C는 같은 거리에 있다.
ㄹ. 가장 멀리 있는 별은 D이다.

① ㄱ, ㄴ　② ㄱ, ㄷ　③ ㄱ, ㄹ
④ ㄴ, ㄷ　⑤ ㄷ, ㄹ

16 오른쪽 그림과 같이 별마다 색이 서로 다른 까닭은?

프로키온 (황백색)
베텔게우스 (적색)
시리우스 (백색)

① 별의 밀도가 다르기 때문이다.
② 별의 질량이 다르기 때문이다.
③ 별의 크기가 다르기 때문이다.
④ 별까지의 거리가 다르기 때문이다.
⑤ 별의 표면 온도가 다르기 때문이다.

17 별의 색과 표면 온도에 대한 설명으로 옳은 것을 보기에서 모두 고른 것은?

보기
ㄱ. 별의 색을 이용하여 별까지의 거리를 알 수 있다.
ㄴ. 별의 표면 온도를 직접 측정할 수 있다.
ㄷ. 별의 색이 파란색에 가까울수록 표면 온도가 높다.

① ㄱ　② ㄷ　③ ㄱ, ㄴ
④ ㄴ, ㄷ　⑤ ㄱ, ㄴ, ㄷ

18 표는 별 A~D의 색을 나타낸 것이다.

별	A	B	C	D
색	적색	백색	청색	황백색

표면 온도가 높은 별부터 낮은 별까지 순서대로 옳게 나열한 것은?

① A−B−D−C
② B−C−A−D
③ C−B−D−A
④ C−A−D−B
⑤ D−B−C−A

19 표는 별 A~E의 겉보기 등급과 절대 등급, 색을 나타낸 것이다.

별	겉보기 등급	절대 등급	색
A	−1.0	0.5	백색
B	0.3	0.3	황색
C	1.8	9.5	적색
D	0.5	−2.0	청백색
E	0.3	5.8	주황색

이에 대한 설명으로 옳지 않은 것은?

① 맨눈으로 봤을 때 가장 밝은 별은 A이다.
② 실제로 가장 밝은 별은 D이다.
③ 표면 온도가 가장 낮은 별은 C이다.
④ 지구로부터 거리가 가장 가까운 별은 E이다.
⑤ 별 B는 10 pc의 거리에 있다.

서술형 정복하기

● 정답과 해설 52쪽

1단계 단답형으로 쓰기

1 별의 밝기에 영향을 주는 요인 두 가지를 쓰시오.

2 1등급인 별은 6등급인 별보다 약 몇 배 밝은지 쓰시오.

3 별의 등급이 1등급 차일 때 별의 밝기 차는 약 몇 배인지 쓰시오.

4 절대 등급은 별이 몇 pc의 거리만큼 떨어져 있다고 가정했을 때의 밝기를 등급으로 나타낸 것인지 쓰시오.

5 파란색을 띠는 별과 붉은색을 띠는 별 중 표면 온도가 더 높은 별을 고르시오.

2단계 제시된 단어를 모두 이용하여 서술하기

[6~10] 각 문제에 제시된 단어를 모두 이용하여 답을 서술하시오.

6 별의 밝기와 별까지의 거리 관계를 서술하시오.

제곱, 반비례

7 고대 그리스의 과학자 히파르코스가 별을 구분한 기준을 서술하시오.

맨눈, 밝기, 1등급, 6등급

8 겉보기 등급과 절대 등급의 정의를 각각 서술하시오.

10 pc, 우리 눈

9 별의 밝기로 별까지의 거리를 판단할 수 있는 방법을 서술하시오.

절대 등급, 겉보기 등급, 10 pc

10 별의 표면 온도를 알아낼 수 있는 방법을 서술하시오.

별의 색, 붉은색, 파란색

3단계 실전 문제 풀어 보기

11 오른쪽 그림과 같이 방출하는 빛의 양이 같은 두 개의 손전등을 종이로부터 서로 다른 거리에서 비추었다.

손전등 A 손전등 B

(1) 손전등 B를 A보다 2배 먼 거리에서 비출 때 종이에 비친 빛의 면적을 A와 비교하여 서술하시오.

(2) 손전등 B를 A보다 3배 먼 거리에서 비출 때, 종이에 비친 빛의 밝기를 A와 비교하여 서술하시오.

12 2등급인 별 A와 1등급인 별 B의 밝기를 비교하여 서술하시오.

답안작성 TIP

13 표는 별 A~E의 겉보기 등급과 절대 등급을 나타낸 것이다.

별	겉보기 등급	절대 등급
A	2.0	−1.5
B	3.0	3.0
C	−1.0	3.5
D	1.0	1.5
E	1.5	1.0

(1) A~E 중 우리 눈에 가장 밝게 보이는 별과 가장 어둡게 보이는 별을 순서대로 쓰시오.

(2) A~E 중 실제로 가장 밝은 별과 가장 어두운 별을 순서대로 쓰시오.

(3) 별 E를 현재보다 10배 먼 거리로 옮긴다면 겉보기 등급과 절대 등급은 각각 어떻게 변하는지 서술하시오.

답안작성 TIP

14 표는 여러 별의 겉보기 등급과 절대 등급을 나타낸 것이다.

별	겉보기 등급	절대 등급
시리우스	−1.5	1.4
견우성	0.8	2.2
알데바란	0.9	−0.6
안타레스	1.0	−4.5

지구로부터의 거리가 가장 가까운 별과 가장 먼 별을 각각 고르고, 그렇게 판단한 까닭을 서술하시오.

15 다음은 겉보기 등급이 −2등급이고 연주 시차가 1″인 별의 절대 등급을 구하는 과정이다.

> ㉠연주 시차가 1″인 별까지의 거리는 1 pc이다. ㉡별의 밝기는 별까지의 거리의 제곱에 반비례하므로 별을 10 pc으로 옮기면 ㉢밝기는 원래의 $\frac{1}{100}$로 어두워진다. ㉣100배의 밝기 차=4등급 차이므로, 절대 등급은 (　　　)등급이다.

(1) ㉠~㉣ 중 틀린 것을 찾아 옳게 고쳐 서술하시오.

(2) 이 별의 절대 등급을 구하시오.

16 오리온자리의 별인 베텔게우스는 적색으로 보이고, 리겔은 청백색으로 보인다. 리겔과 베텔게우스의 표면 온도를 비교하고, 그렇게 판단한 까닭을 서술하시오.

답안작성 TIP

13. (3) 별까지의 거리에 따른 밝기 차를 계산한 후 밝기에 따른 등급 차를 계산한다. 이를 바탕으로 별이 더 멀어지므로 겉보기 등급에서 등급 차를 더한다. **14.** 각 별의 (겉보기 등급−절대 등급) 값을 계산한 후 값을 비교한다.

중단원 핵심 요약

1 우리은하

(1) 우리은하 : 태양계가 속해 있는 은하

위에서 본 모양	막대 모양의 중심부를 나선팔이 휘감은 모양
옆에서 본 모양	중심부가 약간 볼록한 납작한 원반 모양
지름	약 ❶ pc(10만 광년)
포함된 별의 수	약 2000억 개
태양계의 위치	우리은하 중심에서 약 8500 pc(3만 광년) 떨어진 나선팔

▲ 위에서 본 우리은하

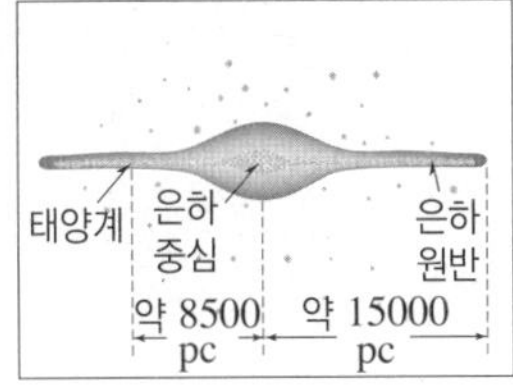

▲ 옆에서 본 우리은하

(2) ❷ : 지구에서 우리은하의 일부를 본 모습으로, 희뿌연 띠 모양으로 보인다.

특징	• 은하 중심 방향인 궁수자리 방향에서 폭이 넓고, 밝게 보인다. • 우리나라에서는 ❸ 철에 가장 뚜렷하게 보인다.

2 성단과 성운

(1) 성단 : 수많은 별이 모여 있는 집단

종류		❹	❺
정의		별들이 비교적 엉성하게 모여 있는 성단	별들이 빽빽하게 공 모양으로 모여 있는 성단
구성 별	수	수십~수만 개	수만~수십만 개
	나이	적음	많음
	색	표면 온도가 높은 ❻ 별	표면 온도가 낮은 ❼ 별
분포 위치		우리은하의 나선팔	우리은하 중심부와 은하 주변의 구형 공간

(2) 성운 : 성간 물질이 많이 모여 구름처럼 보이는 것

방출 성운	❽	암흑 성운
성간 물질이 주변의 별빛을 흡수하여 가열되면서 스스로 빛을 내는 성운	성간 물질이 주변의 별빛을 반사하여 밝게 보이는 성운	성간 물질이 뒤쪽에서 오는 별빛을 가로막아 어둡게 보이는 성운

3 우주 팽창

(1) 외부 은하 : 우리은하 밖에 분포하는 은하

(2) 우주는 팽창하고 있다. ➡ 대부분의 은하들이 우리은하로부터 멀어지고 있으며, 멀리 있는 은하일수록 빨리 멀어진다.

(3) 우주는 특별한 중심 없이 팽창하고 있다. ➡ 우주 어디에서 보더라도 은하들이 서로 멀어지고 있다.

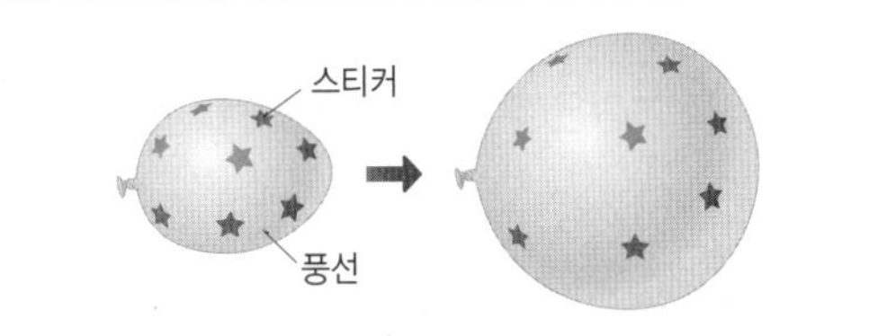

• 풍선 표면은 우주에, 스티커는 은하에 비유할 수 있다.
• 풍선이 부풀어 오르면 스티커 사이의 거리가 멀어지며, 이때 두 스티커 사이의 거리가 멀수록 더 빠르게 멀어진다.

(4) ❾ 우주론 : 약 138억 년 전, 매우 뜨겁고 밀도가 큰 한 점에서 대폭발이 일어나 계속 팽창하여 현재와 같은 우주가 되었다는 이론

4 우주 탐사

(1) 목적 : 우주 이해, 과학과 기술의 발전, 자원 채취 등

(2) 우주 탐사 방법 : 여러 가지 장비를 이용

인공위성	천체 주위를 일정한 궤도를 따라 공전하도록 만든 장치로, 우주 망원경도 포함됨
❿	지구 외 다른 천체의 주위를 돌거나 직접 표면에 착륙하여 탐사하기 위한 물체
⓫	사람들이 우주에 머무르면서 임무를 수행하도록 만든 인공 구조물
전파 망원경	지상에 설치하여 천체가 방출하는 전파를 관측하기 위한 장치

(3) 우주 탐사 역사와 성과

⓬	1957년 발사된 인류 최초의 인공위성
⓭	1969년 인류가 최초로 달에 착륙함
보이저 2호	1977년 목성형 행성 탐사를 위해 발사됨
뉴호라이즌스호	2006년 명왕성 탐사를 위해 발사됨
큐리오시티	2011년 발사된 화성 탐사 로봇

(4) 우주 탐사의 영향

① 우주 탐사 기술의 이용 : 정수기, 전자레인지, 에어쿠션 운동화, 안경테, 인공 관절, 치아 교정기 등

② 인공위성의 이용 : 일기 예보, 외국 생중계 방송 시청, 위치 파악, 지도 검색 등

③ ⓮ : 로켓 하단부, 인공위성의 발사나 폐기 과정 등에서 나온 파편 등

잠깐 테스트

● 정답과 해설 53쪽

MEMO

1 우리은하의 지름은 약 ①(　　　) pc(10만 광년)이고, 태양계는 우리은하의 중심에서 약 ②(　　　) pc(3만 광년) 떨어진 나선팔에 위치한다.

2 다음 설명에 해당하는 성단의 이름을 각각 쓰시오.

(1) 수만~수십만 개의 별들이 구형으로 빽빽하게 모여 있다.
(2) 주로 표면 온도가 높아 파란색을 띠는 별들을 많이 포함하고 있다.

3 오른쪽 그림은 우리은하의 모습을 나타낸 것이다.

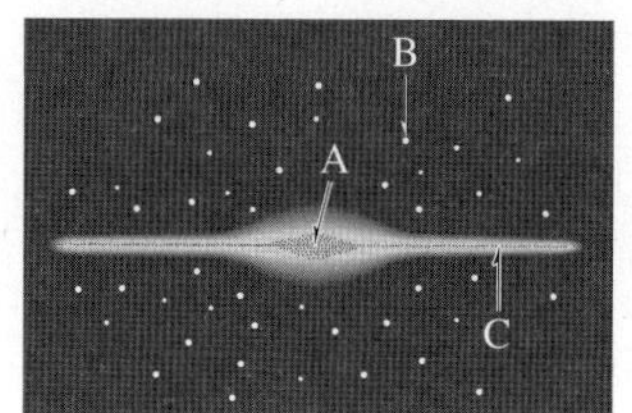

(1) A와 B에는 주로 어떤 성단이 분포하는가?
(2) C에는 주로 어떤 성단이 분포하는가?

4 다음 설명에 해당하는 성운의 이름을 각각 쓰시오.

(1) 주변에 있는 밝은 별의 빛을 흡수하여 스스로 빛을 내어 밝은 성운
(2) 성간 물질이 뒤쪽에서 오는 별빛을 가로막아 어둡게 보이는 성운

5 태양계가 속해 있는 은하를 ①(　　　)라고 하고, ①(　　　) 밖에 분포하는 은하를 ②(　　　)라고 한다.

6 은하들 사이의 거리가 서로 ①(멀어진다, 가까워진다)는 사실을 통해 우주가 ②(수축, 팽창)하고 있음을 알 수 있다.

7 다음 설명에 해당하는 우주 탐사 방법을 보기에서 각각 골라 기호를 쓰시오.

보기			
ㄱ. 인공위성	ㄴ. 우주 정거장	ㄷ. 우주 탐사선	ㄹ. 전파 망원경

(1) 직접 천체까지 날아가 그 주위를 돌면서 탐사하거나 천체 표면에 착륙하여 탐사한다.
(2) 사람들이 우주에 머무르면서 임무를 수행하도록 만든 인공 구조물이다.

[8~9] 다음과 같이 인류의 우주 탐사 역사에서 중요한 의미를 지니는 탐사선의 이름을 쓰시오.

8 인류 최초의 유인 달 착륙선은 무엇인가?

9 2006년 명왕성 탐사를 위해 발사되어 2015년에 명왕성을 통과한 탐사선은 무엇인가?

10 인공위성의 발사나 폐기 과정 등에서 나온 다양한 크기의 파편 등으로, 인공위성이나 우주 탐사선과 충돌할 경우 치명적인 피해를 줄 수 있는 것을 무엇이라고 하는가?

중단원 기출 문제

● 정답과 해설 54쪽

이 문제에서 나올 수 있는 보기는 多

01 우리은하에 대한 설명으로 옳지 않은 것을 모두 고르면?(2개)

① 지름은 약 30000 pc이다.
② 나선 모양으로 분포하는 나선팔이 있다.
③ 약 2000개의 별을 포함하고 있다.
④ 우리은하의 중심은 궁수자리 방향이다.
⑤ 태양계는 우리은하 중심에서 약 8500 pc 떨어진 나선팔에 있다.
⑥ 우리은하는 옆에서 보면 나선 모양이고, 위에서 보면 원반 모양이다.

02 그림 (가)는 우리은하를 옆에서 본 모습을 나타낸 것이고, (나)는 우리은하를 위에서 본 모습을 나타낸 것이다.

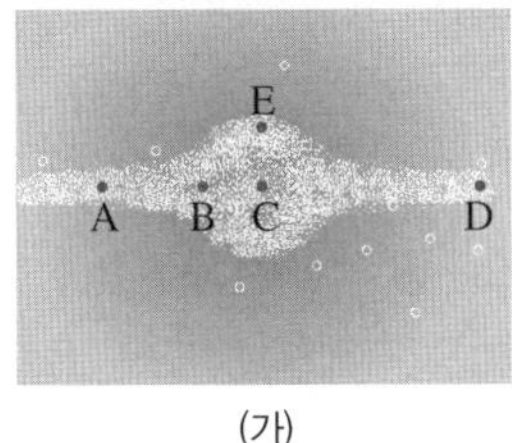

(가)

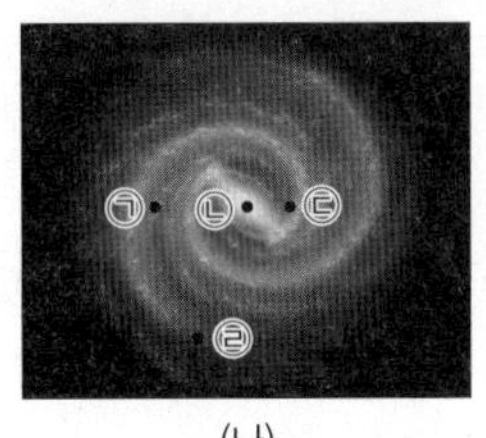

(나)

태양계의 위치에 해당하는 것끼리 옳게 짝 지은 것은?

① A-㉠　② B-㉡　③ C-㉢
④ D-㉠　⑤ E-㉣

이 문제에서 나올 수 있는 보기는 多

03 은하수에 대한 설명으로 옳은 것을 모두 고르면?(2개)

① 남반구에서만 관측된다.
② 우리은하 밖의 모습이다.
③ 우리나라 겨울철에는 여름철보다 희미하게 보인다.
④ 희뿌연 띠 모양으로 보인다.
⑤ 약간의 가스와 티끌이 흩어져 있는 집단이다.
⑥ 은하수의 폭과 밝기는 위치에 관계없이 언제나 똑같다.

04 만약 태양계가 우리은하의 중심에 있다면, 은하수는 밤하늘에서 어떤 모습으로 보이겠는가?

① 전혀 안 보일 것이다.
② 여름에만 보일 것이다.
③ 지금과 똑같이 보일 것이다.
④ 지금보다 폭이 더 좁고 어둡게 보일 것이다.
⑤ 나선팔 방향으로 별들에 의한 띠 모양으로 관측될 것이다.

05 비슷한 시기에 생성된 수많은 별이 무리를 지어 모여 있는 것을 무엇이라고 하는가?

① 성단　② 성운　③ 은하
④ 은하수　⑤ 태양계

이 문제에서 나올 수 있는 보기는 多

06 그림 (가)와 (나)는 우리은하를 구성하고 있는 성단의 모습이다.

(가)

(나)

(가)와 (나)의 특징을 비교한 것으로 옳지 않은 것을 모두 고르면?(2개)

	구분	(가)	(나)
①	이름	구상 성단	산개 성단
②	모양	공 모양	엉성한 모양
③	별의 수	수만~수십만 개	수십~수만 개
④	별의 표면 온도	높다.	낮다.
⑤	별의 색	붉은색	파란색
⑥	별의 나이	적다.	많다.

Ⅶ 별과 우주

07 다음은 우리은하를 구성하는 천체에 대한 설명이다.

> (가) 성간 물질이 주변의 별빛을 흡수하여 가열되면서 스스로 빛을 낸다.
> (나) 수십~수만 개의 별들이 비교적 엉성하게 모여 있는 집단이다.
> (다) 가스나 티끌이 주변의 별빛을 반사시켜 밝게 보인다.

(가)~(다) 설명에 해당하는 천체를 옳게 짝 지은 것은?

	(가)	(나)	(다)
①	구상 성단	반사 성운	방출 성운
②	산개 성단	암흑 성운	반사 성운
③	방출 성운	구상 성단	산개 성단
④	방출 성운	산개 성단	반사 성운
⑤	암흑 성운	산개 성단	방출 성운

08 오른쪽 그림은 은하를 구성하는 어느 천체의 모습이다. 그림에서 어둡게 보이는 천체의 종류는 무엇인가?

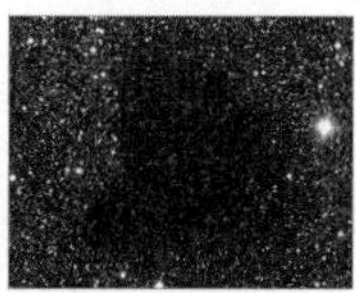

① 구상 성단 ② 산개 성단
③ 방출 성운 ④ 반사 성운
⑤ 암흑 성운

09 우리은하에 포함되는 천체를 보기에서 모두 고르시오.

> 보기
> ㄱ. 지구 ㄴ. 태양계
> ㄷ. 구상 성단 ㄹ. 산개 성단
> ㅁ. 안드로메다은하

10 규모가 큰 것부터 작은 것 순으로 옳게 나열한 것은?

① 우주 > 성단 > 은하 > 태양계 > 지구
② 우주 > 은하 > 성단 > 태양계 > 지구
③ 우주 > 은하 > 성단 > 지구 > 태양계
④ 은하 > 우주 > 성단 > 태양계 > 지구
⑤ 은하 > 우주 > 지구 > 성단 > 태양계

11 다음에서 설명하는 외부 은하의 종류로 옳은 것은?

> 둥근 형태의 은하 중심부에서 바로 나선팔이 뻗어 나온 모양의 은하이다.

① 타원 은하 ② 불규칙 은하
③ 정상 나선 은하 ④ 막대 나선 은하
⑤ 전파 은하

12 은하와 우주에 대한 설명으로 옳은 것을 보기에서 모두 고른 것은?

> 보기
> ㄱ. 은하의 모양은 다양하다.
> ㄴ. 우주에는 수많은 은하가 존재한다.
> ㄷ. 우주의 중심에는 우리은하가 위치하고 있다.
> ㄹ. 우리은하에서 멀리 있는 은하일수록 더 느리게 멀어진다.

① ㄱ, ㄴ ② ㄱ, ㄷ ③ ㄴ, ㄷ
④ ㄴ, ㄹ ⑤ ㄷ, ㄹ

[13~14] 그림은 풍선의 표면에 별 모양 스티커를 붙인 후, 풍선을 크게 불어 각 스티커의 위치 변화를 관찰한 실험을 나타낸 것이다.

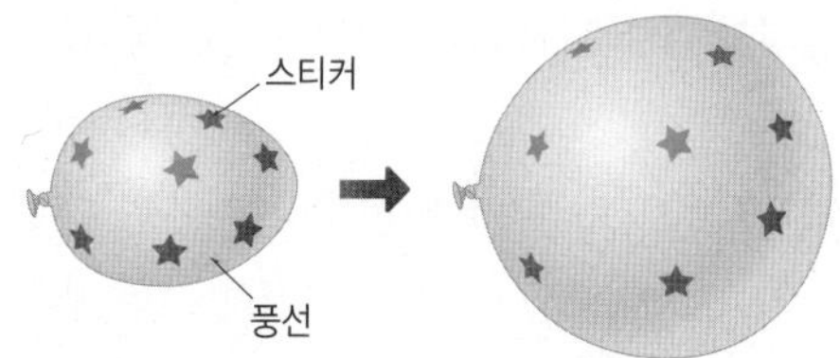

13 위 실험에서 별 모양 스티커를 은하에 비유한다면, 풍선 표면은 무엇에 비유할 수 있는가?

① 태양계 ② 성단 ③ 성운
④ 행성 ⑤ 우주

14 위 실험을 통해 알 수 있는 사실은 무엇인가?

① 모든 은하는 한 점으로 모인다.
② 각 은하 사이의 거리는 일정하다.
③ 은하는 모두 같은 속력으로 멀어진다.
④ 은하끼리 서로 멀어져도 우주의 크기는 일정하다.
⑤ 우주의 팽창으로 인해 은하 사이의 거리가 점점 멀어진다.

15 우주 탐사의 목적과 의의로 옳지 않은 것은?

① 지구 환경에 대해 이해할 수 있다.
② 우주에 대한 이해의 폭을 넓힐 수 있다.
③ 지구에서 부족한 지하자원을 채취할 수 있다.
④ 세계 각국에서 발생하는 생활 쓰레기를 처리할 수 있다.
⑤ 우주 탐사 과정에서 개발된 기술을 여러 산업에 이용할 수 있다.

16 다음에서 설명하는 우주 탐사 장비는?

> 우주에 사람이 머무르면서 다양한 임무를 수행하기 위해 개발하였다. 지상에서 하기 어려운 실험이나 우주 환경 등을 연구할 수 있다. 미래에는 우주 탐사나 우주 여행을 위한 경유지로 이용될 수도 있다.

① 인공위성 ② 우주 망원경
③ 우주 정거장 ④ 우주 탐사선
⑤ 전파 망원경

17 다음은 우주 탐사와 관련된 사건을 순서 없이 나타낸 것이다.

> (가) 최초의 인공위성인 스푸트니크 1호가 발사되었다.
> (나) 탐사 로봇 큐리오시티를 발사하였다.
> (다) 아폴로 11호가 최초로 유인 달 탐사에 성공하였다.
> (라) 목성형 행성 탐사를 위해 보이저 2호가 발사되었다.

(가)~(라)를 오래된 것부터 순서대로 나열한 것은?

① (가) → (나) → (다) → (라)
② (가) → (다) → (라) → (나)
③ (나) → (가) → (라) → (다)
④ (나) → (라) → (다) → (가)
⑤ (라) → (다) → (나) → (가)

18 우주 탐사 기술이 일상 생활에 이용된 예를 옳게 설명한 것을 보기에서 모두 고른 것은?

> 보기
> ㄱ. 안경테-우주 탐사에서 활용했던 사진 촬영 기술을 응용하였다.
> ㄴ. 골프채-우주선을 가볍게 만들기 위해 개발된 티타늄 소재를 이용하였다.
> ㄷ. 자기 공명 영상(MRI)-인공위성 안테나를 만들 때 사용한 형상 기억 합금 소재를 이용하였다.

① ㄱ ② ㄴ ③ ㄱ, ㄷ
④ ㄴ, ㄷ ⑤ ㄱ, ㄴ, ㄷ

이 문제에서 나올 수 있는 보기는 多

19 지구 둘레를 공전하고 있는 인공위성을 이용하여 할 수 있는 활동에 해당하지 않는 것을 모두 고르면?(3개)

① 자신의 위치를 파악한다.
② 태풍의 경로를 예측한다.
③ 천체에 착륙하여 사진을 찍어 전송한다.
④ 일기 예보를 위한 기상 정보들을 수집한다.
⑤ 우주 쓰레기를 채집하여 지상으로 싣고 온다.
⑥ 다른 나라에서 열리는 스포츠 경기를 생중계한다.
⑦ 심해저에 서식하고 있는 생물의 종류와 활동을 조사한다.

20 그림의 하얀 점들은 지구 주위를 둘러싼 우주 쓰레기를 나타낸 것이다.

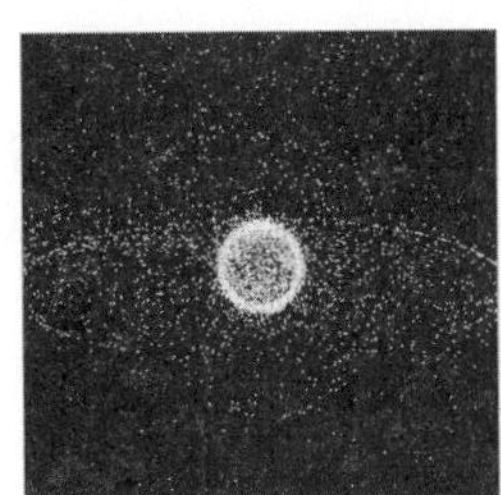

이와 같은 우주 쓰레기의 특징에 대한 설명으로 옳지 않은 것은?

① 지상에서 통제하여 제거한다.
② 크기가 다양하며, 속도가 매우 빠르다.
③ 인공위성과 충돌하여 피해를 입히기도 한다.
④ 지구 주위를 일정하지 않은 궤도로 돌고 있다.
⑤ 각종 탐사 장비로부터 떨어져 나온 파편들이다.

서술형 정복하기

1단계 단답형으로 쓰기

1 지구에서 우리은하를 바라본 모습으로, 맑은 날 밤하늘에 희뿌연 띠 모양으로 보이는 것을 무엇이라고 하는지 쓰시오.

2 성간 물질이 주변의 별빛을 흡수하여 가열되면서 스스로 빛을 내는 성운의 종류를 쓰시오.

3 약 138억 년 전, 우주의 모든 물질과 에너지가 모인 한 점에서 대폭발을 일으켜 계속 팽창하여 현재와 같은 우주가 되었다고 설명하는 이론은 무엇인지 쓰시오.

4 천체 주위를 일정한 궤도를 따라 공전하도록 만든 인공적인 물체를 무엇이라고 하는지 쓰시오.

5 1957년에 발사한 인류 최초의 인공위성의 이름을 쓰시오.

2단계 제시된 단어를 모두 이용하여 서술하기

[6~9] 각 문제에 제시된 단어를 모두 이용하여 답을 서술하시오.

6 우리은하의 지름과 우리은하 속에서 태양계의 위치를 거리와 관련하여 각각 서술하시오.

약 8500 pc, 약 30000 pc, 나선팔

7 구상 성단과 산개 성단을 이루는 별의 특징을 비교하여 서술하시오.

모양, 나이, 표면 온도

8 우주가 팽창하면서 은하들 사이의 거리가 어떻게 변화하는지 서술하시오.

거리, 속도

9 우주 쓰레기가 우리에게 어떤 피해를 줄 수 있는지 서술하시오.

속도, 충돌

3단계 실전 문제 풀어 보기

10 우리은하를 옆에서 보면 중심부가 약간 볼록한 원반 모양으로 보인다. 우리은하를 위에서 볼 때 우리은하의 모양을 서술하시오.

답안작성 TIP

11 그림 (가)와 (나)는 서로 다른 성단의 모습이다.

(가)

(나)

(1) 성단 (가)는 파란색을 띠고, (나)는 붉은색을 띤다. 성단 (가)와 (나)의 종류를 각각 쓰시오.

(2) (가), (나)와 같은 성단은 각각 우리은하의 어느 곳에 분포하는지 서술하시오.

12 그림은 오리온자리 부근에서 볼 수 있는 서로 다른 종류의 성운을 나타낸 것이다.

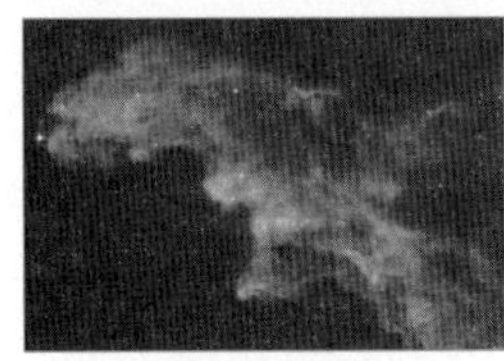
(가) 마귀할멈 성운

(나) 말머리성운

(1) (가) 성운의 종류를 쓰고, 성운이 밝게 보이는 까닭을 서술하시오.

(2) (나) 성운의 종류를 쓰고, 성운이 어둡게 보이는 까닭을 서술하시오.

답안작성 TIP

13 그림과 같이 풍선에 동전을 붙인 후, 풍선을 크게 불면 동전 사이의 거리가 멀어지는 것을 볼 수 있다.

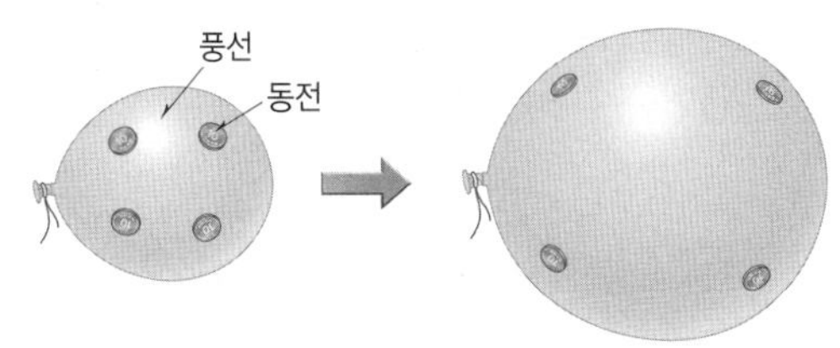

(1) 위 실험이 우주의 크기 변화를 알아보기 위한 것일 때, 풍선 표면과 동전에 비유되는 것을 각각 쓰시오.

(2) 위 실험을 통해 알 수 있는 우주의 크기 변화를 쓰고, 그렇게 판단한 까닭을 서술하시오.

(3) 우주 팽창의 중심은 어디인지 까닭과 함께 서술하시오.

14 다음은 우주 생성과 관련된 어떤 이론을 설명한 것이다.

> 과학자들에 의하면 우주는 약 138억 년 전, 매우 뜨겁고 밀도가 큰 한 점에서 대폭발이 일어나 팽창하여 오늘날과 같은 모습이 되었다고 한다.

(1) 이와 관련된 우주론을 쓰시오.

(2) 우주가 팽창할 때 은하들 사이의 거리는 어떻게 변화하는지 서술하시오.

15 인공위성이 우리 생활에 이용되는 예를 세 가지만 서술하시오.

답안작성 TIP

11. 산개 성단과 구상 성단의 특징을 알고, 우리은하에서 산개 성단과 구상 성단의 분포 위치를 파악한다. **13.** 풍선이 커지면서 나타나는 동전 사이의 거리 변화를 파악한다. 이를 우주 팽창과 연관지어 생각해 본다.

중단원 핵심 요약

01 과학기술과 인류 문명

● 정답과 해설 55쪽

1 과학기술의 발달

(1) 불의 이용과 인류 문명의 시작 : 불의 발견과 이용 → 생존을 위한 기술 발달(음식 익히기, 흙으로 도구 만들기 등) → 청동, 철과 같은 금속을 얻고 가공하는 기술 발달 → 인류의 생활 수준 향상 → 문명의 발전

(2) 과학 원리의 발견이 인류 문명에 미친 영향

태양 중심설	❶ ( ) 으로 천체를 관측하여 태양 중심설의 증거를 발견하면서 경험 중심의 과학적 사고를 중요시하게 되었다.
세포의 발견	❷ ( ) 으로 세포를 발견하면서 생물체를 작은 세포들이 모여서 이루어진 존재로 인식하게 되었다.
만유인력 법칙	만유인력 법칙을 발견하여 자연 현상을 이해하고 그 변화를 예측할 수 있게 하였다.
전자기 유도 법칙	전자기 유도 법칙을 발견하여 전기를 생산하고 활용할 수 있는 방법을 열었다.
암모니아 합성	암모니아 합성법을 개발한 후 질소 비료를 대량 생산할 수 있게 되면서 ❸ ( ) 문제 해결에 기여하였다.
백신 개발	백신 접종을 통해 질병을 ❹ ( ) 할 수 있음을 입증하였고, 이후 다양한 백신이 개발되어 인류의 평균 수명 연장에 영향을 미쳤다.

(3) 과학기술이 인류 문명의 발달에 미친 영향

① 인쇄 : 인쇄술의 발달은 책의 대량 생산과 보급을 가능하게 하여 지식과 정보가 빠르게 확산되었다.

- 활판 인쇄술이 발달하면서 책의 대량 생산이 가능해졌고, 종교 개혁, 과학 혁명 등에 영향을 주었다.
- 현재는 ❺ ( ) 이 출판되어 많은 양의 책을 저장하고 검색하기 쉬워졌으며, 새로운 전자물 출판이 용이해졌다.

② 교통 : 교통수단의 발달로 먼 거리까지 많은 물건을 빠르게 운반할 수 있게 되어 산업이 크게 발달하였다.

- ❻ ( ) 을 이용한 기차나 배로 대량의 물건을 먼 곳까지 운반할 수 있게 되었다.
- 내연 기관의 등장으로 자동차가 발달하였다.
- 현재는 전기를 동력으로 하는 고속 열차 등이 개발되어 사람과 물자의 이동이 더욱 활발해졌다.

③ 농업 : 화학 비료 등이 개발되어 농산물의 품질이 향상되고, 생산량이 증가하였다.

- 암모니아 합성 기술을 이용하여 개발된 질소 비료는 식량 증대에 큰 역할을 하였다.
- 현재는 ❼ ( ) 기술을 이용해 특정한 목적에 맞게 품종을 개량하고, ❽ ( ) 농장을 이용해 농산물의 생산성과 품질을 높이고 있다.

④ 의료 : 의약품과 치료 방법, 의료 기기가 개발되어 인류의 평균 수명이 길어졌다.

- 종두법의 발견 이후 여러 가지 ❾ ( ) 이 개발되어 소아마비와 같은 질병을 예방할 수 있게 되었다.
- 페니실린과 같은 ❿ ( ) 가 개발되어 결핵과 같은 질병을 치료할 수 있게 되었다.
- 현재는 자기 공명 영상 장치(MRI) 등 첨단 의료 기기로 정밀한 진단이 가능하며, 원격 의료 기술이 발달하고 있다.

⑤ 정보 통신 : 정보 통신 분야의 기술 발달은 인류의 문명과 생활을 크게 변화시켰다.

- ⓫ ( ) 가 발명되어 멀리 떨어진 사람과 통화할 수 있게 되었다.
- 인공위성, 인터넷의 개발로 세계를 연결하는 통신망이 구축되고, 스마트 기기를 이용하여 어디서든 정보를 검색하는 것이 가능해졌다.
- 현재는 인공 지능 스피커로 음악을 재생하는 등 생활이 더욱 편리해지고 있다.

2 과학과 기술의 활용

(1) 생활을 편리하게 하는 과학기술

⓬ ( )	나노 물질의 독특한 특성을 이용하여 다양한 소재나 제품을 만드는 기술 예 나노 반도체, 나노 로봇, 나노 표면 소재, 휘어지는 디스플레이 등
생명 공학 기술	생물의 특성과 생명 현상을 이해하고, 이를 인간에게 유용하게 이용하거나 인위적으로 조작하는 기술 예 유전자 재조합 기술, 세포 융합, 바이오 의약품, 바이오칩 등
정보 통신 기술	정보 기기의 하드웨어와 소프트웨어 기술, 이 기술을 이용한 정보 수집, 생산, 가공, 보존, 전달, 활용하는 모든 방법 • ⓭ ( ) (IoT) : 모든 사물을 인터넷으로 연결하는 기술 • 빅데이터 기술 : 방대한 정보를 분석하여 활용하는 기술 • ⓮ ( ) (AI) : 컴퓨터로 인간의 기억, 지각, 학습 이해 등 인간이 하는 지적 행위를 실현하고자 하는 기술 • 그 외 : 증강 현실(AR), 가상 현실(VR), 전자 결제, 언어 번역, 생체 인식 등

(2) ⓯ ( ) 적 설계 : 과학 원리나 기술을 활용하여 기존의 제품을 개선하거나 새로운 제품 또는 시스템을 개발하는 창의적인 과정

➡ 제품 생산 시 고려해야 하는 점 : 경제성, 안전성, 편리성, 환경적 요인, 외형적 요인 등

● 정답과 해설 55쪽

MEMO

1 과학적 원리의 발견, 기술의 발달, 기기의 발명 등 (과학, 사회)기술은 인류 문명의 발달에 큰 영향을 미쳤다.

2 인류는 망원경으로 천체를 관측하여 (   )의 증거를 발견하면서 경험 중심의 과학적 사고를 중요시하게 되었다.

3 하버는 (   ) 합성법을 개발하여 질소 비료를 대량 생산할 수 있게 되면서 식량 문제를 해결하는 데 기여하였다.

4 (   )을 동력으로 하는 증기 기관차, 증기선 등이 개발되면서 인류는 수공업 중심에서 산업 사회로 변화하게 되었다.

5 (   ) 농장에서는 농산물이 성장하는 데 좋은 환경을 자동으로 유지하여 농산물의 생산량을 늘리고 품질을 높이고 있다.

6 (   )의 개발은 소아마비와 같은 질병을 예방할 수 있게 하였다.

7 (   )의 발명으로 멀리 떨어져 있는 사람과 음성으로 소식을 주고받을 수 있게 되었고, 인류의 활동 영역이 넓어졌다.

8 다음 기술을 나노 기술, 생명 공학 기술, 정보 통신 기술로 분류하시오.

(가) 나노 로봇	(나) 세포 융합	(다) 가상 현실
(라) 사물 인터넷	(마) 나노 표면 소재	(바) 유전자 재조합 기술

9 과학 원리나 기술을 활용하여 기존의 제품을 개선하거나 새로운 제품 또는 시스템을 개발하는 창의적인 과정을 (   )라고 한다.

10 전기 자동차를 생산할 때 축전지 교체 비용을 줄이기 위해 수명이 긴 축전지를 사용하는 것은 (경제성, 안전성, 외형적 요인)을 고려한 것이다.

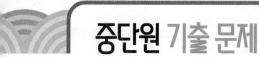

중단원 기출 문제

01 불의 이용이 인류 문명에 미친 영향으로 옳은 것을 보기에서 모두 고른 것은?

보기
ㄱ. 인류는 불을 이용하게 되면서 생존을 위한 기술을 발달시켰다.
ㄴ. 불을 이용하여 청동이나 철과 같은 금속을 얻고 가공하는 기술이 발달하였다.
ㄷ. 불을 이용하여 금속을 얻게 되면서 인류의 생활 수준이 향상되었다.

① ㄴ ② ㄱ, ㄴ ③ ㄱ, ㄷ
④ ㄴ, ㄷ ⑤ ㄱ, ㄴ, ㄷ

02 다음은 몇 가지 과학 원리의 발견과 관련된 사례를 나타낸 것이다.

- 백신의 개발
- 암모니아 합성법의 개발
- 전자기 유도 법칙의 발견

이 사례들이 인류 문명에 미친 영향으로 옳은 것을 보기에서 모두 고른 것은?

보기
ㄱ. 인류의 수명을 연장시키는 데 영향을 미쳤다.
ㄴ. 인류의 식량 문제를 해결하는 데 기여하였다.
ㄷ. 합리적이고 실험적인 방법을 경시하기 시작했다.

① ㄴ ② ㄱ, ㄴ ③ ㄱ, ㄷ
④ ㄴ, ㄷ ⑤ ㄱ, ㄴ, ㄷ

03 과학기술이 인류 문명의 발달에 미친 영향으로 옳지 <u>않은</u> 것은?

① 인쇄술의 발달로 지식의 유통이 활발해졌다.
② 인공위성이나 인터넷 등을 통해 많은 정보를 쉽게 얻을 수 있게 되었다.
③ 산업 혁명 이후 여러 분야에서 기계를 사용하면서 인류의 삶이 불편해졌다.
④ 원격 의료 기술의 발달로 시간과 장소에 관계없이 의료 지원을 받을 수 있게 되었다.
⑤ 생명 공학 기술을 이용해 특정한 목적에 맞게 품종을 개량할 수 있게 되었다.

04 다음은 어떤 기기의 발달이 과학기술에 미친 영향을 설명한 것이다.

- 갈릴레이는 자신이 만든 기기로 목성의 위성 4개와 은하수가 수많은 별로 이루어져 있음을 발견하였다.
- 뉴턴은 성능이 우수한 기기를 만들어 천문학 발달에 기여하였다.
- 현재는 기권 밖으로 이 기기를 쏘아 올려 많은 관측 자료를 수집하여 천문학을 더욱 발전시켰다.

이 기기에 해당하는 것은?

① 전화기 ② 현미경 ③ 망원경
④ 컴퓨터 ⑤ 증기 기관

05 인쇄 분야의 과학기술이 인류 문명의 발달에 미친 영향으로 옳은 것을 보기에서 모두 고른 것은?

보기
ㄱ. 활판 인쇄술이 발달하면서 책을 만드는 속도가 현저하게 느려졌다.
ㄴ. 인쇄술의 발달로 책을 통해 대량의 지식과 정보를 쉽게 접할 수 있게 되었다.
ㄷ. 현재는 전자책이 출판되어 많은 양의 책을 저장하거나 검색하기 쉬워졌다.

① ㄱ ② ㄴ ③ ㄷ
④ ㄱ, ㄴ ⑤ ㄴ, ㄷ

06 증기 기관과 내연 기관에 대한 설명으로 옳은 것은?

① 증기 기관은 연료를 기관 내부에서 연소시켜 이를 동력원으로 이용한다.
② 증기 기관의 발명으로 증기 기관차, 증기선 등의 교통수단이 발달하였다.
③ 증기 기관은 기계의 동력원으로 이용되어 산업 사회에서 수공업 중심으로 변화를 가져왔다.
④ 내연 기관은 외부에서 연료를 연소시켜 얻은 증기의 힘을 이용하여 움직인다.
⑤ 내연 기관은 산업 혁명의 원동력이 되었다.

07 의료 분야의 과학기술이 인류 문명의 발달에 미친 영향으로 옳은 것을 보기에서 모두 고른 것은?

보기
ㄱ. 백신이 개발되어 소아마비와 같은 질병을 예방할 수 있게 되었다.
ㄴ. 항생제가 개발되어 결핵과 같은 질병을 치료할 수 있게 되었다.
ㄷ. 첨단 의료 기기가 개발되어 빠르고 정밀한 진단이 가능해졌다.
ㄹ. 의약품과 치료 방법, 의료 기기가 개발되었지만 인류의 평균 수명은 짧아졌다.

① ㄱ, ㄴ, ㄷ ② ㄱ, ㄴ, ㄹ ③ ㄱ, ㄷ, ㄹ
④ ㄴ, ㄷ, ㄹ ⑤ ㄱ, ㄴ, ㄷ, ㄹ

08 다음은 생활을 편리하게 하는 과학기술에 대한 설명이다.

(가) 나노 물질의 독특한 특성을 이용하여 다양한 소재나 제품을 만드는 기술
(나) 생물의 특성과 생명 현상을 이해하고, 이를 인간에게 유용하게 이용하거나 인위적으로 조작하는 기술

(가), (나)에 해당하는 과학기술을 옳게 짝 지은 것은?

	(가)	(나)
①	정보 통신 기술	나노 기술
②	나노 기술	정보 통신 기술
③	나노 기술	생명 공학 기술
④	생명 공학 기술	나노 기술
⑤	정보 통신 기술	생명 공학 기술

09 생명 공학 기술을 활용한 예에 대한 설명으로 옳지 않은 것은?

① 유전자 재조합 기술 : 특정 생물의 유용한 유전자를 다른 생물의 DNA에 끼워 넣어 재조합 DNA를 만드는 기술
② 세포 융합 : 서로 다른 특징을 가진 두 종류의 세포를 융합하여 하나의 세포로 만드는 기술
③ 바이오 의약품 : 생물체에서 유래한 단백질이나 호르몬, 유전자 등을 사용하여 만든 의약품
④ 바이오칩 : 생물 소재와 반도체를 조합하여 제작된 칩
⑤ 나노 반도체 : 기존 반도체보다 크기가 매우 작아 초소형 하드 디스크를 만들 수 있는 반도체

10 정보 통신 기술을 활용한 예에 대한 설명으로 옳지 않은 것은?

① 학습 자료에 가상의 정보를 더하여 현실감 있는 학습을 할 수 있다.
② 컴퓨터 기능이 탑재된 의류, 안경, 손목시계 등을 착용하고 활동한다.
③ 스마트폰을 이용하여 정보 검색, 사진 촬영, 온라인 구매, 홈 네트워크 등이 가능하다.
④ 유전자를 변형하여 제초제에 내성을 가진 콩, 잘 무르지 않는 토마토 등을 만들 수 있다.
⑤ 버스 정보 안내 단말기를 이용하여 타야 할 버스의 위치와 도착 예정 시간을 알 수 있다.

11 다음 설명에 해당하는 것은 무엇인지 쓰시오.

• 새로운 제품이나 시스템을 구상하거나 현재의 것을 개선하기 위한 방안을 산출하는 창의적인 과정
• 새로운 제품을 사용 목적에 맞게 제약 조건을 고려하면서 체계적으로 설계하고 개발하는 것

12 어두운 곳에서는 공이 잘 보이지 않아 공놀이를 하기가 불편하다. 이를 해소하기 위해 오른쪽 그림과 같이 흔들면 밝아지는 공의 설계도를 만들었으며, 공의 작동 원리는 다음과 같다.

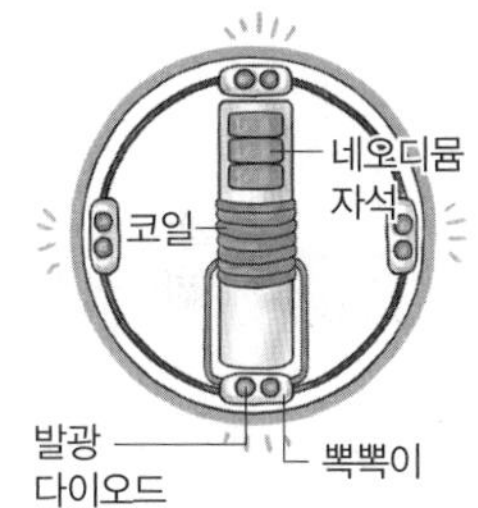

공을 던지면 네오디뮴 자석이 움직이면서 코일에 전류가 흐르고, 코일에 연결된 발광 다이오드에 불이 켜진다.

이 공을 개발할 때 고려해야 하는 사항으로 적합하지 않은 것은?

① 편리성 : 쉽게 구할 수 있는 재료로 제작한다.
② 경제성 : 값이 비싼 발광 다이오드를 사용한다.
③ 안전성 : 발광 다이오드가 깨지지 않도록 뽁뽁이로 감싼다.
④ 환경적 요인 : 환경 오염 물질을 배출하지 않는 물질로 제작한다.
⑤ 외형적 요인 : 여러 색으로 반짝이는 발광 다이오드를 사용한다.

Ⅷ 과학기술과 인류 문명

서술형 정복하기

● 정답과 해설 56쪽

1단계 단답형으로 쓰기

1 다음 (　　　) 안에 알맞은 말을 쓰시오.

> 종두법의 발견 이후 여러 가지 (　　　)이 개발되어 소아마비와 같은 질병을 예방할 수 있게 되었다.

2 물질이 nm(나노미터) 크기로 작아지면 갖게 되는 독특한 특성을 이용하여 다양한 소재나 제품을 만드는 기술을 무엇이라고 하는지 쓰시오.

3 과학 원리나 기술을 활용하여 기존의 제품을 개선하거나 새로운 제품 또는 시스템을 개발하는 창의적인 과정을 무엇이라고 하는지 쓰시오.

2단계 제시된 단어를 모두 이용하여 서술하기

[4~5] 각 문제에 제시된 단어를 모두 이용하여 답을 서술하시오.

4 질소를 이용하여 암모니아를 대량으로 합성하는 기술의 발견이 인류 문명의 발달에 미친 영향을 서술하시오.

> 질소 비료, 대량 생산, 식량

5 인쇄술의 발달이 인류 문명의 발달에 미친 영향을 서술하시오.

> 대량 생산, 지식, 정보

3단계 실전 문제 풀어 보기

답안작성 TIP

6 다음은 인류 문명에 영향을 준 몇 가지 과학 원리의 사례이다.

> (가) 인류는 망원경으로 천체를 관측하여 태양 중심설의 증거를 발견하였다.
> (나) 뉴턴은 만유인력 법칙을 발견하였다.

(가), (나)의 발견이 인류 문명에 미친 영향을 각각 서술하시오.

7 다음은 과학기술의 발달이 농업 분야에 미친 영향을 나타낸 것이다.

> 지능형 농장에서는 농산물이 성장하기에 좋은 환경을 유지하여 농산물의 생산량을 늘리고 품질도 높이고 있다.

이 예시를 참고하여 과학기술의 발달이 현재의 교통과 의료 분야에 미친 영향을 각각 서술하시오.

• 교통 :

• 의료 :

8 오른쪽 그림은 스마트 기기를 사용하는 모습을 나타낸 것이다. 스마트 기기의 사용이 우리 사회에 미친 부정적인 영향을 한 가지만 서술하시오.

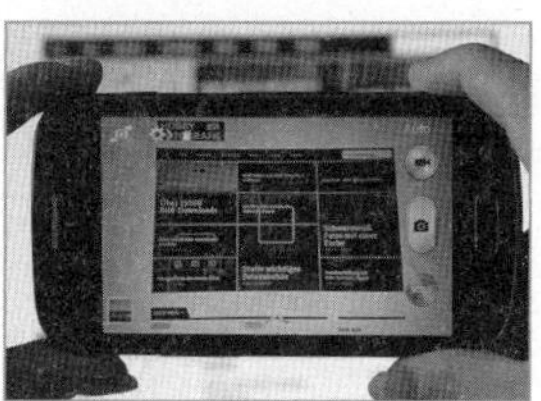

9 다음은 생활을 편리하게 하는 과학기술 중 어떤 기술에 대한 설명인지 쓰고, 그 예를 두 가지만 서술하시오.

> 생물의 특성과 생명 현상을 이해하고, 이를 인간에게 유용하게 이용하거나 인위적으로 조작한다.

답안작성 TIP

6. 태양 중심설, 만유인력의 법칙 등 과학 원리의 발견은 인류의 사고방식을 변화시켰다.

생 생 한 과 학 의 즐 거 움 ! 과 학 은 역 시 !

15개정 교육과정

오투

중학 과학

3-2

책 속의 가접 별책 (특허 제 0557442호)

'정답과 해설'은 본책에서 쉽게 분리할 수 있도록 제작되었으므로
유통 과정에서 분리될 수 있으나 파본이 아닌 정상제품입니다.

정답과 해설

visang

정답과 해설

정답과 해설

Ⅴ 생식과 유전

01 세포 분열

확인 문제로 개념쏙쏙 진도 교재 11, 13, 15쪽

A 세포 분열, 물질 교환
B DNA, 상동, 상, 성
C 간기, 전기, 중기, 후기, 말기, 식물, 동물
D 감수 분열, 2가 염색체, 상동 염색체, 염색 분체, 1

1 ㉠ 작아, ㉡ 수 **2** (1) C : DNA (2) A : 염색 분체 (3) B : 유전자 **3** (1) ○ (2) × (3) ○ (4) × **4** (1) 46 (2) ㉠ 22, ㉡ 1 (3) ㉠ XY, ㉡ XX (4) 여자 (5) 아버지 **5** ㉠ 방추사, ㉡ 염색체 **6** (가) 중기, (나) 간기, (다) 전기, (라) 말기, (마) 후기 **7** (나) → (다) → (가) → (마) → (라) **8** (1) (나) (2) (다) (3) (가) **9** (가) 식물 세포, (나) 동물 세포 **10** (1) ○ (2) ○ (3) × (4) × (5) ○ **11** 2가 염색체 **12** (라) → (다) → (나) → (가) → (마) **13** (1) ㉠ (2) ㉣ (3) ㉢ **14** (1) × (2) × (3) ○ (4) ○ **15** ㉠ 1회, ㉡ 2회, ㉢ 변화 없다, ㉣ 절반으로 줄어든다, ㉤ 2개, ㉥ 4개

1 세포가 커질 때 부피가 증가하는 만큼 표면적이 늘어나지 않아 세포의 부피에 대한 표면적의 비가 작아진다. 따라서 세포에서 물질 교환이 원활하게 일어나기 위해서는 세포의 크기가 계속 커지는 것보다 하나의 세포가 여러 개의 작은 세포로 나누어지는 것이 유리하다.

2 염색체는 유전 물질인 DNA(C)와 단백질로 구성되며, DNA(C)에서 유전 정보를 저장하고 있는 특정 부위를 유전자(B)라고 한다. 세포가 분열하기 시작할 때 하나의 염색체는 두 가닥의 염색 분체(A)로 이루어져 있다.

3 바로알기 (2) 분열하기 전 DNA가 복제되어 두 가닥의 염색 분체가 되므로, 하나의 염색체를 이루는 두 가닥의 염색 분체는 유전 정보가 서로 같다.
(4) 한 생물의 체세포에 들어 있는 염색체 수와 모양은 모두 같다.

4

(가) 여자 (나) 남자

여자(가)는 어머니와 아버지에게서 각각 X 염색체를 하나씩 물려받아 성염색체 구성이 XX이고, 남자(나)는 어머니에게서 X 염색체를, 아버지에게서 Y 염색체를 물려받아 성염색체 구성이 XY이다.

[5~8]

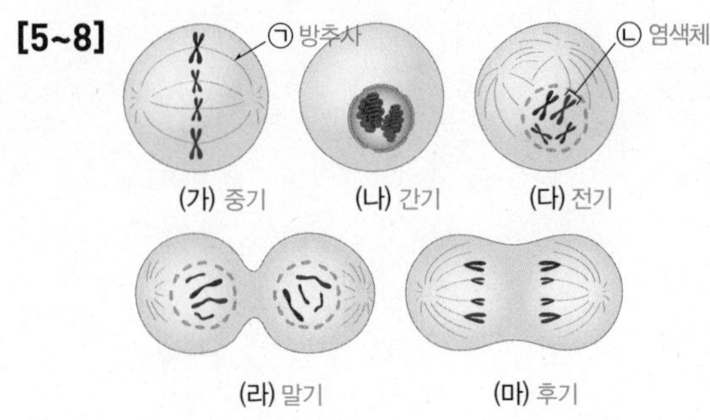

7 체세포 분열은 간기(나)를 거친 후 전기(다) → 중기(가) → 후기(마) → 말기(라) 순으로 진행된다.

8 (1) 간기(나)에 DNA가 복제되어 그 양이 2배로 늘어난다.
(2) 전기(다)에 핵막이 사라지면서 두 가닥의 염색 분체로 이루어진 막대 모양의 염색체가 나타난다.
(3) 염색체가 세포 중앙에 배열되는 중기(가)에 염색체의 수와 모양을 가장 잘 관찰할 수 있다.

9 식물 세포(가)는 새로운 2개의 핵 사이에 안쪽에서 바깥쪽으로 세포판이 만들어지면서 세포질이 나누어진다. 동물 세포(나)는 세포막이 바깥쪽에서 안쪽으로 잘록하게 들어가면서 세포질이 나누어진다.

10 바로알기 (3) 핵분열은 염색체의 모양과 행동에 따라 전기, 중기, 후기, 말기로 구분한다.
(4) 체세포 분열에서는 상동 염색체가 분리되지 않는다. 체세포 분열에서는 염색 분체가 분리되어 각각의 딸세포로 들어간다.

[11~12]

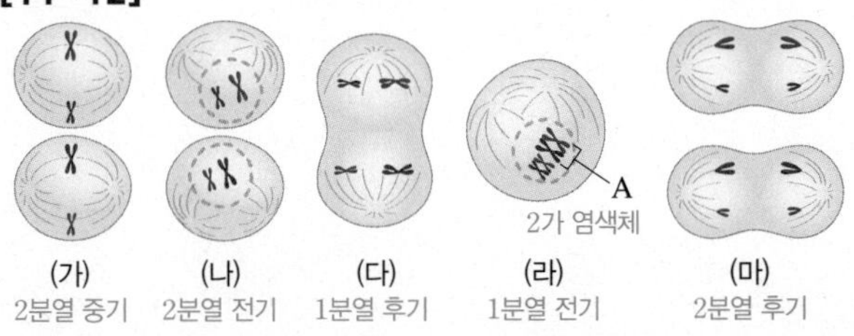

13 (2) 감수 2분열 과정에서 염색 분체가 분리된다.
(3) 감수 1분열 과정에서 상동 염색체가 분리되어 서로 다른 딸세포로 들어가므로 염색체 수가 절반으로 줄어든다.

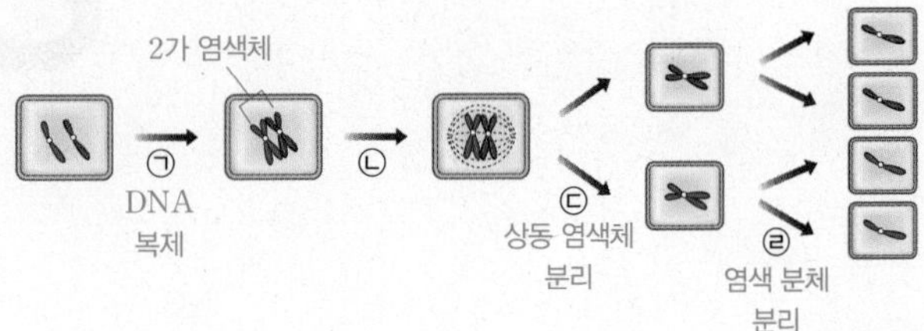

14 바로알기 (1) 2가 염색체는 감수 1분열 전기에 처음 나타난다. 감수 2분열에서는 2가 염색체가 나타나지 않는다.
(2) 감수 1분열 후 유전 물질의 복제 없이 감수 2분열 전기가 시작된다.

탐구a

진도 교재 16쪽

커
01 (1) ○ (2) × (3) ○ **02** (가) 6, (나) 3 **03** 세포가 커지면 부피에 대한 표면적의 비가 작아져 물질 교환이 효율적으로 일어나지 못한다.

01 바로알기 (2) 작은 우무 조각 2개는 큰 우무 조각과 부피는 같고, 표면적은 크다.

02 (가) $\frac{\text{표면적 } 6\text{ cm}^2}{\text{부피 } 1\text{ cm}^3}$, (나) $\frac{\text{표면적 } 24\text{ cm}^2}{\text{부피 } 8\text{ cm}^3}$

03

채점 기준	배점
부피에 대한 표면적의 비와 물질 교환을 모두 언급하여 옳게 서술한 경우	100 %
둘 중 한 가지만 언급하여 서술한 경우	50 %

탐구b

진도 교재 17쪽

㉠ 체세포, ㉡ 해리
01 (1) × (2) × (3) ○ (4) × **02** 고정 **03** 양파의 뿌리 끝에는 체세포 분열이 활발하게 일어나는 생장점이 있기 때문이다.

01 바로알기 (1) 양파 뿌리 끝의 생장점에서는 체세포 분열이 활발하게 일어난다. 식물에서 감수 분열은 난세포가 만들어지는 밑씨와 꽃가루가 만들어지는 꽃밥에서 일어난다.
(2) 가장 많이 관찰되는 세포는 세포 주기의 대부분을 차지하는 간기의 세포이다.
(4) 아세트산 카민 용액을 떨어뜨리는 까닭은 핵과 염색체를 붉게 염색하기 위해서이다.

02 고정은 양파 뿌리 조각을 에탄올과 아세트산을 3 : 1로 섞은 용액에 담가 두어 세포가 생명 활동(세포 분열)을 멈추고 살아 있을 때의 모습을 유지하도록 하는 과정이다.

03

채점 기준	배점
체세포 분열과 생장점을 모두 언급하여 옳게 서술한 경우	100 %
둘 중 한 가지만 언급하여 서술한 경우	50 %

여기서 잠깐

진도 교재 18쪽

유제❶ (1) ㅁ (2) ㄴ (3) ㄹ (4) ㄷ

유제❶ (1) 분열 전 간기에 DNA가 복제되므로 체세포 분열 전기에는 염색체가 두 가닥의 염색 분체로 이루어져 있다.
(2) 감수 1분열에서 상동 염색체가 분리되어 각각의 딸세포로 들어가므로 감수 2분열 전기의 세포에는 상동 염색체 중 하나만 있다.
(3) 감수 분열로 만들어지는 딸세포에는 상동 염색체 중 하나만 있고, 염색체가 한 가닥으로 되어 있다.
(4) 체세포 분열로 만들어지는 딸세포에는 상동 염색체가 쌍으로 있고, 염색체가 한 가닥으로 되어 있다.

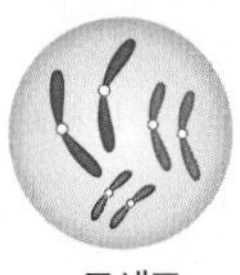
모세포

감수 1분열
상동 염색체 분리

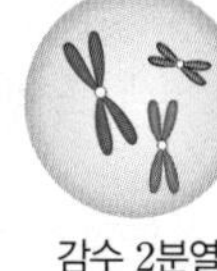
감수 2분열 전기 세포

감수 2분열
염색 분체 분리

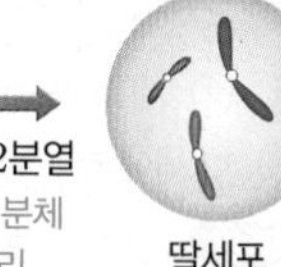
딸세포

기출 문제로 내신쑥쑥

진도 교재 19~23쪽

01 ① **02** ③ **03** ② **04** ⑤ **05** ④ **06** ⑤ **07** ③ **08** ③ **09** ⑤ **10** ③ **11** ⑤ **12** ① **13** ④ **14** ⑤ **15** (라) → (가) → (나) → (마) → (다) **16** ④ **17** ① **18** ④ **19** ④ **20** ① **21** ④ **22** ④ **23** ③ **24** ④ **25** ④ **26** ⑤
서술형 문제 **27** 여자, 성염색체 구성이 XX이기 때문이다.
28 (1) (가) 체세포 분열, (나) 감수 분열(생식세포 분열) (2) (가) 체세포 분열은 1회 분열하여 염색체 수가 모세포와 같은 2개의 딸세포가 만들어지고, (나) 감수 분열은 2회 연속 분열하여 염색체 수가 모세포의 절반으로 줄어든 4개의 딸세포가 만들어진다. **29** 해설 참조

01 ① 체세포 분열을 통해 세포 수가 늘어나 생물의 몸집이 커지는 생장이 일어난다.
바로알기 ②, ④ 체세포 분열을 통해 생장이 일어나므로, 생물이 생장할 때 세포의 수는 늘어나고 세포 안의 염색체 수는 변화 없다.
③ 세포는 어느 정도 커지면 분열하므로 생물이 생장할 때 세포의 크기는 계속 커지지 않는다.
⑤ 몸집이 큰 동물은 몸집이 작은 동물보다 세포의 수가 많으며, 세포의 크기는 거의 비슷하다.

02 세포가 커지면 표면적이 커지는 비율이 부피가 커지는 비율보다 작기 때문에 물질 교환에 불리하다. 따라서 세포는 어느 정도 커지면 분열하여 그 수를 늘린다.

03 바로알기 ㄱ. 세포가 커질수록 부피와 표면적은 모두 증가한다.

ㄷ. 물질 교환은 세포 표면을 통해 일어나므로 세포의 부피에 대한 표면적의 비가 커야 물질 교환이 효율적으로 일어날 수 있다. 세포가 커지면 $\frac{표면적}{부피}$이 작아진다.

한 변(cm)	1	2	3
표면적(cm^2)	6	24	54
부피(cm^3)	1	8	27
$\frac{표면적}{부피}$	6	3	2

04 염색체는 DNA와 단백질로 구성되며, DNA는 여러 유전 정보를 저장하고 있다.

바로알기 ⑤ 세포 분열을 시작할 때 염색체는 두 가닥의 염색 분체로 이루어져 있다.

05 ④ 세포가 분열할 때 염색 분체(C, D)가 분리되어 서로 다른 딸세포로 들어간다.

바로알기 ① DNA(A)에는 많은 수의 유전자가 있다.

② A는 DNA, B는 단백질이다.

③ C와 D는 염색 분체이다.

⑤ 염색체(㉠)는 세포가 분열하지 않을 때는 핵 속에 가는 실처럼 풀어져 있다가 세포가 분열하기 시작하면 굵고 짧게 뭉쳐진다. 즉, 세포가 분열하기 시작할 때 핵막이 사라지고 두 가닥의 염색 분체로 이루어진 막대 모양의 염색체가 나타난다.

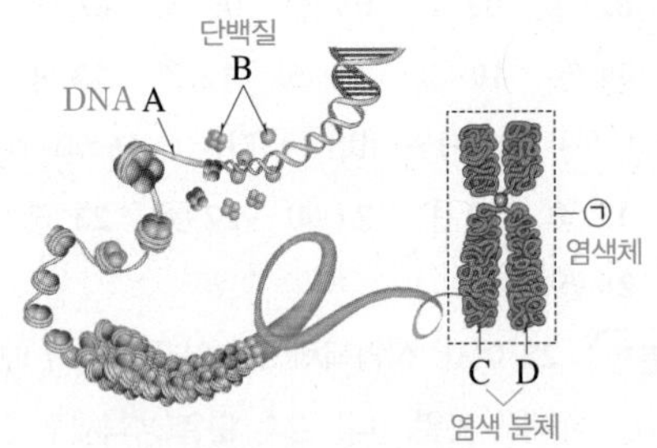

06 ㄴ. 같은 종의 생물에서는 체세포에 들어 있는 염색체 수와 모양이 모두 같다.

ㄷ. 체세포에 들어 있는 염색체 수와 모양은 생물의 종에 따라 다르므로 이는 생물 종을 판단할 수 있는 고유한 특징이 된다.

바로알기 ㄱ. 고등한 생물이라고 염색체 수가 많은 것은 아니다.

07 A와 B는 염색 분체이고, (가)와 (나)는 상동 염색체이다.

ㄱ. 분열하기 전 DNA가 복제되어 두 가닥의 염색 분체가 되므로, 하나의 염색체를 이루는 두 가닥의 염색 분체는 유전 정보가 서로 같다.

ㄷ. 상동 염색체는 부모에게서 각각 하나씩 물려받은 것이다.

바로알기 ㄴ. 부모에게서 각각 하나씩 물려받은 상동 염색체는 유전 정보가 서로 다르다.

08 ① (가)는 성염색체가 XY이므로 남자이고, (나)는 성염색체가 XX이므로 여자이다.

② 여자(어머니)는 Y 염색체가 없다.

④, ⑤ 사람의 체세포에는 46개의 염색체, 즉 23쌍의 상동 염색체가 있다. 이 중 남녀가 공통으로 가지는 1~22번 염색체는 상염색체이고, 성에 따라 구성이 달라지는 한 쌍의 염색체(XX 또는 XY)가 성염색체이다.

바로알기 ③ 남자(가)는 어머니에게서 22개의 상염색체와 X 염색체, 즉 23개의 염색체를 물려받았다.

09 ⑤ 핵분열은 연속적으로 일어나지만 염색체의 모양과 행동에 따라 전기, 중기, 후기, 말기로 구분한다.

바로알기 ④ 세포질 분열 방법은 동물 세포와 식물 세포에서 차이가 난다.

[10~12]

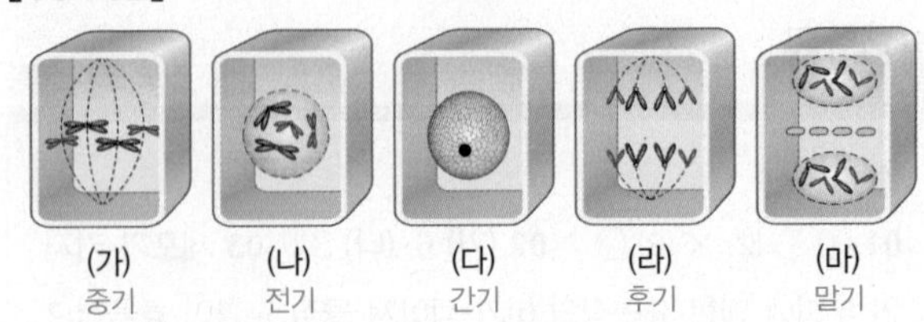

10 분열 전 간기(다)에 세포의 크기가 커지고 유전 물질이 복제된 후 전기(나) → 중기(가) → 후기(라) → 말기(마)의 순으로 체세포 분열이 진행된다.

11 ⑤ 말기(마)에 핵막이 나타나 2개의 핵이 만들어지고, 염색체가 풀어진다.

바로알기 ① 양파의 뿌리 끝을 관찰하면 세포 주기의 대부분을 차지하는 간기(다)의 세포가 가장 많이 보인다.

② 유전 물질이 복제되는 시기는 간기(다)이다.

③ 염색 분체가 분리되어 세포 양쪽 끝으로 이동하는 시기는 후기(라)이다.

④ 염색체가 세포 중앙에 배열되는 시기는 중기(가)이다.

12 염색체가 세포 중앙에 배열되는 중기(가)에 염색체의 수와 모양을 가장 잘 관찰할 수 있다.

13 ② 체세포 분열 전 간기에 유전 물질(DNA)이 복제되어 그 양이 두 배로 늘어난다.

③ 세포 분열 시 핵분열이 세포질 분열보다 먼저 일어난다.

⑤ 동물은 몸 전체에서 체세포 분열이 일어나 생장하지만, 식물은 생장점, 형성층과 같은 특정 부위에서 체세포 분열이 활발하게 일어나 생장한다.

바로알기 ④ 체세포 분열 결과 모세포와 염색체 수가 같은 2개의 딸세포가 만들어진다.

14 안쪽에서 바깥쪽으로 세포판이 만들어져 세포질이 나누어지는 (가)는 식물 세포이고, 세포막이 바깥쪽에서 안쪽으로 잘록하게 들어가 세포질이 나누어지는 (나)는 동물 세포이다.

바로알기 ⑤ 감수 분열에서도 세포질 분열이 일어난다.

[15~16]

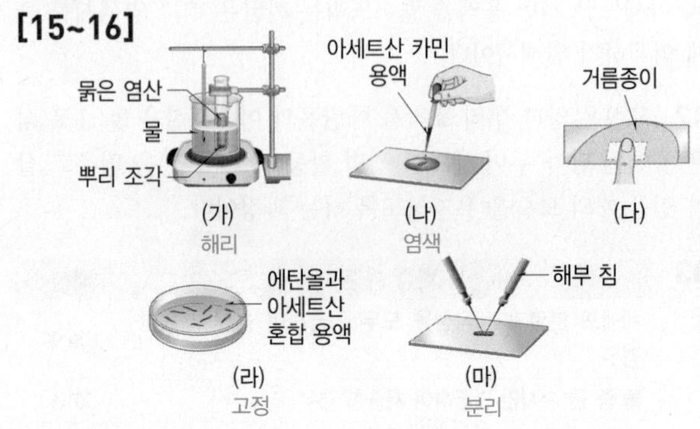

15 체세포 분열 관찰 실험은 '고정(라) → 해리(가) → 염색(나) → 분리(마) → (다)' 순서로 이루어진다.

16 바로알기 ④ (마)는 세포들이 뭉치지 않게 떼어 내는 과정이다.

17 ③ 감수 1분열에서는 상동 염색체가 분리되고 감수 2분열에서 염색 분체가 분리된다.
⑤ 감수 분열 결과 만들어진 딸세포의 염색체 수는 모세포의 절반이다.
바로알기 ① 감수 1분열 전 간기에 유전 물질의 복제가 일어나고, 감수 1분열 후 유전 물질의 복제 없이 감수 2분열 전기가 바로 시작된다. 즉, 감수 분열 시 유전 물질의 복제가 1회 일어난다.

[18~19]

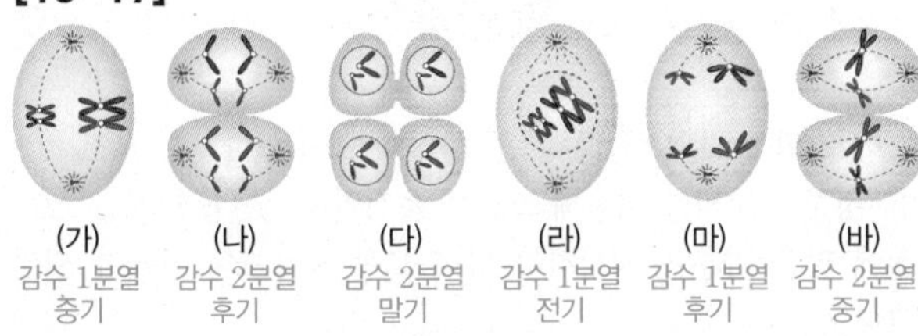

18 감수 분열(생식세포 분열)은 감수 1분열(전기 → 중기 → 후기 → 말기)과 감수 2분열(전기 → 중기 → 후기 → 말기)이 연속적으로 일어난다.

19 감수 1분열 후기(마)에 상동 염색체가 분리되어 세포 양쪽 끝으로 이동하고, 감수 2분열 후기(나)에 염색 분체가 분리되어 세포 양쪽 끝으로 이동한다.

20 감수 1분열 전기에 상동 염색체가 결합한 2가 염색체가 나타나고, 감수 1분열 후기에 2가 염색체를 형성했던 상동 염색체가 분리되어 세포 양쪽 끝으로 이동한다.

21 ① 감수 1분열 전기에 상동 염색체가 결합한 2가 염색체(A)가 나타난다.
② (가) → (나) 과정에서 DNA가 복제되었기 때문에 (나)에서 염색체가 두 가닥의 염색 분체로 이루어져 있다.
③ (다) → (라) 과정에서 상동 염색체가 분리되어 각각의 딸세포로 들어가므로 염색체 수가 절반으로 줄어든다.
⑤ (라) → (마) 과정에서는 염색 분체가 분리되어 각각의 딸세포로 들어가므로 염색체 수가 변하지 않는다.
바로알기 ④ (다) → (라) 과정에서 상동 염색체가 분리되고, (라) → (마) 과정에서는 염색 분체가 분리된다.

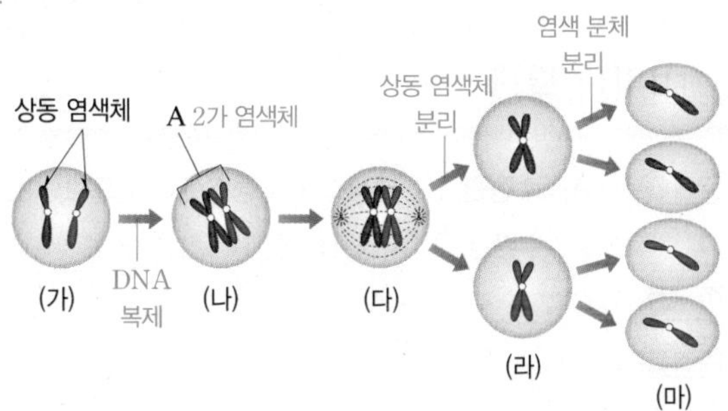

22 ④ 정소와 난소에서 감수 분열이 일어나 정자와 난자 같은 생식세포가 만들어진다.
바로알기 ①, ②, ③, ⑤는 체세포 분열이 일어나는 경우이다.

23

구분	체세포 분열	감수 분열
분열 횟수	1회	연속 2회
염색체 수 변화	변화 없음	절반으로 줄어듦
2가 염색체	형성되지 않음	형성됨
딸세포 수	2개	4개
분열 결과	생장, 재생, 일부 생물의 생식	생식세포 형성

24 체세포 분열 전기의 세포는 유전 물질이 복제되어 두 가닥의 염색 분체로 이루어진 상동 염색체가 쌍으로 있는 상태이다. 생식세포는 유전 물질이 복제된 후 감수 1분열 시 상동 염색체가 분리되어 서로 다른 딸세포로 들어가고, 감수 2분열 시 염색 분체가 분리되어 서로 다른 딸세포로 들어가 만들어지므로 상동 염색체 중 하나만 있고, 염색체는 한 가닥으로 되어 있다.

25 2가 염색체가 세포 중앙에 배열되었으므로 감수 1분열 중기의 세포이다. 감수 분열이 일어나면 염색체 수가 모세포의 절반으로 줄어들므로, 감수 분열로 만들어진 딸세포에는 2개의 염색체가 들어 있다.

26 (가)는 상동 염색체가 쌍으로 있고 염색 분체가 분리되고 있으므로 체세포 분열 후기의 세포이고, (나)는 상동 염색체 중 하나만 있고 염색 분체가 분리되고 있으므로 감수 2분열 후기의 세포이다.

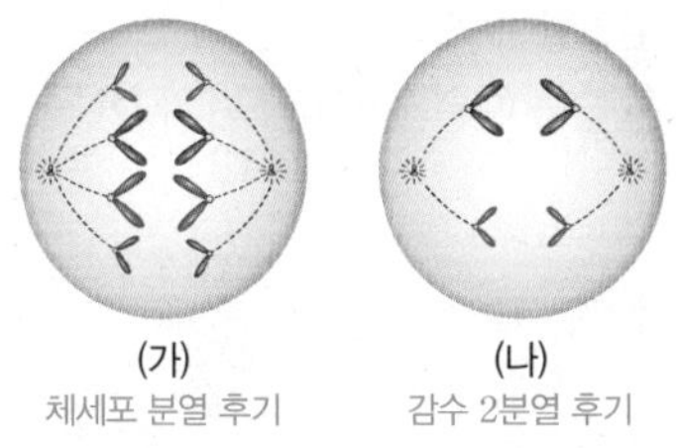

27 여자의 성염색체 구성은 XX, 남자의 성염색체 구성은 XY이다.

채점 기준	배점
여자라고 쓰고, 그 까닭을 옳게 서술한 경우	100 %
여자라고만 쓴 경우	40 %

28 (가)는 염색체 수가 변하지 않는 체세포 분열이고, (나)는 염색체 수가 절반으로 줄어드는 감수 분열이다.

	채점 기준	배점
(1)	(가)와 (나)를 모두 옳게 쓴 경우	30 %
(2)	분열 횟수, 딸세포 수, 염색체 수 변화를 모두 옳게 비교하여 서술한 경우	70 %
	세 가지 중 두 가지만 옳게 비교하여 서술한 경우	40 %
	세 가지 중 한 가지만 옳게 비교하여 서술한 경우	20 %

29 체세포 분열에서는 모세포와 염색체 구성이 같은 딸세포가 만들어지고, 감수 분열에서는 상동 염색체 중 하나만 있고, 염색체 수가 모세포의 절반인 딸세포가 만들어진다.

모범 답안

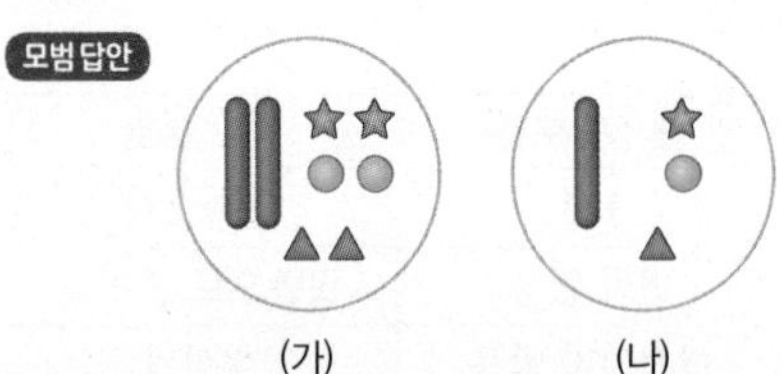

채점 기준	배점
(가)와 (나)의 염색체 구성을 모두 옳게 그린 경우	100 %
(가)와 (나) 중 하나의 염색체 구성만 옳게 그린 경우	50 %

수준 높은 문제로 실력탄탄

진도 교재 23쪽

01 ① **02** ③ **03** ④

01 ㄱ. 유전 물질이 복제되어 DNA양이 2배로 증가하는 A 시기는 간기이다. 간기(A)에는 핵막이 뚜렷하며, 염색체가 핵 속에 가는 실처럼 풀어져 있다.
ㄴ. 2가 염색체가 형성된 감수 1분열 전기의 세포(㉠)는 유전 물질이 복제된 상태인 B 시기에 볼 수 있다.
바로알기 ㄷ. ㉡은 상동 염색체와 염색 분체가 모두 분리된 딸세포로, 모세포에 비해 DNA양이 절반으로 줄어든 상태이다. 즉, D 시기에 관찰할 수 있다.
ㄹ. ㉠의 염색체 수는 ㉡의 2배이고, ㉠의 DNA양은 ㉡의 4배이다.

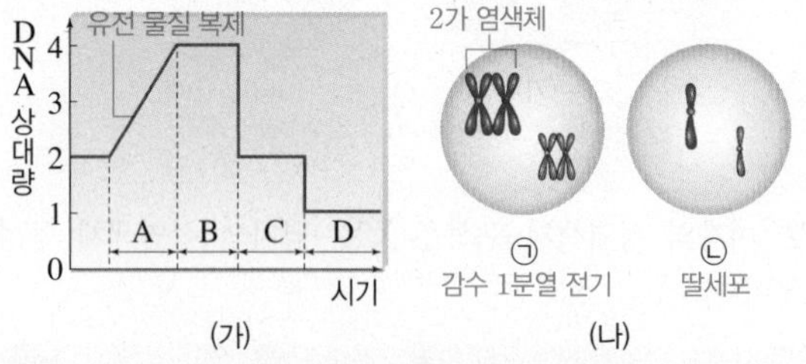

02 감수 1분열 과정에서 상동 염색체가 분리되어 감수 2분열 전기의 세포는 상동 염색체 중 하나만 있다. 이 감수 2분열 전기의 세포에 2개의 염색체가 있으므로 감수 분열이 일어나기 전의 모세포에는 4개의 염색체가 있다. 감수 2분열 과정에서는 염색체 수가 변하지 않는다.

03 ④ 체세포에는 4개의 염색체가 있으며, 체세포 분열에서는 2가 염색체가 형성되지 않는다.
바로알기 ① 상동 염색체 중 하나만 있는 것으로 보아 감수 2분열 중기의 세포이다.
⑤ 2가 염색체가 세포 중앙에 배열되었으므로 감수 1분열 중기의 세포이다.

02 사람의 발생

확인 문제로 개념쏙쏙

진도 교재 25쪽

Ⓐ 수정, 발생, 난할, 착상, 태아, 266

1 (1) A : 핵, B : 꼬리, C : 세포질, D : 핵 (2) A, D (3) ㉠ 정자, ㉡ 난자, ㉢ C **2** (1) ○ (2) × (3) ○ (4) ○ **3** A : 배란, B : 수정, C : 난할, D : 착상 **4** 포배 **5** (1) ㄴ, ㄹ (2) ㄱ, ㄷ

1

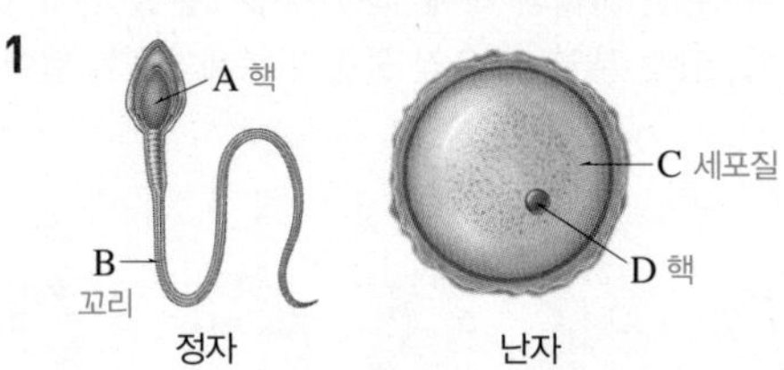

(2) 정자와 난자의 핵에는 유전 물질이 들어 있다.
(3) 정자는 꼬리를 이용해 스스로 움직일 수 있다. 난자는 세포질에 많은 양분을 저장하고 있어 보통 세포보다 크기가 훨씬 크다.

2 난할은 체세포 분열이지만 딸세포의 크기가 커지지 않고, 세포 분열을 빠르게 반복한다.
바로알기 (2) 난할이 진행되면 세포 수는 증가하지만, 세포 하나의 크기는 점점 작아진다.

[3~4]

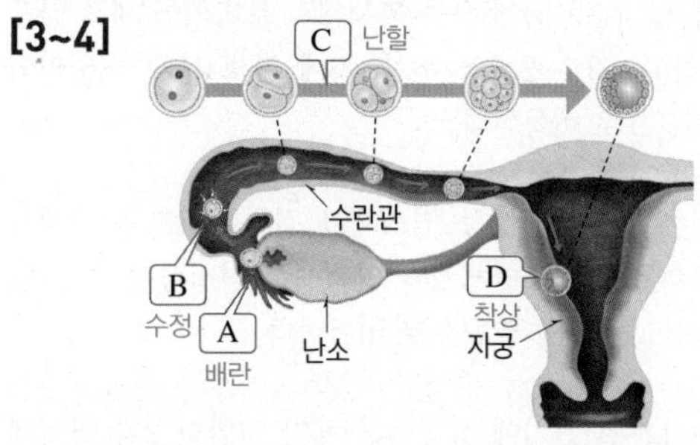

4 수정 후 약 일주일이 지나 수정란이 포배가 되어 자궁 안쪽 벽을 파고들어 가는 현상을 착상(D)이라고 한다.

5 태반을 통해 태아는 필요한 산소와 영양소를 모체로부터 전달받고, 태아의 몸에서 생기는 이산화 탄소와 노폐물을 모체로 전달하여 내보낸다.

여기서 잠깐

진도 교재 26쪽

유제❶ (1) A : 수정관, B : 부정소, C : 정소, D : 요도, E : 난소, F : 수란관, G : 자궁, H : 질 (2) C, E (3) B (4) A
유제❷ (1) C (2) C → B → A → D
유제❸ ③

유제 ①

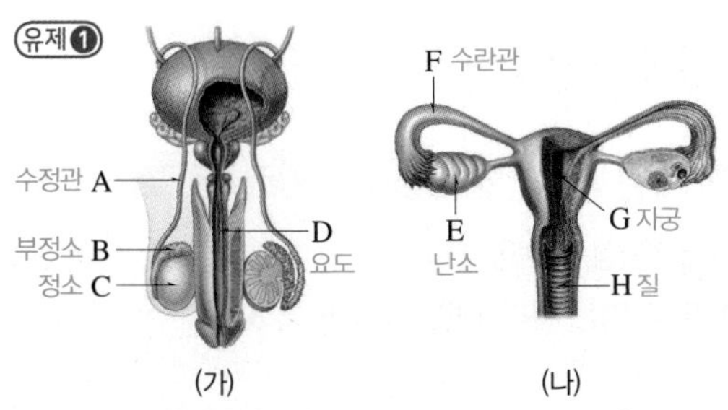

(2) 정자와 난자는 각각 정소(C)와 난소(E)에서 감수 분열이 일어나 만들어진다.
(3), (4) 정자는 정소(C)에서 만들어져 부정소(B)에 머물며 성숙한 후, 수정관(A)을 따라 이동하여 요도(D)를 통해 몸 밖으로 나간다.

유제 ② A는 수정관, B는 부정소, C는 정소, D는 요도이다.
(1) 정소(C)에서 감수 분열이 일어나 정자가 만들어진다.
(2) 정자의 이동 경로는 정소(C) → 부정소(B) → 수정관(A) → 요도(D) → 몸 밖이다.

유제 ③ A는 난소, B는 수란관, C는 자궁, D는 질이다.
(가) 정자와 난자의 수정은 수란관(B)에서 일어난다.
(나) 태아가 자라는 곳은 자궁(C)이다.

기출 문제로 **내신쑥쑥** 진도 교재 27~29쪽

01 ⑤ **02** ⑤ **03** ⑤ **04** ④ **05** ② **06** ③ **07** ③ **08** ⑤ **09** ⑤ **10** ⑤ **11** ③

서술형 문제 **12** (1) (가) 23개, (나) 23개 (2) (가)보다 (나)의 크기가 훨씬 크다. (가)는 꼬리를 이용해 스스로 움직일 수 있지만, (나)는 스스로 움직일 수 없다. **13** 난할이 진행되면 세포 수는 증가하고, 세포 하나의 염색체 수는 변하지 않으며, 세포 하나의 크기는 점점 작아진다. **14** **산소**와 **영양소**는 모체 → 태아로 이동하고, **이산화 탄소**와 **노폐물**은 태아 → 모체로 이동한다.

01 (가)는 남자의 생식세포인 정자이고, (나)는 여자의 생식세포인 난자이다.
⑤ 생식세포인 정자(가)와 난자(나)의 염색체 수는 체세포의 절반인 23개이다.
바로알기 ①, ② 정자(가)는 꼬리를 이용해 스스로 움직일 수 있지만, 난자(나)는 스스로 움직일 수 없다.
③ 정자(가)는 정소에서, 난자(나)는 난소에서 만들어진다.
④ 생식세포인 정자(가)와 난자(나)는 감수 분열로 만들어진다.

02 ⑤ 난자(나)는 세포질에 많은 양분을 저장하고 있기 때문에 정자(가)보다 크기가 훨씬 크다.

03 ㄴ, ㄷ. 정자와 난자가 결합하는 수정이 일어나면 수정란이 만들어진다.
바로알기 ㄱ. 수정은 수란관에서 일어난다.

04 ㄱ. 정소와 난소에서 감수 분열이 일어나 염색체 수가 체세포의 절반인 정자와 난자가 만들어진다.
ㄷ. (다) 과정에서 수정란이 난할을 거친 후 체세포 분열을 반복하면서 여러 조직과 기관을 형성하여 개체가 된다.
바로알기 ㄴ. (나) 과정에서 염색체 수가 체세포의 절반인 정자와 난자가 수정하여 수정란이 만들어지므로, 수정란은 체세포와 염색체 수가 같다.

05

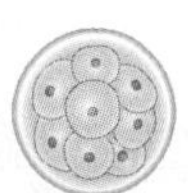
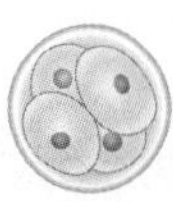
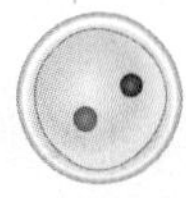
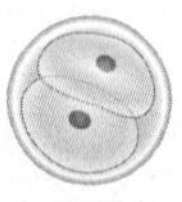
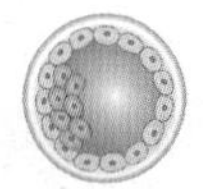

(가) 8세포배 (나) 4세포배 (다) 수정란 (라) 2세포배 (마) 포배

ㄱ. 난할은 체세포 분열로, 분열 결과 염색체 수가 변하지 않는다. 따라서 (가)와 (나)에서 세포 1개당 염색체 수가 같다.
ㄹ. 난할로 세포 수가 증가하므로 (다) → (라) → (나) → (가) → (마) 순으로 진행되는 것을 알 수 있다.
바로알기 ㄴ. 착상은 속이 빈 공 모양의 세포 덩어리인 포배(마) 상태에서 일어난다.
ㄷ. (라)는 수정란이 1회 분열한 상태인 2세포배이다.

06 수정란의 초기 세포 분열인 난할은 체세포 분열이지만 딸세포의 크기가 커지지 않고, 세포 분열을 빠르게 반복한다. 따라서 난할이 진행되면 세포 수가 증가하고, 세포 하나의 크기는 점점 작아진다.
④ 수정란은 체세포와 염색체 수가 같고 난할이 일어날 때 세포 1개당 염색체 수는 변하지 않으므로, 난할로 만들어진 세포는 체세포와 염색체 수가 같다.
바로알기 ③ 난할이 진행될수록 세포 하나의 크기는 작아진다.

07 A는 난자가 난소에서 수란관으로 나오는 배란이고, B는 정자와 난자가 결합하는 수정이다. C는 수정란의 초기 세포 분열인 난할이고, D는 수정란이 포배가 되어 자궁 안쪽 벽을 파고들어 가는 착상이다.

08 ㄱ. A는 난자가 난소에서 수란관으로 나오는 배란이다.
ㄷ. 수정란은 난할(C)을 거듭하여 세포 수를 늘리면서 자궁으로 이동한다.
ㄹ. 착상(D)은 수정된 지 일주일 후 포배 상태에서 일어난다.
바로알기 ㄴ. 착상(D)되었을 때부터 임신되었다고 한다.

09 (가)는 수정, (나)는 착상, (다)는 배란, (라)는 난할이다. 배란에서 착상까지의 과정은 배란(다) → 수정(가) → 난할(라) → 착상(나) 순으로 일어난다.

10 태반을 통해 태아와 모체 사이에서 물질 교환이 일어나 태아는 필요한 산소와 영양소를 모체로부터 전달받고, 태아의 몸에서 생기는 이산화 탄소와 노폐물을 모체로 전달하여 내보낸다.

11 ② 착상 이후 태아와 모체를 연결하는 태반이 만들어진다.
④ 자궁에서 배아는 체세포 분열을 계속하여 조직과 기관을 형성하고 수정 8주 후 사람의 모습을 갖춘 태아가 된다.
⑤ 태아는 수정된 지 약 266일이 지나면 출산 과정을 거쳐 모체 밖으로 나온다.

바로알기 ③ 임신이 되면 자궁 속 배아는 체세포 분열을 계속하여 조직과 기관을 만들고 하나의 개체로 성장한다.

12

	채점 기준	배점
(1)	(가)와 (나)의 염색체 수를 모두 옳게 쓴 경우	30 %
	둘 중 하나라도 틀리게 쓴 경우	0 %
(2)	(가)와 (나)의 크기와 운동성을 모두 옳게 비교하여 서술한 경우	70 %
	둘 중 하나만 옳게 비교하여 서술한 경우	35 %

13

채점 기준	배점
세포 수, 세포 하나의 염색체 수, 세포 하나의 크기 변화를 모두 옳게 서술한 경우	100 %
세 가지 중 두 가지만 옳게 서술한 경우	60 %
세 가지 중 한 가지만 옳게 서술한 경우	30 %

14

채점 기준	배점
단어를 모두 포함하여 옳게 서술한 경우	100 %
단어를 세 가지만 포함하여 서술한 경우	60 %
단어를 두 가지만 포함하여 서술한 경우	30 %

수준 높은 문제로 **실력탄탄** 진도 교재 29쪽

01 ③ **02** ③

01 ㄱ. 정자와 난자가 만나 결합하는 수정은 수란관에서 일어난다.
ㄴ. 여자의 성염색체 구성은 XX이고, 남자의 성염색체 구성은 XY이다. 아버지에게서 X 염색체를 가진 정자와 Y 염색체를 가진 정자가 만들어지는데, Y 염색체를 가진 정자가 난자에 들어와 수정되면 아들이 되고, X 염색체를 가진 정자가 난자에 들어와 수정되면 딸이 된다.
바로알기 ㄷ. 정자와 난자는 각각 23개의 염색체를 가지므로, 정자의 핵과 난자의 핵이 합쳐지면 23쌍(46개)의 염색체를 가진 수정란이 된다.

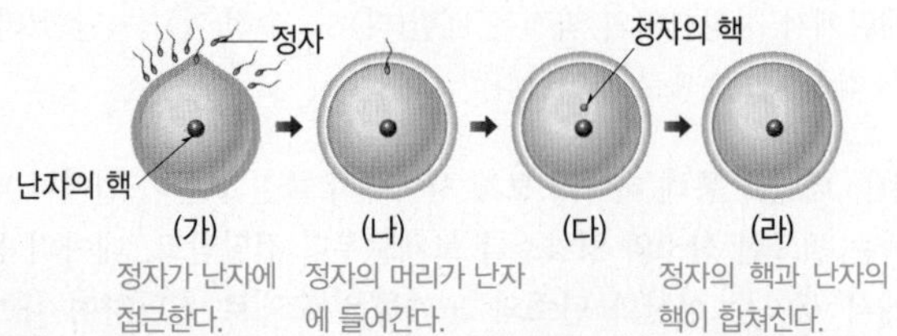

02 ㄴ. (나)는 중추 신경계와 심장 등 신체의 중요 부분이 특히 발달하는 시기로, 이 시기에 대부분의 기관이 발달하여 수정 8주 후에 사람의 모습을 갖춘 태아가 된다.
바로알기 ㄷ. (가) 시기에는 수정란의 초기 세포 분열인 난할이 일어나고, (나)와 (다) 시기에는 체세포 분열이 일어나 조직과 기관을 형성한다.

03 멘델의 유전 원리

확인 문제로 **개념쏙쏙** 진도 교재 31, 33쪽

Ⓐ 대립, 유전자형, 표현형
Ⓑ 우열, 우성, 열성, 분리, 대립, 독립, 9, 3, 3, 1

1 (1) 순종 (2) 잡종 (3) 자가 수분 (4) 타가 수분 **2** ㄱ, ㄷ, ㅁ **3** ㄴ, ㄷ **4** (1) 둥근 모양 (2) Rr (3) R, r **5** (1) ㉠ Yy, ㉡ YY, ㉢ Yy, ㉣ yy (2) ㉡ 노란색, ㉢ 노란색, ㉣ 초록색 (3) 3 : 1 (4) 300개 **6** (1) ○ (2) × (3) ○ (4) × **7** (1) ㉠ RrYy, ㉡ RY, ㉢ RRYY, ㉣ rryy **8** RY, Ry, rY, ry **9** 9 : 3 : 3 : 1 **10** (가) 3 : 1, (나) 3 : 1 **11** RRyy, Rryy **12** 300개

2 순종은 한 가지 형질을 나타내는 유전자의 구성이 같은 개체이다.

3 바로알기 ㄱ. 완두는 한 세대가 짧다.
ㄹ. 완두는 자가 수분과 타가 수분이 모두 가능하여 연구자가 의도한 대로 형질을 교배할 수 있다.

4 (1) 잡종 1대에서 나타난 둥근 모양이 우성 형질이다.
(2), (3) 잡종 1대의 유전자형은 Rr이다. 잡종 1대에서 생식세포가 만들어질 때 대립유전자 R와 r가 분리되어 서로 다른 생식세포로 들어간다. 이에 따라 유전자 R를 가진 생식세포와 r를 가진 생식세포가 1 : 1의 비율로 만들어진다.

5 (2) 노란색 유전자 Y가 초록색 유전자 y에 대해 우성이므로, 노란색 유전자 Y를 가지면 표현형이 노란색으로 나타난다.
(3) Yy × Yy → YY, 2Yy, yy이므로 잡종 2대에서는 우성, 노란색 완두(YY, Yy) : 열성, 초록색 완두(yy) = 3 : 1로 나타난다.
(4) 잡종 2대에서 노란색 완두 : 초록색 완두 = 3 : 1이므로 노란색 완두의 개수는 $400 \times \frac{3}{4} = 300$(개)이다.

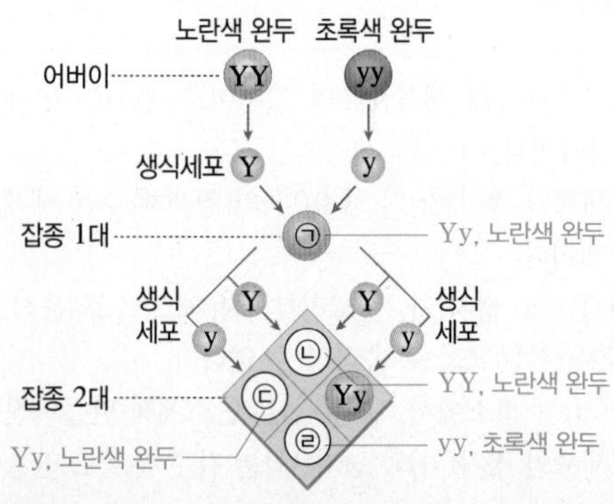

6 바로알기 (2) 빨간색 꽃잎 유전자 R와 흰색 꽃잎 유전자 W 사이의 우열 관계가 뚜렷하지 않아 잡종 1대에서 부모의 중간 형질이 나타났다.
(4) 분꽃의 꽃잎 색깔 유전에서는 우열의 원리가 성립하지 않지만 분리의 법칙은 성립한다.

7

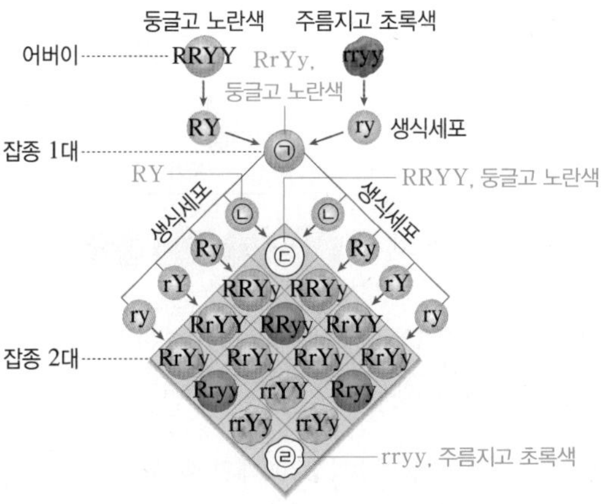

둥글고 노란색 주름지고 초록색
어버이 RRYY RrYy, rryy
둥글고 노란색
RY ry 생식세포
잡종 1대 ㉠
RY RRYY, 둥글고 노란색
생식세포 ㉡ ㉡ 생식세포
Ry ㉢ Ry
rY RRYy RRYy rY
ry RrYY RRyy RrYY ry
잡종 2대 RrYy RrYy RrYy RrYy
Rryy rrYY Rryy
rrYy rrYy
㉣ rryy, 주름지고 초록색

8 잡종 1대에서는 4종류의 생식세포(RY, Ry, rY, ry)가 같은 비율로 만들어진다.

10 (가) 둥글고 노란색+주름지고 노란색 : 둥글고 초록색+주름지고 초록색=12 : 4=3 : 1
(나) 둥글고 노란색+둥글고 초록색 : 주름지고 노란색+주름지고 초록색=12 : 4=3 : 1

11 유전자 R를 가지면 둥근 모양이 나타나고, 유전자 Y를 가지면 노란색이 나타난다.

12 잡종 2대의 총 개수가 1600개일 때 주름지고 노란색인 완두의 개수는 $1600 \times \frac{3(\text{주름지고 노란색})}{16(\text{전체})} = 300(\text{개})$이다.

여기서 잠깐

진도 교재 34~35쪽

유제❶ (1) 둥근 완두 : 주름진 완두=1 : 1 (2) 400개 (3) 400개
유제❷ (1) 둥글고 노란색 : 둥글고 초록색 : 주름지고 노란색 : 주름지고 초록색=1 : 1 : 1 : 1 (2) 400개 (3) 800개 (4) 400개

유제❶ (1) 유전자형이 Rr인 완두의 표현형은 둥근 모양이고, rr인 완두의 표현형은 주름진 모양이다.

(2) $800 \times \frac{1(\text{둥근 완두})}{2(\text{전체})} = 400(\text{개})$

(3) $800 \times \frac{1(\text{rr})}{2(\text{전체})} = 400(\text{개})$

유제❷ (1) 유전자 R를 가지면 둥근 모양이 나타나고, 유전자 Y를 가지면 노란색이 나타난다.

(2) $1600 \times \frac{1(\text{주름지고 노란색})}{4(\text{전체})} = 400(\text{개})$

(3) $1600 \times \frac{2(\text{둥글고 노란색+주름지고 노란색})}{4(\text{전체})} = 800(\text{개})$

(4) $1600 \times \frac{1(\text{RrYy})}{4(\text{전체})} = 400(\text{개})$

기출 문제로 내신쑥쑥

진도 교재 36~39쪽

01 ④ **02** ③ **03** ④ **04** ④ **05** ② **06** 3 : 1 **07** ② **08** ③ **09** ④ **10** ③ **11** ① **12** ③ **13** ⑤ **14** ⑤ **15** ④ **16** ④ **17** ③ **18** ② **19** ③, ④ **20** ③

서술형문제 **21** 기르기 쉽다. 한 세대가 짧다. 자손의 수가 많다. 대립 형질이 뚜렷하다. 등 **22** (1) 키가 큰 것 (2) 대립 형질이 다른 두 순종 개체를 교배하여 얻은 잡종 1대에서 나타나는 형질이 우성인데, 잡종 1대에서 키 큰 완두만 나왔기 때문이다. (3) 키 큰 완두 : 키 작은 완두=3 : 1 **23** 빨간색 꽃잎 유전자(R)와 흰색 꽃잎 유전자(W) 사이의 우열 관계가 뚜렷하지 않기 때문이다.

01 ⑤ 대립 형질이 다른 두 순종 개체를 교배하였을 때 잡종 1대에서 나타나는 형질이 우성, 나타나지 않는 형질이 열성이다.
바로알기 ④ 대립유전자는 대립 형질을 결정하는 유전자로, 상동 염색체의 같은 위치에 있다.

02 순종은 한 가지 형질을 나타내는 유전자의 구성이 같은 개체이다.

03 대립 형질은 한 가지 형질에서 뚜렷하게 구분되는 변이이다.
바로알기 ④ 초록색 씨와 노란색 씨, 초록색 꼬투리와 노란색 꼬투리가 각각 대립 형질이다.

04 바로알기 ④ 완두는 자손의 수가 많아 통계적인 분석에 유리하다.

05 둥근 모양이 주름진 모양에 대해 우성이므로, 유전자형이 Rr일 때 표현형은 둥근 모양으로 나타난다.
둥근 완두(RR)×주름진 완두(rr) → 둥근 완두(Rr)

06 Rr×Rr → RR, 2Rr, rr이므로 잡종 2대에서 표현형의 비는 둥근 완두(RR, Rr) : 주름진 완두(rr)=3 : 1이다.

07 잡종 2대의 총 개수가 1000개일 때 주름진 완두의 개수는 $1000 \times \frac{1(\text{주름진 완두})}{4(\text{전체})} = 250(\text{개})$이다.

08 ③ 잡종 1대에서는 유전자형이 Yy인 노란색 완두만 나온다. 대립유전자는 상동 염색체의 같은 위치에 있다.

09 ① 잡종 1대에서 노란색 완두만 나왔으므로 완두씨의 색깔은 노란색이 초록색에 대해 우성이다.
②, ⑤ 유전자형이 Yy인 잡종 1대에서 감수 분열이 일어날 때 쌍을 이루고 있던 대립유전자가 분리되어 서로 다른 생식세포로 들어가므로 잡종 1대에서는 유전자 Y를 가진 생식세포와 y를 가진 생식세포가 1 : 1로 만들어진다.
③ Yy×Yy → YY, 2Yy, yy이다. 따라서 순종(YY, yy) : 잡종(Yy)=1 : 1이다.
바로알기 ④ 잡종 2대의 유전자형의 비는 YY : Yy : yy=1 : 2 : 1이다. $600 \times \frac{1(\text{YY, 순종인 노란색 완두})}{4(\text{전체})} = 150(\text{개})$

10 잡종 1대의 유전자형은 Yy이고, 잡종 2대의 유전자형의 비는 YY : Yy : yy=1 : 2 : 1이다. $1200 \times \frac{2(Yy)}{4(전체)} = 600$(개)

11 잡종 1대와 같은 유전자형을 가진 완두(Yy)를 순종의 초록색 완두(yy)와 교배하면 Yy×yy → Yy, yy이므로, 자손에서 우성(노란색, Yy) : 열성(초록색, yy)=1 : 1로 나온다.

12 우성 개체를 열성 순종 개체와 교배하였을 때 자손에서 우성 개체만 나오면 교배한 우성 개체는 순종(RR)이고, 우성 개체와 열성 개체가 1 : 1로 나오면 교배한 우성 개체는 잡종(Rr)이다.

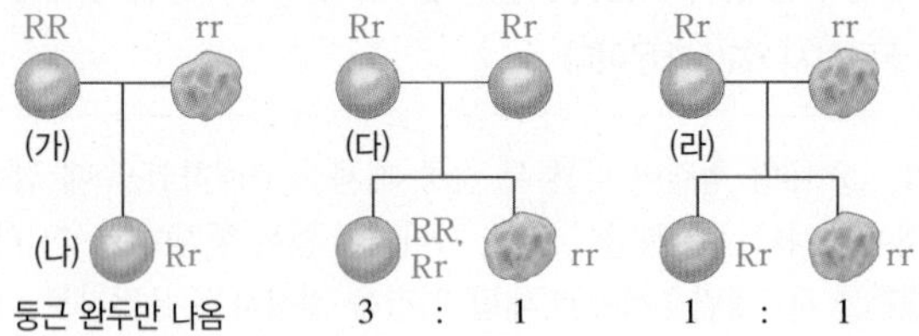

13 바로알기 ⑤ 두 쌍 이상의 대립유전자가 서로 영향을 미치지 않고 각각 분리의 법칙에 따라 유전되는 원리를 독립의 법칙이라고 한다.

14 ㄴ. RW×RW → RR(빨간색 꽃잎), 2RW(분홍색 꽃잎), WW(흰색 꽃잎)

ㄷ. 우열의 원리에 따르면 잡종 1대에서 빨간색 꽃잎만 나오거나 흰색 꽃잎만 나와야 하는데, 어버이의 중간 형질인 분홍색 꽃잎만 나왔다. 중간 유전에서도 감수 분열이 일어날 때 쌍을 이루고 있던 대립유전자가 분리되어 서로 다른 생식세포로 들어가는 분리의 법칙은 성립한다.

바로알기 ㄱ. 빨간색 꽃잎 유전자 R와 흰색 꽃잎 유전자 W 사이의 우열 관계가 뚜렷하지 않아 잡종 1대에서 중간 형질인 분홍색 꽃잎이 나타났다.

15 잡종 1대의 유전자형은 RrYy이고, 표현형은 둥글고 노란색이다. 대립유전자는 상동 염색체의 같은 위치에 있으며, 완두씨의 모양을 나타내는 유전자와 색깔을 나타내는 유전자는 서로 다른 상동 염색체에 있다.

16 생식세포가 만들어질 때 대립유전자 R와 r, Y와 y는 각각 분리되어 서로 다른 생식세포로 들어간다. 그 결과 잡종 1대에서는 4종류의 생식세포 RY, Ry, rY, ry가 같은 비율(1 : 1 : 1 : 1)로 만들어진다.

17 ③ 주름지고 초록색인 완두(라)의 유전자형은 rryy이다.

바로알기 ① 유전자형이 RRYY, RRYy, RrYY, RrYy인 완두는 모두 표현형이 둥글고 노란색(가)이다.

② (가) : (나) : (다) : (라)=9 : 3 : 3 : 1이다.

④ 잡종 2대에서 둥근 완두(둥·노+둥·초) : 주름진 완두(주·노 +주·초)=3 : 1, 노란색 완두(둥·노+주·노) : 초록색 완두(둥·초+주·초)=3 : 1로 나타난다.

⑤ 완두씨의 모양과 색깔에 대한 대립유전자 쌍은 서로 영향을 미치지 않고, 각각 분리의 법칙에 따라 유전된다.

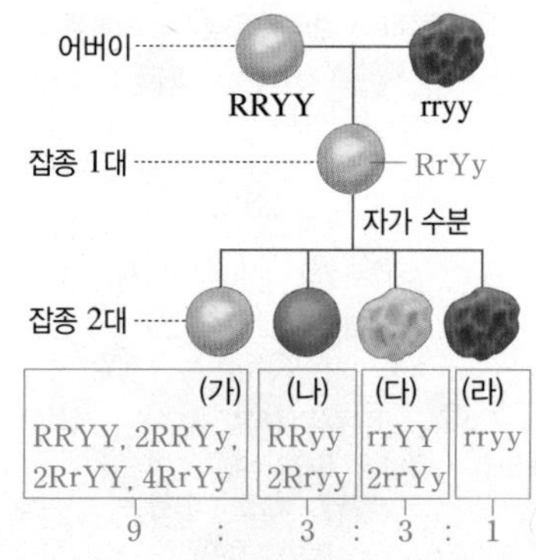

18 잡종 2대의 총 개수가 3200개일 때 (나)의 개수는 $3200 \times \frac{3(둥글고\ 초록색)}{16(전체)} = 600$(개)이다.

19 유전자 R를 가지면 둥근 모양이 나타나고, 유전자 Y를 가지면 노란색이 나타난다.

20 Rryy×rrYy → RrYy, rrYy, Rryy, rryy

생식세포	Ry	ry
rY	RrYy	rrYy
ry	Rryy	rryy

21

채점 기준	배점
완두가 유전 실험의 재료로 적합한 까닭을 세 가지 모두 옳게 서술한 경우	100 %
두 가지만 옳게 서술한 경우	60 %
한 가지만 옳게 서술한 경우	30 %

22

	채점 기준	배점
(1)	키가 큰 것이라고 옳게 쓴 경우	20 %
(2)	우성의 뜻과 잡종 1대에서 키 큰 완두만 나왔기 때문이라는 내용을 모두 포함하여 옳게 서술한 경우	60 %
	잡종 1대에서 키 큰 완두만 나왔기 때문이라고만 서술한 경우	40 %
(3)	잡종 2대의 표현형의 비를 옳게 쓴 경우	20 %

23

채점 기준	배점
빨간색 꽃잎 유전자와 흰색 꽃잎 유전자 사이의 우열 관계가 뚜렷하지 않기 때문이라는 내용을 포함하여 옳게 서술한 경우	100 %
유전자 간의 우열 관계를 언급하지 않은 경우	0 %

수준 높은 문제로 실력탄탄

진도 교재 39쪽

01 ④ **02** ①

01 ④ RRYY×RrYy → RRYY, RRYy, RrYY, RrYy이므로, 잡종 1대에서는 둥글고 노란색인 완두만 나온다.

바로알기 ① (가)는 순종, (나)는 잡종이다.

② (가)와 (나)의 표현형은 모두 둥글고 노란색이다.

③ (가)에서 만들어지는 생식세포는 RY 1종류이고, (나)에서 만들어지는 생식세포는 RY, Ry, rY, ry 4종류이다.

⑤ (가)와 (나)를 교배하여 얻은 잡종 1대에서 나올 수 있는 유전자형은 RRYY, RRYy, RrYY, RrYy 4가지이다.

02 유전자형이 TtRW인 개체에서 만들어지는 생식세포는 TR, TW, tR, tW 4종류이고, 유전자형이 ttRW인 개체에서 만들어지는 생식세포는 tR, tW 2종류이다.

생식세포	TR	TW	tR	tW
tR	TtRR	TtRW	ttRR	ttRW
tW	TtRW	TtWW	ttRW	ttWW

자손 중 키가 작고 흰색 꽃잎을 가진 식물(ttWW)은 전체의 $\frac{1}{8}$이다. $800 \times \frac{1}{8} = 100$(개)

다른 풀이 Tt×tt → Tt, tt이므로 자손의 키가 작을 확률은 $\frac{1}{2}$이고, RW×RW → RR, 2RW, WW이므로 자손의 꽃잎 색깔이 흰색일 확률은 $\frac{1}{4}$이다. 따라서 자손이 키가 작고 흰색 꽃잎을 가질 확률은 $\frac{1}{2}$(tt일 확률)×$\frac{1}{4}$(WW일 확률)=$\frac{1}{8}$이다.

04 사람의 유전

확인 문제로 개념쏙쏙

진도 교재 41, 43쪽

A 가계도, 쌍둥이, 통계, 염색체
B 우성, 열성, AO, BO, AB, OO
C 반성, X, 열성

1 (1) ○ (2) ○ (3) × (4) ○ **2** ㄱ, ㄴ **3** (1) ○ (2) × (3) ○ (4) × **4** (1) 혀 말기가 가능한 것 (2) (가) Tt, (나) Tt, (다) tt **5** (1) (가) Aa, (나) aa (2) 2명 **6** (1) × (2) ○ (3) × (4) ○ **7** (1) A형, AO (2) BO (3) A형, B형, AB형, O형 **8** (1) ○ (2) ○ (3) × (4) × **9** (1) XX, XX′, XY, X′Y, (2) XX′, X′X′, XY, X′Y (3) X′X′, X′Y **10** (1) (가) X′Y, (나) XX′ (2) 5명

1 **바로알기** (3) 사람의 유전 형질은 환경의 영향을 많이 받아 유전 연구에 어려움이 있다.

2 **바로알기** ㄷ. 1란성 쌍둥이는 유전자 구성이 서로 같으므로, 형질 차이는 환경의 영향으로 나타난다.

3 **바로알기** (2), (4) 상염색체에 있는 한 쌍의 대립유전자에 의해 결정되는 형질은 대립 형질이 비교적 명확하게 구분되고, 남녀에 따라 형질이 나타나는 빈도에 차이가 없다.

4 (1) 부모가 모두 열성이면 자손에서는 열성만 나올 수 있다. 즉, 부모에서 없던 형질이 자손에서 나타나면 부모의 형질이 우성, 자손의 형질이 열성이다.
(2) (가)와 (나)는 (다)에게 혀 말기 불가능 대립유전자(t)를 하나씩 물려주었다.

5 (1) (가)는 부착형 귓불을 가진 딸에게 부착형 귓불 대립유전자(a)를 물려주었다.
(2) 자녀가 없고, 본인도 우성, 부모도 모두 우성인 2명의 유전자형은 AA인지 Aa인지 확실히 알 수 없다.

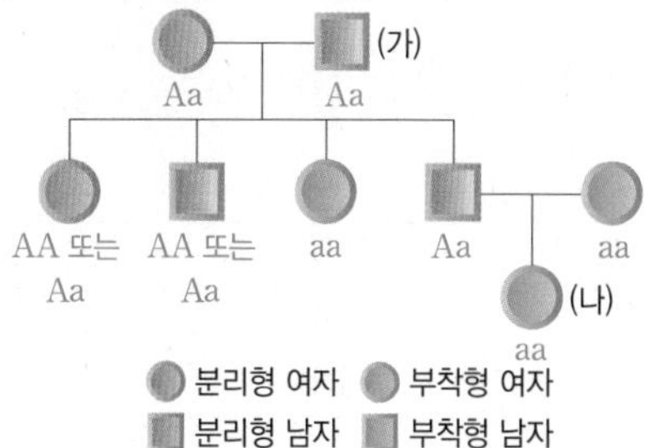

6 **바로알기** (1) 표현형은 A형, B형, AB형, O형 4가지이다.
(3) 관여하는 대립유전자는 A, B, O 세 가지이지만, 한 쌍의 대립유전자에 의해 형질이 결정된다.

7 (1) 자녀 중 A형과 O형이 있으므로 (가)는 대립유전자 A와 O를 가지고 있다.
(2), (3) AO×BO → AB, AO, BO, OO

8 **바로알기** (3) 남자는 적록 색맹 대립유전자가 1개만 있어도 적록 색맹이 되지만, 여자는 2개의 X 염색체에 모두 적록 색맹 대립유전자가 있어야 적록 색맹이 되므로, 여자보다 남자에게 적록 색맹이 더 많이 나타난다.
(4) 여자는 보인자(XX′)가 있지만, 남자는 보인자가 없다.

9 아들은 어머니로부터 X 염색체를, 아버지로부터 Y 염색체를 물려받고, 딸은 어머니와 아버지로부터 X 염색체를 하나씩 물려받는다.

	생식세포	X	X′
(1)	X	XX	XX′
	Y	XY	X′Y

	생식세포	X	X′
(2)	X′	XX′	X′X′
	Y	XY	X′Y

	생식세포	X′	X′
(3)	X′	X′X′	X′X′
	Y	X′Y	X′Y

10 (1) (나)는 적록 색맹인 딸에게 적록 색맹 대립유전자를 물려주었다.
(2) 아버지가 적록 색맹일 때 아버지로부터 적록 색맹 대립유전자가 있는 X 염색체를 물려받는 딸은 모두 적록 색맹 대립유전자를 가진다. X′Y(가)×XX′(나) → XX′, X′X′, XY, X′Y

여기서 잠깐

진도 교재 44~45쪽

(유제①) (1) 분리형 귓불 (2) 3 : Bb, 4 : bb (3) 50 % (4) 6

(유제②) (1) 열성 (2) 6 : X′Y, 7 : XX′ (3) 25 % (4) 50 % (5) 5

(유제①) (1) 분리형 귓불을 가진 1과 2 사이에서 부착형 귓불을 가진 4와 5가 태어났다.

(2) 3은 7에게 부착형 귓불 대립유전자 b를 물려주었다.

(3) Bb(3)×bb(4) → Bb, bb이므로 3과 4 사이에서 자녀가 태어날 때 분리형 귓불(Bb)을 가질 확률은 $\frac{1(Bb)}{2(전체)}\times 100=50\ \%$이다.

생식세포	B	b
b	Bb	bb
b	Bb	bb

(4) 본인과 자녀가 모두 우성 형질을 나타내는 6의 유전자형은 BB인지, Bb인지 확실히 알 수 없다.

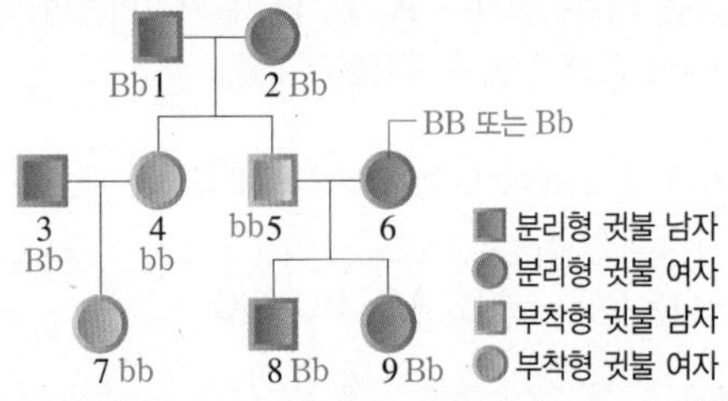

(유제②) (1) 정상인 1과 2 사이에서 유전병을 나타내는 6이 태어났다.

(2) 7은 3으로부터 유전병 대립유전자를 물려받았다.

(3) X′Y×XX′ → XX′, X′X′, XY, X′Y이므로 6과 7 사이에서 자녀가 태어날 때 유전병을 나타내는 아들(X′Y)일 확률은 $\frac{1(X'Y)}{4(XX'+X'X'+XY+X'Y)}\times 100=25\ \%$이다.

생식세포	X′	Y
X	XX′	XY
X′	X′X′	X′Y

(4) 6과 7 사이에서 태어난 딸(XX′, X′X′)이 유전병을 나타낼(X′X′) 확률은 $\frac{1(X'X')}{2(XX'+X'X')}\times 100=50\ \%$이다.

(5) 5는 2로부터 정상 대립유전자(X)를 물려받았는지, 유전병 대립유전자(X′)를 물려받았는지 확실히 알 수 없다.

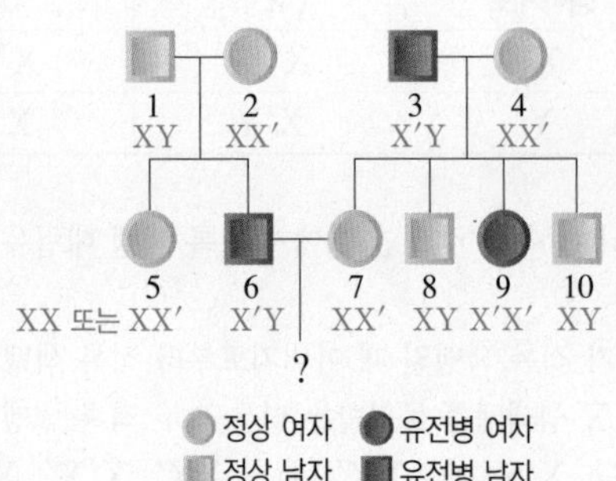

기출 문제로 내신쑥쑥

진도 교재 46~49쪽

01 ① 02 ① 03 ④ 04 ⑤ 05 (가) 낫 모양 적혈구 빈혈증, (나) 알코올 중독 06 ③ 07 ① 08 ④ 09 (라), (바) 10 ② 11 ③ 12 ③ 13 ③ 14 ⑤ 15 ①, ⑤ 16 ③ 17 ② 18 ③ 19 ② 20 ②

서술형문제 21 한 세대가 길다. 자손의 수가 적다. 대립 형질이 복잡하다. 교배 실험이 불가능하다. 등 22 (1) 2의 적록 색맹 대립유전자가 5를 거쳐 7에게 전달되었다. (2) 8 23 (1) 열성, 정상인 부모 사이에서 유전병을 나타내는 자녀가 태어났기 때문이다. (2) 상염색체, 유전병 유전자가 X 염색체에 있으면 정상인 아버지로부터 정상 대립유전자가 있는 X 염색체를 물려받는 딸은 유전병을 나타내지 않기 때문이다.

01 바로알기 ① 사람은 한 세대가 길어 여러 세대에 걸쳐 특정 형질이 유전되는 방식을 관찰하기 어렵다.

02 사람의 유전 연구 방법에는 가계도 조사, 쌍둥이 연구, 통계 조사, 염색체와 DNA 분석 등이 있다.

바로알기 ① 사람은 인위적으로 교배 실험을 하여 유전 연구를 할 수 없다.

03 ④ 쌍둥이의 성장 환경과 특정 형질의 발현이 어느 정도 일치하는지를 조사하는 쌍둥이 연구를 통해 유전과 환경이 특정 형질에 미치는 영향을 알아볼 수 있다.

04 바로알기 ①, ② 1란성 쌍둥이는 난자 1개와 정자 1개가 수정하여 만들어진 하나의 수정란이 발생 초기에 둘로 나뉜 후 각각 발생한 것이므로 유전자 구성이 서로 같고, 성별도 항상 같다.

③, ④ 2란성 쌍둥이는 각기 다른 두 개의 수정란이 동시에 발생한 것이므로 유전자 구성이 서로 다르며, 성별이 같을 수도 있고 다를 수도 있다.

05 1란성 쌍둥이에서 형질이 일치하는 정도가 상대적으로 가장 높은 낫 모양 적혈구 빈혈증이 유전의 영향을 가장 많이 받는 형질이고, 1란성 쌍둥이에서 형질이 일치하는 정도가 상대적으로 가장 낮은 알코올 중독이 환경의 영향을 가장 많이 받는 형질이다.

06 바로알기 ③ 미맹, 보조개, 혀 말기, 귓불 모양은 모두 상염색체에 있는 한 쌍의 대립유전자에 의해 결정되는 형질이다.

07 아버지(Tt)와 어머니(Tt)는 여동생(tt)에게 열성 대립유전자를 하나씩 물려주었다.

08 ① (나)와 (다)가 모두 미맹이 아닌데 미맹인 자녀가 태어난 것으로 보아 미맹은 열성으로 유전된다.

③ (가)와 (다)는 모두 미맹인 자녀에게 미맹 대립유전자 t를 물려주었으므로 유전자형이 Tt이다.

⑤ (마)는 어머니로부터 미맹 대립유전자 t를 물려받았다.

바로알기 ④ (나)는 (가)로부터 미맹이 아닌 대립유전자 T를, 어머니로부터 미맹 대립유전자 t를 물려받아 미맹이 아닌 형질을 나타낸다.

09 (라)와 (바)는 유전자형이 TT인지, Tt인지 확실히 알 수 없다.

10 젖은 귀지가 있는 부모 사이에서 마른 귀지가 있는 자녀가 태어났으므로 젖은 귀지가 우성, 마른 귀지가 열성이다.
① 1과 2는 모두 마른 귀지가 있는 자녀에게 마른 귀지 대립유전자를 물려주었으므로 유전자형이 Aa로 같다.
③ 5는 어머니로부터 젖은 귀지 대립유전자를, 아버지로부터 마른 귀지 대립유전자를 물려받았다.
④ 자녀가 없고, 본인과 부모 모두 젖은 귀지가 있는 2명의 유전자형은 확실히 알 수 없다.
⑤ 열성 형질 사이에서는 열성 형질인 자녀만 태어난다.
바로알기 ② Aa(3)×Aa(4) → AA, 2Aa, aa이므로, 3과 4 사이에서 태어나는 자녀가 젖은 귀지(AA, Aa)가 있을 확률은 $\frac{3(\text{AA}+\text{Aa})}{4(\text{전체})}\times 100=75\ \%$이다.

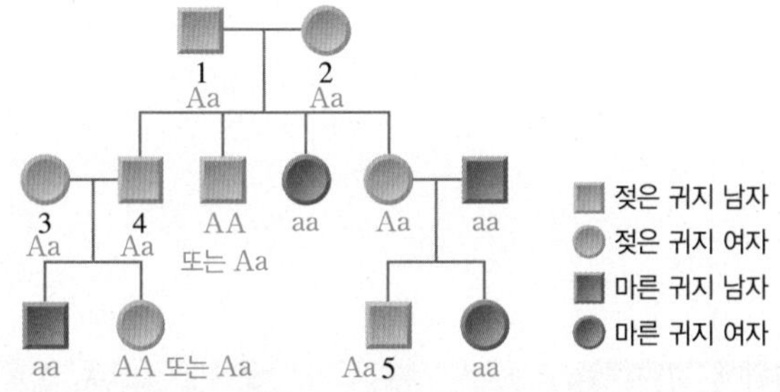

11 Aa(5)×aa(마른 귀지 여자) → Aa, aa이므로, 자녀가 마른 귀지(aa)가 있을 확률은 $\frac{1(\text{aa})}{2(\text{전체})}\times 100=50\ \%$이다.

12 ㄱ. (가)는 O형인 자녀에게 대립유전자 O를, B형인 자녀에게 대립유전자 B를 물려주었으므로 유전자형이 BO가 되고 혈액형은 B형이다.
ㄴ. (나)는 O형인 자녀에게 대립유전자 O를 물려주었으므로 유전자형이 AO이다.
바로알기 ㄷ. BO(다)×OO → BO, OO이므로, 준서의 동생이 O형일 확률은 $\frac{1}{2}\times 100=50\ \%$이다.

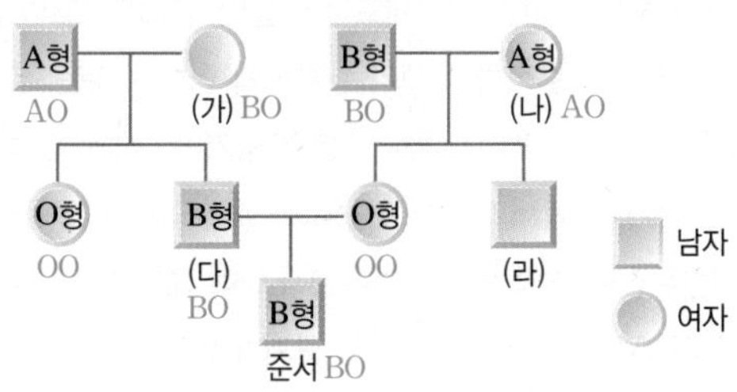

13 (다)는 아버지로부터 대립유전자 O를 물려받아 유전자형이 BO이다. AO×BO → BO, OO. 이때 대립유전자는 상동 염색체의 같은 위치에 있다.

14 (나)와 남편은 O형인 딸이 있으므로 유전자형이 각각 AO, BO이다. BO×AO → AB, BO, AO, OO

15 ① 유전자가 성염색체에 있어 유전 형질이 나타나는 빈도가 남녀에 따라 차이가 나는 유전 현상을 반성유전이라고 한다. 반성유전의 예로는 적록 색맹, 혈우병 등이 있다.
⑤ 어머니가 적록 색맹(X′X′)이면 어머니로부터 적록 색맹 대립유전자가 있는 X 염색체를 물려받는 아들은 항상 적록 색맹(X′Y)이 된다.
바로알기 ② 남자(XY)는 적록 색맹 대립유전자가 1개만 있어도 적록 색맹이 되고, 여자(XX)는 2개의 X 염색체에 모두 적록 색맹 대립유전자가 있어야 적록 색맹이 된다. 따라서 적록 색맹은 여자보다 남자에게 더 많이 나타난다.
③ 적록 색맹 유전자는 X 염색체에 있다.
④ 딸은 아버지에게서 적록 색맹 대립유전자를 물려받아도 어머니에게서 정상 대립유전자를 물려받으면 정상 형질을 나타낸다.

16 (나)는 아버지로부터 적록 색맹 대립유전자를 물려받았다.
③ X′Y×XX′ → XX′, X′X′, XY, X′Y이므로, (가)와 (나) 사이에서 태어난 아들(XY, X′Y)이 적록 색맹(X′Y)일 확률은 $\frac{1(\text{X}'\text{Y})}{2(\text{XY}+\text{X}'\text{Y})}\times 100=50\ \%$이다.

17 ① 7은 철수에게 적록 색맹 대립유전자를 물려주었으므로 유전자형이 XX′이다.
③ 영희는 아버지(6)로부터 적록 색맹 대립유전자를 물려받았으므로 유전자형이 XX′인 보인자이다.
④, ⑤ X′Y(6)×XX′(7) → XX′, X′X′, XY, X′Y이므로, 영희의 동생이 태어날 때 적록 색맹(X′X′, X′Y)일 확률은 $\frac{1}{2}$(50 %)이고, 적록 색맹인 남자(X′Y)일 확률은 $\frac{1}{4}$(25 %)이다.
바로알기 ② 적록 색맹 유전자는 X 염색체에 있고, 아들은 어머니로부터 X 염색체를 물려받는다. 철수의 적록 색맹 대립유전자는 4에서 7을 거쳐 철수에게 전달된 것이다.

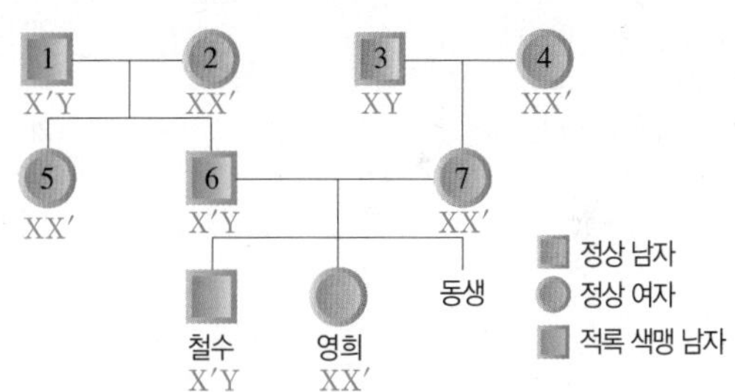

18 민서는 어머니와 아버지로부터 적록 색맹 대립유전자를 하나씩 물려받았다. 따라서 어머니는 적록 색맹 대립유전자를 가지고 있으며, 외할아버지가 정상이므로 이 적록 색맹 대립유전자는 외할머니로부터 물려받은 것이다.
바로알기 ⑤ 정상인 남동생은 어머니로부터 정상 대립유전자를 물려받았다.

19 (가)는 아버지로부터 대립유전자 A를, 어머니로부터 대립유전자 O를 물려받았다. ➡ (가) AO, X′Y
(나)는 아버지로부터 적록 색맹 대립유전자를 물려받았다.
➡ (나) OO, XX′
• AO×OO → AO, OO
• X′Y×XX′ → XX′, X′X′, XY, X′Y
따라서 (가)와 (나) 사이에서 태어나는 자녀가 O형이면서 적록 색맹인 아들일 확률은 $\frac{1}{2}$(O형일 확률)×$\frac{1}{4}$(적록 색맹인 아들일 확률)=$\frac{1}{8}$이다.

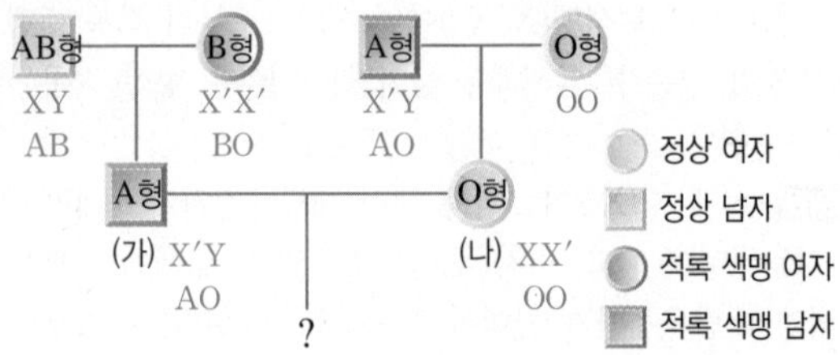

20 정상인 부모 사이에서 유전병인 딸이 태어났으므로 이 유전병은 열성 형질이며, 유전병 유전자가 상염색체에 있다.
ㄹ. Aa(가)×Aa(나) → AA, 2Aa, aa이므로 (가)와 (나) 사이에서 자녀가 한 명 더 태어날 때 정상일 확률은 $\frac{3(AA+Aa)}{4(전체)} \times 100 = 75$ %이다.

21

채점 기준	배점
사람의 유전 연구가 어려운 까닭을 세 가지 모두 옳게 서술한 경우	100 %
두 가지만 서술한 경우	60 %
한 가지만 서술한 경우	30 %

22

	채점 기준	배점
(1)	2 → 5 → 7의 경로를 옳게 서술한 경우	70 %
	2와 5 중 하나라도 포함하지 않은 경우	0 %
(2)	8이라고 옳게 쓴 경우	30 %

23 열성 형질 사이에서는 열성 형질인 자녀만 태어난다.

	채점 기준	배점
(1)	열성이라고 쓰고, 그 까닭을 옳게 서술한 경우	50 %
	열성이라고만 쓴 경우	20 %
(2)	상염색체라고 쓰고, 그 까닭을 옳게 서술한 경우	50 %
	상염색체라고만 쓴 경우	20 %

수준 높은 문제로 실력탄탄

진도 교재 49쪽

01 ④ **02** (가) ㉢, (나) ㉡, (다) ㉠ **03** ⑤

01 ㄱ. 가족 (가)에서 분리형 귓불을 가진 부모 사이에서 부착형 귓불을 가진 딸 ㉠이 나온 것으로 보아 분리형 귓불이 부착형 귓불에 대해 우성이며, ㉠의 부모는 모두 부착형 귓불 대립유전자를 가지고 있다.
ㄷ. ㉠과 ㉡의 귓불 모양은 모두 부착형이므로 이들 사이에서는 부착형 귓불을 가진 자녀만 태어난다. ㉠은 보조개가 없고, ㉡은 아버지로부터 보조개가 없는 대립유전자를 물려받았으므로 bb(㉠)×Bb(㉡) → Bb, bb이다. 따라서 ㉠과 ㉡ 사이에서 태어나는 자녀가 귓불 모양이 부착형이고 보조개가 있을 확률은 1(귓불 모양이 부착형일 확률)× $\frac{1}{2}$(보조개가 있을 확률)= $\frac{1}{2}$, 즉 50 %이다.

바로알기 ㄴ. 가족 (가)에서 보조개가 있는 부모 사이에서 보조개가 없는 딸 ㉠이 나온 것으로 보아 보조개가 있는 것이 없는 것에 대해 우성이며, ㉠의 부모는 모두 보조개가 없는 대립유전자를 가지고 있다.

02 • 부모 ㉠ : AA 또는 AO×BB 또는 BO → A형, B형, AB형, O형인 자녀를 모두 낳을 수 있다. ➡ (다)의 부모
• 부모 ㉡ : AA 또는 AO×AA 또는 AO → A형과 O형인 자녀를 낳을 수 있다. ➡ (나)의 부모
• 부모 ㉢ : AB×OO → A형과 B형인 자녀를 낳을 수 있다. ➡ (가)의 부모

03 • X′X′×XY → XX′, X′Y이므로 딸은 모두 정상이고, 아들은 모두 적록 색맹이다.
• BO×AB → AB, BB, AO, BO이므로 AB형, B형, A형인 자녀가 태어날 수 있다.

단원평가문제

진도 교재 50~54쪽

01 ① **02** ③ **03** ④ **04** ④ **05** ④ **06** ② **07** ③ **08** ①, ② **09** ① **10** ② **11** ④ **12** ⑤ **13** ④ **14** ① **15** ② **16** 키 큰 완두 : 500개, 키 작은 완두 : 500개 **17** ⑤ **18** RY, Ry, rY, ry **19** ④ **20** ④ **21** ⑤ **22** ③ **23** ③ **24** ③ **25** ⑤ **26** (가) AO, (나) BO, (다) AA **27** ③ **28** 50 %

서술형 문제 **29** (1) (가) (2) 식물 세포는 (가)와 같이 새로운 2개의 핵 사이에 안쪽에서 바깥쪽으로 세포판이 만들어지면서 세포질이 나누어지기 때문이다. **30** **감수 분열**로 염색체 수가 **체세포**의 절반인 **생식세포**가 만들어지므로 부모의 **생식세포**가 한 개씩 **수정**하여 생기는 자손의 염색체 수는 부모와 같게 유지된다. **31** (1) 감수 1분열 중기 (2) 상동 염색체가 결합한 2가 염색체가 세포 중앙에 배열되었기 때문이다. **32** 대립유전자 A와 B는 대립유전자 O에 대해 우성이고, 대립유전자 A와 B 사이에는 우열 관계가 없다. **33** (1) Bb (2) 아버지로부터 보조개가 있는 대립유전자 B를, 어머니로부터 보조개가 없는 대립유전자 b를 물려받았다. **34** (1) 2의 유전병 대립유전자가 5를 거쳐 수희에게 전달되었고, 4의 유전병 대립유전자가 6을 거쳐 수희에게 전달되었다. (2) 25 % **35** 성염색체 구성이 XY인 남자는 적록 색맹 대립유전자가 1개만 있어도 적록 색맹이 되지만, 성염색체 구성이 XX인 여자는 2개의 X 염색체에 모두 적록 색맹 대립유전자가 있어야 적록 색맹이 되기 때문이다.

01 바로알기 ㄴ, ㄷ. 우무 조각이 클수록 부피에 대한 표면적의 비가 작아진다. 따라서 우무 조각을 세포라고 가정하면 (나)보다 (가)에서 물질 교환이 더 효율적으로 일어난다.

02 바로알기 ③ 염색체는 세포가 분열하지 않을 때는 핵 속에 가는 실처럼 풀어져 있다가, 세포가 분열하기 시작하면 굵고 짧게 뭉쳐져 막대 모양으로 나타난다.

03 ④ ㉠과 ㉡은 상동 염색체로, 감수 분열 시 분리되어 서로 다른 생식세포로 들어간다.
바로알기 ① 이 사람은 성염색체 구성이 XX이므로 여자이다.
② 생식세포에는 22개의 상염색체와 1개의 성염색체가 있다.
③ 상동 염색체 ㉠과 ㉡은 유전 정보가 서로 다르다.
⑤ 성염색체 두 개 중 하나는 아버지로부터, 다른 하나는 어머니로부터 물려받은 것이다.

04 (가)는 중기, (나)는 전기, (다)는 후기, (라)는 말기 및 세포질 분열이다.
바로알기 ④ (라)에서는 세포막이 바깥쪽에서 안쪽으로 잘록하게 들어가면서 세포질이 나누어지고 있다.

05 염색 분체가 분리되어 세포 양쪽 끝으로 이동하는 시기는 후기이다. 체세포 분열 결과 만들어지는 딸세포는 모세포와 염색체 수가 같으므로, 딸세포의 염색체 수는 4개이다.

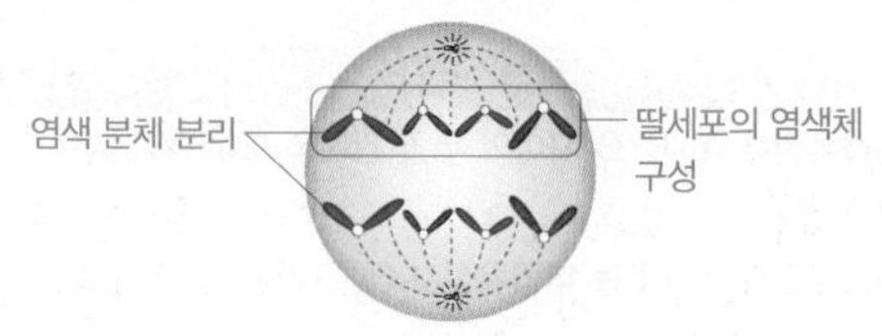

06 (가)는 고정, (나)는 해리, (다)는 염색, (라)는 분리, (마)는 관찰 과정이다.
⑤ 양파 뿌리 끝에서 체세포 분열을 관찰하면 세포 주기의 대부분을 차지하는 간기의 세포가 가장 많이 보인다.
바로알기 ② (가)는 고정, (나)는 해리 과정이다.

07 ①, ⑤ 체세포 분열로 재생이 일어난다.
②, ④ 생물은 체세포 분열을 하여 생장한다.
바로알기 ③ 생식세포인 정자와 난자는 감수 분열로 만들어진다.

08 ① 정소와 난소에서 감수 분열이 일어나 각각 정자와 난자가 만들어진다.
② A는 상동 염색체가 결합한 2가 염색체로, 감수 분열에서만 볼 수 있다.
바로알기 ③ 감수 분열에서는 연속 2회 분열로 염색체 수가 모세포의 절반으로 줄어든 4개의 딸세포가 만들어진다.
④, ⑤ 염색체 수는 상동 염색체가 분리되는 (다) → (라) 시기에 절반으로 줄어든다. (라) → (마) 시기에는 염색 분체가 분리된다.

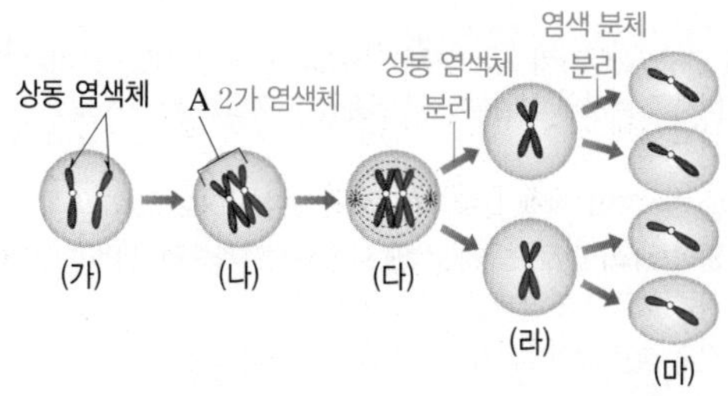

09 ① 2가 염색체는 감수 1분열에서만 볼 수 있다.
바로알기 ②, ⑤ 체세포 분열은 1회 분열하여 2개의 딸세포를 만들고, 감수 분열은 2회 분열하여 4개의 딸세포를 만든다.
③ 유전 물질(DNA)의 복제는 체세포 분열과 감수 분열에서 모두 일어난다.
④ 감수 분열 결과 생성되는 딸세포의 염색체 수는 모세포의 절반$\left(\frac{1}{2}\right)$이다.

10 체세포 분열 결과 모세포와 염색체 구성이 같은 딸세포가 만들어진다. 감수 분열 결과 상동 염색체 중 하나만 있고, 염색체 수가 모세포의 절반인 딸세포가 만들어진다.

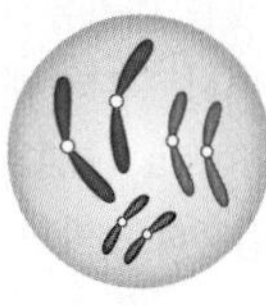
모세포

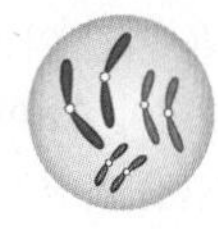
체세포 분열 결과 만들어진 딸세포

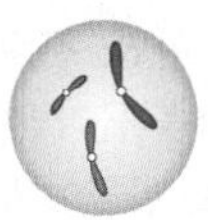
감수 분열 결과 만들어진 딸세포

11 수정란이 1회 분열하면 2세포배, 2회 분열하면 4세포배, 3회 분열하면 8세포배가 된다. 사람의 수정란에서 난할이 일어날 때 세포 수는 증가하고 세포 하나의 크기는 작아지며, 세포 1개당 염색체 수는 변하지 않으므로 염색체 수는 46개를 유지한다.

12 바로알기 ⑤ 태아는 태반을 통해 영양소와 산소를 모체로부터 전달받는다.

13 배란된 난자가 정자와 만나 수정이 일어나면 수정란이 만들어지고, 수정란은 난할을 하면서 자궁으로 이동하여 착상한다. 착상 이후 태반이 형성되어 모체와 태아 사이에서 물질 교환이 일어나며, 수정된 지 약 266일이 지나면 출산 과정을 거쳐 태아가 모체 밖으로 나온다.

14 바로알기 ① 표현형이 우성인 경우 열성 유전자를 가지고 있을 수 있으므로 표현형이 같아도 유전자형이 다를 수 있다.

15 잡종 1대에서 노란색 완두만 나온 것으로 보아 노란색이 초록색에 대해 우성 형질이다. 노란색 유전자는 Y, 초록색 유전자는 y이고, 잡종 1대의 유전자형은 Yy이므로, 잡종 2대의 유전자형의 비는 YY : Yy : yy=1 : 2 : 1이다.
바로알기 ③ 잡종 1대(Yy)에서는 2종류의 생식세포(Y, y)가 만들어진다.
④ (나)와 (다)는 유전자형이 Yy로 같다.
⑤ 잡종 2대에서 유전자형의 비는 YY : Yy : yy=1 : 2 : 1이므로, (라)의 초록색 완두(yy)는 $800 \times \frac{1}{4} = 200$(개)이다.

16 잡종 1대에서 키 큰 완두만 나온 것으로 보아 키가 큰 것이 키가 작은 것에 대해 우성이다. Tt(잡종 1대)×tt(키 작은 완두) → Tt, tt이므로, 잡종 1대와 키 작은 완두를 교배하면 자손에서 키 큰 완두 : 키 작은 완두=1 : 1로 나온다. 따라서 키 큰 완두와 키 작은 완두는 각각 $1000 \times \frac{1}{2} = 500$(개)씩 나온다.

18 잡종 1대의 유전자형은 RrYy이고, 잡종 1대에서 4종류의 생식세포(RY, Ry, rY, ry)가 만들어진다.

19 잡종 2대의 표현형의 비는 둥글고 노란색(가) : 둥글고 초록색(나) : 주름지고 노란색(다) : 주름지고 초록색(라)=9 : 3 : 3 : 1이다.

20 잡종 1대의 표현형은 둥글고 노란색이다. 잡종 2대에서 둥글고 노란색인 완두(가)는 $3200 \times \frac{9}{16} = 1800$(개)이다.

21 바로알기 ① 사람은 자손의 수가 적어 유전 연구가 어렵다.
② 사람은 인위적인 교배 실험을 할 수 없다.
③ 사람의 유전 형질은 환경의 영향을 많이 받는다.
④ 1란성 쌍둥이의 형질 차이는 환경에 의한 것이다.

22 분리형 귓불 대립유전자를 A, 부착형 귓불 대립유전자를 a라고 하면, 분리형 귓불을 가진 아들은 어머니로부터 대립유전자 a를 물려받아 유전자형이 Aa이다. Aa×aa → Aa, aa이므로, 아들이 부착형 귓불을 가진 여자와 결혼하여 자녀를 낳을 때 자녀가 부착형 귓불(aa)을 가질 확률은 $\frac{1}{2} \times 100 =$ 50 %이다.

23 혀 말기가 불가능한 (가)의 아버지는 유전자형이 tt이고, 혀 말기가 불가능한 외할아버지로부터 혀 말기 불가능 대립유전자를 물려받은 (가)의 어머니는 유전자형이 Tt이다. tt×Tt → Tt, tt이므로, (가)가 혀 말기가 불가능할 확률은 $\frac{1}{2} \times 100$ =50 %이다.

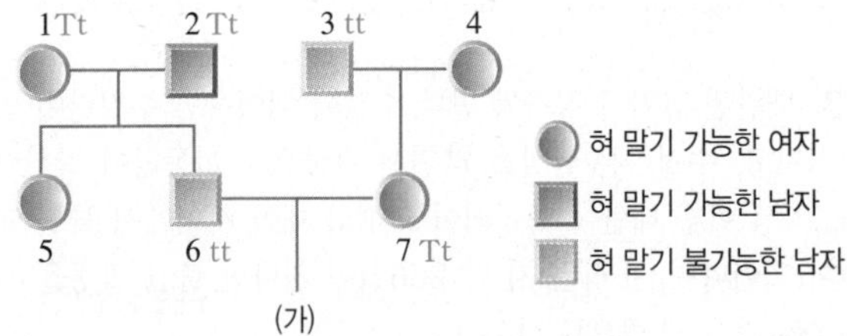

24 본인이 우성, 자녀도 우성인 4와 본인이 우성, 부모도 모두 우성인 5는 유전자형이 TT인지 Tt인지 확실히 알 수 없다.

25 바로알기 ⑤ AB×AB → AA, 2AB, BB로, 부모가 모두 AB형이면 O형인 자녀가 태어나지 않는다.

26 (가)는 자손에서 B형(나)이 나왔으므로 유전자형이 AO이다. (가)의 유전자형이 AA이면 AB×AA → AA, AB로 자손에서 B형이 나오지 못한다. (나)는 아버지로부터 대립유전자 B를, (가)로부터 대립유전자 O를 물려받아 유전자형이 BO이다. (다)는 AB형인 부모 사이에서 나온 A형이므로(AB×AB → AA, 2AB, BB) 유전자형이 AA이다.

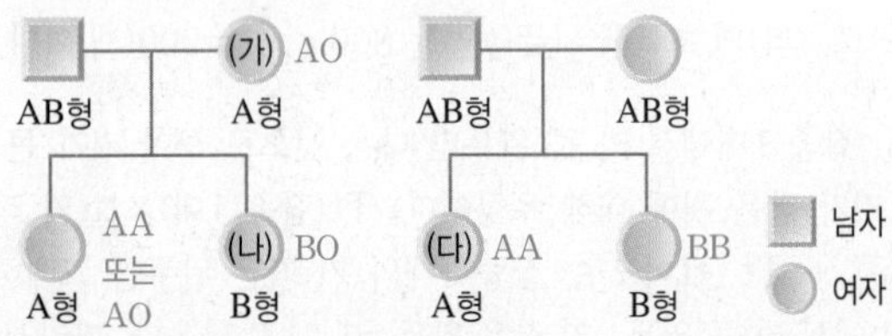

27 영희는 아버지와 어머니로부터 적록 색맹 대립유전자를 하나씩 물려받았다. 아버지의 적록 색맹 대립유전자는 (나)로부터 온 것이고, 어머니의 적록 색맹 대립유전자는 (다)로부터 온 것이다.

28 어머니는 외할아버지로부터 적록 색맹 대립유전자(X′)를 물려받았으므로 유전자형이 XX′이다. XY×XX′ → XX, XX′, XY, X′Y이므로, 이 부모 사이에서 태어난 아들(XY, X′Y)이 적록 색맹(X′Y)일 확률은 $\frac{1}{2} \times 100 = 50$ %이다.

29 동물 세포(나)는 세포막이 바깥쪽에서 안쪽으로 잘록하게 들어가면서 세포질이 나누어진다.

	채점 기준	배점
(1)	(가)라고 옳게 쓴 경우	30 %
(2)	식물 세포의 세포질 분열 방법과 관련지어 옳게 서술한 경우	70 %
	세포판이 만들어진다는 내용이 없는 경우	0 %

30

채점 기준	배점
단어를 모두 포함하여 옳게 서술한 경우	100 %
단어를 세 개만 포함하여 서술한 경우	70 %
단어를 두 개만 포함하여 서술한 경우	40 %

31

	채점 기준	배점
(1)	감수 1분열 중기라고 옳게 쓴 경우	30 %
(2)	2가 염색체와 관련지어 옳게 서술한 경우	70 %
	2가 염색체를 언급하지 않은 경우	0 %

32

채점 기준	배점
대립유전자 A, B, O 사이의 우열 관계를 모두 옳게 서술한 경우	100 %
대립유전자 A와 B는 대립유전자 O에 대해 우성이라고만 서술한 경우	50 %

33 보조개가 있는 부모 사이에서 보조개가 없는 딸이 태어난 것으로 보아 보조개가 있는 것이 우성, 보조개가 없는 것이 열성이며, 보조개 유전자는 상염색체에 있다.

	채점 기준	배점
(1)	Bb라고 옳게 쓴 경우	40 %
(2)	아버지와 어머니로부터 물려받은 유전자를 모두 옳게 서술한 경우	60 %
	둘 중 하나라도 틀리게 서술한 경우	0 %

34 정상인 부모 사이에서 유전병을 나타내는 자녀가 태어났으므로 유전병은 정상에 대해 열성으로 유전된다.

	채점 기준	배점
(1)	2 → 5 → 수희, 4 → 6 → 수희의 경로를 모두 옳게 서술한 경우	60 %
	둘 중 하나라도 틀리게 서술한 경우	0 %
(2)	25 % 또는 $\frac{1}{4}$이라고 옳게 쓴 경우	40 %

35

채점 기준	배점
여자와 남자의 성염색체 구성을 들어 까닭을 옳게 서술한 경우	100 %
남자는 적록 색맹 대립유전자가 1개만 있어도 적록 색맹이 되고, 여자는 적록 색맹 대립유전자가 2개 있어야 적록 색맹이 되기 때문이라고 서술한 경우	80 %
적록 색맹 대립유전자의 개수를 언급하지 않은 경우	0 %

Ⅵ 에너지 전환과 보존

01 역학적 에너지 전환과 보존

확인 문제로 개념쏙쏙

진도 교재 59쪽

Ⓐ 역학적, 보존, 일정, 감소, 증가, 감소, 증가

1 (1) ○ (2) ○ (3) × **2** (1) 감소한다 (2) ㉠ 위치, ㉡ 운동 (3) 감소한다 (4) ㉠ 운동, ㉡ 위치 **3** (1) 49 (2) 49 (3) 0 (4) 49 **4** (1) × (2) ○ (3) × (4) ○ **5** 10 m

1 (1) 물체의 역학적 에너지는 물체가 가진 위치 에너지와 운동 에너지의 합이다.
(2) 낙하하는 물체는 높이가 점점 낮아지므로 위치 에너지가 감소하고, 속력이 점점 빨라지므로 운동 에너지가 증가한다. 즉, 위치 에너지가 운동 에너지로 전환된다.
바로알기 (3) 공기 저항과 마찰이 작용하지 않을 때, 물체의 위치 에너지와 운동 에너지의 합인 역학적 에너지는 일정하게 보존된다.

2 (1) A → B 구간에서 롤러코스터의 높이가 낮아지므로 위치 에너지가 감소한다.
(2) A → B 구간에서는 롤러코스터가 내려가므로 위치 에너지가 운동 에너지로 전환된다.
(3) B → C 구간에서 롤러코스터의 속력이 느려지므로 운동 에너지가 감소한다.
(4) B → C 구간에서는 롤러코스터가 올라가므로 운동 에너지가 위치 에너지로 전환된다.

3 (1) A점에서의 위치 에너지는 $(9.8\times2)\ \mathrm{N}\times2.5\ \mathrm{m}=49\ \mathrm{J}$이다.
(2) 공의 역학적 에너지는 보존되므로 B점에서 역학적 에너지는 A점에서 공의 위치 에너지와 같다. 따라서 49 J이다.
(3) 지면에서 공의 위치 에너지는 0이므로 B점에서 공의 위치 에너지는 0이다.
(4) B점에서 공의 위치 에너지는 0이므로 공의 운동 에너지는 역학적 에너지와 같다. 따라서 49 J이다.

4 (2) A → B 구간에서 공의 높이가 점점 높아지므로 위치 에너지는 증가한다.
(4) C점에서 E점까지 위치 에너지가 운동 에너지로 전환되므로 위치 에너지 감소량은 운동 에너지 증가량과 같다. C점에서 운동 에너지는 0이므로 E점에서 운동 에너지는 C점에서 E점까지의 위치 에너지 감소량, 즉 C점과 E점 사이의 위치 에너지 차와 같다.
다른 풀이 C점에서 역학적 에너지=C점에서 위치 에너지이고, E점에서 역학적 에너지=E점에서 위치 에너지+E점에서 운동 에너지일 때, C점과 E점에서 역학적 에너지는 같다. 따라서 C점에서 위치 에너지=E점에서 위치 에너지+E점에서 운동 에너지이므로 E점에서 운동 에너지=C점에서 위치 에너지−E점에서 위치 에너지이다.
바로알기 (1) A점에서 공의 속력이 0이 아니므로 운동 에너지도 0이 아니다.
(3) 모든 위치에서 공의 역학적 에너지는 일정하게 보존되므로 C → D 구간에서 역학적 에너지는 일정하다.

5 물체를 연직 위로 던져 올릴 때 물체가 가지고 있던 운동 에너지가 위치 에너지로 전환된다. 그러므로 $\frac{1}{2}\times4\ \mathrm{kg}\times(14\ \mathrm{m/s})^2=(9.8\times4)\ \mathrm{N}\times h$에서 물체가 올라갈 수 있는 최고 높이 $h=10\ \mathrm{m}$이다.

탐구 a

진도 교재 60쪽

㉠ 감소, ㉡ 증가, ㉢ 보존

01 (1) ○ (2) × (3) × (4) ○ (5) × **02** 감소한다. **03** A점에서 공의 운동 에너지가 C점에서 공의 위치 에너지로 모두 전환되므로 $\frac{1}{2}\times0.1\ \mathrm{kg}\times(2.8\ \mathrm{m/s})^2=0.392\ \mathrm{J}$이다.

01 (1) 쇠구슬이 낙하할 때 높이가 낮아지므로 위치 에너지는 감소하고, 속력이 빨라지므로 운동 에너지는 증가한다. 따라서 위치 에너지가 운동 에너지로 전환된다.
(4) 위치 에너지가 운동 에너지로 전환되므로 쇠구슬이 낙하하는 높이로 위치 에너지의 감소량을 구하면 운동 에너지의 증가량을 알 수 있고, 지면에 도달할 때 쇠구슬의 속력을 구할 수 있다.
바로알기 (2), (3) 쇠구슬이 낙하하는 동안 역학적 에너지는 보존되므로 쇠구슬의 역학적 에너지는 모든 지점에서 같다.
(5) 쇠구슬을 가만히 떨어뜨리는 높이가 2배가 되면 B점에서 운동 에너지도 2배가 되므로 쇠구슬의 (속력)^{2}이 2배가 된다.

02 A점에서 B점과 C점으로 이동하는 동안 공의 속력이 느려지므로 공의 운동 에너지는 감소한다.

03 감소한 운동 에너지만큼 위치 에너지가 증가한다. 따라서 A점에서 운동 에너지와 C점에서 위치 에너지의 크기는 같다.

채점 기준	배점
풀이 과정과 함께 위치 에너지를 옳게 구한 경우	100 %
풀이 과정 없이 위치 에너지만 쓴 경우	40 %

여기서 잠깐

진도 교재 61쪽

유제❶ ④ 유제❷ ⑤

유제❶ 5 m 높이에서 위치 에너지 증가량=(9.8×2) N×5 m =98 J이고, 증가한 위치 에너지만큼 운동 에너지가 감소한다. 지면에서 운동 에너지$=\frac{1}{2}\times 2$ kg×(14 m/s)^2=196 J이므로 98 J=196 J−(5 m 높이에서 운동 에너지)이다. 따라서 5 m 높이에서 운동 에너지는 98 J이다.

유제❷ ㄱ. 역학적 에너지=위치 에너지+운동 에너지이므로 A점에서 장난감의 역학적 에너지=(9.8×4) N×5 m+0 =196 J이다.
ㄴ. 기준면 B점에서 장난감의 위치 에너지는 0이다. 따라서 B점에서 운동 에너지는 최고점인 A점에서의 위치 에너지와 같으므로 196 J이다.
ㄷ. C점에서의 운동 에너지=196 J−(9.8×4) N×2.5 m= 98 J이다. 따라서 $\frac{1}{2}\times 4$ kg×v^2=98 J이므로 C점에서 장난감의 속력 v=7 m/s이다.

기출 문제로 **내신쑥쑥** 진도 교재 62~65쪽

01 ④	02 ①, ⑤	03 ④	04 ①	05 ③	06 ④
07 ④	08 ④	09 ⑤	10 ⑤	11 ④	12 ①	13 ③
14 ①	15 ②	16 ⑤	17 ④	18 ⑤	19 ④

서술형문제 **20** 운동 에너지가 위치 에너지의 4배가 되는 높이는 낙하한 높이가 물체 높이의 4배가 되는 높이이다. (20 m−h)=4h이므로 높이 h=4 m이다. **21** 지면에 떨어지는 순간 물체의 역학적 에너지는 5 m 높이에서의 역학적 에너지와 같으므로 (9.8×2) N×5 m+$\frac{1}{2}\times 2$ kg×(5 m/s)^2 =98 J+25 J=123 J이다. **22** A와 B가 같다. A와 B를 던질 때 A와 B의 위치 에너지와 운동 에너지가 같고, 역학적 에너지는 일정하게 보존되므로 지면에 도달할 때 운동 에너지도 같기 때문이다. **23** (1) 운동 에너지가 위치 에너지로 전환된다. (2) 4배, 속력이 2배가 되려면 운동 에너지가 4배가 되어야 한다. 따라서 A점에서의 위치 에너지가 4배가 되어야 하므로 A점의 높이가 4배가 되어야 한다.

01 ① 역학적 에너지는 물체가 가진 위치 에너지와 운동 에너지의 합이다.
② 물체가 자유 낙하 할 때 물체의 역학적 에너지는 어느 위치에서나 일정하게 보존된다.
③ 스카이다이버가 비행기에서 뛰어내리면 높이가 낮아지므로 위치 에너지가 감소한다.
⑤ 공을 연직 위로 던져 올려서 공이 올라갈 때는 운동 에너지가 위치 에너지로 전환되고, 공이 다시 내려올 때는 위치 에너지가 운동 에너지로 전환된다.
바로알기 ④ 나무에서 떨어지는 사과는 높이가 낮아지고 속력이 빨라지므로 위치 에너지가 운동 에너지로 전환된다.

02 물체의 높이가 높아지면서 속력이 감소하면 운동 에너지가 위치 에너지로 전환된다. 따라서 롤러코스터가 올라가는 구간인 A → B 구간과 C → D 구간에서 운동 에너지가 위치 에너지로 전환된다.

03 5 m 높이에 정지해 있을 때 물체의 역학적 에너지는 위치 에너지와 같고 역학적 에너지는 일정하게 보존된다. 따라서 지면에 닿는 순간 물체의 역학적 에너지는 5 m 높이에서의 위치 에너지와 같으므로 (9.8×1) N×5 m=49 J이다.

04 ① 지면으로부터 높이가 0.5 m일 때 물체의 위치 에너지는 (9.8×2) N×0.5 m=9.8 J이다.
2.5 m 높이에서 물체가 낙하하면서 감소한 위치 에너지가 운동 에너지로 전환된다. 따라서 0.5 m 높이에서 물체의 운동 에너지 =위치 에너지 감소량=(9.8×2) N×(2.5 m−0.5 m)=39.2 J 이다.
역학적 에너지=위치 에너지+운동 에너지이므로 물체의 역학적 에너지=9.8 J+39.2 J=49 J이다.

05 ㄱ. 기준면으로부터 5 m 높이에서 물체의 위치 에너지 =(9.8×2) N×5 m=98 J이다.
ㄴ. 5 m 높이에서 운동 에너지는 위치 에너지 감소량과 같으므로 (9.8×2) N×(10−5) m=98 J이다.
바로알기 ㄷ. 기준면에서의 운동 에너지는 처음 높이에서의 위치 에너지와 같으므로 (9.8×2) N×10 m=196 J이다.

06 ① 물체가 낙하하는 동안 물체의 높이가 낮아지므로 위치 에너지는 운동 에너지로 전환된다.
② A점에서 물체의 속력은 0이므로 운동 에너지도 0이다. 따라서 A점에서 역학적 에너지(=운동 에너지+위치 에너지)는 위치 에너지와 같다.
③ B점에서 운동 에너지는 낙하하는 물체의 위치 에너지 감소량과 같으므로 (9.8×1) N×(8 m−6 m)=19.6 J이다.
⑤ D점에서 위치 에너지=(9.8×1) N×2 m=19.6 J로 B점에서 운동 에너지와 같다.
바로알기 ④ C점에서 물체의 운동 에너지 : 위치 에너지 =A점에서부터 위치 에너지 감소량 : C점에서의 위치 에너지 =감소한 높이 : C점의 높이=(8 m−4 m) : 4 m=1 : 1이다.

07 공이 A점을 지날 때 공의 운동 에너지는 위치 에너지 감소량과 같다. 따라서 운동 에너지 : 위치 에너지=위치 에너지 감소량 : 위치 에너지이고, 위치 에너지는 높이에 비례하므로 위치 에너지 감소량 : 위치 에너지=감소한 높이 : A점의 높이이다. 따라서 (10 m−2 m) : 2 m=4 : 1이다.

08 역학적 에너지는 보존되므로 지면에 닿는 순간 공의 운동 에너지는 높이가 10 m일 때 공의 위치 에너지와 같다. 따라서 $\frac{1}{2}\times 2$ kg×v^2=(9.8×2) N×10 m이므로 지면에 닿는 순간 공의 속력 v=14 m/s이다.

09 공이 낙하하면서 공의 위치 에너지가 운동 에너지로 전환되므로 20 m일 때 공의 운동 에너지는 위치 에너지 감소량과 같다. 따라서 $\frac{1}{2}\times 2$ kg×v^2=(9.8×2) N×(30−20) m= 196 J이므로 높이가 20 m일 때 공의 속력 v=14 m/s이다.

10 A점에서 B점까지 물체의 위치 에너지 감소량은 운동 에너지 증가량과 같다. 따라서 (9.8×2) N$\times h=198$ J-100 J$=98$ J이므로 $h=5$ m이다.

11 ① 쇠구슬이 낙하하는 동안 속력이 증가하므로 운동 에너지도 증가한다.
② A점의 높이는 O점의 $\frac{2}{3}$배이고, 위치 에너지는 높이에 비례하므로 A점에서 위치 에너지는 O점에서의 $\frac{2}{3}$배이다.
③ 운동 에너지는 위치 에너지 감소량과 같으므로 B점에서 운동 에너지는 A점에서의 2배이다. 따라서 A점과 B점에서 운동 에너지의 비는 1 : 2이다.
⑤ 쇠구슬이 낙하하는 동안 모든 지점에서 역학적 에너지는 일정하게 보존된다.
바로알기 ④ B점에서 쇠구슬의 운동 에너지는 A점에서의 2배이므로 B점에서 쇠구슬의 속력은 A점에서 속력의 $\sqrt{2}$배이다.

12 야구공의 처음 운동 에너지는 최고 높이에서 위치 에너지로 모두 전환된다. 따라서 야구공이 올라가는 최고 높이를 h라 하면 $\frac{1}{2}\times1$ kg$\times(9.8$ m/s$)^2=(9.8\times1)$ N$\times h$이므로 최고 높이 $h=4.9$ m이다.

13 물체가 위로 올라가는 동안 물체의 운동 에너지가 위치 에너지로 모두 전환되므로 지면에서 물체의 운동 에너지는 최고 높이에서 물체의 위치 에너지와 같다. 따라서 $\frac{1}{2}\times3$ kg$\times v^2=(9.8\times3)$ N$\times19.6$ m에서 $v^2=(19.6$ m/s$)^2$이므로 속력 $v=19.6$ m/s이다.

14 ② C점에서 공의 높이가 최고 높이이므로 C점에서 공의 위치 에너지가 가장 크다.
③ A점과 E점에서 공의 위치 에너지가 같으므로 운동 에너지도 같다.
④ B점에서 C점으로 올라가는 동안 공의 속력은 느려지고, 높이는 높아지므로 운동 에너지가 위치 에너지로 전환된다.
⑤ 모든 점에서 역학적 에너지는 일정하게 보존된다.
바로알기 ① A점에서 공을 연직 위로 던졌으므로 공의 속력은 0이 아니다. 최고 높이인 C점에서 공의 속력이 0이다.

15 D점에서 롤러코스터의 운동 에너지는 A점과 D점 사이 위치 에너지 감소량과 같고, 위치 에너지는 높이에 비례하므로 D점에서 위치 에너지 : 운동 에너지=D점의 높이 : 감소한 높이로 2 m : (5 m$-$2 m)$=2:3$이다.

16 역학적 에너지는 보존되므로 모든 지점에서 역학적 에너지는 같고, B점, C점, D점에서 운동 에너지는 A점에서부터 위치 에너지 감소량과 같다.

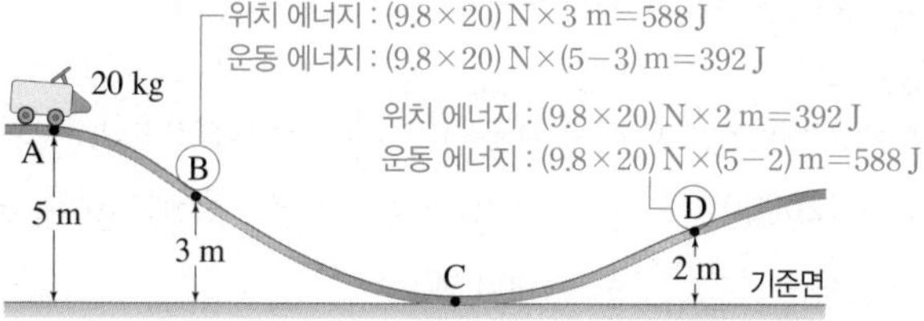

① A점에서 운동 에너지는 0이므로, 역학적 에너지는 A점에서 위치 에너지와 같다. 따라서 B점에서 역학적 에너지도 A점에서 위치 에너지와 같다.
② B점에서 위치 에너지 : 운동 에너지=3 m : (5$-$3) m$=3:2$이므로 B점에서 위치 에너지는 운동 에너지의 1.5배이다.
③ B점에서 위치 에너지와 D점에서 운동 에너지는 588 J로 같다.
④ C점에서 위치 에너지가 0이므로, 운동 에너지는 역학적 에너지와 같다. 역학적 에너지는 A점에서 위치 에너지와 같으므로 C점에서 운동 에너지$=(9.8\times20)$ N$\times5$ m$=980$ J이다.
바로알기 ⑤ C점에서 운동 에너지 : D점에서 운동 에너지=5 m : (5$-$2) m$=5:3$이다. 따라서 D점에서 운동 에너지는 C점에서 운동 에너지의 0.6배이다.

17 ④ C점에서 운동 에너지는 A점과 C점 사이의 위치 에너지 감소량과 같다. 따라서 C점에서 위치 에너지 : 운동 에너지=C점의 높이 : 감소한 높이=8 m : (10 m$-$8 m)$=4:1$이다.
바로알기 ① D점의 높이를 알 수 없으므로 D점에서의 위치 에너지는 알 수 없다.
②, ⑤ 롤러코스터의 높이가 낮아지면 위치 에너지가 운동 에너지로 전환된다. B점의 높이가 가장 낮으므로 B점에서 운동 에너지가 최대이고, 속력이 가장 빠르다.
③ B점에서 운동 에너지는 높이가 10 m 감소했을 때 위치 에너지 감소량과 같고, C점에서 운동 에너지는 높이가 10 m$-$8 m$=$2 m 감소했을 때 위치 에너지 감소량과 같다. 따라서 B점에서 운동 에너지가 C점에서의 5배이므로 속력은 $\sqrt{5}$배이다.

18 ① A점과 B점에서 물체는 순간 정지하므로 속력이 0이다.
②, ③, ④ 물체가 A점에서 O점으로 이동하는 동안 높이가 낮아지면서 위치 에너지가 운동 에너지로 전환되므로 O점을 지나는 순간 물체의 운동 에너지가 최대가 된다. 따라서 O점에서 물체의 속력이 가장 빠르다.
바로알기 ⑤ 물체가 O점에서 B점으로 이동하는 동안 높이가 높아지면서 운동 에너지가 위치 에너지로 전환된다. 따라서 운동 에너지는 감소하고, 위치 에너지는 증가한다.

19 ㄴ. A점에서 공의 위치 에너지가 O점에서 운동 에너지로 모두 전환되므로 O점에서 운동 에너지는 A점에서 위치 에너지와 같다.
ㄷ. 공이 O점에서 B점으로 올라갈 때 속력이 느려지면서 높이가 높아지므로 공의 운동 에너지가 위치 에너지로 전환된다.
바로알기 ㄱ. A점에서 공은 정지해 있으므로 운동 에너지는 0이다. A점의 높이가 가장 높으므로 위치 에너지가 최대이다.

20 물체가 낙하하는 동안 위치 에너지가 운동 에너지로 전환되므로 운동 에너지는 위치 에너지 감소량과 같다. 따라서 물체의 질량을 m이라고 하면 $(9.8\times m)$ N$\times(20$ m$-h)=4\times(9.8\times m)$ N$\times h$이므로 높이 $h=4$ m이다.

채점 기준	배점
풀이 과정과 함께 운동 에너지가 위치 에너지의 4배가 되는 높이를 옳게 구한 경우	100 %
풀이 과정 없이 운동 에너지가 위치 에너지의 4배가 되는 높이만 쓴 경우	40 %

21 역학적 에너지는 보존되므로 5 m 높이에서의 역학적 에너지와 지면에서의 역학적 에너지는 같다.

채점 기준	배점
풀이 과정과 함께 역학적 에너지를 옳게 구한 경우	100 %
풀이 과정 없이 역학적 에너지만 쓴 경우	40 %

22 같은 높이에서 공을 던졌으므로 처음 위치 에너지가 같다. 또한 같은 속력으로 공을 던졌으므로 처음 운동 에너지도 같다. 따라서 A와 B의 역학적 에너지는 같고, 역학적 에너지는 보존된다.

채점 기준	배점
속력을 비교하고 그 까닭을 옳게 서술한 경우	100 %
속력만 옳게 비교한 경우	40 %

23 (1) B → C 구간에서는 롤러코스터의 높이가 높아지므로 위치 에너지는 증가하고, 속력이 느려지므로 운동 에너지는 감소한다.
(2) 운동 에너지는 (속력)^{2}에 비례하고, 위치 에너지는 높이에 비례한다.

	채점 기준	배점
(1)	에너지 전환을 옳게 서술한 경우	50 %
	역학적 에너지 보존에 대해 쓴 경우는 오답 처리	0 %
(2)	높이가 몇 배가 되어야 하는지 쓰고, 그 까닭을 옳게 서술한 경우	50 %
	높이가 몇 배가 되어야 하는지만 쓴 경우	25 %

수준 높은 문제로 **실력탄탄** 진도 교재 65쪽

01 ④ **02** ④

01 지면에 닿는 순간 물체의 역학적 에너지는 5 m 높이에서 물체를 던질 때 역학적 에너지와 같다. 따라서 지면에 닿는 순간 물체의 운동 에너지=처음 물체의 역학적 에너지=$(9.8\times4)\ \text{N}\times5\ \text{m}+\frac{1}{2}\times4\ \text{kg}\times(10\ \text{m/s})^2=396\ \text{J}$이다.

02 ① 역학적 에너지는 보존되므로 모든 지점에서 역학적 에너지는 같다.
② B점과 C점에서 운동 에너지는 A점에서부터의 위치 에너지 감소량과 같으므로 A점에서부터 감소한 높이의 비와 같다. 따라서 $E_B : E_C=(20\ \text{m}-10\ \text{m}) : (20\ \text{m}-4\ \text{m})=5 : 8$이다.
③, ⑤ C점에서 D점으로 올라가는 동안은 운동 에너지가 위치 에너지로 전환되고, D점에서 C점으로 내려오는 동안은 위치 에너지가 운동 에너지로 전환된다. 따라서 D점에서 C점으로 내려오는 동안 운동 에너지가 증가한다.
바로알기 ④ C점과 D점에서 운동 에너지는 A점에서부터 감소한 높이에 비례한다. 따라서 C점과 D점에서 운동 에너지의 비는 $E_C : E_D=(20\ \text{m}-4\ \text{m}) : (20\ \text{m}-11\ \text{m})=16 : 9$이다.

02 전기 에너지의 발생과 전환

확인 문제로 **개념쏙쏙** 진도 교재 67, 69쪽

Ⓐ 전기, 전자기 유도, 전기, 역학적
Ⓑ 전환, 보존
Ⓒ 소비 전력, W(와트), 전력량, Wh(와트시)

1 (1) ○ (2) × (3) × (4) × **2** ㄱ, ㄴ, ㄷ **3** ㉠ 전자기 유도, ㉡ 역학적, ㉢ 전기 **4** (1) 풍력 (2) 수력 (3) 화력 **5** (1) ㄴ (2) ㄹ (3) ㄱ (4) ㅂ **6** ㉠ 다양한, ㉡ 같다 **7** 1000 W **8** (1) ○ (2) × (3) ○ (4) × **9** (1) 16 (2) 20 (3) (나)

1 (1) 코일을 통과하는 자기장이 변하면서 코일에 전류가 흐르는 현상을 전자기 유도라 한다.
바로알기 (2) 코일을 자석에 가까이 할 때도 코일을 통과하는 자기장이 변하므로 유도 전류가 흐른다.
(3) 자석이 코일 속에 넣고 움직이지 않으면 유도 전류가 흐르지 않는다.
(4) 자석을 코일에 가까이 할 때와 멀리 할 때 코일에 흐르는 유도 전류의 방향은 반대이다.

2 바로알기 ㄹ. 자석의 세기와 관계없이 코일 주위에서 자석이 움직이지 않으면 코일을 통과하는 자기장이 변하지 않으므로 유도 전류가 흐르지 않는다.

3 발전기는 전자기 유도를 이용하여 역학적 에너지를 전기 에너지로 전환한다.

4 (1) 풍력 발전소에서는 바람의 힘으로 발전기를 돌리므로 바람의 운동 에너지를 전기 에너지로 전환한다.
(2) 수력 발전소에서는 댐에 있는 물을 흘려보내 발전기를 돌리므로 물의 위치 에너지를 전기 에너지로 전환한다.
(3) 화력 발전소에서는 연료를 태우며 물을 끓여 얻은 수증기로 발전기를 돌리므로 연료의 화학 에너지를 전기 에너지로 전환한다.

5 (1) 전기다리미는 뜨거운 열을 이용하여 천을 다리는 가전제품이므로 전기 에너지가 열에너지로 전환된다.
(2) 선풍기에서 전기 에너지는 모터의 운동 에너지로 전환된다.
(3) 형광등에서는 전기 에너지가 빛에너지로 전환된다.
(4) 배터리는 화학 에너지를 전기 에너지로 전환하는 장치이다. 따라서 배터리를 충전할 때는 전기 에너지가 화학 에너지로 전환된다.

6 전기 자동차에서 전기 에너지는 운동 에너지로 전환되고, 일부는 열에너지, 소리 에너지, 빛에너지 등으로 전환된다. 이때 에너지의 총량은 변하지 않고, 일정하게 보존된다.

7 소비 전력(W)$=\frac{\text{전기 에너지(J)}}{\text{시간(s)}}$이므로 전자레인지가 2분 동안 120000 J의 전기 에너지를 소비했을 때 전자레인지의 소비 전력은 $\frac{120000\ \text{J}}{120\ \text{s}}=1000\ \text{W}$이다.

8 (1) 선풍기에 220 V−45 W라고 적혀 있으므로 선풍기가 제대로 작동할 수 있는 정격 전압은 220 V이다.
(3) 정격 소비 전력이 45 W이므로 선풍기는 1초에 45 J의 전기 에너지를 소비한다.
바로알기 (2) 선풍기의 정격 소비 전력은 45 W이다.
(4) 소비 전력이 45 W이므로 2시간 동안 사용할 때 소비하는 전력량은 45 W×2 h=90 Wh이다.

9 (1) (가)의 소비 전력이 16 W이므로 (가) 전구가 1초 동안 소비한 전기 에너지의 양은 16 J이다.
(2) (나)의 소비 전력은 10 W이므로 (나)가 2시간 동안 소비한 전력량은 10 W×2 h=20 Wh이다.
(3) 1초 동안 같은 양의 빛에너지를 만들 때 (가)는 16 J의 전기 에너지를 소비하고, (나)는 10 J의 전기 에너지를 소비하므로 (나)의 효율이 (가)보다 좋다.

탐구 a

진도 교재 70쪽

㉠ 전자기 유도, ㉡ 유도 전류, ㉢ 전류, ㉣ 빠르게
01 (1) × (2) ○ (3) ○ (4) × **02** 역학적 에너지 **03** 검류계의 바늘이 왼쪽으로 움직인다.

01 (2) 자석이 코일 사이를 움직이면 전자기 유도가 일어나고 코일에 유도 전류가 흐르며 발광 다이오드에 불이 켜진다.
(3) 자석의 역학적 에너지가 코일에서 전기 에너지로 전환되어 유도 전류가 흐른다.
바로알기 (1) 자석의 운동 방향은 유도 전류의 방향에 영향을 미치나, 유도 전류의 세기와는 관계가 없다.
(4) 플라스틱 관을 더 빠르게 흔들면 유도 전류의 세기가 더 세지므로 발광 다이오드의 불이 더 밝아진다.

02 자석의 역학적 에너지가 전기 에너지로 전환되면서 유도 전류가 흐른다.

03 자석을 코일에 가까이 할 때와 멀리 할 때 코일에 흐르는 유도 전류의 방향이 반대이다. 그러므로 자석을 코일에서 멀리 하면 가까이 할 때 검류계의 바늘이 움직인 방향과 반대 방향으로 움직인다.

채점 기준	배점
검류계 바늘이 움직이는 방향을 옳게 서술한 경우	100 %
검류계 바늘이 반대 방향으로 움직인다고만 서술한 경우	50 %

여기서 잠깐

진도 교재 71쪽

유제❶ ④ 유제❷ ②

유제❶ ㄴ. 역학적 에너지의 일부가 열에너지, 소리 에너지 등으로 전환되기 때문에 역학적 에너지가 감소한다.
ㄷ. 역학적 에너지는 보존되지 않지만 에너지의 총량은 보존되므로 처음 역학적 에너지와 전환된 에너지의 총량은 같다.
바로알기 ㄱ. B점, C점의 높이가 점점 낮아지므로 위치 에너지가 점점 감소한다. 따라서 역학적 에너지도 감소한다.

유제❷ ④ 스위치 1과 2 중 하나만 닫고 실험하면 B에서 역학적 에너지로 전환되는 전기 에너지가 증가하므로 B의 손잡이가 더 많이 돌아간다.
바로알기 ② A의 손잡이를 돌리는 역학적 에너지가 B의 손잡이를 돌리는 역학적 에너지뿐만 아니라, 빛에너지와 소리 에너지로도 전환되므로 B의 손잡이는 10회보다 적게 돌아간다.

기출 문제로 내신쑥쑥

진도 교재 72~75쪽

01 ④ **02** ⑤ **03** ⑤ **04** ② **05** ② **06** ③ **07** ④ **08** ② **09** ⑤ **10** ⑤ **11** ③ **12** ③ **13** ④, ⑤ **14** ⑤ **15** ② **16** ④ **17** ② **18** ① **19** ④
서술형 문제 **20** (가)에서는 자석의 위치 에너지가 운동 에너지로 전환된다. (나)에서는 자석의 위치 에너지가 전기 에너지와 운동 에너지로 전환된다. **21** 건전지의 전기 에너지가 장난감 자동차의 운동 에너지로 전환된다. **22** 1000 J=500 J+100 J+50 J+운동 에너지이므로 자동차를 움직이게 하는 운동 에너지는 350 J이다. **23** 헤어드라이어에 정격 전압인 220 V를 걸어 주면 헤어드라이어가 1초에 550 J의 전기 에너지를 사용한다는 의미이다.

01 ② 유도 전류의 세기는 강한 자석을 사용할수록, 코일의 감은 수가 많을수록, 자석을 빠르게 움직일수록 세게 흐른다.
바로알기 ④ 코일 주위에서 자석을 움직이거나 자석 주위에서 코일을 움직이면 코일을 통과하는 자기장이 변하면서 유도 전류가 흐른다.

02 바로알기 ⑤ 전자기 유도는 자석이나 코일이 운동하여 코일을 통과하는 자기장이 변하는 경우에 일어난다. 따라서 코일 속에 자석이 정지해 있을 때는 자기장의 변화가 없으므로 전자기 유도가 일어나지 않는다.

03 ①, ② 코일 주위에서 자석을 움직이면 코일을 통과하는 자기장이 변하여 전자기 유도가 일어난다.
③ 자석을 움직이는 역학적 에너지가 전기 에너지로 전환되어 코일에 유도 전류가 흐른다.
④ 자석을 코일 내부에 넣고 가만히 있으면 코일을 통과하는 자기장이 변하지 않으므로 유도 전류가 흐르지 않는다.
바로알기 ⑤ 자석의 같은 극을 가까이 하거나 멀리 할 때, 유도 전류가 반대 방향으로 흐르므로 검류계 바늘도 반대 방향으로 움직인다.

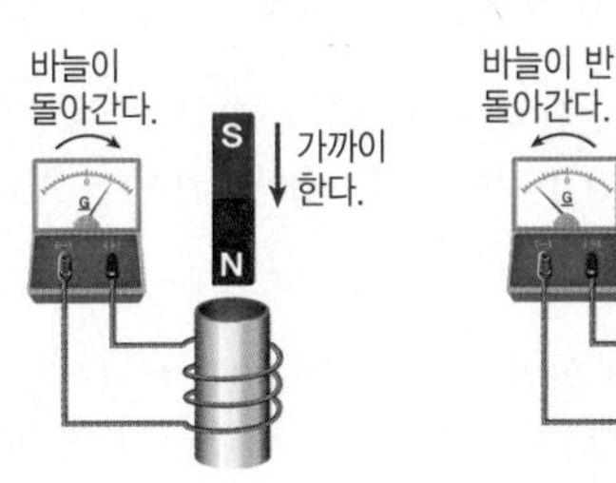

04 발전기 외부에서 전달하는 ㉠ 역학적 에너지에 의해 회전 날개가 회전하면 회전 날개에 고정된 코일이 자석 사이에서 회전한다. 이에 따라 코일을 통과하는 ㉡ 자기장이 변하게 되어 ㉢ 전자기 유도에 의해 코일에 유도 전류가 흐르고 전기 에너지가 발생한다.

05 발전기에서는 회전 날개가 회전하는 역학적 에너지가 유도 전류의 전기 에너지로 전환된다.

06 ㄱ. 발전기의 내부는 자석과 자석 사이에서 회전할 수 있는 코일로 이루어져 있다.
ㄷ. 발전소에서는 발전기가 회전하는 역학적 에너지를 전기 에너지로 전환하여 전기 에너지를 생산한다.
바로알기 ㄴ. 발전기는 자석 사이에서 코일이 회전하면 전자기 유도에 의해 코일에 유도 전류가 흐르는 것을 이용한 장치이다.

07 ㄱ. 풍력 발전에서는 바람의 역학적 에너지로 발전기를 돌리면 발전기의 역학적 에너지가 전기 에너지로 전환된다.
ㄴ. 수력 발전은 높은 곳의 물이 아래로 떨어지면서 위치 에너지가 운동 에너지로 전환되는 것을 이용하여 물의 운동 에너지로 발전기를 돌려 전기 에너지를 생산한다.
바로알기 ㄷ. 화력 발전은 연료를 태운 열에너지로 물을 끓이면 발생하는 수증기의 역학적 에너지로 발전기를 돌려 전기 에너지를 생산한다.

08 ㄱ, ㄷ. 간이 발전기를 흔들면 자석이 움직이는 역학적 에너지가 발광 다이오드에 불을 켜는 전기 에너지로 전환된다.
바로알기 ㄴ. 간이 발전기를 흔들면 자석이 움직이는 방향이 계속 바뀌므로 코일에 흐르는 유도 전류의 방향도 계속 바뀐다. 발광 다이오드는 긴 다리에서 짧은 다리로만 전류가 흐르기 때문에 전류의 방향이 반대가 되면 불이 켜지지 않는다. 따라서 간이 발전기를 흔드는 동안 발광 다이오드에 불은 켜졌다 꺼졌다를 반복한다.
ㄹ. 흔드는 것을 멈추면 코일을 통과하는 자기장의 변화가 일어나지 않으므로 유도 전류가 흐르지 않아 불이 바로 꺼진다.

09 ①, ② 손발전기 내부에는 자석과 코일이 있으므로 손잡이를 돌리면 전자기 유도에 의해 전구에 유도 전류가 흐른다.
③ 손잡이를 돌리는 운동 에너지가 전자기 유도에 의해 전기 에너지로 전환된다.
④ 전구에서는 유도 전류의 전기 에너지가 빛에너지로 전환되어 불이 켜진다.
바로알기 ⑤ 손잡이를 더 빠르게 돌리면 유도 전류의 세기가 더 세지므로 전구의 불빛이 더 밝아진다.

10 **바로알기** ⑤ 헤어드라이어는 전기 에너지를 이용하여 뜨거운(열에너지) 바람(운동 에너지)을 발생시킨다.

11 전기 에너지가 전환되는 과정에서 에너지의 총량은 보존되므로 3000 J=300 J+2000 J+열에너지이다. 따라서 열에너지는 700 J이다.

12 ㄱ. 휴대 전화의 화면이 밝은 것은 전기 에너지가 빛에너지로 전환되기 때문이다.
ㄷ. 에너지가 전환되는 과정에서 에너지의 총량은 보존되므로 휴대 전화에 공급된 전기 에너지의 총량은 휴대 전화에서 전환된 에너지의 총량과 같다.
바로알기 ㄴ. 휴대 전화에 공급된 전기 에너지는 소리 에너지, 빛에너지, 열에너지, 운동 에너지 등 여러 종류의 에너지로 전환된다.

13 ② 소비 전력은 1초 동안 사용한 전기 에너지를 의미한다. 1초 동안 1 J의 에너지를 사용할 때 소비 전력은 1 W이다.
바로알기 ④ 1 Wh는 1 W의 전력을 1시간 동안 사용할 때의 전력량이다.
⑤ 1 Wh=1 W×1 h=1 W×3600 s=3600 J이다.

14 소비 전력이 880 W인 전열기는 1초에 880 J의 전기 에너지를 소비하므로 전열기가 5분 동안 소비한 전기 에너지는 880 J×300 s=264000 J이다.

15 전력량=소비 전력×시간이므로 전열기가 60분 동안 소비한 전력량은 880 W×1 h=880 Wh이다.

16 ①, ② '220 V-20 W'는 정격 전압이 220 V, 정격 소비 전력이 20 W인 것을 의미한다. 따라서 이 전구는 220 V에서 제대로 작동한다.
③ 정격 소비 전력은 정격 전압을 걸었을 때의 소비 전력이므로 이 전구에 정격 전압을 걸었을 때 소비 전력은 20 W이다. 따라서 1초에 20 J의 전기 에너지를 소비한다.
⑤ 전력량=소비 전력×시간이므로 전구를 사용한 시간이 길수록 전구가 소비하는 전력량은 증가한다.
바로알기 ④ 소비 전력은 전구가 1초 동안 사용하는 전기 에너지의 양이므로 전구를 사용한 시간과 관계없이 일정하다.

17 ① 소비 전력이 50 W인 선풍기가 3초 동안 소비하는 전기 에너지는 50 W×3 s=150 J이다.
③ 선풍기를 2시간 동안 사용했을 때 선풍기가 소비하는 전력량은 50 W×2 h=100 Wh이다.
④ 소비 전력이 1500 W인 전기다리미를 20분 동안 사용했을 때 소비하는 전력량은 1500 W×$\frac{1}{3}$ h=500 Wh이다.
⑤ 1초 동안 소비한 전기 에너지는 전기다리미가 1500 J이고, 선풍기가 50 J이므로 전기다리미가 선풍기의 30배이다.
바로알기 ② 소비 전력이 1500 W인 전기다리미가 1분 동안 소비하는 전기 에너지는 1500 W×60 s=90000 J이다.

18 ② 청소기가 1초 동안 소비하는 전기 에너지는 80 J이므로 청소기가 1시간 동안 소비하는 전기 에너지는 80 W×3600 s=288000 J =288 kJ이다.
③ 전력량=소비 전력×시간이므로 세탁기를 2시간 동안 사용했을 때 소비하는 전력량은 150 W×2 h=300 Wh이다.
④ 청소기를 30분 동안 사용했을 때 청소기가 소비하는 전력량은 80 W×0.5 h=40 Wh이다.
⑤ 전기 에너지는 소비 전력에 비례하므로 소비 전력이 가장 작은 선풍기가 같은 시간 동안 가장 작은 전기 에너지를 사용한다.
바로알기 ① 텔레비전의 소비 전력은 100 W이므로 1초에 100 J의 전기 에너지를 소비한다.

19 민수네 가정에서 하루 동안 사용한 전력량의 총합은 50 W×3 h+10 W×3 h+900 W×$\frac{1}{3}$ h=480 Wh이다.

20 (가)에서는 위치 에너지가 운동 에너지로만 전환되지만, (나)에서는 코일을 지나면서 운동 에너지의 일부가 전기 에너지로 전환되므로 지면에 더 늦게 도달한다.

채점 기준	배점
(가)와 (나)에서 일어나는 에너지 전환을 모두 옳게 서술한 경우	100 %
(가)와 (나)에서 일어나는 에너지 전환 중 한 가지만 옳게 서술한 경우	50 %

21 장난감 자동차는 건전지의 전기 에너지를 이용하여 움직이므로 전기 에너지가 운동 에너지로 전환된 것이다.

채점 기준	배점
전기 에너지와 운동 에너지를 모두 포함하여 옳게 서술한 경우	100 %

22 에너지가 전환되는 과정에서 에너지의 총량은 보존된다.

채점 기준	배점
풀이 과정과 함께 운동 에너지를 옳게 구한 경우	100 %
풀이 과정 없이 운동 에너지만 쓴 경우	40 %

21 220 V-550 W에서 220 V는 정격 전압을 의미하고, 550 W는 정격 소비 전력을 의미한다.

채점 기준	배점
주어진 단어를 모두 사용하여 옳게 서술한 경우	100 %
주어진 단어 중 사용한 단어 하나당	30 %

수준 높은 문제로 실력탄탄

진도 교재 75쪽

01 (나) **02** ③ **03** ④

01 (가)는 전원이 연결되어 있으므로 전기 에너지를 역학적 에너지로 전환하는 전동기의 구조이다. (나)는 코일을 돌리면 전구에 불이 들어오는 발전기의 구조이다. 역학적 에너지를 전기 에너지로 전환하는 장치는 발전기이다.

02 ㄱ. 1분 동안 A와 B가 방출하는 빛에너지는 8 J로 같으므로 전구의 밝기는 같다.
ㄷ. 같은 시간 동안 방출하는 빛에너지가 같을 때 소비 전력이 작은 전구일수록 전기 에너지를 더 효율적으로 사용하므로 소비 전력이 작은 B를 사용할 때 전기 에너지를 더 절약할 수 있다.
바로알기 ㄴ. 1분 동안 A가 소비한 전기 에너지는 8 J+8 J=16 J이고, B가 소비한 전기 에너지는 8 J+4 J=12 J이다. 따라서 A와 B의 소비 전력의 비는 16 J : 12 J=4 : 3이다.

03 건영이네 집에서 하루 동안 사용한 일일 사용 전력량=80 W×2 h+30 W×8 h+100 W×3 h+200 W×24 h=5500 Wh이므로 한 달 동안 사용한 전력량=5500 Wh×30=165000 Wh=165 kWh이다.
따라서 전기 요금=165 kWh×300원/kWh=49500원이다.

단원평가문제

진도 교재 76~80쪽

01 ④ **02** ③ **03** ④ **04** ② **05** ② **06** ④ **07** ④, ⑤ **08** ③ **09** ③ **10** ⑤ **11** ① **12** ②, ④ **13** ① **14** ④ **15** ④ **16** ② **17** ③ **18** ⑤ **19** ① **20** ④ **21** ④ **22** ② **23** ③ **24** ②

서술형문제 **25** A는 역학적 에너지, B는 위치 에너지, C는 운동 에너지이다. 물체가 낙하하는 동안 높이는 낮아지고, 속력은 빨라지므로 위치 에너지는 감소하고, 운동 에너지는 증가한다. 역학적 에너지는 보존되므로 계속 일정하다. **26** B, 처음의 운동 에너지가 같으므로 최고 높이에서 위치 에너지도 (가)에서와 같다. 따라서 (가)에서와 같은 높이인 B까지 올라갈 수 있다. **27** (1) 공의 높이가 5 m에서 4 m로 감소하였으므로 위치 에너지가 처음의 $\frac{4}{5}$가 되고, $\frac{1}{5}$은 운동 에너지로 전환된다. 따라서 위치 에너지와 운동 에너지의 비는 4 : 1이다. (2) 높이가 감소하여 위치 에너지 감소량만큼 운동 에너지가 증가하므로 (9.8×1) N×(5 m−1 m)=39.2 J이다. **28** 간이 발전기를 흔들면 간이 발전기 안의 자석이 코일 사이를 움직이면서 전자기 유도가 일어나 발광 다이오드에 불이 켜진다. **29** 텔레비전 화면에서 빛에너지로 전환되어 화면이 보이고, 소리 에너지로 전환되어 소리가 들린다. 열에너지로도 전환되어 텔레비전이 따뜻해진다. 등 **30** (가), 밝기가 같은데 소비 전력이 작으므로 같은 시간을 사용했을 때 소비하는 전기 에너지 양이 작기 때문이다.

01 ①, ② 공의 높이가 낮아지므로 위치 에너지는 감소한다.
③ 공의 속력이 빨라지므로 운동 에너지는 증가한다.
⑤ 공의 높이가 낮아지고 속력은 빨라지므로 위치 에너지가 운동 에너지로 전환된다.
바로알기 ④ 공의 역학적 에너지는 위치 에너지와 운동 에너지의 합으로, 자유 낙하 하는 물체의 역학적 에너지는 일정하게 보존된다.

02 공의 역학적 에너지는 최고점인 10 m 높이에서 위치 에너지와 같으므로 (9.8×1) N×10 m=98 J이다. 위치 에너지는 (9.8×1) N×7 m=68.6 J이고, 운동 에너지=역학적 에너지−위치 에너지이므로 98 J−68.6 J=29.4 J이다.

03 지면에 닿는 순간 공의 운동 에너지는 10 m 높이에서 위치 에너지와 같으므로 (9.8×2) N×10 m=196 J이다. 따라서 $\frac{1}{2}$×2 kg×v^2=196 J이므로 속력 v=14 m/s이다.

04 ㄱ. A점에서는 물체가 정지해 있으므로 운동 에너지가 0이다. 따라서 위치 에너지만 있다.
ㄴ. 운동 에너지는 위치 에너지 감소량과 같으므로 감소한 높이에 비례한다. B점의 높이는 15 m이고, 감소한 높이는 5 m이므로 B점에서 위치 에너지 : 운동 에너지=3 : 1이다. 따라서 B점에서는 운동 에너지가 위치 에너지보다 작다.

ㄷ. C점에서 운동 에너지=위치 에너지 감소량이므로 C점에서 운동 에너지는 (9.8×1) N×(20 m−10 m)=98 J이다.

바로알기 ㄹ. A점에서 위치 에너지가 E점에서 운동 에너지로 모두 전환되므로 E점에서 운동 에너지는 (9.8×1) N×20 m =196 J이다. 물체의 속력이 10 m/s일 때는 운동 에너지가 $\frac{1}{2}$×1 kg×(10 m/s)^2=50 J이므로 E점에서 속력은 10 m/s보다 빠르다.

05 지면에서 공의 운동 에너지=5 m에서 역학적 에너지이므로 $\frac{1}{2}$×0.2 kg×(14 m/s)^2=(9.8×0.2) N×5 m+운동 에너지이다. 따라서 19.6 J=9.8 J+운동 에너지이므로 5 m에서 공의 운동 에너지는 9.8 J이다.

06 위치 에너지 증가량은 운동 에너지 감소량과 같으므로 267 J−120 J=147 J이다. 따라서 (9.8×3) N×h=147 J이므로 h=5 m이다.

07 위치 에너지가 운동 에너지로 전환되는 구간은 물체의 높이가 낮아지면서 속력이 빨라지는 구간이다. 따라서 공이 내려오는 구간인 C → D → E 구간에서 위치 에너지가 운동 에너지로 전환된다.

08 ① 모든 점에서 역학적 에너지는 같다.
② B점은 높이가 10 m이고 감소한 높이도 10 m이므로 위치 에너지와 운동 에너지는 같다.
④ D점에서 E점까지는 롤러코스터의 높이가 점점 낮아져서 위치 에너지가 운동 에너지로 전환되므로 위치 에너지가 감소하고 운동 에너지는 증가한다.
⑤ 높이가 가장 낮은 지점인 E점에서 롤러코스터의 속력이 가장 빠르다.

바로알기 ③ C점에서 롤러코스터의 위치 에너지 : 운동 에너지 =4 m : (20−4) m=1 : 4이다. F점에서 위치 에너지 : 운동 에너지=15 m : (20−15) m=3 : 1이다.

09 롤러코스터의 질량을 m이라고 하면, B점과 C점에서 운동 에너지 E_B와 E_C는 다음과 같다.

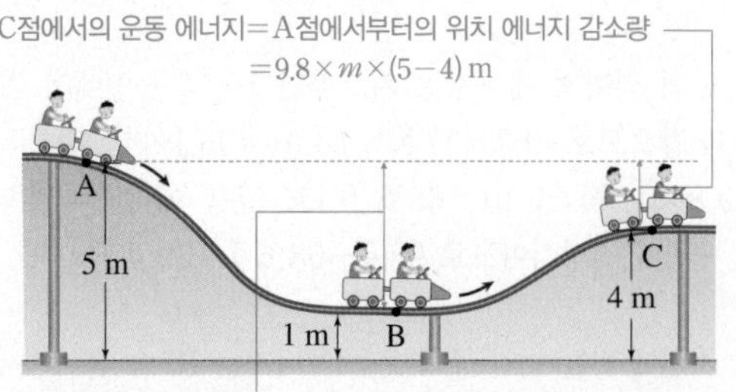
C점에서의 운동 에너지=A점에서부터의 위치 에너지 감소량
=9.8×m×(5−4) m
A
5 m
1 m
B
C
4 m
B점에서의 운동 에너지=A점에서부터의 위치 에너지 감소량
=9.8×m×(5−1) m

따라서 B점과 C점에서 운동 에너지의 비는 감소한 높이 비와 같다. 그러므로 $E_B : E_C$=(5−1) m : (5−4) m=4 : 1=$2^2 : 1^2$이다. 운동 에너지는 속력의 제곱에 비례하므로 B점과 C점의 속력의 비 $v_B : v_C$=2 : 1이다.

10 공기 저항이나 마찰이 없을 때 운동하는 물체의 역학적 에너지는 항상 일정하게 보존되므로 역학적 에너지는 A, O, B에서 모두 같다.

11 ㄱ, ㄴ. 자석을 코일에 가까이 하거나 멀리 하면 코일을 통과하는 자기장이 변하므로 전자기 유도에 의해 코일에 유도 전류가 흐른다.

바로알기 ㄷ. 자석을 코일 속에 넣고 가만히 두면 코일을 통과하는 자기장에 변화가 없으므로 유도 전류가 흐르지 않는다.
ㄹ. 자석을 코일에 가까이 할 때와 멀리 할 때, 코일에 흐르는 유도 전류의 방향은 서로 반대 방향이다.

12 ①, ③, ⑤ 유도 전류의 세기는 자석의 세기가 셀수록, 코일의 감은 수가 많을수록, 자석을 빠르게 움직일수록 세다.

바로알기 ②, ④ 자석의 극이나 코일의 감은 방향을 반대로 하면 유도 전류의 방향이 바뀐다.

13 ② 발전기 내부에는 자석과 자석 사이를 회전할 수 있는 코일이 있다.
③, ④ 코일이 회전하면 전자기 유도에 의해 역학적 에너지가 전기 에너지로 전환되면서 전기 에너지가 생산된다.
⑤ 발전소에서는 다양한 에너지를 이용하여 발전기를 돌려 전기 에너지를 생산한다.

바로알기 ① 발전기는 전자기 유도를 이용한다.

14 ①, ② 자전거 발전기의 바퀴 안에는 코일과 자석이 들어 있어 바퀴를 돌리면 전자기 유도에 의해 전기가 생산된다.
③ 바퀴가 돌아가는 역학적 에너지가 전기 에너지로 전환된다.
⑤ 전기 에너지는 다양한 형태의 에너지로 쉽게 전환하여 사용할 수 있기 때문에 우리 생활에 널리 이용된다.

바로알기 ④ 발전기는 역학적 에너지를 전기 에너지로 전환하는 장치이므로 전기 에너지의 공급이 필요하지 않다.

15 ㄱ. 간이 발전기를 흔들면 자석이 코일 사이를 통과하면서 전자기 유도에 의해 코일에 유도 전류가 흐른다.
ㄷ. 간이 발전기를 더 빠르게 흔들면 유도 전류가 더 세게 흐르므로 발광 다이오드의 불빛이 더 밝아진다.

바로알기 ㄴ. 발광 다이오드에 전류가 흐르면 불이 켜지므로 전기 에너지가 빛에너지로 전환된다.

16 ② 수력 발전소에서는 물의 역학적 에너지를 전기 에너지로 전환하여 전기를 생산한다.

바로알기 ④ 바람의 역학적 에너지가 전기 에너지로 전환되는 과정은 풍력 발전소에서의 에너지 전환 과정이다.
⑤ 연료의 화학 에너지가 전기 에너지로 전환되는 과정은 화력 발전소에서의 에너지 전환 과정이다.

17 **바로알기** ㄱ. 컴퓨터 모니터는 전기 에너지를 빛에너지로 전환하는 전기 기구이다.
ㄹ. 전기다리미는 전기 에너지를 열에너지로 전환하는 전기 기구이다.

18 ㄴ. 전기 에너지는 각종 전기 기구를 통해서 쉽게 다른 형태의 에너지로 전환된다.
ㄷ. 에너지가 전환되는 과정에서 에너지의 총량은 일정하게 보존된다.

바로알기 ㄱ. 에너지는 전환되는 과정에서 새로 생기거나 없어지지 않는다.

19 ㄱ, ㄴ. 세탁기에서 전기 에너지는 모터의 운동 에너지, 화면의 빛에너지, 세탁기가 돌아갈 때 소리 에너지, 세탁기를 따뜻해지게 하는 열에너지 등으로 전환된다.
바로알기 ㄷ. 에너지의 전환 과정에서 에너지의 총량은 변하지 않는다. 따라서 전환된 에너지를 모두 합하면 세탁기에 공급된 전기 에너지의 양과 같다.
ㄹ. 세탁기에서 전기 에너지는 여러 형태의 에너지로 동시에 전환된다.

20 ㄱ, ㄴ. 소비 전력은 1초 동안 전기 기구가 소비하는 전기 에너지의 양을 나타내고, 전력량은 소비 전력과 시간의 곱으로 나타낸다.
바로알기 ㄷ. 전력량의 단위로 Wh(와트시)를 사용한다.

21 ㄱ. 정격 전압이 220 V이므로 220 V에 연결해야 진공청소기가 정상적으로 작동한다.
ㄷ. 청소기의 소비 전력이 1390 W이므로 1시간 동안 소비하는 전력량은 1390 Wh이다. 30분 동안은 695 Wh를 소비한다.
ㄹ. 진공청소기에서는 전기 에너지가 모터의 역학적 에너지로 전환되며, 모터가 돌아가는 소리의 소리 에너지, 청소기를 따뜻해지게 하는 열에너지 등으로도 전환된다.
바로알기 ㄴ. 소비 전력이 1390 W이므로 1초에 1390 J의 전기 에너지를 소비한다.

22 1초 동안 소비하는 전기 에너지는 소비 전력이고, 전력량은 소비 전력×시간이다. 따라서 전력량은 (가)는 10 W×2 h =20 Wh, (나)는 30 W×100 h=3000 Wh, (다)는 45 W ×5 h=225 Wh, (라)는 200 W×10 h=2000 Wh, (마)는 1000 W×1 h=1000 Wh이다. 전력량이 가장 큰 것은 (나)이다.

23 전력량(Wh)=소비 전력(W)×사용 시간(h)이다.

전기 기구	소비 전력	사용 시간	전력량
에어컨	6000 W	30분 =0.5시간	6000 W×0.5 h =3000 Wh
LED 전구	10 W	10시간	10 W×10 h =100 Wh
전기다리미	1000 W	15분 =0.25시간	1000 W×0.25 h =250 Wh
헤어드라이어	1600 W	15분 =0.25시간	1600 W×0.25 h =400 Wh

총 전력량은 3000 Wh+100 Wh+250 Wh+400 Wh= 3750 Wh이다.

24 바로알기 ② Ⅱ. 컴퓨터의 소비 전력이 500 W이므로 1시간 동안 컴퓨터를 사용할 때 소비하는 전력량은 500 W×1 h =500 Wh이다.

25 물체가 낙하하는 동안 위치 에너지는 감소하고, 운동 에너지는 증가하며, 역학적 에너지는 일정하게 보존된다.

채점 기준	배점
A~C를 모두 옳게 쓰고, 그 까닭을 서술한 경우	100 %
A~C만 옳게 쓴 경우	50 %

26 (가)와 (나)에서 처음 가지고 있던 운동 에너지가 같으므로 최고 높이에서 갖는 위치 에너지도 같다. 따라서 쇠구슬은 (가)와 (나)에서 같은 높이까지 올라간다.

채점 기준	배점
최고 높이를 고르고, 그 까닭을 옳게 서술한 경우	100 %
최고 높이만 옳게 고른 경우	40 %

27 (1) A점에서의 위치 에너지가 B점에서 위치 에너지와 운동 에너지로 전환된다. 이때 B점에서의 운동 에너지는 A점과 B점에서 위치 에너지의 차와 같다.
(2) C점의 위치 에너지와 운동 에너지의 합은 A점의 위치 에너지와 같다. 따라서 C점의 운동 에너지는 A점과 C점에서의 위치 에너지 감소량과 같다.

채점 기준		배점
(1)	풀이 과정과 함께 에너지의 비를 옳게 구한 경우	50 %
	풀이 과정 없이 에너지의 비만 옳게 쓴 경우	20 %
(2)	풀이 과정과 함께 운동 에너지를 옳게 구한 경우	50 %
	풀이 과정 없이 운동 에너지만 옳게 쓴 경우	20 %

28 간이 발전기 안에는 자석과 코일이 들어 있어 흔들면 전자기 유도에 의해 코일에 유도 전류가 흘러 발광 다이오드에 불이 켜진다.

채점 기준	배점
전자기 유도로 과정을 옳게 서술한 경우	100 %
전자기 유도 때문이라고만 서술한 경우	40 %

29 전기 기구를 사용하는 동안 전기 에너지는 다양한 에너지로 전환된다. 텔레비전은 화면을 켜고 소리를 내는 것이 원래 텔레비전의 기능이지만 텔레비전이 따뜻해지게 하는 열에너지도 발생한다.

채점 기준	배점
에너지 전환을 두 가지 이상 모두 옳게 서술한 경우	100 %
에너지 전환을 한 가지만 옳게 서술한 경우	50 %

30 소비 전력이 작으면 같은 시간 동안 사용하는 전기 에너지의 양이 작다.

채점 기준	배점
효율이 좋은 전구를 고르고, 그 까닭을 옳게 서술한 경우	100 %
효율이 좋은 전구만 옳게 고른 경우	40 %

우리는 매일 에너지를 사용해요. 이 단원을 학습하고 에너지를 잘 아는 '에너지 마스터'가 되어 봅시다. 먹고 있는 당근에도 에너지가 있어요!

Ⅶ 별과 우주

01 별까지의 거리

확인 문제로 개념쏙쏙

진도 교재 85쪽

Ⓐ 시차, 연주 시차, 작다, 1, 연주 시차

1 (1) × (2) × (3) ○ (4) × 2 ③ 3 (1) 1 pc (2) 0.5 pc (3) 2 pc (4) 4 pc 4 (1) 0.4″ (2) 0.2″ (3) 5 pc (4) 0.1″ 5 (마)

1 바로알기 (1) 시차는 물체가 멀리 있을수록 작게 나타난다.
(2) 연주 시차는 6개월 간격으로 별을 관측했을 때 나타나는 각도(시차)의 $\frac{1}{2}$이다.
(4) 연주 시차로 대체로 100 pc 이내의 가까운 별까지의 거리를 측정할 수 있다.

3 별까지의 거리(pc)$=\frac{1}{\text{연주 시차}(″)}$이므로 별까지의 거리는 (1) $\frac{1}{1″}=1$ pc, (2) $\frac{1}{2″}=0.5$ pc, (3) $\frac{1}{0.5″}=2$ pc, (4) $\frac{1}{0.25″}=4$ pc이다.

4 (2) 연주 시차는 별을 6개월 간격으로 관측하여 측정한 시차의 $\frac{1}{2}$이므로, 별 S의 연주 시차는 $\frac{0.4″}{2}=0.2″$이다.
(3) 별 S까지의 거리(pc)$=\frac{1}{\text{연주 시차}(″)}=\frac{1}{0.2″}=5$ pc이다.
(4) 별까지의 거리와 연주 시차는 반비례하므로, 별 S까지의 거리가 2배로 멀어지면 연주 시차는 $0.2″\times\frac{1}{2}=0.1″$가 된다.

5 연주 시차는 별까지의 거리가 가까울수록 크다.

탐구a

진도 교재 86쪽

㉠ 작아, ㉡ 반비례, ㉢ 거리
01 (1) ○ (2) × (3) ○ (4) ○ 02 A, B, C 03 시차와 물체까지의 거리는 반비례 관계이다.

01 (4) 별을 6개월 간격으로 관측한 시차의 $\frac{1}{2}$인 연주 시차를 이용하면 별까지의 거리를 알 수 있다.
바로알기 (2) 물체까지의 거리가 멀수록 시차는 작게 측정된다. 따라서 과정 ❸보다 과정 ❷인 경우에 시차가 작게 측정된다.

02 물체까지의 거리가 멀수록 시차가 작게 측정된다.

03

채점 기준	배점
시차와 물체까지의 거리가 반비례한다는 내용을 포함하여 옳게 서술한 경우	100 %

기출 문제로 내신쏙쏙

진도 교재 87~89쪽

01 ⑤ 02 ④ 03 ③ 04 ③ 05 ④ 06 ① 07 ① 08 ④ 09 ② 10 ③ 11 ① 12 ①
서술형 문제 13 연주 시차, 점점 작아진다. 14 (1) 1 pc (2) 2″, 연주 시차는 별까지의 거리에 반비례하기 때문이다. 15 (1) 지구가 공전하면서 별을 관측하는 위치가 달라졌기 때문이다. (2) A, 6개월 동안 하늘에서 이동한 거리가 별 A가 별 B보다 크기 때문이다.

01 바로알기 ① 관측자와 물체 사이의 거리가 멀수록 시차는 작다.
② 별의 시차는 지구가 공전하기 때문에 나타난다.
③ 연주 시차는 지구에서 6개월 간격으로 별을 관측하여 측정한 시차의 $\frac{1}{2}$이다.
④ 연주 시차와 별까지의 거리는 반비례 관계이다.

02 바로알기 ④ (나)와 같이 팔을 펴고 실험을 하면 눈과 연필 사이의 거리가 멀어지므로 시차는 작아진다.

03 바로알기 ㄱ. 별 S의 연주 시차는 시차인 $\angle E_1SE_2$의 $\frac{1}{2}$이다.
ㄴ. 연주 시차는 별까지의 거리에 반비례하므로 별 S의 연주 시차는 지구로부터 별 S까지의 거리가 멀수록 작아진다.

[04~05]

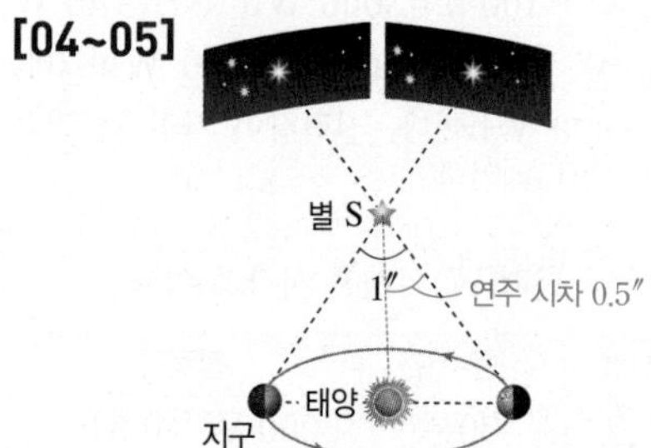

04 ㄷ. 거리가 먼 별일수록 연주 시차가 작다.
바로알기 ㄱ. 연주 시차는 시차(1″)의 $\frac{1}{2}$이므로 0.5″이다.
ㄴ. 별까지의 거리(pc)$=\frac{1}{\text{연주 시차}(″)}=\frac{1}{0.5″}=2$ pc이다.

05 별까지의 거리와 연주 시차는 반비례 관계이므로, 지구에서 별 S까지의 거리가 2배로 멀어지면 별 S의 연주 시차는 $0.5″\times\frac{1}{2}=0.25″$로 작게 측정된다.

06 (가) 별 S까지의 거리(pc)$=\frac{1}{\text{연주 시차}(″)}=\frac{1}{2″}=0.5$ pc이다.
(나) 별까지의 거리와 연주 시차는 반비례하므로 별 S보다 4배 먼 거리에 있는 별의 연주 시차는 $2″\times\frac{1}{4}=0.5″$이다.

07 연주 시차는 시차의 $\frac{1}{2}$이므로 A는 $\frac{0.2″}{2}=0.1″$, B는 $\frac{0.1″}{2}=0.05″$이다.

08 ① 별 A까지의 거리$=\frac{1}{\text{연주 시차}('')}=\frac{1}{0.1''}=10$ pc이다.

② 별 B까지의 거리는 $\frac{1}{0.05''}=20$ pc이므로 별 A까지의 거리인 10 pc보다 2배 멀다.

③ 별 A까지의 거리는 10 pc, 별 B까지의 거리는 20 pc이므로 별 A와 별 B 사이의 거리는 20 pc－10 pc＝10 pc이다.

⑤ 목성의 공전 궤도는 지구의 공전 궤도보다 크므로 별 B의 시차는 지구보다 목성에서 더 크게 측정될 것이다.

바로알기 ④ 약 100 pc보다 멀리 있는 별은 연주 시차가 매우 작아서 측정하기 어렵다.

09 가까이 있는 별일수록 연주 시차가 크게 나타난다.

10 별 S_1까지의 거리$=\frac{1}{1''}=1$ pc, 별 S_2까지의 거리$=\frac{1}{0.25''}=4$ pc이다. 따라서 별 S_1과 S_2의 거리 비는 1 : 4이다.

11 ㄱ. 밤하늘에서 별이 6개월 동안 이동한 거리가 별 (가)가 별 (나)보다 크므로 별 (가)의 연주 시차가 더 크다.

바로알기 ㄴ. 별 (가)는 별 (나)보다 연주 시차가 더 크므로 지구로부터 더 가까이 있다.

ㄷ. 지구가 태양을 공전하기 때문에 별 (가)와 별 (나)의 위치 변화가 나타난다.

12 ㄱ. 연주 시차는 지구에서 별을 6개월 간격으로 측정한 시차의 $\frac{1}{2}$이다. 따라서 별 A의 연주 시차는 0.1″이고, 별 B의 연주 시차는 0.05″이다.

바로알기 ㄴ. 별 B의 연주 시차는 0.05″이므로 지구에서 별 B까지의 거리는 $\frac{1}{0.05''}=20$ pc이다.

ㄷ. 연주 시차가 작을수록 더 멀리 있는 별이므로 별 B는 별 A보다 더 멀리 있다.

13 별을 6개월 간격으로 관측한 시차의 $\frac{1}{2}$을 연주 시차라고 하며, 연주 시차는 지구에서 별까지의 거리에 반비례한다.

채점 기준	배점
연주 시차를 쓰고, θ 값이 작아진다고 서술한 경우	100 %
연주 시차와 θ 값의 변화 중 한 가지만 옳게 서술한 경우	50 %

14 (1) 별 S_1의 연주 시차가 1″이므로 거리는 1 pc이다.

(2) 별 S_2까지의 거리가 별 S_1까지의 거리의 $\frac{1}{2}$이므로 별 S_2의 연주 시차는 $1''\times2=2''$이다.

	채점 기준	배점
(1)	거리를 옳게 구한 경우	40 %
(2)	연주 시차를 옳게 구하고, 까닭을 옳게 서술한 경우	60 %
	연주 시차만 옳게 구한 경우	30 %

15

	채점 기준	배점
(1)	지구의 공전을 포함하여 옳게 서술한 경우	40 %
(2)	연주 시차가 더 큰 별을 고르고, 까닭을 옳게 서술한 경우	60 %
	연주 시차가 더 큰 별만 옳게 고른 경우	30 %

수준 높은 문제로 **실력탄탄** 진도 교재 89쪽

01 ④ **02** ④ **03** ②

01 ④ 별 A까지의 거리(pc)$=\frac{1}{0.05''}=20$ pc이다.

바로알기 ① 배경 별은 너무 멀리 있어서 움직이지 않는 것처럼 보이는 별 B이다.

② 별 A는 1년을 주기로 제자리로 되돌아오기 때문에 (다)는 (가)로부터 1년 뒤에, (나)는 (가)로부터 6개월 뒤에 관측한 것이다.

③ 별 A는 위치가 변하지 않는 별 B와 비교해 보면 6개월 동안 0.07″＋0.03″＝0.1″만큼 이동하였고, 연주 시차는 이 값의 $\frac{1}{2}$인 0.05″이다.

⑤ 별 B는 너무 멀리 있어서 천구상의 위치가 변하지 않으므로 별 A보다 지구로부터 먼 거리에 있다.

02 별 A의 연주 시차는 $\frac{(0.9''+0.6'')+0.5''}{2}=1''$이므로 거리는 $\frac{1}{1''}=1$ pc이다. 별 B의 연주 시차는 $\frac{0.6''-0.4''}{2}=0.1''$이므로 거리는 $\frac{1}{0.1''}=10$ pc이다.

03 연주 시차가 1″인 별까지의 거리는 1 pc이고, 1 pc≒3.26광년≒3×10^{13} km이다. 별까지의 거리를 pc 단위로 바꾸면 ①은 1 pc, ②는 10 pc, ③은 5 pc, ④와 ⑤는 약 1 pc이다. 따라서 지구로부터의 거리가 가장 먼 별은 ②이다.

02 별의 성질

확인 문제로 **개념쏙쏙** 진도 교재 91, 93쪽

A 거리, 반비례, 작, 100, 2.5
B 겉보기, 10, 10, 작다, 크다
C 표면 온도, 높다, 황색

1 A : $\frac{1}{4}$, B : $\frac{1}{9}$ **2** (1) ○ (2) ○ (3) × (4) ○ (5) ○ (6) ○ (7) × **3** (1) A (2) D (3) 약 100배 **4** ② **5** (1) 겉 (2) 절 (3) 절 (4) 겉 **6** (1) C (2) D (3) A, C (4) D (5) C, D **7** ㉠ 파란색, ㉡ 붉은색 **8** (1) (라)－(다)－(마)－(가)－(나) (2) (마)

1 별의 밝기는 별까지의 거리의 제곱에 반비례한다. 따라서 별에서 관측자가 2배(A), 3배(B)로 멀어지면 별의 밝기는 원래의 $\frac{1}{2^2}$, $\frac{1}{3^2}$로 줄어든다.

2 바로알기 (3) 별은 밝을수록 등급이 작다. 따라서 1등급인 별은 6등급인 별보다 밝다.
(7) 별의 등급이 1등급 차일 때, 별의 밝기 차는 약 2.5배이다.

3 (1), (2) 등급이 작을수록 밝은 별이다.
(3) 별 A와 D는 5등급 차이이므로 밝기 차는 약 100배이다.

4 3등급인 별이 100개 모여 있다면 3등급인 별 1개보다 100배 밝으므로, 3등급보다 5등급 작은 −2등급인 별 1개의 밝기와 같다.

5 (1), (4) 겉보기 등급은 우리 눈에 보이는 별의 밝기 등급으로, 별까지의 실제 거리는 고려하지 않는다. 따라서 겉보기 등급이 작을수록 우리 눈에 밝게 보인다.
(2), (3) 절대 등급은 별이 10 pc의 거리에 있다고 가정했을 때의 밝기 등급으로, 별의 실제 밝기를 비교할 수 있다.

6 (1) 우리 눈에 가장 밝게 보이는 별은 겉보기 등급이 가장 작은 C이다.
(2) 실제로 가장 밝은 별은 절대 등급이 가장 작은 D이다.
(3), (4) '겉보기 등급 < 절대 등급'인 별은 10 pc보다 가까이 있고, '겉보기 등급 > 절대 등급'인 별은 10 pc보다 멀리 있다.
(5) (겉보기 등급 − 절대 등급) 값이 작을수록 별까지의 거리가 가깝고, 값이 클수록 별까지의 거리가 멀다. ➡ A : −3.0, B : 0, C : −4.8, D : 6.9

8 (1) 별은 청색 → 청백색 → 백색 → 황백색 → 황색 → 주황색 → 적색으로 갈수록 표면 온도가 낮아진다.
(2) 태양은 황색을 띠는 별이다.

여기서 잠깐

진도 교재 94~95쪽

유제❶ 원래의 $\frac{1}{9}$로 어둡게 보인다.
유제❷ 100배 밝게 보인다. 유제❸ 약 16배
유제❹ −1등급 유제❺ 5등급
유제❻ 2등급 유제❼ −2등급
유제❽ −2등급 유제❾ 7등급
유제❿ (1) 태양 - 시리우스 - 북극성 - 베텔게우스 - 리겔
(2) 태양, 시리우스
유제⓫ 2등급 유제⓬ 3등급
유제⓭ −1등급 유제⓮ 1등급

유제❶ 어떤 별까지의 거리가 원래의 3배로 멀어지면 밝기는 원래의 $\frac{1}{3^2}=\frac{1}{9}$로 어둡게 보인다.

유제❷ 어떤 별까지의 거리가 원래의 $\frac{1}{10}$로 가까워지면 밝기는 $10^2=100$배 밝게 보인다.

유제❸ 2등급과 5등급의 등급 차는 3등급이다. ➡ 등급 차가 3등급일 때 밝기 차는 약 16배이다.

유제❹ 약 100배의 밝기 차는 5등급 차이가 난다. ➡ 밝으므로 5등급을 뺀다. ➡ 4등급−5등급=−1등급

유제❺ 약 40배의 밝기 차는 4등급 차이가 난다. ➡ 어두우므로 4등급을 더한다. ➡ 1등급+4등급=5등급

유제❻ 별 16개가 모이면 밝기가 16배 밝아진다. ➡ 16배의 밝기 차는 3등급 차이가 난다. ➡ 밝아지므로 3등급을 뺀다. ➡ 5등급−3등급=2등급

유제❼ 전구 100개가 모이면 밝기가 100배 밝아진다. ➡ 100배의 밝기 차는 5등급 차이가 난다. ➡ 밝아지므로 5등급을 뺀다. ➡ 3등급−5등급=−2등급

유제❽ 별까지의 거리가 원래의 $\frac{1}{4}$로 가까워지면 밝기는 16배 밝아진다. ➡ 약 16배의 밝기 차=3등급 차 ➡ 밝아지므로 3등급을 뺀다. ➡ 1등급−3등급=−2등급

유제❾ 별까지의 거리가 10배로 멀어지면 밝기는 원래의 $\frac{1}{10^2}=\frac{1}{100}$로 어두워진다. ➡ 약 100배의 밝기 차=5등급 차 ➡ 어두워지므로 5등급을 더한다. ➡ 2등급+5등급=7등급

유제❿ (1) (겉보기 등급− 절대 등급) 값이 작을수록 별까지의 거리가 가깝다. ➡ 태양 : −31.6, 북극성 : 5.8, 리겔 : 6.9, 시리우스 : −2.9, 베텔게우스 : 6.0
(2) '겉보기 등급−절대 등급<0'인 별이 10 pc보다 가까이 있다.

유제⓫ 별 B까지의 거리 100 pc은 10 pc보다 10배 먼 거리이다. ➡ 거리가 10배 멀어지면 밝기는 원래의 $\frac{1}{100}$로 어두워진다. ➡ 약 100배의 밝기 차=5등급 차 ➡ 10 pc보다 멀므로 절대 등급에서 등급 차를 더한다. ➡ −3등급+5등급=2등급

유제⓬ 별 C까지의 거리 40 pc은 10 pc보다 4배 먼 거리이다. ➡ 거리가 4배 멀어지면 밝기는 원래의 $\frac{1}{16}$로 어두워진다. ➡ 약 16배의 밝기 차=3등급 차 ➡ 10 pc보다 멀므로 절대 등급에서 등급 차를 더한다. ➡ 0등급+3등급=3등급

유제⓭ 10 pc은 별 B까지의 거리 100 pc의 $\frac{1}{10}$로 가까워진 거리이다. ➡ 거리가 $\frac{1}{10}$로 가까워지면 밝기는 100배 밝아진다. ➡ 약 100배의 밝기 차=5등급 차 ➡ 10 pc보다 멀므로 겉보기 등급에서 등급 차를 뺀다. ➡ 4등급−5등급=−1등급

유제⓮ 별까지의 거리는 $\frac{1}{\text{연주 시차}(0.1'')}=10$ pc이다. 10 pc의 거리에 있는 별은 겉보기 등급과 절대 등급이 같다.

탐구 a

진도 교재 96쪽

㉠ 밝, ㉡ 가까울
01 (1) ○ (2) ○ (3) × (4) × **02** 4배 **03** 휴대 전화에서 나오는 빛의 총량은 변함없고, 같은 넓이의 모눈종이가 받는 빛의 양은 감소한다.

01 바로알기 (3) 지구에서 같은 밝기로 보이는 별이라도 별까지의 거리는 다를 수 있다.
(4) 실제로 방출하는 빛의 양이 같은 별이라도 지구로부터의 거리가 다르면 관측되는 밝기가 달라진다.

02 휴대 전화와 모눈종이 사이의 거리가 2배, 3배로 멀어지면, 빛을 받는 모눈종이의 넓이는 4배, 9배가 된다.

03 휴대 전화에서 나오는 빛의 총량은 항상 일정하다.

채점 기준	배점
휴대 전화에서 나오는 빛의 총량과 같은 넓이의 모눈종이가 받는 빛의 양의 변화를 모두 옳게 서술한 경우	100 %
휴대 전화에서 나오는 빛의 총량과 같은 넓이의 모눈종이가 받는 빛의 양의 변화 중 한 가지만 옳게 서술한 경우	50 %

기출 문제로 내신쑥쑥

진도 교재 97~99쪽

01 ④ 02 ④ 03 ④ 04 ⑤ 05 ⑤ 06 ① 07 ③ 08 ④ 09 시리우스 10 ① 11 ④ 12 ② 13 ① 14 ③ 15 ②

서술형문제 16 (1) B에서 별 S의 밝기는 A에서의 밝기의 $\frac{1}{16}$로 어두워진다. (2) 별의 밝기는 별까지의 거리의 제곱에 반비례한다. 17 (1) A (2) B-C-D-A (3) B, 연주 시차와 별까지의 거리는 반비례하므로 지구로부터 가장 가까운 B의 연주 시차가 가장 크다. 18 (가), 별의 표면 온도는 청색 → 청백색 → 백색 → 황백색 → 황색 → 주황색 → 적색으로 갈수록 낮아지기 때문이다.

01 ⑤ 종이에 비친 밝기는 방출하는 빛의 양과 거리에 따라 달라진다. 따라서 별의 밝기는 별이 방출하는 빛의 양과 별까지의 거리와 관계가 있음을 알 수 있다.
바로알기 ④ 거리가 멀어지면 단위 면적당 도달하는 빛의 양이 감소하므로 밝기가 어두워진다.

02 별의 밝기는 별까지의 거리의 제곱에 반비례한다. 따라서 별 A의 밝기는 $9(=3^2)$배 밝아진다.

03 ㄴ. 별빛을 받는 총 면적은 C가 가장 넓으므로 같은 면적당 도달하는 별빛의 양은 C가 가장 적다.
ㄷ. A의 거리는 B의 $\frac{1}{2}$이므로 A에서의 별의 밝기는 B의 4배이다. 따라서 A와 B에서의 밝기 비는 4 : 1이다.
바로알기 ㄱ. 별빛을 받는 총 면적은 C가 가장 넓다.

04 바로알기 ① 별의 등급이 클수록 어두운 별이다.
② 1등급 차이는 약 2.5배의 밝기 차이가 있다.
③ 1등급은 6등급보다 5등급 작으므로 약 100배 더 밝다.
④ 별의 밝기는 별까지의 거리의 제곱에 반비례하다.

05 0등급은 5등급보다 5등급 작으므로 약 100배 더 밝다.

06 바로알기 ① 겉보기 등급이 크다고 해서 절대 등급이 큰 것은 아니다.

07 약 2.5배의 밝기 차는 1등급 차이가 난다. 겉보기 등급이 작을수록 밝게 보이므로 0.3등급−1등급=−0.7등급이다.

[08~09]

별	겉보기 등급	절대 등급	겉보기−절대
시리우스	−1.5	1.4	−2.9
직녀성	0.0	0.5	−0.5
데네브	1.3	−8.7	10.0
리겔	0.1	−6.8	6.9

08 (가) 맨눈으로 볼 때 가장 밝게 보이는 별은 겉보기 등급이 가장 작은 별인 시리우스이다. ➡ 겉보기 밝기 비교 : 시리우스>직녀성>리겔>데네브
(나) 실제로 가장 밝은 별은 절대 등급이 가장 작은 별인 데네브이다. ➡ 실제 밝기 비교 : 데네브>리겔>직녀성>시리우스

09 (겉보기 등급−절대 등급) 값이 작을수록 지구로부터 가까이 있는 별이다. 따라서 시리우스가 지구로부터 가장 가까이 있는 별이고, 직녀성 → 리겔 → 데네브 순으로 멀어진다.

[10~12]

별	A	B	C	D	E
절대 등급	−2.3	2.5	0.8	−1.1	1.0
겉보기 등급	0.7	−4.8	−3.2	−1.1	5.5
겉보기−절대	3.0	−7.3	−4.0	0.0	4.5

10 절대 등급은 별이 10 pc의 거리에 있다고 가정할 때의 밝기 등급이다. 따라서 같은 거리에 있다고 가정할 때 가장 밝은 별은 절대 등급이 가장 작은 A이다.

11 10 pc의 거리에 있는 별은 겉보기 등급과 절대 등급이 같은 D이다.

12 연주 시차가 클수록 별까지의 거리가 가깝다. 별까지의 거리가 가장 가까운 별은 (겉보기 등급−절대 등급) 값이 가장 작은 B이다. 따라서 A~E 중 B의 연주 시차가 가장 크다.

13 바로알기 ㄴ. 청색 → 청백색 → 백색 → 황백색 → 황색 → 주황색 → 적색으로 갈수록 별의 표면 온도가 낮다.
ㄷ. 별은 표면 온도가 높을수록 파란색을 띤다. 태양은 황색을 띠는 별로, 청색 별보다 표면 온도가 낮다.

14 (나) 청백색 → (가) 황색 → (다) 적색으로 갈수록 별의 표면 온도가 낮다.

15 (겉보기 등급−절대 등급) 값은 별 A가 −4.2, 별 B가 0, 별 C가 −2.5, 별 D가 2.5이다.
① 별은 표면 온도가 낮을수록 붉은색을 띤다. 따라서 표면 온도가 가장 낮은 별은 적색을 띠는 A이다.
③ 10 pc보다 먼 거리에 있는 별은 (겉보기 등급−절대 등급) 값이 0보다 큰 D이다.
④ 방출하는 빛의 양이 가장 많은 별은 절대 등급이 가장 작은 D이다.
⑤ 맨눈으로 보았을 때 가장 어두운 별은 겉보기 등급이 가장 큰 B이다.

바로알기 ② 별까지의 거리가 멀수록 연주 시차가 작고, 별의 (겉보기 등급−절대 등급) 값이 크다. 별 D는 (겉보기 등급−절대 등급) 값이 가장 크므로 연주 시차가 가장 작다.

16 (1) 별의 밝기는 별까지의 거리의 제곱에 반비례한다. B까지의 거리는 A까지의 거리의 4배이므로, B에서 별 S의 밝기는 A에서의 밝기의 $\frac{1}{4^2} = \frac{1}{16}$로 어두워진다.

	채점 기준	배점
(1)	B에서 별 S의 밝기를 A에서의 밝기와 비교하여 옳게 서술한 경우	50 %
(2)	별의 밝기와 별까지의 거리 관계를 옳게 서술한 경우	50 %

17

별	A	B	C	D
겉보기 등급	1.7	−1.3	−0.1	3.0
절대 등급	−3.3	5.0	−0.1	−1.4
겉보기−절대	5.0	−6.3	0.0	4.4

(1) 실제로 가장 밝은 별은 절대 등급이 가장 작은 A이다.
(2) (겉보기 등급−절대 등급) 값이 작을수록 지구로부터의 거리가 가깝다.
(3) 연주 시차와 거리는 반비례 관계이므로 연주 시차가 가장 큰 별은 거리가 가장 가까운 B이다.

	채점 기준	배점
(1)	실제 밝기가 가장 밝은 별을 옳게 고른 경우	30 %
(2)	A~D를 지구로부터 가까운 것부터 순서대로 옳게 나열한 경우	30 %
(3)	연주 시차가 가장 큰 별을 고르고, 그 까닭을 옳게 서술한 경우	40 %
	연주 시차가 가장 큰 별만 옳게 고른 경우	20 %

18

채점 기준	배점
표면 온도가 더 높은 별을 쓰고, 까닭을 옳게 서술한 경우	100 %
표면 온도가 더 높은 별만 옳게 쓴 경우	50 %

수준 높은 문제로 **실력탄탄** 진도 교재 99쪽

01 ③ **02** ① **03** ③

01

별	(가)	(나)	(다)
겉보기 등급	2	2	2
연주 시차	0.05″	1.0″	0.1″
거리	$\frac{1}{0.05''}$=20 pc	$\frac{1}{1.0''}$=1 pc	$\frac{1}{0.1''}$=10 pc

① 연주 시차와 거리는 반비례 관계이다. 따라서 지구로부터 가장 멀리 있는 별은 연주 시차가 가장 작은 (가)이다.
② (가)~(다)는 겉보기 등급이 2등급으로 같지만 (가)가 가장 먼 거리에 있으므로 실제로 가장 밝은 별이다.
④ (가)~(다)는 겉보기 등급이 같으므로 우리 눈에 보이는 밝기가 모두 같다.
⑤ (나)는 거리가 1 pc이므로 (다)의 $\frac{1}{10}$이다. 별의 밝기는 별까지의 거리의 제곱에 반비례하므로 (다)의 거리를 (나)와 같게 하면 (다)는 (나)보다 약 100배 밝게 보일 것이다.

바로알기 ③ 겉보기 등급과 절대 등급이 같은 별은 10 pc의 거리에 있는 (다)이다.

02

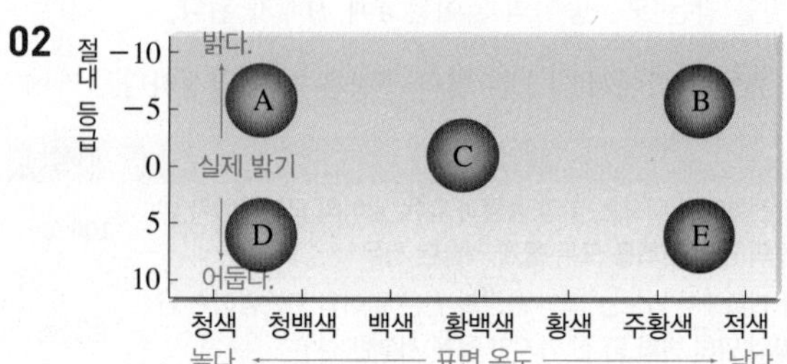

별은 청색 → 청백색 → 백색 → 황백색 → 황색 → 주황색 → 적색으로 갈수록 표면 온도가 낮아진다. 한편, 실제 밝기는 절대 등급이 작을수록 밝다. 따라서 표면 온도가 가장 높고 실제로 가장 밝은 별의 집단은 A이다.

03 ㄱ. 베텔게우스보다 리겔의 겉보기 등급이 작으므로 더 밝게 보인다.
ㄴ. 별은 표면 온도가 높을수록 파란색을 띠고, 표면 온도가 낮을수록 붉은색을 띤다. 따라서 청백색을 띠는 리겔의 표면 온도가 더 높다.

바로알기 ㄷ. (겉보기 등급−절대 등급) 값이 클수록 지구로부터의 거리가 멀다. (겉보기 등급−절대 등급) 값은 베텔게우스가 6.0, 리겔이 6.9이므로, 베텔게우스보다 리겔이 지구로부터의 거리가 더 멀다.

03 은하와 우주

확인 문제로 **개념쏙쏙** 진도 교재 101, 103, 105쪽

Ⓐ 우리은하, 나선팔, 원반, 은하수
Ⓑ 성단, 성운
Ⓒ 외부 은하, 팽창, 멀리, 대폭발
Ⓓ 우주 탐사, 인공위성, 우주 탐사선, 우주 정거장, 스푸트니크, 우주 쓰레기

1 (1) 약 30000 pc (2) B, ㉡ **2** (1) ○ (2) × (3) ○ (4) ○ (5) × (6) ○ **3** (가) 산개 성단, (나) 구상 성단 **4** (1) 구 (2) 산 (3) 구 (4) 산 **5** (1) 반사 성운 (2) 암흑 성운 (3) 방출 성운 **6** 외부 은하 **7** 허블 **8** (1) ○ (2) × (3) × **9** (1) ㉠ 우주, ㉡ 은하 (2) 빨라진다 **10** ㉠ 작아, ㉡ 뜨겁고, ㉢ 큰 **11** (1) ○ (2) ○ (3) × **12** (1) ㄹ (2) ㄱ (3) ㄷ (4) ㄴ **13** (1) 아폴로 11호 (2) 보이저 2호 (3) 허블 우주 망원경 (4) 큐리오시티 **14** ②

1 (1) A와 E 사이의 거리는 우리은하의 지름에 해당하므로 약 30000 pc(10만 광년)이다.
(2) 태양계는 우리은하 중심으로부터 약 8500 pc(3만 광년) 떨어진 나선팔에 있다.

2 바로알기 (2) 우리은하에 포함된 별의 수는 약 2000억 개이다.
(5) 은하수의 폭과 밝기는 관측 방향과 계절에 따라 다르다.

3 주로 파란색 별들로 이루어져 있으며, 별들이 엉성하게 흩어져 있는 (가)는 산개 성단이다. 주로 붉은색 별들로 이루어져 있으며, 별들이 빽빽하게 모여 있는 (나)는 구상 성단이다.

4

종류		구상 성단	산개 성단
구성 별	수	수만~수십만 개	수십~수만 개
	색	표면 온도가 낮은 붉은색 별	표면 온도가 높은 파란색 별
	나이	많다.	적다.
분포 위치		주로 우리은하 중심부와 은하를 둘러싼 구형의 공간	주로 우리은하의 나선팔 영역

5 (1) 성간 물질이 주변의 별빛을 반사하여 밝게 보이는 성운은 반사 성운이다.
(2) 성간 물질이 뒤쪽에서 오는 별빛을 가로막아 어둡게 보이는 성운은 암흑 성운이다.
(3) 성간 물질이 주변의 별빛을 흡수하여 가열되면서 스스로 빛을 내는 성운은 방출 성운이다.

6 외부 은하는 우리은하 밖에 분포하는 은하로, 우주 공간에 불균질하게 분포하며 모양을 기준으로 분류할 수 있다.

8 바로알기 (2) 멀리 있는 은하일수록 더 빨리 멀어진다.
(3) 팽창하는 우주에는 특별한 중심이 없다.

9 (1) 풍선이 부풀면서 스티커 사이의 거리가 멀어지는 것과 같이 우주가 팽창하면서 은하 사이의 거리가 멀어진다.
(2) 풍선을 크게 불었을 때 거리가 먼 스티커일수록 스티커 사이의 거리 변화가 크므로 멀어지는 속도가 빨라진다.

10 대폭발 우주론(빅뱅 우주론)은 약 138억 년 전, 매우 뜨겁고 밀도가 큰 한 점에서 대폭발(빅뱅)이 일어나 계속 팽창하여 현재와 같은 우주가 되었다고 설명하는 이론이다.

11 바로알기 (3) 우주 탐사 과정에서 개발된 첨단 기술은 여러 산업 분야와 일상생활에 이용할 수 있다.

12 (1) 우주 탐사선은 직접 천체까지 날아가 천체 주위를 돌거나 천체 표면에 착륙하여 탐사한다.
(2) 인공위성은 천체 주위를 일정한 궤도를 따라 공전하도록 만든 장치로, 다양한 목적에 따라 발사된다.
(3) 우주 정거장은 사람들이 우주에 머무르면서 다양한 임무를 수행할 수 있도록 건설된 인공 구조물이다.
(4) 전파 망원경은 지상에 설치하여 천체로부터 방출되는 전파를 관측하기 위한 장치이다.

14 우주 탐사 기술은 정수기, 전자레인지, 진공청소기, 에어쿠션 운동화 등 일상생활에 다양하게 이용되고 있다.

기출 문제로 내신쑥쑥 진도 교재 106~110쪽

01 ① **02** ② **03** ④ **04** ⑤ **05** ① **06** ④ **07** ② **08** ③ **09** ③ **10** ① **11** ⑤ **12** ⑤ **13** ③ **14** ② **15** ② **16** ④ **17** ④ **18** ⑤ **19** ② **20** ④ **21** ④ **22** ⑤ **23** ④ **24** ③ **25** ④

서술형문제 **26** (가) 막대 모양의 중심부를 나선팔이 휘감은 모양이다. (나) 중심부가 약간 볼록한 납작한 원반 모양이다. **27** (1) 암흑 성운 (2) 성간 물질이 주변의 별빛을 흡수하여 가열되면서 스스로 빛을 내어 밝게 보인다. **28** 풍선을 크게 불었을 때 거리가 먼 스티커일수록 더 많이 멀어지듯이, 거리가 먼 은하일수록 더 빨리 멀어진다. **29** 외국 생중계 방송을 볼 수 있다, 외국에 사는 사람과 쉽게 통화할 수 있다, 자신의 위치를 파악하고 길을 찾아갈 수 있다, 일기 예보를 할 수 있다, 태풍의 경로를 예측하여 피해를 줄일 수 있다. 등

01 ③ 우리은하를 옆에서 보면 중심부가 약간 볼록한 납작한 원반 모양이다.
바로알기 ① 태양계는 우리은하의 중심에서 약 8500 pc(3만 광년) 떨어진 나선팔에 위치한다.

02 태양계는 우리은하의 중심에서 약 8500 pc 떨어진 나선팔(B)에 위치한다.

03 ㄴ. 은하 중심(C)에서 태양계(B)까지의 거리는 약 8500 pc (3만 광년)이다.
ㄷ. 우리나라는 여름철에 밤하늘이 은하 중심(C) 방향인 궁수자리 방향을 향하여 많은 별을 볼 수 있다.
바로알기 ㄱ. 그림은 우리은하를 옆에서 본 모습이다. 우리은하를 옆에서 보면 중심부가 볼록한 원반 모양이다.

04 바로알기 ⑤ 우리은하의 중심부를 관측할 때는 볼 수 있는 별의 수가 많고, 우리은하 중심의 반대 방향을 관측할 때는 볼 수 있는 별의 수가 적다. 따라서 은하수는 우리은하의 중심 방향인 궁수자리 부근에서 폭이 더 넓고 밝게 관측된다.

05 바로알기 ㄴ, ㄷ. 많은 별들이 모여 집단을 이루고 있는 것은 성단이다. 성운은 성간 물질이 모여 구름처럼 보이는 것이다.

06 성단은 수십~수만 개의 별들이 엉성하게 흩어져 있는 산개 성단과 수만~수십만 개의 별들이 빽빽하게 공 모양으로 모여 있는 구상 성단으로 구분한다. 산개 성단은 주로 나이가 적고 표면 온도가 높아 파란색을 띠는 별들이 많고, 구상 성단은 주로 나이가 많고 표면 온도가 낮아 붉은색을 띠는 별들이 많다.

07 ② (가)는 수만~수십만 개의 별들이 모여 있고, (나)는 수십~수만 개의 별들이 모여 있다.
바로알기 ① (가)는 구상 성단이고, (나)는 산개 성단이다.
③ (가)를 이루는 별들의 나이는 (나)를 이루는 별들의 나이보다 더 많다.
④ (가)를 이루는 별들은 표면 온도가 낮아 대체로 붉은색을 띠고, (나)를 이루는 별들은 표면 온도가 높아 대체로 파란색을 띤다.

진도 교재

⑤ (가)는 주로 우리은하의 중심부와 은하 원반을 둘러싼 구형의 공간에 분포하고, (나)는 주로 우리은하의 나선팔에 분포한다.

08 구상 성단의 별들은 생성된 지 오래되어 에너지를 많이 소모하였으므로 표면 온도가 낮아 주로 붉은색을 띤다. 산개 성단의 별들은 비교적 최근에 생성되어 에너지를 많이 방출하므로 표면 온도가 높아 주로 파란색을 띤다.

09 별과 별 사이에 성간 물질이 많이 모여 있어 구름처럼 보이는 것은 성운이다. 그중 방출 성운은 성간 물질이 주변 별빛을 흡수하여 가열되면서 스스로 빛을 내어 밝게 보인다.

10 바로알기 ㄴ. 성운은 별과 별 사이에 성간 물질이 많이 모여 있어 구름처럼 보이는 것이다.
ㄷ. 암흑 성운은 성간 물질이 뒤쪽에서 오는 별빛을 가로막아 어둡게 보인다.

11 ① 산개 성단을 구성하는 별들은 주로 표면 온도가 높아 파란색을 띤다.
② 산개 성단은 비교적 최근에 생성된 나이가 적은 별들로 구성되어 있다.
③ 산개 성단은 별들이 비교적 엉성하게 모여 있다.
④ 반사 성운에는 M78, 마귀할멈 성운 등이 있다.
바로알기 ⑤ 반사 성운은 성간 물질이 주변의 별빛을 반사하여 밝게 보인다.

12 별의 개수는 성운, 성간 물질(별 없음) < 태양계 < 성단 < 우리은하 순으로 많아진다.

13 ㄱ. 우리은하를 위에서 보면 중심부의 막대 모양의 구조를 나선팔이 휘감고 있는 모양이다.
ㄴ. 우리은하를 이루는 천체에는 별 이외에도 성단, 성간 물질이 모여 있는 성운 등이 있다.
바로알기 ㄷ. 산개 성단은 주로 우리은하의 나선팔에 분포하고, 구상 성단은 주로 우리은하의 중심부와 우리은하를 둘러싼 구형의 공간에 분포한다.

14 ① 우리은하 밖에 분포하는 은하를 외부 은하라고 한다.
③ 허블은 관측을 통해 외부 은하의 존재를 알아내었다.
④ 외부 은하는 모양을 기준으로 타원 은하, 정상 나선 은하, 막대 나선 은하, 불규칙 은하로 분류할 수 있다.
바로알기 ② 외부 은하들은 크기와 모양이 다양하다.

15 규모를 비교하면 우주 > 우리은하 > 성단 > 태양계 > 지구 순이다.

16 바로알기 ㄱ. 팽창하는 우주에는 중심이 없다.

17 ①, ② 풍선 표면이 팽창하면서 스티커 사이의 거리가 멀어지듯이, 우주가 팽창하면서 은하 사이의 거리가 멀어진다. 따라서 풍선 표면은 우주를, 스티커는 은하를 의미한다.
③ 풍선을 크게 불었을 때 가까이 있는 스티커 사이보다 멀리 있는 스티커 사이의 거리가 더 많이 멀어진다.
⑤ 풍선이 팽창하면서 스티커 사이의 거리가 멀어지므로 우주가 팽창하면서 은하 사이의 거리가 멀어짐을 알 수 있다.
바로알기 ④ 거리가 먼 스티커(은하)일수록 더 빨리 멀어지므로 은하들은 멀어지는 속도가 다름을 알 수 있다.

18 대폭발 우주론(빅뱅 우주론)은 약 138억 년 전, 매우 뜨겁고 밀도가 큰 한 점에서 대폭발(빅뱅)이 일어나 계속 팽창하여 현재와 같은 우주가 되었다고 설명하는 이론이다.

19 바로알기 ㄱ. 시간이 지나면서 우주가 계속 팽창하고 있다.
ㄷ. 우주가 팽창하면서 대부분의 외부 은하는 우리은하로부터 멀어지고 있다.

20 바로알기 ④ 뉴호라이즌스호는 2006년 명왕성 탐사를 위해 발사되었다. 2011년 화성 탐사를 위해 발사된 로봇은 큐리오시티이다.

21 우주 탐사선은 직접 천체까지 날아가 그 주위를 돌거나 천체 표면에 착륙하여 탐사한다.

22 ㄴ. 우주 망원경은 지구 대기 밖 우주에서 지구 주위를 돌면서 천체를 관측하므로 지구 대기의 영향을 받지 않는다.
ㄷ. 우주 망원경은 지구 대기의 영향을 받지 않으므로 지상에 있는 망원경보다 더 선명한 영상을 얻을 수 있다.

23 안경테, 진공청소기, 의족, 치아 교정기 등은 우주 탐사를 위해 개발된 기술을 일상생활에 이용한 예이다.
바로알기 ④ 줄기 세포를 이용하여 만든 인공 혈액은 생명 공학 기술로, 우주 탐사 기술과는 관계가 없다.

24 바로알기 ㄷ. 에어쿠션 운동화는 우주인의 관절 보호를 위해 신발 바닥에 공기를 넣어 만든 것을 적용하였다.

25 ㄴ. 수명을 다한 인공위성, 로켓 발사 시 분리된 덮개와 각종 파편, 페인트 조각 등이 우주 쓰레기가 된다.
ㄷ. 우주 쓰레기는 지상의 통제에서 벗어나 있어서 다른 인공위성과 충돌하는 등의 피해를 입힐 수 있다.
바로알기 ㄱ. 우주 쓰레기는 속도가 매우 빠르며, 궤도가 일정하지 않아 지상의 통제에서 벗어나 있다.

26

채점 기준	배점
(가)와 (나)를 모두 옳게 서술한 경우	100 %
(가)와 (나) 중 한 가지만 옳게 서술한 경우	50 %

27 (2) (나)는 방출 성운으로, 성간 물질이 주변의 별빛을 흡수하여 가열되면서 스스로 빛을 내어 밝게 보인다.

	채점 기준	배점
(1)	(가)와 같은 성운의 종류를 옳게 쓴 경우	50 %
(2)	(나)와 같이 성운이 밝게 보이는 원리를 옳게 서술한 경우	50 %

28

채점 기준	배점
은하가 멀어지는 속도 변화를 실험 결과와 비교하여 옳게 서술한 경우	100 %
은하가 멀어지는 속도 변화만 옳게 서술한 경우	50 %
실험 결과만 옳게 서술한 경우	

29 인공위성은 생중계 방송, 통신, 위치 파악, 일기 예보 등 우리 생활에 다양하게 이용되어 생활을 편리하게 해준다.

채점 기준	배점
인공위성이 우리 생활에 미치는 영향 두 가지를 옳게 서술한 경우	100 %
인공위성이 우리 생활에 미치는 영향을 한 가지만 옳게 서술한 경우	50 %

수준 높은 문제로 실력탄탄 진도 교재 110쪽

01 ② **02** ④ **03** ⑤

01 여름철에는 밤하늘이 우리은하의 중심(B) 방향을 향하므로 볼 수 있는 별의 수가 많아 은하수가 (가)와 같이 폭이 넓고 밝게 보인다.

02 ① 젊고 파란색을 띠는 별들이 많은 A는 산개 성단이고, 늙고 붉은색을 띠는 별들이 많은 B는 구상 성단이다.
② 산개 성단(A)은 수십~수만 개의 별들이 비교적 엉성하게 흩어져 있다.
③ 산개 성단(A)은 표면 온도가 높은 별들이 많아 파란색을 띤다.
⑤ 구상 성단(B)은 수만~수십만 개의 별들이 공 모양으로 빽빽하게 모여 있다.
바로알기 ④ 산개 성단(A)은 주로 우리은하의 나선팔에 분포하고, 구상 성단(B)은 주로 우리은하 중심부와 은하 원반을 둘러싼 구형의 공간에 고르게 분포한다.

03 바로알기 ⑤ 스마트폰에 저장된 음악을 듣는 기능은 저장된 데이터를 재생하는 것으로, 인공위성의 서비스 기능에 포함되지 않는다.

단원평가문제 진도 교재 111~114쪽

01 ① **02** ④ **03** ① **04** ② **05** ③ **06** ⑤ **07** ③
08 ⑤ **09** ③ **10** ③ **11** ② **12** ① **13** ⑤ **14** ④
15 ③ **16** ① **17** ③ **18** ④

서술형문제 **19** (1) 지구 (2) 시차가 커질 것이다. **20** B, A보다 B의 연주 시차가 더 작기 때문이다. **21** 별의 밝기는 16배 밝아지고, 겉보기 등급은 −2등급이 된다. **22** 지구로부터 가장 먼 별은 안타레스이고, 가장 가까운 별은 시리우스이다. (겉보기 등급−절대 등급) 값이 클수록 먼 별이고, 작을수록 가까운 별이기 때문이다. **23** 별의 표면 온도가 다르기 때문이다. **24** 성간 물질이 뒤쪽에서 오는 별빛을 차단하여 어둡게 보이기 때문이다. **25** 구상 성단을 이루는 별들은 표면 온도가 낮아 붉은색을 띠고, 산개 성단을 이루는 별들은 표면 온도가 높아 파란색을 띤다.

01 바로알기 ㄴ. 연주 시차와 별까지의 거리는 반비례 관계이므로 지구에서 가까운 별일수록 연주 시차가 크다.
ㄷ. 약 100 pc이 넘는 별은 연주 시차가 매우 작아 측정하기 어렵다.

02

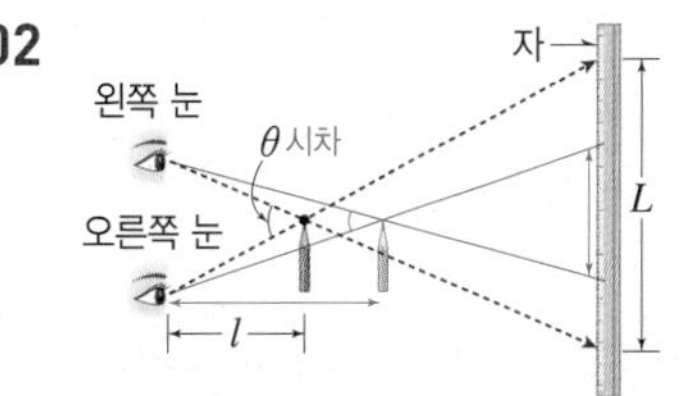

바로알기 ① θ는 시차에, θ의 $\frac{1}{2}$은 연주 시차에 해당한다.
② 연필은 연주 시차를 측정하는 별에, 양쪽 눈은 지구에 해당한다.
③ 연필까지의 거리(l)가 멀수록 시차(θ)가 작아진다.
⑤ 별까지의 거리가 멀수록 연주 시차가 작아진다. 따라서 연주 시차는 별까지의 거리에 반비례한다.

03

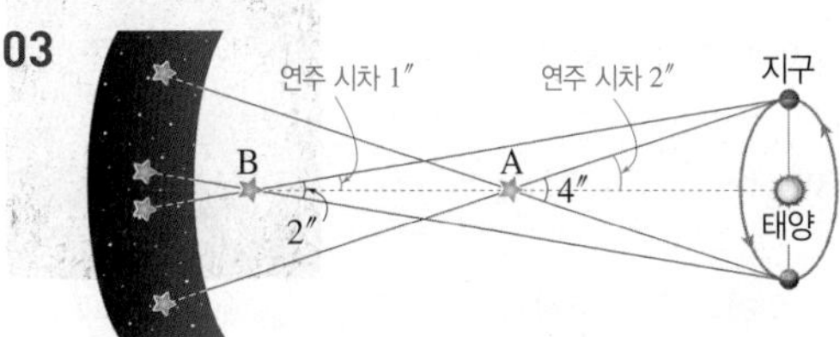

(가) 6개월 간격으로 측정한 별 A와 B의 시차가 각각 4″와 2″이므로, 연주 시차는 각각 2″와 1″이다.
(나) 별 B의 연주 시차가 1″이므로 B까지의 거리는 1 pc이다.

04 지구로부터 가까운 별일수록 연주 시차가 크게 측정된다.

05 바로알기 ㄷ. 손전등을 비춘 거리와 관계없이 손전등에서 방출되는 빛의 양은 일정하다.

06 바로알기 ㄱ. 히파르코스는 맨눈으로 관측한 별들을 밝기에 따라 구분하였는데, 가장 밝게 보이는 별을 1등급, 가장 어둡게 보이는 별을 6등급으로 정하였다.

07 등급이 작을수록 밝은 별이고, −2등급과 1등급은 3등급 차이가 난다. 3등급 차는 약 16배의 밝기 차가 있다.

08 B까지의 거리는 A까지의 거리의 10배이다. 별의 밝기는 거리의 제곱에 반비례하므로, B 위치에서 밝기는 A 위치에서 밝기의 $\frac{1}{100}$로 줄어든다. 100배의 밝기 차=5등급 차이고, 어두워지므로 6등급+5등급=11등급이다.

09 ③ 별 B는 10 pc의 거리에 있으므로 겉보기 등급과 절대 등급이 같다.
바로알기 ① 별 A는 별 B보다 2배 먼 20 pc의 거리에서 겉보기 등급이 1등급이므로 절대 등급은 1등급보다 작다.
② 별까지의 거리가 가까울수록 연주 시차가 크므로 별 A보다 별 B의 연주 시차가 더 크게 나타난다.
④, ⑤ 두 별은 겉보기 등급이 같으므로 우리 눈에는 같은 밝기로 보인다. 따라서 더 먼 곳에 있는 별 A가 별 B보다 실제로 더 밝다.

10 ㄴ. 별까지의 거리가 멀어지면 연주 시차는 작아지고, 가까워지면 연주 시차는 커진다.
ㅁ. 별까지의 거리가 멀어지면 겉보기 등급은 커지고, 가까워지면 겉보기 등급은 작아진다.
바로알기 ㄱ, ㄷ, ㄹ. 별의 색과 절대 등급, 표면 온도는 거리가 달라져도 변하지 않는다.

11 별은 청색 → 청백색 → 백색 → 황백색 → 황색 → 주황색 → 적색으로 갈수록 표면 온도가 낮아진다.

12 ㄱ. 별 A는 (겉보기 등급−절대 등급) 값이 −31.6으로 0보다 작다. 따라서 10 pc보다 가까이 있는 별이다.
바로알기 ㄴ. 맨눈으로 보았을 때 가장 밝게 보이는 별은 겉보기 등급이 가장 작은 A이다.
ㄷ. 별의 표면 온도는 청색 → 청백색(C) → 백색(B) → 황백색 → 황색(A) → 주황색 → 적색으로 갈수록 낮아진다.

13 ①, ② 우리은하는 중심부에 별들이 막대 모양으로 모여 있으며, 소용돌이치는 모양의 나선팔이 있다.
③ 태양계는 우리은하 중심부에서 약 8500 pc(3만 광년) 떨어진 B에 위치하고 있다.

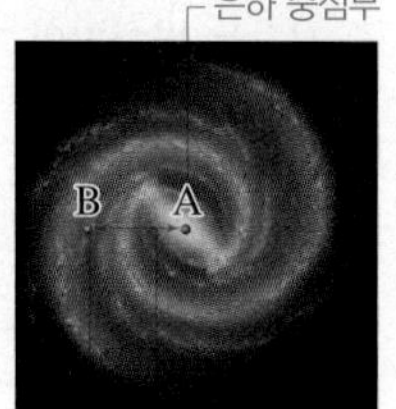

바로알기 ⑤ 우리은하의 중심부와 우리은하를 둘러싼 주변 공간에는 주로 구상 성단이 분포하고, 나선팔 부분에는 주로 산개 성단이 분포한다.

14 (가)는 구상 성단, (나)는 산개 성단이다. 구상 성단은 주로 표면 온도가 낮아서 붉은색을 띠는 별로 구성되고, 산개 성단은 주로 표면 온도가 높아서 파란색을 띠는 별로 구성된다. 구상 성단을 이루는 별들은 수만~수십만 개이고, 산개 성단을 이루는 별들은 수십~수만 개이다.

15 ㄱ. (가) 오리온 대성운은 방출 성운이고, (나) 마귀할멈 성운은 반사 성운이다.
ㄴ. 반사 성운은 가스나 티끌 등의 성간 물질이 주변의 별빛을 반사하여 밝게 보인다.
바로알기 ㄷ. 성운은 별들 사이로 성간 물질이 많이 모여 있어 구름처럼 보이는 것이다.

16 ②, ③, ④ 우주는 아주 뜨겁고 밀도가 큰 한 점에서 대폭발이 일어나 계속 팽창하여 현재와 같은 우주가 되었으므로, 과거로 시간을 되돌리면 우주의 크기는 작아진다.
바로알기 ① 현재에도 우주는 계속 팽창하고 있다.

17 ④ 1990년대 이후에는 다양한 장비를 이용하여 행성, 위성, 소행성, 혜성 등의 천체로 탐사 대상이 확대되었다.
바로알기 ③ 허블 우주 망원경은 1990년에 발사되어 지구 대기 밖 우주에서 현재까지 관측을 수행하고 있다.

18 ㄴ. 우주 탐사 과정에서 개발된 기술은 정수기나 전자레인지 등 다양하게 일상생활에서 이용되고 있다.
ㄷ. 인공위성 중 방송 통신 위성을 이용하여 외국에 사는 친구와 쉽게 전화 통화를 할 수 있다.
바로알기 ㄱ. 우주 탐사가 활발히 진행되면서 우주 쓰레기의 양은 점차 많아지고 있다.

19

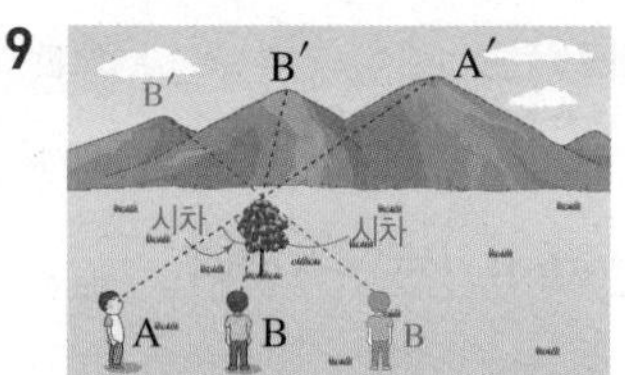

관측 위치인 A와 B 사이의 거리가 멀어지면 시차는 커진다.

	채점 기준	배점
(1)	지구라고 쓴 경우	40 %
(2)	시차가 커진다 또는 증가한다고 옳게 서술한 경우	60 %

20 별을 6개월 간격으로 관측하고 측정한 시차의 $\frac{1}{2}$을 연주 시차라고 하며, 연주 시차가 작을수록 멀리 있는 별이다. 즉, 6개월 동안의 움직임이 작은 별 B가 더 멀리 있는 별이다.

채점 기준	배점
B를 고르고, 그 까닭을 옳게 서술한 경우	100 %
B만 옳게 고른 경우	50 %

21 별의 밝기는 별까지의 거리의 제곱에 반비례하므로 별까지의 거리가 원래의 $\frac{1}{4}$로 가까워지면 밝기는 16배 밝아진다. 16배의 밝기 차=3등급 차(밝기 차=$2.5^{\text{등급 차}}$ ➡ $16=2.5^3$)이므로 이 별의 겉보기 등급은 1등급−3등급=−2등급이 된다.

채점 기준	배점
별의 밝기 변화와 등급 변화를 모두 옳게 서술한 경우	100 %
별의 밝기 변화와 등급 변화 중 한 가지만 옳게 서술한 경우	50 %

22 (겉보기 등급−절대 등급) 값이 클수록 별까지의 거리가 멀다. ➡ 시리우스 : −2.9, 직녀성 : −0.5, 프로키온 : −2.3, 안타레스 : 5.5

채점 기준	배점
가장 먼 별과 가까운 별을 고르고, 그 까닭을 옳게 서술한 경우	100 %
가장 먼 별과 가까운 별만 옳게 고른 경우	50 %

23 별은 표면 온도가 높을수록 파란색을 띠고, 표면 온도가 낮을수록 붉은색을 띤다.

채점 기준	배점
별의 표면 온도가 다르다는 내용을 포함하여 서술한 경우	100 %
그 외의 경우	0 %

24

채점 기준	배점
성간 물질이 별빛을 차단한다는 내용을 포함하여 서술한 경우	100 %
성간 물질이 별빛을 가리거나 차단한다는 내용을 언급하지 않은 경우	0 %

25

채점 기준	배점
별의 표면 온도와 색을 모두 옳게 비교한 경우	100 %
별의 표면 온도와 색 중 한 가지만 옳게 비교한 경우	50 %

Ⅷ 과학기술과 인류 문명

01 과학기술과 인류 문명

확인 문제로 개념쏙쏙 진도 교재 119, 121쪽

A 불, 태양 중심설, 암모니아, 인쇄, 교통, 농업, 의료, 통신
B 나노, 생명 공학, 정보 통신, 공학

1 (1) ○ (2) × (3) ○ **2** (1) × (2) ○ (3) ○ (4) × **3** 인쇄술
4 교통 **5** 암모니아 **6** (1) × (2) × (3) × (4) ○
7 정보 통신 **8** (1) 사물 인터넷 (2) 증강 현실 (3) 인공 지능
(4) 가상 현실 **9** (1) ○ (2) × (3) ○ (4) ×

1 바로알기 (2) 인류는 불을 이용하여 금속을 얻는 기술이 발달하여 철제 무기나 철제 농기구 등을 만들 수 있게 되었다.

2 바로알기 (1) 코페르니쿠스는 지구와 다른 행성이 태양 주위를 돌고 있다는 태양 중심설을 주장하면서 우주의 중심이 지구라는 우주관이 바뀌기 시작하였다.
(4) 전자기 유도 법칙의 발견으로 전기를 생산하고 활용할 수 있는 방법이 열렸다. 식량 문제의 해결은 암모니아 합성 기술을 이용하여 개발된 질소 비료의 대량 생산 때문이다.

3 금속 활자로 단어를 조합하는 활판 인쇄술이 발달하면서 책을 빠르게 만들 수 있게 되었고, 많은 사람이 책에서 대량의 지식을 얻을 수 있게 되었다.

4 교통수단의 발달로 먼 거리까지 많은 물건을 빠르게 운반할 수 있게 되어 산업이 크게 발달하였다.

5 하버는 암모니아 합성법을 개발하였고, 암모니아의 대량 생산에도 성공하였다. 이 암모니아를 이용하여 질소 비료를 대량 생산함으로써 식량 생산량을 획기적으로 늘릴 수 있었고, 인류는 식량 부족으로부터 벗어날 수 있게 되었다.

6 바로알기 (1), (2) 백신의 개발로 소아마비와 같은 질병을 예방할 수 있게 되었고, 항생제의 개발로 결핵과 같은 질병을 치료할 수 있게 되었다.
(3) 백신과 항생제의 개발은 인류의 평균 수명을 증가시키는 역할을 하였다.

7 정보 통신 기술의 발달은 인류 문명과 생활을 변화시켰다.

8 정보 통신 기술은 정보 기기의 하드웨어와 소프트웨어 기술, 이 기술을 이용한 정보 수집, 생산, 가공, 보존, 전달, 활용하는 모든 방법이다. 정보 통신 기술에는 가상 현실, 증강 현실, 사물 인터넷, 인공 지능 외에도 빅데이터 기술, 전자 결제, 언어 번역, 생체 인식, 웨어러블 기기 등이 있다.

9 바로알기 (2) 공학적 설계는 일상생활에서 불편한 점을 인식하는 것으로 시작한다.
(4) 제품을 만들 때 경제성, 안전성, 편리성, 환경적 요인, 외형적 요인 등을 고려해야 한다.

기출 문제로 내신쑥쑥 진도 교재 122~124쪽

01 ⑤ **02** ⑤ **03** ⑤ **04** ④ **05** ④ **06** ⑤ **07** ②
08 ③ **09** ① **10** ④ **11** ④ **12** ⑤

서술형 문제 **13** 대량으로 합성한 암모니아를 이용하여 질소 비료를 개발하였고, 질소 비료는 농산물의 생산량을 늘려 식량 증대에 기여하였다. **14** 증기 기관차나 증기선은 많은 사람이 먼 거리를 쉽고 빠르게 이동할 수 있게 하였고, 멀리까지 많은 물건을 운반할 수 있게 하였다. **15** 어디서든 정보를 검색할 수 있다. 어디서든 영상을 볼 수 있다. 홈 네트워크를 이용하여 원격으로 집 안 시설을 관리할 수 있다. 등 **16** 표면에 수많은 미세 돌기가 있는 옷감을 만들고, 이 옷감으로 방수가 되는 옷을 만든다.

01 ①, ② 인류는 불을 이용하면서 음식을 익혀 먹거나 흙을 구워 도구를 만드는 등 생존을 위한 기술이 발달하였다.
③, ④ 인류는 불을 이용하여 금속을 얻는 기술이 발달하면서 철제 무기나 철제 농기구를 만들 수 있게 되었고, 과학기술을 발달시켰다.
바로알기 ⑤ 불의 이용으로 과학기술이 발달하면서 인류의 생활 수준은 크게 향상되었다.

02 ㄱ. 현미경을 이용한 세포의 발견으로 생물체를 보는 관점이 달라졌다.
ㄴ. 천체 관측으로 태양 중심설의 증거를 발견하여 경험 중심의 과학적 사고를 중요시하게 되었다.
ㄷ. 만유인력 법칙의 발견으로 자연 현상을 이해하고 그 변화를 예측할 수 있게 되었다.

03 ① 생명 공학 기술을 이용하면 해충에 강한 농산물과 같이 특정한 목적에 맞게 품종을 개량할 수 있다.
② 증기 기관과 내연 기관을 이용한 교통수단을 거쳐 전기를 동력으로 하는 고속 열차 등이 발달하여 사람과 물자의 이동이 더욱 활발해졌다.
③ 인쇄술의 발달로 책이 대량으로 출판되면서 많은 사람들이 지식과 정보를 쉽게 접할 수 있게 되었다.
④ 인공위성, 인터넷 등 통신 기술의 발달로 세계를 구축하는 통신망이 설치되어 세계 곳곳의 정보를 실시간으로 이용할 수 있게 되었다.
바로알기 ⑤ 페니실린은 최초의 항생제이며, 항생제가 개발되어 결핵과 같은 질병을 치료할 수 있게 되었다.

04 ④ 사람을 대신하여 기계를 움직이는 증기 기관이 개발되고, 이를 동력으로 이용하는 방적기, 직조기, 증기 기관차, 증기선 등이 개발되면서 인류는 수공업 중심에서 산업 사회로 변화하게 되었다.

05 바로알기 ㄷ. 증기 기관의 등장은 수공업 중심에서 산업 사회로의 변화를 가져왔고, 내연 기관의 등장은 산업을 한 단계 더 발전시켰다.

06 ⑤ 식물에게 최적의 환경을 만들어 주는 지능형 농장을 이용해 농산물의 생산성과 품질을 높이고 있다.

07 ② 항생제와 백신의 개발은 인류의 평균 수명을 증가시키는 역할을 하였다.

바로알기 ① 농업 분야의 과학기술이 인류 문명의 발달에 미친 영향이다.

③ 인쇄 분야의 과학기술이 인류 문명의 발달에 미친 영향이다.

④ 망원경으로 천체를 관측하여 태양 중심설의 증거를 발견하였고, 망원경이 발달하면서 천문학과 우주 항공 기술이 발전하였다.

⑤ 정보 통신 분야의 과학기술이 인류 문명의 발달에 미친 영향이다.

08 **바로알기** ③ 인터넷을 이용해 넓은 지역의 수많은 정보를 공유하게 되면서 인류의 활동 영역이 넓어졌다. 개인 정보 유출은 과학기술의 발달로 발생한 사회 문제이다.

09 ② 잘 무르지 않는 토마토는 생명 공학 기술 중 유전자 재조합 기술로 만들어진 유전자 변형 생물(LMO)이다.

④ 정보 통신 기술을 활용하여 통신망으로 연결된 사물이 주변 상황에 맞추어 스스로 일을 하는 기술이 발달하고 있는데, 이를 사물 인터넷이라고 한다.

바로알기 ① 나노 기술의 발달로 제품의 소형화, 경량화가 가능해져 다양한 제품이 개발되고 있다.

10 **바로알기** ㄹ. 현실 세계에 가상의 정보가 실제 존재하는 것처럼 보이게 하는 기술은 증강 현실에 대한 설명이다. 가상 현실은 가상의 세계를 시각, 청각, 촉각 등 오감을 통해 마치 현실처럼 체험하도록 하는 기술이다.

11 **바로알기** ㄷ. 공학적 설계는 과학 원리나 기술을 활용하여 새로운 제품이나 시스템을 개발하거나 기존의 제품을 개선하는 창의적인 과정이다.

12 **바로알기** ⑤ 전기 자동차는 소음이 없는 것이 장점이다. 그러나 보행자가 소음 없는 전기 자동차의 접근을 알 수 없어 안전에 문제가 생길 수 있으므로 경보음 장치를 개발하여 부착한다.

13

채점 기준	배점
질소 비료의 개발과 농산물(또는 식량)의 생산량 증대를 모두 옳게 서술한 경우	100 %
질소 비료의 개발과 농산물(또는 식량)의 생산량 증대 중 한 가지만 옳게 서술한 경우	50 %

14

채점 기준	배점
이동과 운반 시간을 감소시킨 것을 옳게 서술한 경우	100 %
교통을 발전시켰다고만 서술한 경우	50 %

15

채점 기준	배점
스마트 기기의 이용이 우리 생활에 미친 편리한 점을 옳게 서술한 경우	100 %
그 외의 경우	0 %

16

채점 기준	배점
연잎의 특징을 이용하여 옷에 활용하는 방안을 옳게 서술한 경우	100 %
그 외의 경우	0 %

수준 높은 문제로 실력탄탄

진도 교재 124쪽

01 ③ **02** ③, ⑤

01 ① 튜브는 밀도에 따라 물질이 뜨고 가라앉는 현상을 활용한다. 튜브에 공기를 불어 넣으면 물보다 밀도가 작아지므로 물 위에 뜨게 된다.

② 용수철은 탄성력이 작용하므로, 자전거 안장에 앉으면 용수철이 줄어들면서 몸이 받는 충격을 흡수한다.

④ 농구화에 들어 있는 공기 주머니는 기체의 압력과 부피의 관계를 활용한다. 농구화를 신고 뛰었다가 착지할 때 농구화에 부착한 공기 주머니의 부피가 줄어들면서 발바닥이 받는 충격을 줄여 준다.

⑤ 펌프식 용기는 기체의 압력과 부피의 관계를 활용한다. 펌프를 누르면 펌프 내부의 부피가 감소하면서 압력이 높아져 관에 차 있던 내용물이 용기 밖으로 나온다. 반대로 펌프에서 손을 떼면 펌프 내부의 부피가 증가하여 압력이 감소하게 되므로 용기 안의 내용물이 관을 따라 올라온다.

바로알기 ③ 고무를 덧댄 장갑은 마찰력을 활용한 제품이다. 고무는 마찰력이 크므로 고무를 덧댄 장갑을 끼면 물체를 잡을 때 손이 미끄러지는 것을 방지할 수 있다.

02 ③ 그래핀의 단단한 특성을 이용하여 떨어뜨려도 깨지지 않는 단단한 컴퓨터를 만들 수 있다.

⑤ 그래핀은 휘거나 구부려도 전기가 통한다. 따라서 이 특성을 이용하여 접거나 말아서 간편하게 휴대할 수 있는 디스플레이를 만들 수 있다.

바로알기 ①, ② 생물체를 모방하고 첨단 과학 기술을 결합하여 개발한 제품이다. 상어 비늘은 물의 저항을 최소화할 수 있는 구조를 띠므로, 이를 모방하여 마찰력을 줄인 수영복을 개발하였다. 홍합은 단백질을 분비하여 바위에 강하게 달라붙을 수 있으므로, 이를 모방하여 의료용 접착제를 개발하였다.

④ 플라스틱은 가볍고 튼튼하여 다양한 분야에서 이용되며, 가격이 저렴하여 대량으로 물건을 생산할 수 있다.

단원평가문제

진도 교재 125~126쪽

01 ② **02** ② **03** ②, ③ **04** ③ **05** ② **06** ⑤
07 ⑤ **08** ④ **09** ⑤ **10** ④ **11** ⑤ **12** ⑤

01 ② 코페르니쿠스는 지구와 다른 행성이 태양을 중심으로 돌고 있다는 태양 중심설을 주장하였고, 뉴턴은 질량을 가지고 있는 모든 물체는 서로 끌어당기는 힘이 작용한다는 만유인력 법칙을 발표하였다.

02 ⑤ 천체 관측으로 태양 중심설의 증거가 발견되면서 경험 중심의 과학적 사고를 중요시하게 되었다.

바로알기 ② 백신의 개발은 인류의 평균 수명을 연장시키는 데 영향을 미쳤다.

03 ① 인류는 기기를 발명하여 자연을 자세히 탐구하면서 새로운 과학 원리나 과학적 사실을 발견하였고, 이로 인해 과학기술이 급속도로 발달하면서 인류 문명이 발전하였다.

바로알기 ② 망원경이 개발되고 성능이 우수해지면서 천문학의 발달에 기여하였다.

③ 혹이 현미경을 만든 이후 현미경의 성능이 우수해지면서 생명 과학의 발달에 기여하였다.

04 바로알기 ③ 인쇄 기술의 발달로 많은 사람들이 책에서 대량의 지식을 얻을 수 있게 되었다.

05 ⑤ 증기 기관이 내연 기관으로 대체되면서 자동차가 등장하였으며, 내연 기관의 등장은 산업을 한 단계 더 발전시켰다.

바로알기 ② 증기 기관은 물을 끓여 만든 수증기가 피스톤을 움직이게 하는 장치로, 외부에서 연료를 연소시켜 얻은 증기의 압력을 이용하여 기계를 움직인다. 연료의 연소가 기관 내부에서 이루어지는 것은 내연 기관이다.

06 ㄴ. 해충을 죽이는 살충제, 잡초를 제거하는 제초제, 복합 비료 등 다양한 화학 비료가 개발되어 농산물의 품질과 생산량이 향상되었다.

바로알기 ㄱ. 암모니아 합성 기술을 이용하여 개발된 질소 비료는 농산물의 생산량을 증가시켜 식량 문제를 해결하는 데 기여하였다.

07 ① 전화기가 발명되어 멀리 떨어진 사람과 음성으로 정보를 주고받게 되었고, 정보 교환이 빨라지고 인류의 활동 영역이 넓어졌다.

②, ④ 인터넷, 인공위성의 개발로 세계를 연결하는 통신망이 구축되어 다양한 분야에 이용되고 있다.

③ 인공 지능을 이용한 기술을 활용하여 생활이 더욱 편리해지고 있다.

바로알기 ⑤ 농업 분야의 과학기술이 인류 문명의 발달에 미친 영향이다.

08 바로알기 ④ 개인 정보 유출, 사생활 침해는 스마트 기기 사용의 부정적인 영향이다.

09 ① 바이오칩은 단백질, DNA, 세포 조직과 같은 생물 소재와 반도체를 조합하여 제작된 칩으로, 빠르고 정확하게 질병을 예측할 수 있다.

② 세포 융합은 서로 다른 특징을 가진 두 종류의 세포를 융합하여 하나의 세포로 만드는 기술이다. 이를 활용하면 오렌지와 귤의 세포를 융합하여 당도를 높인 감귤처럼 두 식물의 장점을 모두 가진 작물을 만들 수 있다.

③ 바이오 의약품은 생물체에서 유래한 단백질이나 호르몬, 유전자 등을 사용하여 만든 의약품으로, 화학 약품에 비해 부작용이 적고 특정 질환에 효과가 뛰어나다.

④ 유전자 재조합은 특정 생물의 유용한 유전자를 다른 생물의 DNA에 끼워 넣어 재조합 DNA를 만드는 기술이다. 제초제에 내성을 가진 콩, 바이타민 A를 강화한 쌀 등을 생산하는 데 이용한다.

바로알기 ⑤ 휘어지는 디스플레이는 기존 디스플레이보다 얇고 가벼우며, 휘어지는 성질이 있어 충격에 강하다. 이는 나노 기술을 활용한 예이다.

10 ④ 자율 주행 자동차에 대한 설명이다. 자율 주행 자동차는 제시된 자료와 같이 편리한 점이 많지만, 상용화되기 앞서 운행 중인 컴퓨터가 해킹당하거나 차량 내 감지기 오작동으로 사고가 났을 때 법적 책임을 명확히 할 수 있도록 법과 제도가 마련되어야 한다.

바로알기 ① 나노 로봇은 나노미터 크기의 로봇으로, 몸속에 넣으면 혈관을 따라 이동하면서 산소를 공급하거나 바이러스를 직접 파괴한다.

② 증강 현실은 현실 세계에 가상의 정보가 실제 존재하는 것처럼 보이게 하는 기술이다.

③ 가상 현실은 오감을 통해 가상의 세계를 현실처럼 체험하도록 하는 기술이다.

⑤ 유기 발광 다이오드는 형광성 물질에 전류를 흘려 주면 스스로 빛을 내는 현상을 이용한 것이다.

11 ③, ④ 공학적 설계는 과학 원리나 기술을 활용하여 새로운 제품이나 시스템을 개발하거나 기존의 제품을 개선하는 창의적인 과정이다.

바로알기 ⑤ 제품을 만들 때는 경제성, 안전성뿐만 아니라 환경적 요인도 고려해야 한다.

12 공학적 설계를 통해 제품을 생산할 때 경제성, 안전성, 편리성, 환경적 요인, 외형적 요인 등 여러 가지 조건을 고려해야 한다. ㄱ은 외형적 요인, ㄴ은 경제성, ㄷ은 편리성을 고려한 것이다.

우리 주변에는 과학기술을 활용한 다양한 제품이 있어요. 이 단원을 학습하였으니 과학기술을 활용한 제품의 원리를 생각해 볼까요?

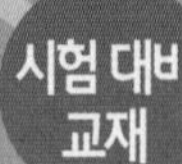

시험 대비 교재

정답과 해설

Ⅴ 생식과 유전

01 세포 분열

중단원 핵심 요약 시험 대비 교재 2쪽

① DNA ② 유전자 ③ 염색 분체 ④ 상동 염색체
⑤ 상염색체 ⑥ XY ⑦ 염색체 ⑧ 염색 분체
⑨ 세포판 ⑩ 2가 염색체 ⑪ 상동 염색체 ⑫ 염색 분체
⑬ 2 ⑭ 생식세포

잠깐 테스트 시험 대비 교재 3쪽

1 ① DNA, ② 유전자 **2** 상동 염색체 **3** ① 22, ② 1 **4** (가) → (라) → (나) → (다) **5** (라), 중기 **6** ① 식물, ② 세포판 **7** 체세포 **8** ① 2가 염색체, ② 1 **9** 1 **10** ① 변화 없음, ② 절반으로 줄어듦, ③ 1, ④ 2, ⑤ 2, ⑥ 4

계산력·암기력 강화 문제 시험 대비 교재 4쪽

◆ 세포 분열의 종류와 시기 구분하기

1 감수 1분열 중기 **2** 감수 2분열 중기 **3** 체세포 분열 중기 **4** 감수 1분열 중기 **5** 감수 2분열 중기 **6** 감수 1분열 후기 **7** 체세포 분열 후기 **8** 감수 2분열 후기 **9** 감수 1분열 후기 **10** 체세포 분열 중기 **11** 감수 1분열 중기 **12** 감수 2분열 중기

중단원 기출 문제 시험 대비 교재 5~8쪽

01 ① **02** ⑤ **03** ③ **04** ③, ④ **05** ④ **06** ② **07** ③ **08** ⑤ **09** ③ **10** ① **11** ② **12** ③, ④, ⑦ **13** ① **14** ② **15** ④ **16** ② **17** ①, ⑥ **18** ⑤ **19** ①, ⑥ **20** ③ **21** ① **22** ② **23** ③ **24** ④

01 몸집이 큰 생물은 작은 생물보다 세포의 수가 많으며, 세포의 크기는 거의 비슷하다.

02 세포가 커지면 부피가 증가하는 비율이 표면적이 증가하는 비율보다 커서 부피에 대한 표면적의 비가 작아진다.

03 바로알기 ③ 염색체는 세포가 분열하지 않을 때는 핵 속에 실처럼 풀어져 있다가 세포가 분열하기 시작하면 굵고 짧게 뭉쳐져 막대 모양으로 나타난다.

04 바로알기 ⑤ 사람은 아버지와 어머니로부터 각각 23개의 염색체를 물려받는다.
⑥ 성염색체 중 X 염색체는 어머니로부터, Y 염색체는 아버지로부터 물려받았다.
⑦ 1번 염색체 2개 중 한 개를 어머니로부터 물려받았다면, 다른 한 개는 아버지로부터 물려받은 것이다.

05 사람의 체세포에는 22쌍(44개)의 상염색체와 1쌍(2개)의 성염색체가 들어 있는데, 남자의 성염색체는 XY이고, 여자의 성염색체는 XX이다.

06 ① 쌍을 이루고 있는 크기와 모양이 같은 2개의 염색체 A와 B는 상동 염색체이고, 남녀 공통으로 가지는 상염색체이다.
③, ④ 상동 염색체가 쌍으로 있을 때 총 8개의 염색체가 있으므로 상동 염색체 중 하나만 있는 생식세포에는 체세포의 절반인 4개의 염색체가 있다.
⑤ 상동 염색체는 감수 1분열 과정에서 분리되어 각각의 딸세포로 들어간다.
바로알기 ② 크기와 모양이 다르지만 상동 염색체처럼 행동하는 C와 D는 성염색체이다.

07 (가)는 중기, (나)는 간기, (다)는 말기, (라)는 후기, (마)는 전기의 세포이다. 체세포 분열은 간기(나)를 거친 후 전기(마) → 중기(가) → 후기(라) → 말기(다) 순으로 진행된다.

08 바로알기 ①과 ③은 간기(나), ②는 말기(다)에 대한 설명이다.
④ 체세포 분열 후기에는 염색 분체가 분리된다.

09 ③ 중기에 대한 설명이다.

10 A는 간기, B는 전기, C는 후기, D는 중기, E는 말기이다. 가장 많이 관찰되는 시기는 소요 시간이 가장 긴 간기(A)이다.

11 ② 체세포 분열 전기에 한 개의 염색체는 두 가닥의 염색 분체로 되어 있다.

12 제시된 세포는 체세포 분열 후기의 세포로, 두 가닥의 염색 분체가 분리되어 세포의 양쪽 끝으로 이동하고 있다.
⑦ 두 가닥의 염색 분체가 분리되기 전의 염색체 수를 생각해 보면 체세포에 4개의 염색체가 있음을 알 수 있다.
바로알기 ② B와 C는 하나의 염색체를 이루던 두 가닥의 염색 분체이므로, 유전 정보가 서로 같다.
⑥ 체세포 분열 결과 2개의 딸세포가 만들어진다.

13 ㄴ. 제시된 실험 과정에서는 아세트산 카민 용액을 이용하여 핵과 염색체를 염색하는 과정이 빠져 있다.
바로알기 ㄱ. 해리(나) 과정을 거친 후 세포들을 분리(다)하였다.
ㄷ. 양파 뿌리 끝 생장점에서는 체세포 분열이 일어난다.
ㄹ. 고정(가) 과정을 거쳤다.

14 ② 해리(나) 과정은 세포가 잘 분리되도록 조직을 연하게 만드는 과정이다.

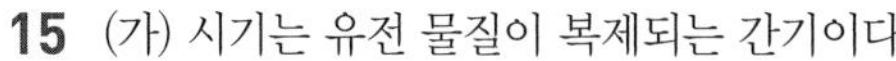

15 (가) 시기는 유전 물질이 복제되는 간기이다.
바로알기 ④ 간기(가)에 세포의 크기가 커진다.

16 유전 물질이 복제되어 두 가닥의 염색 분체로 이루어진 염색체가 되며, 감수 1분열 결과 상동 염색체가 분리되어 염색체 수가 절반으로 줄어든다.

17 **바로알기** ① 감수 분열 결과 염색체 수가 체세포의 절반인 생식세포가 만들어진다. 생장은 체세포 분열의 결과이다.
⑥ 감수 1분열 시작 전에 유전 물질이 복제되며, 감수 1분열과 2분열 사이에는 유전 물질이 복제되지 않는다.

18 감수 분열로 만들어진 생식세포의 염색체 수가 체세포의 절반이기 때문에 부모의 생식세포가 한 개씩 결합하여 생긴 자손의 염색체 수는 부모와 같다.

19 **바로알기** ①, ⑥ 식물의 생장점과 형성층에서는 체세포 분열이 활발하게 일어나고, 꽃밥과 밑씨에서는 감수 분열이 일어나 꽃가루와 난세포 같은 생식세포가 만들어진다.

20 체세포 분열 전기 세포의 염색체 수는 모세포와 같고, 감수 2분열 전기 세포의 염색체 수는 모세포의 절반이다.

21 (가)는 상동 염색체 2쌍이 세포 중앙에 배열된 체세포 분열 중기의 세포이고, (나)는 2가 염색체 2개가 세포 중앙에 배열된 감수 1분열 중기의 세포이다.
바로알기 ① (가)의 염색체 수는 4개이다.

22 감수 분열(나)은 식물의 경우 꽃밥과 밑씨에서 일어나고, 동물의 경우 정소와 난소에서 일어난다.

23 체세포 분열 결과 모세포와 염색체 구성이 같은 딸세포가 만들어지고, 감수 분열 결과 모세포에 비해 염색체 수가 절반으로 줄어든 딸세포가 만들어진다.

24 (가)는 체세포 분열, (나)는 감수 분열이다.
바로알기 ②, ③, ⑤ (가)와 (나)의 설명이 서로 바뀌었다.

서술형 정복하기

시험 대비 교재 9~10쪽

1 답 유전자

2 답 (가) 염색 분체, (나) 상동 염색체

3 답 (가) 상염색체, (나) 성염색체

4 답 전기

5 답 2가 염색체

6 모범답안 남자는 어머니로부터 **22**개의 **상염색체**와 **X 염색체**를, 아버지로부터 **22**개의 **상염색체**와 **Y 염색체**를 물려받았다.

7 모범답안 **세포막**이 **바깥쪽**에서 **안쪽**으로 잘록하게 들어가면서 세포질이 나누어진다.

8 모범답안 **세포**의 **크기**가 커진다. **DNA**가 복제되어 **DNA** 양이 2배가 된다.

9 모범답안 **상동 염색체**가 **분리**되고, 각 염색체가 세포 양쪽 **끝**으로 이동한다.

10 모범답안 체세포 분열에서는 **1회** 분열하여 **2개**의 딸세포가 만들어지고, 감수 분열에서는 **2회** 분열하여 **4개**의 딸세포가 만들어진다.

11 모범답안 (1) 남자
(2) 성염색체 구성이 XY이기 때문이다.

	채점 기준	배점
(1)	남자라고 옳게 쓴 경우	40 %
(2)	성염색체 구성을 포함하여 까닭을 옳게 서술한 경우	60 %
	성염색체 구성을 언급하지 않은 경우	0 %

12 모범답안 (1) (라) → (가) → (나) → (마) → (다)
(2) 세포가 생명 활동을 멈추고 살아 있을 때의 모습을 유지하도록 하기 위해서이다.
(3) 간기의 세포, 간기가 세포 주기의 대부분을 차지하기 때문이다. 또는 세포 주기 중 간기가 가장 길기 때문이다.

	채점 기준	배점
(1)	순서를 옳게 나열한 경우	30 %
(2)	고정 과정을 거치는 까닭을 옳게 서술한 경우	30 %
	세포가 생명 활동을 멈추게 하기 위해서라고만 쓴 경우	15 %
(3)	간기의 세포라고 쓰고, 그 까닭을 옳게 서술한 경우	40 %
	간기의 세포라고만 쓴 경우	15 %

13 모범답안 체세포 분열, 후기(라)에 상동 염색체가 쌍으로 있는 상태에서 염색 분체가 분리되기 때문이다.

채점 기준	배점
체세포 분열이라고 쓰고, 그 까닭을 옳게 서술한 경우	100 %
체세포 분열이라고만 쓴 경우	30 %

14 모범답안 (1) 감수 1분열 중기
(2) 체세포의 염색체 수는 8개이고, 생식세포의 염색체 수는 4개이다.

	채점 기준	배점
(1)	세포 분열의 종류와 시기를 모두 옳게 쓴 경우	40 %
	감수 분열이라고만 쓴 경우	20 %
(2)	체세포와 생식세포의 염색체 수를 모두 옳게 서술한 경우	60 %
	둘 중 하나의 염색체 수만 옳게 서술한 경우	30 %

15 모범답안 (가)

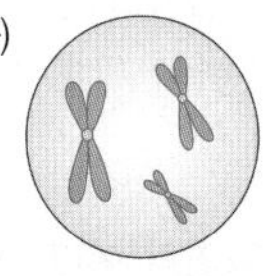

(나)

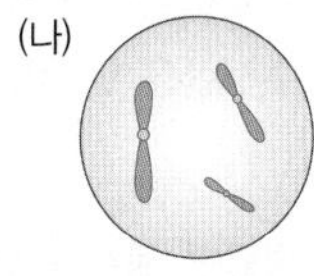

| 해설 | 감수 2분열 전기의 세포는 염색체 수는 절반으로 줄어들었고 염색체는 두 가닥의 염색 분체로 이루어진 상태이다. 생식세포의 염색체 수는 감수 2분열 전기의 세포와 같고 염색체는 한 가닥으로 이루어진 상태이다.

채점 기준	배점
(가)와 (나)의 염색체 구성을 모두 옳게 표현한 경우	100 %
(가)와 (나) 중 한 가지만 옳게 표현한 경우	50 %

02 사람의 발생

중단원 핵심 요약
시험 대비 교재 11쪽

① 23개	② 23개	③ 발생	④ 변화 없다
⑤ 작아진다	⑥ 착상	⑦ 포배	⑧ 모체
⑨ 태아	⑩ 배아	⑪ 태아	⑫ 266

잠깐 테스트
시험 대비 교재 12쪽

1 A : 핵, B : 꼬리, C : 세포질, D : 핵 **2** ① 작다, ② 크다, ③ 있다, ④ 없다, ⑤ 23, ⑥ 23 **3** 수정 **4** 발생 **5** 배란 **6** ① 늘어나고, ② 작아 **7** ① 포배, ② 착상 **8** 태반 **9** ① 산소, ② 이산화 탄소 **10** 266

중단원 기출 문제
시험 대비 교재 13~14쪽

01 ④ **02** ② **03** ① **04** ③ **05** ⑤ **06** ③ **07** ③ **08** A : 배란, B : 수정, C : 착상 **09** ④ **10** ④ **11** ② **12** ①, ⑥

01 A는 난자의 세포질, B는 난자의 핵, C는 정자의 핵, D는 정자의 꼬리이다.
바로알기 ④ 생식세포인 정자의 염색체 수는 체세포의 절반인 23개이다.

02 **바로알기** ①, ③ 난자는 세포질에 양분을 많이 저장하고 있기 때문에 정자보다 크기가 훨씬 크다.
⑤ 정자와 난자는 모두 생식세포이므로, 체세포의 절반인 23개의 염색체를 가지고 있다.

03 A는 수정관, B는 부정소, C는 정소, D는 요도, E는 난소, F는 수란관, G는 자궁, H는 질이다.
바로알기 ① 정자의 이동 통로인 A는 수정관이다. 수란관(F)은 여자의 생식 기관에 있다.

04 ㄱ, ㄴ. 수정은 정자와 난자 같은 암수의 생식세포가 결합하는 것으로, 염색체 수가 체세포의 절반인 정자와 난자가 수정하여 만들어진 수정란은 체세포와 염색체 수가 같다.
바로알기 ㄷ. 수란관에서 정자와 난자가 수정하여 수정란이 만들어지고, 수정란은 난할을 거듭하여 세포 수를 늘리면서 자궁으로 이동한다.

05 ⑤ 수정란이 세포 분열을 하면서 여러 과정을 거쳐 개체가 되는 것을 발생이라고 한다.
바로알기 ① 수정, ② 출산, ③ 유전, ④ 배란이다.

06 난할이 진행되면 세포 하나의 염색체 수는 변하지 않고, 세포 수가 증가하며, 세포 하나의 크기는 점점 작아진다. 세포 하나의 크기가 작아지므로 배아 전체의 크기는 수정란과 비슷하다.
바로알기 ③ 난할 과정에서는 염색체 수가 변하지 않는다.

07 난할이 진행될수록 세포 수가 증가하며, 속이 빈 공 모양의 세포 덩어리인 포배가 되어 착상한다.

08 A는 난자가 난소에서 수란관으로 나오는 배란, B는 정자와 난자가 결합하는 수정, C는 수정란이 포배가 되어 자궁 안쪽 벽을 파고들어 가는 착상이다.

09 **바로알기** ㄴ. 착상은 수정 후 약 일주일이 지나 수정란이 포배가 된 상태에서 일어난다.

10 태아는 필요한 산소와 영양소를 모체로부터 전달받고, 태아의 몸에서 생기는 이산화 탄소와 노폐물을 모체로 전달하여 내보낸다.
바로알기 ㄹ. 해로운 물질도 태아에게 전해질 수 있으므로, 임신부의 약물 복용, 음주, 흡연 등은 태아의 발생에 심각한 피해를 줄 수 있다.

11 아기가 태어날 때까지의 과정은 배란(나) → 수정(라) → 착상(다) → 태반 형성(마) → 출산(가)의 순으로 이루어진다.

12 **바로알기** ① 난할은 체세포 분열로, 분열 결과 염색체 수가 변하지 않는다.
⑥ 태아는 수정된 지 약 266일이 지나면 출산 과정을 거쳐 모체 밖으로 나온다.

서술형 정복하기
시험 대비 교재 15쪽

1 답 수정

2 답 발생

3 답 난할

4 답 착상

5 모범답안 **세포질**에 많은 **양분**을 저장하고 있기 때문이다.

6 모범답안 **염색체 수**가 **체세포**의 절반인 **정자**와 **난자**가 **수정**하여 수정란이 되기 때문이다.

7 모범답안 **수정**된 지 **8주** 후 **사람**의 모습을 갖추기 시작한 상태를 태아라고 한다.

8 모범답안 난자는 정자에 비해 크기가 훨씬 크다. 난자는 스스로 움직이지 못하지만, 정자는 꼬리를 이용하여 스스로 움직일 수 있다. 정자와 난자는 모두 23개의 염색체를 가진다.

채점 기준	배점
크기, 운동성, 염색체 수를 모두 옳게 비교하여 서술한 경우	100 %
세 가지 중 두 가지만 옳게 비교하여 서술한 경우	60 %
세 가지 중 한 가지만 옳게 비교하여 서술한 경우	30 %

9 모범답안 세포 수는 증가하고, 세포 하나의 크기는 점점 작아지며, 배아 전체의 크기는 수정란과 비슷하다.

채점 기준	배점
세포 수, 세포 하나의 크기, 배아 전체의 크기 변화를 모두 옳게 서술한 경우	100 %
세 가지 중 두 가지만 옳게 서술한 경우	60 %
세 가지 중 한 가지만 옳게 서술한 경우	30 %

10 모범답안 산소는 모체 → 태아로 이동하고, 이산화 탄소는 태아 → 모체로 이동한다.

채점 기준	배점
산소와 이산화 탄소의 이동 방향을 모두 옳게 서술한 경우	100 %
둘 중 하나라도 이동 방향을 틀리게 서술한 경우	0 %

03 멘델의 유전 원리

중단원 핵심 요약 시험 대비 교재 16쪽

① 순종 ② 잡종 ③ 우성 ④ 열성 ⑤ 분리 ⑥ 3 : 1 ⑦ 분홍색 ⑧ 1 : 2 : 1 ⑨ 독립 ⑩ 9 : 3 : 3 : 1 ⑪ 3 : 1 ⑫ 3 : 1

잠깐 테스트 시험 대비 교재 17쪽

1 ① 표현형, ② 유전자형 **2** ㄱ, ㄷ, ㅁ **3** 우성 **4** ① 짧고, ② 많아 **5** ① Yy, ② 노란색 **6** ① 3, ② 1 **7** 200 **8** ① RrYy, ② 둥글고 노란색 **9** 180 **10** 1800

계산력·암기력 강화 문제 시험 대비 교재 18쪽

◇ 완두 교배 실험 이해하기

1 150개 **2** 500개 **3** 100개 **4** 360개 **5** 2700개

1 Rr×Rr → RR, 2Rr, rr로, 잡종 2대에서 둥근 완두(RR, Rr) : 주름진 완두(rr)=3 : 1이다. $600 \times \frac{1}{4} = 150$(개)

2 잡종 2대에서 순종(RR, rr) : 잡종(Rr)=1 : 1이다. $1000 \times \frac{1}{2} = 500$(개)

3 잡종 2대에서 표현형의 비는 둥·노 : 둥·초 : 주·노 : 주·초 =9 : 3 : 3 : 1이므로, 주름지고 초록색인 완두는 전체의 $\frac{1}{16}$에 해당한다. $1600 \times \frac{1}{16} = 100$(개)

4 잡종 1대의 표현형은 둥글고 노란색이다. 잡종 2대에서 둥글고 노란색인 완두는 전체의 $\frac{9}{16}$에 해당한다. $640 \times \frac{9}{16} = 360$(개)

5 잡종 2대에서 둥근 완두(둥·노+둥·초) : 주름진 완두(주·노 +주·초)=3 : 1로 나타난다. $3600 \times \frac{3}{4} = 2700$(개)

중단원 기출 문제 시험 대비 교재 19~21쪽

01 ① **02** ①, ⑤ **03** ② **04** ③ **05** ② **06** ④ **07** ② **08** ⑤ **09** 1 : 1 **10** 1 : 1 **11** ② **12** ⑤ **13** ③ **14** ① **15** ①, ⑤ **16** ③ **17** ③ **18** ② **19** ②

01 바로알기 ② 유전자 구성에 따라 겉으로 드러나는 형질은 표현형이다.
③ 순종은 한 가지 형질을 나타내는 유전자의 구성이 같은 개체이다.
④, ⑤ 대립 형질이 다른 두 순종 개체를 교배하여 얻은 잡종 1대에서 나타나는 형질이 우성, 나타나지 않는 형질이 열성이다.

02 순종은 한 가지 형질을 나타내는 유전자의 구성이 같은 개체이다.

03 바로알기 ② 완두는 한 세대가 짧아 단시간 내에 여러 세대를 관찰할 수 있다.

04 바로알기 ㄷ. 한 쌍을 이루는 유전 인자는 생식세포가 만들어질 때 각 생식세포로 나뉘어 들어가고, 생식세포가 수정될 때 다시 쌍을 이룬다.

05 바로알기 ㄱ. 잡종 1대의 유전자형은 Rr이다.
ㄷ. Rr×Rr → RR, 2Rr, rr이므로, 잡종 1대를 자가 수분하여 얻은 잡종 2대의 유전자형의 비는 RR : Rr : rr=1 : 2 : 1이고, 표현형의 비는 둥근 완두(RR, Rr) : 주름진 완두(rr)= 3 : 1이다.

06 잡종 2대에서 둥근 완두(RR, Rr)는 전체의 $\frac{3}{4}$에 해당한다. $900 \times \frac{3}{4} = 675$(개)

07 잡종 1대에서 보라색 꽃만 나타난 것으로 보아 보라색 꽃이 흰색 꽃에 대해 우성이다. 보라색 꽃 유전자는 P, 흰색 꽃 유전자는 p이고, 잡종 1대의 유전자형은 Pp이므로, 잡종 2대의 유전자형의 비는 PP : Pp : pp=1 : 2 : 1이다.
바로알기 ③ 잡종 1대(Pp)에서는 2종류의 생식세포(P, p)가 만들어진다.
④ 잡종 2대의 유전자형은 3종류(PP, Pp, pp)이다.
⑤ 잡종 2대에서 유전자형의 비는 PP : Pp : pp=1 : 2 : 1이므로, 순종의 보라색 꽃(PP)은 전체의 $\frac{1}{4}$에 해당한다.
$800 \times \frac{1}{4} = 200$(개)

08 순종의 노란색 완두(YY)와 순종의 초록색 완두(yy)를 교배하여 얻은 잡종 1대에서는 우성 형질인 노란색 완두만 나타난다. YY×yy → Yy

09 유전자형이 Yy인 잡종 1대(가)와 초록색 완두(yy)를 교배하면 Yy×yy → Yy, yy이므로, 자손에서 노란색 완두(Yy) : 초록색 완두(yy)=1 : 1이다.

10 잡종 2대의 유전자형의 비는 YY : Yy : yy=1 : 2 : 1이므로, 순종(YY, yy) : 잡종(Yy)=1 : 1이다.

11 ② Yy×yy → Yy, yy로, 자손에서 노란색 완두와 초록색 완두가 1 : 1로 나타난다.

12 ①, ② (가)에서 키 큰 완두와 키 작은 완두를 교배하였을 때 자손에서 키 큰 완두만 나타났으므로 키가 큰 것이 우성, 작은 것이 열성이다. 열성인 키 작은 완두는 모두 순종이다.
③, ④ 키 큰 완두가 키가 작은 유전자를 가지고 있어야만 자손에서 키 작은 완두가 나타난다.
바로알기 ⑤ Tt(A)×Tt(B) → TT, 2Tt, tt로, A와 B를 교배하면 자손에서 키 작은 완두(tt)가 나타난다.

13 분꽃의 꽃잎 색깔은 빨간색 꽃잎 유전자와 흰색 꽃잎 유전자 사이의 우열 관계가 뚜렷하지 않아 잡종 1대에서 어버이의 중간 형질이 나타나며, 잡종 2대에서는 빨간색 꽃잎(RR) : 분홍색 꽃잎(RW) : 흰색 꽃잎(WW)=1 : 2 : 1로 나타난다.
바로알기 ③ RR×WW → RW로, 잡종 1대에서는 잡종만 나온다.

14 유전자형이 RrYy인 잡종 1대를 자가 수분하면 잡종 2대에서 둥글고 노란색 : 둥글고 초록색(가) : 주름지고 노란색(나) : 주름지고 초록색(다)=9 : 3 : 3 : 1로 나타난다.

15 바로알기 ② 잡종 1대에서 만들어지는 생식세포는 RY, Ry, rY, ry의 4가지이다.
③ 둥글고 초록색(가)인 완두의 유전자형은 RRyy, Rryy의 2가지이다.
④ rryy(다)×rryy(다) → rryy로, 주름진 완두만 나온다.

16 잡종 2대에서 초록색 완두는 전체의 $\frac{4(\text{둥·초+주·초})}{16}$이다. $1200 \times \frac{1}{4} = 300$(개)

17 잡종 2대에서 주름지고 노란색(나)인 완두는 전체의 $\frac{3}{16}$이다. $960 \times \frac{3}{16} = 180$(개)

18 rrYy×Rryy → RrYy, Rryy, rrYy, rryy
$2000 \times \frac{1(\text{Rryy})}{4} = 500$(개)

19 키와 꽃잎 색깔을 결정하는 유전자는 서로 다른 상동 염색체에 있으므로 키와 꽃잎 색깔은 독립적으로 유전된다.
ㄱ. 이 식물에서 만들어질 수 있는 생식세포의 유전자형은 AB, Ab, aB, ab 4종류이다.
ㄴ. 이 식물을 자가 수분하면 Aa×Aa → AA, 2Aa, aa로 자손에서 키 큰 개체(AA, Aa)와 키 작은 개체(aa)가 3 : 1로 나온다.
바로알기 ㄷ. 이 식물을 유전자형이 aabb인 개체와 교배하면 Bb×bb → Bb, bb로 자손에서 보라색 꽃잎과 흰색 꽃잎이 1 : 1로 나온다.
다른 풀이 AaBb×aabb → AaBb, Aabb, aaBb, aabb

생식세포	AB	Ab	aB	ab
ab	AaBb	Aabb	aaBb	aabb

보라색 꽃잎(AaBb, aaBb) : 흰색 꽃잎(Aabb, aabb)=1 : 1

서술형 정복하기

시험 대비 교재 22~23쪽

1 답 유전

2 답 대립 형질

3 답 (가) 유전자형, (나) 표현형

4 답 자가 수분

5 답 대립유전자

6 모범답안 한 가지 **형질**을 나타내는 **유전자**의 **구성**이 같은 **개체**이다.

7 모범답안 **대립 형질**이 다른 두 **순종** 개체를 교배하여 얻은 **잡종 1대**에서 나타나지 않는 **형질**이다.

8 모범답안 **감수 분열**이 일어날 때 쌍을 이루고 있던 **대립유전자**가 **분리**되어 서로 다른 **생식세포**로 들어가는 유전 원리이다.

9 모범답안 **빨간색** 꽃잎 **유전자**와 **흰색** 꽃잎 **유전자** 사이의 **우열 관계**가 뚜렷하지 않기 때문이다.

10 모범답안 두 쌍 이상의 **대립유전자**가 서로 **영향**을 미치지 않고, 각각 **분리의 법칙**에 따라 유전되는 원리이다.

11 모범답안 기르기 쉽다. 한 세대가 짧다. 자손의 수가 많다. 대립 형질이 뚜렷하다. 등

채점 기준	배점
완두가 유전 실험의 재료로 적합한 까닭을 세 가지 모두 옳게 서술한 경우	100 %
두 가지만 옳게 서술한 경우	60 %
한 가지만 옳게 서술한 경우	30 %

12 모범답안 (1) Rr, 둥근 완두
(2) 잡종 2대에서 표현형의 비는 둥근 완두 : 주름진 완두=3 : 1이고, 유전자형의 비는 RR : Rr : rr=1 : 2 : 1이다.

	채점 기준	배점
(1)	유전자형과 표현형을 모두 옳게 쓴 경우	40 %
	둘 중 하나라도 틀리게 쓴 경우	0 %
(2)	표현형의 비와 유전자형의 비를 모두 옳게 서술한 경우	60 %
	둘 중 하나라도 틀리게 서술한 경우	0 %

13 모범답안 (1) 노란색 완두(A)가 순종일 때는 YY×yy → Yy로, 자손에서 노란색 완두만 나온다.
(2) 노란색 완두(A)가 잡종일 때는 Yy×yy → Yy, yy로, 자손에서 노란색 완두 : 초록색 완두=1 : 1로 나온다.

	채점 기준	배점
(1)	YY×yy → Yy를 포함하여 교배 결과를 옳게 서술한 경우	50 %
	자손에서 노란색 완두만 나온다고만 서술한 경우	30 %
(2)	Yy×yy → Yy, yy를 포함하여 교배 결과를 옳게 서술한 경우	50 %
	자손에서 노란색 완두 : 초록색 완두=1 : 1로 나온다고만 서술한 경우	30 %

14 모범답안 분꽃의 꽃잎 색깔 유전에서 우열의 원리는 성립하지 않지만, 분리의 법칙은 성립한다.

채점 기준	배점
우열의 원리와 분리의 법칙의 성립 여부를 모두 옳게 서술한 경우	100 %
둘 중 하나라도 틀리게 서술한 경우	0 %

15 모범답안 (1) RY : Ry : rY : ry=1 : 1 : 1 : 1
(2) 둥근 완두 : 주름진 완두=3 : 1, 노란색 완두 : 초록색 완두=3 : 1
(3) 둥글고 노란색 : 둥글고 초록색=1 : 1
| 해설 | RRYy×Rryy → RRYy, RRyy, RrYy, Rryy

	채점 기준	배점
(1)	생식세포의 종류와 그 비를 모두 옳게 쓴 경우	30 %
	생식세포의 종류만 옳게 쓴 경우	10 %
(2)	둥근 완두와 주름진 완두, 노란색 완두와 초록색 완두의 비를 모두 옳게 쓴 경우	40 %
	둘 중 하나만 옳게 쓴 경우	20 %
(3)	표현형의 비를 옳게 쓴 경우	30 %

04 사람의 유전

중단원 핵심 요약

시험 대비 교재 24쪽

① 가계도 ② 쌍둥이 ③ 1란성 ④ 2란성
⑤ tt ⑥ tt ⑦ Tt ⑧ BB, BO
⑨ A형 ⑩ 반성유전 ⑪ 여자 ⑫ 남자

잠깐 테스트

시험 대비 교재 25쪽

1 ① 길, ② 적, ③ 불가능 **2** 환경 **3** 열성 **4** Tt
5 25 % **6** A=B>O **7** O형 **8** ① X 염색체, ② 열성
9 XY, X′Y **10** 50 %

계산력·암기력 강화 문제

시험 대비 교재 26쪽

◇ 가계도 분석하기

1 Tt **2** (1) (나) AO, (다) BO (2) 50 % **3** 50 % **4** (1) (가) X′Y, (나) XX′ (2) 50 %

1 (가)는 자녀에게 혀 말기 불가능 대립유전자(t)를 물려주었다.

2 (1) B형인 자녀 (다)가 있으므로 (나)의 유전자형은 AO이다. (다)는 (나)로부터 대립유전자 A를 물려받으면 B형이 될 수 없으므로 (나)로부터 대립유전자 O를 물려받았다.

(2) AB×AO → AA, AO, AB, BO이므로 자녀가 A형(AA, AO)일 확률은 $\frac{2}{4}\times100=50$ %이다.

3 아버지가 적록 색맹(X′Y)이므로 딸은 모두 적록 색맹 대립유전자를 가진다. 따라서 정상인 (가)는 보인자(XX′)이다. XX′(가)×XY(정상 남자) → XX, XX′, XY, X′Y이므로, (가)와 정상인 남자 사이에서 태어난 아들(XY, X′Y)이 적록 색맹(X′Y)일 확률은 $\frac{1}{2}\times100=50$ %이다.

4 (1) 자녀 중 적록 색맹인 딸이 있으므로 부모는 모두 적록 색맹 대립유전자(X′)를 가졌다. 따라서 아버지(가)는 적록 색맹(X′Y)이고, 아들에게 정상 대립유전자를 물려준 어머니(나)는 보인자(XX′)이다.
(2) X′Y×XX′ → XX′, X′X′, XY, X′Y이므로, 자녀가 적록 색맹(X′X′, X′Y)일 확률은 $\frac{2}{4}\times100=50$ %이다.

중단원 기출 문제

시험 대비 교재 27~29쪽

01 ④ **02** ⑥ **03** ④ **04** ③ **05** ③ **06** 50 %
07 ④ **08** ④, ⑥ **09** ② **10** ⑤ **11** ④ **12** ③
13 ②, ⑤ **14** ③ **15** ②, ④ **16** ③ **17** ①, ④
18 ② **19** ④ **20** ⑤

01 바로알기 ① 사람은 한 세대가 길어 여러 세대에 걸쳐 특정 형질이 유전되는 방식을 관찰하기 어렵다.
② 사람은 자손의 수가 적어 통계 자료로 활용할 충분한 사례를 얻기 어렵다.
③, ⑤ 사람은 대립 형질이 복잡하고, 환경의 영향을 많이 받는다.

02 바로알기 ⑥ 유전과 환경이 특정 형질에 미치는 영향을 알아보는 데 가장 적합한 방법은 쌍둥이 연구이다.

03 ㄱ. 1란성 쌍둥이에서 형질의 차이가 나타나는 학교 성적은 환경의 영향을 받는다.
ㄷ. 자란 환경에 상관없이 1란성 쌍둥이에서 완전히 일치하는 ABO식 혈액형은 환경의 영향을 받지 않는다.
바로알기 ㄴ. 키는 자란 환경에 상관없이 2란성 쌍둥이보다 1란성 쌍둥이에서 일치하는 정도가 높고, 학교 성적은 1란성 쌍둥이와 2란성 쌍둥이가 함께 자란 경우보다 1란성 쌍둥이가 따로 자란 경우에 일치하는 정도가 낮다. 이를 통해 환경의 영향을 가장 크게 받는 것은 학교 성적임을 알 수 있다.

04 바로알기 ③ 혈우병은 유전자가 성염색체에 있어 유전 형질이 나타나는 빈도가 남녀에 따라 차이가 나는 반성유전의 예이다.

05 (가)와 부인 사이에서 미맹인 자녀가 태어났으므로 (가)는 미맹 대립유전자(t)를 가지고 있다. (나)는 미맹인 어머니로부터 미맹 대립유전자(t)를 물려받았다.

06 보미의 부모님은 모두 보조개가 있지만 보미는 보조개가 없으므로, 보조개가 있는 것이 보조개가 없는 것에 대해 우성이다. 보조개가 있는 대립유전자를 D, 보조개가 없는 대립유전자를 d라고 할 때, 보조개가 없는 보미의 유전자형은 dd이고, 민수는 아버지로부터 대립유전자 d를 물려받아 유전자형이 Dd이다. Dd×dd → Dd, dd이므로, 민수와 보미가 결혼하여 자녀를 낳을 때 보조개가 있을 확률과 없을 확률은 각각 50 %이다.

07 젖은 귀지를 가진 부모 사이에서 마른 귀지를 가진 누나가 태어났으므로 젖은 귀지가 마른 귀지에 대해 우성이며, 어머니와 아버지는 모두 마른 귀지 대립유전자를 가졌다. Aa×Aa → AA, 2Aa, aa이므로, 철수의 동생이 태어날 때 젖은 귀지(AA, Aa)를 가질 확률은 $\frac{3}{4}\times100=75(\%)$이다.

08 ④ 유전자형이 BB, BO일 때 표현형은 B형이다.
⑥ AO×OO → AO, OO

바로알기 ① ABO식 혈액형 유전자는 상염색체에 있으므로 남녀에 따라 형질이 나타나는 빈도에 차이가 없다.
② ABO식 혈액형의 결정에 관여하는 대립유전자는 A, B, O 3가지이지만, 형질은 한 쌍의 대립유전자에 의해 결정된다.
③ 대립유전자 A와 B는 대립유전자 O에 대해 우성이다.
⑤ ABO식 혈액형의 표현형은 A형, B형, AB형, O형의 4가지이다.

09 AO×BO → AB, AO, BO, OO

바로알기 ② 자녀에서 O형이 나오려면 부모가 모두 대립유전자 O를 가져야 한다. 따라서 아버지는 유전자형이 AO인 A형이고, 어머니는 유전자형이 BO인 B형이다.

10 ① AO×AO → AA, 2AO, OO
② AO×OO → AO, OO
③ BO×OO → BO, OO
④ AO×BO → AB, AO, BO, OO
⑤ AB×OO → AO, BO

11 (가)와 (나) 모두 O형인 자녀가 있으므로 대립유전자 O를 가지고 있다.

12 OO×BO → BO(B형), OO(O형)

13 바로알기 ② 적록 색맹은 X 염색체가 2개인 여자보다 X 염색체가 1개인 남자에게 더 많이 나타난다.
⑤ 아들은 X 염색체를 어머니로부터 물려받는다. 따라서 어머니가 적록 색맹일 때 아들은 항상 적록 색맹이 된다.

14 적록 색맹인 아들이 태어났으므로 어머니는 적록 색맹 대립유전자를 가지고 있는 보인자(XX′)이다. X′Y×XX′ → XX′, X′X′, XY, X′Y이므로, 딸(XX′, X′X′)이 적록 색맹(X′X′)일 확률은 $\frac{1}{2}\times100=50(\%)$이다.

15 ② 딸은 어머니와 아버지에게서 X 염색체를 하나씩 물려받는다. 아버지가 적록 색맹(X′Y)이므로 B는 보인자이다.
④ XY×XX′(B) → XX, XX′, XY, X′Y이므로, C의 동생이 태어날 때 적록 색맹인 아들(X′Y)일 확률은 $\frac{1}{4}\times100=25(\%)$이다.

바로알기 ① A가 아들에게 적록 색맹 대립유전자를 물려주었다면 아들은 적록 색맹이어야 한다.
③ C의 동생이 태어날 때 적록 색맹(X′Y)일 확률은 25 %이다.
⑤ 아들은 어머니로부터 X 염색체를 물려받는다. D와 E의 적록 색맹 대립유전자는 어머니로부터 물려받은 것이다.
⑥ 이 가계도에서 유전자형을 확실히 알 수 없는 사람은 2명, A와 C이다.

16 X′Y(E)×XX′(보인자인 여자) → XX′, X′X′, XY, X′Y이므로, E와 보인자인 여자가 결혼하여 자녀를 낳을 때 적록 색맹(X′X′, X′Y)일 확률은 $\frac{2}{4}\times100=50(\%)$이다.

17 정상인 아버지의 유전자형은 XY, 적록 색맹인 어머니의 유전자형은 X′X′이다. XY×X′X′ → XX′, X′Y이므로 딸은 모두 보인자이고, 아들은 모두 적록 색맹이다.

18 ⑤ XY×XX′ → XX, XX′, XY, X′Y로, 영희의 동생이 태어날 때 적록 색맹(X′Y)일 확률은 25 %이다.

바로알기 ② 영희의 외할머니가 적록 색맹(X′X′)이므로 영희의 어머니는 외할머니로부터 적록 색맹 대립유전자를 물려받았다.

19 AB×OO → AO, BO이고 X′Y×XX′ → XX′, X′X′, XY, X′Y이다. 따라서 자녀가 A형이면서 적록 색맹인 딸일 확률은 $\frac{1}{2}$(A형일 확률)×$\frac{1}{4}$(적록 색맹인 딸일 확률)$=\frac{1}{8}$이다.

20 ㄱ, ㄷ. 정상인 1과 2 사이에서 유전병을 가진 4와 7이 태어났으므로 이 유전병은 정상에 대해 열성이며, 1과 2는 유전병 대립유전자를 가졌다.

바로알기 ㄴ. 이 유전병이 반성유전을 한다면 정상인 아버지(1)에게서 유전병을 가진 딸(4)이 태어날 수 없다. 또, 유전병을 가진 어머니(4)에게서 정상인 아들(9)도 태어날 수 없다.

서술형 정복하기

시험 대비 교재 30~31쪽

1 답 가계도 조사

2 답 쌍둥이 연구

3 답 TT, Tt

4 답 AA, AO, BB, BO, AB, OO

5 답 반성유전

6 모범답안 특정 형질의 **우열 관계**, 유전자의 **전달** 경로, 가족 구성원의 **유전자형** 등을 알 수 있다.

7 모범답안 하나의 **수정란**이 **발생** 초기에 둘로 나뉘어 각각 **발생**한 것으로, **유전자 구성**이 서로 같다.

8 모범답안 **염색체 이상**으로 발생할 수 있는 **유전병**을 진단할 수 있다.

9 모범답안 상염색체 유전은 **남녀**에 따라 **형질**이 나타나는 **빈도**에 차이가 없고, 성염색체 유전은 **남녀**에 따라 **형질**이 나타나는 **빈도**에 차이가 있다.

10 모범답안 성염색체 구성이 **XY**인 남자는 **적록 색맹 대립유전자**가 한 개만 있어도 적록 색맹이 되지만, 성염색체 구성이 **XX**인 여자는 두 개의 X 염색체에 모두 **적록 색맹 대립유전자**가 있어야 적록 색맹이 되기 때문이다.

11 모범답안 한 세대가 길다. 자손의 수가 적다. 교배 실험이 불가능하다. 대립 형질이 복잡하다. 등

채점 기준	배점
사람의 유전 연구가 어려운 까닭을 세 가지 모두 옳게 서술한 경우	100 %
두 가지만 옳게 서술한 경우	60 %
한 가지만 옳게 서술한 경우	30 %

12 모범답안 (1) 아버지와 어머니는 모두 분리형 귓불인데, 부착형 귓불인 자녀가 태어났다.
(2) 아버지 : Aa, 어머니 : Aa

	채점 기준	배점
(1)	부모와 자녀의 관계를 들어 근거를 옳게 서술한 경우	60 %
	부모와 자녀의 관계를 언급하지 않은 경우	0 %
(2)	아버지와 어머니의 유전자형을 모두 옳게 쓴 경우	40 %
	둘 중 하나라도 틀리게 쓴 경우	0 %

13 모범답안 대립유전자 A와 B 사이에는 우열 관계가 없고, 대립유전자 A와 B는 대립유전자 O에 대해 우성이기 때문이다.

채점 기준	배점
대립유전자 A, B와 대립유전자 O 사이의 우열 관계와 대립유전자 A와 B 사이의 우열 관계를 모두 옳게 서술한 경우	100 %
둘 중 한 가지 우열 관계에 대해서만 서술한 경우	50 %
A=B>O이기 때문이라고 써도 정답 인정	100 %

14 모범답안 (1) AO, (가)는 첫째 아들에게 대립유전자 O를, 둘째 아들(나)에게 대립유전자 A를 물려주었기 때문이다.
(2) A형

| 해설 | AO(나)×AB(다) → AA, AB, AO, BO

	채점 기준	배점
(1)	AO라고 쓰고, 그 까닭을 옳게 서술한 경우	60 %
	AO라고만 쓴 경우	20 %
(2)	A형이라고 옳게 쓴 경우	40 %

15 모범답안 (1) 2의 적록 색맹 대립유전자가 5를 거쳐 (가)에게 전달되었다.
(2) 50 %
(3) 25 %

| 해설 | (1) 아들은 어머니로부터 X 염색체를 물려받는다.
(2), (3) XX′×X′Y → XX′, X′X′, XY, X′Y이므로, 동생이 적록 색맹(X′X′, X′Y)일 확률은 $\frac{2}{4}\times100=50$ %이고, 적록 색맹인 아들(X′Y)일 확률은 $\frac{1}{4}\times100=25$ %이다.

	채점 기준	배점
(1)	2와 5를 거쳐 (가)에게 전달되었다고 옳게 서술한 경우	40 %
	2와 5 중 하나라도 언급하지 않은 경우	0 %
(2)	50 %라고 옳게 쓴 경우	30 %
(3)	25 %라고 옳게 쓴 경우	30 %

Ⅵ 에너지 전환과 보존

01 역학적 에너지 전환과 보존

중단원 핵심 요약

시험 대비 교재 32쪽

① 역학적 ② 감소 ③ 증가 ④ 증가 ⑤ 감소 ⑥ 보존 ⑦ 역학적 ⑧ 위치 ⑨ 운동

잠깐 테스트

시험 대비 교재 33쪽

1 역학적 **2** ① 증가, ② 감소 **3** 보존된다 **4** (1) ○ (2) ○ (3) × (4) ○ **5** ① $9.8mh$ (2) 0 (3) $9.8mh$ **6** 49 **7** 7 **8** 49 **9** ① 위치, ② 운동, ③ 운동 **10** ① 위치, ② 운동, ③ 위치, ④ 운동, ⑤ 운동, ⑥ 위치

계산력·암기력 강화 문제

시험 대비 교재 34쪽

◆ 역학적 에너지 보존 법칙 적용하기

1 7 **2** 98 **3** 14 **4** 10 **5** 4.9 **6** 5 **7** 114

1 2.5 m 높이에서 물체의 위치 에너지는 지면에 닿는 순간 운동 에너지와 같다.
$(9.8\times4)\ \text{N}\times2.5\ \text{m}=\frac{1}{2}\times4\ \text{kg}\times v^2$, $\therefore v=7\ \text{m/s}$

2 2 m 높이에서의 운동 에너지
=4 m 높이에서부터 위치 에너지 감소량
$=(9.8\times5)\ \text{N}\times(4-2)\ \text{m}=98\ \text{J}$

3 5 m 높이에서의 운동 에너지
=15 m 높이에서부터 위치 에너지 감소량
$=(9.8\times2)\ \text{N}\times(15-5)\ \text{m}=\frac{1}{2}\times2\ \text{kg}\times v^2$, $\therefore v=14\ \text{m/s}$

4 운동 에너지 : 위치 에너지=감소한 높이 : 물체의 높이
$=40\ \text{m}-h : h=3 : 1$, $\therefore h=10\ \text{m}$

5 지면에서 공을 던진 순간의 운동 에너지는 최고 높이에 도달한 순간의 위치 에너지와 같다.
$\frac{1}{2}\times0.2\ \text{kg}\times(9.8\ \text{m/s})^2=(9.8\times0.2)\ \text{N}\times h$, $\therefore h=4.9\ \text{m}$

6 옥상에서 물체의 역학적 에너지는 최고 높이에 도달한 순간 물체의 위치 에너지와 같다.
$(9.8\times4)\ \text{N}\times2.5\ \text{m}+\frac{1}{2}\times4\ \text{kg}\times(7\ \text{m/s})^2=(9.8\times2)\ \text{N}\times h$
$\therefore h=5\ \text{m}$

7 지면에 닿는 순간 역학적 에너지
=5 m 높이에서 위치 에너지+5 m 높이에서 운동 에너지
$=(9.8\times2)\ \text{N}\times5\ \text{m}+\frac{1}{2}\times2\ \text{kg}\times(4\ \text{m/s})^2=114\ \text{J}$

중단원 기출 문제

시험 대비 교재 35~37쪽

01 ⑤ 02 ④ 03 ⑤ 04 ①, ④ 05 ③ 06 ① 07 ④
08 ⑤ 09 ④ 10 ① 11 ③ 12 ④ 13 ④ 14 ②
15 ③ 16 ⑤ 17 ④, ⑥ 18 ⑤ 19 ③ 20 ⑤

01 ②, ③, ④ 낙하하는 물체의 경우 위치 에너지가 운동 에너지로 전환되어 운동 에너지가 점점 증가한다. 반대로 위로 올라가는 물체의 경우 운동 에너지가 위치 에너지로 전환되어 위치 에너지가 점점 증가한다.
바로알기 ⑤ 공기 저항과 마찰이 없을 때 위치 에너지와 운동 에너지의 합인 역학적 에너지는 일정하게 보존된다.

02 모형 비행기의 역학적 에너지=위치 에너지+운동 에너지 $=(9.8\times5)\ \text{N}\times10\ \text{m}+\frac{1}{2}\times5\ \text{kg}\times(6\ \text{m/s})^2=490\ \text{J}+90\ \text{J}$ $=580\ \text{J}$이다.

03 ㄷ. 역학적 에너지는 보존되므로 A점과 B점에서 같다.
바로알기 ㄱ. 위치 에너지가 운동 에너지로 전환되므로 위치 에너지는 A점에서 더 크고, 운동 에너지는 B점에서 더 크다.

04 ① O점에서 공의 속력이 0이므로 운동 에너지가 0이다.
④ 공의 위치 에너지가 운동 에너지로 전환되므로 운동 에너지 증가량은 위치 에너지 감소량과 같다.
바로알기 ② 공의 위치 에너지가 운동 에너지로 전환된다.
③ 공이 낙하한 거리가 2배가 되면 위치 에너지 감소량이 2배가 되므로 운동 에너지도 2배가 된다.
⑤ 공의 역학적 에너지는 일정하게 보존된다.

05 공기 저항을 무시하므로 공의 역학적 에너지는 보존된다. 따라서 지면에 닿는 순간 공의 운동 에너지는 처음 높이에서의 위치 에너지와 같은 $(9.8\times20)\ \text{N}\times8\ \text{m}=1568\ \text{J}$이다.

06 위치 에너지는 현재 높이에 비례하고 운동 에너지는 위치 에너지 감소량과 같으므로 낙하 거리에 비례한다. 따라서 운동 에너지가 위치 에너지의 3배가 되는 지점의 높이를 h라 하면 $36\ \text{m}-h=3\times h$이므로 $h=9\ \text{m}$이다.

07 높이 h에서 운동 에너지=위치 에너지의 감소량이므로 $\frac{1}{2}\times10\ \text{kg}\times(14\ \text{m/s})^2=(9.8\times10)\ \text{N}\times(36-h)\ \text{m}$이다. 따라서 $h=26\ \text{m}$이다.

08 위치 에너지와 운동 에너지가 같아지는 지점의 높이는 처음 높이의 $\frac{1}{2}$인 10 m이다. 따라서 이때의 속력을 v, 물체의 질량을 m이라 하면, $(9.8\times m)\ \text{N}\times10\ \text{m}=\frac{1}{2}\times m\times v^2$이다. 따라서 $v=14\ \text{m/s}$이다.

09 ④ D점에서의 운동 에너지는 위치 에너지 감소량과 같다. 따라서 위치 에너지 : 운동 에너지=현재 높이 : 낙하 거리이므로 5 m : 15 m=1 : 3이다.
바로알기 ① A점에서는 공의 속력이 0이므로 A점에서의 운동 에너지는 0이다.
② B점에서의 위치 에너지 : 운동 에너지=15 m : 5 m=3 : 1이다. 따라서 위치 에너지가 운동 에너지보다 크다.
③ C점에서의 위치 에너지 : 운동 에너지=10 m : 10 m=1 : 1이다. 따라서 위치 에너지와 운동 에너지는 같다.
⑤ 위치 에너지가 운동 에너지로 전환되므로 E점에서의 운동 에너지는 A점에서의 위치 에너지와 같다.

10 ① 물체의 높이가 점점 높아지고, 속력이 느려지는 운동을 하는 경우 운동 에너지가 위치 에너지로 전환된다.
바로알기 ②, ④ 물체의 높이가 점점 낮아지고, 속력이 빨라지는 운동을 하는 경우 위치 에너지가 운동 에너지로 전환된다.
③, ⑤ 물체의 높이 변화가 없는 수평면에서 운동을 하는 경우에는 운동 에너지와 위치 에너지 사이의 에너지 전환이 일어나지 않는다.

11 지면에서 물체의 운동 에너지=최고 높이에서 위치 에너지이다. 따라서 $\frac{1}{2}\times0.5\ \text{kg}\times(19.6\ \text{m/s})^2=(9.8\times0.5)\ \text{N}\times h$이므로 물체가 올라갈 수 있는 최고 높이 $h=19.6\ \text{m}$이다.

12 ① 공이 올라갈 때 속력이 느려지므로 운동 에너지는 감소한다. 따라서 A점에서의 운동 에너지가 B점에서 보다 크다.
② B점과 D점의 높이가 같으므로 B점과 D점의 위치 에너지는 같고, 운동 에너지도 같다.
③ 역학적 에너지는 모든 지점에서 일정하게 보존된다.
⑤ 위치 에너지는 운동 에너지로 전환되므로 최고 높이 C점에서의 위치 에너지는 E점에서의 운동 에너지와 같다.
바로알기 ④ C점에서는 위치 에너지가 최대이다.

13 역학적 에너지는 보존되므로 지면에서 공의 운동 에너지는 최고 높이에서 공의 위치 에너지와 같다. 따라서 공을 쏘아 올린 속력을 v라고 하면 $\frac{1}{2}\times2\ \text{kg}\times v^2=(9.8\times2)\ \text{N}\times2.5\ \text{m}$이므로 공의 속력 $v=\sqrt{49}\ \text{m/s}=7\ \text{m/s}$이다.

14 ㄱ. 역학적 에너지=위치 에너지+운동 에너지이므로 $(9.8\times2)\ \text{N}\times5\ \text{m}+\frac{1}{2}\times2\ \text{kg}\times(4\ \text{m/s})^2=98\ \text{J}+16\ \text{J}=114\ \text{J}$이다.
ㄷ. 역학적 에너지는 보존되므로 높이가 같은 지점에서 물체의 운동 에너지는 같다. 따라서 5 m에서 공의 속력은 올라갈 때나 내려올 때나 4 m/s로 같다.
바로알기 ㄴ. 공의 운동 에너지가 위치 에너지로 전환되므로 최고 높이에서 위치 에너지 증가량은 16 J이다. 공이 1 m 올라갈 때 위치 에너지 증가량은 $(9.8\times2)\ \text{N}\times1\ \text{m}=19.6\ \text{J}$이므로 공은 1 m보다 낮게 올라간다.
ㄹ. 지면에 도달할 때 공의 운동 에너지는 114 J이다. 공의 속력이 12 m/s일 때 운동 에너지는 $\frac{1}{2}\times2\ \text{kg}\times(12\ \text{m/s})^2=144\ \text{J}$이므로 공의 속력은 12 m/s보다 느리다.

15 역학적 에너지는 보존되므로 운동 에너지가 최대인 점에서 위치 에너지는 최소이다. C점의 높이가 가장 낮으므로 C점에서 위치 에너지가 최소이고, 운동 에너지가 최대이다.

16 ⑤ A점에서의 운동 에너지 : B점에서의 운동 에너지 $=490\ \text{J}:(490\ \text{J}-245\ \text{J})=2:1$이다.

바로알기 ①, ② 수레의 운동 에너지가 최대인 곳은 A점이다.
③ A점에서의 운동 에너지는 처음의 위치 에너지와 같으므로 (9.8×5) N×10 m=490 J이다.
④ B점에서의 위치 에너지=(9.8×5) N×5 m=245 J이다.

17 바로알기 ① A점에서 롤러코스터가 정지해 있지 않으므로 운동 에너지는 0이 아니다.
② 역학적 에너지는 보존되므로 항상 일정하다.
③ A점에서 B점으로 운동하는 동안은 높이가 낮아지므로 위치 에너지가 운동 에너지로 전환된다.
⑤ C점에서 D점으로 운동하는 동안은 높이가 높아지므로 운동 에너지가 위치 에너지로 전환된다.

18 A점에서의 운동 에너지 : B점에서의 운동 에너지
=A점까지 감소한 높이 : B점까지 감소한 높이
=(10 m−2 m) : (10 m−8 m)=8 m : 2 m=4 : 1이다.

19 ①, ② A점에서 B점까지 운동하는 동안 위치 에너지는 B점에서 운동 에너지로 전환된다. 따라서 A점에서 B점까지 위치 에너지 감소량=B점에서의 운동 에너지이다.
④, ⑤ D점에서 E점까지 운동하는 동안 D점에서의 운동 에너지가 위치 에너지로 전환된다. 따라서 D점에서 E점까지 위치 에너지 증가량=D점에서의 운동 에너지이다.
②, ⑤ B점과 D점의 높이가 같으므로 B점과 D점에서 위치 에너지가 같고, 운동 에너지도 같다.
바로알기 ③ C점에서 D점까지 위치 에너지 증가량은 C점에서 D점까지 운동 에너지 감소량과 같다.

20 바로알기 ⑤ B점에서 C점까지 물체의 높이가 높아지므로 운동 에너지가 위치 에너지로 전환된다.

서술형 정복하기

시험 대비 교재 38~39쪽

1 답 역학적 에너지 **2** 답 감소한다.

3 답 196 J **4** 답 일정하게 보존된다.

5 답 100 J **6** 답 4배

7 모범답안 물체의 위치 에너지는 **감소**하고, 운동 에너지는 **증가**한다. 역학적 에너지는 **일정**하게 보존된다.

8 모범답안 물체가 올라가면서 **운동 에너지**가 **위치 에너지**로 **전환**되어 최고 높이에서는 **운동 에너지**가 **0**이 된다. 따라서 던져 올릴 때의 **운동 에너지**와 최고 높이에서 **위치 에너지**는 같다.

9 모범답안 **위치 에너지**가 **운동 에너지**로 전환되므로 **운동 에너지**는 **낙하한 거리**에 **비례**한다.

10 모범답안 B, 공이 내려오는 동안 **위치 에너지**가 **운동 에너지로 전환**되므로 **높이**가 가장 낮은 B점에서 **운동 에너지**가 최대이다.

11 모범답안 ㉠ 75, ㉡ 75, 공기 저항을 무시할 때 위치 에너지와 운동 에너지의 합인 역학적 에너지는 항상 일정하기 때문이다.

채점 기준	배점
㉠, ㉡의 값을 쓰고, 그 까닭을 옳게 서술한 경우	100 %
㉠, ㉡의 값만 옳게 쓴 경우	40 %

12 모범답안 $\frac{1}{2}$×2 kg×v^2=(9.8×2) N×(3 m−0.5 m)이므로 속력 v=7 m/s이다.
| 해설 | A점에서 공의 운동 에너지는 공의 위치 에너지 감소량과 같다.

채점 기준	배점
풀이 과정과 함께 A점에서의 공의 속력을 옳게 구한 경우	100 %
풀이 과정 없이 A점에서의 공의 속력만 옳게 쓴 경우	40 %

13 모범답안 2.5 m, 던진 순간의 운동 에너지는 최고 높이에서의 위치 에너지와 같기 때문이다.
| 해설 | $\frac{1}{2}$×2 kg×(7 m/s)^2=(9.8×2) N×h, ∴ h=2.5 m

채점 기준	배점
최고 높이를 쓰고, 그 까닭을 옳게 서술한 경우	100 %
최고 높이만 옳게 쓴 경우	50 %

14 모범답안 롤러코스터의 운동 에너지는 A점에서부터 위치 에너지 감소량과 같으므로 감소한 높이에 비례한다. 따라서 5 m : (5 m−2 m)=5 : 3이다.
| 해설 | B점과 C점에서 운동 에너지는 A점으로부터 감소한 위치 에너지와 같다. 따라서 E_B=(9.8×10) N×5 m=490 J이고, E_C=(9.8×10) N×(5−2) m=294 J이다.

채점 기준	배점
감소한 높이 비를 이용하여 비를 구한 경우	100 %
감소한 위치 에너지를 이용하여 서술한 경우에도 정답 인정	
풀이 과정 없이 운동 에너지의 비만 쓴 경우	40 %

15 모범답안 A점에서 O점으로 가는 동안 위치 에너지가 운동 에너지로 전환되고, O점에서 B점으로 가는 동안 운동 에너지가 위치 에너지로 전환된다.

채점 기준	배점
A−O, O−B 구간으로 나누어 에너지 전환을 옳게 서술한 경우	100 %
A−O, O−B 구간 중 하나만 옳게 서술한 경우	50 %

16 모범답안 (1) A점에서 운동 에너지는 $\frac{1}{2}$×2 kg×(16 m/s)^2=256 J이다. B점에서 공의 위치 에너지는 (9.8×2) N×10 m=196 J이므로 운동 에너지의 일부가 위치 에너지로 전환되어 B점까지 올라갈 수 있다.
(2) 공이 가진 운동 에너지는 256 J인데 공이 C점에 있을 때 위치 에너지는 (9.8×2) N×20 m=392 J이므로 역학적 에너지가 부족하여 C점까지 올라갈 수 없다.

	채점 기준	배점
(1)	지면에서 운동 에너지와 B점에서 위치 에너지를 비교하여 옳게 서술한 경우	50 %
	올라갈 수 있다고만 쓴 경우	20 %
(2)	지면에서 운동 에너지와 C점에서 위치 에너지를 비교하여 옳게 서술한 경우	50 %
	올라갈 수 없다고만 쓴 경우	20 %

02 전기 에너지의 발생과 전환

중단원 핵심 요약 시험 대비 교재 40쪽

① 유도 전류 ② 반대 ③ 역학적 ④ 전기
⑤ 위치 ⑥ 열에너지 ⑦ W(와트) ⑧ 전력량
⑨ 1시간

잠깐 테스트 시험 대비 교재 41쪽

1 전기 **2** ① 자기장, ② 전자기 유도 **3** 유도 전류
4 (1) ○ (2) × (3) × **5** ① 역학적, ② 전기 **6** (1) 열
(2) 빛 (3) 소리 (4) 운동 (5) 화학 **7** 보존된다 **8** 소비 전력
9 500 J **10** 88 Wh

중단원 기출 문제 시험 대비 교재 42~44쪽

01 ② **02** ②, ③ **03** A **04** ② **05** ③ **06** ①, ⑤
07 ⑤ **08** ② **09** ⑤ **10** ③, ④, ⑤ **11** ③ **12** ⑤
13 ① **14** ④ **15** ② **16** ⑤ **17** ④ **18** ④

01 코일 주변에서 자석을 움직이면 코일 내부의 ㉠ 자기장이 변한다. 이에 따라 전류가 유도되는데, 이 전류를 ㉡ 유도 전류라고 한다. 이때 전류의 방향은 자석을 가까이 할 때와 멀리 할 때 서로 ㉢ 반대 방향으로 흐른다.

02 ①, ④, ⑤ 전자기 유도는 코일을 통과하는 자기장이 변할 때 일어난다.
바로알기 ②, ③ 자석을 코일 주위나 내부에 가만히 둘 때는 자기장 변화가 없어 전자기 유도가 일어나지 않는다.

03 코일을 자석에서 멀리 하면 자석을 코일에서 멀리 하는 것과 같으므로 자석을 코일에 가까이 할 때와는 반대 방향인 A 방향으로 유도 전류가 흐른다.

04 ③, ④, ⑤ 코일의 감은 수가 많을수록, 자석을 빠르게 움직일수록, 자석의 세기가 셀수록 유도 전류의 세기가 세다.
⑥ 자석의 N극을 코일에 가까이 할 때와 멀리 할 때 코일 내부를 통과하는 자기장의 변화가 반대이므로 유도 전류의 방향도 반대이다.
바로알기 ② 유도 전류는 전자기 유도에 의해 흐르는 전류이다. 정전기 유도는 금속 물체에 대전체를 가까이 하면 금속이 전하를 띠는 현상이다.

05 ㄱ. 자석을 코일에 가까이 할 때와 멀리 할 때 유도 전류의 방향이 반대 방향으로 흐르므로 N극을 멀리 하면 A에 불이 켜진다.
ㄷ. 자석을 코일에 가까이 하고, 멀리 하기를 반복하면 유도 전류의 방향이 계속 바뀌므로 A와 B가 번갈아 가며 불이 켜진다.
바로알기 ㄴ. 자석을 빠르게 움직이면 유도 전류의 세기가 세지지만 전류의 방향은 바뀌지 않으므로 자석이 움직이는 방향에 따라 A와 B 중 한 곳에만 불이 켜진다.

06 ①, ⑤ 간이 발전기를 흔들면 자석의 역학적 에너지가 전기 에너지로 전환되므로 유도 전류가 흐르고, 발광 다이오드에서 전기 에너지가 빛에너지로 전환되어 불이 켜진다.

07 ⑤ (가)는 전동기, (나)는 발전기로 (가)와 (나)는 서로 구조가 비슷하지만, 에너지 전환이 반대로 일어난다.
바로알기 ①, ② (가) 전동기는 전류가 흐르는 코일이 자기장에서 힘을 받아 회전하므로 전기 에너지가 역학적 에너지로 전환된다.
③, ④ (나) 발전기는 외부의 역학적 에너지가 회전 날개를 돌리면 회전 날개에 연결된 코일이 자석 사이에서 회전하면서 유도 전류가 발생하는 전자기 유도를 이용한 장치이다. 따라서 (나)에서는 역학적 에너지가 전기 에너지로 전환된다.

08 ㄱ. 풍력 발전기는 바람의 역학적 에너지가 터빈의 역학적 에너지로 전환된 후 전기 에너지로 전환된다.
ㄷ. 수력 발전기는 물의 역학적 에너지가 터빈의 역학적 에너지로 전환된 후 전기 에너지로 전환된다.
바로알기 ㄴ. 풍력 발전기는 바람의 역학적 에너지를 이용해 전기 에너지를 생산한다.
ㄹ. 건전지를 이용해 손전등을 켤 때 일어나는 에너지 전환은 화학 에너지 → 전기 에너지 → 빛에너지이다.

09 ① 녹색 식물은 빛에너지로 광합성을 하여 필요한 양분, 즉 화학 에너지를 생산한다.
바로알기 ⑤ 화력 발전은 연료의 화학 에너지를 이용하여 물을 끓이고, 발생한 수증기의 역학적 에너지로 발전기를 돌려 전기 에너지를 생산한다.

10 바로알기 ① 세탁기는 전기 에너지를 이용하여 세탁조를 회전시키는 운동 에너지를 발생시킨다.
② 전등은 전기 에너지를 이용하여 빛에너지를 발생시킨다.
⑥ 전기다리미는 전기 에너지를 이용하여 열에너지를 발생시킨다.
⑦ 배터리 충전은 전기 에너지를 화학 에너지로 저장한다.

11 ㄱ. 스마트폰 배터리는 화학 에너지를 가지고 있으며, 전기 에너지로 전환하여 사용한다.
ㄴ. 전기 에너지는 동영상을 시청하는 동안 소리 에너지, 빛에너지, 열에너지로 전환된다.
바로알기 ㄷ. 에너지가 전환되기 전후에 에너지의 총량은 같다.

12 ① 공기 저항이나 마찰이 있으면 물체가 운동하는 동안 역학적 에너지가 열에너지, 소리 에너지 등으로 전환된다. 따라서 역학적 에너지가 점점 감소한다.
②, ③, ④ 에너지는 전환 과정에서 새로 생기거나 소멸되지 않지만, 일부가 다시 사용할 수 없는 형태의 에너지로 전환된다. 따라서 에너지를 사용할 때마다 유용한 에너지의 양이 점점 감소한다.
바로알기 ⑤ 에너지 전환 과정에서 전환 전후 에너지의 총량은 일정하게 보존된다.

13 전기 자동차의 에너지 전환 과정에서 에너지의 총량은 일정하게 보존된다. 따라서 $1000\ \text{J} = 500\ \text{J} + 200\ \text{J} + 250\ \text{J} + \text{A}$이므로 전기 자동차에서 사용한 소리 에너지는 50 J이다.

14 ① 정격 전압이 220 V이므로 이 선풍기는 220 V에서 가장 잘 작동한다.
②, ③ 220 V에 연결했을 때 소비 전력이 22 W이므로 1초에 22 J의 전기 에너지를 소비한다.
⑤ 소비 전력이 22 W이므로 1시간 동안 사용하는 전력량은 22 Wh이다.
바로알기 ④ 1초에 22 J의 전기 에너지를 소비하므로 1시간 동안 22 W×3600 s=79200 J의 전기 에너지를 소비한다.

15 전력량=전력×시간이므로 선풍기가 소비한 전력량은 22 W×4 h=88 Wh이다.

16 전구가 10초 동안 사용한 에너지의 총양은 160 J+40 J=200 J이므로 전구의 소비 전력은 20 W이다. 이 전구를 3시간 동안 사용했을 때 소비하는 전력량은 20 W×3 h=60 Wh이다.

17 A : 200 W×2.5 h=500 Wh
B : 300 W×3 h=900 Wh
C : 150 W×4 h=600 Wh
D : 1000 W×0.25 h=250 Wh
E : 100 W×5 h=500 Wh

18 ㄱ, ㄴ. 1일 사용 전력량=36000 Wh÷30=1200 Wh이고, 1시간 사용 전력량=1200 Wh÷24=50 Wh이다. 따라서 소비 전력은 50 W이다.
ㄹ. 전기 요금은 36 kWh×200원/kWh×12개월=86400원이다.
바로알기 ㄷ. 1초 동안 사용하는 전기 에너지가 50 J이므로 10초 동안에는 500 J을 사용한다.

서술형 정복하기

시험 대비 교재 45~46쪽

1 답 전자기 유도　　**2** 답 유도 전류
3 답 발전기　　**4** 답 운동 에너지
5 답 소비 전력　　**6** 답 Wh(와트시)

7 모범답안 **코일** 내부를 통과하는 **자기장**의 **변화**가 없기 때문에 유도 전류가 발생하지 않는다.

8 모범답안 **물**이 높은 곳에서 낮은 곳으로 이동하면서 생긴 **운동 에너지가** 발전기를 **회전**시켜 **전기 에너지**로 전환된다.

9 모범답안 **전기난로**에서는 **전기 에너지**가 **열에너지**로 전환된다.

10 모범답안 **소비 전력**이 낮은 **전기 기구**가 더 적은 **전기 에너지**를 소비하므로 효율이 좋다.

11 모범답안 자석을 코일로부터 멀리 한다. 자석을 코일에 가까이 한다. 코일을 자석으로부터 멀리 한다. 코일을 자석에 가까이 한다. 등
| 해설 | 자석을 움직이거나 코일을 움직여서 코일을 통과하는 자기장이 변하면 유도 전류가 발생한다.

채점 기준	배점
두 가지를 모두 옳게 서술한 경우	100 %
한 가지만 옳게 서술한 경우	50 %

12 모범답안 B, A에서는 자석의 역학적 에너지 중 일부가 전기 에너지로 전환되기 때문에 지면에 도달할 때의 속력이 B보다 느리다.
| 해설 | 구리 코일에서는 자석이 지나갈 때 전자기 유도가 일어나 역학적 에너지가 줄어든다. 그러나 자석이 플라스틱 코일을 지나갈 때는 전자기 유도가 일어나지 않는다.

채점 기준	배점
B를 고르고, 그 까닭을 옳게 서술한 경우	100 %
B만 고른 경우	30 %

13 모범답안 코일 근처에서 자석을 움직이면 코일을 통과하는 자기장이 변하여 코일에 유도 전류가 흐르기 때문이다.

채점 기준	배점
발광 다이오드에 불이 켜진 까닭을 옳게 서술한 경우	100 %
유도 전류가 흐르기 때문이라고만 서술한 경우	50 %

14 모범답안 (1) 소비 전력이 440 W이므로 1초에 440 J의 전기 에너지를 사용한다. 따라서 1분 동안에는 440 W×60 s=26400 J의 전기 에너지를 사용한다.
(2) 소비 전력이 440 W이므로 30분 동안 사용한 전력량은 440 W×0.5 h=220 Wh이다.
| 해설 | 소비 전력은 1초 동안 사용하는 전기 에너지이고, 단위는 W이다. 전력량은 소비 전력에 사용 시간을 곱하여 구하고 단위는 Wh이다.

	채점 기준	배점
(1)	풀이 과정과 함께 전기 에너지를 옳게 구한 경우	50 %
	풀이 과정 없이 전기 에너지만 옳게 구한 경우	20 %
(2)	풀이 과정과 함께 전력량을 옳게 구한 경우	50 %
	풀이 과정 없이 전력량만 옳게 구한 경우	20 %

15 모범답안 • A : 2000 W×0.5 h=1000 Wh
• B : 300 W×3 h=900 Wh
• C : 150 W×5 h=750 Wh
따라서 전력량은 A>B>C이다.

채점 기준	배점
A, B, C에서 사용한 전력량을 구하여 그 크기를 옳게 비교한 경우	100 %
크기만 옳게 비교한 경우	50 %

16 모범답안 (나), 두 전구의 밝기가 같을 때 (가)의 소비 전력은 20 W이고, (나)의 소비 전력은 18 W이므로 (나)의 효율이 더 좋다.

채점 기준	배점
효율이 더 좋은 전구를 옳게 고르고, 그 까닭을 옳게 서술한 경우	100 %
효율이 더 좋은 전구만 옳게 고른 경우	40 %

Ⅶ 별과 우주

01 별까지의 거리

중단원 핵심 요약
시험 대비 교재 47쪽

① 반비례 ② 크다 ③ 작다 ④ 6
⑤ 공전 ⑥ 반비례 ⑦ 1

잠깐 테스트
시험 대비 교재 48쪽

1 시차 **2** ① 커, ② 작아 **3** ① 별, ② 지구 **4** ① 가까이, ② 멀리 **5** 반비례 **6** 연주 시차 **7** 공전 **8** ㉠ 0.2, ㉡ 0.1 **9** 작아질 **10** 3.26

중단원 기출 문제
시험 대비 교재 49~50쪽

01 ①, ④ **02** ④, ⑥ **03** ③ **04** ② **05** ① **06** ②
07 ③ **08** ⑤ **09** ③ **10** ④ **11** ③ **12** ②

01

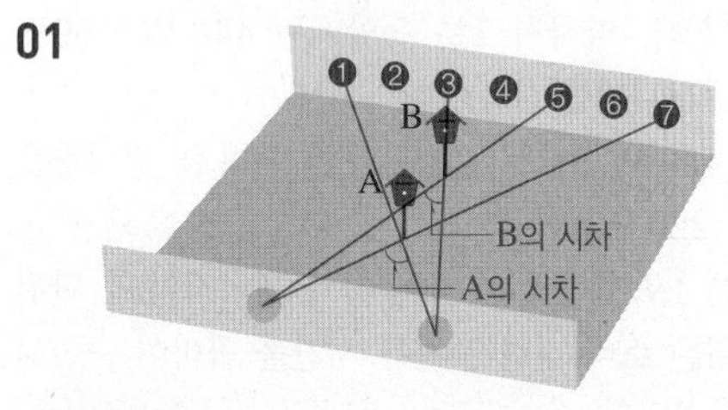

바로알기 ②, ③ A를 왼쪽 구멍에서 보면 ⑦에 있는 것처럼 보이고, 오른쪽 구멍에서 보면 ❶에 있는 것처럼 보인다.
⑤ B는 A보다 거리가 멀어서 시차가 작게 측정된다.
⑥ 시차는 물체까지의 거리에 반비례한다.

02 바로알기 ④ 별의 연주 시차는 지구가 공전하기 때문에 나타난다.
⑥ 100 pc보다 더 멀리 있는 별들은 연주 시차가 매우 작아서 별까지의 거리를 측정하기 어렵다.

03 연주 시차는 시차(1″)의 $\frac{1}{2}$이므로 0.5″이다.

04 별까지의 거리(pc)$=\frac{1}{\text{연주 시차}(″)}=\frac{1}{0.5″}=2$ pc이다.

05 별까지의 거리가 2배로 멀어지면 별의 연주 시차는 현재의 $\frac{1}{2}$로 작아진다. ➡ $0.5″\times\frac{1}{2}=0.25″$

06 별 S까지의 거리$=\frac{1}{p}=\frac{1}{0.4″}=2.5$ pc

07 연주 시차는 별 A가 0.5″, 별 B가 1″이고, 별까지의 거리는 별 A가 $\frac{1}{0.5″}=2$ pc이고, 별 B가 $\frac{1}{1″}=1$ pc이다.

08 바로알기 ① 연주 시차는 지구가 공전한다는 증거이다.
② 연주 시차는 별까지의 거리에 반비례한다.
③ 연주 시차가 가장 큰 프록시마 센타우리가 가장 가깝다.
④ 견우성까지의 거리는 $\frac{1}{0.19″}$이므로 약 5.3 pc이다.

09 별 D가 가장 가까이 있고 별 A가 가장 멀리 있으므로 별 A와 D 사이의 거리가 가장 멀다.

10 연주 시차와 별까지의 거리는 반비례 관계이다.

11 연주 시차는 별 A가 0.5″, 별 B가 0.25″이다. 별까지의 거리는 연주 시차에 반비례하므로 별 B가 A보다 2배 멀다.
바로알기 ㄷ. 별의 위치가 변한 까닭은 지구의 공전 때문이다.

12 연주 시차가 1″인 별까지의 거리는 1 pc이므로 A는 1 pc에 있다. 1 pc≒3.26광년이므로 C는 약 3 pc에 있다.

서술형 정복하기
시험 대비 교재 51쪽

1 답 반비례 관계

2 답 연주 시차

3 모범답안 연주 시차는 **별까지의 거리**에 **반비례**하므로 $0.8″\times\frac{1}{4}=0.2″$가 된다.

4 모범답안 별까지의 거리(pc)$=\frac{1}{\textbf{연주 시차}}=\frac{1}{0.5″}=2$ pc이다.
1 pc은 **약 3.26광년**이므로 2 pc은 약 6.52광년이다.

5 모범답안 지구가 공전하기 때문이다.

채점 기준	배점
지구의 공전 때문이라고 옳게 서술한 경우	100 %
공전이라는 말이 포함되어 있지 않은 경우 오답 처리	0 %

6 모범답안 (1) 연주 시차는 작아진다. 연주 시차는 별까지의 거리에 반비례하기 때문이다.
(2) 목성에서 측정한 시차가 지구에서 측정한 시차보다 크다.
| 해설 | (2) 목성은 지구보다 공전 궤도가 크므로 두 관측 지점 사이의 거리가 더 멀어서 시차가 더 크다.

	채점 기준	배점
(1)	연주 시차의 변화와 그 까닭을 옳게 서술한 경우	60 %
	연주 시차의 변화만 옳게 서술한 경우	30 %
(2)	목성과 지구에서 측정한 시차를 옳게 비교한 경우	40 %

7 모범답안 (1) 2 : 3, 별까지의 거리와 연주 시차는 반비례 관계이기 때문이다.
(2) 5 pc
| 해설 | 별 A의 연주 시차는 0.3″, 별 B의 연주 시차는 0.2″이다. 연주 시차의 비가 3 : 2인 두 별의 거리 비는 2 : 3이다. 별 B까지의 거리는 $\frac{1}{0.2″}=5$ pc이다.

	채점 기준	배점
(1)	거리 비를 쓰고, 까닭을 옳게 서술한 경우	50 %
	거리 비만 옳게 쓴 경우	25 %
(2)	5 pc을 쓴 경우	50 %

02 별의 성질

중단원 핵심 요약

시험 대비 교재 52쪽

① 밝게	② 반비례	③ 작	④ 100
⑤ 2.5	⑥ 겉보기	⑦ 절대	⑧ 가까이
⑨ 멀리	⑩ 표면 온도	⑪ 높다	⑫ 낮다

잠깐 테스트

시험 대비 교재 53쪽

1 거리 **2** 어두운 **3** ① 100, ② 2.5 **4** 7등급 **5** 10 **6** ① 태양, ② 안타레스 **7** ① 태양, ② 안타레스 **8** ① 커지고, ② 변함없다 **9** 표면 온도 **10** C

계산력·암기력 강화 문제

시험 대비 교재 54쪽

◇ 별의 밝기와 등급 구하기

1 원래의 $\frac{1}{9}$로 어두워진다. **2** 16배 밝아진다. **3** ① 2.5, ② 밝게 **4** ① $\frac{1}{100}$, ② 어둡게 **5** 0등급 **6** 5등급 **7** −5등급 **8** 1등급 **9** 40개 **10** 5등급 **11** −1등급

1 별까지의 거리가 3배로 멀어지면, 밝기가 원래의 $\frac{1}{3^2}$로 어두워진다.

2 별까지의 거리가 원래의 $\frac{1}{4}$로 가까워지면, 밝기가 원래의 4^2배로 밝아진다.

3 $0-(-1)=1$등급 차 ➡ 약 2.5배 밝기 차, 등급 값이 작을수록 더 밝다.

4 $3-(-2)=5$등급 차 ➡ 약 100배 밝기 차, 등급 값이 클수록 더 어둡다.

5 약 2.5배 밝기 차 ➡ 1등급 차, 더 밝으므로 등급을 뺀다. 1등급−1등급=0등급

6 약 16($\fallingdotseq 2.5^3$)배 밝기 차 ➡ 3등급 차, 더 어두우므로 등급을 더한다. 2등급+3등급=5등급

7 약 6.3($\fallingdotseq 2.5^2$)배 밝기 차 ➡ 2등급 차, 더 밝으므로 등급을 뺀다. −3등급−2등급=−5등급

8 별 100개가 모이면 100배 밝은 별 1개와 밝기가 같다. ➡ 5등급 차, 더 밝으므로 등급을 뺀다. 6등급−5등급=1등급

9 4등급−0등급=4등급 차 ➡ 2.5^4($\fallingdotseq 40$)배의 밝기 차, 0등급인 별 1개의 밝기=4등급인 별 40개가 모인 밝기

10 거리가 10배로 멀어지면, 밝기가 $\frac{1}{10^2}$로 어두워진다. ➡ 5등급 차, 더 어두우므로 등급을 더한다. 0등급+5등급=5등급

11 거리가 $\frac{1}{2.5}$로 가까워지면 밝기가 2.5^2배로 밝아진다. ➡ 2등급 차, 더 밝으므로 등급을 뺀다. 1등급−2등급=−1등급

계산력·암기력 강화 문제

시험 대비 교재 55쪽

◇ 별의 겉보기 등급과 절대 등급 구하기

1 B, C **2** C, D **3** E **4** A, C **5** B, D **6** D, C **7** −1등급 **8** 0등급 **9** 1등급 **10** 겉보기 등급 : −3등급, 절대 등급 : 2등급 **11** 겉보기 등급 : 3등급, 절대 등급 : −1등급

1 • 가장 밝게 보이는 별 : 겉보기 등급이 가장 작은 별
• 가장 어둡게 보이는 별 : 겉보기 등급이 가장 큰 별

2 • 실제로 가장 밝은 별 : 절대 등급이 가장 작은 별
• 실제로 가장 어두운 별 : 절대 등급이 가장 큰 별

[3~5] • 10 pc의 거리에 있는 별 : (겉보기 등급−절대 등급)=0인 별
• 10 pc보다 멀리 있는 별 : (겉보기 등급−절대 등급)>0인 별
• 10 pc보다 가까이 있는 별 : (겉보기 등급−절대 등급)<0인 별

6 • 지구에서 가장 가까이 있는 별 : (겉보기 등급−절대 등급) 값이 가장 작은 별
• 지구에서 가장 멀리 있는 별 : (겉보기 등급−절대 등급) 값이 가장 큰 별

7 별이 절대 등급의 기준인 10 pc의 거리에 있을 때는 별의 겉보기 등급과 절대 등급이 같다.

8 절대 등급의 기준은 10 pc이므로 절대 등급을 구하려면 이 별이 현재 위치의 $\frac{1}{10}$인 가까운 거리로 옮겨져야 한다. ➡ 100배 밝아지므로 5등급이 작아진다. 5등급−5등급=0등급

9 절대 등급의 기준은 10 pc이므로 절대 등급을 구하려면 이 별이 현재의 위치보다 10배 먼 거리로 옮겨져야 한다. ➡ 원래의 $\frac{1}{100}$로 어두워지므로 5등급이 커진다. −4등급+5등급=1등급

10 별까지의 거리가 $\frac{1}{10}$로 가까워지면 밝기는 10^2배로 밝아지므로 겉보기 등급은 5등급 작아지지만, 절대 등급은 변함없다. ➡ 겉보기 등급 : 2등급−5등급=−3등급

11 거리가 2.5배로 멀어지면 밝기는 $\frac{1}{2.5^2}$로 어두워지므로 겉보기 등급은 2등급 커지지만, 절대 등급은 변함없다. 1등급+2등급=3등급

중단원 기출 문제

시험 대비 교재 56~58쪽

01 ④ **02** ①, ⑥ **03** ⑤ **04** ② **05** ③, ⑤, ⑥ **06** ③ **07** ⑤ **08** ⑤ **09** ① **10** ⑤ **11** ① **12** ④ **13** 데네브 **14** ② **15** ② **16** ⑤ **17** ② **18** ③ **19** ④

01 별까지의 거리가 5배 멀어지면 별빛이 비치는 면적이 5^2배가 되므로, 단위 면적당 도달하는 별빛의 양이 줄어들어 별의 밝기는 원래의 $\frac{1}{5^2}$로 어두워진다.

02 ⑥ 6등급보다 밝은 별은 5등급, 4등급, … 등으로 표시한다.
바로알기 ② 1등급인 별은 6등급인 별보다 약 100배 밝다.
③ 3등급인 별은 1등급인 별보다 약 $\frac{1}{2.5^2}$로 어둡다.
④ 별의 등급이 클수록 어두운 별이다.
⑤ 각 등급 사이의 별들의 밝기는 소수점으로 나타낸다.
⑦ 히파르코스는 맨눈으로 보이는 가장 밝은 별을 1등급으로 정하였다.

03 가장 어두운 별 A와 가장 밝은 별 C는 5등급 차이가 나므로 밝기는 약 100배 차이가 있다.

04 같은 밝기의 별 100개가 모이면 100배 밝아진다. 100배 밝으면 5등급 작아지므로 7등급−5등급=2등급이 된다.

05 바로알기 ① 겉보기 등급이 작다고 해서 절대 등급이 작은 것은 아니다.
② 별의 실제 밝기는 절대 등급으로 비교한다.
④ 밤하늘에서 같은 밝기로 보이는 별은 겉보기 등급이 같다.
⑦ 절대 등급이 같다면 거리가 먼 별일수록 어둡게 보이므로 겉보기 등급이 크다.

06 약 2.5배 밝기 차는 1등급 차이이며, 등급이 작을수록 밝은 별이다. ➡ 1.1등급−1등급=0.1등급

07 별까지의 거리가 4배로 멀어지면 밝기는 원래의 $\frac{1}{16}$로 어두워진다. 약 16배의 밝기 차는 3등급 차이므로 2등급+3등급=5등급이다.

08 (가) 가장 밝게 보이는 별은 등급이 가장 작은 D(1등급)이다. (나) D의 $\frac{1}{100}$의 밝기로 보이는 별의 등급은 D보다 5등급 크므로 6등급이다. A~D 중 6등급인 별은 C이다.

09 가장 어둡게 보이는 별은 겉보기 등급이 가장 큰 북극성이고, 실제로 가장 어두운 별은 절대 등급이 가장 큰 견우성이다.

10 북극성이 현재보다 10배로 멀어지면 별의 밝기는 원래의 $\frac{1}{100}$로 어두워진다. 100배의 밝기 차는 5등급 차이므로, 북극성의 겉보기 등급은 2.1등급+5등급=7.1등급이 된다. 별까지의 거리가 달라지더라도 절대 등급은 변하지 않는다.

11 견우성과 시리우스는 (겉보기 등급−절대 등급) 값이 0보다 작으므로 10 pc보다 가까이 있는 별이다.

12 ⑤ 별 D까지의 거리가 10배 멀어지면 밝기는 원래의 $\frac{1}{100}$로 어두워진다. 100배의 밝기 차는 5등급 차이므로 겉보기 등급은 −2등급+5등급=3등급이 된다.
바로알기 ④ 별 A는 C보다 겉보기 등급이 5등급 크므로 밝기가 C의 $\frac{1}{100}$로 어둡게 보인다.

13 데네브는 10 pc보다 멀리 있으므로 겉보기 등급이 절대 등급보다 커야 한다.

14 멀리 있는 별일수록 연주 시차가 작게 나타나고, (겉보기 등급−절대 등급) 값이 크다.

15

별	겉보기 등급	절대 등급	겉보기 등급−절대 등급
A	5	5	0
B	4	2	2
C	1	1	0
D	1	6	−5

ㄱ. 가장 어둡게 보이는 별은 겉보기 등급이 가장 큰 A이다.
ㄷ. 별 A와 C는 각각 겉보기 등급과 절대 등급이 같으므로 10 pc의 거리에 있다.
바로알기 ㄴ. 같은 거리에 두었을 때 가장 밝은 별은 절대 등급이 가장 작은 별 C이다.
ㄹ. (겉보기 등급−절대 등급) 값이 클수록 멀리 있는 별이므로 가장 멀리 있는 별은 B이고, 가장 가까이 있는 별은 D이다.

16 별은 표면 온도가 높을수록 파란색을 띠고, 표면 온도가 낮을수록 붉은색을 띤다.

17 바로알기 ㄱ. 별의 색은 별의 표면 온도에 따라 달라지므로 별의 색을 이용하여 별의 표면 온도를 알아낼 수 있다.
ㄴ. 별의 표면 온도는 직접 측정할 수 없다.

18 별의 색이 청색 → 청백색 → 백색 → 황백색 → 황색 → 주황색 → 적색 순으로 표면 온도가 낮아진다.

19 바로알기 ④ 지구로부터 거리가 가장 가까운 별은 (겉보기 등급−절대 등급) 값이 가장 작은 C이다.

서술형 정복하기

시험 대비 교재 59~60쪽

1 답 별이 방출하는 빛의 양, 별까지의 거리

2 답 약 100배

3 답 약 2.5배

4 답 10 pc

5 답 파란색을 띠는 별

6 모범답안 별의 밝기는 별까지의 거리의 **제곱**에 **반비례**한다.

7 모범답안 히파르코스는 **맨눈**으로 관측한 별들을 **밝기**에 따라 구분하여 가장 밝은 별을 **1등급**, 가장 어두운 별을 **6등급**으로 정하였다.

8 모범답안 겉보기 등급은 **우리 눈**에 보이는 별의 밝기를 등급으로 나타낸 것이고, 절대 등급은 별이 **10 pc**의 거리에 있다고 가정했을 때의 밝기를 등급으로 나타낸 것이다.

9 모범답안 **겉보기 등급**이 **절대 등급**보다 작은 별은 **10 pc**보다 가까이 있고, **겉보기 등급**이 **절대 등급**보다 큰 별은 **10 pc**보다 멀리 있다. **겉보기 등급**과 **절대 등급**이 같은 별은 **10 pc**의 거리에 있다.

10 모범답안 별의 표면 온도는 **별의 색** 등을 통해 알아내며, 표면 온도가 높은 별일수록 **파란색**을 띠고, 표면 온도가 낮은 별일수록 **붉은색**을 띤다.

11 모범답안 (1) 종이에 비친 빛의 면적은 B가 A보다 4배 넓다.
(2) 종이에 비친 빛의 밝기는 B가 A의 $\frac{1}{9}$로 어둡다.
| 해설 | 빛이 비치는 면적은 거리의 제곱에 비례하고, 빛의 밝기는 거리의 제곱에 반비례한다.

	채점 기준	배점
(1)	종이에 비친 빛의 면적이 B가 A보다 4배 또는 2^2배 넓다고 서술한 경우	50 %
(2)	종이에 비친 빛의 밝기는 B가 A의 $\frac{1}{9}$ 또는 $\frac{1}{3^2}$로 어둡다고 서술한 경우	50 %

12 모범답안 별 B가 별 A보다 약 2.5배 더 밝다.
| 해설 | 등급이 작을수록 밝은 별이고, 1등급 차는 약 2.5배의 밝기 차가 있다.

채점 기준	배점
별 B가 별 A보다 약 2.5배 더 밝다고 옳게 서술한 경우	100 %
별 A가 별 B의 약 $\frac{1}{2.5}$로 어둡다고 서술한 경우도 정답	

13 모범답안 (1) C, B
(2) A, C
(3) 겉보기 등급은 6.5등급이 되고, 절대 등급은 1등급으로 변함없다.
| 해설 | (1) 겉보기 등급이 작은 별일수록 우리 눈에 밝게 보인다.
(2) 절대 등급이 작은 별일수록 실제로 밝다.
(3) 별의 밝기는 별까지의 거리의 제곱에 반비례하므로 거리가 10배로 멀어지면 밝기는 원래의 $\frac{1}{100}$로 어두워진다. 즉, 5등급 커지므로 겉보기 등급은 6.5등급이 된다. 절대 등급은 별까지의 거리와 관계없으므로 변함없다.

	채점 기준	배점
(1)	C, B를 순서대로 쓴 경우	30 %
(2)	A, C를 순서대로 쓴 경우	30 %
(3)	겉보기 등급과 절대 등급의 변화를 모두 옳게 서술한 경우	40 %
	겉보기 등급과 절대 등급의 변화 중 한 가지만 옳게 서술한 경우	20 %

14 모범답안 지구로부터의 거리가 가장 가까운 별은 시리우스이고, 가장 먼 별은 안타레스이다. (겉보기 등급－절대 등급) 값이 클수록 멀리 있는 별이기 때문이다.
| 해설 | 지구에서 별까지의 거리는 (겉보기 등급－절대 등급) 값을 비교하여 알아낸다.

채점 기준	배점
가장 가까운 별과 가장 멀리 있는 별을 고르고, 까닭을 옳게 서술한 경우	100 %
가장 가까운 별과 가장 멀리 있는 별만 옳게 고른 경우	40 %

15 모범답안 (1) ㉣, 100배의 밝기 차=5등급 차
(2) 3등급
| 해설 | (2) 별의 등급 차가 5등급이고, 10 pc으로 별을 옮기면 밝기가 어두워지므로 등급 차를 더한다. 따라서 절대 등급은 －2등급+5등급=3등급이다.

	채점 기준	배점
(1)	틀린 곳을 찾아 옳게 고친 경우	60 %
	틀린 곳을 찾았지만, 옳게 고치지 못한 경우	30 %
(2)	별의 등급을 옳게 구한 경우	40 %

16 모범답안 베텔게우스보다 리겔의 표면 온도가 더 높다. 표면 온도가 높은 별일수록 파란색을 띠고, 표면 온도가 낮은 별일수록 붉은색을 띠기 때문이다.

채점 기준	배점
두 별의 표면 온도를 옳게 비교하고, 그 까닭을 색과 관련하여 옳게 서술한 경우	100 %
두 별의 표면 온도만 옳게 비교한 경우	40 %

03 은하와 우주

중단원 핵심 요약

시험 대비 교재 61쪽

① 30000 ② 은하수 ③ 여름 ④ 산개 성단
⑤ 구상 성단 ⑥ 파란색 ⑦ 붉은색 ⑧ 반사 성운
⑨ 대폭발(빅뱅) ⑩ 우주 탐사선 ⑪ 우주 정거장
⑫ 스푸트니크 1호 ⑬ 아폴로 11호 ⑭ 우주 쓰레기

잠깐 테스트

시험 대비 교재 62쪽

1 ① 30000, ② 8500 **2** (1) 구상 성단 (2) 산개 성단 **3** (1) 구상 성단 (2) 산개 성단 **4** (1) 방출 성운 (2) 암흑 성운 **5** ① 우리은하, ② 외부 은하 **6** ① 멀어진다, ② 팽창 **7** (1) ㄷ (2) ㄴ **8** 아폴로 11호 **9** 뉴호라이즌스호 **10** 우주 쓰레기

중단원 기출 문제

시험 대비 교재 63~65쪽

01 ③, ⑥ 02 ① 03 ③, ④ 04 ⑤ 05 ①
06 ④, ⑥ 07 ④ 08 ⑤ 09 ㄱ, ㄴ, ㄷ, ㄹ 10 ②
11 ③ 12 ① 13 ⑤ 14 ⑤ 15 ④ 16 ③
17 ② 18 ② 19 ③, ⑤, ⑦ 20 ①

01 바로알기 ③ 우리은하에는 태양과 같은 별이 약 2000억 개 존재한다.
⑥ 우리은하는 옆에서 보면 원반 모양이고, 위에서 보면 나선 모양이다.

02 태양계는 우리은하 중심으로부터 약 8500 pc 떨어진 나선팔에 위치한다.

03 ③ 우리나라 겨울철에는 밤하늘의 방향이 은하 중심의 반대 방향이기 때문에 여름철보다 은하수가 희미하게 보인다.
바로알기 ① 은하수는 북반구와 남반구에서 모두 관측된다.
② 우리은하의 내부에서 우리은하의 일부를 본 모습이다.
⑤ 은하수는 수많은 별이 모여 있는 집단이다.
⑥ 은하수는 우리은하의 중심 방향인 궁수자리 부근에서 폭이 넓고 밝게 보인다.

04 태양계가 우리은하 중심에 있다면 밤하늘에 별이 차 있고, 나선팔 방향으로 조금 더 많은 별들에 의한 띠 모양으로 관측될 것이다.

05 별들이 모여 집단을 이루고 있는 것을 성단이라고 한다.

06 (가)는 구상 성단, (나)는 산개 성단이다.
바로알기 ④, ⑥ 구상 성단을 이루는 별들은 생성된 지 오래되어 표면 온도가 낮고 붉은색을 띤다. 산개 성단을 이루는 별들은 비교적 최근에 생성되어 표면 온도가 높고 파란색을 띤다.

08 멀리서 오는 별빛이 가스나 티끌에 가려져서 어둡게 보이는 암흑 성운에 속한다.

09 ㄱ, ㄴ, ㄷ, ㄹ. 우리은하는 지구가 속해 있는 태양계를 비롯하여 별, 성단, 성운, 성간 물질로 이루어져 있다.
바로알기 ㅁ. 안드로메다은하는 우리은하 밖에 존재하는 외부 은하이다.

10 천체의 규모가 가장 작은 것은 행성인 지구이고, 그 다음은 지구가 속한 태양계이다. 성단은 많은 별이 모인 것이므로 별이 하나인 태양계보다 규모가 크다. 성단, 성운 등이 모인 은하가 그 다음으로 크고, 은하들이 모인 우주가 가장 크다.

12 바로알기 ㄷ. 팽창하는 우주에는 특별한 중심이 없다.
ㄹ. 은하와 은하 사이의 거리가 멀어지는 것은 우주의 팽창 때문이다. 따라서 멀리 있는 은하일수록 빠르게 멀어지게 된다.

13 스티커를 서로 멀어지는 은하에 비유한다면, 점점 부풀어 오르는 풍선 표면은 중심 없이 팽창하는 우주에 비유할 수 있다.

14 ⑤ 풍선이 부풀어 오르면서 스티커 사이의 거리가 서로 멀어지는 것과 같이, 팽창하는 우주에서는 은하들끼리 서로 멀어지고 있다.
바로알기 ① 은하들은 서로 멀어지고 있다.
② 은하와 은하 사이의 거리는 각각 다르다.
③ 멀리 떨어져 있는 외부 은하일수록 우리은하에서 더 빠르게 멀어진다.
④ 은하와 은하 사이의 거리가 멀어지는 까닭은 우주가 팽창하여 크기가 커지기 때문이다.

15 바로알기 ④ 우주 탐사는 천체 관측, 자원 채취 등의 목적으로 진행되지만 쓰레기 처리를 목적으로 하지는 않는다.

16 우주 정거장은 사람들이 우주에 머무르면서 임무를 수행하도록 만든 인공 구조물로, 지상에서 하기 어려운 실험이나 우주 환경 등을 연구한다.

17 (가) 스푸트니크 1호 발사(1957) → (다) 아폴로 11호 달 착륙(1969) → (라) 보이저 2호 발사(1977) → (나) 화성 표면 탐사를 위한 큐리오시티 발사(2011)

18 바로알기 ㄱ. 안경테 – 인공위성 안테나를 만들 때 사용한 형상 기억 합금 소재를 이용하였다.
ㄷ. 자기 공명 영상(MRI) – 우주 탐사에서 활용했던 사진 촬영 기술을 응용하였다.

19 인공위성은 방송, 통신 외에도 일기 예보 및 태풍 경로 예측, 위치 파악 등에 이용된다.

20 로켓의 하단부, 인공위성의 발사나 폐기 과정 등에서 나온 파편, 페인트 조각 등이 우주 쓰레기가 된다. 우주 쓰레기는 크기가 다양하며 속도가 매우 빨라 인공위성이나 우주 탐사선과 충돌하거나 지상으로 떨어져 많은 피해를 입힐 수 있다.
바로알기 ① 우주 쓰레기는 궤도가 일정하지 않아 지상의 통제에서 벗어나 있다.

서술형 정복하기

시험 대비 교재 66~67쪽

1 답 은하수

2 답 방출 성운

3 답 대폭발 우주론(빅뱅 우주론)

4 답 인공위성

5 답 스푸트니크 1호

6 모범답안 우리은하의 지름은 **약 30000 pc**이고, 태양계는 우리은하 중심에서 **약 8500 pc** 떨어진 **나선팔**에 위치한다.

7 모범답안 구상 성단을 이루는 별들은 빽빽하게 공 **모양**으로 모여 있고, **나이**가 많으며 **표면 온도**가 낮다. 산개 성단을 이루는 별들은 비교적 엉성하게 모여 있고, **나이**가 적으며 **표면 온도**가 높다.

8 모범답안 우주가 팽창하여 은하들 사이의 **거리**가 서로 멀어지고 있다. 이때 거리가 먼 은하일수록 빠른 **속도**로 멀어진다.

9 모범답안 우주 쓰레기는 매우 빠른 **속도**로 돌면서 운행 중인 인공위성이나 우주 탐사선과 **충돌**하여 피해를 줄 수 있다.

10 모범답안 우리은하를 위에서 보면 막대 모양의 중심부를 나선팔이 휘감은 모양으로 보인다.

채점 기준	배점
위에서 본 우리은하의 모양을 옳게 서술한 경우	100 %

11 모범답안 (1) (가) 산개 성단, (나) 구상 성단
(2) (가)와 같은 성단은 주로 우리은하의 나선팔에 분포하고, (나)와 같은 성단은 주로 우리은하의 중심부나 우리은하를 둘러싼 부분에 고르게 분포한다.

	채점 기준	배점
(1)	(가), (나)의 종류를 모두 옳게 쓴 경우	40 %
(2)	(가), (나)의 분포 위치를 모두 옳게 서술한 경우	60 %
	(가), (나) 중 한 가지의 분포 위치만 옳게 서술한 경우	30 %

12 모범답안 (1) 반사 성운, 성간 물질이 주변의 별빛을 반사하기 때문에 밝게 보인다.
(2) 암흑 성운, 성간 물질이 뒤쪽에서 오는 별빛을 가로막아 어둡게 보인다.

	채점 기준	배점
(1)	(가)의 종류와 밝게 보이는 까닭을 모두 옳게 서술한 경우	50 %
	(가)의 종류만 옳게 쓴 경우	30 %
(2)	(나)의 종류와 어둡게 보이는 까닭을 모두 옳게 서술한 경우	50 %
	(나)의 종류만 옳게 쓴 경우	30 %

13 모범답안 (1) 풍선 표면은 우주에, 동전은 은하에 비유된다.
(2) 우주의 크기는 커진다. 은하 사이의 거리가 멀어지고 있기 때문이다.
(3) 은하가 서로 멀어지고 있으므로 우주는 특별한 중심 없이 모든 방향으로 균일하게 팽창하고 있다.
| 해설 | 풍선이 부풀어 오르면서 동전 사이의 거리가 멀어지는 것처럼 우주가 팽창하면서 은하들 사이의 거리가 멀어진다.

	채점 기준	배점
(1)	풍선 표면과 동전에 비유되는 것을 모두 옳게 쓴 경우	30 %
	풍선 표면과 동전에 비유되는 것 중 한 가지만 옳게 쓴 경우	15 %
(2)	우주의 크기 변화와 까닭을 모두 옳게 서술한 경우	40 %
	우주의 크기 변화만 옳게 서술한 경우	20 %
(3)	우주 팽창의 중심이 없다고 옳게 서술한 경우	30 %

14 모범답안 (1) 대폭발 우주론(빅뱅 우주론)
(2) 은하들 사이의 거리는 서로 멀어지고 있다.

	채점 기준	배점
(1)	대폭발 우주론(빅뱅 우주론)이라고 쓴 경우	50 %
(2)	은하들 사이의 거리 변화를 옳게 서술한 경우	50 %

15 모범답안 외국 방송을 시청한다. 전화 통화를 한다. 위치를 파악한다. 지도 검색을 한다. 일기 예보를 한다. 등

채점 기준	배점
인공위성의 이용을 세 가지 모두 옳게 서술한 경우	100 %
인공위성의 이용을 두 가지만 옳게 서술한 경우	70 %
인공위성의 이용을 한 가지만 옳게 서술한 경우	30 %

Ⅷ 과학기술과 인류 문명

01 과학기술과 인류 문명

중단원 핵심 요약

시험 대비 교재 68쪽

① 망원경 ② 현미경 ③ 식량 ④ 예방
⑤ 전자책 ⑥ 증기 기관 ⑦ 생명 공학 ⑧ 지능형
⑨ 백신 ⑩ 항생제 ⑪ 전화기 ⑫ 나노 기술
⑬ 사물 인터넷 ⑭ 인공 지능 ⑮ 공학

잠깐 테스트

시험 대비 교재 69쪽

1 과학 **2** 태양 중심설 **3** 암모니아 **4** 증기 기관 **5** 지능형 **6** 백신 **7** 전화기 **8** 나노 기술 : (가), (마), 생명 공학 기술 : (나), (바), 정보 통신 기술 : (다), (라) **9** 공학적 설계 **10** 경제성

중단원 기출 문제

시험 대비 교재 70~71쪽

01 ⑤ **02** ② **03** ③ **04** ③ **05** ⑤ **06** ② **07** ①
08 ③ **09** ⑤ **10** ④ **11** 공학적 설계 **12** ②

1 ㄱ. 인류는 불을 이용하게 되면서 음식을 익혀 먹거나 흙을 구워 도구를 만드는 등 생존을 위한 기술을 발달시켰다.
ㄴ, ㄷ. 인류는 불을 이용하여 광석으로부터 구리, 철 등의 금속을 얻기 시작하였고, 생활에 필요한 농기구, 무기 등을 제작하였다. 이러한 도구를 사용함으로써 청동기와 철기 문명이 시작되었다.

2 ㄱ. 백신의 개발은 인류의 수명을 연장시키는 데 영향을 미쳤다.
ㄴ. 암모니아 합성법의 개발로 질소 비료를 대량 생산할 수 있게 되면서 식량 문제 해결에 기여하였다.
바로알기 ㄷ. 관측, 관찰, 실험 등의 방법으로 여러 과학적 사실이 발견되어 합리적이고 실험적인 방법이 중요시되었다.

3 ① 인쇄술의 발달은 책의 대량 생산과 보급을 가능하게 하여 지식과 정보가 빠르게 확산되었다.
② 인공위성이나 인터넷 등을 통해 실시간으로 세계 곳곳의 정보를 이용할 수 있게 되었다.
④ 원격 의료 기술이 발달하여 시간과 장소에 관계없이 의료 지원을 받을 수도 있게 되었다.
⑤ 생명 공학 기술을 이용해 특정한 목적에 맞게 품종을 개량하여 농산물의 생산성과 품질을 높이고 있다.
바로알기 ③ 산업 혁명 이후 여러 분야에서 기계를 사용하면서 인류의 삶이 편리해졌다.

4 ③ 망원경의 발달이 과학기술에 미친 영향에 대한 설명이다. 기권 밖으로 쏘아 올린 우주 망원경은 지상에서는 관측할 수 없는 관측 자료를 수집하여 천문학과 우주 항공 기술을 발전시켰다.

5 ㄴ. 인쇄술의 발달은 책의 대량 생산과 보급을 가능하게 하여 지식과 정보가 빠르게 확산되었다.
ㄷ. 현재는 전자책이 출판되어 많은 양의 책을 저장하거나 검색하기 쉬워졌으며, 새로운 전자물 출판이 용이해졌다.
바로알기 ㄱ. 활판 인쇄술의 발달로 책을 만드는 속도가 빨라졌고, 책의 대량 생산이 가능해졌다.

6 ② 증기 기관의 발명으로 증기 기관차, 증기선 등의 교통수단이 발달하여 대량의 물건을 먼 곳까지 운반할 수 있게 되었다.
바로알기 ① 연료를 기관 내부에서 연소시켜 이를 동력원으로 이용하는 것은 내연 기관이다.
③ 증기 기관은 기계의 동력원으로 이용되어 수공업 중심에서 산업 사회로의 변화를 가져왔다.
④ 외부에서 연료를 연소시켜 얻은 증기의 힘을 이용하여 움직이는 것은 증기 기관이다.
⑤ 산업 혁명의 원동력이 된 것은 증기 기관이다.

7 ㄱ, ㄴ. 백신의 개발로 소아마비와 같은 질병을 예방할 수 있게 되었고, 항생제의 개발로 결핵과 같은 질병을 치료할 수 있게 되었다.
ㄷ. 첨단 의료 기기가 개발되어 질병을 더 정밀하게 진단하거나 치료할 수 있다.
바로알기 ㄹ. 의약품과 치료 방법, 의료 기기가 개발되어 인류의 평균 수명이 길어졌다.

8 (가)는 나노 기술, (나)는 생명 공학 기술에 대한 설명이다.

9 ①, ②, ③, ④ 유전자 재조합 기술, 세포 융합, 바이오 의약품, 바이오칩은 모두 생명 공학 기술을 활용한 예이다.
바로알기 ⑤ 나노 반도체는 나노 기술을 활용한 예이다.

10 ① 가상 현실에 대한 설명으로, 이는 정보 통신 기술을 활용한 예이다.
② 웨어러블 기기에 대한 설명으로, 이는 정보 통신 기술을 활용한 예이다.
③, ⑤ 스마트폰 활용, GPS를 이용한 버스 정보 안내 단말기는 모두 정보 통신 기술을 활용한 예이다.
바로알기 ④ 유전자 변형 생물은 유전자 재조합 기술 등 생명 공학 기술을 활용하여 새롭게 조합된 유전 물질을 포함하는 생물을 말한다.

11 공학적 설계에 대한 설명이다.

12 ① 코일, 네오디뮴 자석, 발광 다이오드 등 쉽게 구할 수 있는 재료로 제작한다.
③ 발광 다이오드는 깨지기 쉬우므로 뽁뽁이로 감싸 쉽게 깨지지 않도록 한다.
바로알기 ② 값이 저렴한 발광 다이오드를 사용하여 경제성을 높인다.

서술형 정복하기

시험 대비 교재 72쪽

1 답 백신

2 답 나노 기술

3 답 공학적 설계

4 모범답안 **질소 비료**를 **대량 생산**할 수 있게 되면서 **식량** 문제 해결에 기여하였다.

5 모범답안 책의 **대량 생산**과 보급을 가능하게 하여 **지식**과 **정보**가 빠르게 확산되었다.

6 모범답안 (가) 경험 중심의 과학적 사고를 중요시하게 되었다.
(나) 자연 현상을 이해하고 그 변화를 예측할 수 있게 하였다.
| 해설 | (가) 코페르니쿠스는 지구와 다른 행성이 태양 주위를 돌고 있다는 태양 중심설을 주장하였다.

채점 기준	배점
(가), (나)의 발견이 인류 문명에 미친 영향을 모두 옳게 서술한 경우	100 %
(가), (나)의 발견이 인류 문명에 미친 영향 중 한 가지만 옳게 서술한 경우	50 %

7 모범답안 • 교통 : 고속 열차 등이 개발되어 이전보다 빠르게 원하는 곳으로 이동하거나 물자를 운반할 수 있다.
• 의료 : 의약품, 첨단 의료 기기 등이 개발되어 인류의 평균 수명이 길어졌다.

채점 기준	배점
과학기술의 발달이 교통, 의료 분야에 미친 영향을 모두 옳게 서술한 경우	100 %
과학기술의 발달이 교통, 의료 분야에 미친 영향을 한 가지만 옳게 서술한 경우	50 %

8 모범답안 개인 정보가 유출될 수 있다. 사생활을 침해받을 수 있다. 익명성을 이용하여 악성 글을 쓴다. 등

채점 기준	배점
스마트 기기의 부정적인 영향을 옳게 서술한 경우	100 %
그 외의 경우	0 %

9 모범답안 생명 공학 기술, 생명 공학 기술의 예에는 유전자 재조합 기술, 세포 융합, 바이오 의약품, 바이오칩 등이 있다.

채점 기준	배점
생명 공학 기술을 쓰고, 두 가지 예를 서술한 경우	100 %
생명 공학 기술을 쓰고, 한 가지 예만 서술한 경우	70 %
생명 공학 기술만 쓴 경우	40 %

oE 오·투·시·리·즈 생생한 시각자료와 탁월한 콘텐츠로 과학 공부의 즐거움을 선물합니다.

대표전화 1544-0554
주소 경기도 과천시 과천대로2길 54